无底线的善良，只会害了自己。
善良而不失强硬，与人为善且不失立场，这是对做人底线的坚守。

青 春 励 志 丛 书

QINGCHUN LIZHI CONGSHU

你的善良
必须有点锋芒

在痛苦的深处微笑，
那是爱和责任。

善良是很珍贵的，但善良没有长出牙齿来，那就是软弱。
请记得让你的善良长出牙齿。

潘鸿生◎编著

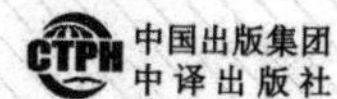
中国出版集团
中译出版社

图书在版编目（CIP）数据

你的善良必须有点锋芒 / 潘鸿生著. -- 北京：中译出版社，2020.2

（青春励志系列丛书）

ISBN 978-7-5001-6144-8

Ⅰ. ①你… Ⅱ. ①潘… Ⅲ. ①人生哲学–通俗读物 Ⅳ. ① B821-49

中国版本图书馆 CIP 数据核字（2020）第 022614 号

出版发行：中译出版社

地　　址：北京市西城区车公庄大街甲 4 号物华大厦六层

电　　话：（010）68359376，68359827（发行部）（010）68003527（编辑部）

传　　真：（010）68357870

邮　　编：100044

电子邮箱：book@ctph.com.cn

网　　址：http://www.ctph.com.cn

策　　划：北京瀚文锦绣国际文化有限公司

责任编辑：温晓芳

封面设计：孙希前

排　　版：张元元

印　　刷：香河县宏润印刷有限公司

经　　销：全国新华书店

规　　格：880mm × 1230mm　1/32

印　　张：25

字　　数：650 千字

版　　次：2020 年 4 月第一版

印　　次：2020 年 4 月第一次

ISBN 978-7-5001-6144-8　　**定价**：178 元 / 套（全 5 册）

前言
Preface

善良是人与生俱来的特质，是人身上最耀眼的一道光芒。美国作家马克·吐温把善良称为“一种世界通用的语言”，它可以使盲人“看到”，聋人“听到”。我们都知道善良是一种美德，对人要和睦，处事要豁达。可是也有太多的事实表明，越是善良，越是会变成被欺压的对象。

大家都听过《农夫与蛇》《东郭先生与狼》的故事，故事中的蛇和狼都是利用他人的善良不停索取，最后让付出善意的人吃了大亏。而在现实生活中，类似的人有很多，不是每个人都知道感恩，不是每一份善意都能得到同样的对待。

为什么善心得不到善报，善良人的处境总是那么尴尬呢？原因就在于善良的人为人、处世太过老实本分。善良固然没错，但善良要是没有长出牙齿来，那就是软弱。正如美国思想家爱默生说：“你的善良必须有点锋芒——不然就等于零。”合理的、有度的善良，才会被别人接受，被尊重。

亚马逊的创始人杰夫·贝佐斯说过一句话：“聪明是一种天赋，而善良是一种选择。天赋得来很容易，因为它们与生俱来，而选择则颇为不易。”我们当然要做善良的人，然而善良并不等于不辨是非，没有原则，也不等于被利用。真正的善良需要建立在对彼此都安全的基础上，胸有丘壑，知世俗而不世俗，带一点锋芒。一个人越是善良，待人的底线应该越高一些。这样才能避免纵容他人，委屈自己。

善良,是这个世界上最美好的品德。但是善良更多的是需要智慧。没有智慧的盲目善良，是一种失败的给予。这样的善良只会成为别人的枷锁，自己的刑具。久而久之，原本纯洁美好的善良会被戾气侵蚀，失去它原本的美好。正如作家王小波所说，善良从不是一件容易的事,错误的善良,不会给他人带来天堂,只会拖累你掉进地狱。

这个世界从来不缺善良，缺的是理智和克制。本书不是让人背弃善良人的做人做事信念，而是教人以一种圆融变通、积极有为的姿态做人处世——做一个聪明的善良人。

社会是复杂的，遇到的人是形形色色的，愿你无论看过了多少尘世的冰冷与自私，仍坚守真善：你的善良，当有力量。学会保护自己，懂得争取成功的机会，善良的朋友必定能活出自己的精彩，收获属于自己的幸福人生。

目录
Contents

第一章　保持你的善良，也要坚持你的底线 / 1

善良永远不会辜负你 / 1
这个世界从不缺善良，缺的是原则 / 4
对“小人”发善心就是对自己的残酷无情 / 6
你的善良也会引来饿狼 / 9
太在意别人的反应，容易自我失落 / 12
远离那些不求上进消极的朋友 / 15

第二章　为什么你本性善良，却不讨人喜欢？ / 18

帮人，还需量力而行 / 18
指出他人的错误要有技巧 / 21
再好的朋友也要保持距离 / 24
没必要过分追求完美 / 27
交浅言深是人际交往的大忌 / 30
不要轻易亮出自己的底牌 / 33

第三章　你要善良，也要多点计谋和心眼 / 35

见什么人，说什么话 / 35

薪水是“挣来”的，但也是“谈出来”的 / 38
主动推销自己，是金子就要发光 / 42
人心难测，处处提防 / 46
君子之交淡如水，别把同事当朋友 / 49
有方有圆，处世不难 / 52

第四章　懂点识人术，不要被人利用了你的善良 / 57

察言观色，摸清对方心理 / 57
辨别真伪，如何看穿他人的谎言 / 60
听语速的快慢，就能知道对方的个性 / 63
观察入微，从小动作洞察对方的内心 / 65
观眼识人，准确掌握对方的真实心理 / 69

第五章　该拒绝时就拒绝，别让不好意思害了你 / 73

敢于拒绝，学会说“NO” / 73
令你为难的事，越早拒绝越好 / 77
朋友借钱，这个可以“拒绝” / 81
巧妙拒绝上司的暧昧行为 / 83
善用幽默，拒绝也能很轻松 / 86
如果不爱对方，也要学会拒绝 / 89

第六章　有魅力的善良，才能让人生闪亮 / 92

你邋遢的外表，怎么给人善良的印象 / 92
巧说第一句话，陌生人也能一见如故 / 95
学会赞美，让交际更顺畅 / 98
微笑，赢得他人好感的法宝 / 100

谈论对方所感兴趣的话题 / 103
亲和力让你和别人一见如故 / 105
幽默让对方向你靠近 / 108

第七章　天性善良，不等于爱到卑微 / 113

爱到卑微并不是件伟大的事 / 113
不仅要付出，还要懂得索取 / 115
再美的爱情也要有些许的距离 / 117
如果爱错人了，请果断放手 / 119
情感独立，让自己少受点伤 / 121

第八章　你要善良，也要懂得为自己而活 / 125

请先学会感谢你自己 / 125
保持本色，不让这个世界轻易改变你 / 127
别太拼，学会享受生活 / 131
请爱惜自己的身体 / 134
要主宰自己的人生 / 136

第九章　不忘初心，坚守善良 / 140

看透不说透，给人“台阶”下 / 140
帮助他人就是帮助自己 / 142
不显山露水，低调中成就自我 / 145
换位思考是最基本的善良 / 147
不揭他人的短，也是一种善良 / 150

第一章　保持你的善良，也要坚持你的底线

善良永远不会辜负你

“人之初，性本善。”善良是做人基本的品质，它是人类历史中稀有的珍珠。人以善为本，善是心灵美最直接的展现。一个人最重要的是要有一颗善心，以善良之心对待人生，这应该是一个人一生追求的道德规范。善良的人一般性格温和，乐于助人，由于能够理解体谅别人的痛苦，较少计较自己的得失，反而显得坚强、开朗，容易保持心理平衡。

一百多年前的某天下午，在英国一个乡村的田野里，一位贫困的农民正在劳作。忽然，他听到远处传来了呼救的声音，原来是一名少年不幸落水了。

这位农民不假思索，奋不顾身地跳入水中救人。孩子得救了。

后来，大家才知道，这个获救的孩子是一个贵族公子。几天后，贵族家亲自带着礼物登门感谢，农民却拒绝了这份厚礼。在他看来，当时救人只是出于自己的良心，自己并不能因为对方出身高贵就贪恋别人的财物。

故事到这儿并没有结束。老贵族因为敬佩农民的善良与高尚，感念他的恩德，于是决定资助农民的儿子，到伦敦去接受高等教育。

农民接受了这份馈赠，能让自己的孩子受到良好的教育，是他多年以来的梦想。农民很快乐，因为他的儿子终于有了走进外面世界、改变自己命运的机会。

老贵族也很快乐，因为他终于为自己的恩人完成了梦想。

多年后农民的儿子从伦敦圣玛丽医学院毕业了。他品学兼优，后来被英国皇家授勋封爵，并获得1945年的诺贝尔医学奖。他就是亚历山大·弗莱明，青霉素的发明者。

那名贵族公子也长大了，在第二次世界大战期间患上了严重的肺炎。但幸运的是，依靠青霉素，他很快就痊愈了。这名贵族公子就是英国首相丘吉尔。

播种善良，总会收到意想不到的回报。善良是一种境界，是一种人生的修养与提炼。《道德经》中说："天道无亲，常与善人。"这是告诉我们，在个人的修行上，主张独善其身、善心常在；与人交往时，讲究与人为善、乐善好施；在待人处世方面，强调心存善意、善待他人。心怀善念，不仅是一种善良，是一种智慧，任何时候"与人为善"都是最明智的选择。

古人云："心净生智能，行善生福气。"有一颗充满善意的心，行为和语言就会大不一样。心怀善意的人，人生的路必将越走越宽。在人生的旅途上，只要你能真正做到与人为善，你就会有良好的人际网络，感受到人与人之间的温馨，获得意想不到的收获。

有一对年轻夫妇，原本在同一个工厂上班，几年前，由于经济不景气，工厂面临着倒闭，两个人先后下岗了。好在夫妇俩平时待人就好，在街坊邻居中极有人缘，下岗不久，便在朋友们的帮助下，在小镇的商业街开起了一家火锅店。

火锅店刚开张时，生意较为冷清，全靠朋友和街坊邻居们关照。后来，由于夫妇俩的忠厚老实和热情公道，小店渐渐开始有了回头客，生意也一天一天地好了起来。

也许是女主人慈悲善良的缘故，几乎每到吃饭的时间，小镇上行乞的七八个大小乞丐都会相继光顾这里。食客们常对主人说：“快把他们轰出去吧，这些都是填不满的‘坑’！”这时女店主总是笑笑回应说：“算了吧，谁还没个难处，再者你看他们风餐露宿的，也很不容易啊！”

人们常说，这两口子太善良了，从未见过小镇里其他店主能够像他们那样宽容平和地对待这些乞丐。若是其他店主，一见到乞丐上门，就会严厉地呵斥辱骂。而这夫妇俩则每次都会微笑着给这些肮脏邋遢的乞丐高举到面前来的盆盆罐罐里盛满热饭热菜，而且这些施舍又多是从厨房里取出来的新鲜饭菜。更让人感动的是，在他们施舍的过程中，没有丝毫的做作之态。他们的表情和神态十分亲和自然，就像他们所做的一切原本就是一件分内的事情似的。

一天深夜，服装市场里一家从事丝绸生意的店铺，由于打更老人忘记将烧水的煤炉熄灭，结果引发了一场大火。丝绸、化纤、棉麻制品，市场里所有的物品几乎都是易燃的，加之火借风势，眨眼的工夫整个市场便成了一片火海。

这一天，恰巧男主人出去进货，店里只留下女人照看。一无力气二无帮手的女店主，眼看辛苦张罗起来的火锅店就要被熊熊大火所吞没，心急如焚。这时，只见那班平常天天上门乞讨的乞丐不知从哪里钻了出来，在老乞丐的率领下，他们冒着生命危险将一个个笨重的液化气罐马不停蹄地搬运到了安全的地方。紧接着，他们又冲进马上要被大火包围的店内，将那些易燃物品也全都搬了出来。消防车很快开来了，火锅店由于抢救及时，虽然也遭受了一点小小的损失，但最终给保住了。而周围的那些店铺，却因为得不到及时的救助，早已变成了一片废墟。

火灾过后，人们都说是夫妇俩平时的善行得到了回报，要是没有这些平时受他们施舍的乞丐们出力，火锅店恐怕要变为废墟了。

人们常说：“恶有恶报，善有善报。”生活向来如此，当我们看到需要帮助的人时给予其帮助，那在我们自己遭遇困难时，通常也能够得到别人善意的帮忙。

做人，就是要有一颗善良的心。有了善良的心，你就会受到生活的眷顾；有了善良的心，你的思想也就纯洁无污，就不会做出奸诈险恶的事情，因而你也不会受到外界的诱惑。

善良者最快乐、最幸福、最富有。那些播种善良的人，终究会收获到幸福和快乐。

这个世界从不缺善良，缺的是原则

善良是一种美德，是一个人非常宝贵的品质，但是善良过度，就是一种愚蠢。因为你过分善良，所以有人敢把你欺负，有人会把你利用。在狡诈者的眼中，善良是一种幼稚，善良是一种愚笨，善良是一种毫无回报的付出，善良是用来猎获的枪弹，善良是用来欺骗别人的麻药。面对善良，他们狂笑不已。有时候，你的善良，没有成为帮助别人的手，反而变成了伤害自己的利器。

辞职两个月的小孙前些日子打电话向老同事问好，不料原同事老赵的一句客套话就把小孙的好心情搅没了，他在电话那头诉苦："这天越来越热了，你走了，都没人给我们买冰水了。"小孙闻言直悔不当初！要是当初刚进公司时，没把那帮懒人当朋友，后来就不会有那么多的麻烦，落了个被迫离职的下场。

原来刚进公司时小孙总是小心谨慎，觉得同事一场，并肩作战是缘分，人不犯我，我不犯人，虽然做不成哥们，但是做个朋友还是可以的。于是，平时上班，小孙总是早早就到了，收拾公共台面，打扫办公室，只要谁说一句："没吃早餐好饿呀，有没有什么东西填肚子？"他就赶紧拿出自己买的面包鲜奶，送到他们桌上；炎炎夏日，他还经常买些冰水来给大家消暑。

这种老好人当久了，一直顺风顺水，没想到最后关头居然遭遇了滑铁卢。

有次顶头上司差小孙去车站帮他接一个亲戚，结果刚出公司大门就被出差回来的经理撞了个正着，经理抬眼问他去哪，此时小孙抱着宁可自己受连累也不能供出主管的原则，就撒谎说出去招工。后来经理不知从哪里知道了事情真相，把小孙狠训了一顿："身为人事部职员，都不能做到诚信二字，又怎能管理他人呢？！"给经理留下此等印象，还在公司待下去只会自讨没趣，于是小孙递交了辞职申请，背着"好人"二字狠狠地摔了一跤。

生活中，有很多像小孙这样的"好人"，别人找帮什么忙都答应，总是善良且小心翼翼照顾着别人的感受。但是"好人"不是那么好当的，如果有一天你有一点点不合大家的心意，他们就会对你冷嘲热讽，甚至恩将仇报。"好人"就等同于道德绑架的牺牲品。

《奇葩说》选手柏邦妮说："善良是很珍贵的，但善良没有长出牙齿来，那就是软弱。"人需要保持一颗善心是没有错，但不是对谁都好，好到没了底线，你没有底线，他们就没有原则。当善良失去原则的时候就助长了恶，你的善良就会带给你伤害。

一个人以前每天给一个乞丐十块钱，后来每天给五块，最后每天只给一块了。乞丐很奇怪，一天就拉住他询问，那人回答，以前一个人过所以给你十块，后来结婚要养家了就给你五块，接着有了孩子，只能每天给你一块了。乞丐听了大怒，说："你怎么能用我的钱来养活你的家人呢？！"

还有一个类似的故事：

甲不喜欢吃咸鸭蛋，每次单位发了咸鸭蛋都给乙吃。刚开始乙很感谢，久而久之便习惯了。习惯了，便理所当然了。于是，直到有一天，甲突然将咸鸭蛋给了丙，乙知道后心里非常不爽。但他忘记了这个咸鸭蛋本来就是甲的，甲想给谁都可以。为此，甲和乙大吵了一架，从此绝交。

从上面两个小故事可以看出：没有原则的善良，始终不会被善待。

一次两次的帮忙，那可以称为善良，但很多次的奉献，便成了理所当然。不必用善良喂饱不懂感恩的心，有原则有底线，才是真正意义上的善良。

善良是人的优点，但没有原则的善良容易纵容他人；没有原则的善良，受伤害的只会是自己。这世上最浅薄的关系，就是一件小事没顺心就忘记你所有的好，把善良留给懂得感恩的人，而不是得寸进尺的人，这才是对一份纯真的善良最好的尊重。

对“小人”发善心就是对自己的残酷无情

善良的人总是积极热心，能给人提供有效的帮助，给人带来力量化解困难。并且帮助他人之后就好像冬日里的暖阳，让他们通身都会觉得十分舒服。他们会觉得，爱别人比被人爱更幸福，付出比接受更快乐。

诚然，善良是一种美好的人性。但人世复杂，人心险恶。毫无戒备的善良，可能会被伤得体无完肤。这不是让你收起善良，而是让你更加聪明地善良。你可以付出，可以古道热肠，但你要看对什么人，期盼强盗发善心的愿望固然好，却常常无法实现。

《伊索寓言》中有一个关于农夫与蛇的故事：

在一个寒冷的冬天，赶完集回家的农夫在路边发现了一条蛇，以为它冻僵了，于是就把它放在怀里。蛇受到了惊吓，等到完全苏醒了，便本能地咬了农夫，最后杀了农夫。农夫临死之前后悔地说：“我想要做善事，却由于见识浅薄而害了自己的性命，因此遭到了这种报应啊。”

这个故事给我们莫大的启示：做人一定要分清善恶，只能把援助之手伸向善良的人，对恶人千万不能心慈手软。忘恩负义的人任何时候都存在。对别人不存戒心的善良者很容易被“披着羊皮的狼”

欺骗，并不是所有的人都懂得感恩。对于“强盗”与“小人”发善心就是对自己的残酷无情，最后他们恶毒的嘴脸会让我们看清“付出也要看准对象”是多么正确。

肖刚在取得硕士学位后，顺利地进入一家大型国有企业工作。半年后，他凭着自己出色的工作能力，当上了技术研发部经理。职业使命感强烈的他，平常把大部分的时间和精力，都投注在技术工作上，一心想着要尽最大的努力把工作做好、做精，没有时间去应对身边鸡零狗碎的人际关系。

也许是肖刚太年轻、社会经验不足的缘故，在单位中没有人缘，加上他突出的表现，这可让单位里那些好吃懒做、靠谈资吃饭的人找着话题了。不久，公司就传出了“肖刚的研究生文凭是假的”的谣言，谣言的制造者是谁？天晓得！肖刚也不想去探个究竟，认为别人之所以会这样说自己，说明自己能力与大家的要求还是有距离的，总之，他认定只要自己不得罪人，也不会有人故意找他的麻烦。

谣言越传越大，又有的新版本出现了：“肖刚不自量力，企图抢夺公司的第二把交椅！”肖刚起初也吃了一惊，怎么会这样？是不是自己的言行太让大家反感了的缘故？他百思不得其解，工作也变得畏畏缩缩，后来一个好心人悄悄告诉他，是老总的助理一直在想提升当“老二”，但总感觉肖刚是一个威胁，所以故意制造谣言，来降低肖刚在公司中的人气。肖刚知道后，仍抱定“身子正不怕影子斜”的君子信念，以为这样做就可以让谣言自生自灭。可是时任公司“老二”黄总听到谣言，可不这么理解了。过去对肖刚的那副笑容可掬、和蔼可亲的面孔没有了，而且还常常找碴儿刁难他。

身疲力竭之下，肖刚这才感受到自己被孤立了，他搞不懂，为什么自己越不与小人们斗心眼，小人的心眼就越来越多？他心里很受伤，对公司里的复杂人际陡生疑虑，终于向领导层递交了辞呈。

故事中的肖刚为何最后选择辞职、一走了之，主要原因是他遇上了职场的小人。俗话说：宁得罪君子，不得罪小人。小人非常善于给人穿小鞋，公司的小报告都是他们打的。他们喜欢揭人的短，有鸡蛋里挑骨头的本领。很多时候，小人卑鄙无耻，却不能奈何他，更不能得罪他，一旦得罪，可能会在今后的工作和生活中连连栽跟斗，落个惨兮兮的下场。

待人处世中，谁都不愿意与小人打交道，可不管你愿意还是不愿意，谁又不可避免地会碰到小人。因为那些生活在我们身边的鼠辈小人，他们的眼睛牢牢地盯着我们周围所有大大小小的利益，随时准备多捞一份，为此甚至不惜一切代价准备用各种手段来算计别人，真是令人防不胜防。

对于善良的人来说，真是“被卖了还要帮着歹徒数钱”。小人的手段确实厉害，所以连孔老夫子也说：亲君子，远小人。那么，如何认清小人的嘴脸呢？

一般来说，小人有以下几种表现：

1. 造谣生事，善于打听别人隐私。他们这样做并不单纯是以此为乐，而是另有目的；喜欢把别人的痛苦建立在自己的快乐之上，对人的同情心丝毫没有！而为了衬托出自己好、不惜丑化对方。他们唯恐天下不乱，惯用“听说”造句，歪曲事实，夸大事实、无中生有。

2. 添油加醋，挑拨离间。有的时候，人们会和自己周围的某个人因为做事方式不同而吵过几句，产生点过节，心里互相不服气，暗地里也不免会愤愤不平加以指责。这个时候，有的人就会过来“安慰”你，对你的优点大加赞赏，指责对方如何不好，如何在自己的背后拆台。你的怒火一定一下子升温，甚至马上不加任何考虑就冲过去大吵大闹，结果导致上司参与平息，其实你只是上了此小人挑唆的当。

3. 见风转舵。谁得势就依附谁，谁失势就舍弃谁，所谓西瓜偎大边。他们利用别人权势以提升自己地位，没有利用价值的人，他们不会亲近，顶多虚与委蛇。

4. 当面一套，背后一套。有的时候自己费尽了九牛二虎之力，绞尽脑汁终于想出一个新点子、新措施来，征求大家意见的时候也得到了众人的一致同意。但是具体实施起来，却感到无形的压力笼罩在自己周围，可以说是举步维艰。这个时候一定是有人从中作梗，且此人几乎一定就是当面最支持你的那个人。他当面支持你，背后就反对你，还把许多原本支持你的人都拉拢过去了，让你在大家的“支持”中成为孤家寡人。

总之，我们要认清身边的小人，特别是伪君子，揭露伪君子的真面目，防止被小人伤害，被小人所算计。

你的善良也会引来饿狼

人性的善良是可爱，但面对复杂的社会，太善良就不是可爱了，而是会有危险了。我们的过度善良在别人看来就是一种傻，有时候还会为自己过于善良的行为或者思想而付出代价。

张宇是在大连做生意的外乡人，在来大连之前也曾经闯荡“商场”多年，可谓阅历丰富，朋友遍及五湖四海啊！尤其是他在大连落脚以后，凭着自己的超强能力办起了自己的公司，事业可以说是做得有声有色。正所谓“人怕出名猪怕壮”，张宇事业上的成功也引来了许多朋友羡慕的眼光，一时间分散在各地的朋友纷纷前来投靠他。而张宇是一个爽快热情的人，对于朋友的来访自然是“满招待”。

2009年3月的一天，和往常一样，张宇正在自己的办公室忙碌着。这时电话铃响了，“喂，你好。”张宇很客气地说道。这时电话的另一头响起了一个男子的声音：“最近忙什么呢？……你猜猜我是谁？”对于这种电话，张宇也不是很陌生了。因为好多朋友给他打电话的时候经常用这种方式。听到对方是湖南口音，张宇随口猜到：“你是长沙的李老弟吧？”谁知对方大笑了起来，原来是张宇“猜对”了。说起这位李老弟，在三年前曾经与张宇有过生意上的来往，但是对于李老弟的声音，张宇已经记得不是十分清楚了。只是感觉对方是湖南口音，所以就随口说了出来。哪知对方竟然顺坡下驴，一口咬定他就是张宇的那位李老弟。

双方对话继续进行：“你还在大连吧？我现在正在鞍山办点儿事情，今天就差不多了，我明天就去大连，咱们好好聚聚！”说着，“李老弟”从容地挂断了电话。

果然，第二天早上，“李老弟”就给张宇打来了电话说：“我们已经准备好了，一会儿就出发，大概十一点到大连吧。”张宇挂了电话，接着忙自己的。谁料想没过多久，那位“李老弟”就又打来了“求救”电话。只听对方懊恼地在电话里说：“我在保定出事了，把人家的车给撞了，你这边有朋友吗？”张宇略微想了一下，也没想到鞍山有什么熟人，于是他也感觉到很为难。正在这时，“李老弟”又提议说：“我想和对方私了，可是我的手里只有五千，要不你先借我五千？给我存到卡上，等我到了大连以后我再到朋友那里拿钱还给你。”

张宇是个爽快热情的人，朋友有难，岂有不帮之理？于是他也没多想就按“李老弟”说的把钱打了过去。一切妥当之后，张宇回到公司静候这位“李老弟”的到来，可是眼瞅着天都快黑了，“李老弟”还是没出现。于是张宇想给他打个电话问问，可是当他拨打“李老弟”的电话时却发现是个空号。张宇一连打了好几通，都是如此。听着电话那头传来的“对不起，您拨打的号码是空号，请查证后再拨……”此时他才恍然大悟，自己是上当了。

显然，这是一个利用人性的善良而引发的骗局。由于张宇对“刘老弟”的身份深信不疑，骗子就以出车祸为由向张宇借钱，而善良的张宇因念及友情而上当受骗。

做人善良本身不是错，而关键是社会关系复杂。这是一个现实的社会，不但有光明也有黑暗，当然也包含了鱼龙混杂的各方人群。

面对其中的一些人和事，你必须擦亮眼睛，以防被人欺诈被人骗。

中国古代大哲学家荀子在论人性时说“人之性恶，其善者伪也。”这句话的意思是说，人的性质如果看来是善的，那是他努力装扮成这样的，人性本来就是恶的。这就是著名的性恶论，同时也告诉人们做人要有“心机”，不要太过善良，以防被恶人所害。

人性究竟是善还是恶，绝非三言两语就能够说清楚。但是在现实生活中，与人打交道时的确要谨慎小心，对人不妨考虑一些防范对策，预防万一，否则事情发展到糟糕程度时就为时晚矣。

王爽在一个文化公司上班，平常工作紧张而繁忙。周末难得休息，王爽准备邀上几个闺中密友前去王府井逛街。出地铁的时候，她看到一个乞丐：一个穿着干净、笑容温和的小女生在跪地乞讨，身边还放着一份乞讨书。这份特别的双语“乞讨书”吸引了不少行人驻足，而女孩碗里放的钱明显比旁边其他几个乞丐多。

好奇的王爽走上前询问起来，该女孩自称姓张，从贵州流落至此，今年 16 岁，读过初三，成绩优异的她因为家庭实在贫困，不能继续学业。但是她不甘心就此嫁为人妇，希望到首都求得好心人资助，实现升学的梦想。

小女孩告诉王爽，这份英文“乞讨书”是她自己翻译的。“这样外国人也能看懂，他们给的钱多些。”小女孩还特别善解人意，看到王爽询问得细致，还跟她讲起了自己的家庭，因为妈妈得了癌症，粗暴的爸爸一定要将她卖给村里面一个独眼的生猪贩子，所以她就带着妈妈一起逃到北京来了……姐姐你的项链好美，是你男朋友送的吧，我妈妈以前也有一条项链，可是我爸爸要打酒喝，就把它拿去当了……在农村长大的王爽是深知农民生活的艰辛，听小女孩这么一说，顿时心生怜悯，当即掏出一百元钱，塞给小女孩，同时取下自己的银项链，硬塞到小女孩手里，然后红着眼睛走了，因为她不敢正视小女孩含泪的目光。

王爽下午逛街回来，在街口看到那个小女孩拉着一个穿着时尚的四十岁女子的手，轻车熟路地走进一个品牌时尚店。以为自己看花了眼的王爽赶紧和同伴一起追上去看个究竟，双目相对的时候，小女孩完全一副从来没有见过王爽的天真神情，可是王爽分明看到自己的银项链挂在小女孩洁白的脖子上。

俗话说：人善被人欺。善良的人真是太容易上当受骗了。其实，对于街头故弄玄虚的乞丐们，我们还是远离为妙，譬如上例中这个小女孩，年纪轻轻，每天就想着怎么样才能唤起同情、乞讨更多的钱，做一个不劳而获的人，而我们的善良反而助长了其不良行为。所以说献出爱心也要看好场合与对象。

世界太复杂，当你在一个陌生的环境或面对不太熟悉的人，一定要多观察多思考，三思而行。否则，你的善良也会引来饿狼。

记住：你的善良，不能随便施与！对恶人行善，是一种罪恶！

太在意别人的反应，容易自我失落

对善良的人来说，由于渴望别人的爱或良好的人际关系，他们甘愿迁就他人，很在意别人的感情和需要。有时候，他人不经意的一句话，一个眼神，一个动作，会让他们心中反复琢磨好久，总以为别人的动作、语言都是和自己有关系的，生怕自己惹得别人不高兴。甚至更有的给予型的人，在看到别人在谈话的时候，就会猜想他们是不是在议论我，于是，便会一直耿耿于怀。

其实，他自己根本不知道别人是不是在议论他，只不过是过分看重别人的看法罢了。就算别人对自己有看法、有意见又何妨，我们不可能做到让每个人都满意，索性做好自己就可以了，不必想得太多。

有这样一个男孩，他认为自己很善良，但又总为自己的“善良”而苦恼。

他最怕别人向他借东西，这绝不是因为他自私，自己的东西舍不得借人。相反，他内心是非常想把自己的东西借给别人用的。但是当别人向他借东西时，他总担心别人从自己的表情、语言看出一丝不悦——尽管他绝没这种意思。

借东西这种事不是天天发生，他的烦恼还能够忍受。他最怕的事情，还是自己日常的言行举止。在表情上，他老担心自己脸上会露出清高、傲慢的神色；走路时，他老怕头抬高、腰挺直，让人觉得盛气凌人；说话时，他怕自己言语不当，伤害了别人；甚至他遇到什么高兴的事，也不敢表露在脸上，怕别人认为自己是扬扬自得。男孩曾这样感叹道："我最在意别人的脸色，也最怕别人的脸色，我总是看别人的脸色行事，生怕引起别人一点儿反感和不快。"

上例中的男孩日常所怕的所谓"脸色"，其实就是他内在情绪的外部表现。无论你的老师、同学、父母、亲友、邻居，每人每天都要经历许多事。这当中，不仅要动脑动手动身，还要动容。随着各种事的性质及心理经历的酸甜苦辣，人的表情也会有喜怒哀乐的表现。对此，你看到也罢，看不到也罢，人家的脸色依然是人家自己的脸色，就像人家的呼吸一样，并非你决定得了的。

别人的脸色，多是别人的情绪体现，并非与你有什么关系。如果你的朋友今天一脸不高兴，那可能是因为他与父母发生了矛盾，在怄气，与你走路的姿势根本没有关系，这只是他个人的私事而已。你觉得人家的脸色不对，觉得是自己走路头抬得过高，可人家压根儿就没有注意到你。你看这不是在自寻烦恼吗？

有时有些人的脸色，可能确实与你有关，但你也不必为此惊慌失措。你可以这样对自己说："你有不高兴的时候，我也有不快乐的时候；你能给我脸色，我也有脸色，人人都是平常的。"这样一来，你就把自己完全摆在了与对方人格平等、身体平等、心理平等的位置上。于是，你便可稳定情绪，有利于理智地思考和行动。如果对方所给的脸色确系是自己言行失当所致，那就主动改正；如果对方的“脸色”部分有理，那就部分改正；如果对方毫无道理地给人“脸色”，那就应该毫不在意地不予理睬。这种傲然、坦然的人格立场，也是一种恒定的力量，久而久之，给人脸色看的人，也就自觉没趣，脸色也就悄然隐匿了。

所以，我们不必特别在意“别人的脸色”。“别人的脸色”其实是无所谓“有”，也无所谓“无”的。你若有心注意它就有，你若无心注意它就无。做人就要有自己独特的个性，最好不要太在意别人的脸色，这就需要你建立起一种内在的自信。爱看别人脸色的人，必定是一个很自卑的人，总怕自己因为言行不当，被人看不起，被人贬低或否定；也怕惹人不快，或伤害了对方，遭人拒绝和排斥。因为自己太脆弱，就觉得别人承受力差，进而再损伤自己。所以，建立起自信，才是不在乎别人脸色最可靠的保证。有自信的人，只把心思和精力用于自己该做的事上，用在自己所追求的目标和向往的乐趣中，他就能与人为善，和睦相处，不怕出现矛盾，也能坦然面对非议了。这样的人，永远是快乐者、成功者。

有这样一个故事：

有一群青蛙在比赛谁能爬上最高的铁塔。比赛开始了，一大群的青蛙看着那高大的铁塔议论纷纷：“这太难了！我们绝对爬不到塔顶的……”“塔太高了！我们不可能成功……”听到这些，有些青蛙便放弃了。

看着那些仍然继续爬的青蛙，大家又继续说：“这太难了！没有谁能爬上塔顶的……”

就这样你一言我一语，越来越多的青蛙退出了比赛。

但有一只却无动于衷越爬越高，最后，当其他的青蛙都无法再前进的时候，它却成为唯一到达顶点的选手。

其他的青蛙都想知道它是怎么做到的，于是便跑上前去询问，才发现原来它是个聋子。

这个故事告诉我们，嘴巴是别人的，但人生却是自己的。绝不能因为别人的几句批评或冷言冷语就难过、痛苦，或者气得跳脚，因为那只会对自己更没信心。有人的地方就有是非，只要有嘴巴，就会有意见和批评。太在意别人的批评，不仅越活越痛苦，而且也会失去自己的看法和坚持。

在生活中，我们一定不要成为活在别人看法里的人，不要根据别人来评判自己的生活。一生短暂，哪里顾得上管他人怎么看，活出自己的精彩最好。

远离那些不求上进消极的朋友

生活中，有些人全身都充满了负能量，消极悲观，平时在聊天聚会的时候，你就能够听见他们在一旁长吁短叹，就能够看见他们总是垂头丧气，成天提不起精神。也许一开始你不以为意，觉得这只是对方在表达的困惑而已，可是当你和他接触的时间越来越长之后，就会发现自己也会渐渐被同化，自己也会莫名其妙地变得多愁善感，变得悲观颓废，也免不了时时要向朋友唠叨和诉苦。猛然间，你会意识到自己的生活也被他们摧毁了。

而当你变得悲观颓废时，就会发现好运正在慢慢离你而去，你的生活总是变得阴郁和压抑，各种烦心事都会找上门来。可以说，从你过多地接触那些不求上进、消极悲观的朋友开始，你的生活就已经失去了活力。哲学家康德说："与快乐的人在一起，你的心永远是快乐的；和悲伤的人在一起，你的心情也会变得沉重悲痛。"被悲观情绪笼罩的人往往也会变得悲观，所以你就应该主动远离那些悲观颓废的朋友，以免时间一久就要被他们影响，最终让自己陷入痛苦之中，不可自拔。其实，两个人相处，我们更应该相互支持、相互鼓励，不要让你的朋友在你身边传递负能量，不要被你朋友的负面情绪所影响。生活始终是向前发展的，做人也要积极乐观一些，如果你的朋友总是处于悲观失落、不求上进的状态，那么我们最好还是远离他们。

2009年，金融风暴的危机还未过去，美国加州的几个年轻人准备成立一家专门为科技公司提供创意的公司，这样的公司虽然并不多，但竞争也很激烈，而且很多公司根本就无须依靠这样的创意公司来生存和发展，像谷歌、苹果那样的大公司，他们自己就有很好的创意部门，有专门的人才来专攻这一领域，不过对于其他小一点的公司来说，则未必有那样的实力。

当几个年轻人斗志昂扬，准备大干一场时，他们很快就发现了一个问题，那就是其中一个伙伴非常贪玩。一有空就坐在电脑旁玩游戏，而且这个朋友并没有什么危机意识，也缺乏上进心，无论做什么事只要达到一个大概的水平就行了，从未想过要更上一层楼。可是随着科学技术的发展，创新意识成为整个科技行业内最重要的因素，因为只有创新才能更好地吸引大众的眼球，才能为市场提供更多意想不到的技术和产品，因此每个搞创意的人都需要不断进步和突破，这是一个巨大的挑战，对整个公司的团队来说，都是很重要的。

正因为这样，朋友们多次提醒这位队员，希望他能够以大局为重，毕竟整个团队都需要保持发展的势头，都需要不断进步和提高，如果有人始终原地不动，那么无疑会拖累团队的发展脚步。这个队员虽然满口答应，但每次都还是老样子，看上去并没有想要改进和完善自我的意思。为了不影响团队的效率，大家只能将这个朋友开除出去，可是这个朋友不甘心就此被踢出去，于是向法院提起诉讼，反过来状告公司，结果胜诉，这直接导致了这家公司支付高达300万美元的违约金。这样一笔数字对于刚刚起步没多久的公司而言，无疑是巨大的负担。好在甲骨文公司后来收购了这家公司，解决了几个年轻人的燃眉之急，而他们在甲骨文公司的资助下重新开始运营，并且获得了不菲的成就。

事实上，那些自甘堕落、不求上进的朋友常常会成为一种负担。如果你整日面对这些充满负能量的人，那么你必然也会变得多愁善感、抱怨连连，没有一点阳光和积极向上的态度。所以在生活中，一定要让孩子远离负能量的人。

有个慈善家曾经说过："作为一个慈善家，我只帮助那些在泥地里挣扎，并试图往外爬的人，而不是那些陷入泥潭而自暴自弃打盹的人。"在这个慈善家看来，真正值得帮助的应该是暂时郁郁不得志或者陷入困境，但是却有人生目标和进取精神的人，而不是那些扶不上墙的烂泥，不是那些打定主意让你搀扶着站起来的弱者。对于朋友也是一样，我们愿意帮助那些能力不足但是有上进心的人，至于那些缺乏进取精神且甘于沉沦的朋友，最好还是敬而远之，否则等到对方缠在你身上，你一定会被他拖下水的。

一个人交什么样的朋友很重要。和消极的人在一起，自己也会变得消极；和上进的人在一起，自己也会变得上进。要记住一点：正像人们常说的"良师益友"，好的老师和伙伴在一个人成长的过程中发挥着很重要的作用，所以你要想获得成功的人生，就应该远离那些不求上进、消极悲观的朋友，多与那些乐观向上、积极努力的人认识结交。

第二章　为什么你本性善良，却不讨人喜欢？

帮人，还需量力而行

你真的认为自己是一个无所不能的人吗？

事实上，我们每个人都有自己的能力上限，不可能样样都行。能力极限可能是由自己体力、心智或情绪上的缺陷所致。此外，外界因素也可能从中作梗，给我们造成各种阻碍。

尽管如此，很多人为了向别人或自己证明自己的能力，强迫自己去做力所不能及的事情，不仅会累坏自己，而且还会平白浪费了宝贵的时间。所以我们要首先明白这个道理：尽力而为，还要量力而行。

周旋是一个非常爱面子的人，经常将一些自己本来难以办到的事情往身上揽。一次，老同学张楠在和他吃饭的时候，告诉他自己的父母要从外地过来，看看自己，顺便玩几天。兴奋之余，张楠有些担心地说：“就是我要工作，不能每天陪着他们。让他们自己在这个陌生的城市里转，我还真是有些不放心。”周旋一听，立刻拍着胸脯说：“嗨，这算多大事啊？交给我了。咱爸咱妈哪天来？我给你找辆奥迪，再给你配个专人司机，保证让他们玩得开心又安全！”张楠立刻说道：“这怎么好意思，那车多贵，人家肯定不舍得借吧？”

张楠这话虽然是为周旋考虑，周旋却觉得面子有些受损，信誓旦旦地说："你还别说，不管车有多贵，只要你要，我就能给你借过来。这点面子我还是有的！"张楠见周旋有些不高兴，就不再推辞了。

谁知，周旋大话是说出去了，但还真的没有借到奥迪。周旋这样爱面子的人，怎么好意思向张楠承认自己借不到车呢？无奈，他只好自己花钱，租了一辆奥迪，还请了一个专门的代驾。周旋的这句话，可把他的荷包折腾惨了。

周旋这一类人，其实在生活中是很常见的。他们过于爱面子，希望得到别人的"仰视"，因而不惜在朋友面前吹牛，最后要为说出去的话付出"惨重"的代价。很明显，他们之所以吃亏，就是因为自己把话说得太满，最后只能为自己的承诺埋单。由此可见，无论什么时候，都要把住自己的嘴关，即使自己能做到的事情，也不要随便承诺。否则，自己要面对的，很可能就是无法预料的后果。

做任何事情都要量力而行，不要打肿脸充胖子，明知不可为而为之。生活中，有些人是不好意思拒绝别人而向他人承诺，而有些人则喜欢胡乱吹嘘自己的能力，随随便便向别人夸下海口，承诺自己根本办不到的事情。结果不但事情没有办成，自己的人缘也搞臭了。

有一个年轻人在银行工作。他过去的老师想开一家公司，却缺少资金，便去问他能不能帮忙贷款。他想："这是老师第一次找自己帮忙，怎么能拒绝呢？"当即一口答应。可是，他毕竟刚参加工作不久，还没取得说话的资历，老师的贷款请求又不完全合乎规章，所以，当老师租好门面，请好员工，等着资金开业时，他这里却拿不出钱来，搞得很被动。老师大怒，责备他说："你这不是捉弄我吗？你即使不想帮我，也不该害我！"他能说什么呢？只好苦笑而已。

做什么事情都要根据自己的能力而定，不要做自己力不能及的事，这样只能让自己头破血流，或者误入歧途。所以，我们在做事情的时候，要时时刻刻掂量自己，时时刻刻要知道自己是谁？自己几斤几两？有几分力量？不要过高估计自己的德行和自己的力量，一定要量力而行，量体裁衣。

小丽是厂里的一名普通职工，她希望别人能够高看自己一眼。但他并没有在工作中努力，而是一味地帮人家办事。

因为她的热心，大家有什么事都求她，对此她即使办不了也会为了顾全面子而答应下来。为了替上司买可以打折的某国外品牌的化妆品，她先谎称自己的朋友能拿到内部折扣，然后再起早去商场排队，要是排不上自己再搭上钱从他人手里高价买。最终事情办完了，上司拿到了打折后的化妆品，喜笑颜开，连夸小丽有本事。可背后的辛酸只有小丽自己知道。她这样做就是想让别人认可自己，不愿承认自己比别人差，怕伤及同事的感情或是得罪上司。可到头来自己得了“面子”却累坏了身子，还让家人为之落泪。

帮助别人需要量力而行，不要超出自己能够承受的范围。自己最应该了解自己的能力，能吃几碗饭，能干多少事。所以，在做事情之前，你要充分地分析自己的能力。心有余而力不足的情况时常能够遇见，这个时候，就不能脱离现实条件，而是能帮多少算多少。如果帮得不好，不但对被帮者无益，反而对自己有害，违背了初衷。

三国时候有一个叫王郎的人。有一天他和华歆乘坐一条渡船到另一个地方去，船上带了很多行李，因为公务他们必须在两天内赶到另一地方。船刚要离岸，这时有一个人摆手要搭船，样子也非常着急。几近跪拜，王郎就问华歆：“你看我们帮不帮他呢？”华歆沉思片刻说：“我看还是不要带，我们时间紧急，行李又多，两天之内如果赶不到，必受惩罚，增加一个人，船必然行进缓慢。”王郎却说：“我看还是行善带上他吧。”华歆却说：“让他等别的渡船，我们赶快走吧。”此时岸上的人真的跪地求帮忙。王郎于是命令船家赶快让岸边人上来。这人与他们所去的地方正好是同一个地方，由于这里稍微偏一些，很难等到渡船的，此人不得已求助。但由于船小，增加一个人后，行进缓慢，走了一天还没走到一半的路程，这人倒也积极帮忙划船，可是眼看 2 天就要过去了，再不加快速度肯定要延期了。这时王郎眉头紧锁和华歆商量："这怎么办呀，真后悔当时没听你的，不然我们肯定到了。不如，让此人下船吧。"华歆摇头："那不行，你既然让人上船了，为何半途把他扔下，现在天也黑了，况且这里前不着村，后不着店，根本没有船只，你让那人如何是好？不如把行李扔掉一些吧！""不行，这些行李都精减过了，都是必须带的。"王郎说，想来想去，他让船家把船靠岸，让搭船人下船，搭船人苦苦求饶，并示意多给些银两，但王郎此时害怕延误受到惩处，毅然把此人赶下了船，任凭搭船人在荒凉的岸边哭号。搭船人下去后，船速明显加快，他们终于如期赶到了地点，而华歆因为此事从此和王郎绝交。

帮助人要量力而行，如果没有能力帮助人，不要轻言帮助，否则中途把人害得更深。现实中有很多人，在别人求助时，满口答应，结果实际却没有办到或者办砸了，让受助者错过了时机或者更痛苦。

人要有自知之明，所以，哪怕是帮最好的朋友办事，也要量力而行，千万别逞强，说不定你还会适得其反，将事情搞砸。办不成的事，要老实地说，没什么不好意思的。办不了的事就是办不了，朋友之所以来找你，就因为他也办不成，别为你帮不上别人的忙而不好受，与其搞砸了一件事，还不如让他另请高明。

量力而行是一种智慧。它要求我们要以一种严谨的态度、冷静的头脑来审视我们的实际情况，正确估量我们的实际能力，既不盲从，也不僵化。如果一个人，凡事不仅尽力而为，还能根据自身的条件量力而行，又经过全面权衡以后，懂得放弃自己不能办到的事情，那么他就是一个非常善良且有智慧的人。

指出他人的错误要有技巧

在与人沟通时，一般而言，直言快语是人的真诚、善良所在，是受欢迎的，但有时候沟通的效果并不佳，轻者损害人际关系的和谐，重者造成麻烦，违背言语交际的初衷。

李静是一个心直口快的东北女孩。有一次，她和同事王娜一起去滑旱冰，对方是初学，自然不熟练。出于好心，她便当教练教起对方来。可是在教的过程中，她一会儿说人家“真笨”，一会儿说“你这人看起来挺精明的，怎么学得这么慢”。

气得王娜不客气地说：“你说话可不可以含蓄点儿？”

“什么含蓄，你笨就笨嘛，还不让人说了。真是的。”

就这样，王娜气得转身走了。两个人因此弄得十分不愉快。

直爽、坦诚，虽然不失为善良人的一种优点。但如果说话过于直接，任何情况下都实话实说，常常会得罪人，让自己成为不受欢迎的人。特别是在职场中，如果你不掩饰自己的情绪，不管什么场合，也不问对象是谁，不考虑说话会引起什么后果，心里有什么就说什么，直来直去，想说啥就说啥，结果就会在无意中得罪了别人。所以，不讲究方式的直言快语，往往会带来不良的后果。

齐景公有一匹爱马，他将这匹马托付给一位养马人好生照料，不料这匹马突然死了。齐景公就怪罪于养马人，命人将养马人肢解。晏子见状急忙上前阻止，他问齐景公：“大王知道尧、舜二主肢解罪人的时候，是从身体的哪一个部位开始的吗？”

尧、舜都是圣明的君主，并不曾对罪人施以肢解的刑罚。齐景公明白晏子话里的意思，于是下令将养马人交给狱官处置。

晏子知道将养马人交给狱官处置同样有性命之忧，于是又对齐景公说：“大王，可怜的养马人还不知道自己的罪过就要受处罚了，让微臣来历数他的罪过，然后再转交狱官处置吧，好让他死得明白。”

齐景公答应了晏子的请求。晏子就数落养马人说：“你犯了三宗大罪，按理说应该判你死刑的。第一，大王让你养马，你却把马养死了；第二，你养死的是大王最爱的马；第三，因为你的过错，让大王为一匹马而去杀人，天下百姓要是知道了这个缘故，肯定会怪大王生性残暴，因此怨恨大王，这样大王就失去了民心，国家也将不保了。有这三条罪状，你是死罪难免了，就把你交给狱官处置吧。”

齐景公听了晏子的话幡然醒悟，急忙说：“还是将他放了吧，免得坏了我的名声。”

想象一下，如果晏子一开始，就直接指出齐景公的错误，景公肯定会不高兴，后果反而会更糟。所以，他采用了一种迂回的方式，把本是批评的话用赞扬的方式说出来，不但合情合理，而且揭露了事物的内在矛盾。齐景公意识到了自己的错误，心生愧疚，认错自然不是难事。因此，我们必须学习各种说话的方法和技巧，以达到“劝善归过”的目的。一句平常的话，倘若加上对对方的尊重，委婉措辞，掌握分寸，就会成为既顺耳又优美的忠言。

事实表明，直言不讳刺激性大，容易伤害对方的自尊，得罪人，造成许多矛盾；委婉的话有礼貌，比较得体，听了轻松自在，愉快舒畅。“良言一句三冬暖，恶语伤人六月寒”。同是讲真话，委婉语大概属于“良言”，直言不讳的话虽不一定算是恶语，但在某些人听来很逆耳，跟恶语差不多。我们提倡忠言不可逆耳，理直不可气壮。就是说，“忠言”和“理直”都要注意用恰当的方式表达，不可图说话痛快。

春秋时期，吴王准备攻打楚国，他知道这个计划会遭到很多大臣们的反对，于是对左右的人说：“谁要是对我攻打楚国发表反对意见，我就让他去死。”因此很多大臣都不敢指出这个计划的错误。攻打楚国会给吴国带来很大危害，吴王的宫廷近侍少孺子为了劝谏吴王，想了一个办法。

一天，吴王早起时发现少孺子浑身湿漉漉的，就问他是怎么回事。少孺子说：“我带了弹弓，在后花园闲逛，想打些飞鸟。突然我发现了一件让我不能忘怀的事情：一只蝉在树上凄厉地鸣叫，喝着露水。蝉不知道有一只螳螂正在它的下方悄悄地向上爬，正想把它作为自己的早餐呢！那螳螂伏着身子，张着足爪，沿着浓密的枝条，一步一步地接近了蝉。可螳螂哪里知道，这时有一只黄雀正藏在不远的一根树枝上，正要展翅飞来啄那只螳螂！黄雀伸着脖子以为很快就可以将螳螂吃到嘴里，哪里会想到这时我正用弹弓瞄准它，它也完蛋了！这三个小东西，都是只顾前，不顾后，它们的处境真是太危险了！而我呢，则因为看到这么精彩的场面，时间久了，让露水把衣服都沾湿了！”吴王听了少孺子的话，心中猛然警醒，同时也明白了少孺子的一番良苦用心，于是决定放弃攻楚的计划。

少孺子鉴于吴王的威严和其下的命令，不能直接进行批评，于是采用迂回的办法，连用三种动物，比喻其做事只图眼前利益，不知祸害就在后面，从而使吴王醒悟并接受了他的批评。

在语言表达中，有的时候直来直去地说话并不能取得很好的效果，而是需要采取“迂回”的手段来达到说话的最终目的。对于不宜直言的问题，绕个弯儿说话，有时会让自己化险为夷，起到意想不到的效果。善于运用此法的人，既不得罪人，又达到了自己的目的，可谓是做人的大智慧。

任何一种意思都可以含蓄隐晦地表达，与人说话时，言语不可太直，否则会招惹对方不快。所以，在与领导交往的过程中，我们要学会说话“绕弯儿”，这样才不至于冲撞对方，才会讨得对方的喜欢。

再好的朋友也要保持距离

有这样一个寓言故事：

在冬天来临时，森林中有十只刺猬冻得直发抖。为了取暖，他们只好紧紧地靠在一起，却因为忍受不了彼此的长刺，很快就各自跑开了。

可是天气实在太冷了，它们又想要靠在一起取暖，然而靠在一起时的刺痛又使他们不得不再分开。

反反复复地分了又聚，聚了又分，刺猬们不断在受冻与受刺两件痛苦之间挣扎。最后，刺猬们终于找出一个适中的距离，即可以相互取暖又不至于被彼此刺伤。

人与人之间的关系就像两只刺猬相处一样，靠得太近相互受伤，离得过远则觉得寂寞。只有保持适当的距离，才能彼此得到对方的温暖，而又不会因为近而伤害对方。这不仅是刺猬的相处哲学，也是人际交往的距离法则，也就是所谓的“距离产生美”。

距离为何产生美呢？从心理学的角度来讲，主要是因为距离可以使人们宏观地把握事物，它能够带给我们未知的神秘，能够引发人们的美好幻想。这就是人际交往中的“心理距离效应”。的确，在人与人之间的交往中，应该给彼此留有一定的余地，相应的心理距离，否则，再好的关系也会就此破裂。生活中，我们经常可以见到这样的事情，两个十分要好的朋友，整天亲密无间，日子久了，彼此的缺点都暴露出来了，在自觉不自觉间两个人的关系变得渐渐淡漠起来。由此可见，人与人之间保持一定的距离是十分必要的。

再亲密的两个人，也要保持各自的私密空间。无论是怎么样的朋友，无论关系多么密切，距离都是非常重要的。莫洛亚曾说过：“朋友间保持适当的距离，能给双方美化升华的机会。”如果希望友谊长久而稳定，你就要把握好交往的分寸。过于亲密或者过于疏离都不利于长久地保持友谊。

李强和王建两人在上大学时是好到可以穿一条裤子的铁哥们儿。毕业后两人有了各自的生活，但大大咧咧的李强却依旧像以前那样，总是随意闯进王建的房间，乱翻东西，躺在沙发上看足球赛，一看就是大半夜就像是自己屋一样。这一切都让王建感到厌烦，但因为是老朋友了，王建一直保留着对李强的忍耐。而李强也没意识到这样相处的危险，照样我行我素。

有一天，王建的妈妈突然生病住院，王建赶回家取钱时，才发现柜子里居然是空的，这时李强来了，王建看见李强身上穿着自己女朋友买的毛衣，心里又添了一股气，“柜子里的钱哪儿去了”？李强一点也没发现王建的脸色不对，懒洋洋地说：“女朋友过生日，我还没发工资，就拿你的钱请她吃顿大餐，买了条项链钱就没了！”王建冷冷地看着他：“你凭什么不经同意就拿我的钱？！”结果那天两人大吵了一通，彻底闹僵了，两个好到可以穿一条裤子的铁哥们儿从此中断了联系。

在这个事例中，李强错就错在对朋友太随便，要知道两个人即使关系再好，也是相互独立的两个人，也有彼此不同的家庭生活，彼此之间还是要保持合适的距离，互相尊重为好。

朋友之间，需要保持一定的距离。无论是怎么样的朋友，无论关系多么密切，距离都是非常重要的。莫洛亚曾说过：“朋友间保持适当的距离，能给双方美化升华的机会。”所以，如果希望友谊长久而稳定，你就要把握好交往的分寸。距离是一种美，也是一种保护。过于亲密或者过于疏离都不利于长久地保持友谊。

距离并不是情感的隔阂，保持适当的距离可以让友谊获得新鲜的空气。交友时，要把握好交往过程中主客体间的空间距离、心理距离，要考虑到双方彼此间的关系、客观环境因素，给对方一定的空间。这样做不仅仅是为了自身，更是为了友谊的长久。

那么，怎样才能保持距离？

一句话，就是要避免整日在一起，过分亲密。意思是，彼此间的心灵是贴近的，肉体却应该保持距离。保持距离也就能保持礼貌，礼貌则是防止双方产生摩擦的海绵。

朋友之间保持一定的距离，为的是使自己的友谊之花开得更长久，如果你有了自己的“好朋友”，与其因为太接近而彼此伤害，不如适度地保持距离，以免碰撞，而且还能增进对方的感情。所以，保持一定距离就是给自己留出一个空间，也给对方留出一个空间，每个人都有了自己的空间才会和谐相处。

总而言之，为了保持朋友之间的友谊不间断，你应谨记：好朋友也要保持距离!

没必要过分追求完美

“完美主义是一种流行病”，美国一家杂志上这样说。的确，不能容忍美丽的事物有所缺憾，是人的一种普遍心态。对许多人来说，追求尽善尽美是理所当然的。他们从未想过，正是这种似乎无关紧要的态度，令自己非常疲惫，也给生活带来了无尽的烦恼和压力。

小赵是一位性格内向、自尊心极强的青年。从小学到大学，他学习成绩一直名列前茅。进入单位以后，他工作认真努力，积极进取，时常加班加点地干活，希望给领导、同事留下好的印象。事实上大家也都很认可他的努力。可是每次完成任务以后，他却总发现自己有很多不完善的地方，或细节上的疏漏，或考虑上的不周……这些“过失”像电影中的镜头在他头脑中一遍遍掠过，让他深深地自责。他害怕时间长了以后，大家发现自己的工作其实做得不完美，越是这样，越发紧张，在接到工作以后，他就想做得再完美一点，加班加点地干，可老是达不到他的要求，弄得他整天焦虑不安，工作效率反而下降了。

像小赵这样的情况，在很多人身上都表现过，这是典型的完美主义心理在作怪。他们一方面表现为对自己的期望值过高，因而过分要求自己，处处争强好胜，在行动上过于注重细节而显得刻板教条，有时候稍微做得不完美，心里便惴惴不安，即便有好成绩，也没有成就感；另一方面，追求完美的倾向还表现在对他人和环境的过高期望，从而导致对生活的不满和与周围人相处困难。

人的很多烦恼，就是因为追求完美而产生的。过分追求完美往往是将问题复杂化，其结果是得不偿失，还会变得毫无完美可言。

有这一个故事：

有一个渔夫从大海里捞出来一颗硕大而美丽的珍珠，但他并不感到满足，因为那颗珍珠上面有一个小小的斑点。他想，若是能够将这个小小的斑点去除，那么它肯定会成为世界上最珍贵的宝物。

于是，他就下狠心削去了珍珠的表层，可是斑点还在。他又削去第二层，原以为这下可以把斑点去掉了，然而它仍旧存在。就这样他削了一层又一层，直到最后，那个斑点终于没有了，而珍珠也不复存在了。后来，那个人心痛不已，并由此一病不起。临终前，他无比懊悔地对大家说："如果当时我不去计较那一个斑点，现在我的手里还会攥着一颗美丽的珍珠啊！"

追求绝对的完美，会让我们在做事的时候产生更多的遗憾，反而会偏离做事的本意。其实，在做一件事情的时候，只要方向是正确的，就没有必要过分计较表面上的瑕疵和缺憾。而且，绝对完美的事情实际上是不存在的。只要我们明白了这个道理，就不会犯下过分追求完美的错误。

俗话说："金无足赤，人无完人。"人生确实有许多不完美之处，每个人都会有这样或那样的缺憾，真正完美的人是不存在的。虽然我们都想追求完美，但无人能做到真正的完美。完美只是人们给自己戴上的一个"金箍"，然后自己念着"紧箍咒"来折磨自己。

在某跨国公司担任秘书工作的蔡晓娟是一个典型的完美主义者。她对自己要求颇高，凡事都要求做得最好，但因常常无法如愿，故总是自责。近来，蔡晓娟对平常驾轻就熟的日常工作缺乏信心，睡眠也不好，感到心中惶恐，她以为自己生病了，所以来到医院检查，于是有了下面一段对话：

医生："您见过著名的维纳斯雕像吗？"

蔡晓娟："当然见过啦。"

医生：“这个雕像有一个非常显著的特征，你知道是什么吗？”

蔡晓娟：“哦，她的手臂是断的。”

医生：“请您想象一下，如果我们帮她接上两只手臂，是不是会更美？”

蔡晓娟：“您真会说笑，如果那样的话，她还叫维纳斯吗？”

医生：“是的，也就是说，凡事不可能完美，换言之，既然凡事不可能完美，那就说明残缺也自有一种美，那么您又为什么一定要追求工作中的完美无缺呢？这和为维纳斯接上双臂有什么区别呢？其实正是这些工作中小小缺陷的存在，才使您更加努力地工作，力争去避免失误，争取做得更好，那么您为什么不能容忍它们的存在而要感到焦虑不安呢？”

蔡晓娟：“哦……是的，我好像有些明白了。”

医生：“最后，送给您一句话：‘人可以不断完善自己，但永远无法完美自己。’”

生活中，很多人把追求完美当作人生的目标，但是，越来越多的人却被对“完美”的这份追求压得喘不过气来，深受完美主义之累，把所有的心思都投入完美中，无论对生活、对工作都锱铢必较。其结果只会把自己搞得筋疲力尽。

人生没有完美可言，完美只在理想中存在。我们可以接近完美，但永远也不可能达到完美。一味地追求完美，只能给人生留下太多的烦恼和遗憾。一位哲人在日记中写道：“如果再给我一次生命，我不会再追求事事的完美。只有自己确定了重点的人，才是一个能享受到生活快乐的人。因为快乐的人不是把一切都做得尽善尽美的人。”所以，我们只要心放宽一些，对自己不去苛求，对别人也不去苛求，生活就会少许多的烦恼。

苛求完美无异于追求痛苦，世上没有十全十美的人，没有十全十美的事物，平庸的人是世界的主体。人因为接纳生活的平庸，于是感激奇迹，因为感激奇迹而热爱生活。当你打破原有的思维模式，用另一种眼光看待世界时，你会发现生活豁然开朗。

交浅言深是人际交往的大忌

《菜根谭》中有这么一句话："见人只说三分话，不可全抛一片心。"很多善良的人，思想都比较单纯，往往在与别人交谈时，常常口不择言，毫无保留的余地，想到什么一股脑儿就全都说了出来，还以为这样做是自己对对方的一番诚意。殊不知，如果对方本来就居心不良、意图不轨，那么你说出去的这些话，只会让对方加以利用，从而让你为此付出惨痛的代价。

有这样一个寓言故事：

在大森林里，狡猾的狐狸垂涎刺猬的美味已经很久了，但是，由于一直苦于刺猬的一身硬刺——只要狐狸一靠近，刺猬便蜷成一个大刺球，让狐狸一点办法都没有，正是因为如此，所以刺猬才保住了自己的小命。

刺猬和乌鸦是很要好的朋友，一天，刺猬和乌鸦聊天，乌鸦很羡慕刺猬有这么好的铠甲，便说："朋友，你的这一身铠甲真好啊，就连狐狸都没办法。"刺猬经不起乌鸦的追捧，忍不住对乌鸦说："其实，我的铠甲也不是没有弱点。当我全身蜷起时，腹部还有一个小眼不能完全蜷起。如果朝那个小眼吹气，我受不了痒，就会打开身体。"乌鸦听了十分惊讶，原来刺猬还有这么一个小秘密。刺猬说完后，对乌鸦说："我这个秘密只跟你说过，你可千万要替我保密，要传出去被狐狸知道了，那我就死定了。"乌鸦信誓旦旦地说："放心好了，你是我的好朋友，我怎么会出卖你呢？"

过了不久，乌鸦落在了狐狸的手里，就在狐狸要吃掉乌鸦的时候，乌鸦突然想到了刺猬的秘密，便对狐狸说："狐狸大哥，听说你很想尝尝刺猬的美味，如果你放了我，我就告诉你刺猬的死穴。"

狐狸眼珠子一转，便放了乌鸦，乌鸦便对狐狸说了刺猬的秘密。

后果可想而知。在刺猬被狐狸咬住柔软的腹部时，它绝望地说："乌鸦，你答应替我保守秘密的，为什么出卖我？"

其实，真正出卖刺猬的是它自己。它生活在一个充满危险、弱肉强食的森林里，只有它的一身硬刺能保护它，而它为逞一时的口舌之快，却把自己的破绽告诉了乌鸦。

现实生活中，也不乏一些这样的人，他们将自己的秘密或心事讲给别人听，结果却为自己埋下了可怕的种子。

有一次，赵颖受到了上司老夏的批评，委屈的赵颖立马就被训哭了。下班之后，同事小李找到赵颖请她吃东西，吃饭的过程中，小李说："老夏今天太过分了，他太喜欢乱发脾气了，你别往心里去，我们是好姐妹，不希望看着你伤心啊……"赵颖刚刚平复的心情一下子又乱了，眼泪又跟着掉了下来。

小李赶忙安慰说："哎，谁让他是你的老板呢，老板一不高兴，说不定连薪水都不会发给你，还是忍吧。"赵颖一听这话哭得更加伤心了："怎么忍啊？哼，别看他在我们面前耍威风，那天我逛街看到他跟一个年轻女人非常亲密，一定是在外面养了情人，哼，都这么老了还这么浪！一天到晚就知道对我们这些下属发脾气，太没有老板的魄力了。"

小李听到这个没有再说什么，淡淡一笑，一个星期以后，赵颖忽然接到通知，马上收拾东西，她被调到储运部清点库存了。赵颖为什么突然间被调到储运部门？难道是因为老夏上次对赵颖发脾气？当然不是。小李跟赵颖不是同一伙，而跟老夏才是一伙的。赵颖在吃饭时口不择言的"倾诉"，虽然只是发发牢骚，顺口而出，没有什么别的用意，但是被小李一五一十地"原音重现"给老夏听了，这事情对老夏来说当然未必是小事，所以赵颖被调职也是不可避免的事了。

从身心角度来看，人要是有心事，就应该诉说出来，一吐为快，这样才不会在内心淤积，以致闷出病来。但倾诉的时候，也要分清对象和场合。否则，就会像上面那个故事中的赵颖一样，亲手为自己埋下一颗“炸弹”。

人们常说：饭可以随便乱吃，但话不可以随便乱说。所谓随便乱说，是指不区分心事的内容，不区分说话对象，见人就说，想说就说。换句话说，如果你觉得自己的心事必须一吐为快，一定要想想：这件事能对他讲吗？之所以建议你如此谨慎处理自己的心事，是因为倾吐心事会显露一个人的脆弱点，这种脆弱点会改变他人对你的印象，虽然有的人欣赏你性格的某方面，但有的人却会因此下意识地看不起你。最糟糕的是，一旦你的脆弱面被人把握，在他日与你争斗时，这就成了你的致命伤。尽管这种情形不一定会发生，但你必须提防。

细察老于世故的人，他们在人际交往中的确只说三分话，这不是他们不诚实、狡猾，做事缺乏光明磊落，而是在生活和工作中累积出来的经验。

坦率真诚、快人快语、言无不尽，这是人的美好品德，但人心险恶。你的坦诚和言无不尽可能会被有心人利用，给你造成伤害，所以不得不防。

小王是一家公司的业务经理，在一次聚会上，与另一家公司的业务员偶遇，两人很投缘，话也越说越投机，大有相见恨晚之感。小王把对方当成了自己的贴心朋友，结果在耳热酒酣之际，把自己公司将要开展的业务计划说了出来。一个月后，当小王的公司把新的业务计划投入实际运作时，却被客户告知别的公司已经在做了，并签了合同。作为与老板共知计划机密的小王，自然被上司批评一番，并罚俸降职，永不重用了。小王没想到把对方当成朋友，对方反而害了他。

有位西方哲学家曾经说过：“我宁愿什么也不说，也不愿暴露自己的愚蠢！”人性的丛林是复杂的、险恶的，特别是那些跟你有利益冲突的人，就更加需要你更加谨慎。千万不要逞一时口舌之快，否则事后将后悔莫及。所以，“逢人只说三分话，不可全抛一片心”。这才是保护自己的最好方法。

不要轻易亮出自己的底牌

古语云：“人心难测，海水难量。”人性决定谁都不可能绝对无私，在人际交往中注意说话的分寸，别把自己的底牌轻易亮出来，不然很容易成为别人算计甚至攻击自己的武器。

做人千万不能太高调，要懂得收敛锋芒有所保留，能够笑到最后的人一定不会最先亮出自己的底牌。

林凯大学毕业后来到一家跨国公司工作，年薪几十万元，可谓待遇优厚。这是他的很多同学都无法比的，同学们在羡慕他的同时，更加羡慕他有一个位高权重的老爸。

是的，林凯之所以能进入这家跨国公司，其中的幕后推手就是他的老爸。实际上，从一开始，林凯的爸爸就为他铺好了路，准备让他毕业后往政界发展。可是林凯的个性使他无法适应人际关系错综复杂的官场，虽然他的爸爸为了儿子不能继承父业而遗憾，但还是凭着自己的人际关系给他找到了现在的这家跨国公司。原来林凯的爸爸和这家跨国公司的副总经理是多年的好友，所以让副总经理给自己的儿子安排一个工作简直是小菜一碟。就这样，林凯成了这家跨国公司的一员。

刚进公司的第一天，林凯就对同事们说：“副总经理是我老爸的哥们。”于是，从这天开始，林凯就感觉到同事们对自己的态度似乎十分复杂。林凯开始后悔自己轻易地亮出了底牌，为了扭转局面，他便一头扎进了繁忙的工作中。他废寝忘食、朝九晚五，就是为了能够向所有人证明自己的实力，挽回自己的尊严。转眼间，几个月过去了，林凯不仅在工作当中游刃有余、如鱼得水，而且业绩在所有同事中也名列前茅。

就这样，林凯踏踏实实、勤勤恳恳地工作着。一转眼两年过去了，林凯也迅速地成长了起来，身上已经没有了刚走出校门的稚气。

可是时间长了，林凯有点忘乎所以。一次，他请同事们吃饭，几杯酒喝下去之后，林凯开始滔滔不绝起来。其中，他就说到了他爸爸跟副总经理多年的私交，甚至还把他们如何认识的都一五一十地和盘托出。同事们一个个像听故事一样，饶有兴趣地听着。

好景不长，几个月后，这家跨国公司进行了一场规模巨大的人事改革，其中的一个重大变动就是副总经理出局了。随着副总经理的出局，林凯的处境顿时也变得微妙起来。

实际上，自从副总经理出局的那一天起，同事们就不再有事没事地跟林凯搭话，林凯突然之间有一种被打入冷宫的感觉。林凯为此痛苦极了，感到自己受到这样的冷遇十分不公平。平心而论，林凯自从进入公司以来，工作表现是无可挑剔的，甚至凭借能力还为公司处理了很多棘手的问题，可是这些似乎全都被那层“关系”给遮盖了。现在副总经理出局了，如果他仍然在公司做下去，就算是再怎么卖命都没有什么意义。

经过几天的深思熟虑，林凯向这家跨国公司递交了辞职报告。

“鱼不可脱于渊，国之利器不可以示人”，自己的短处或隐私，一定不要随便展示于人，你永远不知道什么时候，它就成为别人挟制你的利器。因为当你在别人面前完全透明，你缺点和优点、坚强与脆弱都大白于人前，别人便可轻易拿捏你的七寸。

“不要让别人搂着后背腰”，说的就是这个道理：你把最脆弱的地方暴露于人前，关键时刻便无反抗之力。所以，任何时候都不能轻易亮出你的底牌，要懂得有所保留，为自己留有余地，使自己避免陷入绝境。

第三章 你要善良，也要多点计谋和心眼

见什么人，说什么话

每个人所处的地位不同，对同一事物的理解也千差万别，因此在言语交际中，应针对不同的环境、对象做出判断，掌握必要的谈话方式以加强谈话的效果。根据说话对象的不同特点说相宜的话，是建立和谐人际关系不可或缺的说话技巧。

俗话说得好：“见什么人说什么话。”这是说话的技巧，也是处世的原则。即当你在和对方交谈时，尽量使用对方认同的语言，谈论对方熟悉和关心的话题，并且也要视当下的具体情况灵活应变，以便在迎合对方心理的同时，也赢得对方的好感；唯有赢得对方的好感时，你才有可能得到你想获得的东西，而这也是人际交往的一种技巧。

战国时期著名的纵横家鬼谷子曾经精辟地总结与各种各样的人谈话的方法：“与智者言依于博，与博者言依于辩，与辩者言依于事，与贵者言依于势，与富者言依于豪，与贫者言依于利，与战者言依于谦，与勇者言依于敢，与愚者言依于锐。说人主者，必与之言奇，说人臣者，必与之言私。”因此，在与人交谈时，一定要对其情况作客观的了解。只有知己知彼才能针对不同的对手，采取不同的说

话技巧。

孙伟是某机关处室里出了名的“名嘴”，不但在业务上能言会道，在处里的人际关系上也是左右逢源，被大家封为“接待”。每一次有什么活动，孙伟都被委派为调节气氛的角色，他总是让大家感觉到有“乐子”。

有一次，机关处室召开各基层干部的联谊大会，孙伟也被分派来参加组织工作，他主要负责接待各位基层干部。一大早，他就站在会场门口，等待着干部的到来。

刘科长开着自己的座驾到了，孙伟上前为他打开车门，称赞道：“风光、风光，科长香车帅哥，气派非凡呀！”刘科长满意地带着微笑入场了。

张科长坐着出租车到了，孙伟上前为他打开车门，称赞道：“潇洒、潇洒，出租车是最方便的交通工具，一招手就来，轻松又方便。”张科长听了，点点头进入了会场。

宋科长比较年轻，骑着自行车就来了。他停好车，上完锁，孙伟便跑过来迎接，称赞道：“廉政、廉政，您真是一个清廉的好官。您这样为民着想，老百姓真是有福呀！”宋科长听了，心里乐滋滋的。

孙科长住得离处里不远，所以是步行而来。

孙伟客客气气地迎上去，称赞道：“时尚、时尚，现在追求健康的人都选择走路，好多富贵病都是因为缺少运动！”孙科长听了，觉得自己很有面子。

基层干部陆续到达，一个个都被孙伟哄得高高兴兴的。这时候，跟孙伟一起负责接待的同事忍不住问：“如果哪个科长是爬着来的，你怎么说接待的话？”孙伟立刻竖起大拇指说：“哎呀！您真是……稳当、稳当！”说完之后，两人大笑。

孙伟不愧是处里的名嘴，恭维话张口就来，而且说起来还一套一套的，让人忍俊不禁。他说的话，妙就妙在随着每个人用的交通工具不同，赞美词也不同，这些词又都充分地体现了每个人交通工具的特色。他的话说出来，让每个人都感觉自己很有面子。

所谓“射箭要看靶子，弹琴要看听众”。生活中，每个人的身份、职业、经历、文化教养、思想、性格、处境、心情等都不相同，聪明的人要针对不同对象和对象的不同情况，采取不同的策略，用不同的言语表达，这样才能达到有效的说话目的。

徐文远是名门之后，他幼年跟随父亲被抓到了长安，那时候生活十分困难，难以自给。他勤奋好学，通读经书，后来官居隋朝的国子博士，越王杨侗还请他担任祭酒一职。隋朝末年，洛阳一带发生了饥荒，徐文远只好外出打柴维持生计，凑巧碰上李密，于是被李密请进了自己的军中。李密曾是徐文远的学生，他请徐文远坐在朝南的上座，自己则率领手下兵士向他参拜行礼，请求他为自己效力。徐文远对李密说：“如果将军你决心效仿伊尹、霍光，在危险之际辅佐皇室，那我虽然年迈，仍然希望能为你尽心尽力；但如果你要学王莽、董卓，在皇室遭遇危难的时刻，趁机篡位夺权，那我这个年迈体衰之人就不能帮你什么了。”李密答谢说：“我谨听您的教诲。”

后来李密战败，徐文远归属了王世充。王世充也曾是徐文远的学生，他见到徐文远十分高兴，赐给他锦衣玉食。徐文远每次见到王世充，总要十分谦恭地对他行礼。有人问他：“听说您对李密十分倨傲，对王世充却恭敬万分，这是为什么呢？”徐文远回答说：“李密是个谦谦君子，所以像郦生对待刘邦那样用狂傲的方式对待他，他也能够接受；王世充却是个阴险小人，即使是老朋友也可能会被他杀死，所以我必须小心谨慎地与他相处。我察看时机而采取相应的对策，难道不应该如此吗？”等到王世充也归顺唐朝后，徐文远又被任命为国子博士，很受唐太宗李世民的重用。

徐文远之所以能在隋唐之际的乱世保全自己，屡被重用，就是因为他针对不同的人有不同的应对之法，懂得灵活处世，懂得“见什么人说什么话”。

生活中，人是各种各样的，他们的心理特点、脾气秉性、语言习惯也各不相同，由于这个缘故，就决定了他们对语言信息的要求是不同的。所以，在与人交谈时，聪明人不会用统一的说话方式来交流。与不同的对象谈话，就要采用不同的谈话方式，“见什么人说什么话，到什么山头唱什么歌”。

在日常说话中，我们要注意以下几点：

1. 说话要根据文化知识的不同而有所差异。文化水平较高的人与文化水平相对较低的人说话，应尽量使用浅显易懂的语言，让对方能够听得明白。而与文化水平相对较高的人谈话，说话时则需要讲究一点语言的修饰，可适当地使用较为正式的谈话方式。

2. 说话应根据说话人的身份地位而有所讲究。在一起谈话的人，往往会有着身份、地位的差别，此时说话就不应太过随便，根据对方的身份、地位可适当地说出自己的见解。要三思后才开口，切忌直言不讳。

3. 说话要根据双方关系的不同而所有区别。一般来说，说话人与听话人之间一般有平等、上下、疏密、亲朋等不同关系，所以话语的多少、话语的亲密程度都要有所区别，这样才能使得与谈话人之间有着轻松的谈话氛围。

薪水是“挣来”的，但也是“谈出来”的

加薪一直是职场人心中的结，如何提，提多少，都十分纠结。提好了，皆大欢喜；要是不好，反会招致领导的不满，日子更为难过。

大学毕业后张芳在一家外贸公司工作，因为是第一份工作，所以格外珍惜。她工作很努力，上司对她的工作态度也很肯定，还多次表扬了她，却从没有提过给她升职加薪的事。一次偶然的机会，她得知和她一起进公司的一位女同事的工资早已是她的两倍，但是

同事的工作并未见得比自己优秀多少，她心里很不平衡。

于是张芳来到上司的办公室，开门见山地表达了她的不满，并要求上司给她加薪，否则她就辞职。可上司并没有理会她的要求，她因此对工作失去了热情，开始敷衍应付起来。一个月后，上司把她的工作移交给了其他员工，大概是准备“清理门户”了。她也觉得再做下去没什么意思，于是递交了辞呈。

接下来她又找到了一份工作，她仍旧很努力，连续几次在部门的成绩考核中名列前茅，但薪水依旧没有增加，升职也似乎很渺茫。

此后，她陷入了深深的苦恼之中，不主动提升职加薪吧，觉得委屈难受；提吧，又害怕像上次那样遭受失业之苦。此刻她多么希望能找到一个适当的方式来顺利达到自己的愿望。

在职场中，像张芳一样不敢提出加薪请求的大有人在，其实，你大可不必如此。只要你认为加薪是合理的，你就有权提出。如果采取消极等待的措施，恐怕不知道要等到何年何月。但提出加薪时最好是巧妙地、有技巧地同领导交流自己的想法，就算万一不被领导接纳，也不会给大家留下难堪，以致影响日后的工作。所以说，和领导提加薪是一个技术活，要掌握一定的技巧。

1. 鼓足勇气，开门见山

在向领导表达加薪的愿望时，要明确，切忌拐弯抹角。既然决定提了，就不要思前想后、犹豫不决。要用最直接、最明白的方式表达你的加薪想法。

在欧洲某使馆工作的康晓会，入职 3 年来，一直是“干得好，一切都会来”的默默实践者，不间断地得到上级的口头赞许，甚至是不经意间的小暗示：“姑娘，继续好好干啊，会有好处的。”康晓会跟打了鸡血似的动力无穷。

她的薪水一直处于万元以下，每次到了年底，她都期待上级把她唤到办公室，跟她说，你涨薪了。而现实是，每次期待都是一场镜花水月。辛苦付出却没有得到相应回报，再多的口头赞扬有什么用？康晓会憋了一肚子怨气。终于有一天，她忍无可忍地扑进上级办公室，一手还偷偷攥着辞职信。一口气罗列完自己的加薪请求，她捂着心跳看上级的反应。

意外的是，上级笑了：“听你这么说，我也觉得不给你加薪太不合情理。”

事情之顺利，大大出乎康晓会的意料。从此之后，她再也不怕提加薪了。她认为，自己应得的，就该为自己争取。现在，冲破心障的康晓会觉得，自己更成熟了。

向领导提出加薪，一定要有理有节有据。只要你有真才实学，底气足，领导自会根据你的贡献加薪；若底气不足甚至庸才一个，莫说加薪，就是保住位子也难。

2. 旁敲侧击，委婉表达

薪水一直是所有员工关心的问题，下属都渴望自己的工作成绩能够跟收入成正比。但有的时候，加薪这样的美好愿望要怎样向领导提出来呢？是直截了当地提出加薪要求，还是委婉地表达自己这样的愿望，让对方明白自己的想法呢？当然，后者应该是更可取的。否则，不但自己加薪不成，反而会引起领导的反感，影响自己在公司的发展前途。

在一家大型公司工作的张彦，在不到一年的时间内，连续三次给公司提出合理化建议，使公司的项目流程得以顺利通过，也为公司创造了不小的利润。看到这样的成绩，经理非常高兴，拍着他的肩膀对他说：“好样的，继续努力，我不会亏待你的。”

听到这里，张彦知道这句话可能非同一般，也可能一文不值。他觉得应该抓住这个机会，给自己争取更大的利益。

张彦笑着对经理说：“我希望月底的时候，在我的工资袋里也能看到您的这句话。”

经理听了这句话，会心一笑，对张彦说：“没问题，一定会让你看到的。”

到了月末发工资的时候，张彦果然得到了加薪，外加一个大红包奖励。

当你不知该如何跟领导暗示、明示甚至谈判、斡旋时，不妨婉转一些，用幽默风趣的方式表达加薪的请求，或许反而能收到更好的效果。

3. 邀功请赏，自表身价

你的薪水开什么价，取决于你的使用价值到底有多高。一个不会为公司创造价值，或者所创造的价值远远低于公司所支付的薪水的人，是没有资格与领导谈加薪的。因此，回顾你进入公司之后为公司做出了多少贡献，向领导证明你的价值，是必不可少的一个环节。如果有可能，最好用数字来证明。

万芳是一家公司的经理助理，长期以来，她一直勤勤恳恳地工作，因而得到了经理的信任和赏识。一开始，万芳还很高兴，但时间一长她发现，经理只是在口头上对她进行赞赏，却没什么实质性的表现，比如加薪等。万芳认为再这样下去，自己的工作积极性迟早会被消磨掉的。但怎样才能向经理提出加薪的请求呢？万芳思考了一阵子，终于找到了方法。这天，万芳所在的部门完成了一个重大的项目，其中万芳付出了很多努力。在项目的庆功宴上，万芳看到经理心情不错，于是走过去和她闲聊道："经理，这次的项目多亏了您的指导，才能这么快顺利完成，您真是我们的领头羊。"

经理笑着说："万芳，你这回也付出不少啊。"

万芳趁机说："是啊，这次的项目是我们公司的重点项目，为了它我可是连着干了好几个通宵，总算是没有白努力了。不过，很可惜，我错过了和家里人出去度假的机会……"

经理听了万芳的话，思考片刻后说："万芳，现在部门工作比较繁忙，实在不能给你提供假期，这样吧，鉴于你这次的重大贡献，我会让财务给你调整薪水的，你就先安心工作吧。"

听了这句话，万芳笑着说："谢谢经理，我会继续努力的。"

趁着项目完成的关键时刻，万芳适时表达了自己的想法，最终取得了加薪的胜利。身处职场的人，也应该学会这招，在适当的时机跟你的领导“邀功请赏”。

当然，“邀功请赏”也要把握好分寸，不能让自己“太吃亏了”，也不能要求太多，引起领导的反感。

主动推销自己，是金子就要发光

有人说，干得好不如说得好。这句话虽然有失偏颇，但是在职场中，如果会做事再加上会说话，那这样的员工肯定能迅速受到领导的青睐和重用。所以，你一定要在合适的时候发出自己的声音，推销自己，让领导注意你，重视你，欣赏你。

所谓推销自己，就是表现自己，将自己的优点展示给别人，让更多的人认识自己、了解自己。这一点也获得了成功家卡耐基的认同。他曾说过这样一句话：“成功的人都善于随时随地推销自己，表现自己的才能，这是他们获得更多认可和机遇的原因。”

无论是在工作中，还是在与人交往的过程中，如果你不去主动地“推销”自己，向别人展示自己的才华，即便你学富五车，才高八斗，恐怕也没有人会真正认识你。过于老实和保守，只会让你错失许多绝好的机会。而自我推销，主动出击，往往会有意想不到的好处。

有位大学生小周见到某家公司的老总，想向老总推销自己。但是，这位老总经验丰富，且又固执己见，根本没有把这个刚刚毕业初出茅庐的大学生放在眼里，没说上几句话，老总就一口回绝这位大学生说：“你可以走了。”

对于小周来说，会谈出现了不利的局面。但是他眉头一皱，计上心来。他像毫不在意似的轻声说：“老总的意思是，贵公司人才济济，足以使自己的公司在市场上立于不败之地。纵然外边的人有天大的能耐，也不需要利用。何况像我这样初出茅庐的小青年还不知道能干些什么，如果使用我这样的人，也许会给公司带来麻烦，与其这样，倒不如拒我于门外，是吗？”小周说到这儿，有意停顿下来，只是面带笑容地看着老总。

老总一愣，开口说话了：“你能谈谈自己的特长和想法吗？”

小周显得不紧不慢，对老总说：“对不起！刚才我太唐突，请原谅！不过，像我这样的人还可以谈谈吗？”

老总紧接着说：“当然，不用客气。”

本来，小周素质不错，准备也颇为充分，借着老总的话，从容不迫地说：“在学校里所学的专业与职业结合起来是种幸福，可现实中并不一定找到对口的工作。但人具有可塑性，只要头脑灵活，什么新鲜事都可以做。公司想减少培训员工成本，希望员工一上岗就能创造效益，所以我要发挥自己的特长就不是那些书本知识了，而是——我发表过一些文章，可以搞企业宣传；我善于交际，可以做业务。”

老总一边听，一边赞赏地点头，最终决定留下这位大学生。

我们之所以要主动推荐自己，引起别人的关注，主要是因为机遇是珍贵的、稀缺的、稍纵即逝的，如果你能比同样条件的人更为主动一些，机遇就更容易被你掌握。因此，主动出击是俘获机遇的最佳策略。另外，世界上总是伯乐在明处，“千里马”在暗处，并且“千里马”多而伯乐少。伯乐再有眼力，他的精力、智慧和时间都是有限的，等待可能会耽误你的一生。既然我们都知道“守株待兔”的行为是愚蠢的，那么我们就没有必要去等待“伯乐”的出现，而是应该主动地寻找伯乐。更值得注意的一点是，时代在前进，岁月不饶人，随着新人辈出，每个立志成才者都应考虑到自己所付出的时间成本。一次机遇的丧失，便可导致几个月、几年甚至是一辈子年华的白白浪费。明白了这个道理，我们就会产生一种紧迫感，重新思考自己的处世态度，在行动上更多几分主动，以便使更多的人来注意自己。

但是，毛遂自荐对很多人来说并不是一件简单的事情，这是需要一定的胆识和勇气的。不自信的人、害怕失败的人是不敢尝试的。只有具备勇气的人才能获得成功。

世界歌王帕瓦罗蒂到中国采风的时候，去北京中央音乐学院做访问。许多有音乐功底和有社会背景的学生都使出浑身解数，以求得在这位歌王面前一展歌喉。要知道，这可是一个难得机会，哪怕是得到歌王的一句肯定，也足以引起中外记者们的大肆渲染，从而让歌坛升耀一颗新星。在学院的一间教室里，帕瓦罗蒂耐着性子挨个听大家唱歌，不置可否。正在沉闷之时，窗外有一男孩引吭高歌，唱的正是名曲《今夜无人入睡》。听到窗外的歌声，帕瓦罗蒂的眉头舒展开了："这个学生的声音像我。"接着他又对校方陪同人员说："这个学生叫什么名字？我要见他！并收他做我的学生！"这个在窗外唱歌的男孩就是从陕北山区来的学生黑海涛。以他的资历和背景，根本没有机会面见到帕瓦罗蒂，他只能凭借歌声推荐自己。后来，在帕瓦罗蒂的亲自安排下，黑海涛得以顺利出国深造。1998 年，意大利举行世界声乐大赛，正在奥地利学习的黑海涛又写信给帕瓦罗蒂。于是，帕瓦罗蒂亲自给意大利总统写信，推荐他参加音乐大赛，黑海涛在那次大赛上获得了名次。黑海涛凭着他那善于推荐自己的勇气和不断努力的精神，在他的音乐道路上取得了非凡的成就，现在黑海涛是奥地利皇家歌剧院的首席歌唱家。这似乎是一个奇迹，但这个成功的例子也足以让一些怀才不遇的人沉思：机遇稍纵即逝，善于推荐自己很关键。著名数学家华罗庚也曾说过："下棋找高手，弄斧到班门。"他认为，应敢于在能人面前表现自己，敢于和高手"试比高"。当他在乡镇小学里上学时，就敢于对大数学家苏家驹的理论提出质疑。正是他这种可贵的精神，使他提早闯进数学王国的神秘殿堂。

机会可遇不可求，因此在很多时候是由我们主动争取的，那些不敢也不愿意推荐自己的人，往往会让机会与之失之交臂。所以，如果你真正是一个有才华有特长的人，关键的时候大可不必过分抑郁自己，要适时做好自我推荐，以求得发展的机遇。

生活中，我们每个人都需要推销自己，因为这是体现自己的人生价值的需要。不论你从事何种职业，你随时都在向别人推销自己的观点和意见，这是展示自己，和吹嘘完全不同。我们被人认可、接受、欣赏这更是一种价值的体现。你的言谈举止、社交礼仪、学识修养的展示，不仅使人对你产生深刻的印象，也使你能更有效地改进自己，顺应高速发展、竞争激烈的现代社会。这就是成功地推销了自己的结果。

有两个同学毕业时进了同一家公司做事。5 年过后，他们一个已经升到了市场部主管，另一个却还在调研部做基层研究员。这并不是因为能力天差地别，而是一个会要，一个不会要并且不愿要。

市场部主管的第一次晋升是在进公司一年后。他走进老板的办公室，直截了当地说："老板，这是我的专业强项，您看，这是我曾经做过的相关工作。我觉得我可以试试那个新项目。"两个月后，他被提升为项目经理。

第二次直接表现自己是在原市场部的主管跳槽后。大把人坐等着被任命，资历最浅、希望最小的他再次对老板出动闪电战："老板，让我试试这个职位吧。这是我详细的工作计划书，请您过目。"老板看着厚厚的一沓材料，思路清晰，重点突出，又想到他平时的工作能力和业绩，觉得这个小伙子可以重用，尤其难得的是他有这样一份自信和勇气。于是欣然应允，先是让他以副总监的头衔代管，不久就扶了正。

千里马常有，而伯乐不常有。如果只是一味坚持"是金子总会发光的"，坐等领导来发现自己，往往很难如愿以偿。在竞争激烈的现代社会，适时地表现自己才是成熟智慧的做法。

身处职场，我们需要让领导了解，让同事接受，要把我们自己对人和事的态度在他人面前展现出来，实质上这就是在推销，也就是说，我们每时每刻都在推销自己，推销得是否好，也就决定着自己是否成功。

自我推销带来的效果是多方面的，难得的机会，老板的信任，自我的实现，职位的晋升……当今职场，自我推销这一方式越来越被人们所运用。

一个人要成功，就要达到自己预先设定的目标。追求目标的过程，就是向社会和他人推销自己、行销自己的过程。不论你是谁或者有多么的博学，如果不会推销自己，你就不会成功。所以，你必须学会推销自己的服务、推销自己的知识、推销自己的人格魅力。一句话，学会推销自己。

人心难测，处处提防

常言道："明枪易躲，暗箭难防"，虽说不能有害人之心，但一定要有防人之心。任何时候都应谨慎行事，不能掉以轻心。

有这样一个寓言：

一只虱子常年住在一个富人的床铺上，由于它吸血动作缓慢轻柔，富人一直没有发现它。一天，跳蚤来拜访虱子。虱子对跳蚤的性情、来访目的、是否对己不利，一概不闻不问。还把自己不该说的秘密告诉跳蚤："这个人的血是香甜的，床铺是柔软的。"跳蚤不过是路过这里，听了虱子的话，就不想走了，当天晚上在富人的床铺进入梦乡时，早已迫不及待的跳蚤立即跳到他身上，狠狠叮了富人一口。富人在梦中被咬醒，愤怒地令仆人搜查。伶俐的跳蚤蹦走了，慢慢腾腾的虱子成了替罪羊，虱子到死也不知道引起这场灾祸的根源是什么。

在人际交往中，你可以交朋友，但是，千万不要掏心掏肺，而是要对任何人都保持一定的距离。因为世事艰难，人心叵测，只有多长一颗防备心，才能更好地保护自己不受到侵害。

俗话说："害人之心不可有，防人之心不可无。"当然，这句话固然有其狭隘的地方，过分地防人，会使人变得谨小慎微、毫无磊落气度。但这句话却也并非没有道理，待人处世中，多点防人之心，可以避免遭遇不测，使自己处于大体不致失败的地位。

古往今来，因为太过相信他人不懂设防而境遇凄凉者很多，其中元末反蒙的名义代表小明王便是其中一人。

小明王是宋朝皇室后裔，因为元末起义的各路领袖打的旗号大多数是恢复赵氏天下，所以，小明王就被奉为名义上的领袖，将来若反元成功，他自然就是皇帝。有一年，小明王被张士诚围困在安丰，他向各路义军请求救援。朱元璋不但亲自领兵解救了他，还把他接到了滁州，给他建造了宫殿，派专人保卫，太监、妃子、宫女全都安排好，让他每天山珍海味，歌舞升平，过得舒舒服服。小明王自然把朱元璋当成了不可多得的忠臣良将。可他并不知道朱元璋救他，只不过是因为安丰是应天的屏障，一旦他不去救，被张士诚占了安丰，一旦张士诚力量大增，对他就是莫大的威胁。这样，朱元璋救了小明王，不但可以巩固地盘，更可以借救小明王的名声来招兵买马，增加实力。

小明王在滁州安顿下来后，在朱元璋的安排下过着皇帝的悠闲生活，任朱元璋到外边去南征北讨，为"他"打天下。三年过去了，朱元璋打败了张士诚、陈友谅，基本上平定了天下，自立为吴王，定应天为都。此时，他要想成为天下的皇帝，唯一的阻碍就是名义上的皇帝——小明王了。

他考虑开始如何才能神不知、鬼不觉地除去小明王，而小明王此时还在糊里糊涂地做着自己的皇帝梦。元至正二十六年（公元1366年）十二月的一天，朱元璋派心腹大将廖永忠来滁州接小明王去应天。廖永忠对小明王说："如今陈友谅、张士诚都已经被打败。应天已经安固，特请皇上到应天去长住，以永宋室江山。"

他又向小明王讲述了一番去应天的好处，说应天交通便利、宫殿华丽、城市繁荣，等等。当然，他没有把朱元璋自封吴王的事告诉小明王。小明王听了这些话后喜出望外，没想到，朱元璋居然这么快就打败了陈友谅、张士诚，而且一打败他们就马上来接自己去应天称帝。因此，小明王对朱元璋更是信任有加，还暗暗决定登基以后一定把朱元璋封为当朝宰相，让他在一人之下，万人之上。于是，他便愉快地答应道："朱爱卿考虑得很周到，那就这样定了吧！"并当场择定吉日，准备动身。

动身这天一大早，小明王由廖永忠亲自陪伴着，在一片鼓乐声中，辞别居住了几年的滁州，向应天而去。追随左右的仆从、太监、嫔妃、宫女、侍卫等不下千人，浩浩荡荡，果然像个皇帝出行的样子。来到瓜洲渡头时，小明王对着滔滔江水更是欢喜异常，想象着过了江便到了应天，他就会成为真正的帝王了。到这时，他依然没有对朱元璋产生过丝毫怀疑。从瓜洲舍车登船，临行前，廖永忠特意嘱咐侍从好好伺候皇上，他说："江上风大浪高，船要行稳，切莫叫皇上受惊了。"还亲自当众点上香火，祈告天地道："神灵在上，今有皇上小明王渡江，万祈神灵保佑，一路顺风，平安无事，大吉大利……"

船在航行中，小明王还在想到了应天见了朱元璋要如何夸赞他，要如何赏赐那些立下汗马功劳的大将们。想着想着却忽然听到船底传来"咚咚咚"的响声，他问侍卫原因，侍卫只说正在修船，他便也没有在意，然而却没想到，这不是在修船，而是在凿船。一会儿工夫，水就从船底涌了进来，太监、嫔妃哭喊呼救，乱成一团。小明王到处找人修船，侍卫、船夫却已经跑得一个都不见了。水很快漫过了船舱，他看着其他船只大喊救命，可那些船却离他越来越远了。直到此时，他才想到是朱元璋想要除去他，可一切都已经晚了。

水越涌越多，船慢慢沉下去，那个一心认为朱元璋是忠臣良将的小明王最后葬身江底。

俗话说：“画虎画皮难画骨，知人知面不知心。”说的就是人心最难测。你不害人，不代表别人不害人，真心不一定能换来真心。正是因为“人心莫测”，不得不随时注意，时刻小心，谨防一朝大意被人陷害。所以，人要有起码的防人之心，才会规避其害，最好要对任何人都抱有“害人之心不可有，防人之心不可无”的态度。

君子之交淡如水，别把同事当朋友

同事之间的关系，是人们最为重要的社会关系之一。对现代人来说，和同事一起打交道、一起分工合作的时间与机会甚至远远超过生命中最重要的亲人。于是，很多人把同事视为自己的朋友，在相处中却发生了矛盾。

事实上，同事关系与朋友关系并不完全相同，如果你将这两种关系等同起来，那你就有苦头吃了。要知道交朋友，除了志趣相投之外，还需要有忠诚的品格，当你们相互选择之后，彼此信任、忠于友谊便成为双方的责任。但同事却与此不同，只要你身在职场，只要你想保住自己的饭碗，你就很难根据自己的兴趣和爱好来选择同事。而职场如战场，你们既是同事，又是竞争对手，跟同事做朋友，只能给自己埋下一颗定时炸弹，因为他（她）了解你的缺点，甚至握有你的“把柄”，你一时不慎就会受到伤害。

小林是某公司的业务员，因工作认真、勤于思考、业绩良好被公司确定为中层干部候选人。只因他无意间透露了一个属于自己的秘密而被竞争对手击败，终未被重用。

小林和同事周勃私交甚好，常在一起喝酒聊天。一个周末，他备了一些酒菜约了周勃在宿舍里共饮。俩人酒越喝越多，话越说越多。酒已微醉的小林向周勃说了一件对任何人也没有说过的事。“我高中毕业后没考上大学，有一段时间没事干，心情特别不好。有一次和几个哥们喝了些酒，回家时看见路边停着一辆摩托车。一见四周无人。一个朋友撬开锁，由我把车给开走了。后来，那朋友盗窃时被逮住，送到了派出所，供出了我，结果我被判了刑。刑满后我四处找工作，处处没人要。没办法，经朋友介绍我才来到厦门。不管咋说，现在咱得珍惜，得给公司好好干。”

小林来公司三年后，公司根据他的表现和业绩，把他和周勃确定为业务部副经理候选人。总经理找他谈话时，他表示一定加倍努力，不辜负领导的厚望。谁知道，没过两天，公司人事部突然宣布周勃为业务部副经理，小林调出业务部另行安排工作岗位。事后，小林才从人事部了解到是周勃从中捣鬼。

原来，在候选人名单确定后，周勃便去总经理办公室，向总经理谈了小林曾被判刑坐牢的事。不难想象，一个曾经犯过法的人，老板怎么会重用呢？尽管你现在表现得不错，可历史上那个污点是怎么也不会擦洗干净的。知道真相后，小林又气又恨又无奈，只得接受调遣，去了别的不怎么重要的部门上班。

职场中，千万要记得不要把同事当朋友。职场是一个巨大的利益链，谁都有可能在无形中挡住了其他人前进的路，难免对方会产生把你拉下去的念头。如果两个人升职机会同样大，但是两个人本来关系较好，但是在面临升职的关键时候，有些人自然会考虑一些不道德的手段，让另一个人失去升职的机会。

职场中，没有真正的友谊，同事与同事之间永远都是隔着心的。所以，你不要妄想自己可以在办公室里找到一个可以无话不谈的知己，因为你们之间的同事关系已然决定了你们不可能成为单纯的朋友。

吴斌大学毕业后进入一家大型国企做销售工作。销售部经理是个 40 多岁的大姐，人看起来慈祥善良，销售团队大概有 10 多个人，相处起来也还不错。当时吴斌的感觉就是到了另一个校园，同事都是自己的同学，而部门经理则是自己的老师。

经过大半年的努力，吴斌以优秀的业绩不仅成了一个销售小组的主管，而且是公司销售团队中最年轻的管理人员。当时的吴斌不仅自信而且自负，自以为凭借优秀的业绩能在公司里畅行无阻，能与每位同事建立良好的关系。这不，他的竞争对手——另一个销售团队的主管，也成了他在公司里最好的朋友。

一年后，吴斌很荣幸地晋升为这家公司最年轻的销售部经理。而此时，危机却在不知不觉中向他逼近。先是同事中流传他自认为年轻有为，不把公司的老员工放在眼里。而后又有传言称他狂妄自大，认为公司总经理水平一般。后来在一次公司的部门经理例会中，总经理因为有事来迟了，有人敲桌子以示抗议，正巧此时总经理进来，尽管他听到了，但未表示什么。会后总经理询问是谁敲的桌子，居然有人说是吴斌敲的，而让吴斌伤心的是这个告状的人竟然是他在公司里最好的朋友。心灰意冷的吴斌在半个月后申请辞职，在总经理的再三挽留之下，他才同意调到行政部门任职。浑浑噩噩地干了半年后，他便离开了这家公司。

实际上，同事关系并不是真正意义上的朋友关系。你与同事之间应该“君子之交淡如水”，就算是关系再好，也只能是普通朋友，切不可真情投入。很多时候，也许正是那些被你认为是知己的同事在背后捅你一刀，或者是在你没有任何防备的时候挖一个陷阱等你跳下去。

记住，职场不是用来交朋友的，只需要认认真真做事，配合好同事的工作就好。因此，建议大家在职场上切忌感情用事，与同事最好的关系是不远不近。

有方有圆，处世不难

何谓方圆之道？方，是规矩，是框架，是做人之本；圆，是圆融，是老练，是处世之道。无方，世界没有了规矩，便无约束；无圆，世界负荷太重，将不能自理。为人处世，当方则方，该圆就圆。只有方，不知圆，便容易处处碰壁；只知圆，不知方，便易陷入孤立无援的境地。只有做到方外有圆，圆中有方，方圆相济，人际关系才会和谐。

天圆地方，天行健，君子以自强不息；地势坤，君子以厚德载物。可见，方圆处世的谋略，乃是责天法地的大智慧，顺应了天地万物生生不息的大规律。

在现实中，一个人如果过分方方正正，有棱有角，必将会碰得头破血流；但是一个人如果八面玲珑，圆滑透顶，则会给人华而不实的感觉。因此，做人必须方圆有度，刚柔并用。

外圆内方的处世艺术，是一种为人的智慧，要成功地驾驭“方”与“圆”，关键的是个人要求之于自身，做足“方”与“圆”的修养功夫。

以三国人物而论，兼顾方圆而臻于化境者当推诸葛孔明了，看他忠心耿耿，襟怀坦白的精神，可算是方的典范。

诸葛亮在隐居隆中时，博览群书，广交士林，关心时势，每自比管仲乐毅，负有担大任、致高远的远大抱负。但他又绝不是那种陶醉于功名利禄、汲汲于荣华仕进的俗子。事实上，当时曹操称雄天下，挟天子以令诸侯，他的朋友石广元、孟公威皆投其麾下，他却不为所动，其兄诸葛瑾在东吴颇得重用，他也不去投靠。最后，刘备三顾茅庐，以千古未有的求贤至诚深深打动了他，他才毅然步出草庐，一匡天下。在著名的《诫子书》中，诸葛亮曾如此谆谆告诫：“夫君子之行，静以修身，俭以养德，非淡泊无以明志，宁静无以致远。”

诸葛亮先后辅佐刘备、刘禅两代皇帝，可谓是忠心耿耿，公而忘私。刘备很信任他，临死托孤于他，并大义地提出让出天下，但他没有夺取君位的政治野心，侍奉扶不起的阿斗，更加殚精竭虑，“亲理细事，汗流终日”，最后以身殉职，病死军中，时年54岁。诸葛亮辅佑后主，实际上是执一国之政，出帅入相，但后主并不感到他的威胁，群臣并不感到他的僭越，倘非心底无私，国而忘家，焉能如此！

让我们再来看诸葛亮的思虑周密，举措谨慎的为人，又可称得上是圆的楷模。

在《出师表》中，诸葛亮曾一针见血地指出：“亲贤臣，远小人，此先汉所以兴隆也；亲小人，远贤臣，此后汉所以倾颓也”，真乃金玉良言，至今仍振聋发聩。诸葛亮如此进谏后主，他本人则更是任人唯贤的典范。托志忠雅的蒋琬，清廉有才的费祎，智勇双全的姜维，都得到他的重用和培养。他死后，这几人成为蜀国的中流砥柱。托孤大臣李严运粮失责又谎报军情，被诸葛亮废为平民，但对李严之子仍加以信任，并促进他劝父改过自新。于是李严不仅不抱怨，而且心怀感激，诸葛亮去世，李严因悲痛发病而死。诸葛亮知人善任，明之以法，晓之以理，其服人心如此！在廉洁上，亦堪称典范。他曾上书后主，如实申报个人财产。书曰：臣家在成都，有桑树八百株，薄田十五顷，一家可以温饱，臣随身衣食，都是官府供给，决不别做经营，增长私产一寸，臣死以后，如查出多余财产，那就是对不起国家。这一举措可谓是光明磊落、苍天可鉴。任人唯贤，则是诸葛亮圆的一面。

方为做人之本，圆为处世之道。方圆结合，才能做到游刃有余。因此，真正的“方圆”之人是大智慧与大容忍的结合体，有勇猛斗士的武力，有沉静蕴慧的平和。真正的“方圆”之人能对大喜悦与大悲哀泰然不惊。真正的“方圆”之人，行动时干练、迅捷，不为感情所左右；退避时，能审时度势，全身而退，而且能抓住最佳机会东山再起。

宋初，太宗、真宗当政时，张咏曾两次督蜀，政绩显著，深得民心的喜欢，太宗曾赞叹地说："咏在蜀，吾无西顾之忧了呀！"

张咏第一次接替前任去四川赴任的时候，恰好赶上了饥民暴乱，朝廷派遣王继恩、上官正两人领兵前来平叛。然而，两个人一到益州，就在那个地方花天酒地地享乐起来，也不约束部下，以至兵卒到处奸淫抢掠。作为蜀郡的执政长官，对平叛的军队又没有管理的权限，但却有管理当地治安的权力。所以，他就下了一道律令，凡是扰民者，一律按暴徒当场斩首。他并将律令张贴各处，让人尽知。

然而，这一道律令刚发下来的那天，张咏的手下便捉了几个抢掠财物的士兵，问张咏应该怎样处罚他们，张咏对部下说："你只要依照命令行事就行了，不要报到我这里。我可是什么都不知道啊。"部下明白了他的用意。原来张咏为了不得罪王继恩和上官正，又要维持好治安，因此才下的这道律令。王继恩、上官正一旦计较起来，自己也好推说不知。果然，第二天王继恩就找上门来，责问张咏说："你的属下有什么权利杀死我的士兵？"张咏虚张声势地说："王将军，这件事情我一点都不知晓，请你不要生气，事后我一定要查清此事情！"接着张咏又说道："听说有些兵卒胡作非为，什么事情都做，要是部下按律令把他们当成暴徒处治了，我也一点办法也没有啊！"王继恩看到张咏一脸正气，又不敢发作，只得不了了之。但是城内的治安却突然大有转变，逐渐地好起来了。

又过了月余，王继恩和上官正仍然还没有出兵的意思。张咏想：假如向朝廷汇报这件事情，一定会得罪这两个人，说不定事情会变得更糟糕。突然，他灵机一动，有了办法。有一天，张咏在军帐中设盛宴款待二人。张咏说："知道我今天为什么要宴请二位和诸将校吗？我今天为二位摆下的是饯行酒啊！"王继恩和上官正两个人都不理解他的意思，正待相问，只见张咏却抛开了二人，端着酒杯对帐下的军校们说："今天我在这里为诸位饯行，你们蒙受国家厚恩，为国效力，就在这个时候，正是大家推卸不掉的责任啊！诸位此行，随二位将军，当直抵寇垒，平荡丑类。建功立勋，以报皇恩；假如在此地一直就这样耽搁下去，老是旷日，朝廷怪罪下来，此地还是你们的死所啊！"一番话，说的众军校慷慨激昂。王继恩和上官正看到了这样的形势，知道他表面上是在激励众将士，但话的潜台词却是在严责自己啊！二人自知理亏，也只好顺势而下，一起齐声道："今日蒙张蜀督相送，明日定当直捣贼窝。"第二天，他们便整军出征，领兵深入，果然获得了胜利。

暴乱是平息下来了，王继恩和上官正捕捉了很多参加叛乱的人，押到益州之后，准备以此邀功，但张咏却立即向朝廷提出了意见，速下赦令，使其尽快各归其家，以彰显皇恩浩荡。王继恩和上官正两个人都十分生气，张咏解释道："昔日贼寇掳掠之际，百姓有一大部分都是被迫才肯胁从的，我们贼首杀害了，其余的便应该以平民待之，这样就可以安抚民心，使其各归其家，安心种田，休养生息。正是昔日李顺协民为贼，今日我等还贼为民啊！还有比这更大的功劳吗？如果杀之，则藏匿在山中的人必不敢回家，时间长了必然会再生变。这哪能是你我所期待发生的事呢？"一番语重心长的话，把两个人说得心服口服，直点头称是。

从上面的事例可以看出，张咏办事总是在不失原则性的状况下，灵活地进行处理，以平和的心态把所有的事情都处理好。这一点就是皇帝最常说的："咏在蜀，吾无西顾之忧啊！"张咏下得百姓的爱戴，中间又和同事之间相处得非常和善。他虽然一身正气，却不是疾恶如仇，即办好了事，也不损伤同事的利益，无论是上级还是下级对他都充满了信任，这些不都是得益于他灵活处世的艺术吗？

掌握方圆之道，是一种人生智慧。圆有余而方不足，则缺乏做人应有的骨气、正气；圆不足而方有余，则刚脆易折，难免经常碰壁。

把圆与方结合起来，做到当方则方，当圆即圆，方圆有度，就一定能把人做好，把事办好。

总之，一个人要想成就成功的人生，无论做事还是做人，无论对人还是对己，都要圆内有方，方中有圆；都要方中做人，圆中归真。只有善于运用处世的方法谋略，才能做到八面玲珑，左右逢源。这就是方圆之道，这就是处世之哲学。

第四章　懂点识人术，不要被人利用了你的善良

察言观色，摸清对方心理

俗话说:“出门看天色，进门看脸色。”观天色，可推知阴晴雨雪，携带雨具，免受日晒雨淋；看脸色，便可知其情绪好坏，免得不受人待见。所谓察言观色，就是要从一个人的言谈举止中看出他的品性、风格以及弦外之意。只有准确地察言观色，我们才能在人际交往中如鱼得水，游刃有余。

察言观色是了解他人内心的窗口。如果你的观察能力强，能够很好地察言观色，在社会交际中可以做到知己知彼，减少不必要的摩擦和误解。有位心理学家曾讲过:“在世界的知识中，最需要学习的就是如何洞察他人。”在与人交谈中，如果我们每个人都能察言观色，及时地改变先前的决定，及时地退或进，及时地把自己的言行组合或分解，及时地控制自己的喜怒哀乐，那么，与他人关系一定会更加和谐。

周亮是一家公司经理助理，他工作能力很强，按说在公司里本来应该有很好的发展。但是因为他本身不太会察言观色，不能很好地揣摩到别人的意思，所以无意之中得罪了很多人。

一次，周亮和上司一起去一个大客户的公司谈生意。到了对方

的公司门口，周亮抢先下了车，他的上司本以为周亮是要给自己开车门，所以看见周亮下车，而自己故意放慢动作等了一会儿，但是周亮根本没有来给上司开车门，而是自己走在前面进入了对方的公司。上司有些不高兴，但因为是在客户的公司门口，也不好发作，便跟在周亮的后面进了公司。

双方洽谈合作的时候，周亮本身是作为上司的陪衬，要突出上司的能力，但他却处处显示自己，抢着与对方谈合作。这次，真的惹怒上司了。因此，虽然与对方谈成了合作意向，回公司的路上，上司却十分不高兴。

到了公司，上司把周亮叫到办公室里，却根本不看他，而是一边忙着手里的工作，一边说："今天你表现得真是不错，合作能够谈成，有你很大的功劳啊！"

周亮根本没有看出上司生气了，也没有听出上司的弦外之音，只以为上司是夸自己，便居功说："哪里，我只是小小地发挥了一下，其实今天您不去，我也能谈成的，以后这种事情，您放心交给我就行。"

上司听了更加生气，于是头也没抬就让周亮出去了。第二天，周亮就接到了辞退通知单，但他却根本不知道自己哪里惹到上司了。

为什么周亮最后落得了这个结果，究其原因，便是因其不会察言观色，惹怒了上司，自己却浑然不觉。

其实，每个人在与别人进行交流的时候，他的表情、动作都会向对方传达很多的信息，所以，我们一定要学会如何察言观色，怎样看别人的脸色行事。察言观色是我们在人际交往中必须具备的技能。

"脸上表情，天上的云彩。"聪明的人具有察言观色的本领，他们能够根据对方的言行举止、喜怒哀乐等来分析自己的言行是否合理。这样的人往往比一般人具有更强的适应性，至少他们不会在对方高兴时，泼一盆冷水，弄得大家不欢而散，更不会在对方愤怒时，出言不逊，惹祸上身。

西汉初年，刘邦打败项羽，平定天下之后，开始论功行赏。这可是攸关后代子孙的饭碗，群臣们自然当仁不让，彼此争功，吵了一年多还没吵完。

汉高祖刘邦认为萧何功劳最大，就封萧何为侯，封地也最多。但群臣心中却不服，私底下议论纷纷。

封爵受禄的事情好不容易尘埃落定，众臣对席位的高低先后又群起争议。许多人都说："平阳侯曹参身受七十次伤，而且率兵攻城略地，屡战屡胜，功劳最大，他应排第一。"刘邦在封赏时已经偏袒萧何，委屈了一些功臣，所以在席位问题上难以再坚持己见，但在他心中，还是想将萧何排在首位。

这时候，关内侯鄂君已揣测出刘邦的心意，于是就顺水推舟，自告奋勇地上前说道："大家的评议都错了！曹参虽然有战功，但都只是一时之功。皇上与项羽对抗五年，时常丢掉部队，四处逃避，萧何却常常从关中派员填补战线上的漏洞。楚、汉在荥阳对抗好几年，军中缺粮，也都是萧何辗转运送粮食到关中，粮饷才不至于匮乏。再说，皇上有好几次避走山东，都是萧何保全关中，顺利接济皇上的，这些才是万世之功。如今即使少了一百个曹参，对汉朝有什么影响？我们汉朝也不必靠他来保全啊！你们又凭什么认为一时之功高过万世之功呢？所以，我主张萧何第一，曹参居次。"

这番话正中刘邦的下怀，刘邦听了，自然高兴无比，连连称好，于是下令萧何排在首位，可以带剑上殿，上朝时也不必急行。

而鄂君也因此被加封为"安平侯"，得到的封地多了将近一倍。他凭着自己察言观色的本领，享尽了一生的荣华富贵。

纪伯伦曾经说过："如果你想了解一个人，不是去听他说出的话，而要去听他没有说出的话。"一般说来，一个人不会轻易把自己真实的意见、想法直接地表达出来，但他的感情或意见，总会在他的语言表达里体现得清清楚楚。所以，我们要善于揣摩对方的心思，感受对方的心情，这样才能以积极、主动的方式和对方交往，营造和谐的人际关系。

总之，在人际交往中，很多人口中所道并非肺腑之言，他们的真实想法往往隐藏起来，所以在听话时，就需要注意琢磨对方言谈举止中的微妙感情，细细咀嚼品味，以便弄清其真正意图，再决定自己到底要说什么话。

辨别真伪，如何看穿他人的谎言

说谎的人不仅仅只体现在语言上，还会辅之以外在的动作。辨认对方的肢体动作是一项非常重要的技巧，掌握这一技巧，可有效地助你识破对方的谎言。

心理学家指出，一个人的肢体语言会直接将其心理反映出来，这是人的一种本能，虽然人能够有意识地调整一种或少数几种肢体语言让其“说谎”，但却不能让整个身体表现得滴水不漏。因此，在谈判中，要判断一个人言语的真假，其实并不难，我们只需要观察他的肢体语言就可以了。

某矿产大国与中国某公司谈判一个项目，谈判进行了两个星期，仍然是毫无进展。于是，对方谈判代表向中方发出最后通牒：“我们只能在此逗留三天，希望贵方明天可以拿出新的方案。”

第二天，中方代表拿出了一套新的方案，要求对方在原来报价的基础上再降低5%，对方回应道：“我方已经连续进行了两次降价，如果再降的话，真的是很困难。”对方坚持认为无法满足中方的要求。

最后，对方代表说：“我们是很有诚意与贵方合作的，我们已经拿出了最后的报价，希望贵方再认真考虑一下。请贵方在明天中午给我答案，因为总公司已经在催我回国了。”说完，不自觉地拉了拉衣服的领子，然后又从文件里抽出一份对方总公司发过来的传真，果然，对方总公司在催促对方回国。

中方研究价格后，认为还差3%，但能不能再压价呢？万一对方代表真的回国了怎么办？中方急需这个产品，万一因为这3%的差价没能谈成这笔生意，给自己带来的损失会远超这笔钱。

中方代表一方面向总部汇报情况，一方面向酒店打听对方的住宿情况。酒店人员告诉中方，对方没有退房的意思，并且还预定了后天去本地的一处名胜参观的门票。

中方认为对方所说的回国只是演戏，由此判定对方可能还有讲价的余地。于是在次日10点给对方代表打了电话，表示："贵方的努力，我们很赞赏，但双方报价仍有距离，需要进一步努力。作为响应，我们可以在贵方改善的基础上，让步2%，即贵方再降价3%。"

最后，对方接受了中方的修改意见，重新回到谈判桌上，并且以再让3%的报价达成了一致意见。

上述案例中，对方之所以失败，在于中方谈判人员练就了一双火眼金睛，从拉衣领的这个细节之处识破了对方的谎言，即向酒店询问对方的退房事宜，由此赢得了对方3%的让步。在谈判中，一定要练就一双火眼金睛，通过对方在肢体动作的表现识破对方的谎言或者陷阱。

美国心理学家艾克曼认为，说谎者在说谎时常会伴有下列动作：

1. 拉衣领。据医学研究证明，当一个人说谎时，会引起面部和颈部敏感组织的刺痛感，这种感觉使得人必须用手来揉或搔抓。说谎的人感到对方怀疑他时，就会下意识地紧张，这时候脖子似乎都会冒汗，这时他会下意识地拉一拉衣领。

2. 掩嘴。掩嘴是一种明显未成熟、还带孩子气的动作。用拇指触在面颊上，将手遮住嘴的部位称作掩嘴。也许说谎者大脑潜意识中他不想说那些骗人的话，而导致了掩嘴这一动作。也有人假装咳嗽来掩饰其捂嘴的动作，分散自己的注意力。如果一个同你谈话的人常伴有掩嘴的手势，也许他正在说谎话。可当你讲话时，听者掩着嘴，也许说明听者觉察到你在说话令他不满意。有这种掩嘴的动作有时可能会出现不同的形式：用指尖轻轻触摸一下嘴唇；将手握成拳状，将嘴遮住。

3. 触摸鼻子。当一个人说谎后，有时会有一种不好的想法进入大脑，于是会下意识地指示手指去遮捂嘴，但是，到了最后的关头，又害怕别人看出他在说谎，因此，只是很快地在鼻子上摸一下，马上就把手放下来。当一个人不是在说谎，那么，他触摸鼻子时，一般要用手在鼻子上摩擦一会儿，或搔抓一下，而不是只轻轻触摸一下。

4. 挠脖子。说谎者讲话时有时会用写字的那只手的食指挠耳垂下方部位。有趣的是这种手势要挠上五次左右。

5. 摩擦眼睛。人在说谎时，会去摩擦眼睛以避免与对方的目光接触。从男人来讲，摩擦眼睛比较用力，如果是说大谎时，他们会转移视线，比如用眼睛看着地板。摩擦眼睛的女人，都是在眼的下方轻轻地揉。这样做一是怕弄坏了自己的化妆，二是为了避免动作粗鲁。为了避开对方注视，她们常常眼看天花板。

说谎者除了以上几种表现外，还有其他一些表现，比如言辞模棱两可，音调较高，似是而非；平时沉默寡言，突然变得口若悬河，不自觉地流露出惊慌的神态，但仍故作镇定；对你所怀疑的问题，过多地一味辩解，并装出很诚实的样子；答非所问，或夸大其词；故意闪烁其词，口误较多；精神恍惚不定，座位距你较远，目光与你接触较少，强作笑脸；对于你的讲话，点头同意的次数较少，等等。

在人际交往中，人们常常运用一些策略以掩饰自己的真实意图，如果要想判断对方有没有说谎，还要联系整个交往过程，把交往中的每条线索、每一个小的迹象综合起来进行判断，这样才可以比较准确地判断出对方是否在说谎。

听语速的快慢，就能知道对方的个性

言谈是一个人品性、才智的外露，通过言谈和辨声能够从人的欲望、抱负和经验分析上进一步了解一个人，从而达到窥探对方的内心世界的目的。在人际交往中，我们可以从对方内心焕发出来的声音中，分辨其修养和性格以及当时的心理。

人在说话的同时也是心理、感情和态度的流露，其中，语速的快慢、缓急直接反映着说话人的心理状态。比如，某人平时能言善辩，突然结结巴巴说不出话来，或者某人平时木讷，突然滔滔不绝地说一大堆话，则一定是事出有因，他的心理发生了颠覆性的变化。因此，仔细留意一个人说话时的语速及变化，就能掌握其心理状态。

李响是一个能言善辩的小伙子，口才很好，说话也很幽默风趣，同事们都特别喜欢跟他在一起。但是李响也有自己的烦恼，那就是一看见自己喜欢的女同事兰兰时，他就会思维迟钝、说不出话。如果此时，恰好兰兰也在看他，那他就会面红耳赤、不知所措，甚至有的时候连话都不会说了。每次李响都想在兰兰面前展示自己的口才，从而获得她的好感，可是结果总是很尴尬，对于自己屡屡的“临阵怯场”，小王郁闷坏了。

上例中李响的情况并不是个例，可能当你面对自己喜欢又未曾表白的人时，也会出现“大脑一片空白，说话颠三倒四”的情况。这其实就证明了一点：当心里有事，我们往往会在说话尤其是语速上表现出来。也就是，人们内心的状态会通过说话反映出来，而内心状态的变化，又会直接反映在语速的变化上。很多时候，一个人说话的语速变化，往往会暴露出他的内心变化。如果我们能够仔细捉摸，把握说话者语速的快慢，便不难分辨其修养和性格以及当时的心理。

生活中，有的人说话速度快，有的人说话速度慢；有的人说话语气缓和，有的人说话则坚决果断。其实，人的说话速度和语气之所以呈现出千差万别，其实都是受到他们性格的影响。

语速主要指说话的快慢，与心理活动联系密切，一般来说，当人比较懈怠或安逸时，语速较缓；当人情绪波动较大时，语速就会明显加快。人们的说话速度透露出他们的真实性格，在交谈过程中，我们可以通过观察对方的说话速度和语气，更好地了解对方的个性。

1．说话语速缓慢的人。这种类型的人大多属于慢性子，不仅说话不紧不慢，即使遇到急事，他们也能镇定自若。这样的人心地善良，为人宽厚仁慈，富有同情心，能够关心体谅他人。

2．说话语速稍快的人。这类人反应快，但个性易怒。对于无意义的事、无关紧要的事也会唠叨个没完，一意孤行。有时还会把自己的身体挪近对方，说到关键之处，唾沫横飞，有时甚至会随意打断对方的话语，以便贯彻自己的主张。

3．说话语速反常的人。这类人平时少言寡语、慢条斯理，突然之间夸夸其谈、口若悬河，说明他们在内心深处有不愿意被他人察知的秘密，想用快言快语作为掩饰，转移他人的注意力。或许他们还有让对方了解的愿望，仓促之间不知道该如何表达，所以在语速上出现了反常。

4．由自信决定语速的人。自信的人多用肯定语气与别人进行对话；而没有自信心和怯懦的人，说话的节奏缓慢，多半慢慢吞吞，好像没有吃饭似的。喜欢低声说话的人，不是有女性化的倾向，就是缺乏自信。

5．经常滔滔不绝的人。这类人一方面目中无人；另一方面好表现自己，并且，他们一般性格外向。当话题冗长、须相当时间才能告一段落时，他们心中必潜藏着唯恐被打断话题的不安，所以才会以盛气凌人的方式谈个不休。

6. 说话轻声细语的人。这类人生性小心谨慎，具有一定的文化修养，措辞严谨适当，而且谦恭有礼。他们对人很有礼貌，别人也会尊重他们；胸襟宽阔，能够包容他人的缺点和错误，对人也很客气，不轻易责怪与怨恨他人，注重交往，能够主动与周围的人拉近距离。

观察人微，从小动作洞察对方的内心

在人际交往中，如果你细心观察，就不难看到每个人言行中的小动作。比如，有的人喜欢用手托着下巴，有的人总喜欢把腿晃来晃去，有的人习惯性地用指尖拨弄嘴唇或是咬指甲……其实，这种小动作与个人性格是有密切联系的。心理学家莱恩德曾说过："人们日常做出的各种习惯行为实际反映了客观情况与他们的性格间的一种特殊的对应变化关系。"

在日常生活中，人们自然而然地会产生并形成一些具有某种特定意义的小动作。因为这是不自觉地形成的，具有很强的稳定性，所以很难在轻易之中一下子就改正过来。改正不过来，就随身携带，这就为我们通过这些小动作去观察、了解和认识一个人提供了一些方便。

有一次，米勒代表美方与德国外商就原来双方的歧义进行洽谈。这名德国商人名叫克鲁尔，是来美国进行七天的业务访谈的。在克鲁尔的业务访谈过程中，米勒所在的公司以及另外一家公司，成为这个德国商人想要合作的对象。

然而，这个德国商人在和这两家公司进行业务商谈的时候，因为对合同以及相关要求等情况出现了分歧，所以，目前这两个公司都未能成功地和克鲁尔签订协议。为此，米勒的公司决定降低价格，和这位德国人进行最后的商谈。

由于商谈的地点离德国人所住的酒店有点远，所以这个德国商人几乎是按着时间点到达这里。在谈判的开始，米勒先是将自己的公司背景以及另一个公司的资历等进行了比较，然后又为了表达合作诚意愿意下调价格。

但是，就下调价格方面，双方的意见无法达成一致，克鲁尔所给出的价格过于低廉，这让米勒很为难。但是，米勒很快就发现克鲁尔总是不经意地看左手腕的表，他的右手指也会经常地敲击一两次桌子。米勒立马想到，德国人向来遵守时间，而今天又是克鲁尔来美国的第七天，因为他今天要根据行程搭飞机回德国，这两个动作表明克鲁尔时间不多，但是他依旧希望能够谈判成功。

于是，米勒有了对策。他再次表达自己所在公司的诚意，然后又对公司的产品、市场以及发展前景又一次做了详细的介绍。然后，他对克鲁尔表示理解他来美国的辛苦，不管合作对象是谁，都希望克鲁尔能够不虚此行。

在这个过程中，克鲁尔对米勒的理解非常感谢，而且依旧是不停地看时间。而后，米勒又开始说："公司将价格下调，就是希望能够和贵公司合作。既然您愿意百忙之中抽出时间来再次和我进行详谈，说明您也是对我们公司比较满意。目前，我们就是价格不统一，但是我们公司所能够调整的价格只能是这个价位。克鲁尔先生既然没有和另一个公司签约，说明他们定的价格比我们更高。而我们既然在价格方面愿意让步，也是做了自己最大的努力。"

之后，米勒又就双方合作的优势和克鲁尔进行了商谈，最后，两个人达成了协议。米勒还主动为克鲁尔叫车，表示希望合作愉快。

米勒这次谈判的成功，就是从克鲁尔的肢体语言中抓到了重要的信息，并且根据这信息，制定了相应的计策，最后促使谈判的成功。

在生活中，这样的场景很多。许多人通过一些不自觉的小动作来传达和表现内心真实的想法，如果你可以及时捕捉这些有效信息，就可以了解他人的真实意图，做到知己知彼，掌握交往的主动权。

下面是人们常常会不经意间出现的一些小动作。在人际交往中，我们可以通过这些小动作，分析对方的心理活动，了解对方的心理。

1. 腿脚抖动。在交谈中，你会发现这样一种人，他们总喜欢用腿或者脚尖使整个腿部颤动，有时候还用脚尖磕打脚尖或者以脚掌拍打地面。这种行为当然不够礼貌，但习惯者总是习以为常。这种人最大的特点是自私，他们凡事从利己主义出发，很少考虑别人。在感情上，他们有着很强的占有欲，经常会无缘无故地吃醋，本来很小的事情，他们偏偏说得很严重，有种神经质的倾向，总是把钱财看得很重要。不过这类人很善于思考，经常会提出一些意想不到的问题。

2. 死死盯住别人。有些人在说话时喜欢目不转睛地看着对方，你可不要以为他是看上了某个人，这只是他的一种下意识的动作。这种人有强烈的支配欲望，大多数的时候他们确实又都有某种优势，因此只要有机会，他们就会向别人显示自己的能力。他们天生爱自由，一般不在乎外界的看法和评论，他们经常我行我素。这种人表面看起来像花花公子，但他们实际上很专一，一旦选定了人生的目标，不管前面有多少挫折和困难，他们都会坚持不懈地去努力，直到达到目的为止。另外，他们比较慷慨，喜欢结交各种朋友，而朋友中有权势的比较多。

3. 吐烟圈者。这种人突出的特点是与别人谈话时，总是目不转睛地看着对方，支配欲望强，不喜欢受约束，为人比较慷慨，哥们儿义气重，因此他们周围总是包围着一群相干和不相干的人。吐烟圈还能看出此人对某个状况是积极的还是消极的态度，那就是看他把烟圈是朝上吐还是朝下吐。一个积极、自信的人多半会把烟向上吐。

相反，消极、多疑的人多半会朝下吐烟。若是朝下吐，而且是由嘴角吐烟时，表示出此人非常消极或诡秘的态度。

4. 咬或舔下唇。感到压力自四面八方袭来，却又摆脱不掉时，便会希望借着这个动作舒缓一下绷紧的神经线。在整理一些毫无头绪的事情，也会舔着唇来想对策。

5. 手摸颈后者。当一个人习惯用手摸颈后时，是出现了恼恨或懊悔等负面情绪。这个姿势称为“防卫式的攻击姿态”，在遇到危险时，人们常常不由自主地用手护住脑后，在防卫式的攻击姿势中，他们的防卫是伪装，结果手没有放到脑后，而是放到了颈后。女人伸手向后，撩起头发，来掩饰自己恼恨的情绪，并装作毫不在意的样子。

6. 抓头发。喜欢抓头发的人都是健忘、易受情绪支配的，当情绪不稳定时，便不自然做出这个动作，希望在惶恐时抓着一些凭借。

7. 拍打头部者。拍打头部这个动作多数时候的意义是表示对整件事情突然有了新的认识，如果说刚才还陷入困境，现在则走出了迷雾，找到了处理事情的办法。拍打的部位如果是后脑勺表明这种人敬业，拍打脑部只是为了放松一下自己。时常拍打前额的人是个直肠子，有什么说什么，不怕得罪人。

8. 解开外纽扣者。这种人的内心真诚友善，他在陌生人面前表达这种思想时，最直接的动作便是解开外衣的纽扣，甚至脱掉外衣。在一个商业谈判会议上，当谈判对手开始脱掉外套，便可以知道双方正在谈论的某种协定有达成的可能；不管气温多么高，当一个商人觉得问题尚未解决，或尚未达成协议时，他是不会脱掉外套的。那些一会儿解开纽扣，一会儿又系上纽扣的人，做人较优柔寡断，意志不坚定，犹豫不决。

9. 拍打掌心者。在交谈时，只要他动嘴，一定会有一个手部动作，比如相互拍打掌心、摊开双手、摆动手指等，表示对他说话内容的强调。这种人做事果断、雷厉风行、自信心强，习惯于把自己在任何场合都塑造成“领袖”人物，性格大都属于外向型，很有一种男子汉的气派。

10. 言行不一者。当你给某人递烟或其他食物时，他嘴里说“不用”“不要”，但手却伸过来接了，显得很客气的样子。这种人比较聪明，爱好广泛，处事圆滑、老练，不轻易得罪别人。

观眼识人，准确掌握对方的真实心理

眼睛是最容易泄密的。人要传出的信息，也有一部分是通过眼睛传出，尤其是情感方面的内容。性为内，情为外，最能体现情的地方，不是动作，不是语言，而是眼睛，动作言语都可以掩饰，而眼睛是无法假装的。正如《简·爱》中写道:“灵魂在眼睛中有一个解释者——时常是无意的，但却是忠实的解释者。”人的精神气质，喜怒哀乐，很大程度上是由眼睛所显示出来的。因此，我们可以通过眼睛来窥视一个人的心理状态。

人们常说，眼睛是心灵的窗户。的确，眼睛是会说话的，泰戈尔说得好：任何人“一旦学会了眼睛的语言，表情的变化将是无穷无尽的”。一个人的内心活动，经常会反映到他的眼睛里，心之所想，透过眼睛就能看出其中的大概，这是每个人都很难隐瞒的事实。所以在谈判中，我们要学会察言观色，从对方的眼神中看出对方的心理，并随机应变，采取相应的谈判策略。

清代的曾国藩是个看人的高手。一次，李鸿章向曾国藩推荐三个人，恰好曾国藩散步去了，李鸿章示意三人在厅外等候。曾国藩散步回来，李鸿章说明来意，并请曾国藩考察那三个人。

曾国藩讲：“不必了，面向厅门、站在左边的那位是个忠厚人，办事小心，让人放心，可派他做后勤供应之类的工作；中间那位是个阳奉阴违、两面三刀的人，不值得信任，只宜分派一些无足轻重的工作，担不得大任；右边那位是个将才，可独当一面，将来作为不小，应予重用。”

李鸿章很吃惊，问曾国藩是何时考察出来的。曾国藩笑着说：“刚才散步回来，见到那三个人，走过他们身边时，左边那个低头不敢仰视，可见是位老实、小心谨慎之人，因此适合做后勤工作一类的事情。中间那位，表面上恭恭敬敬，可等我走过之后，就左顾右盼，可见是个阳奉阴违的人，因此不可重用。右边那位，始终挺拔而立，如一根栋梁，双目正视前方，不卑不亢，是一位大将之才。”曾国藩所指的那位“大将之才”，便是淮军勇将、后来担任台湾巡抚的刘铭传。

以貌取人，不智；观其眼神以观其人，却往往准确。在和人打交道时，如果你能细致观察对方的眼神、目光，就能够洞悉其内心世界。

在瞬息之间，透过眼神的变化，看出一个人的目的和动机，固然需要先天的智慧，但更多的是靠后天的努力，因为这种智慧是在环境中磨炼和培养出来的。

下面，简单介绍一下不同眼神所表达的含义，以便大家掌握，并据此采取不同的策略。

对方的眼神上扬，便可明白他是不屑听你的话，无论你的理由如何充分，你的说法如何巧妙，还是不会有高明的结果，不如戛然而止，退而求接近之道。

对方的眼神凝定，便可明白他认为你的话有一听的必要，应该照你预定的计划，婉转陈说，只要你的见解不差，你的办法可行，他必然是乐于接受的。

对方的眼神流动异于平时，便可明白他胸怀诡计，想给你苦头尝尝。这时应步步为营，不要轻近，前后左右都可能是他安排的陷阱，一失足便跌翻在他的手里。不要过分相信他的甜言蜜语，这是钩上的饵，是毒物外的糖衣，要格外小心。

对方的眼神四射，神不守舍，便可明白他对于你的话已经感到厌倦，再说下去必无效果，你必须赶紧告一段落，或乘机告退，或者寻找新话题，谈谈他所愿听的事。

对方的眼神恬静，面有笑意，便可明白他对于某事非常满意。你要讨他的欢喜，不妨多说几句恭维话，你要有所求，这也是个好机会，相信一定比平时更容易满足你的希望。

对方的眼神沉静，便可明白他对于你着急的问题，早已成竹在胸，定操胜算。只要向他请示办法，表示焦虑，如果他不肯明白说，这是因为事关机密，不必多问，只静待他的发落便是。

对方的眼神散乱，便可明白他也是毫无办法，徒然着急是无用的，向他请示，也是无用的。你得平心静气，另想应付办法，不必再多问，这只会增加他六神无主的程度，这时是你显示本能的机会，快快自己去想办法吧！

对方的眼神呆滞，唇皮泛白，便可明白他对于当前的问题惶恐万状，尽管口中说不要紧，他虽未绝望，也的确还在想办法，但却一点也想不出所以然来。你不必再多问，应该退去，考虑应付办法，如果你已有办法，应该向他提出，并表示有几成把握。

对方的眼神似在发火，便可明白他此刻是怒火中烧，意气极盛，如果不打算与他决裂，应该表示可以妥协，速谋转机。否则，再逼紧一步，势必引起正面的剧烈冲突了。

对方的眼神下垂，连头都向下倾了，便可明白他是心有重忧，万分苦痛。你不要向他说得意事，那反而会加重他的苦痛，你也不要向他说苦痛事，因为同病相怜越发难忍，你只好说些安慰的话，并且从速告退，多说也是无趣的。

对方的眼神横射，仿佛有刺，便可明白他异常冷淡，如有请求，暂且不必向他陈说，应该从速借机退出，即使多逗留一会儿也是不适的，退而研究他对你冷淡的原因，再谋求恢复感情的途径。

对方的眼神阴沉，应该明白这是凶狠的信号，你与他交涉，须得小心一点。他那一只毒辣的手，正放在你的背后伺机而出。如果你不是早有准备想和他见个高低，那么最好从速鸣金收兵。

总而言之,一个人的眼神有动有静,有散有聚,有流有凝,有阴沉,有呆滞，有下垂，有上扬，仔细参悟之后，必能人情毕露。

第五章　该拒绝时就拒绝，别让不好意思害了你

敢于拒绝，学会说“NO”

为人开朗、热情、慷慨大方，这是善良的人最大的特点。别人一旦有求于他，他就会很难拒绝，总是有求必应，即使没有时间，他也会牺牲自己而成全他人，生怕自己的回绝会伤害了彼此的和气。

如果你习惯了吃亏，习惯了沉默，习惯了委屈自己，习惯了不拒绝所有人，你便会忘记，其实你可以有态度，可以有观点，可以有能力，可以过你想要的生活。

三毛说过：不要害怕拒绝别人，因为当一个人开口提出要求的时候，他的心里根本预备好了两种答案，所以给他任何一个其中的答案，都是意料中的。

对善良的人来说，友善其实是一种病，病就病在企图取悦所有人，过度友善的人，害怕拒绝。因为他们看来，拒绝别人同样是件伤面子的事，把面子看得比天还大，往往源于内心的弱小，事事害怕让别人失望，其实也是一种自卑。所以，该拒绝的时候应该懂得拒绝，你本来没必要取悦任何人。其实，你不懂得拒绝是碍于情面，到头来委屈的却是自己。

那年，玛丽上大学一年级，每月有 5 镑钱做生活费。正常情况

下，这足够她用了，可是她却时常感到拮据。有时同学邀她参加聚会，她也说“行”，即使那意味着第二天她的午饭没有着落，她也很难说“不”。

有一天上午，玛丽的姑姑邀请她陪自己去某处吃晚饭。实际上，此时的玛丽的口袋里只有 20 先令了，还得维持到月底呢，可是她觉得自己“无法拒绝”！

玛丽知道一家价格便宜而且味道很好的小咖啡馆，在那儿可以一人花 3 先令吃顿晚饭。那样的话，她就可以剩下 14 先令用到月底了。

“我们上哪儿去呢？”姑姑说，“晚饭我从不吃得太多，一份就够了。咱们去一处好点儿的地方吧。”玛丽领着她朝那家小咖啡馆的方向走去，突然她姑姑指着街对面的那家“典雅咖啡厅”说：“那儿不是挺好吗？那家咖啡厅看上去不错。”

“嗯，好吧，如果你喜欢这个地方。”玛丽只能这样说了。她可不能说：“亲爱的姑姑，我的钱不够，不能带您去高级的餐馆，那儿太贵了，花钱很多的。”因为她在想：“或许买一份菜的钱还是够的。”

进入咖啡厅，落座后，侍者拿来了菜单，她姑姑看了一遍后说：“吃这份，好吗？”

那是一道香煎芝士纯鸡肉——7 先令。玛丽则点了一个最便宜的菜——只需 3 先令。这样，她还有 10 先令。不，9 先令，因为她还得给侍者 1 先令小费呢。

“这位女士，您还想要什么吗？”侍者说，“我们还有俄式鱼子酱。”“鱼子酱！”她姑姑叫道，“啊！对——那种俄国进口的鱼子，棒极了！我可以要一些吗？”

玛丽点了点头表示同意。她总不好说：“哦，不可以，那样我的生活费就只剩下 5 先令了。”

最终，她姑姑要了一份鱼子酱，一份鸡肉及一杯酒。她只剩下 4 先令了，4 先令够买一周的面包。可是，她姑姑刚吃完鸡肉，又看见一个侍者端着奶油蛋糕走过。“嘿！”她姑姑说，“那些蛋糕看上去非常好吃，我不能不吃！就吃一个小的。”

只剩3先令了。

这时侍者又端来一些水果，她姑姑肯定该吃一些。当然，还得喝些咖啡，尤其是她们在吃了这么好的晚餐之后。没有啦！甚至准备给侍者的1先令也没有了。

用完餐后，账单拿来了：20先令。玛丽在盘里放了20先令，没有侍者的小费。她姑姑看了看钱，又看了看玛丽。

“那是你全部的钱？”姑姑问。

“是的，姑姑。”

“你用你所有的钱来招待我吃一顿美味的晚餐，真是太好了——可是太傻了。”

“啊不，姑姑。”

“你在大学学语言吗？”

“对。”

“你知道所有的语言当中，哪个字最难念？”

“我不知道。”

“就是‘不’这个字。随着你长大成人，你得学会说‘不’——即使是对非常亲近的人。我早就知道你没有足够的钱上这家餐馆，可是我想让你得个教训，所以我不停地点最贵的东西，并且注意着你的表情——可怜的孩子！”姑姑付了账，并给了玛丽5镑钱做礼物。

“天啊！”姑姑说，“这顿晚饭差点撑死你可怜的姑姑了，我通常的晚饭只是一杯牛奶。”

喜剧大师卓别林说过：“学会说‘不’吧，那样你的生活将会好得多。”人生在世，每个人都有自己的生活。帮助别人是善事，值得提倡。可是人总有穷时，每个人在帮助别人的时候，都会耗费自己的时间和精力。帮一次两次，完全可以。但是，要是学不会拒绝，别人一求，自己就答应了，最终很有可能把自己的生活弄得一团糟。

哈佛大学曾经针对1000多人进行了3年的追踪调查，结果发现：如果一个人学会合理的拒绝，就能减少90%以上的不必要麻烦，更能减少大量的个人时间和财富上的浪费。反之，没有掌握拒绝的技巧，他将会在自己的社会关系中，形成“老好人”“可随意差使的人”“从不懂得拒绝的人”的印象，无论是在职场、社会，还是家庭中，这种人生角色都会消耗掉他的大量时间精力，甚至为此吃尽苦头。

正所谓一时嘴软，一世吃亏。不会拒绝请求的人，常常是心力交瘁，因为他把时间都花在别人身上，没有自己的想法。有时候很想拒绝对方，但碍于情面只好点了头，结果给自己弄得疲惫不堪；有时候害怕对方对自己有负面的想法，不得已答应了对方的请求，但事情超出了自己的能力所限，事情没办好，结果还是留下了不好的印象，所以，学好“拒绝”这门课程，在生活中非常重要。

大学毕业后，李娜就进入一家公司工作。其间，她工作任劳任怨，勤恳踏实。工作三年，李娜的表现获得了老总的认可。“什么事情交给李娜我就放心了。”这是老总挂在嘴边的话。

一开始，李娜听了老总的表扬和认可很高兴，但时间一天天过去，交给她的任务越来越多。“李娜，这个方案你盯一下”“李娜，这个客户恐怕只有你能对付”“李娜，广州的那个项目人手不够，你顶一下”……老总为某事抓狂时，必会打开房门大叫李娜。

李娜工作越来越多，很多时候即使加班加点也做不完，可周围很多同事闲得两眼发呆，薪水却并不比她少几分。李娜想，也许再忍忍就会有升职的机会，然而机会一次次走到跟前就拐了弯。后来李娜从人事部的一位同事口里得知，关于她升职的事在人事会议上讨论过多次，每次都被老总挡了，说什么李娜虽然业务能力不错，但管理能力不足，需要再锻炼锻炼。人事部的同事最后对李娜说：“你想想，如果你升职了，他上哪儿找这么任劳任怨的‘万能胶’？”

李娜很气恼，回家跟老公抱怨。老公居然说：“如果我是你们老板也不会升你的职，一个不懂拒绝的人怎么去管理别人？”李娜仔细想想，竟有几分道理。

老总再次给她加工作量时，李娜终于鼓足勇气说："我手里有五个大项目，十个小项目，我担心时间安排不过来。"老总的脸立刻拉长了，好像非常失望："可是，这个项目只有你去做我才放心。""那好吧，我赶一赶。"说完这句话，李娜恨不得咬掉自己的舌头。看到老总拉下来的脸，一个大胆的念头突然冒了出来："不过，要按期保质完成，我需要几个帮手。"李娜轻描淡写地说。老总惊讶地看着她，终于笑着说："我考虑一下。"

李娜知道如果老总答应给自己派助手相当于让自己变相升职，如果他不答应这个条件，也就不好把新任务硬塞给自己。无论怎样都是对自己有利的。

自从那以后，老总再没提加新任务的事，还破天荒地经常跑来关心李娜的工作进展，并叮嘱她有困难就提出来，别累坏了身体，等等。

适当而巧妙地拒绝对方的不合理要求，胜过被动地接受，这可以有效地避免因此带来的不良后果。

拒绝别人，是一门艺术。一位哲人说："学会了拒绝，是一个成熟的标志之一。"大多数不会拒绝别人的人，都是觉得，拒绝的话说了出口，感情就伤了。但是，学不会拒绝别人，后果更加严重。当下的一次别扭和难受，可以避免日后很多痛苦和折磨。

学会拒绝别人，不是说不能帮助别人，只是，不能来者不拒。要认清哪些人值得帮，哪些事可以帮。其他的，不该帮，就要坚决地拒绝，不要再苦着自己。

总之，学会拒绝，你会发现，生活会轻松很多。

令你为难的事，越早拒绝越好

在生活中，我们常会遇到这样的情况：有人请你办一件事，而你感到很棘手，不知道是该答应还是不该答应。通常情况下，人总是很心软，面对对方的请求，特别是好朋友，几乎是照单全收，他们害怕拒绝会给彼此的关系带来不利影响。其实帮助朋友本来是好事，可是面对朋友的一些不合理请求，就应该学会拒绝。但是，拒绝要讲究一定的方法，否则会伤害朋友间的感情。

某市教委向一所学校抽人，对全市的中学实地考察，并写出调查报告。因为一位新来的教师还没被安排授课，就抽了他一个。起初，他感觉为难，自己刚刚走出校门，不仅对本市教学情况不熟悉，就是对教育工作本身，又能知道多少呢？本来不想参加，无奈校长已经开了口，实在不好拒绝，只好勉强服从。

一个半月过去了，其他学校的教师都按分工交了调查报告，唯有他一个，由于不谙世故，又缺乏经验，对自己分工调查的三个中学连情况都没摸准，更不用说分析了。市教委主任很恼火，责备校长，怎么推荐这么一个人。这位教师面子受不了，又是气又是羞愧，最后的处境也是可想而知。

这位教师由于当初不好意思拒绝，最终面子难保，身心都受到了伤害。这对我们是个值得吸取的教训。

其实，在生活中我们经常会碰上类似的事情，当面对别人提出的一些请求时，不是在匆忙中草率地作出决定，就是碍于面子不好意思拒绝对方。如果经常如此的话，不仅会打乱自己正常的计划，让自己的生活陷入被动的局面，还会让本来应该对自己大有助益的人际交往，成为自己的累赘。不懂拒绝，你就会处于被动，被人牵着鼻子走。因此在必要的时候，我们要勇敢地对别人说“不”。

罗斯福在当选美国总统之前，曾任美国海军部部长。一天，一位老朋友向他打听海军在加勒比海的一个小岛上建立潜艇基地的计划。罗斯福想了想，然后向四周看了看，压低声音问他的朋友：“你能保密吗？”对方信誓旦旦地问答：“能，我一定能。”“那么，”罗斯福微笑着说，“我也能！”听到这里，两个人不约而同地大笑起来。

罗斯福不好正面回绝老朋友，就绕过问题，不露痕迹地表达了拒绝的理由，最终委婉地“化解”了对方的要求。罗斯福高超的语言艺术，使他既在朋友面前坚持了不能泄露秘密的原则立场，又没有使朋友陷入难堪境地，因而取得了极好的效果。

人际交往中，任何人只要提出要求，总是不希望遭到拒绝，一旦遭到拒绝，必然会表现出不悦和失望。有时候，这种不悦和失望会伤害彼此之间的感情，妨碍彼此的沟通和理解，妨碍建立正常的交往关系。因此，拒绝别人时，要像罗斯福一样尽可能婉言拒绝，不去伤害他人的自尊。

生活中，我们要敢于拒绝，也要善于拒绝，既要能够拒绝别人，又不能让对方太尴尬和难堪。一旦确定要拒绝对方，心意就要坚决，但拒绝的方法则不要过于僵硬。

一次，一家报社邀请林肯总统参加他们的编辑大会，并要他在大会上发言。林肯不愿意过于频繁地参加这种会议，更不想在大会上讲话，不过他担心如果明言拒绝，既扫了对方的兴，又会给一些小报捕风捉影的题材，于是林肯在会上讲了这样一个小故事：

有一天，我在森林里遇到一位穿戴很时髦的小姐，由于道路很狭窄，我便侧身一旁让她先行，但与此同时，这位小姐也停了下来，并且目不转睛地看着我。

她说：“我此时才知道，世界上没有比你更丑陋的男人了。”

我回答说：“您说的是事实，但我又有什么办法呢？”

那位小姐说：“当然，父母所造成的缺陷的确是无法弥补的，但你可以躲在家里不出来啊！”

所有的人都被总统的幽默故事逗笑了，大会主席也不再坚持让他上台讲话了。

很多时候，婉言拒绝比直接拒绝，更容易让对方接受。因为它在一定的程度上，顾全了被拒绝者的自尊心。因此，当遇到对方提出请求，你又不方便直接表达拒绝的时候，可以采取委婉的方式来表达拒绝。委婉语能使本来也许是困难的交往，变得顺利起来，让听者在比较舒坦的氛围中接受信息。

肖强和经理的关系不错，所以一般有什么活动或者聚会，经理都会叫上他一起参加。但时间一长，肖强就觉得自己的下班时间都被各式各样的应酬填满了，也很少有时间回家享受妻子做的饭菜。肖强觉得长久下去也不是个办法，他想应该如何巧妙地拒绝经理的邀约，才不会让经理感到不满。

这天下班，经理走到肖强的办公桌前，笑着说："肖强，今晚和王总约好了，下班一起去吃个饭，你也一起去吧，别忘了啊。"

肖强一听，又要陪经理去吃饭，可是已经和老婆说好要回去吃饭了。肖强只好装出很无奈的表情，对经理说："经理，你也知道，我们家那位是个强悍的母老虎，今天是她的生日，我要是不回去陪她吃饭。估计我以后都没法进家门了。您看，今晚的饭局能不能让其他同事陪您一块儿去？"

经理第一次听到肖强拒绝他的话，当即一愣，不过很快调整过来："哈哈，没想到你还是一个如此顾家的好男人呀。今晚的饭局你就不要去了，好好回去给你老婆过生日吧。以前是我疏忽了这一点，以后的饭局你适当参加就可以了，不用每次都去了。"

肖强笑着应道："谢谢经理的理解和批准。"

肖强终于用巧妙的方式，对经理成功说出了"不"。

面对一些无理的要求，如果明言拒绝，会让人难堪。如果运用委婉的语言拒绝，就显得很婉转、含蓄，既表达了自己的拒绝意图，又使对方乐于接受。

以委婉方式拒绝别人的好处很多，不但可以为他人留有面子，还能使别人产生被尊重的感觉。这样一来，双方不但不会因拒绝而伤和气，反而会拉近距离，增进友谊。

很多时候，拒绝别人的话总是不好说出口，但拒绝的话又经常不得不说出口。这时不妨用委婉的方式说出拒绝的话，抹去对方遭到拒绝时的不愉快感。

总之，拒绝是人际交往中的一种应变的艺术。学会拒绝的艺术，既可减少许多心理上的紧张和压力，又可自己表现出人格的独特性，也不会使自己在人际交往中陷于被动，有利于处理好人与人之间的关系，运用得好，可以达到文雅得体，幽然含蓄，弦外有音，余味无穷的奇妙境地。

朋友借钱，这个可以“拒绝”

生活中，我们经常会遇到一个难题，那就是朋友来借钱。一方面，如果不借会显得自己不近人情，另一方面，同意借钱很可能“有去无回”。那么，面临朋友借钱的情况，我们应该怎么办呢？

最好的方法是不借。否则，不但影响两人的感情，还可能有借无还。

赵敏和孙雯在同一家公司上班，既是配合无间的好同事，又是无话不谈的闺中密友。

两个人情同姐妹，好得像一个人似的。有时，面对孙雯的一些要求，赵敏总是不好意思拒绝。

周末的一天，孙雯打电话给赵敏，说想要她陪着自己逛商场。

本来赵敏不想去的，因为她是个月光族，而且又到了月底……不过一想到好姐妹邀请自己，她也不好意思拒绝。

两个人逛着逛着，来到了一家高档服装店，里面商品的价格让人瞠目结舌。但橱窗里面一条红色丝质长裙吸引了孙雯的目光。

这时，导购小姐来到两人的面前，不停地说：“小姐好眼光！这是店里销售最好的裙子了，店里只剩下一条了。现在不买的话，很快就被别人买走了。”

“女人一定要对自己好点，看到喜欢的东西就得收入囊中。你不穿漂亮点，怎么能吸引男朋友或老公的注意呢？”

“虽然它的价格不便宜，但是它有升值空间啊！先看它的款式，大方高雅，永远不会过时；再看它的材质，这是国外设计师专门定制的。”

在导购言语的诱导下，孙雯决定把这条长裙买下来。

这时，赵敏悄悄地把孙雯拉到一边，低声说：“雯雯，你可想清楚了，这样的裙子太贵了！顶上我们一个月的工资了。”

孙雯笑了一下，拍了拍赵敏的肩膀说：“我身上的钱不够，你带钱了吗？”

“我带卡了。”

赵敏的话还没说完，孙雯就急忙走进了试衣间。不可否认，孙雯穿上那条裙子确实很漂亮。接下来，将要发生的事情可想而知。赵敏无奈地拿出自己的信用卡，狠心透支了这个月的信用额度，替自己的好姐妹买下了这条裙子。

可是，一晃一个月过去了，孙雯还是没有还钱。一天，两个人闲聊。赵敏旁敲侧击地问道：“雯雯，怎么也不见你穿那条红色的裙子了呢？”

孙雯若无其事地说：“别提那件事了，裙子买回来我就穿了一次。我老公说不适合我的身材，我就扔在衣柜里了。”

赵敏一时语塞，不知道应该说什么好。可她还是鼓足了勇气：“可是那条裙子是我透支信用卡帮你买的，这钱……”

“哎呀，你不说我都差点忘记了。”孙雯满不在乎地说，“你看，那条裙子我就穿了一次，要不我把裙子给你抵账吧！你不会在意的，对吧？”

听到孙雯这样说，赵敏的怒火一下子燃烧起来，但一想到两个人还在一起共事，没必要撕破脸皮，只得无奈地说句：“好吧。”

印度有一句谚语：想要让你的亲人、朋友变成自己仇敌的话，那么借钱给他们吧。单纯的朋友关系比较容易交往，如果朋友之间一旦有了金钱的纠葛，事情就会变得有些复杂。

所谓“谈钱伤感情，谈感情伤钱”，现实生活中有太多的人借出去了钱，就像石沉大海，反而把两人关系弄得更僵，为了避免对方出现拒不还钱，最好的办法就是不借，那么怎么拒绝？怎么做才能不伤感情呢？

假如遇到朋友借钱，自己又实在无力帮忙，坦诚说明客观情况，直接拒绝不失为一个好的方法，当然，前提条件是对方也能认同，所以在平时为人处世的时候一定低调，这样不仅不伤害感情，还会加深彼此的理解。

李刚毕业后就做起了生意，虽然有一定收入，但也有一些外债。李刚在大学里有个叫王静的好友，但两人毕业后一直没有联系。一次，王静突然向李刚借钱，这让李刚十分为难，自己的手头也不算富裕，借了实在有风险；不借又有损老交情，又不好拒绝。最后，李刚便对王静说：“你能在困难时想到我，真是信任我啊，但不巧的是我刚刚买了房子，也没有多少活钱了，你要是不着急的话，等我过几天账结回来，一定借给你。”

面对朋友借钱，李刚拒绝方式可谓恰到好处。我们都知道，如果朋友向你借钱，一定是钱不够用，但既然是朋友，他也应该理解你的处境。如果你自己本来就不够花，情况已十分的窘迫，对方便不好意思再提借钱的事情了。

其实，借钱的人在开口之前就已经做好了两种准备，借到借不到，结果他都能承受，所以，学会拒绝，才不会让自己吃亏。那些真正理解你、尊重你的朋友是不会用感情绑架你的，强迫你借钱给他的。

巧妙拒绝上司的暧昧行为

在职业场合中，女性职员和男上司接触的机会很多。如果你聪慧、出色、敬业，很得他的赏识，这自然是好事。可是，男女之间的关系毕竟是微妙的，尤其是他向你发来暧昧信息的时候，你该怎么拒绝呢？聪明的女人要懂得巧妙的拒绝，既不伤对方面子，也给自己留有余地。

兰馨最近觉得，自己的上司孙伟看自己的眼神有一些不一般，平时的工作中也对她多加照顾——兰馨不愿多想，依然不动声色地认真工作。一天，孙伟下班以后给兰馨打了一个电话，说因为前不久的连续加班非常辛苦，请她吃饭。

兰馨不好推辞，就硬着头皮赴约了。路上，兰馨发短信让一起租住的女室友一个小时以后，以男友的身份给自己发一条“催”自己回家的短信，以备不时之需，并把室友的名字改成了一个男人的名字。

吃饭的时候，孙伟果然向兰馨说了一些暧昧的话语，夸赞兰馨做事能力强，效率高，人长得也漂亮，让人觉得有亲切感，聊了很久还没有打算埋单走人的意思。

这时，兰馨的手机接到了舍友打来的电话，兰馨接通电话，只听见一个熟悉的男声用非常大的声音说：“小冰啊！你怎么还不回家？我没带钥匙在门口等了好久了，你赶紧回来啊！”兰馨听出这是舍友男朋友的声音，忍住笑，赶紧装样子说：“哎呀，你怎么总是忘带钥匙啊！我在和上司吃饭，你等会儿！”

孙伟的表情顿时僵硬了一会儿，但马上就恢复正常了，亲切地问道：“是家里人吗？”兰馨装作不好意思地说：“是我男朋友，真不好意思，让您见笑了。”这一顿饭随即匆匆结束，此后孙伟再也没有对兰馨说过暧昧的话语。

拒绝上司的“好意”，首先要识破他的目的和企图。假如他对你有非分之想，就必须立即表态，态度要坚决果断，不给他留下丝毫的余地，使他彻底打消邪念。要使自己处在安全的境地，必要时，还要积极争取同事的支持。假如他知道了你在同事中有众多的支持者，就不敢贸然打你的主意了。

对于上司来路不明的“好意”，女性下属，特别是年轻漂亮的，一定要多个心眼，不要贪图虚荣和便宜，更不要忧虑过多，要当机立断。当他的面目暴露出来后，就当明确拒绝。否则，吃亏的只能是自己。

丽丽是某大酒店的前台接待。刚到酒店没几天，酒店客房部的经理便对她表示了好感。

“丽丽，我很喜欢你，从你来上班的第一天起，我就在心里喜欢上你了，我们交往好吗？”客房部经理直言不讳地对丽丽说。

“可是，我对你并不了解呀！”事实上是，丽丽根本就不喜欢经理，但她不好意思把自己的真实想法坦率地说出来。因此，便采取了含糊的拒绝方式，以为这样经理就会知难而退。但事实上，经理对这句话的理解是：“她说的是实话，我们刚认识才几天，我得给她一点时间和机会让她来了解我。”

于是，经理一有空就跑到前台和丽丽聊天，或是主动帮她做一些事情。

丽丽以为经理早已听明白了拒绝的意思，经理现在这样做可能是出于同事之谊。于是，她也坦然地接受了经理的一些帮助。

三个月后，经理再次向丽丽表示了爱慕之情。丽丽这才明白经理还未放弃，但她明白自己不可能爱上经理，可是要把自己的意思直接表示出来，她怎么也说不出口。于是，丽丽又含糊地拒绝道：“你不要把感情浪费在我身上了，我最近比较烦，不想考虑这件事。”

经理听后，认为丽丽真的是心情不好，他天真地想：“也许等她心情好了后，就会考虑接受我的。”于是，经理再一次开始了耐心的等待。

半年后，丽丽突然向大家宣布，自己有男朋友了，是某 IT 公司的程序员，而且还把小伙子带到了酒店。看着丽丽和小伙子情意绵绵的样子，经理伤心极了，同时也有几分气愤。经理忍不住找到丽丽质问道："既然你不喜欢我，为什么不直接说出来？害得我白白付出了感情。我真不明白你到底是一个单纯的女孩，还是一个复杂的、爱捉弄人的轻佻女性。"

经理的话让丽丽的男友和同事都对她产生了看法。最终男友离她而去，同事们也渐渐疏远了她，丽丽也只好黯然地辞职离开了酒店。

我们不难想象，假如丽丽当初直截了当地拒绝了经理，经理就不会在她身上浪费感情，从而也就不会出现后来这一系列麻烦事情。

在拒绝上司的追求时，拖泥带水、模棱两可的态度是要不得的，这样既浪费了别人的感情，给别人造成了不必要的伤害，也势必使自己的生活复杂化，甚至会使自己的声誉和工作等遭受损失。因此，对于不接受的请求，一定要果断干脆地拒绝，绝不要拖泥带水，更不要含糊其词，否则，在伤害了别人的同时，也容易伤害自己。

善用幽默，拒绝也能很轻松

对很多人来说，大声地说"不"本来就是一件不那么容易的事情，因为这可能意味着一次拒绝，意味着伤害了对方的自尊心。但人际交往中，难免会有需要我们拒绝他人的时候，如何说"不"才能既达到自己的目的，又不伤害朋友之间的和气呢？这种情况下，幽默就可以发挥它的作用了。用幽默的语言拒绝对方，显得婉转、含蓄，更容易被朋友所接受。

国学大师启功先生晚年惜时如命，不喜人们前来拜访。一天，启功先生的朋友受人之托，带了位收藏家前来拜访。

"请问有何贵干？"启功先生问。

启功的朋友连忙介绍说："是这位收藏家想来看看您！"

启功先生听完慢条斯理地说："那看吧！"说完他把走廊的灯打开，面朝俩人挺了挺腰站好，几秒钟后问道："正面看完了吧，再看看侧面……”说着，老先生像顽童一样在走廊里连续转了三个圈，站定后又问道：“看清楚了吧？”

启功的举动弄得那位收藏家窘得连声说：“看清楚了！看清楚了！”

“那回去吧，你这趟没白来啊！”话已至此，那位收藏家不好再说什么，就非常诚恳地请启功先生收下礼物。

启功看了一眼礼品说：“拎回去吧，人们现在都说我是‘国宝’，国宝是什么？就是熊猫啊！你到动物园看熊猫还送礼物吗？”

启功先生话音一落，三个人都哈哈大笑起来。

伴随着启功先生的笑声，被拒之门外的那位收藏家不但没有窘迫之感，反而对启功先生心生敬佩之情，乐呵呵地与启功先生握手告辞。

可见幽默风趣的拒绝也是一门艺术。无论你对别人的要求是听从还是反对，只要幽默地开口，对方都会更容易接受。

在人际交往中，幽默是拒绝别人时必不可少的手段，它会让“不”说起来不那么困难，听起来更顺耳，想起来更有余味，也会使气氛不那么尴尬。以后在生活中我们再遇到需要说“不”的时候，尽量也让他幽默着说出来。

萧伯纳是英国大文豪。有一次，一个小姑娘给他寄来一封信，在信中，小姑娘表达了对他的敬仰，并表示打算以他的名字来为她心爱的小狗命名，所以特意征询萧伯纳的意见。

萧伯纳看后哭笑不得，但又知道小姑娘此举完全是一番好意，不能断然拒绝，伤了小姑娘的心。

他想了一会儿，就写了封回信，在信中写道：亲爱的孩子，我十分赞同你的主意，但我希望你最好和你的小狗商量一下。

把大作家的名字给小狗安上，从成人的眼光来看的，这显然是一个无礼的请求。但小姑娘却不会这么想，小狗是她的心爱之物，而萧伯纳是她敬仰的作家，把两者的名字合而为一，是再正常不过的想法了。萧伯纳能体会到小姑娘的心情，他不对小姑娘训斥、指责，而是用幽默的语言来表达他的拒绝之意，也是他能成为世界文豪的过人之处。

面对一些无理的要求，如果明言拒绝，会让人难堪。如果运用幽默委婉的语言拒绝，就显得很婉转、含蓄，既表达了自己的拒绝意图，又使对方乐于接受。

以幽默方式拒绝别人的好处很多，不但可以为他人留有面子，还能使别人产生被尊重的感觉。这样一来，双方不但不会因拒绝而伤和气，反而会拉近距离，加深友谊。

有时候拒绝的话像是胡搅蛮缠，但因为它是用幽默的方式表达出来的，所以也就在起到拒绝目的的同时，让别人很愉快地接受了。

意大利音乐家罗西尼生于 1792 年 2 月 29 日。因为每 4 年才会有一个闰年，所以等他过第 18 个生日时，他已经 72 岁了。在他过生日的前一天，一些朋友告诉他，他们筹集了两万法郎，准备为他立一座纪念碑。罗西尼听完后说："浪费钱财！给我这笔钱，让我自己站在那里好了！"

罗西尼本不同意朋友们的做法，但又不好直接拒绝，于是幽默地提出了一个不切实际的想法，既含蓄地拒绝了朋友们的要求，又不会伤害朋友的好意。

拒绝别人的话总是不好说出口，但拒绝的话又经常不得不说出口。这时不妨用幽默的方式说出拒绝的话，抹去对方遭到拒绝时的不愉快感。

有朋友求在朝中当官的苏东坡为他谋个差使，苏东坡对来求他的这个朋友说了一个故事："以前有个盗墓人，掘开第一个墓的时候，发现一个赤身裸体的人，这是王阳孙，因为他主张裸体下葬的；掘开第二个墓的时候，竟然掘出了汉文帝，他是个不准随葬金银玉器的皇帝；第三个墓里掘出了饿死在首阳山的伯夷；盗墓人还想继续掘第四个墓，伯夷说：'别费心了，我弟弟叔齐也无门路！'"

对苏东坡有所求的人听完了这个故事，知趣地走了。苏东坡就这样，幽默风趣，又没有得罪朋友地回绝了他。

用幽默的方式来拒绝别人，不仅能够消除因为拒绝给彼此带来的不快，而且能让对方感受到你不予接受的决心，其效果真可谓是一石三鸟。我们也可以尝试一下，或许真能收到意想不到的效果。

总之，拒绝是一门学问和艺术，能体现出个人的品德、性情和修养。一个懂得幽默地拒绝别人的人，能够使人在你的拒绝中一样感觉到你的善意、真挚和坦诚，同时也能愉快地接受你的拒绝。

如果不爱对方，也要学会拒绝

自古以来，美好的爱情都是两情相悦的。但在情感交往中，我们常常遇到我们不喜欢人的进攻。这时，你应该学会摆脱，学会拒绝。

事实上，对方向你求爱，并没有错；你拒绝对方的爱，也没错。最关键的是看你怎样拒绝，如果拒绝得恰到好处，对双方都是一种解脱，也可以免去许多麻烦。如果你不能恰到好处地拒绝别人求爱，不但伤害他人，说不定也危害自己。

一位年轻的厨师给他喜欢的姑娘写了一封情书。他这样写道："亲爱的，无论是择菜时，还是炒菜时，我都会想到你。你就像盐一样不可缺少。我看见鸡蛋就想起你的眼睛，看见西红柿就想起你柔软的脸颊，看见大葱就想起你的纤纤玉指，看见香菜就想起你苗条的身材。你犹如我的围裙，我始终离不开你。嫁给我吧，我会把你当作熊掌一样去珍视。"

不久，姑娘给他回了一封信，她是这样回复的："我也想过你那像鹅掌的眉毛，像西红柿的眼睛，像大蒜头一样的鼻子，像土豆似的嘴巴，还想起过你那像冬瓜的身材。顺便说一下，我不打算要个像熊掌的丈夫，因为，我和你就像水和油一样不能彼此融合，你能明白我的意思吗？”

这样的回敬不仅伤害了对方，也从另一个侧面反映出这位姑娘自身在说话做事的处世方式上尚有不够成熟、不够得体之处。这样的人无法赢得别人的好感，即使对方对你的第一印象再好，以后也会大打折扣。更严重的是，一旦对方发现你并不善交际，不懂得人情世故，就会对你产生反感，所以回绝别人时一定要有分寸。

倘若你不喜欢求爱者，根本没有建立爱情的基础，可以在尊重对方的基础上婉言谢绝。对自尊心较强的人，适合委婉、间接地拒绝。因为有这类心理的人，往往是克服了极大的心理障碍，鼓足勇气才说出自己的感情。我们一旦遭到断然拒绝，很容易感觉受伤害，甚至痛不欲生，或者采取极端的手段，以平衡自己感情受的创伤。

因此，拒绝他的爱，态度一定要真诚，言语也要十分小心。你可以告诉他你的感受，让他明白你只把他当朋友，当同事或者当兄弟看待，你希望你们的关系能保持在这一层面上，你不愿意伤害他，也不会对别人说出你们的秘密。

周丽是一位活泼可爱的女人，很受男孩子们喜爱，她同李铭保持着一份纯真的友情，而李铭对周丽却是一往情深。在一个月色迷人的夜晚，两人坐在露天咖啡馆的圆桌旁，品着浓香扑鼻的咖啡，周丽突然双手握住周丽的手，激动地说：“你愿意做我的女朋友吗？”李铭马上便反应过来，浅浅地一笑说：“我难道不是你的‘女朋友’吗？”李铭惊讶不解地望着她，周丽说：“我们是朋友，而我又是女人，我当然是你的‘女朋友’啦！”李铭立即明白了周丽话里的含意，放开她的手，说：“是啊，你就是我的‘女朋友’！”

在爱情的历程中，当遇到不满意不能接受的求爱时，最好采用恰当的语言，婉言拒绝，巧妙收场。以下几点建议，可供参考。

1.拒绝必须及时。拒绝难免是一种伤害，但不能因此而犹豫不决，要敢于对求爱者说“不”。如果碍于情面，一再拖延时间，就会让对方误认为还有希望而不能自拔，而自己也会“当断不断，自受其乱”。

2. 拒绝必须友善。为了减少拒爱给对方的心理伤害，也使对方更易于接受，就必须设法维护对方的心理平衡，尽量减少对方的内心挫折。拒绝别人的求爱，要以尊重其人格，不伤害其自尊心为前提。切勿指责辱骂，大肆中伤，搞得人人皆知。

3. 拒绝必须巧妙。拒绝他人的求爱，切不可广而告之，令对方难以下台。必要的时候，可以酌情采用单独面谈、请人转告或借物表意、委婉暗示之法，对其进行“冷处理”，让对方自己主动“知难而退”。

第六章　有魅力的善良，才能让人生闪亮

你邋遢的外表，怎么给人善良的印象

在社会生活中，我们经常要和陌生人打交道。初次见面时给人的第一印象非常重要。无论它是正确的还是错误的，大部分人都会依赖于第一印象的信息，而这一印象的形成对于日后的决定起着非常大的作用。

心理学家认为，人们在日常交际中对他人的第一印象主要来自外表、动作、姿态、目光和表情等多方面。一般人通常根据最初印象而将他人加以归类，然后再从这一类别系统中对这个人加以推论与做出判断。人与人之间的相互交往、人际关系的建立，往往是根据第一印象所形成的论断。

两个萍水相逢的陌生人，要想在短时间内消除彼此之间的陌生感、拉近彼此之间的距离，给对方良好的第一印象是非常重要的。有了良好的第一印象，就拥有了一把打开陌生人心扉的钥匙。

某超市一位经验丰富的经理说："有一天，一个人来拜访我。他穿得就像五六十年代的人。他开始做一个好得非比寻常的销售推介，但我老是走神。我看着他的鞋子和裤子，然后再把目光扫过他的衬衫和领带。大部分时间里我都在想，如果这位专业销售员说的

都是真的，那他为什么穿得如此落魄呢？他告诉我他手中有很多订单，有许多客户也购买了大量的这种产品。但他的个人外表却显示他说的话不是真的。我最后没有购买，因为我对他的陈述没有信心。”

在人际交往中，一个人的第一印象往往会给对方留下烙印，如果你在第一次交往中给别人留下了一个好印象，别人就乐于跟你进行第二次交往；相反，则往往很难挽回。所以，务必注意你第一次跟人打交道时的“第一印象”。

有一句谚语是这样说的：第一印象永远不可能有第二次机会。可见，良好的第一印象是交往成功、和谐人际关系的良好开端。第一次与人沟通是后续成功发展的关键。人们对你形成的某种第一印象，通常难以改变。而且，人们还会寻找更多的理由去支持这种印象。因此，初次见面就给人留下不好印象的人，通常是不讨人喜欢的人，而第一次交往就给人留下美好印象的人，更容易受人欢迎。

詹姆斯在美国一家保险公司任高级精算师，受一家保险公司之邀，前去商谈一些可能合作的培训项目。詹姆斯提出与地方的保险经理们见个面，以便更好地了解该地的保险业市场。

詹姆斯的要求得到了满足，在某保险经理人的会客室，詹姆斯见到了几个重要的负责人。

詹姆斯是一个典型的处女座，他非常注重细节和卫生，而那天会见的人，却着实给詹姆斯留下了一个“难忘的第一印象”。他说：“那个主要负责人热情地坐在我身边，专注地介绍着保险业的前景，而我的视线却无法离开他的鼻子，我根本没有听进去任何内容，我的思维全被那‘红杏出墙’的鼻子占领了！只要一看他的脸，我就产生强烈的欲望——要替他剪掉那扰乱我思维的鼻毛。我试图忘却他的鼻毛，把目光和注意力移到他头以下的部位，却又看到他肩上落着白花花的一层头屑，我忍不住要作呕。为了礼貌，我只好又把目光放在他脸上。整个上午，我的大脑中只有两个画面——黑鼻毛、白头屑。待到中午吃饭时，我生怕自己被安排在他身边，借口讨论技术坐在另一个负责人身边。”

如此不注意个人卫生的人，给客户留下的影响也就不言而喻了，而凭着这样的影响，即使生意谈妥了，你还指望会有下次吗？

第一印象是人与人之间展开良好沟通的通行证。卡耐基说过：“良好的第一印象是登堂入室的门票。”不可否认，给他人第一印象的好坏直接影响着你在他人心目中受欢迎的程度。美国心理学家亚瑟所作有关第一印象的研究中指出，人们在会面之初所获得的对他人的印象，往往与以后所得到的印象相一致。那么，怎样才能给人良好的第一印象呢？从根本上说，它离不开提高自己的文明程度和修养水平，离不开经常的心理锻炼。心理学家提出下面几条建议：

1. 注意仪表：仪表是一个人内部思想的体现，它反映了个体内在的修养。得体的仪表，是展现个人魅力的重要手段之一。因为第一次见面，别人是没办法去了解你的内在美的，而你体现在着装上的个性让别人看得明白。如果你穿得得体，那就会给别人留下一个好的印象。注意自己的穿着，不一定要穿上最流行、最时髦的衣服，只要穿着整洁，合适你的性格和体型的就可以了。

2. 注意谈吐：一个人的谈吐可以充分体现其魅力、才气及修养。一个人有没有才气最容易从讲话中表现出来。在社交谈吐时，要注意环境气氛，绝不要喧宾夺主，自说自话。风趣，幽默的言谈给人以听觉的享受和心灵的美感。

3. 展现风度：风度是一个人的性格和气质的外在表现，是在长期的社会实践中所形成的好的性格、气质的自然流露，属于一个人的外部形态。要有美的风度，关键在于个人在实践中培养自身的美的本质，形成美的心灵。古人早就说过：“诚于中而形于外。”心里诚实，才有老实的样子。当然，人的风度是多样的，不能强求一律。人的风度的多样性，是为人的性格、气质的多样性所决定的。但是，无论性格、气质的多样性也好，还是风度的多样性也好，都应当体现出人的美的本质。只有美的心灵，美的性格、气质，才能有美的风度。

4. 注意行为举止：行为动作是一个人内在气质、修养的表现。男子的举止要讲究潇洒，刚强。女子的举止要注意优美、含蓄。在一般情况下，大方、随和乐观、热情的人总受人欢迎；炫耀、粗鲁或过于拘束的人则让人生厌。

巧说第一句话，陌生人也能一见如故

俗话说："酒逢知己千杯少，话不投机半句多。"有的人相处一辈子却形同路人，无话可说；而有的陌生人却一见如故，相见恨晚。两个萍水相逢的人要想在短暂的时间内达到心灵上的共鸣，说好第一句话至关重要。一个好的开场白会让谈话顺畅地进行下去。

和陌生人交往时，说的第一句话要给人亲热、友善、贴心的感觉，快速消除彼此间的陌生感，拉近彼此的距离。

下面是一个销售员的客户拜访开场白。

小林："李局长，您好，我是 ** 电脑公司的小林。"

客户："你好。"

小林："李局长，这是我第一次与税务局的负责人打交道，感觉很自豪。"

客户："很自豪，为什么？"

小林："因为每个月都缴纳成百甚至上千元的个人所得税，这几年加在一起有几万元了吧。虽然我算不上大款，但是缴纳的所得税也不少。今天我给您打电话，就有了不同的感觉。"

客户："噢，这么多，那你们收入一定很高。你一般一个月缴多少？"

小林："根据销售业绩而定，有的销售代表做得好的时候，可以拿到两万元，这样他就要缴纳一笔不小的个人所得税。"

客户:“如果每个人都像你们这样交税,我们税收工作就好做了。”

小林:“对呀,而且国家用这些钱去搞教育。基础设施建设或者国防建设,对我国早日成为经济强国大有好处。”

客户:“没错,但是个人所得税是归地税局管,我们国税局不管个人所得税。”

小林:“哦,我对税务不了解。我这次给您打电话是想了解一下税务信息系统的情况,而且我知道您正在负责一个国税服务器的采购项目,我尤其想了解一下这方面的情况。我们公司是全球主要的个人电脑供应商之一,我们的经营模式能够为客户带来全新的体验,我们希望能成为贵局的长期合作伙伴。我能否先了解一下您的需求?”

客户:“好吧。”

该案例的小林通过很好的开场白吸引了客户,有了个漂亮的开场,从而向促成销售迈进了一步。

初次见面的第一句话是打开两个陌生人心扉的一把钥匙,只要掌握了说话的技巧,只言片语就能给对方留下一见如故的好印象。

当然,说好第一句话,并不只局限于与陌生人的交往中,还要渗透到朋友、夫妻、亲人交往之中,这样可增进友情、巩固爱情、温暖亲情。

那么,如何才能把第一句话说好呢?以下几点可供参考:

1. 敬慕式。对人尊重、敬慕会引起对方的好感,对初次见面者表示敬重、仰慕,这是热情有礼的表现。用这种方式必须注意:要掌握分寸,恰到好处,不能乱吹捧,不要说“久闻大名,如雷贯耳”一类的过头话。表示敬慕的内容应因人、因时、因地而异,应恰到好处,让听者感到自然。例如,“您的作品我非常喜欢,每一本著作我都买来收藏,受益匪浅。今天能在这里见识您的风采,真是感到很荣幸!”“今天是国庆节,在这个特殊的日子里,能够有幸采访您这位开国元勋,的确很荣幸。”“以前只在电视和杂志上见到过您的美貌,今天能一睹您的芳容,真是明白了何为倾国倾城啊。”

2. 问候式：真诚的问候给人一种亲切、友善的感觉。问候是生活中不可或缺的因素，好的问候能快速拉近陌生人之间的距离。“您好”是向对方问候致意的常用语，如能因对象、时间的不同而使用不同的问候语，效果则更好。对德高望重的长者，宜说“您老人家好”，以示敬意；对年龄跟自己相仿者，称“老×（姓），你好”，显得亲切；对方是医生、教师，说“李医生、您好”“王老师，您好”，有尊重意味。节日期间，说“节日好”“新年好”，给人以祝贺节日之感；早晨说“您早”“早上好”则比“您好”更得体。

3. 赞美式：初次与陌生人交往，对方一般都有防备心理，如果你直接赞美，他会觉得你有所目的或者是表现得很“假”，所以你不妨盛赞与对方密切相关的其他事物，利用这种赞美表达自己对他的欣赏。

某市文化单位要建一座影剧院。一天，公司经理正在办公，家具公司李经理上门推销座椅，一进门便说：“哇！好气派。我很少见过这么漂亮的办公室，如果我也有一间这样的办公室，我这一生的心愿就满足了。”李经理就这样开始了他的谈话。然后他又摸了摸办公椅扶手说：“这不是香山红木吗？难得一见的上等木料啊！”

“是吗？”王经理的自豪感油然而生，并接着介绍说，“我这儿整个办公室都是请深圳装潢厂家装修的。”又亲自带着李经理参观了整个办公室，介绍了设计思想、装修材料、色彩调配等，整个过程兴致勃勃。

在这样和谐的气氛下，李经理自然拿到了王经理签字的订购合同。

李经理没有直接赞赏王经理有品位、有见地，而是称赞王经理办公室的豪华气派，令对方倍感自豪、兴致大发，于是自然就拉近了与这个“陌生人”之间的距离。

总而言之，初次见面的第一句话是打开两个陌生人心扉的一把钥匙，只要掌握了说话的技巧，只言片语就能给对方留下一见如故的好印象。

学会赞美，让交际更顺畅

赞美是人际沟通的润滑剂，也是最有效的沟通技巧之一，它能缩短人与人之间的心理距离，使人们彼此之间产生亲切感。几句适度的赞美，可使对方产生亲和心理，为交际的沟通提供前提。

心理学家杰尔士说过一句话：“人性最深切的需求就是渴望被别人赞美。”人人都需要被赞美，人人都喜欢被赞美，这是人的天性使然。当一个人听到别人的赞美话时，心中总是非常高兴，脸上堆满笑容，口里连说：“哪里，我没那么好”，“你真是很会讲话！”即使事后冷静地回想，明知对方所讲的是赞美话时，却还是抹不去心中那份喜悦！

有位生性高傲的经理，一般生人很难接近，他的冰冷面孔常使人望而却步。有位外地来的业务员听说了他的脾气，一见面就微笑着扔了一支烟说：“我一进门就有人告诉我，您是个爽快人，办事认真，富有同情心，特别是对外地人格外关照。我一听，高兴极了。我就爱和这样的领导共事，痛快！”经理的脸上立刻露出一丝笑容，接下去谈正事，果然大见成效。

这位业务员的成功便得益于开头的那几句赞美的话。这样，对方就不好意思对一个恭维尊敬自己的人给予冷遇，自然会在维护自我形象的心理支配下变得和蔼可亲起来。

真诚赞美是无本的投资，这是因为真诚是一种修养，也是一种态度，更是一种境界，不是让你挖掘不存在的东西，而是突现优点，帮助人们不断地发现、肯定和弘扬自己以及他人的优点。真诚的赞美，就好像是沙漠中的甘泉，它可以让人的心灵受到滋润。而当你赞美他人时，别人也会重视你存在的价值，你对他人的赞美也可以让你获得一种难得的成就感。

美国的赖斯·吉布林在谈到人际交往时曾说："每一个人都是人际关系的百万富翁。然而可悲的是：我们中太多的人'窝藏'了这种财富，或者只是吝啬地施舍出来。甚至更糟的是，根本意识不到我们拥有这种财富。"那么，这种财富究竟是什么呢？就是"惠而不费"的赞美的语言。在人际场上，如果一个人能够说些得人心的话，适当地对他人加以赞美，那么他便会在人际场上畅通无阻。

有一位女大学生，她因为宿舍中人际关系紧张而苦恼。她打电话和母亲说，在宿舍里同学们互不来往，各自忙着自己的事情，似乎相互都有戒心，很难知心交谈，宿舍气氛沉闷，她希望改变这种状况，但又不知从何做起。母亲告诉她：从现在开始，试着夸奖他人，真心赞赏他人的长处，如："你今天气色很好！""你的眼睛真亮！""这件裙子对你再适合不过了！"，等等。不久以后，她再打电话给母亲时说，宿舍的气氛完全变了样，大家相互帮助，彼此关心，在一起时有说有笑，下课后都愿意回宿舍，好像宿舍有一种无形的吸引力。

赞美是人与人相处最巧妙的方法。大文豪马克·吐温说过："一句美妙的赞语可以使我多活两个月。"所以说，在人与人交往的过程中，适当地赞扬对方，会增强这种和谐、温暖的感情。

赞美是人际交往中最美的语言，它能让说者增光，听者得意。莎士比亚曾经这样说过："赞美是照在人心灵上的阳光。没有阳光，我们就不能生长。"赞美作为一种与他人社交沟通的技巧，其可谓是具有神奇的魔力，即使是几句简单的赞叹都会让人感觉到心理的满足。向别人传递一个真诚的赞美，能给对方的心灵带来光明。

唐纳德·麦克马亨是纽约一家园艺设计与保养公司的管理人，有一次，他替一位著名的鉴赏家做庭园设计。这位屋主走出来做了交代，告诉他想在哪里种一片石南和杜鹃花。

麦克马亨说道："先生，我知道你有个癖好，就是养了许多漂亮的好狗。听说每年在麦迪逊广场花园的展览里，你都拿到好几个蓝带奖。"没想到，这一小小的称赞因此引发了不小的效果。

鉴赏家回答他："是的，我从养狗中得到了很多乐趣。你想不想看看它们？"

就这样，这位鉴赏家花了差不多一个钟头的时间，带麦克马亨参观各类的狗和所得的奖品，甚至向他说明血统如何影响狗的外貌和智慧。

最后，鉴赏家转身问他："你有没有小孩？"

"有的。"我回答，"我有个儿子。"

"啊，他想不想要只小狗呢？"他问道。

"当然哪，他一定会很高兴的。"

"那么，我要送一只给他。"鉴赏家宣称。

于是，鉴赏家告诉麦克马亨怎么养小狗，讲了一半却又停下来。

"你大概不容易记下来。我写一份说明给你。"鉴赏家走进屋里，打了一份血统谱和饲养说明书给麦克马亨。就这样，这位鉴赏家不但送给麦克马亨一只价值好几百美元的小狗，还在百忙中挤给他 75 分钟的时间——这完全是因为麦克马亨衷心地赞美他的癖好和成就的缘故。

俗话说：良言一句三冬暖，恶语伤人六月寒。真诚的赞美往往会迅速缩短人与人之间的心理距离，从而达成有效沟通的目的。所以，在人际交往中，我们要善于发现别人身上的优点，恰到好处地赞扬别人。

微笑，赢得他人好感的法宝

19 世纪美国著名的盲聋女作家、教育家海伦·凯勒曾说过这样一句话："我不美丽，也不健康，但我可以给别人带来快乐，因为我在微笑。"没错，微笑是可以跨越一切的"神奇语言"，是与人相处时最好的表达方式。

每个人都愿意面对一张微笑的脸，看到别人的微笑，我们会觉得别人对自己很友善、和蔼可亲、彬彬有礼。拿破仑·希尔这样总结微笑的力量：“真诚的微笑，其效用如同神奇的按钮，能立即接通他人友善的感情。因为它在告诉对方，‘我喜欢你，我愿意做你的朋友’；同时也在说，‘我认为你也会喜欢我的’。”一个会微笑的人，无论走到哪里都是受欢迎的。

著名的美国酒店大王希尔顿在一次新旅馆开业大会上问员工：“现在我们酒店新添了一流的设备，你们觉得还应该配上哪些东西，才能使顾客更喜欢希尔顿酒店呢？”员工们纷纷提出自己的意见，但希尔顿却并不满意，他对员工们：“你们想想，如果酒店只有一流的设备，而没有一流服务员的微笑，顾客会认为我们提供了他们最喜欢的全部东西吗？如果缺少服务员美好的微笑，能使我们的上帝有回家的感觉吗？”

稍停片刻，希尔顿又说：“我宁愿走进一家设备简陋而到处充满服务员微笑的旅馆，也不愿去一家装饰富丽堂皇但不见微笑的旅馆。”

正是这微笑经营策略让希尔顿酒店赢得了不少顾客，给希尔顿带来了荣誉和成功。

微笑是世界上最美丽的表情，是世界上最动听的语言。没有什么东西能比一个微笑更能打动人的了。不管是与陌生人，还是熟悉的人，相互微笑是一种礼貌的行为，将微笑常挂脸上，能够给人亲切的感觉，并使人产生愉快的情绪，是彼此重视和尊重的表现。

从心理学角度讲，微笑是属于非语言沟通的传播方式。人类具有丰富多彩的心理活动，这些内在的心理过程可以通过人的身体动作、面部表情、空间利用、声音暗示、接触行为、穿着打扮等方式表露出来，从而使自己为他人所觉察和了解。但微笑在人与人的沟通中却具有其他沟通方式所不可替代的作用。正如一位心理学家所说：“我们朝人家微笑，人家也会以微笑作回报。一方面他是在向我们微笑，另一方面从较深的意义上来说，他回报微笑是我们在他内心激起的幸福快乐情感的流露，我们的微笑使他感到了自己的价值，也就是说，我们重视他、尊重他。”

刘丽在一列新开通的动车上做乘务员。有一次，一名男乘客在列车上吸烟。她微笑地对对方说：“先生您好，本次列车不允许吸烟。”听了她的劝告，这名乘客立刻将刚拿出来的烟收了起来。可小敏刚离开没多久，就发现这名乘客又拿出了烟，并且已经点燃了。她再次上前微笑着说：“先生您好，本次列车不允许吸烟！”这名乘客随后瞪了她一眼，将烟掐灭了。

大概过了1个小时，在两节车厢的交接处，刘丽发现这名乘客又拿出了烟。尽管刘丽对此特别不耐烦，但她仍然微笑着再次走到对方的面前说:“先生,对不起,本次列车不允许吸烟,希望您谅解。”这次吸烟的乘客不耐烦了，他生气地问道：“这我还真不明白了，你能和我说说为什么本次列车不能吸烟吗？我也不是没坐过火车，每次坐火车都可以吸，怎么就你这么麻烦？”

刘丽没有任何不高兴的表情，仍然微笑着对乘客说：“本次列车和以往的列车有所不同，本次列车行进的时速太快，吸烟容易带来危险。所以，还是请您见谅。”解释完，她仍然微笑着看着对方。乘客一时间不知说什么好,只是无奈地说:“好,这次真不抽了。”“谢谢您的合作。”刘丽继续微笑着答道。

从刘丽成功说服乘客不要在列车上吸烟的过程中，我们不难发现,她最大的特点便是不管乘客的态度如何,她一直微笑着面对对方,进而让对方在她的微笑面前只能无奈地接受。试想一下，如果在对方不耐烦时，她当时不是微笑着解答疑问，那么也许对方就会和她争执起来。

微笑是人与人之间良好沟通的重要前提，它是人们相互沟通、相互理解、建立感情的重要手段。英国诗人雪莱说：“微笑，实在是仁爱的象征、快乐的源泉、亲近别人的媒介，有了微笑，人类的感情就沟通了。”的确如此，微笑如同一座美丽的木桥，架在彼此心灵的溪流上，因为灿烂的微笑，人与人之间的沟通不再有距离。

微笑是人际交往中最好的润滑剂，可以在瞬间缩短人与人之间的心理距离，沟通彼此的心灵，使人产生一种安全感、亲切感、愉快感。当你向别人微笑时，实际上就是以巧妙、含蓄的方式告诉他，你喜欢他，你尊重他，他是一个受欢迎的人。这样你在给予别人温暖与鼓励的同时，别人也会觉得你是一个有教养的人，进而博得别人的尊重与喜爱。

微笑是最能打动人的。如果你是个不善言辞的人，那么请亮出你的微笑，这就是最动听的语言。

谈论对方所感兴趣的话题

在交谈中，没有人会对自己不感兴趣的话题投入过多的热情，而如果遇到自己感兴趣的话题，他们常常会情绪激昂地参与进来。因此，在与对方谈话时，我们就可以抓住对方的这种心理，从而实现进一步的交流。

古人说：“话不投机半句多”，只要抓住了对方的兴趣，投其所好，不仅不会“半句多”，而且会千句万句也嫌少，越谈越投机，越谈越相好。美国纽约银行家杜威先生说道：“我仔细研究过有关人际关系的丛书，发现必须改变策略，我决定去找出这个人的兴趣，想办法激起他的热忱。”所以，如果你希望别人喜欢你，就要抓住其中的诀窍：了解对方的兴趣，针对他所喜欢的话题与他聊天。

在耶鲁大学任教的威廉·费尔浦斯教授，是个有名的散文家。他在散文集《人类的天性》当中写道：“在我 8 岁的时候，有次到莉比姑妈家度周末。傍晚时分，有个中年人来访。他跟姑妈热烈地寒暄过一阵之后，便把注意力转向我。那时，我正对船只很感兴趣，这位访客便滔滔不绝讲了许多有关船只的事，而且讲得十分生动有趣。等他离开之后，我仍意犹未尽，一直向姑妈提起他。姑妈告诉我，他在纽约当律师，根本不可能对船只感兴趣。但是，他为什么一直跟我谈船只的事呢？”我问道。

“因为他是个有风度的绅士。他看你对船只感兴趣，为了让你高兴并赢取你的好感，他当然要这么说了。”威廉·费尔浦斯最后说道，“我永远也不会忘记姑妈所说的话。”

如果你想在心理上拉近与他人的距离，必须寻找彼此共同关心的话题。每个人都有自己感兴趣的话题，或者是自己擅长的领域，或者是最近期望了解的东西，或者是利益所在。因此，你必须投其所好，准确判断对方的兴奋点是什么，对哪些话题感兴趣，然后主动围绕着这些话题展开对话，让对方接受你。

著名口才大师卡耐基说：“即使你喜欢吃香蕉、三明治，但是你不能用这些东西去钓鱼，因为鱼并不喜欢它们。你想钓到鱼，必须下鱼饵才行。”聪明的人在与他人说话的时候，懂得迎合别人的嗜好，这样能让对方感觉到受重视、受尊重。如果你想说话打动人心，就要去了解对方的兴趣所在。

宋小姐是一家房地产公司总裁的公关助理，奉命聘请一位特别著名的园林设计师为本公司的一个大型园林项目做设计顾问。但这位设计师已退休在家多年，且此人性情清高孤傲，一般人很难请得动他。

为了博得老设计师的欢心，宋小姐事先做了一番调查，她了解到老设计师平时喜欢作画，便花了几天时间读了几本中国美术方面的书籍。她来到老设计师家中，刚开始，老设计师对她态度很冷淡，宋小姐就装作不经意地发现老设计师的画案上放着一幅刚画完的国画，便边欣赏边赞叹道：“老先生的这幅丹青，景象新奇，意境宏深，真是好画啊！”一番话使老先生升腾起愉悦感和自豪感。

接着，宋小姐又说：“老先生，您是学清代山水名家石涛的风格吧？”这样，就进一步激发了老设计师的谈话兴趣。果然，他的态度转变了，话也多了起来。接着，宋小姐对所谈话题着意挖掘，环环相扣，使两人的感情越来越近。终于，宋小姐说服了老设计师，出任其公司的设计顾问。

每个人都有自己在意或者热衷的事情。如果能够找到对方的兴趣、爱好，然后巧妙地投其所好，很快就会让双方的关系变得和谐起来！

一个人若想赢得他人的赞许，打动他人的心，最佳的方式是投其所好，即迎合他人的兴趣。这就要求我们必须首先了解他人。

了解他人，主要是了解对方的价值取向和兴趣点，就是了解对方对什么事情最关心、最有兴趣。一件事对某个人来说很重要，但对另一个人来说却未必重要，也许是小事一桩，甚至不值一提。如果你不了解对方的兴趣点，只顾自说自话，根本就引不起他的兴致，这就起不到沟通的作用。所以，你一定要了解他人的兴趣点，必须把对方认为重要的事情摆在如同他对你一样重要的位置。你关心他的兴趣所在，这体现出你对他的了解和理解。

每个人都有自己感兴趣的事物或话题，所以，与人沟通的诀窍就是：迎合对方的兴趣说话。一旦你能找到其兴趣所在，并以此为突破口，那你的话就不愁说不到他的心坎上。

亲和力让你和别人一见如故

亲和力是人与人之间信息沟通，情感交流的一种能力。它一方面表现为主动控制人际交往，另一方面表现为被其他人所认可。有亲和力的人身上散发出一种独特的力量，迫使我们不得不去喜欢他。那神秘的力量便是亲和力，我们就是被这种力量给影响了。

在人际交往中，“亲和力”具有很好的人际吸引力。让人感到亲切，会缩短你与别人之间的心理距离。如果你是一个让人感到亲切的女人，交谈时，别人情感的大门会主动向你敞开；劝说时，别人心中的疙瘩会自动解开；求助时，别人热情的双手会真诚地向你伸出……可以说，使人感到你很亲切，更富有人缘魅力。

曾看过这样的一个报道：

美国电视脱秀明星奥普拉，一次主持与几位曾有吸毒经历的母亲的说话节目，其中一位母亲讲到，她是因为害怕失去男友才染上毒瘾的；另一位母亲则说，自己之所以来参加节目，公开自己的隐私，是因为奥氏从来不说假话。这时候，奥普拉再也忍不住了，冲口而道："我也吸过可卡因的——咱们同病相怜！"话音刚落，一旁的同事惊慌不已，她却坦然道："没事儿，一切都过去了，一切都会好的。"正是在她的带动下，说话者才都坦然道出自己的真实感情来。奥普拉的坦率之言，简直有些"肆无忌惮"了——然而，正因为如此，她的话才给人一种亲切之感，一种可信赖之感，才能得到对方同样爽快而真诚的回应。

说话要加入一点自己的感情，这样会使语言更有亲和力。极富亲和力的语言是你与别人和谐相处的条件之一。言语亲和，别人才愿意接受你、服从你。

人类普遍渴望自己拥有"亲和力"，因为这也是渴望与他人亲近、和谐相处的一种心理状态，也可以说是人类最基本的内心需求。当然就像是儿童会依恋父母、老人会眷念儿女、兄弟姐妹都会相互帮助一样，人生的旅程也是靠这种相亲相依的关系走完的。这种亲和力，既是使情感皈依的起因，同时也是激发人际交往的动力，它对平衡人类心理，克服势单力薄之不足，起着非常好的调节作用。

亲和力是亲切、友善、易于被别人接受的一种力量，就如同美好的事物令人无法拒绝一样，它让与你交往的人感觉到快乐。它能够方便与陌生人之间的沟通和交流，人都是有感情的，陌生人当然也不例外，感情的沟通和交流能够让人和陌生人之间建立一座信任的桥梁。信任的建立将会有效地消除人的交流难度。

作为索尼的缔造者和最高首脑，盛田昭夫具有非凡的亲和力，他喜欢和员工接触，经常到各个下属单位了解具体情况，争取和较多的员工直接沟通。稍有闲暇，他就到下属工厂或分店转一转，找机会多接触一些员工。他希望所有的经理都能抽出一定的时间离开办公室，到员工中间去，认识、了解每一位员工，倾听他们的意见，调整部门的工作，使员工生活在一个轻松、透明的工作环境中。

有一次，盛田昭夫在东京办事，看时间有余，就来到一家挂着“索尼旅行服务社”招牌的小店，对员工自我介绍说：“我来这里打个招呼，相信你们在电视或报纸上见过我，今天让你们看一看我的庐山真面目。”一句话逗得大家哈哈大笑。气氛一下由紧张变得轻松，盛田昭夫趁机四处看一看，并和员工随意攀谈家常，有说有笑，既融洽又温馨，盛田昭夫和员工一样，沉浸在一片欢乐之中，并为自己是索尼公司的一员而倍感自豪。

还有一次，盛田昭夫在美国加州的帕洛奥图市看望索尼公司的一家下属研究机构，负责经理是一位美国人，他提出想和盛田昭夫合几张影，不知行不行。盛田昭夫欣然应许，并说想合影的都可以过来，结果短短一个小时，盛田昭夫和三四十位员工全部合了影，大家心满意足，喜气洋洋。末了，盛田昭夫还对这位美籍经理说：“你这样做很对，你真正了解索尼公司，索尼公司本来就是一个大家庭嘛。”

再有一次，盛田昭夫和太太良子到美国索尼分公司，参加成立25周年的庆祝活动，夫妇特意和全体员工一起用餐。然后，又到纽约，和当地的索尼员工欢快野餐。最后，又马不停蹄地赶到亚拉巴马州的杜森录音带厂，以及加州的圣地亚哥厂，和员工们一起进餐、跳舞，狂欢了半天。盛田昭夫感到很开心，很尽兴，员工们也为能和总裁夫妇共度庆祝日感到荣幸和自豪。

盛田昭夫说，他喜欢这些员工，就像喜欢自己家人一样。

依靠索尼高层管理者的这种亲和力，使公司里凝聚成一股强大的合作力量，并借着这么一支同心协力的队伍——他们潜心钻研、固守岗位、自觉负责、维护生产、不为金钱追求事业，勇于开拓他乡异国销售事业，先锋霸主索尼公司才能屡战屡胜，一步一个脚印，在高科技优新产品开发上，把对手一次又一次地甩在后面。

亲和力是获得事业发展必不可少的重要条件，是建立友谊、发展友谊的坚强动力。亲和力强的人具有与人为善的心态。他不把人假定成丑恶的、讨厌的、难缠的，他假定人是善良的、有趣的、讲理的。这样，在与人交往时，他就会采取一种主动、友善、接近的态度，在他的感染下，对方也会采取相同的态度，双方的交往就会感到愉快和轻松。

人们都愿意和亲和力强的人交往。如果某个人在与人交往中表现出傲慢、冷漠、拒人于千里之外，那么会使别人感到不快、别扭、受到侮辱，因而不愿意和他交往；如果某个人在和他人交往时表现出害羞、胆怯、缩手缩脚，那么，别人和他打交道时也会觉得不那么舒畅，虽然不会引起厌恶，但也影响人际交往的质量，无法达到心灵的共鸣。如果一个人有很强的亲和力，与人交往时不但能够容易沟通，顺利地实现双方的愿望，而且会使双方感到愉快。

总之，良好的亲和力不但能帮你润滑身边的人际关系，让你获得更多的友情，感受到人与人之间的关爱和温暖，还能让你经常保持愉快的心情，储存更多的人际资源。

幽默让对方向你靠近

语言的表达，是人与人之间感情交流的主要渠道，语言障碍无疑是人际交往的大敌。因此，在彼此交流的过程中，要设法让双方的心灵距离拉近些，而幽默感恰是取悦人心的神奇力量。

人们常说，幽默是思想、学识、智慧和灵感在语言运用中的结晶，是一瞬间闪现的光彩夺目的火花。因此，幽默的言谈将使你的社交如鱼得水，处处逢源。

穆哈米曾经主持过一档晚会，这次晚会的主角没有多少人，只有穆哈米和几个文艺界的名流，他们要站在舞台上提问回答，虽然看起来简单，但是他们的表现却博得了满堂彩。

当时，舞台上有一位文艺界德高望重的老人，他叫雷利，此人两鬓已然斑白，拄着拐杖，蹒跚地走上了台。

穆哈米看到他如此，就非常担心他的身体："老先生，你是不是每天都要去看医生？"

雷利回答说："是的，要经常去看。"

穆哈米问道："为什么要经常去看医生？"

雷利不紧不慢地回答说："因为只有我经常去看医生，医生才能依靠我的诊费活下去。"雷利话音未落，台下的观众就为他的机智幽默鼓起掌来。

这时，穆哈米又问："你常去药店买药吗？"

雷利回答说："当然，我要常去的，只有这样，药店老板才能继续生活下去。"台下再次响起了阵阵掌声。

穆哈米问："那你应该经常吃药吧？"

雷利看着穆哈米说："不，我会把买来的药扔掉，因为我也要生活下去。"

穆哈米转移话题，继续问道："嫂子最近怎么样？她还好吗？"

雷利故作惊讶，回答说："啊，还是那一个，我没换。"

幽默可以彰显一个人无穷的魅力，在人际交往中，如果能巧妙运用幽默的语言，就会增加你的人气，提升你的魅力。

幽默有助于社交活动，幽默的谈吐，是社交场合必备的智慧。在成功的人际交往中，幽默能使人在不利的情况下保持快乐的心情，也能使周围的人与自己一同快乐。

有人说："博人好感者必善于幽默。"虽然这句话显得有点太夸张了，但是，幽默在人际交往中确实起着不容小觑的作用。如果你想在交往中很快得到别人的友谊，就要善于运用幽默的力量。

有一次，英国前首相威尔逊为了推行他的政策，在一个广场举行公开演讲。当时，大概有数千人在广场上聆听他的发言。突然，人群中有人扔出来一个鸡蛋，不偏不倚恰好打在威尔逊的脸上。安全人员赶紧去找那个闹事者，结果发现，扔鸡蛋的人竟然是一个小孩。威尔逊了解情况后，让他们把小孩放开，然后问了问他的名字，家里的电话和住址，并让助手当众记下来。

台下听众躁动了，议论纷纷。他们猜想，威尔逊是不是要惩罚那个孩子？这时候，威尔逊让大家保持安静，他镇定地说："在对方的错误里发现自己的责任，这是我的人生哲学。刚才，那位小朋友用鸡蛋打我，这种行为不太礼貌。可身为大英帝国的首相，我有责任和义务为国家储备人才。那位小朋友，从那么远的地方扔过来，还打在我的脸上，说明他是一位很有潜力的棒球手。所以，我要记下他的名字，以后让体育大臣们重点培养他，为国家效力。"这番话说完，听众们哄然大笑，演讲的气氛也变得轻松起来。

如果你具备了幽默的能力，那么，你就会发光，就会产生吸引力。

心理学家凯瑟琳告诉我们："如果你能使一个人对你有好感，那么，也就可能使你周围的每一个人，甚至是全世界的人，都对你有好感。只要你不是到处与人握手，而是以你的友善、机智、风趣去传播你的信息，那么时空距离就会消失。"

《趣味世界》的编辑雷格威尔也说过："原始人见面握手，是表示他们手上不带武器。现代人见面握手是表示我欢迎你，并尊重你。以幽默来打招呼，则是有力地表示我喜欢你，我们之间有着可以共享的乐趣。"

现代幽默理论认为，幽默能在参与者之间产生一种强烈的伙伴感和一致对外的攻击性。幽默能一下子拉近两个人之间的感情距离，因为一起笑的人表明他们之间已经有了共同的兴趣、爱好，这是社交成功的第一步，也是很关键的一步。

一次，威尼斯新执政官上任，举办了一场宴会，诗人但丁虽然与宴会主办方并不熟悉，但因为很有名望，也收到了邀请，并且应邀出席。宴会上，侍者端给意大利各城邦使节的是一条条很大的煎鱼，而给但丁送上的却是几条小鱼。

但丁没有品尝佳肴，只是故意当着主人的面，把盘里的小鱼逐条拿起靠近耳朵，然后又一一放回盘中。宴会主人见此情况，就问但丁，为什么做这种莫名其妙的动作。

但丁站起身来，清了清嗓子，以在场所有人都能听到的音量回答：“几年前，我的一位朋友，很不幸在海上遇难了。自那以后，我始终不知道他的遗体是否安然埋于海底。所以，我就问问这些小鱼，也许它们多少知道一些情况。”

宴会主人对此很感兴趣：“那么，它们又对你说了些什么呢？”

但丁故弄玄虚地回答：“小鱼们告诉我说，那时它们都很幼小，对过去的事情不太了解，不过，也许邻桌的大鱼们知道一些具体情况。它们建议我向大鱼们打听打听。”

宴会主人不由得笑了，转身责备侍者不应怠慢贵客，吩咐他们马上给诗人端上大煎鱼。

像但丁这样，在宴会中受到不公平待遇，又因为与主办人不熟悉，沟通不畅，互相也不够了解，换了别人，很可能早已愤怒离席。但是但丁不仅没有拍案而起，反而将自己的不满幽默婉转地表达出来。这种幽默指出对方的过失，同时又为自己提出要求的委婉技巧，任何人听了都不可能无动于衷，必然是一边为对方机智的谈吐逗笑，一边又不无歉意地请求对方原谅自己考虑不当。

幽默宛如一座桥梁，是沟通人心灵的桥梁。

幽默者最有人情味，与这样的人相处，每个人都会感到快乐。

如果你希望有所成就，希望引人注目，希望社交成功，那么你就应该学会和别人来点幽默，共同地笑。幽默像春风一样，使愉悦充满两人的交际场中，表达着你的真诚和温情。

幽默是一个人魅力的体现，也是一个人的能力，更是一个人的品格。如果你具备了幽默的能力，那么，你就会发光，就会产生吸引力。但是，千万要注意，不要把拙劣的玩笑当作幽默，否则只会弄巧成拙，适得其反。

第七章　天性善良，不等于爱到卑微

爱到卑微并不是件伟大的事

爱情是需要互相尊重的，不能为了所谓的爱，失去原则和底线。不管你有多爱一个人，有些底线是一定要守住的。如若不然，总有一天，你会发现自己的卑微，并不能换来对方的珍惜，反而是得寸进尺和肆无忌惮。

刘慧与男友同在一家银行工作。他是个很优秀的男人，幽默、帅气，还很会玩，有不少女孩喜欢他。相比之下，刘慧就显得很普通了，相貌平平，身材也并不出众。他们的这场爱情，从一开始就是她要了点小手腕得来的。

对于这份感情，男友总是毫不讳言地说如果不是那夜，相貌并不出众的刘慧略带勾引地把他带上了床，怕是也不会发展到现在。

他曾当众跟朋友说过，论漂亮，刘慧比不上初恋女友；论身材，比不上刚分手的女友；论能力，比不上第二个女友；论贤惠，比不上第三个女友……但是，她是最听话的一个，男友在她面前说一不二。和这样的女孩交往，男友的自尊心和虚荣心获得了极大的满足。

而刘慧也总是很顺着他，吃饭的时候，从来都是点他爱吃的菜。他没有做家务的习惯，所有的家务活儿都是刘慧一个人干。她太爱他了，为了他，刘慧愿意做任何事情。他们在一起时，他更像是个孩子，衣来伸手饭来张口，什么都要刘慧来做。

即使是这样，刘慧还是没能留住这个男人。在一次单位举办的培训中，他结识了另一家银行的同行——王娟。王娟是个典型的江南美女，娇小可爱，有着南方女孩特有的泼辣和娇媚。由于培训安排在郊区，他不得不在这个枯燥的地方待上半个月。也许是寂寞，也许是吸引，他和王娟的感情发展迅猛。直到同时参加培训的同事把这个“秘密”传回办公室时，刘慧还蒙在鼓里。

虽然他瞒得很好，但还是让细心的刘慧发现了。她找到王娟，放下自尊，求她把他还给自己。没想到这个娇小女子也不是什么省油的灯：“凭什么他就是你的？”

愤怒就像夏天的暴风雨，来得快消失得也快。两个痛定思痛的女孩子在决心同他分手的两个星期后，就都“缴械”了。因为他分别跪在两个人的面前说：最爱的人就是你。

直到有一天，刘慧发现自己怀孕了。没想到的是，一直信誓旦旦说要跟刘慧结婚生子的他非常“理智”地说：“还是先做了吧！”

在麻醉中醒来的刘慧发现他并没有来过医院，一股悲凉油然而生。这怨得了谁呢？自己当初和他在一起，就该做好心理准备，“迎接”这一天的到来。

有些爱情，即使卑微到尘埃里，一厢情愿傻傻付出，终究也是换不来真心的。所以，不要让自己在爱情中卑微，卑微的爱情那并不是真正的爱情，真正的爱情是自由平等的，也只有自由平等才能让爱情一直持续下去。

有一句话叫作：爱一个人不要爱到十分，八分已经足够了。剩下的两分，要用来爱自己。这是值得每一个人好好去品读的。爱一个人爱到十分满，在爱情里，你就会失去自我，失去尊严。你会被他牵着鼻子走，如被魔杖点中，完完全全不能自已。从此，你没有了自己的思想，没有了自己的喜怒哀乐，你以他为中心。跟他在一起时，你就是整个世界；不跟他在一起时，世界就是他。你会无原则地忍受他，慢慢地他就习惯于这种纵容，无视你为他的付出，甚至会觉得你很烦，太没个性，甚至开始轻视，怠慢，不尊重你……

没有尊严的爱情绝对不是真爱，如果你遇到一份让你痛苦，让你疲惫的没有尊严的所谓的爱情，请你毫不犹豫地选择放弃，那不是爱，那是一种对爱的摧残，一种对真爱的无视。我们不要把自己困在一个自设的圈子里，给自己一点勇气走出去，走出去会有更多一点的幸福，更多一点的快乐。

不仅要付出，还要懂得索取

善良的人是最无私的付出者。他们常常致力于满足他人的需求，且坚信自己的付出会得到他人的信赖和支持。因为帮助人可以得到满足，所以他们会很想继续这样的帮助。可是，当他们投入越来越多的时间和精力时，他们也会希望得到更多的回馈。事实上，这个世界上并不存在“只付出不要回报”的人，即使他爱你多一点，也是需要你的尊重和回报的。

结婚七年，她发生了很大的变化，也憔悴了很多。她那原本细嫩红润的脸蛋，如今遍布了岁月刻下的无尽沧桑，头发也很随意地系在脑后，从头到脚都让人感觉有股苍凉。其实，她的婚姻很不如意，常常向朋友抱怨：“我已经做得很到位了，为什么还会这样？”

婚前，她在外地打工，和现在的丈夫在一个地方工作。某天，两人一见钟情，接着花前月下，甜甜蜜蜜。一度她真的感觉到自己非常幸福。几个月后，他们如愿地步入了婚姻殿堂。婚后，马上有了孩子，由于要照顾孩子，她放弃了工作。

他依然在外打拼，她在家照料家庭和孩子。因为觉得他在外辛苦，所以她尽量把他照顾得无微不至，结婚7年，饭都不曾让他动手盛过，更别说洗衣、拖地这些“女人们干的事”。亲戚和邻居都赞他有个贤惠的妻子，她也一度在人们的称赞中获得了满足。

但是，婚姻并没有沿着她预想的方向发展。不知从什么时候开始，她感觉到了他的冷淡与麻木。虽然他并没有外遇，但她女性特有的直觉却告诉她，他们之间已经有了一条说不清道不明的沟壑，隔离了曾经深厚的感情……

她满腹委屈，絮叨不已：为了他，为了那个家，她是如何牺牲自己——她连衣服也舍不得买一件，内衣都快穿成了抹布，她累得顾不上涂脂抹粉，有点好吃的，一心只想着留给他……她越说越伤心，觉得自己很委屈，泪水涟涟。

上例中的这个女人的问题在于，她太爱自己的丈夫了，而这样的爱让她失去了自我。这种痛苦很大程度上源于她自身。所以，即使你爱一个人，爱得死去活来，也要遵守爱的准则：维系一段爱，靠的不仅仅是盲目付出。

爱与被爱从来就是互动的，真正的爱一定是伴有索取的，倘若没有心意相通的付出和索取，大约在婚姻这条路上脱轨而出将会成为必然的事情。

下面这个故事同样说明了这个问题。

于淼是一个真诚、善良的女人，在情感上只知道付出而不知道索取。婚后，为了维系双方的情感，于淼努力做个称职的好太太。结婚几年来，她对丈夫付出了全部的爱——天冷的时候，她记得给丈夫披衣；天热的时候，她会给丈夫摇扇；丈夫进门，她会给他递鞋；丈夫出门，她会给他递包。她不是一个全职太太，却做了全职太太的事。

这让丈夫觉得在家里很没用。他不知道，也没有机会知道，于淼也需要他的关心和爱护。于是，有一天，丈夫终于把自己身上的“光”和“热”发挥到了别的女人身上。

当她得知丈夫的丑闻时，觉得有些不可思议，甚至不相信丈夫会做出这样的事情来。可事实摆在她面前，丈夫就是爱上了别的女人。

于淼无法相信自己的付出，换来的是丈夫的背叛。她提出了离婚，起先她只是想气气丈夫，因为她仍然爱着他。可令她想不到的是，丈夫很爽快地答应了离婚的要求，他觉得情感上没有什么值得牵挂的东西。他甚至连孩子的抚养权也放弃了，因为他从来就没有照顾过孩子，他对孩子也没多少牵挂，他相信孩子的母亲会把孩子照顾得很好。

大概在很多人眼里的爱情都是付出，大家理所当然地认为，爱一个人就要为对方不停付出，仿佛不这样做就显示不出真爱似的。付出固然没错，可是一味付出不求回报并不是完整的爱。经验证明，任劳任怨的老黄牛，最后有可能成为卸磨杀驴的那头驴。所以，不能任何情况下都无条件地付出，更不能只付出却不要求回报。

付出与索取相辅相成，缺一不可。你爱一个人，自然而然会去付出，但如果只是一味付出却没有回报，爱本身就是一种畸形的爱。

为什么真心付出了却得不到相应的回报？就因为很多人不懂得爱在付出的同时需要索取，索取爱！

再美的爱情也要有些许的距离

生活中所有的一切都不是透明的。天不是透明的，水不是透明的，作为自然界最高级的生物，人也不例外。夫妻之间原本可以无话不说，但如果事事都很透明则大可不必。生活中谁没有一些属于自己的小秘密呢？它的存在不会影响到夫妻之间的感情，反而如果把它坦诚地说出来才让对方会有一种“对方对自己不忠，对婚姻不忠”的错觉。

因此，夫妻之间要适当保留自己的隐私。在夫妻之间永远都隔着一张透明的纸，这样夫妻之间会彼此有一种朦胧新鲜的感觉，这样会更增加夫妻之间的感情，彼此感觉对方对自己是那么信任和尊重，如果夫妻之间捅破了那张薄纸，个人的性格和脾气完全暴露在对方的视线之下，这样就很容易因为无聊的小事而发生冲突，没有了对方的隐私，也就没有了相互的信任，往往因为误会而发生摩擦，甚至破坏了家庭的安定团结，最后走向解体的边缘。

有一位中年男子曾说，他的婚姻中有一段永远的痛。他说：“十多年前，我从郑州坐火车到深圳，一位妙龄女子正好坐在我身边。因为旅途较闷，我们不知不觉地交谈起来。后来我回到东莞后，她也不时打电话给我，我们一直以兄妹相称，我也真把她当成了我的小妹妹。于是我们就这样交往着，既不是一般朋友，也没有过多地超越朋友的界线。我们从来不敢越雷池一步。

但在一天晚上，妻子对我说，她读大学时有许多人追求她，而她还是觉得我最好。我被妻子的真诚所感动，又因为心中对妻子有歉意，便忍不住将我和那女孩交往的事情告诉了妻子。哪知，妻子听后脸色大变，当晚，就要求我一定要约那女孩出来见面。而我也自认我与她没什么见不得人的事情，于是便把她叫了出来。当晚的情形甭提有多尴尬，那女孩泪水纷飞，委屈至极，她不知我已结婚，也不知出了什么事。而我的妻子更是咆雷闪电，要生要死的非要和我离婚。我才知道有时坦诚换来的并不是好结果，但为时已晚。后来，好不容易劝住了妻子，我亦信守诺言，不再与那个女孩联系……可这件事却成为我一生的把柄，任妻子随时拿出来鞭打我的灵魂，让婚姻留下了永远的痛……”

笨拙的坦率比理智的沉默更容易惹出是非。话多伤人，无意间，夫妻二人便走进矛盾的“雷区”，走进了猜忌、怀疑的危险地带。犹如连锁反应，一枚“地雷”引爆之后，其他“地雷”也蠢蠢欲炸，从此矛盾丛生，使本来和谐美满的家庭无端增添了不少烦恼。

蒙田说：“瞎太太配上聋先生，将是世界上最完美的婚姻。”这话的意思就是要夫妻保持距离，有些事可以看不见，有些话可以听不见。只要保持好夫妻之间的距离，就会“相看两不厌”了。

周国平曾这样论述爱情：“相爱的人给予对方的最好礼物是自由。

两个自由人之间的爱，拥有必要的张力。这种爱牢固，但不板结；缠绵，但不黏滞。没有缝隙的爱太可怕了，爱情在其中失去了自由呼吸的空间，迟早要窒息。”爱情的生命力是有限的，要让爱情寿命长一点，请保持一个适当的距离。

一位老人每天坐在公园的长椅上，一副悠闲的样子。

他惬意地叼着烟斗，有时微笑着和经过的路人打着招呼，有时一个人静默沉思。他有一个规律：总是在下午四点钟左右来到，在五点钟左右离开。

“您为什么每天都是独自来这里？”一个住在附近的人好奇地问老人。

老人微笑着说：“和老伴一起生活了五十三年六个月两个星期零两天，一直坚持每天都要有一个小时的私人时间，放松下心情，这是夫妻和睦相处的秘诀。”

曾听过一句话：隔着距离看，朦胧便是美，距离太近了，连瑕疵都看清了就不美了。生活中又何尝不适用于夫妻之间呢？适当保持点距离，让大家不要靠得太近，这样彼此对对方都是一种利大于弊的事，何乐而不为呢？

不过，“距离”只是宏观界定，不好用尺度衡量，太近了容易“追尾”“翻车”；太远了又可能“失控”“疏离”；不远不近，若即若离，若有若无，其中的道理，只可意会，不可言传。

如果爱错人了，请果断放手

在爱上一个人时，我们往往不知道对方是个怎样的人，很有可能爱错人。但如果知道对方是一个错的人，你还要继续爱对方，那就是大错特错，他只会践踏你的感情，到最后你会发现，受伤的是自己。

每个人都会爱错，但要懂得如何面对爱错一个人的时候，纠缠是最不理智的做法，既然爱错了，就大大方方承认，没有什么大不了。别总是把自己的爱想得很伟大，也别总想着能感动他，爱错了人，就要及时放手!

张敏是一个大学刚毕业的女孩，很荣幸进入一家公司。因为张敏的聪明和能干，她很得上司的青睐。而张敏也格外欣赏这位英俊潇洒的顶头上司。

恋情以一日千里的速度发展着，两个人很快爱得死去活来。在张敏生日的时候，男人和她一起去烛光晚餐。拥着男人，张敏说，自己希望生日过后，能和男人一同走进婚姻。

男人这才告诉张敏，自己可以给她所想要的钱、地位，但就是不能给她婚姻，因为他已经结婚了。张敏那一刻心都碎了，她这才明白自己的初恋原来是这么不堪，爱上不该爱的人，让自己不明不白就成了小三。

哭了整整一夜，第二天的时候，张敏擦干眼泪，给自己定下了行程。她立马递交了辞呈报告，准备离开这座城市。这时，她收到男人的电话，说如果她不计较，他可以和她爱一生。

一生有多远？他给得起吗？放下电话，她决绝地离开，她要遗忘这里的一切，重新开始。

张敏来到另一个城市，艰苦打拼，三年后，她开了自己的公司。新公司刚开始动转，一切都非常艰难，但她遇到了一个让她感激的客户。这家客户对她非常信任，在她周转资金都转不开的情况下，仍把订单发到她手上，在这客户的大力支持下，她的公司很快摆脱困境，运转自如。

公司开年会的时候，她特意把这个客户请进公司，谢谢她的支持。客户是一个女人，很优雅。张敏给她端了杯酒说，悄悄问她说，你是否看我们都是女人，所以你惺惺相惜才帮我的。女人笑了说，你只说对了一半，我帮你的最大原因，因为你曾是我老公的情人!

张敏一下愣住了，这才明白，原来眼前的女人竟然是前上司的妻子。女人拍拍她的肩，说："其实，他们相爱的时候，她已经知晓了，她是个要强的女人，决定放手。但当她把离婚协议摊在桌上的时候，她才得知张敏自己退出。"

是什么让一个女人放弃这么优厚的条件，甘愿无条件退出，除了自尊和女人的自爱，还能有什么？因此，那一刻，她就喜欢上了这个没见过面的情敌。她也是偶然和张敏的公司打上交道的，在看资料的时候，她才得知原来竟然是旧人。但能把握自己的女孩，她一定也有能力管好自己的公司，于是，她放心地把订单交到了张敏的公司。

在那一刻，张敏怀抱着自己的成功泪流满面，她这时才深深体味，放手真的不是失去，而是得到。放开手只是失去掌心上的一点，但却得到整个天空。

爱错一个人，当然很痛苦，但如果你继续纠缠，那只能痛上加痛，所以在面对一个错的人，最正确的方法就是学会放手。

退一步海阔天空，放手不是懦弱，相反这是一种勇敢，只有勇敢的人才敢于面对失败，直面感情带来的创伤。

虽然放手会很痛，但痛过之后就会有彩虹。别浪费时间去等待不属于你的爱情。请相信，世上的鲜花一定会盛开；美好的事物也一定会接踵而来。即使默默无闻，也能骄傲绽放。

走错了路，要记得回头；爱错了人，要懂得放手！

情感独立，让自己少受点伤

在情感中，女人似乎永远都是容易受伤害的那一个。这其中最大的原因就是因为女人把爱当成了生命中最重要的一部分，甚至是全部。许多女性迈进爱情这条河流后，整个身心就如被对方的魂魄附体一般，随着他的高兴而高兴，随着他的伤感而伤感，却忘记了自己也是一个独立存在的人。之前的那个“自我”在爱情的光环下已经渐渐消失不见了，她完完全全成了一个为爱人而活的人。很多女人，除了爱情以外，一无所有。爱情一旦崩塌，她就什么都没有了。为了能留住这所有也是唯一，她就一再妥协，一再忍让。在渴望避免伤害中一再被伤害。

德国的《女性世界》杂志公布了一项调查结果。结果显示，85% 的女性表示，她们只会在带有感情的情况下与男性建立关系。一旦关系稳定，几乎百分之百的女性表示自己会全身心地投入这段感情中去。她们几乎完全陶醉在自己创造的美好意境中，一旦男人离去，就像美梦破灭一样，难以接受。

张莉，痴痴地爱了一个男人 10 年，爱得没有保留，那个男人一再伤害，她便一再忍让。她总是不停地安慰自己，他终究会回来，他是爱我的，他迟早会跟我结婚的。在这 10 年里，张莉为自己设计了 3 套结婚礼服，只是礼服越来越简单，梦想也越来越稀薄。她爱得很卑微，在这段爱情里张莉丧失了自己。然而这世间的事并不能总随人意，那个男人抛弃了她、欺骗了她，和别人结婚了。于是她变成了一个怨妇，最后，她的怨恨膨胀到伤害了自己。她拿起刀砍向自己，她希望身体的痛能大过心的痛。幸好，她最后醒悟了，当那个男人回心转意时，她给他一记响亮的耳光：“我想你搞错了，我并不是想殉情，只是恨自己认人不清而执迷不悟。”值得庆幸的是，张莉终于醒悟了。

女人总是容易爱得没有自我，越是在乎就会越没有原则，最后慢慢纵容男人的一切坏习惯，可是男人却不会因此而感恩戴德，你的付出成了一种习惯，甚至会使男人觉得厌烦。所以，不要以为爱是对等的，不要以为你付出了一切就可以得到他同样的回报，这是不可能的。

对女人来说，情感独立最为重要。女人的精神世界是无比神秘和无比丰富的。女人精神独立是对自己的确认，可以在自己的精神世界里建立起一个美好的王国。

周梦琪是一家私营企业的会计，来自江南水乡的她有着水乡女子的特有风情，不仅漂亮，而且很温柔。

可是她自从 28 岁和丈夫结婚后，她的生活便不再平静。新婚过后的丈夫再不如恋爱的时候一样百般呵护，而是将自己的大男子主义表现得淋漓尽致。周梦琪每天下班后，不仅要给丈夫做饭，还要洗衣服、打扫家里的卫生。她和丈夫谈了几次，但是偏执的丈夫认为自己是男人，这些家务活就该让女人来做。周梦琪虽然很不开心，但是她想着家和万事兴，也就包揽了家里全部的家务活。她想用自己的辛苦换得丈夫的理解和支持。可是，她错了，丈夫并没有为此而感动，而是变本加厉，常常夜不归宿，而理由就是工作需要。到后来，丈夫开始在外面有了别的女人，开始十天半月的不回家，周梦琪经常是以泪洗面，但是不管她怎么说，丈夫都冷冷地对她说如果她受不了就离婚。周梦琪思前想后，便决定去找丈夫在外面的女人，可还没走到丈夫和女人居住的地方，就被迎面而来的丈夫打了两耳光。

后来，周梦琪再也受不了了。原本，她以为自己的忍让会让丈夫回心转意，最终回到她的身边。可是，事实上，周梦琪除了一次次的绝望和伤心外，等待她的只有寂寞与孤独。最后，她决定和丈夫离婚。

从此后，周梦琪过起了自己的单身生活。虽然，离了婚的周梦琪经常会感到失落，过去的一幕一幕还会让她黯然神伤，但是却很轻松，再也不用每天面对着不爱护自己的男人而忍气吞声，再也不用为了等待一个男人的归家而流泪到天亮。现在，她的世界里充满快乐。

半年后，周梦琪成功考取了注册会计师，事业开始进入上升期，而这时，前夫来找她了。他说，他和那个女人已经分手了，还是觉得妻子对自己是最好的。她请他在餐厅吃了顿饭后，拒绝了前夫的要求。

许多人认为离婚女性的生活状态一定是疲于奔命、疏于打理的，就算是闲时，也必是独抱浓愁无好梦。但实际上有很多女性，把离婚当作事业开始的契机，用自己的双手和智慧撑起整个天空，她们和普通女性一样拥有幸福和温暖，拥有丰富的感情生活，拥有一个独立的自我世界。

女人要想独立，首先就应该在情感和精神上独立，然而，很多女人在恋爱之前，都会信誓旦旦地说“不会做爱情的俘虏”“要有自己的空间”，可是，一旦遇见爱情，随着感情的深入便会逐渐失去自我，她们的情绪会随着恋人的情绪而变化，一旦感情出现了变故，就找不到前进的方向、生活的勇气。还有很多的女人对自己没有信心，她们不相信自己可以给自己一份不错的生活。她们在情感上、经济上都有着很大的依赖性。她们将男人作为可依可攀的树，作为生活的全部，一旦身边没有男人，便会无精打采。当一方过分依赖另一方，当女人把丈夫当成自己的全部时，爱的天平就会发生倾斜，这种倾斜会影响感情的正常发展，同时对女人造成很深的危害。

如果想做一个善良且有锋芒的女人，就应该有完整独立的人格。独立是一种很高的境界，它需要良好的心态和全新的价值观。如果你能做到勇敢面对和冷静放手就是情感独立的表现了。失去爱，痛苦失落是必然的，委屈伤心也是难免的，但再痛也不能放弃对自己的把握，更不能让自己一味地沉浸在负面消极的情绪中。

第八章　你要善良，也要懂得为自己而活

请先学会感谢你自己

生活中，我们经常被告诫，要学会感恩。于是，当我们受到一点赞扬或是取得一点成绩时，总是在不断地或有意或无意，或真心或违心地感谢师长，感谢上司，感谢同人，感谢亲朋……的确，太多的人给予我们帮助，我们要感谢的人自然很多。感谢他人似乎已经成为一种习惯，但我们却从来不曾想过感谢自己。

为什么不感激自己呢？路是自己走出来的，别人扶得再牢，你自己不迈开脚步，能走多远呢？感激自己，是不断地发掘自己身上的热能，不断地开拓自身原本潜在的自动力，而这些都是我们再次步向辉煌的要素。感激自己，才能让我们在感激中产生一种回报自己的强烈愿望。这种愿望可以让我们不断地为自己加油呐喊、鼓掌喝彩，不断地为自身注入驱除神情沮丧、士气低落的兴奋剂。

有一位农夫拉着一车沉重的稻草来到陡坡前，他望着前方不禁停下了脚步，他认为单凭自己的力量是上不去，必须有人帮助才行。恰巧，有一个过路人笑着对农夫说："别急，我来帮你！"说着便卷起袖子，拉开一副推车的架势。农夫觉得自己有了底气，便在前面使劲拉车，过路人一边在后边推，一边大声喊："加把劲儿，加

把劲儿！”经过一番努力，农夫终于把车拉上了大坡。

他充满感激地说：“谢谢你啊，好心人！”那位过路人却不好意思地说：“不用谢我，还是谢谢你自己吧。我的手患有小儿麻痹，没有力气，只是在旁边为你喊加油而已。你完全是靠自己的力量把车拉上来的！”

感谢他人已成常态思维，我们因此而忽视了另一个重要理念：人也得感谢自己！感谢自己，才能真实地感受世界与生活，当你困难时，面对别人伸出的手时，如果你无动于衷，或许那双手也是多余的，因为这一切取决于你自己。当你伸出自己的手时，此时你应该感谢你自己，因为面对别人那双真诚的手，你也同样伸出了你的手。

人生不会一帆风顺，不管你身处事业的顶峰，还是遭遇挫折之时，你记得感谢自己，这样你会发现，你的自尊自爱感正大大增加，你会为自己的努力感到欣慰，会用旺盛的斗志扫除悲观。

感谢自己，是对自己勇于承担命运重荷的慰藉，更多是为了明白自我的责任所在。人生可以从感谢自己中获得更多的自知之明，更清醒的头脑，更努力前行的动力。

每个成功者今天取得的成绩，都是若干年前自己努力的结果，如果没有自己的努力，纵使有别人的帮助，也很难达到一定的高度。所以，当在你取得成就、感谢他人的帮助之时，也别忘记感谢一下自己。是你曾经的努力，使你成为现在的自己！

2004 年 8 月 27 日，刘翔在雅典奥运会男子 110 米栏决赛中，以 12 秒 91 的成绩获得了冠军，平了由英国选手科林 · 杰克逊 1993 年创造的世界纪录，打破 12 秒 95 的奥运会纪录。这枚金牌是中国男选手在奥运会上夺得的第一枚田径金牌。之后，刘翔又在 2005 年取得了一系列比赛的冠军。2006 年，刘翔一举夺得中国体育十佳李强冠军奖最佳人气运动员奖和最佳男运动员奖两项大奖，他奖后感慨地说：“能拿到这样的奖我最感谢自己，2005 年能有这么好的表现是自己的努力所至，我希望在 2006 年能更加努力。”

感谢自己，是对自己能力的一种肯定，也是对自己的一种激励。感谢自己，感谢自己的努力。一分耕耘，一分收获，走过了辛勤播种的春天，终于迎来了这个收获的季节。要不是自己曾经的努力，哪来今天的硕果累累?

感谢自己，不是自以为是，而是自信的表现，是自己给自己的鼓励，不断地发掘自身潜能的原动力。一个人有了自信就会自强不息，就会知难而上。在生活中，只有自信，才能使自己在生命的舞台上展示自己。

一个人其实最应该感谢的就是自己，如果没有自己在主观上的努力，无论客观上怎么去帮助你，都是没有用处的，所以是你自己不断去努力，然后再来自外界的推动作用，你才走向成功的，所以最先感谢的还是你自己。

我们每个人都应该是自己最好的朋友和最忠实的支持者。我们为自己付出了很多，有太多值得自我感谢的方面，诸如：因为我自信，因为我努力，因为我负责，因为我诚实，因为我公正，因为我敬老，因为我宽容，等等。当然，这感谢只应是众多感谢、感恩中的一个方面。自我感谢不能过了头，更不能只此一点，不及其余。当然，我们在感谢自己的同时，还应该不断地总结，立足于现在，让明天的自己感谢今天的自己。

生活之中总有太多的事需要我们去感谢，但真正应该感谢的是自己。感谢自己是自己给自己喝彩，感谢自己是为了给自己鼓劲。感激自己，才能让我们在感激中产生一种回报自己的强烈愿望。

在生活中，虽然我们要感谢很多人，但千万别忘了：感谢自己。

保持本色，不让这个世界轻易改变你

世上没有完全相同的两片树叶，同样也没有完全相同的两个人。

任何人都独一无二，有着无法取代的独特性，我们应时刻秉持自我本色，发挥最好的自己。俗话说，性格决定命运，只有坚守自己的个性，不人云亦云、随波逐流，才能在竞争激烈的社会中有所作为，这也是成功者的必经之路。

蜚声世界影坛的意大利著名电影明星索菲亚·罗兰能够成为令世人瞩目的超级影星，是和她对自己价值肯定以及她的自信心分不开的。

为了生存，以及对电影事业的热爱，16 岁的罗兰来到了罗马，想在这里涉足电影界。没想到，第一次试镜就失败了，所有的摄影师都说她够不上美人标准，都抱怨她的鼻子和臀部。没办法，导演卡洛·庞蒂只好把她叫到办公室，建议她把臀部削减一点儿，把鼻子缩短一点儿。一般情况下，许多演员都对导演言听计从。可是，小小年纪的罗兰却非常有勇气和主见，拒绝了对方的要求。她说："我当然懂得因为我的外形跟已经成名的那些女演员颇有不同，她们都相貌出众，五官端正，而我却不是这样。我的脸毛病太多，但这些毛病加在一起反而会更有魅力呢。如果我们的鼻子上有一个肿块，我会毫不犹豫把它除掉。但是，说我的鼻子太长，那是无道理的，因为我知道，鼻子是脸的主要部分，它使脸具有特点。我喜欢我的鼻子和脸的本来样子。说实在的，我的脸确实与众不同，但是我为什么要长得跟别人一样呢？"

"我要保持我的本色，我什么也不愿改变。"

"我愿意保持我的本来面目。"

正是由于罗兰的坚持，使导演卡洛·庞蒂重新审视，并真正认识了索菲亚·罗兰，开始了解她并且欣赏她。

罗兰没有对摄影师们的话言听计从，没有为迎合别人而放弃自己的个性，没有因为别人而丧失信心，所以她才得以在电影中充分展示她与众不同的美。而且，她的独特外貌和热情、开朗、奔放的气质开始得到人们的承认。后来，她主演的《两妇人》获得巨大成功，并因此而荣获奥斯卡最佳女演员奖金像奖。

我们每个人都是世界上独一无二的，你就是你自己，你无须按照他人的眼光和标准来评判甚至约束自己，你无须总是效仿他人。保持自我本色，才是最重要的一点。

爱迪生在他的《论自信》里说道："在每一个人的受教育过程中，他一定会在某个时期发现：羡慕就是无知，模仿就是自杀，不论好坏，必须保持自我本色。"一个萝卜一个坑，每个人都有自己的个性、自己的特点。我们没必要盲目地模仿别人，而应时刻秉持自我本色，发挥最好的自己。只有肯定自我、相信自我，才能成就自我。

基尔凯曾说过："一个人最糟的是不能成为自己，并且在身体与心灵中保持自我。"每个人生来就是独一无二的，模仿别人，便是扼杀自己。不论好坏，你都必须保持本色，自己的本色是自然界的一种奇迹，也是上苍给每个人最好的恩赐。

苔丝·里得太太从小就特别敏感而腼腆，她的身体一直太胖，而她的一张脸使她看起来比实际还胖得多。苔丝有一个很古板的母亲，她认为把衣服弄得漂亮是一件很愚蠢的事情。她总是对苔丝说："宽衣好穿，窄衣易破。"而母亲总照这句话来帮苔丝穿衣服。所以，苔丝从来不和其他的孩子一起做室外活动，甚至不上体育课。她非常害羞，觉得自己和其他的人都"不一样"，完全不讨人喜欢。

长大之后，苔丝嫁给一个比她大好几岁的男人，可是她并没有改变。她丈夫一家人都很好，也充满了自信。苔丝尽最大的努力要像他们一样，可是她做不到。他们为了使苔丝能开朗地做每一件事情，都尽量不纠正她的自卑心理，这样反而使她更加退缩。苔丝变得紧张不安，躲开了所有的朋友，情形坏到她甚至怕听到门铃响。苔丝知道自己是一个失败者，又怕她的丈夫会发现这一点。所以每次他们出现在公共场合的时候，她假装很开心，结果常常做得太过分。事后苔丝会为此难过好几天。最后不开心到使她觉得再活下去也没有什么意思了，所以苔丝开始想自杀。

后来，是什么改变这个不快乐的女人的生活呢？只是一句随口说出的话。随口说的一句话，改变了苔丝的整个生活。有一天，她的婆婆正在谈她怎么教养她的几个孩子，她说："不管事情怎么样，我总会要求他们保持本色。"

"保持本色！"就是这句话！在那一刹那之间，苔丝才发现自己之所以那么苦恼，就是因为她一直在试着让自己适合于一个并不适合自己的模式。

苔丝后来回忆道："在一夜之间我彻底改变了，我开始保持本色。我试着研究我自己的个性，自己的优点，尽我所能去学色彩和服饰知识，尽量以适合我的方式去穿衣服。主动地去交朋友，我参加了一个社团组织——起先是一个很小的社团——他们让我参加活动，我吓坏了。可是我每发一次言，就增加了一点勇气。这一天我所有的快乐，是我从来没有想到可能得到的。在教养我自己的孩子时，我也总是把我从痛苦的经验中所学到的结果教给他们：'不管事情怎么样，总要保持本色。'"

不要模仿他人，做最真实的自己。我们每个人的生活面貌都是自己塑造而成的，我们应该学会接受自己，看清楚自己的长处，将自己的禀赋发挥出来，而不是亦步亦趋地跟在别人身后，和别人跳进同一个圈子里，跳一样的舞蹈。在所有缺点中，最无可救药的就是失去自我，成为别人的复制品。

张国荣的歌曲中唱道：我就是我，是颜色不一样的烟火。每一个人都应该庆幸自己是世上独一无二的，应该找到自己最擅长的，然后坚持下去，永远做一流版本的自己，不做二流版本的别人。在所有缺点中最无可救药的就是失去自我，成为别人的复制品。正如法国作家辛涅科尔所说："对于宇宙，我微不足道，可是对于我自己，我就是一切。"

成功者走过的路，通常都不适合其他人跟着重新再走。在每个成功者的背后，都有自己独特的、不能为别人所仿效和重复的经历。

与其一味地模仿别人，还不如充分利用自己的优势，让别人来羡慕你！保持自己的本色，在顺其自然中充分发展自己，这才是最明智的。

别太拼，学会享受生活

所有人都希望自己的生活是幸福、快乐的，可是想得越多就越感到自己是不幸的，这是为什么呢？其实，那就是因为他们没有领悟到生活的真谛。

生活的真谛就是懂得享受生活，而享受生活的真正目的就是使自己的心情达到一种舒畅或平静的状态，做事完全是自觉、自愿而且带着兴趣的。

很多时候，我们忙碌的目的往往是：享受生活，但其结果往往是：享受不了生活。这与忙碌的初衷背道而驰。

韩雪，大学刚毕业，虽没有闭月羞花之貌，但也是个极其标致的人。很快她就找到了一份不错的工作，由于工作出色，两年后她升职成为部门经理。工作出色且长相标致的韩雪按说应该有很多人追求的，可是却没有。其实，刚开始追求韩雪的人挺多的，可是后来就越来越少了，到现在一个都没有了，不仅如此，公司的人给了她一个称呼——“冰山美人”。

韩雪一年四季永远都是黑、白、灰，以职业装为主，这也好像成了她的标志；她不懂得化妆，总觉得素颜朝天就是漂亮；她满脑子只有工作，就连休息也是在电脑旁看资料；她不喜欢逛街，不喜欢看电影；男朋友对于她来说也是可有可无……

姐妹们问她：“为什么不找个男朋友呢？”

韩雪说：“没那个必要，找男朋友干吗啊，多浪费时间，有那个时间还不如多查些资料。”

姐妹们又说：“把自己打扮得漂亮些，多买些鲜亮点的衣服，不要总是跟个四十岁的怨妇一样。”

韩雪说：“我觉得挺好的啊，买衣服不用挑来挑去的。再说了，上班了还是穿职业装比较好。”

姐妹们又说：“要学会化妆，你看你，二十四岁的身体，简直就是四十二岁的脸蛋，一点血色都没有了，没听说过吗，女人在二十岁以后就要学会打扮。”

韩雪说：“那多费事啊，上班都来不及了。”

姐妹们说：“你真的没救了，眼里都是工作、工作，你工作是为了什么？”

韩雪说：“为了赚钱，为了过上更好的生活。”

姐妹们说：“错，工作不是为了赚钱，工作是为了享受生活。不享受生活，怎么能算更好的生活？”

韩雪沉默了。

姐妹们说：“你辛苦地工作，存下那么多钱，可是你投在自己身上的又有多少呢？永远都是黑、白、灰，不知道的人还以为你没换过衣服呢。一套化妆品、护肤品都没有，我真怀疑你是不是女人，你现在连生活是什么都没搞清楚。其实，生活重在享受，不是你有钱就行的，有钱不会花才是最大的悲哀。”

韩雪还是没说话，这好像说到了她的痛处，是啊，拼命地工作换来的是什么？韩雪的存款是在不断地增加，可是她又得到了什么？

韩雪把所有的心思都花在了工作上，工作上的出色表现并没有给她带来多大的快乐，反而让她的生活越来越暗淡。

年轻不仅是去拼搏，也要学会去享受生活。有些人，忙忙碌碌一生，也没有好好享受过人生。也许抛弃享受美好的时间，他们的一生能成就许多事，但是，他们也因此失去了享受生活的资格，失去了享受轻松自在时刻的能力，一辈子活在战斗里。而有的人，开开心心过每一天，看上去虽然不富裕，但他这一生着实过得精彩。所以要努力赚钱，也要欣赏生活。

懂得享受生活，人生才会更有乐趣。享受生活，要从紧张忙碌中走出来，享受那些生活中的小事物，别有一番滋味。

小芸是个活泼开朗的女孩，不是很漂亮，但身上所散发出来的魅力是最吸引人的。她有一个爱她疼她的男朋友，她的男朋友说："我最喜欢你陶醉在生活中的样子，你满足的表情，让我也很有成就感。"

小芸是个热爱生活的人，因为热爱，所以懂得享受。在工作之余，她最大的爱好就是拉着姐妹们逛街，但她不是那种过着奢侈生活的人，她买的衣服虽是名牌，可也都是打折的。小芸是聪明的，她会计算，她总是反季节买衣服，这样衣服的折扣就会很低，买起来也不心疼。哪些该买，哪些不该买，她心里都有个底。她很会为自己投资，该买的她一点也不含糊。放长假时，她会选择去旅行，让自己放松放松，她把自己的生活打理得井井有条。

小芸每次出门都会把自己打扮得漂漂亮亮的。她说，学会打扮是女人最重要的功课，并不是真的为了好看才去打扮的，而打扮是对你所见之人的一种尊重，也是对自己的尊重。她会为自己化上淡淡的妆容，她说："化妆其实也是一个享受的过程，看着自己一步一步变得漂亮起来，其实挺开心的。"

小芸喜欢和男友坐在咖啡厅的角落里，谈天说地，有时一坐就是一下午，可是却不觉得烦，因为她喜欢看男友注视她的目光。她也喜欢和姐妹们去麦当劳或肯德基大吃一顿，完全不考虑会增肥，因为她们快乐。

小芸一个人住，她把自己的小家布置得像个梦幻王国，她每天都是开开心心的，好像烦恼是与她绝缘的，姐妹们都很羡慕她。不知道她每天为什么总是那么开心，那么自信。小芸给她们的答案就是享受，享受上天赐予自己的资本，享受自己创造出来的条件，享受生活中一切美好的事物……

生活，不是生存，不是两点一线，不是周而复始。生活是一个态度，你对生活什么态度，它就会回馈你什么态度。你笑着过这一天，它就让你开心快乐一天。你若愁眉苦脸过一天，它就让你闷闷不乐一天。

只有懂得享受生活的人，才懂得享受人生。生活应该是拿来“享受”的，不应该过得那么战战兢兢。其实，人生除了生死，并没有什么太大的事。何必把自己搞得那么紧张呢?

人人都应该学会享受生活。时光不可倒流，该享受的时候就应该好好享受。

请爱惜自己的身体

有这样一个故事：

小丽买了一双漂亮的皮鞋，因为特别喜欢，有一段时间几乎天天都穿。这双名牌皮鞋质量非常好，可是不到半年，鞋子就磨坏了。后来拿去修补时，她抱怨说只穿了半年就坏了。鞋匠看了看皮鞋说：“这鞋子确实不错！”同时问道：“你是不是因为它好又漂亮，就天天穿啊？”小丽说：“是啊！”鞋匠笑道：“难怪哦，由于你天天穿，它的皮革和材质没有得到适当的休息，就会使鞋子折寿。”

同样的道理，一个只会工作不会休息的人，他的健康同样会大打折扣。

列宁同志说过，“会休息的人才会工作”，一个人如果眼中只有工作，他将以牺牲健康为代价，而这代价或许需要用生命来偿还，因为工作而失去健康，甚至因为过度工作而失去生命，这不是值不值的问题，这实质上是对生命的漠视与不尊重。

杰西是一个十分优秀的小伙子，而珍妮是一个美丽大方的女孩，他们一起在广告公司搞设计，杰西的创意、珍妮的文案、他们的搭配是那么完美，以至于公司上上下下把他们自然而然地撮合到一起。

两个人交往了 4 年，情投意合，进而同居 3 年，但却迟迟发不出喜帖来。并不是他们有意爱情长跑，而是杰西的职务越来越重要，工作也越来越繁重，他们根本腾不出假期来结婚。公司的业务蒸蒸日上，杰西的个人时间就越来越少。珍妮有时还陪他加班，送点滋补品为他补身体。看杰西一支烟接着一支烟地抽，珍妮非常心疼。但杰西却说，只说再拼一阵子就好，等存够了钱，就可以自己创业不必那么累了……

珍妮的怀孕，来得不知是不是时候，经期停了3个月，她才从忙碌的工作中，发现不适的异样。检查出来已经3个多月时，她非常懊恼，认为杰西这样没日没夜地工作，不该在这个时候烦扰他，但是，杰西知道后却非常开心，当场就大声地说："珍妮！嫁给我吧！"全办公室响起如雷的掌声，她的泪也欢喜得夺眶而出。7年的爱情长跑，终于要跨上红地毯的彼端，珍妮欣喜万分，梦想当新娘的画面，早在她心头反反复复几十遍。

老板送他们20万元的礼金，说是给他的创业基金，从此变成了同行，大家要互相帮忙。杰西也爽快地答应在婚前完成最后一批稿件设计。

为了赶稿件设计，杰西几乎是每天加班到早上6点才回家，迷迷糊糊睡到中午又回公司继续上班。连续一个礼拜，他终于交出了所有的设计稿，也交接了所有的业务。此时，离他们的婚礼只剩下不到30个小时。珍妮劝杰西什么都别管，还是先睡一下，养足精神，准备婚礼。

可是谁承想，这一睡，杰西就再也没有醒过来。他被送到医院后，医生判断是时下流行的过劳死，在连续加班后回家睡觉，一睡就成永眠。

一个年轻力壮，从无宿疾的顽强生命，就这样因为体内长期运作失调，而造成器官内讧，衰竭而死。婚庆喜筵成了非正式的告别会，所有参加婚礼的宾客都忍不住落泪，珍妮更是哭得死去活来，她恨，她怨，但这又能怪谁呢？

对健康的忽视，已经成了生命不能承受之轻——没有健康，一切辉煌都无所依托；没有健康，一切皆归于虚无！

健康，不仅仅是一个人正常生活的基础，它更是人类一切行为的动力源泉。一旦健康的链条从生命中断裂，人生的意义又存在于何处？

健康是每一个人最大的优势。健康不是一切，但没有了健康，也就没有了一切。很多功成名就的人，在以牺牲了健康的前提下获得了成功后，不禁感慨："健康的时候不知道珍惜生命，失去健康的时候才知道健康的重要。"有人用过一个形象的比喻：假设一个人有100000000万资产，前面的1代表健康，后面的0代表你的事业、妻子、孩子、房子、车子、金子等，如果失去健康也即失去1，剩下的0也就失去了意义。在健康面前，人们的财富、地位、权力都会显得脆弱无力。只有真正解决了自身的健康问题，才能有机会成为成功的人，才能一生平安幸福。

总之，健康的身体是一个人获得事业长远发展的保证。没有健康的身体，一切都是空谈。有了健康的体魄和健康的心理，才能成就美好的人生。

要主宰自己的人生

有这样一个故事：

有一个年轻人，他认为自己命运不济，无论如何努力奋斗都不能达到成功。有一次，他去拜访一位禅师，问道："这个世界上到底有没有命运？"

禅师说："当然有啊。"

年轻人再问："命运究竟是怎么回事？既然命中注定，那奋斗又有什么用？"

禅师没有回答年轻人的问题，但笑着抓起他的左手，说先给他看看手相，算算命。禅师先给他讲了一通生命线、爱情线、事业线等诸如此类的话，接着对年轻人说：“把手伸好，照我的样子做一个动作。”说完，禅师举起左手，慢慢地且越来越紧地抓起拳头。年轻人也照着样子举起左手，抓紧了拳头。

禅师问：“抓紧了没有？”

年轻人有些迷惑，答道：“抓紧啦。”

禅师又问：“那些命运线在哪里？”

年轻人机械地回答：“在我的手里呀。”

禅师再追问：“请问，命运在哪里？”

年轻人如当头棒喝，恍然大悟：命运在自己的手里！

的确，命运是掌握在自己手里的，没有人能够左右。只有自己才是命运的主宰者。我们每个人都是自己命运的主人，我们的人生是失败还是成功，是默默无闻还是光彩显赫，完全是自己造成的。

有一首诗写得好：你无法选择出身，但可以造就未来；你不能勾画生命的长度，但可以拓展它的宽度；你不能改变天生的容貌，但可以提升内在的气质；你不能预知未来，但可以把握现在……只要努力去改变，我们就能开创美好的未来！

人生的道路不可能是完全平坦的，它有曲折，有坎坷，有阻碍，有陷阱，追求成功的路上，我们也常常会遇到这样或者那样的困难。对此，消极的人往往会因面临困难而失去斗志，丧失信心，从而产生失败感和自卑心理；而积极的人，充满自信的人，则善于把困难作为激励自己更加奋发向上的动力，及时地调整自己的精神状态，从困难的阴影里走出来。

福勒是一个黑人小孩，他出生在美国路易斯安那州一个贫民窟里。由于贫困，他不得不在 5 岁时就开始劳动。福勒的大多数小伙伴也都是穷人家的孩子，他们很早就都参加了劳动。这些家庭祖祖辈辈就有这样一种观念：贫穷是命运的安排，因此，他们从来都没有想过如何改善自己的生活。

在这些穷人家的孩子当中，小福勒是与众不同的：因为他有一位不平常的母亲，母亲不肯接受命运的安排，更不肯接受这种仅够糊口的生活。她时常对儿子说："儿子，我们不应该贫穷。我不愿意听到你说：我们的贫穷是上帝的意愿。我们的贫穷不是上帝的缘故，而是因为你的父亲从来就没有产生过致富的愿望。我们家庭中的任何人都没有产生过出人头地的想法。人定胜天。贫穷不是命运的安排，只要你有改变贫穷的想法，就一定会改善目前的生活。"

"贫穷不是命运的安排"，这个观念在福勒的心灵深处刻下烙印，以至改变了他整个的人生。他决定把经商作为生财的一条捷径，最后选定经营肥皂。于是，他挨家挨户出售肥皂达 12 年之久。

在此期间，他不断努力地改变自己的生活状况。后来，他获悉供应肥皂的那个公司即将拍卖出售。福勒很想把它买下，他依靠自己在多年经营活动中树立的良好信誉，从朋友那里借了一些钱，又从投资集团那里得到了帮助，筹集到 11.5 万美元，但还差 1 万美元。当他漫无目的地走过几个街区后，看到一家承包事务所的窗子里还亮着灯。福勒走了进去，看见写字台后面坐着一个因深夜工作而疲惫不堪的人，福勒直截了当地对他说："你想挣 1 000 美元吗？"这句话吓得这位承包商差一点倒下去，"想，当然想。"

"那么，请你给我开一张 1 万美元的支票，当我还这笔借款的时候，将另付出 1 000 美元利息给你。"当福勒离开这个事务所的时候，口袋里已经有一张 1 万美元的支票。

在他不断地努力下，他终于如愿以偿地成了那个肥皂公司的老板，而且还在其他 7 个公司和一家报馆取得了控股权。当有人与他一起探讨成功之道时，他就用母亲多年以前所说的那句话回答："我们是贫穷的，但不是因为上帝，而是我们从来没有想到致富。"

安东尼·罗宾说：一个人目前的处境，正是个人信念的真实写照。我们不能选择出身，但我们可以选择人生。你认为自己是怎样的人，你就会成为怎样的人，过怎样的生活。也就是说你在人生中对自己的定位，也就定位了你的生活状况。你认为自己只能靠乞讨生活，你就注定会成为一个乞丐；而你认为自己有能力，能成就伟业，你就会成为一个出类拔萃的人。

在人生的道路上，每个人都是自己命运的主宰者和创造者，每个人都有权改变自己的命运。它取决于人对命运的态度，只要能够清楚地洞察命运之奥秘的，就能够做自己命运的主人的。

第九章　不忘初心，坚守善良

看透不说透，给人“台阶”下

西方学者马斯洛在研究人的生存需要的五个层次时，把尊严放在了较高的层次里，保护自己的自尊心不受伤害是每个人深层次的需要。很多的时候，人们在批评别人时其实是对别人尊严的挑战，很容易激发别人的反感和憎恶，所以在批评别人时一定注意保护好对方的自尊心，运用巧妙的批评方式，才能让对方乐于接受。

在经济危机时期，有位女孩好不容易才找到一份卖珠宝的工作。一天，店里来了一位衣衫褴褛的顾客，他满脸哀愁，用一种羡慕而不可企及的目光，盯着那些高级首饰。

女孩正在用抹布擦拭柜台，一不小心把一个装有六枚钻石戒指的托盘打落到地。她慌忙捡起其中的五枚，但第六枚怎么也找不着。这时，看到那位衣衫褴褛的男子正向门口走去，顿时她意识到戒指被他拿去了。当男子将要推门而出时，她柔声叫道：“先生，请留步！”

那男子转过身来，两人相视无言。几十秒之后，男人终于在牙缝中挤出了几个字，问道：“有什么事吗？”

“先生，近来经济萧条，找个工作很难，想必您也深有体会，是不是？”女孩神色黯然地说。

男人久久地审视着她，终于一丝微笑浮现在他脸上。他说：“是的，确实如此。但是我能肯定，你在这里会做得不错。我可以为您祝福吗？”

他向前一步，把手伸向女孩，那枚钻石戒指就在她的手上。

“谢谢您的祝福。”女孩立刻也伸出手，两双手紧紧握在一起，女孩用十分柔和的声音说：“我也祝您好运！”

男人转过身，推门走了出去。女孩目送他的身影消失在门外，转身走到柜台，把手中握着的第六枚戒指放回原处。

故事中的这个小姑娘是睿智的，她很会照顾对方的情面，没有开门见山地要回戒指，而是委婉地点破男子的错误，并说出自己的难处——找工作不容易，给对方一个台阶下，令对方感同身受。那男子也很珍惜没有露丑丢脸的时机，非常体面地改正了自己的错误。

俗话说，得饶人处且饶人。说话办事给人留面子，让人从容地下台，对方会对你心存感激。放人一条生路，这并不仅仅是为对方考虑、对对方有益，更是为自己考虑、对自己有益。如果你得理不饶人，让对方无路可走，那对方必然会狗急跳墙，对你造成伤害。

一次，李主任怒气冲冲地走进办公室，啪的一声将一份报告摔在秘书小王的桌上，办公室里的几个人同时都愣住了。李主任以为这是个惩一儆百的好机会，接着大吼道：“你看看，干了这么多年，竟写出这样空洞无物的报告，送到总经理手中，一定会以为我们都难胜其任！以后，脑子里多装点工作，上班时间精神振作一点。”说完，他一甩手走了，把小王晾在那儿，尴尬异常。过后李主任满以为办公室的工作效率会提高，可事与愿违，大家都躲着他，布置工作，不是说没时间，就是说手头有要紧事。李主任这才略品出一点滋味，恍惚意识到此举不明智。人人都爱面子，换一种批评的方法，其结果可能就大相径庭了。

自尊心人人皆有，任何人都没有权利去贬抑或伤害他人的自尊，保住他人的面子，在有些情况下是非常重要的。特别是当他人有错误或失误时，给人一个台阶，为他人保留面子，对人对己都是有好处的。

法国飞行先锋和作家安托·德·圣苏荷依说过：“我没有权利去做或说任何事以贬抑一个人的自尊。重要的并非我觉得他怎样，而是他觉得自己如何，伤害他人的自尊是一种罪行。”保护他人的自尊心，这是很重要的。当你需要批评或惩戒他人时，应该记住这一点。

一位女销售员正接待一位年近花甲的老人。老人选好了两把牙刷，由于销售员忙着去接待另一顾客，老人道声谢后就抬脚走了。这时女销售员才想到钱还没收。

女销售员一看，老人离柜台不远，便略提高声音，十分亲切地说："太太——你看——”老人以为什么东西忘在柜台上了，便走了回来。女销售员举着手里的包装纸，说：“太太，真对不起，你看，我忘记给你的牙刷包上了，让你这么拿着，容易落上灰尘，多不卫生呀，这是入口的东西。”

说着，接过老人的牙刷，熟练地包装起来，边包边说：“太太，这牙刷，每支 5 美分，两支共 10 美分。”

“唉，你看看，我忘记给钱了，真对不起！”

“太太，我妈也有您这么大年纪了，她也什么都好忘！”

这个女销售员用了一个小小的“迂回术”，很自然地把老人请了回来，又很自然地把谈话引到牙刷的价格上，这样一点拨，老人也就马上意识到了。

整个谈话中，这位销售员没有一个发难的词，没有一句说及钱未付，启发得十分自然，引导得十分巧妙。

在人际交往中，只要维持住双方的面子，则一切争端都有回旋余地，一旦撕破面皮，就极可能转入火星四溅、双方都无力控制的局面。所以即使是批评他人，也要设法保住他的面子，这是善良人的说话方式。

帮助他人就是帮助自己

生活中，不少人认为帮助别人，自己就要有所牺牲；别人得到了，自己就一定会失去。其实很多时候，帮助别人并不意味着自己吃亏，反而是在帮助自己，正如爱默生所说：“人生最美丽的补偿之一，就是人们真诚地帮助别人之后，同时也帮助了自己。”

第二次世界大战中的一天，欧洲盟军最高统帅艾森豪威尔乘车回总部，参加紧急军事会议。

那天大雪纷飞，天气极冷，车一路奔驰。忽然，他看到一对法国老夫妇坐在路边，冻得发抖。

他立即命令身旁的翻译官下车去问问。

一位参谋急忙说：“我们得按时赶到总部开会，这种事还是给当地的警方处理吧！”

艾森豪威尔坚持说：“等警方赶到，这对老夫妇可能早冻死了！”

原来，这对老夫妇是去巴黎投奔儿子，车抛锚了，前不着村后不着店，正不知如何是好。

艾森豪威尔立即请他们上车，特地绕道将夫妇送到巴黎，才赶回总部。

艾森豪威尔根本没想过行善图报，然而，他的善良却得到了意想不到的回报。

原来，那天德国纳粹狙击兵已预先埋伏在他们必经之路上，只等他的车一到就立刻实施暗杀行动。如果不是为帮助那对老夫妇而改变了行车路线，他恐怕很难躲过这场劫难。假如艾森豪威尔遭到伏击身亡，那么，整个“二战”历史很可能因此而改写！

正所谓“行下春风，必有秋雨”，只有肯在别人需要的时候帮助和关怀他人一下，别人才会给你以帮助。所以你要想得到别人的帮助，自己首先必须帮助别人，当你帮助别人的同时也就等于帮助了自己。

一位哲人说：“一个不肯助人的人，他必然会在有生之年遭遇到大困难，并且大大伤害到其他人。”是的，每个人都不是独立地存在这个世界上的，每个人都会遇到困难，遇到自己解决不了的问题。

这个时候，我们就需要向别人求助，如果我们能得到别人帮助，那么我们就会心存感激，希望他日自己也可以为别人做些事情。同样的，当我们帮助别人时，别人也会心存感激，希望他日伸出援助之手，帮助我们。

罗伯特在美国的律师事务所刚开业时，连买一台复印机的钱都没有。移民潮一浪接一浪涌进美国时，他接了很多移民的案子，经常在半夜的时候被唤到移民局的拘留所领人。他开一辆破旧的车，在小镇间奔波。经过多年的努力，他的事业得到了很大的发展，业务扩大了，处处受到礼遇。

天有不测风云，一念之差，罗伯特将资产投资股票几乎亏尽——更不巧的是，岁末年初，移民法再次修改，职业移民名额削减，顿时门庭冷落，几乎快要关门了。

正在此时，罗伯特收到了一封信，是一家公司的总裁写给他的，信中说：愿意将公司30%的股权转让给他，并聘他为公司和其他两家分公司的终身法人代理。看完信后，他又惊又喜，不敢相信这是真的。罗伯特带着疑惑找上门去。

总裁是个40岁开外的波兰裔中年人，见到他后，笑着问道："还记得我吗？"

罗伯特摇摇头，总裁微微一笑，从办公桌的大抽屉里拿出一张很皱的5美元汇票，上面夹的名片印着罗伯特律师的电话、地址。对于这件事，他实在想不起来了。

总裁看了看他，缓缓地说道："10年前，在移民局，我在排队办理工卡，当时人很多，我们在那里拥挤和争吵。当轮到我的时候，移民局已经快关门了。当时，我不知道申请工卡的费用涨了5美元，移民局不收个人支票，我身上没带钱，如果我再拿不到工卡，雇主就不会雇我了。就在这个紧急关头，你从身后递了5美元上来，我要你把地址留下，以后好还钱给你，你就给了我这张名片。"

罗伯特也慢慢想起了这件事，但是仍将信将疑地问："后来呢？"

总裁继续道："后来我就在这家公司工作，很快我就发明了两个专利。我到公司上班后的第一天就想把这张汇票寄出，但是，我却一直没这么做。我一个人来到美国闯天下，经历了许多冷遇和磨难。这 5 美元改变了我对人生的态度，所以，这张汇票是不能这么随随便便就寄出去的……"

罗伯特做梦也没有想到，多年前的小小善举竟然获得了这样的回报，仅仅 5 美元就把两个人的命运改变了。

帮助别人就等于帮助自己，这是利人利己的人际法则。所以，你要善待身边的每一个人、每一件事，并视之为力所能及、理所应当。或许有一天，当你举步维艰、如履薄冰之时，昔日曾经被你资助过的人将会向你伸手拉上一把。因为善举带来人气，帮助别人就是帮助自己。

美国埃·哈伯德曾说过："聪明人都明白这样一个道理，帮助自己的唯一方法就是去帮助别人。"事实上，只要你能在别人需要帮助的时候，愿意伸出你热情的手，你的朋友就会越来越多，你的事业也会越做越大。

打开成功之门的一大法宝就是伸出热情的手，去帮助和关怀别人，因为我们的帮助，不仅能助人一臂之力，而且能给对方带来力量和信心，使他们有更大的勇气去战胜困难。也许这对你来说只是举手之劳，但对别人来说却犹如雪中送炭，那么别人对你定会有"滴水之恩，当涌泉相报"的感激。

不显山露水，低调中成就自我

俗话说：地低成海，人低成王。低调是一种品格，一种姿态，一种风度，一种修养，一种胸襟，一种智慧，一种谋略，是做人的最佳姿态。所谓低调做人，就要不喧闹、不矫揉造作、不故作呻吟、不假惺惺、不卷入是非、不招人嫌、不招人嫉，即使你认为自己满腹才华，能力比别人强，也要学会不露声色。纵观古今中外，很多有成就的人都是低调做人的典范，他们的成功得到了社会广泛的认同和支持。

有这样一个真实的故事：

乔治·华盛顿是美利坚合众国的第一任总统。他正是靠着那平易近人的领导风格来赢得千万美国人的尊重和拥戴的。华盛顿虽然是个伟人，但他若在你面前，你会觉得他普通得就和你一样，一样的诚实、一样的热情、一样的与人为善。

有一天，他穿着一件过膝的普通大衣独自一人走出营房。他的低调让遇到的每一个士兵都没有认出他。当来到一条街道旁边时，他看到一个下士正领着手下的士兵筑街垒。那位下士双手插在裤袋里，站在旁边，对抬着巨大水泥块的士兵们喊道："一、二、加把劲！"但是，尽管下士喊破了喉咙，士兵们也经过了多次努力，但还是不能把石头放到预定的位置上。他们的力气几乎用尽，石块眼看着就要滚下来。这时，华盛顿疾步跑到跟前，用强劲的臂膀，顶住石块。这一援助很及时，石块终于放到了位置上。士兵们转过身，拥抱华盛顿，表示感谢。

华盛顿转身向那个下士问道："你为什么光喊加把劲却不帮一帮大家呢？""你问我？难道你看不出我是这里的下士吗？"那下士背着双手，霸气十足地回答道。

华盛顿笑了笑，然后不慌不忙地解开大衣纽扣，露出他的军装："按衣服看，我就是上将。不过，下次在抬重东西的时候，你也可以叫上我。"那个下士这时候才明白自己遇见的是谁，顿时羞愧难当。

由此可见，越是功成名就的大人物越懂得以低调的姿态示人。正如小溪、江河抑或大海一样，总是以自己最为天然的姿态出现在蓝天澄宇之下。那些深知做人之道的人，大都是能够摆正自己位置的人，而把自己看成高人一等的人，一定是世界上最愚蠢的人。

在现实生活中，为人高调者，大多目空一切，妄自尊大、独断专行、飞扬跋扈；而为人低调者大多谦和忍让，谨慎小心，宽容大度，心平气和。

英国大文豪萧伯纳出名后赢得了很多人的尊敬和仰慕，但是年轻时的他特别喜欢崭露锋芒，说话也尖酸刻薄，谁要是跟他说话，便会有受到奚落之感。一天，一位老朋友私下对他说："你出语幽默、风趣，但是大家都觉得，如果你不在场，他们会更快乐。因为他们比不上你，有你在，大家便不敢开口了。你的才干确实比他们略胜一筹，但这么一来，朋友将逐渐离开你。这对你又有什么益处呢？"老朋友的话使萧伯纳如梦初醒，他感到如果不收敛锋芒，彻底改过，社会将不再接纳他，又何止是失去朋友呢？所以他立下誓言，从此以后，再也不讲尖酸的话了，要把天才发挥在文学上。这一转变不仅奠定了他后来在文坛上的地位，同时也广受各国读者的敬仰。

一个人不管取得了多大的成功，不管名有多显、位有多高、钱有多丰，面对纷繁复杂的社会，都应该保持做人的低调。张扬和显示自己，那只是肤浅的行为，只会让自己陷入尴尬的境地。

低调是一个人成熟的标志，是为人处世的一种基本素质，也是一个人成就大业的基础。低调做人，不仅可以保护自己、融入人群，与人们和谐相处，也可以让人暗蓄力量、悄然潜行，在不显山露水中成就事业。

换位思考是最基本的善良

汽车大王福特曾这样说过："成功假如有什么秘密的话，就是设身处地为别人着想，了解别人的态度和观点。因为这样不仅能得到你与对方的沟通和理解，而且可以更清楚地了解对方的思维轨迹，从而有的放矢，击中要害，成为成功者。"这句话的中心意思就是要学会换位思考。

所谓换位思考，就是更好地理解他人，设身处地地为他人着想。懂得换位思考，是善待别人；能感受别人的难处，是善良的本质。一个善于为他人着想的人，人们都愿意与他交往，都希望成为他的朋友，他的人际沟通也会越来越顺畅。

生活中人与人之间的交往离不开沟通，而换位思考是人与人友好沟通不可或缺的因素之一。遗憾的是，很多人都以自己为中心，什么事情首先想到的是自己，怕自己的利益受到损失，很少顾及他人的利益和想法，不懂得站在对方的角度去为他人着想。这样一来，就很容易与他人产生矛盾，结下怨恨，对人际交往有很大的不利。

上完晚自习回到宿舍里，张同学给家里打电话，打得时间比较长，其他三位同学也想给家里打电话，看到张同学那副慢条斯理的样子，他们有点不高兴。而张同学在电话里谈得很起劲，好像忘了周围有人等着打电话，过了好长一段时间，张同学终于打完电话了。这时王同学开始给家里打电话，他说着说着就忘了后面的两位同学，他还没说完呢，宿舍的灯就熄灭了，后面的两位同学纷纷指责王同学，而王又指责张同学，张同学不服气，四个人开始吵了起来。

在这个事件中，很显然，张、王两位同学都是在自己的立场考虑问题的，他们心里只考虑到自己的需要，而没有为别人考虑。以王同学为例，张同学在打电话时他很着急，他抱怨张同学不考虑别人，而当他开始打电话时，又只顾自己，不为后面的同学考虑，如果稍微为别人着想的话，就不会出现这样的矛盾了。

很多人在处理问题的时候，总是立足于自我的立场，考虑更多的是利益和需要，却总是很少关心他人的需要，更别说是从别人的立场来看问题了。这样这就造成了人际沟通中的理解发生障碍和阻塞。如果想要很好地与他人相处，其实很简单，换个角度去思考问题，站在他人的角度，多为他人想一想，也许很多事情就会有很大转机，就会有不一样的结局。

其实，人的认识难免受到主观认识等诸多条件的限制，如果不能冲破这些条条框框的限制，就很难得到正确的认识。以“换位思考”的方式与人进行沟通就可以帮助我们在一定范围和条件下克服这种局限性，即跳出原有的认识圈子，站到对方角度和立场上去观察、体会和分析问题，从而转变原有不正确的认识。

有一个上海的女孩小王，嫁给了湖南男子小丁，两人感情尚可，但总是因“吃菜问题”闹矛盾。小王做菜要放糖，因为上海人爱吃甜食；小丁做菜喜欢放辣椒，因为湖南人嗜辣如命。吵来吵去，婚姻出现裂痕，最终导致离异。第二年，另一个白马王子被小王相中。婚后小王犯难了：这第二任丈夫小马，祖籍四川，也是个“吃辣大王”。第一次失败婚姻记忆犹新，经过深思熟虑，小王终于想出一招妙计。婚后第一餐饭，她就抢着买菜烧菜，每样菜里都放了辣椒，四川丈夫小马吃得津津有味。可是，小马偶尔一看妻子，只见她被辣得满头大汗，惊问：“你既然不爱吃辣椒，菜里面放这么多辣椒干啥？”小王听罢，心中甜丝丝的，笑道：“因为你爱吃辣椒啊！”小马好感动。第二天，小马抢着买菜做菜，他在每样菜里都加了糖，小王一吃，挺有胃口的，就问丈夫：“你不爱吃甜的，为什么每样菜都放糖呢？”小马诡秘地一笑：“我是向你学习，处处替对方着想啊！”小王听了，止不住泪水唰唰流下。她暗想，要是当年和小丁在一起生活要是也能像如今这样“换位思考”，也不至于和小丁分道扬镳！

在这里，我们看到了同样的情况在两种不同处理方法下截然不同的结果，能不能换位思考起到了关键作用。因此，如果你想要准确地理解他人，就需要采取换位思考的方式进行沟通。只有站在对方的位置和立场上来思考问题，才能够更准确地理解对方的想法和心理状态，才能真正找到沟通的结合点，增强沟通的针对性。若只强调自己的感受而不体谅他人的想法，就很难走入他人的内心世界，很难被他人接纳。这也就是我们常说的遇事要将心比心。

有一位哲人曾经说过：“当我们爱别人的时候，我们也希望别人爱我们。”所以不管亲人之间、朋友之间，还是上下级之间、同事之间，人与人相处，贵在换位思考。以真诚为经，以宽容为纬，相信善良的你，已经开拓出了人际交往的崭新天地。一个善于换位思考的人，必然因优良的人际关系而事事顺通无往不利！

不揭他人的短，也是一种善良

中国的传统文化典籍《弟子规》中有这么一句：“人有短，切莫揭；人有私，切莫说”，意思就是人的短处，千万不要去揭；人家的私事，也不要去关心。生活中，我们难免会经常和各种人在一起交谈，那么在闲谈中，一定要回避对方忌讳的事，不要戳别人的伤疤，揭别人的短处。对任何人来说被击中痛处，都是令人不愉快的事。

有一个年轻人从小就失去双臂，只好用脚代替手来打理自己的生活，并凭着自己的努力练出用脚趾头夹笔写字作画的本领，成为一代画家。有一次，他开画展，一位观展者问他：“你是靠脚趾头成名的，那么对你来说，是脚有用还是手有用？”

这个问题很不礼貌，同时也戳到了画家的痛楚，这从小就失去双臂的他感到十分恼怒，于是反问道：“维纳斯雕像是以断臂出名的，你说她是有胳膊美还是没胳膊美？”一句话堵得对方瞠目结舌，尴尬地走开了。

常言道：“人活脸，树活皮。”从心理学的角度讲，人人都有自尊心，维护自尊是人的天性。无论一个人的出身、地位、权势、风度多么傲人，也都有不能别人言及、不能冒犯的角落，这个角落就是人的“雷区”。当你一句话击中对方的软肋，揭了对方的“疮疤”，只会让对方在面子上过不去，从而诱发了你与对方的矛盾，影响你的人际关系。

康熙皇帝在年轻时励精图治，创下不少功业。但到了晚年，由于年纪渐长，于是产生了一个怪脾气——忌讳人家说老。如果有谁说老，他轻则不高兴，重则给对方治罪。所以，左右的臣子们都知道他这个心理，一般情况下都尽量回避说老。

有一次，见天气风和日丽，康熙便率领一群皇妃在后花园的湖中垂钓,不一会儿,鱼竿动,他连忙举起钓竿,只见钩上钓着一只老鳖，心中好不喜欢。谁知刚刚拉出水面，只听“扑通”一声，鳖却脱钩掉到水里又跑掉了。康熙长吁短叹连叫可惜，在康熙身旁陪同的一位年轻妃子见状连忙安慰说：“看样子这是只老鳖，老得没牙了，所以衔不住钩子了。”

年轻妃子的本意是想安慰皇帝的，没想到她话音还未落地，康熙就龙颜大怒。他认为年轻妃子是说者有意，是在含沙射影地笑他没有牙齿，老而无用了，于是将那妃子打入冷宫，终身不得复出。

年轻妃子本意是想讨好和安慰康熙，没想到由于事先没有考虑到皇帝的禁忌，说出了不适宜的话。康熙由于上了年纪，体力和精力都有所下降，但又不肯承认这个现实，而且也希望其他人在客观上否认这个现实,故而一旦有人涉及这个话题,他心理上就承受不了。

我们常说“瘸子面前不说短”“胖子面前不提肥”“东施面前不言丑”，对让人失意之事应尽量地避而不谈。人人都有各自不同的成长经历，都有自己的缺陷、弱点，也许是生理上的，也许是隐藏在内心深处不堪回首的经历，这些都是他们不愿提及的“疮疤”，是他们在社交场合极力隐藏和回避的问题。被击中痛处，对任何人来说，都不是一件令人愉快的事。尤其是他人身上的缺陷，千万不能用侮辱性的言语加以攻击。无论是什么人，只要你触及了这块伤疤，他都会采取一定的方法进行反击。他们都想获求一种心理上的平衡。所以说，我们要极力避免说别人的短处，否则不仅使别人的尊严受到损害，而且还表现出你品德的缺点。

明太祖朱元璋出身贫寒，做了皇帝后自然少不了有昔日的穷哥们儿到京城找他。这些人满以为朱元璋会念在昔日共同受罪的情分上，给他们封个一官半职，谁知朱元璋最忌讳别人揭他的老底，以为那样会有损自己的威信，因此对来访者大都拒而不见。

有位朱元璋儿时一块光屁股长大的好友，千里迢迢从老家凤阳赶到南京，几经周折总算进了皇宫。一见面，这位老兄便当着文武百官大叫大嚷起来："哎呀，朱老四，你当了皇帝可真威风呀！还认得我吗？当年咱俩可是一块儿光着屁股玩耍，你干了坏事总是让我替你挨打。记得有一次咱俩一块偷豆子吃，背着大人用破瓦罐煮，豆还没煮熟你就先抢起来，结果把瓦罐都打烂了，豆子撒了一地。你吃得太急，豆子卡在嗓子眼儿还是我帮你弄出来的。怎么，不记得啦！"

这位老兄还在那喋喋不休唠叨个没完，宝座上的朱元璋再也坐不住了，心想此人太不知趣，居然当着文武百官的面揭我的短处，让我这个当皇帝的脸往哪儿搁。盛怒之下，朱元璋下令把这个穷哥们儿杀了。这就是戳人痛处的下场。

中国有句俗话"病从口入，祸从口出"，许多是非往往是我们多嘴多舌造成的。翻人家的污点，触及人家的短处，不管是有意还是无意，对己对人都是不利的。

荀子说："与人善言，暖于布帛；伤人以言，深于矛戟。"是人难免各有所长，各有所短。不能做那些若以我之长，较人之短的事情，而且，今天你揭了别人伤疤，难保他日不遭人报复，还是谨慎地说好每一句话得好。

在人际交往中，如果你想与他人友好相处，就要懂点人情世故，尽量体谅他人，维护他人的自尊，避开言语"雷区"，千万不要戳人痛处。记住，不揭他人短处，也是一种善良。

当你不再惧怕苦难时，你会对人生有更深一层的领悟，
就是在这样一次次的领悟中，你会走出一个不平庸的人生。

青 春 励 志 丛 书

QINGCHUN LIZHI CONGSHU

将来的你
一定会感谢现在拼命的自己

在结局到来之前，
一切皆有可能！

未来并非一成不变，将来的成就取决于当下的努力。
对未来的真正慷慨，就是把一切献给现在。

潘鸿生◎编著

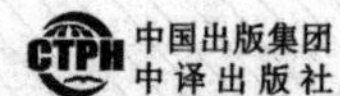
中国出版集团
中译出版社

图书在版编目（CIP）数据

将来的你一定会感谢现在拼命的自己 / 潘鸿生著.
-- 北京：中译出版社，2020.2
（青春励志系列丛书）
ISBN 978-7-5001-6144-8

Ⅰ. ①将… Ⅱ. ①潘… Ⅲ. ①成功心理－青年读物
Ⅳ. ① B848.4-49

中国版本图书馆 CIP 数据核字（2020）第 022612 号

出版发行：中译出版社
地　　址：北京市西城区车公庄大街甲 4 号物华大厦六层
电　　话：（010）68359376，68359827（发行部）（010）68003527（编辑部）
传　　真：（010）68357870
邮　　编：100044
电子邮箱：book@ctph.com.cn
网　　址：http://www.ctph.com.cn

策　　划：北京瀚文锦绣国际文化有限公司
责任编辑：温晓芳
封面设计：孙希前

排　　版：张元元
印　　刷：香河县宏润印刷有限公司
经　　销：全国新华书店

规　　格：880mm × 1230mm　1/32
印　　张：25
字　　数：650 千字
版　　次：2020 年 4 月第一版
印　　次：2020 年 4 月第一次

ISBN 978-7-5001-6144-8　　定价：178 元 / 套（全 5 册）

前言 *Preface*

人生是一场旅程，更是一部奋斗史，披荆斩棘，铸造辉煌，这样的人生才有意义。

人生的路，是靠自己走出来的。你的未来，其实取决于你现在是否努力。与其担心未来，不如现在加倍努力。在人生这条路上，只有奋斗才能给你安全感。未来是你自己的，只有你能给自己最大也是最可靠的资本。

时光永远不会倒流，更不会为谁停留，如果你想明天更美好，今天就一定不要在最好的年华里，辜负最好的自己！想要得到任何东西，都要有付出，没有无缘无故的成功，更不会有从天而降的馅饼，人生短暂，且行且珍惜！

今天的努力是为了成就明天更好的自己。没有一帆风顺的人生，也没有人能预知未来，我们所能做的便是今天努力拼搏。无论身处何地，面临何境，都请你相信，你是最好的自己。生活中没有过不去的坎坷，也没有克服不了的困难。当跋涉过千山万水再回首，你会发现，曾经的一切都那么云淡风轻。

付出多少，就会得到多少，这是众所周知的因果法则。也许你的投入无法立刻得到相应的回报，不要气馁，应该一如既往地努力，回报将会以出人意料的方式出现在你面前。

人生并不是只有现在，而是有更长远的未来。我们今天的努力都是为了明天的辉煌，我们今天所做的一切，都是在为未来做铺垫和准备。所以，我们要用现在的努力换取未来的美好幸福，到那时，未来的你一定会感谢现在努力的自己，并将这段艰苦的岁月，当作最美好的回忆。

目录
Contents

第一章　心中有了方向，才不会跌跌撞撞 / 1
知道自己去哪里，世界都为你让路 / 1
没有计划的人一定被计划掉 / 4
及时调整目标是一种明智的选择 / 6
没有梦想，何必远方 / 10
与其被现实束缚，不如让梦想绽放 / 13

第二章　心动口动，永远替代不了行动 / 17
心动不如行动，想好了就马上去做 / 17
果断行事——成功者必备的素质 / 20
优柔寡断只能看着机会溜走 / 22
只为成功找方法，不为失败找借口 / 26
立即行动，别让拖延转成空 / 30

第三章　习惯千差万别，未来天壤之别 / 34
成功从良好的习惯开始 / 34
让倾听成为一种习惯，听比说更重要 / 37
钱到用时方恨少——养成储蓄的习惯 / 40

摆脱思维定式，跳出你的思维习惯 / 43
伸手不打笑脸人——微笑是最好的习惯 / 47
从现在开始，养成珍惜时间的好习惯 / 51

第四章 相信自己，你远比自己想象中强大 / 55
照亮一生的不是电灯，而是信心 / 55
靠山山会倒，靠人人会跑，只有自己最可靠 / 59
我是自己命运的主宰，我是自己灵魂的船长 / 62
你认为自己行，你就一定行 / 64
用信念的火种点亮人生 / 68

第五章 你要去相信，没有到达不了的明天 / 72
善于等待的人，一切都会及时到来 / 72
辉煌的背后，总有一颗努力拼搏的心 / 75
乐观的人看到希望，悲观的人只能看到绝望 / 78
在最深的绝望里，遇见最美丽的风景 / 81
上帝给你关上一扇门，同时也会为你打开一扇窗 / 84
热情地投入才能有所收获 / 87

第六章 活在当下，努力成为最好的自己 / 91
活出快乐，拥有好的情绪 / 91
用平常心去对待身边的一切 / 93
活在当下，精彩每一天 / 97
学会遗忘，让心灵得到释放 / 100
停止抱怨，保持良好的做事心态 / 103

第七章　今天克制自己，明天才能成就自己 / 107
能忍则忍，能让则让 / 107
抬头之前先低头 / 109
每一次忍让，都是一种造就 / 112
知退让，懂屈伸 / 115
控制情绪，别让坏脾气毁了你 / 117

第八章　全力以赴，别让你的人生留下遗憾 / 121
抓住机会，别让机遇从指缝间溜走 / 121
挑战自我，超越自我 / 123
你一定要有破釜沉舟的勇气 / 127
未来的你一定会感谢积极进取的你 / 131
到达彼岸的船没有一艘不带伤 / 135

第九章　努力工作，只为成就更好的自己 / 138
工作的态度，决定人生的高度 / 138
责任有多大，事业就有多大 / 141
把敬业变成一种习惯，你会一辈子受益 / 144
比别人多做一点，成功会悄然到来 / 146
多想几步，成功的几率就会更大 / 150

第一章　心中有了方向，才不会跌跌撞撞

知道自己去哪里，世界都为你让路

曾经有人问罗斯福总统夫人："尊敬的夫人，你能给那些渴求成功特别是那些刚刚走出校门的人一些建议吗？"

总统夫人谦虚地摇摇头，但接着她说："不过，先生，你的提问倒令我想起我年轻时的一件事。那时，我在本宁顿学院读书，想边学习边找一份工作，最好能在电讯业工作，这样我还可以修几个学分。我父亲便帮我联系，约好了去见他的一位朋友，当时任美国无线电公司董事长的萨尔洛夫将军。

"等我单独见到萨尔洛夫将军时，他便直截了当地问我想找什么样的工作，具体是哪一个工种。我想：他手下公司的任何工种我都喜欢，无所谓哪一种了。便对他说，随便哪份工作都行！

"只见将军停下手中忙碌的工作，注视着我，严肃地说："年轻人，世上没有一种工作叫'随便'，成功的道路是由目标铺成的！"

现实生活中，许多人之所以一事无成，最根本的原因在于他们

不知道自己到底要做什么。所以说，明确自己的目标和方向是非常必要的。只有在知道你到底想做什么之后，你才能够达到自己的目的，你的梦想才会变成现实。

曾有一个青年人因为工作问题跑来找拿破仑·希尔，这个青年人眉清目秀、举止大方、聪明伶俐，大学毕业已经 4 年，尚未结婚。

他们先谈青年人目前的工作、受过的教育、家庭背景和对工作的态度，接着拿破仑·希尔对青年人说："你找我帮你换工作，你喜欢哪一种工作呢？"

青年人说："这正是我来找你的目的，也是我一直苦恼的事情，我真的不知道自己想要从事什么工作。"

拿破仑·希尔又问道："让我们从这个角度看看你的计划，10 年以后你希望自己怎样呢？"

青年人想了想："我期待我和别人一样，待遇优厚并且有能力买一栋房子和一辆汽车。当然，我还没有深入考虑过这个问题呢。"

拿破仑·希尔继续解释道："那是很自然的，你现在的情形就好比跑到火车站的售票处说'给我一张火车票'一样。除非你说出你的目的地，否则售票员没办法卖给你车票。我只有知道你的目标，才能帮你找工作。换而言之，你确定了自己的目标了吗？"

青年人陷入了沉思之中。拿破仑·希尔也确信，青年人已经学到了人生最关键的一课，那就是：你出发之前，一定要有明确的目标。

可见，一个人如果没有明确的目标就没有行动的标准，也就失去了行动的动力。而如果有目标，就有了奋斗的方向和为之奋斗的计划。

目标不仅是奋斗的方向，更是对自己的鞭策。有了目标，才会有热情、有积极性、有使命感，才能最大限度地发挥自己的优势，造就自己璀璨的人生。

无论你做什么事，在你心中都要先有一个明确的目标。有了目标，就如同有了指引方向的“指南针”，你的人生就会变得有目的、有追求，未来似乎清晰、明朗地出现在你的面前。什么是应该去做的，什么是不应该去做的；为什么而做，为谁而做，所有的问题都那么明显而清晰。

为了证明确定目标的重要性，我们可以假设一场生死攸关的篮球冠军争夺战中的一个场景：

两支球队在做了赛前热身后，为投入比赛做好了身体上的准备。然后他们回到更衣室，教练给他们面授机宜，下达最后的指标。他告诉队员：“伙计们！这是最后一战，成败就在此一举，我们要么一举扬名，要么默默无闻，结果就取决于今晚！没有人会记得第二名！整个赛季的成败就在于此！”

队员们士气高涨，一个个像被打足了气的皮球。可当他们来到球场上时却愣住了，一个个大惑不解，十分沮丧和恼怒。原来他们发现球筐不见了。他们愤怒地大叫：“没有篮筐我们怎么比赛？”因为没有篮筐，他们就无法知道比分，就无法知道他们的球是否投进，他们是否赢了比赛。

没有投球的球筐，他们就无法进行比赛。球门对于球类比赛相当重要，对吧？那你呢？你是否也在参加一场没有球门的比赛？如果是这样，你的得分是多少？

对于每一个人来说，重要的是要有明确的目标，要对自己的人生进行恰如其分的设计。有了明确的目标才会有为之奋斗的不竭动力。目标就是希望，目标就是挖掘潜能的动力。

哲学家爱默生曾说过：“当一个人知道他的目标去向，这个世界是会为他开路的。”的确，给自己一个目标，把它们深藏于心，每天不断地提醒自己，并且为这个目标，制定一个详细而周全的计划，不时地检验计划的执行情况，你就一定会如愿以偿。

没有计划的人一定被计划掉

古人讲：凡事预则立，不预则废。说的就是计划的重要性，大到对组织、人生的长远规划，小到工作、生活中的具体事情，无不需要进行策划——“计划先行”，此乃一切成功之基础。

好的计划是成功的开始。只有事前拟定好了行动的计划，梳理通畅了做事的步骤，做起事来才会应付自如。凡事三思而后行，事前多想一步，事中就会少一点忙乱。只有做好规划，心中有蓝图，才能够临阵不乱，获得成功。

在职场中有这样一句名言：在计划上多花一分钟，执行时便可节省十分钟。这句话适用于每个人。事前计划周密，加上养成按照计划执行的习惯，就可以在最短的时间内实现目标，因此可以说计划是实现目标最重要的前提。

确定目标、制定计划、根据计划采取行动，这些步骤构成了人生的一条条轨迹。思考问题、制定计划等行为释放了个人的潜能，激发了个人的创造力，使我们体力和脑力方面的能量得到增强。反之，正如亚历克斯·麦肯齐所言：“没有计划的行动是所有失败的罪魁祸首。”没有计划、没有条理的人，无论从事哪一行业都不可能取得较大成绩。要知道，无论多么宏大的理想，也是一个个小目标的合集。就像作战一样，不管你的战略构想有多么宏大，都要先去计划好一城一地的得失。每个人在为理想奋斗的过程中要实现目标，就必须事先制订计划。

有一个叫罗伯特的美国人，想用 80 美元周游世界，别人都认为他是在痴心妄想。

罗伯特没有理会那些冷嘲热讽，他找出一张纸，写下用 80 美元旅行所做的准备：

1. 设法领取到一份可以上船当海员的文件；

2. 去警察局申领无犯罪证明；

3. 考取一个国际驾驶执照，找来一套地图；

4. 与一家大公司签订合同，为他们提供所经国家的土壤样品；

5. 同一家胶卷公司签订协议，可以在这家公司的任何一个分公司免费领取胶卷，但要拍摄照片为公司作宣传。

当这样一份计划被制定出来后，罗伯特就怀揣 80 美元，踏上了自己的旅程。结果，他成功了，并且记录下了他的经历。

以下是他旅行时的一些经历：

1. 在加拿大巴芬岛的一个小镇用早餐，他分文未付，条件是为这家餐馆拍照并承诺在旅行中宣传；

2. 在爱尔兰，他花 5 美元买了 4 箱香烟，从巴黎乘车到维也纳，费用是送司机一箱香烟；

3. 从维也纳到瑞士，由于他搭乘货车的司机在半途得了急病，已经拥有国际驾驶执照的他将司机送到了医院，并将货物安全送到了目的地。货运公司非常感激他，专门派车将他送到了瑞士，当然是免费的；

4. 在西班牙一家新开业的公司门口，由于他们用来拍摄庆祝画面的照相机出了故障，罗伯特免费为他们拍摄了照片，他们送给罗伯特一张飞往意大利的飞机票；

5. 在泰国，由于提供了一份美国人最近旅游习惯的资料，他在一家高档的宾馆享受了一顿丰盛的晚餐。

详细的计划，充足的准备，罗伯特让那些嘲讽他的人哑口无言，看来事前准备真的不是多余的付出。

计划是解决问题的方针和策略。只有方针确定了，才能采取行动。这种行动方针是经过深思熟虑的，而不是那种凭本能冲动想到的。做事之前制订计划是为了寻找合适的方案，本能冲动型的人总是只想到一种行动，只考虑解决表面的问题，对后续行动和影响却很少考虑。仔细考虑对策后，就有可能既把问题解决，又避免出现后遗症。这样就会使问题得到圆满的解决。

做好计划再行动，这就需要我们在出现问题时沉着镇静，不急于立即采取行动，而是静下心来想一想。心急的人往往会急不可耐地催促赶快行动，因为他们总是担心时间紧急，再不采取行动就来不急了，其实，越着急就越容易出差错。如果事先没有考虑好，方法没有选对，反而会耽误时间。所以，中国古代有句俗话，叫“磨刀不误砍柴工”。先把刀磨快了，看起来耽误了工夫，但是在砍柴的时候由于刀口锋利，效率高，反而节省了时间。比如出门开车，事先把地图看好了，顺着标志一路开过去，就可以不绕弯路，节省时间。如果慌忙上路，看起来节省了看地图的时间，但是一旦走错了路，可能就会浪费比看地图更多的时间。因此，无论做什么事情，事先有周密的计划、明确的目标，才能把事情办好。

及时调整目标是一种明智的选择

目标对于一个人来说至关重要，然而它又并非一成不变。若目标并非你最好的选择或不符合实际情况，你应该学会及时调整。

通常，人们的目标，是根据现实环境与自身愿望及其他相关条件而设定的。但随着时间的推移、现实环境的变化、自身思想感情的变化、人生阅历的增加以及其他条件的改变，目标有所调整便是理所当然。如果过于僵化，不根据条件的变化作出相应的调整，很可能会阻碍自己走向成功。

赵恺是一名高中毕业生，因为学习成绩不好未能实现自己的目标——进入大学学习。第二年，赵恺又加入了复习的队伍，结果依然没有考上。他自己也觉得对不起家人，感到前途渺茫。但是他的父母下定决心，执意再让他去复习。

正在赵恺左右为难的时候，在美国留学的哥哥回来探亲，哥哥问他喜欢什么，对哪方面有特别的兴趣。赵恺说："我对文化课一点兴趣也没有，再继续复习也是落榜。但对一些课外的东西我很感兴趣，比如水果雕刻之类。"哥哥问："那你愿不愿去职业学校学厨师专业？"

赵恺一听就摇头。从上学起，他就没有把学习与做厨师联系在一起，做厨师，自己没地位不说，父母面子上也不好看。哥哥先是把本地的教育批判了一通，说本地的教育患了严重的贵族病，使得学生满脑子的不是"星"就是"家"什么的；还说凭本事吃饭，有什么丢面子的。这个时代，适合自己的工作才是有面子的工作。在不该讲面子的地方讲面子，将来一定会没面子……

抱着试一试的想法，赵恺学起了厨师专业。没想到，他学起来还挺容易的，比学功课轻松多了。几年时间一晃而过，赵恺毕业后到一家五星级饭店工作。当他第一次将薪水交给父母时，父母惊讶得差点儿一屁股坐在地上，他们工作了一辈子，月薪还没有赵恺工资的尾数多。父母第一次为儿子的前途舒了一口气。闲暇时，赵恺还在家里露几手，乐得父母眉开眼笑。邻居也说赵恺有出息、有孝心，羡慕他父母好福气。

及时调整人生目标，可助你摆脱困惑，找到更适合自己的位置。成功者的秘诀就在于时时检视自己的人生目标，看它是否有偏差，并适时、合理地调整自己的目标，直至取得成功。

坚持是一种良好的品质，但在有些事情上，过度的坚持，会导致更大的浪费。有许多胸怀大志的人有很坚强的毅力，但是由于不会进行新的尝试，因而无法成功。要实现自己的目标，不能犹豫不前，但也不能不知变通。如果确实感到行不通的话，就应尝试另一种方式。在前进的道路上，我们没有必要一条路跑到黑，更不应该固执己见，该放弃的要放弃，该坚持的要坚持，学会调整自己的目标才是成功的开始。

在人生的每一个关键时刻，审慎地运用智慧，做出正确的判断，同时别忘了适时调整，丢掉无谓的固执，冷静地用开放的心胸做出正确抉择。每次正确无误的抉择将指引你走在通往成功的坦途上。

二战后的日本，经济大萧条，有两个年轻人靠着借来的 527 美元作为资本，挂出了“东京通讯工业株式会社”的招牌，这就是当今日本乃至世界上最大的电子工业公司之一的索尼公司的前身。在不到 50 年的时间里，索尼公司从小到大，由弱变强，最终跃居日本电子制造业的榜首。

索尼公司的创始人盛田是一家酿酒厂老板的儿子。中学毕业后，他不顾父亲要他继承祖业的愿望，在上大学的时候选择了物理学专业。第二次世界大战中，他在海军服役，认识了专攻电器专业的井深。从此，两个年轻人成为患难之交。盛田和井深有一个共同的愿望，就是等战争结束后要把电子学和工程学结合起来用于消费品领域的生产。战争结束后，他们便迫不及待地创立了一家电子公司。

公司的条件十分简陋，每逢刮风下雨，屋里也跟着下小雨，员工只能打着雨伞工作。由于资金十分缺乏，他们的电子公司最初只能靠修理收音机来维持公司的运转。但由于盛田和井深一开始就注意把好质量关，因此他们的公司赢得了用户的信任，生意越做越大。

1949 年的某一天，井深前往日本广播公司，在那里他偶尔看到了一台美国制造的磁带录音机。井深不禁怦然心动，他马上意识到这种商品所蕴藏着的巨大商机。回去之后，井深和盛田一商量，就决定调整自己公司的业务方向，买下这个生产专利。

以当时索尼公司的条件和技术力量，制造录音机并不是很难，但是当时在日本国内的市场上是无法找到磁带的。因为，生产磁带是一件不容易攻克的难题，他们经过一年的努力，终于生产出自己的磁带和录音机。可惜的是，这种录音机的价格高得惊人，每台竟达到了 7 万美元。经过盛田和井深的努力，终于找到了降低成本的办法。

录音机的生产取得了成功，但盛田和井深并没有满足于此，他们又开始调整自己的发展目标，并盘算着生产另外一种新产品。

1952年，井深听说美国人发明了晶体管，他十分感兴趣，就立刻与盛田飞赴美国考察。到美国之后，恰好西电公司以25000美元的价格出售该项产品的生产专利，他们当机立断，立刻决定将其买下。经过几个月的奋战，世界上第一台袖珍晶体管收音机在盛田和井深的公司里诞生了。由于晶体管的体积很小，以此生产出来的收音机可以装进口袋，所以，他们公司生产的首批200万台收音机一上市就被抢购一空，销售额正好是盛田和井深当初在美国购买专利所花费金额的100倍。

为了给这种袖珍收音机起好名字，盛田和井深反复考虑，最后决定取拉丁文的“音”（SONYS）和英语中“可爱的孩子”之义（SONNY），取名为SONY（索尼）。这个名字不但十分好记，而且还可以纪念他俩兄弟般的友谊。从此以后，“SONY”（索尼）的名称传遍了全世界。

目前，索尼已发展成为一家全球知名的大型综合性跨国企业集团，是世界视听、电子游戏、通讯产品和信息技术等领域的先导者，是世界最早便携式数码产品的开创者。

盛田和井深刚创办公司的时候，不过是想办个将电子学和工程学结合起来生产消费品的小企业，而且一开始他们的公司主要业务就是修理收音机。但等到他们看到了进口的新产品即磁带录音机之后，就调整了他们的发展目标，等到取得成功之后他们又一次一次地调整自己的发展目标，后来的电视机等新的产品就是在调整发展目标中不断地被开发研制出来的。

可以说，索尼公司之所以能够在竞争异常激烈的电子市场上占据非常重要的地位，跟他们的领导人盛田和井深这种不断进取、不断调整自己的发展目标有着极大的关系。

我们每个人都渴望成功，有些时候却执意将成功引入了一条狭窄的小巷。目标和现实之间总是要有一段距离，在走向目标的途中，应该根据自身的实际情况和外界条件的变化来调整自己的目标。及时调整自己的目标，并不是背叛了自己的初衷，而是为了更好地走向成功。如果发现你的目标不合实际，就及时调整吧！

没有梦想，何必远方

梦想是人生的一部分，有梦想的人生，才是完整的人生。一位美国哲人曾这样说过：很难说世上有什么做不了的事，因为昨天的梦想，可以是今天的希望，还可以是明天的现实。梦想对一个人来说是极为重要的，它是生命的支撑。一个没有梦想的人，就像一个断了线的风筝一样，没有任何的方向和依靠；又像大海中一艘迷失了方向的船，永远无法靠岸。你的梦想决定了你的人生，只要心中有梦想，心便永远不会感到迷惘。

牛津大学的教授克拉克小时候便有一个梦想，他希望自己能像他心目中的英雄那样改变世界，服务全人类。不过，要实现这个梦想，他需要接受最好的教育，他知道只有在美国才能接受他需要的教育。

可现实是，他身无分文，没办法支付路费，而到美国足有 1 万公里的距离。而且，他根本不知道要去什么学校，也不知道会被什么学校录取。

但是克拉克还是毫不犹豫出发了。他必须踏上征途。他徒步从家乡尼亚萨兰的村庄向北穿过东非荒原到达开罗，在那里他可以乘船到美国，开始他的大学教育。他一心只想踏上那片可以帮助他掌握自己命运的土地，其他的一切都可以置之脑后。

在崎岖的非洲大地上艰难跋涉了整整五天后，克拉克仅仅前进了 25 英里。食物吃光了，水也快喝完了，而且他身无分文。要想继续走完剩下的几千英里路程似乎是不可能的，但克拉克清楚地知道回头就是放弃，就是回到原点。

他对天发誓：不到美国誓不罢休。于是，他继续前行。

偶尔他跟陌生人一起同行，但大部分时候都是自己孤独地步行。很多夜晚都是过着大地为床、星空为被的生活。他依靠野果和其他一切可吃的植物维持生命。艰苦的旅途生活使他变得又瘦又弱。

前行的途中，克拉克几欲放弃。他曾想：“回家也许会比继续这似乎愚蠢的旅途和冒险更好一些。”

然而在翻开了他的两本书后，读着那熟悉的语句，他又恢复了对自己的信心，继续前行。要到美国去，克拉克必须拥有护照和签证，但要得到护照他必须向美国政府提供确切的出生日期证明，更糟糕的是要拿到签证，他还需要证明他拥有支付自己往返美国的费用。

克拉克只好拿起纸笔给童年时曾教过他的传教士们写了封求助信。结果传教士们通过政府渠道帮助他很快拿到了护照。然而，克拉克还是缺少领取签证所必须的航空费用。

但克拉克并不灰心，而是继续向开罗前进，他相信自己一定能通过某种途径得到这笔钱。

几个月过去了，他勇敢的事迹也渐渐地广为人知，在非洲大陆和华盛顿佛农山区流传起来。斯卡吉特峡谷学院的学生们寄给克拉克 640 美元，用以支付他来美国的费用。当他得知这些人的慷慨帮助后，克拉克疲惫地跪在地上，满怀喜悦和感激。

1960 年 12 月，历经两年多的行程，克拉克来到了斯卡吉特峡谷学院。他手持自己珍藏的两本书，骄傲地跨过了学院高耸的大门。

满怀梦想的克拉克凭着自己的专注，终于实现了自己的目标。

苏格拉底说：“世界上最快乐的事，莫过于为理想而奋斗。”奋斗是成就个人梦想的必由之路。一分耕耘，一分收获。无论是在哪个领域，要想干出一番事业，使人生更出彩、生活更美好，都离不开脚踏实地的努力、坚持不懈的奋斗。空有梦想而不去奋斗的人是平庸的，他们像阿 Q 一样整天处在幻想之中，把未来的生活想象得丰富多彩，却只能是雾里看花，海市蜃楼罢了。因此，单单手执梦想之灯是不够的，还需要你拥有汗水凝成的灯油与奋斗汇成的火焰。一个人只有背负明天的希望，在每一个痛并快乐的日子里，才能走得更加坚强；只有怀揣未来的梦想，在每一个平凡而不平淡的日子里，才会笑得更加灿烂。

著名影星施瓦辛格出生于奥地利一个很普通的家庭。15岁的他，对健美产生了兴趣。虽然当时他的身高已经达到1.78米，却十分瘦削，体重仅有70公斤左右。显然这样的身材离他的偶像——当时美国著名的健美先生力士柏加还差很远，但他并不认为自己就不可能成为和力士柏加一样肌肉健硕的人，于是他开始朝自己的梦想前进。

他把零花钱省下来买健美杂志，通过阅读杂志上的文章，他了解了健身的各种知识。他还利用课余时间去打工，用赚来的钱购买健身器材。当时施瓦辛格的父母十分反对自己的儿子这么做，朋友也讥讽和耻笑他，因为在当时的奥地利，长着满身肌肉的人是被视为粗鲁无知、没有修养的人，健身的人则被看成怪物，被认为精神不正常。尽管很多人反对，但施瓦辛格仍然对自己的梦想坚定不移。他不管别人怎么说，始终不放弃自己的梦想。

功夫不负有心人。施瓦辛格的第一次成功是他参加“少年欧洲先生”的选拔，他得了冠军，之后又陆续获得四枚健美奖章。不断地成功使施瓦辛格雄心勃勃，他决定到美国去发展自己的事业。天道酬勤，施瓦辛格先后获得了一届国际先生、三届环球先生和连续六届的奥林匹克先生等荣誉。

他自己还为自己创造了很多机会。凭着一身健壮的肌肉，施瓦辛格进入了电影行业。后来，他曾是美国片酬最高的超级巨星、全美最卖座明星之一。他主演的《终结者》《龙兄鼠弟》等影片深受观众的喜爱。他还被当时的美国总统布什委任为国家健康顾问委员会主席。2003年，格雷·戴维斯连任不到一年被财政赤字压垮下台，加州投票选举结果是施瓦辛格继任州长，并于2006年成功连任。

歌德说过："人人心中有盏灯，强者经风不熄，弱者遇风即灭。这盏灯，就是梦想。"梦想是美好的，每个人都希望自己能美梦成真，但我们也要问问自己：你奋斗了吗？你为自己的梦想播种耕耘了吗？努力是通向理想的必经之路，而奋斗是通向理想的必要条件。人生只有一次，只有不懈的努力与奋斗，才能渡过人生中的激流，找到那条梦想之路，跳过梦想之门，摘得属于自己奋斗而得来的果实。

你的梦想是什么？为梦想努力奋斗吧！只要你为自己的梦想努力再努力，何愁不会成功呢？

与其被现实束缚，不如让梦想绽放

梦想是人生得以飞翔的翅膀，是人生坚持不懈的力量，是人生低谷时的坚强守护。只有怀揣梦想，才能穿越人生的风雨和满路的荆棘，顺利抵达灿烂与绚丽的人生巅峰。

说到梦想，每个人都会有，可是为了梦想去努力、去奋斗而实现梦想的人却并不多。因为，有些人只会空想，他们只是一群空想家。而努力实现梦想的人才是真正的成功者。

曼彻斯特，约翰·坦菁登在田纳西州度过了他的高中时代。在这里，他定下自己的梦想：有朝一日要成为一家大公司的首脑。这个十七岁的男孩，从此开始为他的梦想而努力。

进入耶鲁大学后不久，约翰的眼界更加开阔了，他的兴趣就从经营企业转移到研究评估公司财务之上。没想到不幸却在这时降临到他的头上，大学二年级时，他的父母无法再继续供他读书了，约翰陷入了两难的境地，或者休学就业，或者半工半读。这样的选择，对约翰来说非常困难，但为了实现自己的梦想，他决定无论如何都要坚持到毕业。

毫无疑问，约翰最后做到了。他不但利用奖学金及一份兼职工作解决了学费与伙食费的问题，而且每学期都取得了优异的成绩。三年后，约翰除获得经济学士的学位外，还获得了著名的路德奖学金，并以极其优异的成绩毕业。此后的两年，他前往英国牛津大学攻读硕士。此行对于他将来从事财务经营有很大的影响。

毕业后，约翰前往纽约，正式开始追求自己的梦想。他一开始就进入了一家颇具规模的证券公司，职位为投资咨询部办事员。

不久，约翰得知一家公司正在征聘年轻上进的财务经理。他认为这家公司可使他进一步学到许多有关财务经营方面的知识，便前往这家公司应征。很顺利的，他进入了这家公司，并且一干就是4年。4年以后，这家公司的业务发展非常稳定，约翰的表现也不错，但是他为了心中的梦想，他又开始怀念起老本行了。于是，深思熟虑后，他又回到早先的那家公司工作，并等待机会。

约翰28岁那年，他不得不又一次面临重大的选择。公司有一名资深职员即将退休，这个人拥有8个相当有实力的客户，欲以5000美金出让。5000美金相当于约翰的全部财产，若此举失败，他将会变得一贫如洗。况且，这些客户接下来之后，能不能留住还是问题。

这时，早年的梦想撞击着约翰的心扉，他一心想自立门户的愿望战胜了一切，他接下这8名客户，并且立即一一拜访，坦率而诚挚地向他们说明自己的理想与计划，客户们被他的热情与直率感动了，都表示愿意留下观察一段时间。

在最初的两年里，约翰非常艰难，公司的经营状况不佳。但他却从来没有放弃过梦想，反而不断提高公司的服务品质。在他的不断努力下，终于苦尽甘来，公司业务开始蒸蒸日上，客户也显著增加，约翰自立门户的梦想终于实现。

今天，约翰已经是一家投资咨询公司的总裁，拥有将近一亿美元的资产，并兼任某大型互助银行的常务董事及数家公司董事。一名十七岁高中生的梦想在他不到四十岁便实现了！

生活的奇迹来源于我们自己的梦想，要想梦想成真，我们唯一要做的就是坚定的做下去，永不放弃。

只有不放弃梦想，才会抓住稍纵即逝的机会。在实现梦想的过程中，不管前路多么坎坷艰难，只要不断努力，就会得到自己想要的结果。任何一个拥有梦想的人，都会在历经苦难之后看到光明和希望。

坚持自己的梦想，尽管路途漫长而曲折，但希望一直都在。尽管有时会失败，但不要气馁，这是你离成功又近了一步。尽管有时力不从心，但若放弃，成功就会舍你而去。坚守自己的梦想，最终你会摘得属于自己的桂冠。

看看女作家海伦是如何实现自己梦想的吧：

海伦在年少时就有一个梦想，她想成为一名作家。但是，她并没有充足的时间去创作。生活的重担让她每天为温饱而忙碌，根本没有心情写作。可是，她并没有忘记自己的梦想。50岁生日那天，她退休了，终于有空闲的时间了。

为了实现自己儿时的梦想，海伦开始创作，写出了自己的第一部悬疑小说。她满心欢喜地把稿件寄给了三家出版社，可是，她收到的却是三份退件信。不过，她并没有灰心，将书稿又寄给了三十三家代理商，但没有一家愿意代理出版她的作品。

代理商认为海伦的作品很有创意，但对一部可以出版的稿件来说，仅有创意远远不够。也就是说，他们认为海伦的小说除了创意之外一无所有。海伦并不认为这是一个打击，她认为这是提高自己写作水平的机会。因为有了这些批评，她就知道了自己的弱项在哪里，强项是什么。

为了写出更好的作品，海伦报名参加了一个研习班，主要学习犯罪调查理论和辩论的技巧。此外，她还搜集和犯罪有关的文章，并和犯罪学专家聊天，为自己写作积累素材。时间一长，海伦的写作技巧有了很大的提高，而且积累的素材也越来越丰富。于是，她重新构思，又开始了创作。

在一个作家会议上，海伦带去了自己已经完成的一部作品。这次，她把每家代理商的情况考察了一遍，然后选择了实力最强的一家，把稿件交给他们看。果然不出所料，出版商看完小说，马上就问她："你想要多少稿费？"

海伦计算了一下，如果自己有12万美元就可以在两年内安心写作，还可以进一步研修，于是对代理商说出了这个数字。代理商立即就同意了，就这样，海伦出版了自己的第一部小说《盐的世界》，当时，她已是52岁了。

任何伟大的梦想不可能凭空实现，而任何光辉的时刻也必定从一分一秒的努力里得来。若想让梦想之灯放射光芒，就需要付出艰辛的劳动甚至是一生的努力。这就是海伦带给我们的启示。

这是一个绽放梦想的时代，每个人都是梦想家，要想美梦成真，必须脚踏实地，百折不挠，锲而不舍，坚持成就梦想！让梦想引领我们前行，照亮我们的人生。梦想是一段锲而不舍的追求，梦想是一份神圣高尚的责任，在人生的舞台上，尽情放飞你绚烂的梦想吧！

第二章　心动口动，永远替代不了行动

心动不如行动，想好了就马上去做

一次行动胜过百遍空想，成大事者关键在于行动。

古人云：“事虽小，不为不成；路虽近，不行不到。”意思是说看似很小的事情，你不去做便不能成功；很短的一段路程，如果不去走，那么也不会到达终点。成功需要你将想法转化为行动，只有采取行动你才会收获成功，默默等待，成功就会离你而去。

两位鼻子不舒服的病人住进了同一间病房。在等待化验结果期间，两个人都表示，如果是癌症，立即去旅行。结果出来了：甲得的是鼻咽癌，乙长的是鼻息肉。

甲当即列了一张告别人生的计划单，离开了医院，乙选择了留下来。甲的计划是：去一趟拉萨和敦煌；从攀枝花坐船一直到长江口；到海南的三亚，以椰子树为背景拍一张照片；在哈尔滨过一个冬天；从大连坐船到广西的北海；登上天安门；读完莎士比亚的所有作品；听一次瞎子阿炳原版的《二泉映月》；写一本书。凡此种种，共27条。

甲在这张生命的清单后面这样写道：我的一生有很多梦想，有的实现了，有的由于种种原因没有实现。现在上帝留给我的时间不多了，为了没有遗憾地离开这个世界，我打算用生命的最后几年去实现这27个梦想。

当年，甲就辞掉了公司的职务，去了拉萨和敦煌。第二年，又以惊人的毅力和决心通过了成人考试。这期间，他登上过天安门，去了内蒙古大草原，还在一户牧民家里住了一个星期。

现在这位朋友正在实现他出一本书的夙愿。

有一天，乙在报纸上看到甲写的一篇散文，打电话去询问甲的病情。甲说，我真的无法想象，要不是这场病，我的生活该是多么的糟糕。是它提醒了我，去做自己想做的事，去实现自己想要实现的梦想。现在我才体会到什么是真正的人生。

乙沉默了。

说一尺不如行一寸。有想法是好的，但再好的想法也要付诸行动。因为行动才会产生结果，行动是成功的保证。俄罗斯作家克雷洛夫曾说过："现实是此岸，理想是彼岸，中间隔着湍急的河流，行动则是架在河上的桥梁。"任何伟大的目标、伟大的计划，最终必然通过行动才能实现，行动是完成计划奔向目标获得成功的保证。

你可以确定你的人生目标，认真制定各个时期的目标，但如果你不尽快行动，还是会一事无成。冥思苦想、谋划着自己有何成就，是不能代替身体力行去实践的，没有行动的人只是在做白日梦。

心动不如行动。再美好的梦想与愿望，如果不能尽快在行动中落实，最终只能是纸上谈兵，空想一番。有人说，心想事成。这句话本身没有错，但是很多人只把想法停留在空想的世界里，而不落实到具体的行动中，因此常常是竹篮子打水一场空。所以，有了梦想，就应该迅速有力地去实现它。坐在原地等待机遇，无异于盼望天上掉馅饼。

18 岁那年，他有一个美好的梦想，希望能考上一所重点大学。本来他的这个梦想并不遥远，除了英语成绩差些外，其它学科都相当不错，只要他肯稍加努力，将英语成绩提上去，完全可能实现自己的梦想。然而遗憾的是，他太惧怕那些枯燥的 A、B、C，只坚持了几天就退缩了。结果，他的这个梦想真的只是一个梦，尚未行动就破灭了。

23岁那年，他有一个美好的梦想，希望能娶到一位漂亮的姑娘。本来他的这个梦想并不遥远，因为他善良淳朴、乐于助人、勤奋踏实，很多女孩子都喜欢他。然而遗憾的是，他十分自卑，认为没有房子，没有车子，没有存款，人家凭什么喜欢自己呢？于是，当那个心仪的女孩准备走进他的生活时，他选择了退缩，连与别人交往的勇气都没有。结果，他的这个梦想真的只是一个梦，尚未行动就破灭了。

25岁那年，他有一个美好的梦想，希望成为一个有钱人。本来他的这个梦想并不遥远，因为他精明能干，很有做生意的天赋，并且也看准了一个赚钱的项目，只要他大胆地按计划实施，假以时日，他极有可能成为一个让人羡慕的富翁。然而遗憾的是，他害怕风险，舍不得放弃安逸稳定的生活。权衡再三之后，最终他选择了放弃。结果，他的这个梦想真的只是一个梦，尚未行动就破灭了。

70岁那年，他有一个梦想，希望能在人间留下一些痕迹，这次他没有犹豫，因为他知道自己剩下的时光实在不多了，于是他排除一切干扰，静心写作，数年如一日。三年后，他成了一位知名的作家。此刻，他才真正意识到行动是多么的重要。

在通往成功的道路上，光有远大的理想是不行的，还要付诸行动，否则理想就是空想。在理想的实现过程中，成功者的共同点是，一旦锁定目标，就马上行动起来，不断拼搏，不达目标誓不罢休。

空想家与行动者之间的区别就在于是否采取了持续而有目的的行动。实际行动是实现一切改变的必要前提。我们往往说得太多，思考得太多，希望得太多，我们甚至计划着某种非凡的事业，最终却因为没有任何实际行动而告终。

立刻行动起来，不要有任何的耽搁。要知道世界上所有的计划都不能帮助你成功，要想实现理想，就得赶快行动起来。通往成功的路途有千条万条，但是行动却是每一位成功者的必经之路，也是一条捷径。

也许你早已经为自己的未来勾画了一幅美好的蓝图，但是它同时也给你带来烦恼，你感到自己迟迟不能将计划付诸实施，你总是在寻找更好的机会，或者常常对自己说：留着明天再做。这些做法将极大地影响你的做事效率。因此，要获得成功，必须立刻开始行动。任何一个伟大的计划，如果不去行动，就像只有设计图纸而没有建造起来的房子一样，只能是一个空中楼阁。

万事始于心动，成于行动，行动是成功的阶梯，目标越明确，行动越迅速，成就自然就越大。

果断行事——成功者必备的素质

果断是一种优秀的品质，它是指一个人能适时地做出经过深思熟虑的决定，并且彻底地落实这一决定，在行动上没有任何的踌躇和疑虑。由此不难看出，果断是成大事者取得成功的资本。

果断要以果敢为基础，要求人们当机立断，迅速地做出决定并且执行决定。成功始于果敢的行动，在机会面前果敢决策，你就选择了成功。不要瞻前顾后，否则你将失去稍纵即逝的机会。

有一年，法国资产阶级革命家、军事家拿破仑征讨叙利亚的时候，当地忽然暴发了大规模的鼠疫，当时部队中也有很多官兵染上了鼠疫，纷纷病倒了。

拿破仑为此整天忧虑不已，寝食不安。应该怎么办呢？为了避免丧失部队的战斗力，最大限度地减少疾病在部队中的传染，他果断地下达了命令：全体部队官兵必须抓紧时间赶路，立即离开疫病区，所有的车和马全部用于载运伤病员，除了严重鼠疫患者以外，其他的伤病员一律全部带走。

这一命令下达之后，所有骑马和乘车的将官都把车和马全部腾了出来，让给患病人员乘坐。

事实证明，拿破仑的这个举措是正确的，就是因为他们很快撤离，才有效地减少了疾病在部队中的传染，对保存部队的战斗力产生了的积极性作用。

果断是成功者必备的一种优秀的意志品质。一个人如果具有这种品质，就会当机立断，毫不犹豫。人们常称赞有些人有“魄力”，在关键和危急时刻敢迎难而上，毫不畏惧，就是对其果断决策的心理特征的概括。

美国富翁爱琳·福特在谈到自己创业的历程时，曾说，想成为富翁的人必须相信：自己的命运要有自己来决断，有了决断就必须马上付诸行动，只要你决定做什么事，就一定要有痛下决心必须去完成的精神。

王林是一位在生意场上非常果断的商人。这位如今拥有亿万资产的女老板，在发迹之前只是个普通的家庭妇女。她十四岁时，便由父母做主嫁给了别人，12 年之中，生下了 6 个子女，那时她的丈夫每月工资仅 70 元。为了养家糊口，她果断地做起了小买卖。帮人洗衣服，卖鞋子、服装等各种日用品，因为那时经常要“割资本主义尾巴”，王林曾因卖几双童鞋而被挂牌游街，罪名是投机倒把。

王林真正迈上成功之路是在 1980 年。那时，王林已经经历了四次生意场上的挫折。失败的经历使她学会了果断，学会了做任何生意都应有果断的品质。她毅然决定走出新疆，只身直闯福建。就是这次异乎寻常的果断行动，改变了王林一生的命运。

1981 年，王林从跌倒之处重新爬起来，从头做起。她先是卖菜，有了一点儿小积蓄，半年之后又经营一家小饭馆。不久，勇于进取的王林又租了一个小摊位，代销服装、杂货、布匹。或许是王林经营有方，不久她已拥有一笔可观的自有资金，这时的王林对于经商已是轻车熟路，做事十分坚决果断了。她将广州、杭州等地的时髦服装、家电用品等贩运到西北内陆销售，又把西北内陆的特产销往东部沿海地区。一来一往，她的生意越做越大。

王林之所以能从失败中崛起，完全得益于惊人的果断。

可见，一个有准确而坚决的判断力的人，他的发展机会要比那些犹豫不决、模棱两可的人多得多。

果断的性格，可以使我们在形势突然变化的情况下，能够很快地分析形势，不失时机地对计划做出改变，使其能迅速地适应变化了的情况。而优柔寡断者，一旦形势发生剧烈变化时往往惊惶失措、无所适从。他们不能及时根据变化了的情况重新做出决策，而是左顾右盼、等待观望，以致坐失良机，常常被飞速发展的形势远远地抛在后面。

果断是成功人士一贯的风格。现代社会是信息社会，是竞争的社会，它复杂多变、动荡激烈，任何犹豫不决都可能错过时机。所以，一旦发现客观和主观的条件成熟，就要当机立断，果断决策，并立即付诸实施。

当然，这里说的当机立断，首先指的是认准行情、深思熟虑后的果敢行动，而不是心血来潮或凭意气用事的有勇无谋。果断能够让人排除外界的干扰，稳定情绪，进行由此及彼、由表及里的思维活动，从而能迅速作出决策。

威廉·惠德说："如果一个人面对着两件事情犹豫不决；不知该先去做哪一件事好，那么他最终将一事无成。他非但不会有什么进步，反而会后退。唯有那些具有如恺撒一般的特性——先聪明地斟酌，再果断地决定，然后坚定不移地去行动的人，才能在任何事业上，都做出卓越的成绩来。"你若想成功，你就必须学会在两难的选择中，敢于决断、敢于行动。要记住：成功者，多是果断利落的实践者；而失败者，多是犹豫不决的思考者！

优柔寡断只能看着机会溜走

有一位作家说过："世界上最可怜又最可恨的人，莫过于那些总是瞻前顾后、不知取舍的人，莫过于那些不敢承担风险、彷徨犹豫的人，莫过于那些无法忍受压力、犹豫不决的人，莫过于那些容易受他人影响、没有自己主见的人，莫过于那些拈轻怕重、不思进取的人，莫过于那些从未感受到自身伟大内在力量的人。他们总是背信弃义、左右摇摆，最终自己毁坏了自己的名声，最终一事无成。”

对成功者来说，优柔寡断是致命的弱点。古人云：“当断不断，反受其乱。”顾虑重重，畏首畏尾往往会贻误时机，后悔莫及。世间最可怜的，是那些做事举棋不定、犹豫不决、不知所措的人，是那些自己没有主意、不能正确抉择的人。这种主意不定、意志不坚的人，难以得到别人的信任，也就无法使自己的事业获得成功。

当年，项羽入关之前屯兵新丰鸿门，刘邦屯兵灞上，双方相距不远，谋士范增劝说项羽速攻刘邦，而项羽却踌躇不决。恰好此时曹无伤向项羽告密：“沛公欲王关中，使子婴为相，珍宝尽有之。”项羽闻言大怒，当即发誓次日便要杀掉刘邦，然而就在这剑拔弩张之时，被刘邦收买过的项伯，仅用三言两语，不但打消了项羽要“击破沛公军”的念头，而且还同意刘邦前来谢罪。

鸿门宴上，范增屡次示意项羽要他杀掉刘邦，可是项羽总因下不了决心而“默默不应”，使得刘邦躲过了第一难。后来范增招来刺客项庄，让他趁舞剑之机刺死刘邦，项伯乘机涉足其中，暗中保护刘邦，项庄又每每不能得手。对项伯的非常之举，项羽一味地姑息纵容，范增的计划因此再度落空，刘邦又躲过了第二难。项庄舞剑失败以后，宴会上的气氛依旧十分紧张，就在刘邦欲走不能走、想留不敢留之时，刘邦的骖乘樊哙闯进来，将项羽大骂一通，不料项羽这次非但没有发怒，反而称樊哙为壮士，对其赐酒赐肉，礼待有加，使得后来刘邦在樊哙等人的保护下金蝉脱壳，逃之夭夭。正是项羽的犹豫不决使他失去了除掉心腹大患的绝佳机会。

楚汉双方在广武对峙时，项羽捉住刘邦的父亲拿到阵前当人质，希望借此来威胁刘邦投降。项羽表示如果刘邦不投降的话，就把他父亲放到锅里煮了。谁知刘邦的回答却出奇得爽快："煮就煮吧，只是到时别忘了给我留一勺汤喝。"刘邦的果断与项羽的犹豫形成了鲜明对比，难怪刘邦能以弱制强建立汉朝。

项羽一次次的犹豫，将自己堵在了一个死胡同里，最后兵败如山倒，乌江自刎虽悲壮凄美，却换不回九五至尊的威仪。

在通往成功的路上，犹豫不决是一块绊脚石。它挡在你面前把难得的机遇白白放跑，还能蒙蔽你的心智让你做出错误的决断。

古人说："难得而易失者时也，时至而不旋踵者机也。"说明面对时机要知道，机不可失，凡事要当机立断。只要是自己认为对的事情，绝不可犹豫，必须马上付诸行动。不能做决定的人，固然没有做错事的可能，但也失去了成功的机运。

优柔寡断拖泥带水，只能坐失良机。歌德曾经说过：迟疑不决的人，永远找不到最好的答案，因为机遇会在你犹豫的片刻失掉。

某大学一位业务员前去拜访一位房地产经纪人，想把《推销与商业管理》课程介绍给这位房地产商人。

这位业务员来到房地产经纪人的办公室时，发现他正在一架古老的打字机上打着一封信。这位业务员自我介绍一番，然后介绍推销的这个课程。那位房地产商人听得津津有味。听完之后，却迟迟不表示意见。

这位业务员只好开门见山了："你是否想参加这个课程？"这位房地产商人无精打采的回答说："唉呀，我自己也不知道是否想参加。"

他说的是实话，因为像他这样优柔寡断的人有许多。

这位对人性有透彻认识的业务员，这时候站起身来，准备离开。但接着他采用了一种多少有点刺激的谈话方法。他的话让房地产商大吃一惊。

"我决定对你说一些你不喜欢听的话，但这些话可能对你很有帮助。先看看你工作的办公室，地板脏得怕人，墙壁上全是灰尘。

你现在所使用的打字机看来好像是大洪水时代诺亚先生在方舟上所用过的。你的衣服又脏又破，你脸上的胡子也未刮干净，你的眼神告诉我你已经被打败了。

“在我的想象中，在你家里，你太太和你的孩子穿得也不好，也许吃得也不好。你的太太一直忠诚地跟着你，但你的成就并不如她当初所希望的。在你们刚结婚时，她本以为你将来会有很大的成就。

“请记住，我现在并不是向一位准备进入我们学校的学生讲话，即使你用现金预缴学费，我也不会接受。因为，如果我接受了，你也不会拥有完成它的信心，而我们不希望我们的学生当中有人失败。

“现在，我告诉你，你为何会失败。那是因为优柔寡断的你缺少做出决定的能力。在你的一生中，你一直养成了一种习惯：逃避责任，避免做出决定。错过了机会，即使你想做什么，也无法做到了。

“如果你告诉我，你不想参加这个课程，那么，我会同情你。因为我知道，你是因为没钱才如此决定。但结果你说什么呢？你承认你并不知道你究竟参加或不参加。你已养成逃避的习惯，所以无法对影响到你生活的事情做出明确的决定。”

这位房地产商人呆坐在椅子上，下巴往后缩，他的眼睛因惊讶而膨胀，但他并不想对这些尖刻的指控进行反驳。这位业务员道声再见，走了出去，随后把房门轻轻关上。但随即再度把门打开，走了回来，带着微笑在那位吃惊的房地产商人面前坐下来，又说：“我的批评也许伤害了你，但我倒是希望能够触怒你。现在让我以负责任的态度告诉你，我认为你很有智慧，而且我确信你很有能力。你只是不幸养成了一种导致你失败的习惯。但你可以再度振作起来。我可以帮你一把，只要你原谅我刚才所说过的那些话。你并不属于这个小镇。这个地方不适合从事房地产生意。赶快为自己找套新衣服，即使向人借钱也要买来。我将介绍一个房地商人给你认识，他可以给你一些赚大钱的机会，同时还可以教你这一行业的动作方法，你以后投资时可以运用。你愿意跟我来吗？”

听完这些话那位房地产商人竟然抱头痛哭起来。最后，他努力地站了起来，和这位业务员握握手，感谢他的好意，并说他愿意接受他的劝告，但要以自己的方式去做。他要了一张空白的报名表，答应报名参加《推销与商业管理》课程，并且先交了第一期的学费。

三年以后，这位抛弃了优柔寡断的房地产商人创立了一家拥有60名业务员的公司，成为最成功的房地产商人之一。

获得成功的最有效的办法，就是迅速做出决定。一旦做出决定，就不要再犹豫不决，以免我们的决定受到影响。有的时候犹豫就意味着失去。实际上，一个人如果总是优柔寡断，或者总在毫无意义地思考自己的选择，一旦有了新的情况就轻易改变自己的决定，这样的人也不会取得较大的成功！记住，想成功就一定不要犹豫不决。

只为成功找方法，不为失败找借口

在生活和工作中，我们都曾遇到过这样或那样的难题，这时候，有的人积极地想办法去解决问题，而有的人则去寻找借口，逃避责任。于是，前者成为了成功者，后者沦为失败者。不要为自己的失败寻找借口，而要为成功寻找方法。只有主动寻找方法，你才能尽快解决问题，你才能迈向成功。

王闯刚刚大学毕业，由于学识丰富，形象也很好，所以很快被一家大公司录用。

刚开始上班时大家对王闯印象还不错，但好景不长，她开始迟到早退，领导几次向她提出警告，她总是找这样或那样的借口来解释。

有一次，老总安排她到北京大学送材料，要跑三个地方，结果她只跑了一个就回来了。老总问她怎么回事，她解释说：“北大好大啊。我在传达室问了几次，才问到一个地方。”

老总很生气：“这三个单位都是北大著名的单位，你跑了一下午，怎么会只找到这一个单位呢？”

她急着辩解：“我真的去找了，不信你去问传达室的人！”

老总心里更有气了：“我去问传达室干什么？你自己没有找到单位，还叫我去核实，这是什么话？”

此时其他员工也好心地帮她出主意：你可以打北大的总机问问三个单位的电话，然后分别联系，问清楚具体怎么走再去。你不是找到其中的一个单位了吗？你可以向他们询问其他两家怎么走。你还可以进去之后，问老师和学生……

谁知她不但不领情，反而气鼓鼓地说：“反正我已经尽力了……”

就是这句话使老总下了辞退她的决心：既然这已经是你尽力之后达到的水平，想必你也不会有更高的水平了。那么只好请你离开公司了！

无论做什么事情，千万不要找任何理由为自己的过错开脱。一旦给自己的错误找了借口，就是给自己的失败找到了理由，就是使自己的失败“合理化”。更不要让找理由成为习惯，否则，这种找借口的坏习惯，终将让你一事无成。

美国成功学家格兰特纳说过这样一段话：“如果你有自己系鞋带的能力，你就有上天摘星的机会！让我们改变对借口的态度，把寻找借口的时间和精力用到努力工作中来。因为工作中没有借口，人生中没有借口，失败没有借口，成功也不属于那些寻找借口的人！”

任何借口都是推卸责任，在责任和借口之间，选择责任还是选择借口，体现了一个人的态度。任何问题都有解决的方法，方法总比问题多，关键是我们对待问题的态度。当遇到问题时，平庸者不是主动去找方法解决，而是找借口回避；而优秀者则是把问题当做机遇，积极地寻找解决问题的方法，将问题变为成功的机会。

有一家名叫凯旋的天线公司的总裁来到营销部，让员工们针对天线的营销工作各抒己见，畅所欲言。

营销部李部长叹着气说：“人家的天线三天两头在电视上打广告，

我们公司的产品毫无知名度，我看这库存的天线真够呛。”部里的其他人也随声附和。

总裁满脸阴霾，扫视了大伙儿一圈后，把目光驻留在进公司不久的大刘身上。总裁走到他面前，让他说说对公司营销工作的看法。

大刘直言不讳地对公司的营销工作存在的弊端提出了个人意见。总裁认真地听着，不时叮嘱秘书把要点记下来。

大刘对总裁说，他的家乡有十几家各类天线生产企业，唯有001天线在全国知名度最高，品牌最响，其余的都是几十人或上百人的小规模天线生产企业，但无一例外的是他们都有自己的品牌，有两家小公司甚至把大幅广告做到001集团对面的墙壁上，敢与知名品牌竞争。

总裁静静地听着，点点头示意大刘继续讲下去。

大刘接着说：“我们公司的天线销量今不如昔，原因颇多，但总结起来或许是我们的销售策略和市场定位不对。”

听到这，营销部李部长对大刘的这些似乎暗示了他们工作无能的话有了恼怒之意，并不时向大刘投来警告的一瞥，最后不无讽刺地说：“你这是书生之见，只会纸上谈兵，尽讲些空道理。现在全国都在普及有线电视，天线的滞销是大环境造成的。你以为你真能把冰推销给爱斯基摩人？”

李部长的话使营销部所有人的目光都投向大刘，有的还窃窃私语。李部长不等大刘“还击”，便不由分说地将了他一军：“公司在甘肃那边还有5000套库存，你有本事推销出去，我的位置让给你坐。”

大刘胸有成竹说道：“现在全国都在搞西部开发建设，我就不信质优价廉的产品连人家小天线厂的产品也不如，偌大的甘肃难道连区区5000套天线也推销不出去？”

几天后，大刘精疲力竭地赶到了甘肃省兰州市中兴大厦。大厦老总一见面就向他大倒苦水，说他们厂的天线知名度太低，一年多来仅仅卖掉了百来套，还有4000多套在各家分店积压着，并建议大刘去其他商场推销看看。

接下来，大刘跑遍了兰州几个规模较大的商场，有的即使是代销也没有回旋余地，因此几天下来工作毫无起色。

正当忧愁之际，某报上一则读者来信引起了大刘的注意，信上说那儿的一个农场由于地理位置的关系，买的彩电都成了聋子的耳朵——摆设。

看到这则消息的大刘灵光一现，当即带上10来套天线样品，几经周折才打听到那个离兰州有100多公里的天运农场。信是农场场长写的，他告诉大刘，这里夏季雷电较多，以前常有彩电被雷电击毁，很多天线生产厂家也派人调查原因，都知道问题出在天线上，可查来查去没有眉目，使得这里的几百户人家再也不敢安装天线了，所以几年来这儿的黑白电视只能看见哈哈镜般的影像，而彩电则只是个摆设。

大刘拆了几套被雷击的天线仔细察看，发现自己公司的天线与他们的没有区别，也就是说，他们公司的天线若安装上去，也免不了重蹈覆辙。大刘绞尽脑汁，把在电子学院所学的知识在脑海里重温了数遍，加上所携仪器的验证，终于查出了真正原因，原因是天线放大器的集成电路板上少装了一个电感应元件。这种元件一般在任何型号的天线上都是不需要的，它本身对信号放大不起任何作用。厂家在设计时没有考虑在雷电多发地区，没有这个元件就等于使天线成了一个引雷装置，它可直接将雷电引向电视机，导致线毁机亡的结果。

找到了问题的症结所在，一切都可以迎刃而解了。不久，大刘在天线放大器上全部加装了感应元件，并将这种天线先送给场长试用了半个多月。期间曾经雷电交加，但场长的电视机却安然无事。此后，仅这个农场就订了500多套天线。同时热心的场长还把大刘的天线推荐给存在同样问题的附近5个农林场，又帮他销出2000多套天线。

一石激起千层浪，仅仅半个月，一些商场的老总主动向大刘要货，连一些偏远县市的商场采购员也慕名而来，原先库存的5000余套天线很快销售一空。

一个月后，大刘返回公司。而这时公司如同迎接凯旋的英雄一样，为他披红挂彩并夹道欢迎。营销部李部长也已经主动辞职，公司正式任命大刘为新的营销部部长。

大刘的成功印证了这样一个事实：成功属于那些善于找方法的人，而不是善于找借口的人。与其费心思为自己的失败找各种借口，不如花时间为自己找一个解决问题的好方法。因此，我们要做一个为成功找方法的人，而不是为失败找借口的人。

立即行动，别让拖延转成空

在哈佛图书馆墙壁上有这样一条训言："勿将今日之事拖到明日。"哈佛大学通过这条训言告诉学生：拖延是行动的死敌，也是成功的死敌。

拖延总是以借口为向导，让我们坐失机会；而借口总是合情合理，让拖延顺理成章，让我们的心灵难以觉察。在不知不觉中，拖延已不仅仅是一个习惯，而且成为了一种生活方式。拖延使我们所有的美好理想变成了幻想，拖延令我们丢失今天而生活在"明天"的等待之中，拖延的恶性循环使我们养成懒惰的习性、犹豫矛盾的心态，让我们成为一个永远只知抱怨叹息的落伍者、失败者。

张三在上班途中，信誓旦旦地下定决心，一到办公室即着手草拟下年度的部门预算。他于九点整准时走进办公室，但他并没有立刻开始预算草拟工作，因为他突然想到不如先将办公桌及办公室整理一下。他花了三十分钟的时间，使办公环境变得有条不紊。接下来，他得意地随手点了一支香烟，稍作休息。此时，他无意中发现报纸上的彩图照片是自己喜欢的一位明星，于是又情不自禁地拿起了报纸。

等他把报纸放回报架，时间又过了十分钟。这时，他才开始感到时间紧迫，于是他正襟危坐准备着手工作。就在这个时候，电话铃声响了，是一位顾客的投诉电话，他连解释带赔罪地花了二十分钟的时间才说服对方平息了怒气。挂上了电话，他去了洗手间。在回办公室的途中，他又闻到咖啡的香味，另一部门的同事正在享受“上午茶”，邀请他加入。

他心里想，刚费尽口舌处理了投诉电话，一时也进入不了状态，而且预算的草拟是一件颇费心思的工作，头脑不清醒，就难以完成，于是，他便毫不犹豫地应邀加入了。回到办公室后，他感到精神奕奕，满以为可以开始“正式工作”了——拟定预算，可是，一看表，已经十点四十五了！距离十一点的部门例会只剩下十五分钟。他想，反正在这么短的时间内也不太适合做比较庞大耗时的工作，干脆把草拟预算的工作留待明天算了。

上例中，张三身上有着许多拖延者的影子。拖延让人一无所获，是对宝贵生命的一种无端浪费，这样的现象在我们的生活中不断出现，如果把你一天的时间记录下来，你会发现，拖延不知不觉地消耗量你大部分的时间——今天该做的事情拖延到明天完成，现在该写的作业拖延到一两个小时后才写，这个星期该完成的学习总结拖到下个星期……凡事都留待明天处理的态度就是拖延，这就是一种不良的生活习惯。

拖延是一种恶习，它并不能使问题消失或者使解决问题变得容易，而只会制造问题，给生活带来严重的影响。

对一位渴望成功的人来说，拖延最具破坏性，也是最危险的恶习，它使人丧失进取心。一旦开始遇事推脱，就很容易再次拖延，直到变成一种根深蒂固的习惯。

美国哈佛大学人才学家哈里克说："世上有93%的人都因拖延的陋习而一事无成，这是因为拖延能杀伤人的积极性。"拖延时间的做法，只会使我们在"现在"这个时段更加脆弱，并且耽于幻想。

很多年前，有个流浪艺人，刚四十岁，就已经骨瘦如柴，形容枯槁。去医院检查，医生诊断出他得了肝癌，还是晚期。他有过一次婚姻，没几年妻子就离他而去，只留下一个儿子。临终前，他把年仅16岁的儿子找来，叮嘱他说："我走了以后，你要好好活着，万事不要拖延，不要像我一样，到老都没什么成就。我年轻时生活散漫，日夜颠倒，烟酒都沾，正值壮年就得了绝症。你要谨记在心，不要再走我的老路。"

说完，他咽下最后一口气，而他16岁的儿子，只是懵懵懂懂地站立一旁。

转眼间，他儿子已经长大成人，像流浪艺人担心的那样，他生活散漫、拖延成性，还经常在酒家、赌场闹事。有一次与他人发生冲突，因出手过重而闹出人命，被捕入狱。出狱后，人事全非，他发觉不能再走老路。但是，自己无一技之长，无法找个体面的工作，只好下定决心，回到乡下，靠做一些杂工维持生计。

由于他年轻时无法体会父亲临终时的嘱咐，以致终生一无所长，年近半百才成婚。现在年事渐长，逐渐能体会到父亲那些话的深意，可似乎为时已晚。他的身体一天不如一天、一年不如一年，面对着难以维持下去的家庭，想想自己之前白白浪费掉的时光，心里有着无限的悔恨与悲伤。

一天夜晚，他喝了点酒，带着酒意回到家之后，把16岁的儿子叫到了跟前。他先是一愣，眼前仿佛有一面镜子，而镜子里不就是当年16岁的自己吗？此时，父亲临终前嘱咐的景象在脑海中浮现，他开始有些自责地喃喃自语："当年，我怎么就没听父亲的话呢！"

说着，眼泪顺着脸颊流了下来。儿子站在面前，懂事地安慰他说："爸爸，您喝醉了，早点休息吧！"

"我没有醉，我要把你爷爷叮嘱我的话告诉你，你要牢牢记住。"

“爸爸！什么话这么重要呀？”

“当年你爷爷临终时叮嘱我说：‘万事不可拖延。’我当时没听进去，也没听懂，结果费尽一生才体会出这句话的道理，可惜为时已晚。”

“这是一个很简单的道理，人人都懂得啊！”

“是很简单，但并不是每个人都能够做到。一定要趁着年轻时就学好，不然老了就像我一样一事无成。你一定要牢牢记住这句话，认真对待每一件事，不要让光阴虚度。”

生活中很多人都喜欢拖延，想着“反正还有时间，等一会儿再做”“明天再说吧”，结果一拖再拖，最终一事无成。俄国著名文学家奥斯特洛夫斯基曾说：“生命对每个人只有一次，人的一生应当这样度过：回首往事，他不会因虚度年华而悔恨，也不会因碌碌无为而羞愧。”所以，我们不能够拖延。“莫等闲，白了少年头，空悲切”，我们要利用自己每一分、每一秒的时间去推着自己往前走，实现自己既定的目标。

第三章　习惯千差万别，未来天壤之别

成功从良好的习惯开始

常言道：习惯成自然。习惯一旦形成，就会成为一种定型性的行为，就会变成人的一种自觉需要。它不需要别人的提醒和督促，也不需要自己意志力的支持，就已经变成了一种自觉化的动作和行为。

习惯直接影响一个人的命运。好的习惯使人立于不败之地，坏的习惯会改变人生的走向。

约瑟夫是一位贫困工人，长期以来养成了抽烟的习惯，最终他为此受到了惩罚。有段时期，约瑟夫抽烟抽得很凶。一次他在度假中开车经过法国，而那天正好天降大雨，于是他只得在一个小城的旅馆里过夜。约瑟夫凌晨两点钟醒来时，想抽支烟，但他发现烟盒是空的，于是他开始到处搜寻，结果毫无所获。

这时，他很想抽烟。然而，如果出去购买香烟要到火车站那边去，大约有 6 条街那么远。而此时旅馆的酒吧和餐厅早已关门了。他抽烟的欲望越来越强烈，不断地侵蚀着他的意志。最终他决定出去买烟。然而，当他经过路口时，一辆汽车疾驶而过，而此时他已被烟瘾折磨得精神恍惚，于是被汽车撞倒了，还好没有受到很大的伤害。

事后，约瑟夫承认，这一切都是抽烟造成的，如果不是长期养成抽烟的坏习惯，也许他不会得到这样的结果。

有时候一个坏的习惯一旦定型，它所产生的后果是难以想象的，尤其是习惯的力量往往是巨大而无形的，当你感觉到它的坏处时，很可能想抵制已经来不及了。

每个人都有自己后天培养的习惯，而成为与众不同的个体。但是有的时候你必须审查自己的习惯是否有益，如果是好的习惯，请坚持下去，如果发现它是坏习惯，一定要改变它。

习惯是所有伟人们的“奴仆”，也是所有失败者的“帮凶”。伟人之所以伟大，得益于习惯的鼎力相助；失败者之所以失败，习惯同样责不可卸。由此可见，习惯对于我们的一生，是多么重要。

俄国教育家乌申斯基对习惯做了一个形象的比喻，他认为：“好习惯是人在神经系统中存放的资本，这个资本会不断地增长，一个人毕生都可以享用它的利息。而坏习惯是道德上无法还清的债务，这种债务能以不断增长的利息折磨人，使他最好的创举失败，并把他引到道德破产的地步。”概括地说：一个人如果养成了好的习惯，就会一辈子享受不尽它的利息；要是养成了坏习惯，就会一辈子都偿还不完它的债务。这就是习惯!

如果你有幸养成好习惯，就会终生受益；而一旦沉溺于坏习惯之中，就会不知不觉中把自己毁掉。正如世界著名心理学家威廉·詹姆士说：播下一个行动，收获一个习惯；播下一个习惯，收获一种性格；播下一种性格，收获一种命运。

爱迪生是人类历史上最伟大的发明家，为世界贡献了1093项发明，包括白炽灯泡、留声机、电影等。在世人眼中，爱迪生是个天才，但他本人却把自己的成就归功于勤于思考的习惯：“就像锻炼肌肉一样，我们同样可以锻炼和开发我们的大脑……恰当地锻炼、恰当地使用大脑，将使我们的思维能力得到加强和提高。而思维能力的锻炼，又将进一步拓展大脑的容量并使我们获得新能力。”爱迪生还说：“缺乏思考习惯的人，其实错过了生活中最大的快乐。”正是这种勤于思考的好习惯，让他把自身更多的潜能开发了出来，是好习惯造就了天才爱迪生。

无数事实说明，习惯具有强大的力量，成功源于良好的习惯。美国的杰·霍吉在他的《习惯的力量》一书中写道：“成功人士并不见得比其他人聪明，但是，好习惯让他们变得更有教养、更有知识、更有能力；成功人士也不一定比普通人更有天赋，但是，好习惯却让他们训练有素、技巧纯熟、准备充分；成功人士不一定比那些不成功者更有决心或更加努力，但是，好习惯却放大了他们的决心和努力，并让他们更有效率、更具条理。”从这个意义上说，养成了一个好习惯就等于走上成功的坦途。越早了解这个道理，对你的人生越具有积极意义。

50 年前，苏联宇航员加加林乘坐“东方”号宇宙飞船进入太空遨游了 108 分钟，成为世界上第一个进入太空的宇航员。这个荣誉不是每个人都能得到的，他能在 20 多名宇航员中脱颖而出，是一个良好的习惯成就了他。在确定人选时，20 多个候选人实力相当，大家都跃跃欲试。在演习之前，主设计师发现，在他们之中，只有加加林一个人是脱了鞋进入机舱的，其实脱鞋进入船舱只是他注重细节的个人习惯，因为他怕弄脏船舱。主设计师看到有人对他付出心血和汗水建造的飞船如此爱护，非常感动，当即决定让加加林执行试飞。

看似偶然的成功，却有着必然。若加加林没有养成良好的习惯，他也注定与成功无缘。美国成功学大师拿破仑·希尔说：“习惯能够成就一个人，也能够摧毁一个人。”所以，我们想要获得事业上的成功和生活的乐趣，就必须明白习惯的力量是如何的强大。我们必须要养成良好的习惯，同时应时时警惕，去除那些危害我们生活的坏习惯。

让倾听成为一种习惯，听比说更重要

在人际交往中，人们往往有个坏习惯，那就是自己侃侃而谈，完全不顾及别人的感受，这样会很容易让身边的人感觉你过于自我。心理学研究表明，越是善于倾听的人，与他人关系就越融洽。因为倾听本身就是褒奖对方谈话的一种方式，你能耐心倾听对方的谈话，等于告诉对方“你是一个值得我倾听你讲话的人”。所以，我们应该养成倾听的习惯，让自己把更多的时间用于倾听，多听取身边人的意见或者建议，给他们空间和时间，多去体会他们话语的意思。这样，你身边的朋友才会注意到你，才会对你有一个好印象，这就是倾听的好处，它会让你充满智慧，更能赢得别人的好感。

有一位法官曾审理过一起出版合同纠纷。一位老作家因为稿酬问题将出版社告上法庭。根据案情，这位法官认为调解对双方、特别是对老作家更有利。因为打官司既费钱又费力，个人很难与单位抗衡。但他多次建议双方调解，都没有效果。

老作家对出版社怨气很大，但他显然对法律了解不多，开庭时只是反复就一两个问题进行阐述。尽管他遣词造句颇有诗歌或散文的味道，可车轱辘话来回说，谁都无法忍受。旁听席上渐渐有人打起了瞌睡，有人起身离去。可法官一直静静地听着，不打断老作家的话。

庭审进行了 3 个多小时，直到双方再无话可说，法官才又向双方解释了出版合同的法律规定，指出双方在合同履行中的不当之处，并再次提出调解的建议和基本方案。

老作家听完法官的话，半晌没说话。最后，他突然表示愿意接受调解。

“法官大人，矛盾发生以后，你是第一个完完整整听完我讲话的人。”老作家诚恳地说，“你对我的尊重使我信任你，你说怎么办就怎么办。”

一个时时带着耳朵的人远比一个只长着嘴巴的人讨人喜欢。一个讲话者总希望听众听完他发表的意见，如果你对此漫不经心，或者毫不在乎，这就伤害了他的自尊心，他对你原来的好感也会顷刻化为乌有。如果你要在沟通中赢得他人的好感，那么你首先要做到的便是用心倾听。正如一位心理学家所说：“以同情和理解的心情倾听别人的谈话，我认为这是维系人际关系、保持友谊的最有效的方法。”

外国有句谚语：“用十秒钟的时间讲，用十分钟的时间听。”倾听是人际交往中一件很重要的制胜法宝。一个在人群中滔滔不绝的人或许很容易得到大家的尊敬和钦佩，可是一个懂得倾听并善于鼓励别人的人，能更容易得到他人的好感和信任。

小李的父亲是位知识分子，为人古板，不喜与人交往，每次小李的朋友来了，父亲就独自躲到书房，很少与人打招呼。一次，小李的三个高中同学来到家里。大家一见分外亲热，其中有两位喜欢下棋，闲谈中都是些术语，而另外一位对“黑白世界”一无所知，无聊的他去了小李父亲的书房。外边这三位在棋局上杀得天昏地暗，没有人去管他。等他们玩够后，才从书房中把那个同学叫出来，令小李吃惊的是，老父居然把他送出房门口，还问儿子为什么不留他们吃饭，临行还一再叮嘱：以后有空来玩。在小李的记忆中，这是父亲第一次留他的同学吃饭，而且以后还经常问及那位同学为什么不来玩。

小李在惊讶之余，问他的同学怎样赢得了自己父亲的欣赏。结果那同学说：“没什么呀，你们下棋我不懂，就去你父亲书房，见你父亲在看一本水利方面的书，就问你父亲是否是搞水利的，然后就好奇地问长江大桥的桥墩怎么做的，你父亲就开始给我讲解，如何先将一个大铁筒插进去，将里面的水抽干，挖出稀泥，打地基，直到做好干透，再将铁筒抽掉。你父亲在说，而我只是认真听，也没说什么。”

在人与人的交往中，倾听是一项非常重要的技能。如果你是一位善于倾听的人，就会发现别人自然而然地被你吸引。世界著名的记者迈克逊说：“不肯留神去听人家说话，是不受人欢迎的原因之一。通常，他们只关心自己该怎么说下去，根本不管别人要说什么。要知道，世界上多数人都喜欢乐于倾听的人，很少有人喜欢那些不停地说自己的人。”每个人都认为自己的观点是最重要的、最动听的，并且每个人都有迫不及待地表达自己的冲动。在这种情况下，安静的倾听者自然成为最受欢迎的人。

卡耐基说：“做个听众往往比做一个演讲者更重要。专心听他人讲话，是我们给予他的最大尊重、呵护和赞美。”倾听是人际交往中一项很重要的技能。一个在人群中滔滔不绝的人或许很容易得到大家的尊敬和钦佩，可是一个懂得倾听并善于鼓励别人的人，更容易得到他人的好感和信任。在谈话过程中，你若耐心倾听对方谈话，等于告诉对方：“你说的东西很有价值”或“你值得我结交”，等于表示你对对方有兴趣。同时，这也使对方感到他的自尊得到了满足。由此，说者对听者的感情也更进一步了，“他能理解我”“他真的成了我的知己”。于是，二人心灵的距离缩短了，只要时机成熟，两个人就会无话不谈。所以，在交往中我们一定要学会倾听，因为倾听是心灵沟通的桥梁。

爱丽丝的男朋友最近总是酗酒。对此，爱丽丝感到十分担心，但是她又不敢劝说她男朋友，因为他脾气很暴躁。她尝试和她的妹妹谈论这件事情，但她妹妹只关心自己的事情，看上去对爱丽丝的事情毫无兴趣。除此之外，爱丽丝的爸爸刚刚被诊断为肺癌。她怀疑，父亲根本没有意识到这是一件多么严重的事情。有一天，爱丽丝感到快崩溃了，她给最要好的朋友玛丽打电话，在电话中，她情不自禁地哭了出来。在将近两个小时的谈话中，玛丽倾听了她的哭诉，然后说："我对你所经历的一切感到十分同情。"尽管，以前爱丽丝与玛丽之间有过许多次这样的交谈，但是爱丽丝在这次谈话后感到心情好了许多，并为这种感受而惊讶。此后，无论在生活中遇到什么问题，爱丽丝总会寻求玛丽的帮助，让她安慰自己，替自己分析现实的状况。实际上，玛丽并没有真正为爱丽丝解决什么问题，但是她每次总是耐心地倾听，从不先入为主，并适时给予反馈，让爱丽丝能够在一个真正关心自己的人面前吐尽心中的苦水。"有好朋友真好"，爱丽丝心里常常默念着。

俗话说："善言，能赢得听众；善听，才能赢得信任。"倾听是金，我们需要学会倾听，让倾听成为一种习惯。让我们养成倾听的习惯，做一名倾听者，带着教养、诚意和信任，和对方做真正的交流与沟通。

倾听并不只是单纯的听，而应真诚地去听，并且不时地表达自己的认同或赞扬。倾听的时候，要面带微笑，不做其他无关的事情，应适时的以表情、手势如点头表示认可，以免给人敷衍的感觉。

总之，如果想要别人喜欢你，原则是：首先做个好听众，并随时鼓励对方开诚布公地说出心里的话。

钱到用时方恨少——养成储蓄的习惯

裴多菲的一首《自由诗》让人们清晰地意识到，生命中最宝贵的就是自由。可是我们也知道，一定程度的经济独立才有可能获得真正意义上的自由。著名成功学大师拿破仑·希尔曾经说过："要想逃避这种自由被剥夺的无期徒刑，唯一的方法就是养成储蓄的习惯。然后永远保持这个习惯，不管你必须要做多大牺牲。"

储蓄对于所有人来说，都是成功的基本条件之一。当我们检视世界上那些大大小小的成功创业的经验时，就会发现，成功者都有一个良好的习惯，这就是储蓄存款。即便是在他们经济条件并不宽裕时，他们也努力节衣缩食，一点点积攒、储蓄。他们一旦面对机遇时，这辛苦存下的钱便成为他们成功的起点。

在日本有一个人叫藤田田，他是日本麦当劳社的名誉社长。

但在很多年前，藤田田只是一个打工仔。他手中只有5万美元，但他却把目光放在美国的麦当劳经营权上了。那时，麦当劳是世界闻名的连锁快餐公司，想要获得特许经营权，至少需要75万美元的资金。这个数字对于藤田田来说不亚于天文数字，但是，藤田田没有放弃。他唯一的办法就是贷款。

为此，他敲开了日本住友银行总裁办公室的门，诚恳地向总裁说明了来意。听完了他的讲述，总裁问他有多少现金，有没有担保人。藤田田如实说了，告诉总裁自己没有担保人。

总裁很客气地说："那你先回去吧，我们讨论一下你的要求。"一般人听到这话，就知道对方是委婉地拒绝自己了。但藤田田没有气馁，而是留下来继续和总裁交谈。

藤田田说："我有最后一个请求，您能不能给我三分钟的时间，听听我那5万美元的来历？"得到准许后，他开始讲述："您也许会奇怪，我这么年轻怎么会拥有这笔存款？其实多年来我一直保持着存款的习惯，无论什么情况发生，我每个月都把工资、奖金的1/3存入银行。不论什么时候想要消费，我都会克制自己咬牙挺过来。因为我知道，这些钱是我为干一番事业积攒下来的资本。"听了这话，总裁的兴趣一下就被激发了："那你能不能告诉我你存款的银行？我尽快答复你。"

藤田田离开之后，总裁给对方银行打电话求证藤田田的话。得到答复后，总裁马上打电话给藤田田："我们住友银行，无条件地支持你经营麦当劳的决定。"藤田田很诧异。总裁接着说："其实原因非常简单。藤田田先生，我的年龄是你的2倍，我的工资是你的30倍，可是我的存款到现在都没有你多。年轻人，我是不会看错人的，加油吧！”

就这样，藤田田用 3 分钟的时间讲述了自己的储蓄经历，创造了一个商业奇迹。

看完这个故事后，你是否已经意识到储蓄的重要性。如果你想逐步走向成功之路，就请你把固定收入按比例存到银行，哪怕是每天只存一元钱，重要的是每一天坚持。不久后，你就将体会到储蓄的乐趣。

养成储蓄的习惯，并不表示它将限制你的赚钱能力。正好相反，你在养成这个习惯后，不仅会把你所赚的钱定期储存下来，还能够增强你的自信心、进取心，真正提高你的赚钱能力。

有位年轻的发明家发明了一件独特而实用的家用产品。但和大多数的发明家一样，他感到很无奈，因为他没有钱、没有任何存款，因此，在向银行申请贷款时，都被拒绝。

他的室友是位年轻的机械师，手头有 200 元的存款。他拿了这笔钱帮助这位发明家，刚好可以生产出一部分新产品。他们拿了第一批的产品，挨家挨户地去推销。卖完了第一批后，又回来生产第二批，然后再拿出去卖，如此周而复始，后来终于存足了 1000 元的资金。有了这些资金，再加上一些贷款，他们终于买下了机器，自行生产他们自己的产品。6 年以后，这位年轻的机械师把他的一半股权卖掉，共获得了 25 万元。如果他未曾养成储蓄的习惯，从而使他能够去化解他那位发明家朋友的危机，那么，他很可能一辈子都赚不了那么多钱。

对于一个想要成功的人来说，储蓄的习惯是非常重要的。如果平日大手大脚，花钱没有节制，那到了真正需要现金来把握投资机会时，就会束手无策，眼睁睁看着机会让有存款的人得到。因此，我们要养成储蓄的习惯。

对所有的人来说，储蓄是致富的基本条件之一，但是在那些未曾存钱者的心目中，最迫切的一个问题则是：“我要怎样做才能存钱？”存钱纯粹是习惯的问题，下面介绍几种方法，以便帮你养成储蓄的习惯。

（1）确定储蓄目标。储蓄不是最终目的，理财是为了善用钱财，实现你的某项生活目标。如购买住房、轿车、读书深造或进行投资。把储蓄目标贴在冰箱门、餐桌上方等醒目的地方，提醒自己时常记得存钱目标，激励自己增加储蓄的动力。

（2）定期从工资账户上取出200元、500元或1000元，存入新开立的存款账户中，给自己一段过渡时间去适应这种手中可支配现金比以往减少了的生活。待2～3个月后，逐步从工资账户中增加每次取出的金额，存入新的存款账户。先按月收入的10%进行储蓄。制定目标后要持之以恒，培养良好的储蓄习惯胜过偶尔一次存入一大笔钱。

（3）每天从钱包里拿出5元或10元钱，放入一个信封。每月将信封里积攒的一定数目的钱存入银行存款账户中。聚沙成塔，如每天存10元，每月就是300元，一年可达3600元。

总之，只有养成储蓄的好习惯，积累“第一桶金”，你才能在机会来临时将它紧紧抓在手中。

摆脱思维定式，跳出你的思维习惯

思维是人类最为本质的特征，是人类一切活动的源头。无论是做人还是做事，人都离不开正确的思维方式，正确的思维方式可以使混乱变得清晰，能使错杂变得条理，也能使人做起事来更得心应手。

一个人最危险的做法就是墨守成规、因循守旧。思维定式一旦形成，有时是很悲哀的，要想在新的环境中游刃有余地生存，就必须丢掉旧观念，接受新事物，创造新生活。

曾看到一个故事，讲的是一个开锁专家技术精湛、手艺高超，号称没有他打不开的锁。于是镇里的人想捉弄一下这位专家，将他关在一个注满水的箱子里，并锁上了一把锁，请这位开锁专家表演“水中逃生”。

专家费了九牛二虎之力，用尽了所有的开锁方法，也没能将锁打开。为了避免生命危险，专家不得不认输，才得以将头探出水面换一换气。

看了专家表演的人，无不哈哈大笑。原来，那把锁根本就没有锁死，只需轻轻一拉便可以打开了。

可能有些人读了这个故事只会淡然一笑，而我们希望大家能够读出故事背后的深意。

为什么开锁专家没能打开这把未锁死的锁呢？因为他的头脑里已经存在了一把更为顽固的锁，使得他不会从另外一个角度去思考问题、解决问题。

一位心理学家曾经说过：“只会使用锤子的人，总是把一切问题都看成是钉子。”这就是人们常说的思维定式，思维一旦僵化，你就会陷入认知的泥潭，工作起来也将十分被动。

很多时候，我们之所以常常在很简单的事情上犯错，究其原因不是我们不聪明，而是我们没有用心去思考、去探究，喜欢凭自己的经验去思考问题、解决问题。或者说这都是经验主义所形成的思维定式惹的祸。

二战时期，盟军曾利用德国法西斯的思维定式，诱其进入陷阱。

1943 年，第二次世界大战进入白热化阶段。为了更有效地打击法西斯势力，同盟军决定给希特勒设个圈套。

实施这一计划的是盟军之中的英国。他们为了让阿道夫·希特勒彻底相信，盟军进攻的重点是萨迪尼亚和希腊的伯奔尼撒，而不是西西里，他们决定在海上放上一具尸体，在其口袋内装入与进攻计划有关的内容。

他们把实施这一计划的地点定在西班牙海岸，因为那里的德国人活动频繁。如果一切进展顺利的话，尸体会被德国人发现，那么假情报就会使他们受骗上当。

英国人根据人们的思维定式，把所有的细枝末节都设计得天衣无缝，连尸体都真的像经历一场空难而掉进海里的一样。

经过仔细搜寻，他们终于找到了一具再合适不过的尸体，是名死于肺炎又暴尸荒野的男性，他们给他取名为威廉姆·马丁少校。

英国人在尸体的口袋里装入的东西有戏票的票据、银行开出的一张透支通知单、几封未婚妻的情书，当然还有绝密的进攻计划。

在一个风平浪静的日子里，他们悄悄地将“马丁少校”送入了大海……

德军果然中计。几个月后，盟军在西西里登陆，发现敌人的兵力分散到了别处，从而轻而易举地赢得了胜利。

可见，以旧思想、旧认识去看待问题，容易误入歧途。这个故事再一次提醒我们：阻碍我们成功的，往往不是我们未知的东西，而是我们已知的东西。如果一味地按照固定的思考模式，只能使生活、工作变得机械僵化，结果影响了你的生活和你的心情。很多人走不出思维定式，所以他们走不出宿命般的可悲结局。

人的知识和经验丰富，并不一定就头脑灵活，有时候知识和经验反而会限制人的思维，会在头脑中形成较多的固定思维。这种思维定式会束缚人的思维，使思维按照固有的路径展开。这个道理谁都知道，但真正做到的却不多。一个人只有不受固有的观念约束，才能产生新创意，进而创造新事业。

思维是成大事者的力量源泉，也是人能够改变自己的内在基础。不善于改变自己的思维习惯，就找不到成功的路径。一个不善于打破思维定式的人，会遇到许多取舍不定的问题；相反，正确的思考之所以能发挥巨大作用，是因为它可以决定一个人在面临问题时应该采取什么样的行动。

习以为常、耳熟能详的事物充斥着我们的生活，使我们逐渐失去了对事物的热情和新鲜感。经验成了我们判断事物的唯一标准，存在的当然也变成了合理的。而且，随着知识的积累、经验的丰富，我们也越来越变得循规蹈矩，越来越老成持重。于是创造力丧失了，想象力萎缩了，惯性思维成了我们超越自我的一大障碍。

创新思维最大的敌人是惯性思维。固守原有的思维，过分依赖原有的优势和经验是成功的大忌。所以，做事不可墨守成规。

2001年，美国通用公司高薪聘请业务经理，吸引了许多有能力、有学问的人前来应聘。在众多应聘者当中，有三个人表现极为突出，一个是博士甲，一个是硕士乙，另一个是刚走出大学校门的毕业生丙。公司最后给这三人出了这样一道考题：

在很久以前，有一个商人出门送货，不巧正碰上下雨天，但是离目的地还有一大段山路要走，商人就去牲口棚挑了一匹马和一头驴上路。路特别难走，驴不堪劳累，就央求马替它驮一些货物，但是马不愿意帮忙，最后驴终于因为体力不支而死。商人只得将驴背上的货物移到马身上，此时，马有点后悔。

又走了一段路程，马实在驮不动背上的货物了，就央求主人替它分担一些货物，此时的主人还在生气："假如你当初替驴分担一点，就不会这么累了，活该！"

过了不久，马也累死在路上，商人只好自己背着货物去买主家。

应聘者需要回答的问题是：商人在途中应该怎样才能让牲口把货物运往目的地？

博士甲：把驴身上的货物减轻一些，让马来驮，这样就都不会被累死；

硕士乙：应该把驴身上的货物卸下一部分让马来背，再卸下一部分自己来背；

毕业生丙：下雨天路很滑，又是山路，所以根本就不应该用驴和马，应该选用能吃苦且有力气的骡子去驮货物。商人根本就没有想过这个问题，所以造成了重大损失。

结果，毕业生丙被通用公司聘为业务经理。

博士甲和硕士乙虽然有较高的学历，但是遇事不能仔细思考，最终只能以失败告终。毕业生丙虽然没有什么骄人的文凭，但他遇到问题不拘泥原有的思维模式，灵活多变，善于动脑，因此他成功了，获得了高薪职位。

犹太人有一句著名的格言："开锁不能总用钥匙；解决问题不能总靠常规的方法。"只要能突破固有的思维模式，就能处处产生出人意料的效果。改变常态思维，用新的观点、新的角度、新的方式研究和处理问题，就能产生好的效果。

有时，事情就是这么简单，只需要你能稍微动一下脑筋，对传统的思维方式进行一番创新，那么你要获得成功也会变得很容易。

伸手不打笑脸人——微笑是最好的习惯

生活离不开微笑，微笑是善良的表现，微笑是真诚的流露，微笑是沟通人们心灵的调和剂。微微地一笑，可以代替多少解释，化解多少误会，又得到多少理解和尊重呢？经常面带微笑的人，往往能将别人吸引住，使人感到愉快。

小张是某公司老板的秘书，她年轻貌美，身材又好，而且她还有明确的人生目标，做事干脆利索，富于朝气。她对于工作的认真与投入是有口皆碑的，同时，她对同事也很真诚，讲求公平，与她交往的人都为拥有这样一个好朋友而自豪。但初次见到她的人却对她少有好感。这令熟知她的人大为吃惊。为什么呢？仔细了解后才发现，原来她的脸上几乎没有笑容。

平日里，小张总是给人一张深沉严峻的脸、紧闭的嘴唇和紧咬的牙关，即便在轻松的社交场合也是如此。她在舞池中优美的舞姿几乎迷倒了所有男士，却很少有人同她跳舞。公司的女员工见了她更是如同山羊见了虎豹，对她的支持与认同也不是很多。事实上她只是缺少了一样东西、一样举足轻重的东西——一副动人的、微笑的面孔。

可见，整天板着面孔的人是没有人喜欢的。每个人都喜欢看到一张微笑的脸，它透露着亲和、阳光，带给别人轻松的感觉。所以，假如你想成为一个受人欢迎的人，请给人以真心的微笑。

微笑是人类最动人的一种表情，是生活中美好而无声的语言，它来源于心地的善良、宽容和无私，表现的是一种坦荡和大度。微笑是成功者的自信，是失败者的坚强；微笑是人际关系的黏合剂，也是化敌为友的一剂良方。微笑是对别人的尊重，也是对爱心和诚心的一种礼赞。

一位成功人士曾道出自己的成功秘诀："如果长相不好，就让自己有才气；如果才气也没有，那就总是微笑。"微笑不仅能够展示自己的自信，也传递了一种乐观积极的态度，可以显示出一个人的思想、性格和感情。微笑是富有感染力的，一个微笑往往带来另一个微笑，能使双方得以轻松沟通，建立友谊、融洽关系。这样，人与人之间的关系可能会单纯得多、和谐得多。

有一次，底特律的哥堡大厅举行了一次巨大的汽艇展览，人们争相参观。在展览会上人们可以选购各种船只，从小帆船到豪华的巡洋舰应有尽有。在这期间，有一宗巨大的生意差点丢掉，但第二家汽艇厂用微笑又把顾客拉了回来。

一位来自中东某一产油国的富翁，站在一艘展览的大船面前，对他面前的推销员说："我想买艘价值2000万美元的汽船。"当然，这对推销员来说是天大好事。可是，那位推销员只是愣愣地看着这位顾客，以为他是疯子，不予理会，他认为这位富翁在浪费他的宝贵时间，看着推销员那没有笑容的脸，富翁便走开了。

富翁继续参观，到了下一艘展览的船前，这次招待他的是一位热情的推销员。这位推销员脸上挂满了亲切的微笑，那微笑就跟太阳一样灿烂，使这位富翁感到非常愉快。于是他又一次说："我想买艘价值 2000 万美元的汽船。"

"没问题！"这位推销员说，他的脸上挂着微笑，"我会为你介绍我们的汽船。"随后，便推销了他的产品。

在看中一艘汽船后，这位富翁签了一张 500 万美元的支票作为定金，然后他对这位推销员说："我喜欢人们表现出一种对我非常有兴趣的样子，你现在已经用微笑向我推销了你自己。在这次展览会上，你是唯一让我感到我是受欢迎的人。明天我会带一张 2000 万美元的保付支票过来。"言出必行，第二天他果真带了一张保付支票回来，购下了价值 2000 万美元的汽船。

这位热情的推销员用微笑把自己推销出去了，并且连带着推销了他的汽船。据说，在那次生意中，他可以得到 20% 的分成，这可以让他少奋斗半辈子。而那位冷冰冰的推销员，则让自己与好运擦身而过。

微笑具有挡不住的魅力。一位学者说："对人微笑是高超的社交技巧之一，也是获得幸福的保障。只要活着、忙着、工作着，就不能不微笑……"

微笑是世界上最美的表情，是最动听的语言，是社交中最有力的武器。要想在社交中成为主角，就必须牢牢地把握住最有力的武器——微笑。无论你在什么地方，无论你在做什么，与人交往，微笑是一种最为普及的语言，它能够消除人与人之间的隔阂。人与人之间的最短距离是微笑，即使是你一个人微笑，也可以使你和自己的心灵进行交流。

张芳在一列新开通的动车上做列车员。有一次，一名男乘客在列车上吸烟。她微笑地对对方说："先生您好，本次列车不允许吸烟。"听了她的劝告，这名乘客立刻将刚拿出来的香烟收了起来。可张芳刚离开没多久，就发现这名乘客又拿出香烟，并且已经点燃了。她再次上前微笑着说："先生您好，本次列车不允许吸烟！"这名乘客随后瞪了她一眼，将烟掐灭了。

大概过了 1 个小时，在两节车厢的交接处，张芳发现这名乘客又拿出了香烟。尽管张芳对此特别不耐烦，但她仍然微笑着再次走到对方的面前说："先生，对不起，本次列车不允许吸烟，希望您理解。"这次吸烟的乘客不耐烦了，他生气地问道："这我还真不明白了，你能和我说说为什么本次列车不能吸烟吗？我也不是没坐过火车，每次坐火车都可以吸，怎么就你这么麻烦？"

张芳没有任何不悦的表情，仍然微笑着对乘客说："本次列车和以往的列车有所不同，本次列车行进的速度太快，吸烟容易带来危险。所以，还是请您理解。"解释完，她仍然微笑着看着对方。乘客一时间不知说什么好，只是无奈地说："好，这次真不抽了。""谢谢您的合作。"张芳继续微笑着答道。

试想一下，如果在对方不耐烦时，她当时不是微笑着解答疑问，那么也许对方就会和她争执起来。从张芳成功说服乘客不在列车上吸烟的过程中，我们不难发现，她最大的特点便是不管乘客的态度如何，她一直微笑着面对对方，让对方在她的微笑面前只能无奈地接受。

微笑是一种武器，是一种寻求和解的武器。微笑能将怒气挡在对方体内，阻止他的进攻。微笑是一缕春风，化开久冻的坚冰；微笑是一滴甘露，滋润久旱的心田；微笑是人们脸上动人的表情，温馨而怡人。无论是在生活，还是在工作中，只要你不吝惜微笑，就能够左右逢源、顺心如意。这是因为微笑表现着自己友善、谦恭，渴望友谊的美好，向他人发出的理解、宽容、信任的信号。

生活中不能没有微笑。一位诗人曾经这样写道："你需要的话，可以拿走我的面包，可以拿走我的空气，可是别把我的微笑拿走。因为生活需要微笑，也正因为有了微笑，生活便有了生气。"的确，在我们的生活中不能没有微笑，我们一定要养成微笑的习惯。微笑是你接近他人最好的介绍信。微笑，是一种诚意和善良的象征，是愉悦别人的一种良好形象，也是一种引起兴趣和好感的催化剂。

从现在开始，养成珍惜时间的好习惯

世界上有一个奇怪的银行，他给每人都开了一个账户，每天都往这个账户上存入同样数目的资金，如果你当天用完，余额不能记账，也不得转让。如果你不用，第二天就自动作废。这笔财富就是时间。

时间是人生最大的财富。如果说昨天是一张作废的支票，明天是一张没有兑现的期票，那么，只有今天才是握在手里的现金。既然人生最宝贵的财产已经掌握在你的手中，我们就好好地安排时间，利用时间。

法国思想家伏尔泰在中篇小说《查第格》中，讲了这样一则既有趣又发人深省的故事："世界上哪样东西最长又是最短的，最快又是最慢的，最能分割又是最广大的，最不受重视又是最值得惋惜的；没有它，什么事情都做不成；它使一切渺小的东西归于消灭，使一切伟大的东西生命不绝。"这是什么？众说纷纭，莫衷一是。

后来，有一个叫查第格的智者猜中了。他说："最长的莫过于时间，因为它永远无穷无尽；最短的也莫过于时间，因为它使许多人的计划都来不及完成；对于在等待的人，时间最慢；对于在作乐的人，时间最快；它可以无穷无尽地扩展，也可以无限地分割；当时谁都不加重视，过后谁都表示惋惜；没有时间，世界上什么事都不可能做成；对于一切不值得后世纪念的，会随着时间的推移使人淡忘；而对于一切堪称伟大的，时间能使其永垂不朽。"

时间意味着什么？这些年来流行的说法是"时间就是金钱"。实际上，在时间和金钱之间，还有效率和财富。也就是说，争分夺秒——提高效率——创造更多的财富才是现代人的时间观念。时间比金钱还要珍贵，珍惜时间就是珍惜生命。

历史上许多伟人、名人视时间如生命，对时间无比珍惜，他们的成功是因为他们做出了超出常人的努力。

歌德，德国最著名的文学作家，一生勤奋创作，留下了大量的诗歌、游记、小说、剧本等。其中的书信体小说《少年维特之烦恼》和诗剧《浮士德》已成为世界文学名著。他为什么能取得如此惊人的成就呢？关键在于他一生非常珍惜时间，把时间看成生命的有机组成部分。

一天，歌德经过小儿子的房间，随意翻了一下小儿子书桌上的一本纪念册。纪念册上有这么一句话：人生有两分半的时间：一分钟微笑，一分钟叹息，半分钟爱，因为在这爱的半分钟里他死去了。

歌德看后，十分生气，自言自语地说："这是什么？把时间分得那么仔细？还说爱的半分钟内那人死去，简直是荒唐到了极点。"

歌德埋怨着，他的小儿子进来，看到爸爸脸上带着不满意的神色，问："爸爸，你怎么了？不高兴了吗？"

"当然不高兴了！你这句话是什么意思？"说着，歌德把纪念册递给小儿子。

小儿子看了一下，咯咯笑道："爸爸，没有什么呀！不是挺好的吗？你看看，一分钟微笑，一分钟叹息，半分钟爱。"

"你既然把人生分成两分半的时间，为何不化为一个整体呢？那么，一个人知道自己是一个整体，就会视时间为生命，不浪费一分一秒。"

小儿子辩解说："不是这样的，爸爸！我的意思是说，一个小时有六十分钟，一天就超过了一千分钟，我们要把一生中的每个小时当作六十分钟使用，这样，每一分钟都用到具体点上，一生才光彩。"

歌德听了，细细一琢磨，恍然大悟，连连夸赞小儿子聪慧。从此，歌德就把一个小时当作六十分钟使用，直到他84岁临终前还是孜孜不倦地坚持着。

时间是人生最大的财富。一个人的生命是有限的，如何珍惜时间、有效地利用短暂的一生，去成就更辉煌的事业，这是有志之士需要认真思考的人生课题。

屠格涅夫说得好："没有一种不幸可与失掉时间相比了。"如果你不懂得珍惜时间，你无疑染上了最坏的习惯。时间意味着一切，那些在人生路上有所建树的人大都拥有良好的时间习惯。如果你也想象他们一样，超越自我，成为一个成功者，那么，请好好珍惜时间，它会给予你无穷的回报。

著名的物理学家爱因斯坦认为，人与人之间的最大区别就在于怎样利用时间。我们出生时，世界送给我们最好的礼物就是时间。不论对穷人还是富人，这份礼物是如此公平：一天 24 小时，我们每一个人都用它来投资经营自己的人生。有的人善于经营，可以把一分钟变成两分钟，一小时变成两小时，二十四小时变成四十八小时……他用上天赐予的时间做了很多的事，最终换来了成功。其实，这世界上的元首、科学家、发明家、文学家等等，最成功之处就是运用时间的成功，他们都是利用时间的高手。

哲人曾说过，善于珍惜时间、利用时间的人才是生活的强者。有的人一辈子活得庸庸碌碌，其实不是他们不聪明、不努力，而是没有利用好时间；相反，有的人一举成名天下知，是因为他们能够利用好人生当中的每一分钟，做驾驭时间的主人。一个人生命价值的大小，取决于这个人对时间利用的多少。生命每一分、每一秒都是值得珍惜的，应把每一分钟都当成最后一分钟来对待，让每分钟都过得有价值、有意义。

时间是最宝贵的财富，若没有时间，计划再好，目标再高，能力再强，也是空想。倘若你不满意今天的生活，那就应该反思几年前的行为；倘若你希望几年后有所改变，那从今天起就要学会好好利用时间。

从现在开始，就让我们一起行动起来吧，把握每一分每一秒，把有限的生命投入到无限的生活之中。提高生活的质量，让生命的价值在有限的时间里尽情发挥，这样就等于增加了生存的“密度”，扩充了有限生命的内涵，我们的生命也因此变得更有价值，我们的生活也会更有意义！

第四章　相信自己，你远比自己想象中强大

照亮一生的不是电灯，而是信心

所谓自信，是指凡事对自己持相信和肯定的态度，以“我能”为信念，是一种积极的心理状态和可贵的进取精神。人的一生是曲折坎坷的。在追求学业和事业的路上，更不会事事如意、一帆风顺，而自信正是黑暗中的一盏灯、风浪中的一面帆，是登山的云梯、渡水的小舟，它给人通往成功的勇气和希望。在现实生活中，自信是大力之神，它有着一股神奇的魔力，可使弱者变强，强者更强。

古希腊的大哲学家苏格拉底在临终前有一个不小的遗憾——他多年的得力助手，居然在半年多的时间里没能给他寻找到一个优秀的闭门弟子。

事情是这样的：苏格拉底在风烛残年之际，知道自己时日不多了，就想考验和点化一下他那位平时看来很不错的助手。他把助手叫到床前，说：“我的蜡烛所剩不多了，得找另一根蜡烛接着点下去，你明白我的意思吗？”

“明白，”那位助手赶快说，“您的思想光辉得很好地传承下去……”

“可是，”苏格拉底慢悠悠地说，“我需要一位优秀的传承者，他不但要有相当的智慧，还必须有充分的信心和非凡的勇气……这样的人选直到目前我还未见到，你帮我寻找和发掘一位好吗？”

“好的，好的。”助手很温顺很尊重地说，“我一定竭尽全力地去寻找，不辜负您的栽培和信任。”

苏格拉底笑了笑，没再说什么。

那位忠诚而勤奋的助手，不辞辛劳地通过各种渠道开始四处寻找。可他领来一位又一位，总被苏格拉底一一婉言谢绝了。有一次，当那位助手再次无功而返时，病入膏肓的苏格拉底硬撑着坐起来，抚着那位助手的肩膀说：“真是辛苦你了，不过，你找来的那些人，其实还不如你……”

苏格拉底笑笑，不再说话。

半年之后，苏格拉底眼看就要告别人世，最优秀的人选还是没有找到。助手非常惭愧，泪流满面地坐在病床边，语气沉重地说：“我真对不起您，令您失望了！”

“失望的是我，对不起的却是你自己。”苏格拉底说到这里，很失意地闭上眼睛，停顿了许久，才又不无哀怨地说，“本来，最优秀的人就是你自己，只是你不敢相信自己，才把自己给忽略了，不知道如何发掘和重用自己……”话没说完，一代哲人永远离开了他曾经深切关注着的这个世界。

那位助手非常后悔，甚至后悔、自责了后半生。

虽然这只是一个传说，但却告诉我们一个深刻的道理：自信心是一个人能力的支柱，一个没有自信心的人，不能指望他能够做出实质性的成就。

一位名人说：“我们对自己抱有信心，将是别人对自己萌生信心的绿芽。”由此可见自信是多么重要！我们的自信能直接奠定我们在别人心目中的地位，在很大程度上改善我们的人生处境，从而提升我们的人生价值。

美国通用电气公司前首席执行宫杰克·韦尔奇曾有句名言：“所有的管理都是围绕‘自信’展开的。”也正是凭着这种自信，在担任通用电气公司首席执行官的20年中，韦尔奇展示了非凡的领导才能。韦尔奇的自信，与他所受家庭教育是分不开的。韦尔奇的母亲对儿子的关心主要体现在培养他的自信心上。

韦尔奇从小就患有口吃症，说话口齿不清，因此经常闹笑话。韦尔奇的母亲想方设法将儿子的这个缺陷转变为一种激励。她常对韦尔奇说：“这是因为你太聪明，没有任何一个人的舌头可以跟得上你这样聪明的脑袋。”于是从小到大，韦尔奇从未对自己的口吃有过丝毫的忧虑，因为他从心底相信母亲的话：他的大脑比别人的舌头转得快。在母亲的鼓励下，口吃的毛病并没有阻碍韦尔奇学业与事业的发展。而且注意到他这个缺点的人大都对他产生了某种敬意，因为他竟能克服这个缺陷，在商界出类拔萃。

韦尔奇的个子不高，却从小酷爱体育运动。读小学的时候，他想报名参加校篮球队，当他把这想法告诉母亲时，母亲便鼓励他说：“你想做什么就尽管去做好了，你一定会成功的！”于是，韦尔奇参加了篮球队。当时，他的个头几乎只有其他队员的四分之三。然而，由于充满自信，韦尔奇对此始终都没有丝毫的觉察，以至几十年后，当他翻看自己青少年时代在篮球队与其他队友的合影时，才惊奇地发现自己几乎一直是整个球队中最为弱小的一个。

在培养儿子自信心的同时，母亲还告诉韦尔奇，“人生是一次没有终点的奋斗历程，你要充满自信，但无须对成败过于在意。”正是这种从小培养出来的自信和不怕失败的信念，最终帮助韦尔奇成就了自己的人生。

没有自信，便没有成功。自信对成功尤其重要，是人们事业成功的阶梯和不断前进的动力，同时自信又是积极向上的产物，也是积极向上的力量。一个人能获得巨大成功，首先是因为他自信。古往今来的许多失败者之所以失败，究其原因，不是因为无能，而是因为不自信。自信，使不可能成为可能，使可能成为现实；不自信，使可能变成不可能，使不可能变成毫无希望。

在许多伟人身上，我们都可以看到超凡的自信心。正是在这种自信心的驱动下，他们敢于对自己提出更高的要求，并从失败中看到成功的希望，鼓励自己不断努力，从而获得最终的成功。

法国著名的小说家小仲马，年轻时喜欢创作，刚开始写的作品统统被编辑退回来。他父亲大仲马怕儿子受不了打击，便建议说："你如果能在寄稿时告诉编辑你是大仲马的儿子，或许情况就会好多了。"小仲马固执地说："不，我不想坐在你的肩头上摘苹果，那样摘来的苹果没味道。"年轻的小仲马不但拒绝以父亲的盛名做自己事业的敲门砖，而且不露声色地给自己取了十几个其他姓氏的笔名，以免让那些编辑把他与大名鼎鼎的父亲联系起来。

小仲马面对那些冷酷无情的退稿笺，没有沮丧，他对自己说："我能成功，一定能成功！"这些激励自己的话，排除了失望、犹豫等消极情绪的干扰，使他在积极心态的支配下，获得了力量，这种力量推动他不断地去思考，去创造，去行动，去完成使命。

他的长篇小说《茶花女》寄出后，终于以其绝妙的构思和精彩的文笔震撼了一位知名的老编辑。这位编辑曾和大仲马有过多年的书信来往，他发现《茶花女》投稿人的地址和大仲马的地址丝毫不差，怀疑是大仲马另取的笔名，可是作品的风格却和大仲马的风格迥然不同。他带着这些疑问去拜访大仲马。

令他大吃一惊的是，《茶花女》这部伟大作品的作者，竟是大仲马的儿子小仲马。"你为何不在稿子上署上你的真实姓名呢？"老编辑不解地问小仲马，小仲马说："我只想拥有自己真实的高度。"

小仲马的话充满了自信，难怪他能够把自己生命里的能量和积极性都充分地调动起来，转化成强大的创作动力，使他奇迹般地向着自己希望的方向前进。

有没有决心和信心，这是做事情能否成功的前提条件。古人云：

“疑事无功，疑行无名。”缺乏决心和信心的人，往往优柔寡断，常常错失良机。自信是成功的第一步，一个人如果对自己所从事的工作没有自信，那么，他就会连一点小困难也克服不了。俄国大诗人普希金说：“大石拦路，勇者视为进步的阶梯，弱者视为前进的障碍。”只要相信自己的力量，树立必胜的信心，尽自己最大的努力，就一定会获得成功的。

自信赐予人成功的力量，使人能在荆棘中开辟一条坦荡之路，在暴风雨中固守一片鲜花盛开之地。诚然，事业上的成功是由多方面因素促成的，但自信却是成功者必备的特质。

靠山山会倒，靠人人会跑，只有自己最可靠

俗话说：“在家靠父母，出门靠朋友。”这话的确有一定的道理。当你困难的时候，朋友伸出援助之手，能够帮你解决一时之难，可这毕竟不是长久之计，因为别人可能帮你一时，但帮不了你一世。依靠别人是暂时的，依靠自己才是长久的。

人，真正能依靠的只能是自己，只有用自己的力量克服困难、锻炼顽强的意志，才能到达成功的彼岸。这既是人成熟的标志，也是每个成功者所必备的品质。

詹姆斯的工厂宣告破产了，他失去了所有的财富，成了一个名副其实的穷光蛋，只好四处流浪，像乞丐一样生活着。他无法面对残酷的现实，心里沮丧透了，几乎想自杀。

有一天，他想到要去见牧师。在牧师面前他流着泪，将自己如何破产、如何流浪给牧师细细说了一遍，诚恳地请求牧师给予指点，帮助他东山再起。

牧师望着他，沉默了一会儿说：“我对你的遭遇深表同情，也希望我能对你有所帮助，但事实上，我也没有能力帮助你。”

詹姆斯的希望像泡沫一样一下子全部破碎了，他脸色苍白，喃喃自语道："难道我真的没有出路了吗？"

牧师考虑了一下说："虽然我没办法帮助你，但我可以介绍你去见一个人，他可以帮助你东山再起。"

"这个人会是谁呢？他真的有神奇的力量让我重振旗鼓吗？"詹姆斯满腹狐疑。

牧师带领詹姆斯来到一面大镜子前，然后用手指着镜子中的詹姆斯说："我介绍的就是这个人。在这个世界上，只有这个人能够助你东山再起，你必须首先认识这个人，然后才能下决心如何做。在你向这个人作充分的剖析之前，你不过是一个没有任何价值的废物。"

詹姆斯向前走了几步，怔怔地望着镜子里的自己，用手摸着长满胡须的脸孔，看着自己颓废的神色和迷离无助的双眸，他不由自主地抽噎起来。

第二天，詹姆斯又来见牧师，他从头到脚几乎是换了一个人，步伐轻快有力，双目坚定有神，他说："我终于知道我应该怎么做了，是你让我重新认识了自己，把真正的我点醒了，我已经找了一份不错的工作，我相信，这是我成功的起点。"。

英国经济学家亚当说过："掌握自己才能掌握一切。战胜自己才是最完美的胜利。"命运是由自己去把握，而不是由别人去安排你的命运，只有你自己才是你人生的主人。过分依赖别人的人，不会有大的成就。与其一味地把希望寄托在别人身上，不如积极地行动起来，创造条件改变自己的命运，要知道自己的命运并不掌握在别人手里。

靠人不如靠己，求人不如求己，自己才是最强大的。一个人要想在社会上站稳脚跟，就必须以自立自强为信念，培养自我独立的精神。

1947 年，美孚石油公司董事长贝里奇到开普敦巡视工作。在卫生间里，他看到一位黑人小伙子正跪在地板上擦上面的水渍，并且每擦一下，都虔诚地叩一下头。贝里奇感到很奇怪，问他为何如此。小伙子回答，他在感谢一位圣人。贝里奇问他为何要感谢那位圣人，小伙子回答说，是他帮自己找到了这份工作，让他终于有了饭吃。

贝里奇笑了，说："我曾遇到一位圣人，他使我成了美孚石油公司的董事长，你愿意见他一下吗？"小伙子说："我是个孤儿，从小靠锡克教会养大，我很想报答养育过我的人，这位圣人若使我吃饱之后，还有余钱，我愿去拜访他。"

贝里奇说："你一定知道，南非有一座很有名的山，叫大温特胡克山。据我所知，那上面住着一位圣人，能为人指点迷津，凡是能得到他指点的人都会前程似锦。20 年前，我去南非登上过那座山，正巧遇到他，并得到他的指点。假如你愿意去拜访，我可以向你的经理说情，准你一个月的假。"这位年轻的黑人小伙子谢过贝里奇后就上路了。在接下来 30 天的时间里，他一路披荆斩棘，风餐露宿，历尽艰辛，终于登上了白雪覆盖的大温特胡克山，他在山顶徘徊了一天，除了自己，什么都没有遇到。

黑人小伙子很失望地回来了，他见到贝里奇后，说的第一句话是："董事长先生，一路上我处处留意，直至山顶，我发现，除了我之外，根本没有什么圣人。"贝里奇说："你说得很对，除你之外，根本没有什么圣人。"

20 年后，这位黑人小伙做了美孚公司开普敦分公司的总经理，他的名字叫贾姆纳。2000 年，世界经济论坛大会在上海召开，他作为美孚石油公司的代表参加了大会，在一次记者招待会上，针对他的传奇一生，他说了这么一句话：你发现自己的那一天，那就是你遇到圣人的时候。

世上没有救世主，如果这个角色必须存在，那扮演者只能是你自己，因为只有自己才是最可相信的。自己的路要自己走，别人的帮助终究是暂时的、辅助性的，只有依靠自己的力量克服困难，才能到达成功的彼岸。

教育家陶行知曾说过："滴自己的汗，吃自己的饭，自己的事自己干，靠人，靠天，靠祖上，不算是英雄好汉。"的确，人若想取得任何事业的成功，都必须依靠自己的不懈努力。如果把自己的成功寄希望于别人身上，你也许永远也品味不到成功的甘甜。

我是自己命运的主宰，我是自己灵魂的船长

有这样一个小故事：

有两兄弟出生在贫穷家庭里，由于长期受到酗酒父亲的虐待，最后他们选择了离开家，各自外出奋斗。

多年之后，他们受邀参与一项针对酗酒家庭的研究，这时的哥哥早已成了一位滴酒不沾的成功商人，而弟弟却成了一个和父亲没有两样的酒鬼，生活穷困潦倒。主持这项研究的心理学家对他们的际遇相当好奇，忍不住问他们："为什么你们最后会变成这样呢？"出乎众人意料之外的是，两人的答案竟然一样："如果你的父亲也像我父亲一样，你还能怎么办？"

这则故事说明了困难和厄运会造成两种不同的结果，你可以被困难轻易打倒，也可以将困难和厄运当作是生命的原动力，激发你获得巨大的成就。决定自己会选择哪一条路，完全要看你对所处的环境作何解释，有何看法。

人生的道路不可能是完全平坦的，它有曲折，有坎坷，有阻碍，有陷阱，追求成功的路上，我们也常常会遇到这样或者那样的困难。对此，消极的人往往会因面临困难而失去斗志，丧失信心，从而产生失败感和自卑心理；而积极的人，则善于把困难作为激励自己奋发向上的动力，及时地调整自己的精神状态，从困难的阴影里走出来。

斯通先生是一位成功的企业家，他从一个小学徒做起，经过多

年的奋斗，终于拥有了自己的公司和办公楼，并且受到了人们的尊敬。

有一天，斯通先生从他的办公楼走出来，刚走到街上，就听见身后传来“嗒嗒嗒”的声音，那是盲人用竹竿敲打地面发出的声响。斯通先生愣了一下，缓缓地转过身。

那盲人感觉到前面有人，连忙打起精神，上前说道：“尊敬的先生，您一定发现我是一个可怜的盲人，能不能占用您一点点时间呢？”

斯通先生说：“我要去会见一个重要的客户，你要什么就快说吧。”

盲人在一个包里摸索了半天，掏出一个打火机，放到斯通先生的手里，说：“先生，这个打火机只卖一美元，这可是最好的打火机啊。”

斯通先生听了，叹口气，把手伸进西服口袋，掏出一张钞票递给盲人：“我不抽烟，但我愿意帮助你。这个打火机，也许我可以送给开电梯的小伙子。”

盲人用手摸了一下那张钞票，竟然是一百美元！他用颤抖的手反复抚摸着钱，嘴里连连感激着：“您是我遇见过的最慷慨的先生！仁慈的富人啊，我为您祈祷！上帝保佑您！”

斯通先生笑了笑，正准备走，盲人拉住他，又喋喋不休地说：“您不知道，我并不是一生下来就失明的，都是二十三年前布尔顿的那次事故！太可怕了！”

斯通先生一震，问道：“你是在那次化工厂爆炸中失明的吗？”

盲人仿佛遇见了知音，兴奋得连连点头：“是啊，是啊，您也知道？这也难怪，那次光炸死的人就有93个，伤的人有好几百，那可是头条新闻啊！”

盲人想用自己的遭遇打动对方，争取多得到一些钱，他可怜巴巴地说了下去：“我真可怜啊！到处流浪，孤苦伶仃，吃了上顿没下顿，死了都没人知道！”他越说越激动：“您不知道当时的情况，火一下子冒了出来！仿佛是从地狱中冒出来的！逃命的人都挤在一起，我好不容易冲到门口，可一个大个子在我身后大喊：‘让我先出去！我还年轻，我不想死！’他把我推倒了，踩着我的身体跑了出去！

我失去了知觉，等我醒来，就成了瞎子，命运真不公平啊！”

斯通先生冷冷地说：“事实恐怕不是这样吧？你说反了。”

盲人一惊，用空洞的眼睛呆呆地对着斯通先生。

斯通先生一字一顿地说：“我当时也在布尔顿化工厂当工人，是你从我的身上踏过去的！你长得比我高大，你说的那句话，我永远都忘不了！”

盲人站了好长时间，突然一把抓住斯通先生，爆发出一阵大笑：“这就是命运啊！不公平的命运！你在里面，现在出人头地了；我跑了出去，却成了一个没有用的瞎子！”

斯通先生用力推开盲人的手，举起手中一根精致的棕榈手杖，平静地说：“你知道吗？我也是一个瞎子。你相信命运，可是我不信。”

这就是斯通先生，一个不屈服于命运的强者。盲人尚且知道自强不息，而一些健全者反倒以跪来博得路人的同情。人与人相比，真有天壤之别啊！

我们每个人都是自己命运的主人，我们的人生是失败还是成功，是默默无闻还是光彩显赫，完全是自己决定的。亚伯拉罕·林肯曾经说过：“我一直认为，如果一个人决心想获得幸福，那么他就能得到这种幸福。”也许你对这一说法感到非常奇怪，人怎能选择自己的幸福？但如果你认真分析身边的成功者和失败者的经历，你就会发现事实确实如此。所以，面对逆境时，要相信自己：无论困难多大，但通往成功之路，就在自己的脚下。不管是谁，只要相信自己，敢于主宰自己的命运，充分发挥出自己的聪明才智，就一定能成就一番事业。

你认为自己行，你就一定行

一个人要想得到胜利女神的眷顾，首先就得向她展现你无比强大的内心——自信。你要敢于对自己说："我行！我坚信自己！我是一个内心强大的人！"

相信自己，是对自己的充分肯定，是对自己能力的赞同。一个连自己都不相信的人，又能相信谁呢？

自信是我们的力量的源泉，是我们精神的支柱，是我们前进的动力，是我们敢于向现实挑战的勇气，是我们战胜恶魔的伴侣，是我们能坚持到成功的毅力。

李四光是我国卓越的科学家，地质力学的创立人。

在20世纪20年代之前，国际地质和地理学界长期流行一种观点，认为中国内地没有第四纪冰川。李四光想：外国地质学家并没有做过认真调查，凭什么说中国没有第四纪冰川？他不信洋人，1921年，李四光亲自到河北太行山东麓进行地质考察，1933到1934年又到长江中下游的庐山、九华山、天目山、黄山进行考察，然后写出论文，论证华北和长江流域普遍存在第四纪冰川。1939年，他又在世界地质学会发表《中国震旦纪冰川》一文，用大量实证肯定中国冰川遗迹的存在，这对地质学、地理学和人类学都是一大贡献。

20世纪初，美国美孚石油公司曾在我国西部打井找油，结果毫无所获。于是以美国布莱克威尔教授为首的一批西方学者，就断言中国地下无油，中国是一个"贫油的国家"。

年轻的地质学家李四光偏偏不信这个邪：美孚的结论不能断定中国地下无油。他说：我就不信，石油，难道只生在西方的地下？在这种强烈的自信心的支配下，他开始了30年的找油生涯。他运用地质沉降理论，相继发现了大庆油田、大港油田、胜利油田、华北油田、江汉油田。他当时还预言西北也有石油。今天正在开发的新疆大油田，也完全证实了他的预言。

李四光靠自信、自强彻底粉碎了"中国贫油论"。

信心是一块伟大的奠基石。无数事实证明，正是信心使人们的力量倍增，更使人们的才能增加数倍；而如果没有信心，你将一事无成。即使是一个强有力的人，一旦他对自己或自己的才能失去信心，那他就会被迅速地剥夺一切力量，变得不堪一击。

信心使你坚信自己终会成功。信心能开启守卫生命真正源泉的大门，正是借助于信心，你才能发掘巨大的内在力量。你的人生是辉煌还是平庸，是伟大还是渺小，与你的远见和力量成正比。

许多人不“相信”他们的信心，因为他们不知道信心为何物。他们把信心混同于幻想或想象。信心是一种精神或心理能力，这种能力不能被猜测或怀疑，但能被感知；信心能洞悉全部人生之路，而其他的心理能力则只看到眼前，不能谋划长远。

信心能提升一个人，对人们的理想也有十分重大的影响。信心能使我们站得高、看得远，能使我们站在高山之巅，眺望远方看到充满希望的大地。信心是“真理和智慧之光”。

信心能使人力量倍增，使你能充分施展自己的才华。信心是一切时代最伟大的奇迹制造者。

世界上成就斐然者的显著特征是，他们无不对自己充满极大的信心，他们无不相信自己的力量，他们无不对人类的未来充满信心。而那些没有做出多少成绩的人其显著特征则是缺乏信心，正是这种信心的丧失使得他们卑微怯懦、唯唯诺诺。

坚定地相信自己，绝不容许任何东西动摇自己有朝一日必定会在事业上取得成功的信念，这是所有取得伟大成就的人士的共同点。

迈克·帕伍艾鲁在大学二年级时选定了跳远运动。在选定这个人生目标的时候，他的最好成绩也不过是7.47米——这个成绩在当时不过是一般水平。

在这以后的11年间，帕伍艾鲁一直努力训练，他确定的目标是当时的全美冠军。然而，冠军是不容易到手的，因为当时的冠军是卡尔·刘易斯——这位跳远老将已在冠军的领奖台上蝉联65次。

在一次全美冠军赛上，帕伍艾鲁准备让积蓄多年的力量爆发，决心战胜刘易斯成为冠军。但非常遗憾的是，帕伍艾鲁又没成功，这次他和刘易斯的差距仅仅是1厘米。

但是，帕伍艾鲁并不认输，因为他从这次仅有1厘米的差距中看到了战胜对手的可能性，他很自信，相信自己一定能获得冠军。以此为信念，他更加刻苦地训练。

在东京国立竞技场里，刘易斯和帕伍艾鲁再次展开较量。这是一场世界田径锦标赛的跳远决赛，真正的角逐将在这里展开。

此时的世界纪录是8.90米，但刘易斯却在第四回合时以超出原来纪录1厘米的好成绩再次打破纪录，全场掌声雷动，观众欢呼雀跃。刘易斯此时也觉得冠军的宝座又是自己的了。可是，这回刘易斯高兴得太早了。帕伍艾鲁在第五回合的试跳中，一举跳出了8.95米的好成绩，终于打败了刘易斯，同时也打破了保持23年之久的世界纪录。试想，如果帕伍艾鲁在失败后不再站起，如果没有一定要争得冠军的信心，如果在几次和刘易斯的较量中自我放弃，如果在刘易斯先胜一筹的情况下失去自信，那么会是这样的结局吗？

信心是每一项成就的伟大领航者。信心给你指明了通向成功、走向辉煌的道路。信心是知晓一切的能力或本能，因为它看到了人们身上的发展前途。在敦促我们成就大业方面，信心绝不会有丝毫犹豫，因为信心看到了你身上那种能成就大业的潜能。

信心能促使你去行动。信心是一个导游，它帮我们开启紧闭的大门，它能看到障碍背后的光明前景，它帮我们指点迷津，而那些精神能力稍差些的人是看不到这条光明大道的。

到目前为止，还没有哪个人能对信心这一真知作出过令人满意的解释。这种使人在极其艰难困苦、令人心碎的形势下仍然鼓起勇气和怀有希望的信心到底是什么呢？这种使人能坚毅地甚至心甘情愿地忍受各种痛苦和贫穷的折磨的信心又是什么呢？要是没有信心，这些磨难可能足以让人死一百次。世人总是对那些明显已经丧失一切，却仍然对他们全身心投入的事业抱有信心的英雄们夸赞不已。

一个人犹如一条船，理想是帆，信心是桨，船长是自己，只要扬起帆，推起桨，成功就会在彼岸欢迎你。有信心的人可以化渺小为伟大，化平庸为神奇，会产生奋斗的勇气和力量。

用信念的火种点亮人生

人是为什么而活？又是什么在支撑着人们努力前行？其实，这不过就是两个字——信念。

信念是一切成功和奇迹的源泉。俄国的列宾曾经说过：没有原则的人是无用的人，没有信念的人是空虚的废物。如果我们在做任何事之前，没能树立起一个坚定的信念，只是一味地采取消极的态度，告诉自己这也无法实现那也不可能做到，恐怕我们的人生也就这样失败了。

有三个农民，在地震来临时，他们正在羊圈旁的窑洞里守卫着羊群。当地动山摇的那一刻，他们在发出惊叫之后，离门口最近的那个农民最先向外面逃命，然后是第二个，然后是第三个。但是，当第二个农民被轰然倒塌的土窑压倒时，第三个农民也没能跑出去，而是连同厚厚的土同时压在了前面农民的身上。

最后的那个农民是幸运的，靠稀薄的仅有的一点空气得到了短暂的喘息，但是，那点空气显然不够他维持，他在死亡的边缘挣扎，这时，有一种坚强的信念一直支撑着他，那就是他以为第一个农民一定成功地逃生了，并且，他会很快喊来救援人员。

他奋力地挣扎，奋力地用手刨着土，以尽可能获得生还的机会，就这样，一直过了十几个钟头，在他已经奄奄一息时，他听到了救援的脚步和嘈杂的声音，这时的他已经没有喊叫的力气。

他终于被人们用手挖了出来，他被挖出来的那一刻，便彻底失去了知觉。但他终于成功地活了下来。

医生说，在那样稀薄的空气中，能够存活半个小时就已经是奇迹了。

人们问起他时，他说，他真的以为第一个农民已经逃生了，他相信逃生的农民一定会来救他。而实际上，第一个和第二个农民都没有跑出去就死了。

如果不是那个信念，这位活下来的农民一定不会坚持那么久；如果他放弃了希望，他可能早就被死亡的魔鬼拉走了。信念是什么？很多时候，信念就是支撑我们生命的力量。

信念是强大的精神力量，有了坚定的信念，就能精神振奋、克服困难，甚至生命受到威胁，也不轻易放弃内心信念。

事实上，人生从来没有真正的绝境。无论遭受多少艰辛，无论经历多少苦难，只要一个人的心中还怀着一粒信念的种子，那么总有一天，他就能走出困境，让生命重新开花结果。

信念的力量惊人，它能改变恶劣的现状，带来令人难以相信的圆满结局。在成功之前，我们必须相信自己有能力成功。信念的力量在成功者的足迹中起着决定性的作用，要想事业有成，就必须拥有无坚不摧的信念。坚定的信念可以帮助我们克服重重困难，跨过种种阻碍，坚定的信念可以促使我们付出积极努力的行动。

1955 年，18 岁的吉尔·金蒙特已是全美国最受喜爱、最有名气的年轻滑雪运动员了，她的照片被用于《体育画报》杂志的封面。金蒙特踌躇满志，积极地为参加奥运会预选赛做准备，大家都认为她一定能成功。

她当时的最高目标就是获得奥运会金牌。但是，天不遂人愿，1955 年 1 月，一场悲剧打碎了她的愿望。在奥运会预选赛最后一轮比赛中，金蒙特沿着大雪覆盖的罗斯特利山坡开始下滑，没料到，这天的雪道特别滑，刚过几秒钟，便发生了意想不到的事故。她先是身子一歪，而后就失去了控制，像一匹脱缰的野马，直往下冲去。

她竭力挣扎着想摆正姿势，然而一切都是徒劳的，一个个的筋斗把她无情地推下山坡。在场的人都睁大眼，紧张地注视着这一幕，心几乎提到了嗓子眼儿。

当她停下来时已昏迷不醒。人们立即把她送往医院抢救，虽然最终保住了性命，但她双肩以下的身体却永久性瘫痪了。金蒙特意识到活着的人只有两种选择：要么奋发向上，要么灰心丧气。她毫不犹豫地选择了奋发向上，因为她对自己的能力仍然坚信不疑。她想尽一切办法使自己从失望和痛苦中摆脱出来，去从事一项有益于公众的事业，以开始自己新的生活。几年来，她整日和医院、手术室、理疗和轮椅打交道，病情时好时坏，然而她始终坚持追求有意义的生活。

通过不断练习，她学会了写字、打字、操纵轮椅、用特制汤匙进食。她在加州大学洛杉矶分校选听了几门课程，梦想今后当一名教师。

想当教师，这可真有点不可思议，因为她既不能走路，又没受过师范训练。她向教育学院提出申请，但系主任和保健医生都认为她不适宜当教师。录用教师的标准之一是要能上下楼梯走到教室，可她做不到。但是任何困难都无法阻挡金蒙特要成为教师的信念。

终于在 1963 年，她被华盛顿大学教育学院聘用。由于教学有方，她很快受到了学生们的尊敬和爱戴。不仅如此，她教那些对学习不感兴趣、上课心不在焉的学生也很有办法。她向青年教师传授经验说："这些学生也有感兴趣的东西，只不过和大多数人的不一样罢了。"

从 1955 年起，很多年过去了，金蒙特从未得过奥运会的金牌，但她却得到了华盛顿大学为了表彰她的教学成绩而授予她的一块金牌。

成功者之所以成功，是因为他们总是以积极的信念支配和控制自己的人生，战胜自己的缺陷，而失败者却恰恰相反。

著名黑人领袖马丁·路德金说：“在这个世界上，没有人能够使你倒下。如果你自己的信念还站立的话。”信念是一种力量，支撑着你的生命，带给你无限希望。坚定地义无反顾地按照自己的理想和信念，坚持不懈走下去，表面上看上去似乎是只知道埋头拉车不知道抬头看路，最终却抵达了人生的辉煌顶峰。

第五章　你要去相信，没有到达不了的明天

善于等待的人，一切都会及时到来

有句俗话说，“心急吃不了热豆腐”，正说明耐心是成功的关键因素之一。罗马不是一天建成的，要有耐心才行。当我们为某个目标奋斗了一段时间而未果的时候，如果没有足够的耐心而放弃了，那么，成功将会与你擦肩而过。

从前，在一个小山村里，传说有两兄弟在一次上山的途中，偶然与神仙相遇，神仙传授他们酿酒之法，叫他们把在端午那天收割的米，与冰雪初融时高山流泉的水来调和，放入千年紫砂土铸成的陶瓮中，再用初夏第一个看见朝阳的新荷覆紧，密封七七四十九天，直到鸡叫三遍后方可启封。

他们历尽千辛万苦，跋涉千山万水，终于找齐了所有的材料，一起调和密封，然后潜心等待那令人激动的时刻。多么漫长的等待，终于到了第四十九天了。两人整夜都没有睡，等着鸡鸣的声音。

远远地，传来了第一遍鸡鸣。过了很久很久，才响起了第二遍。第三遍鸡鸣到底什么时候才会来呢？其中一个再也等不下去了，他迫不及待地打开陶瓮品尝，却惊呆了——里面的水，像醋一样酸，

又像中药一般苦，他把所有的后悔加起来也不可挽回。他失望地把它洒在了地上。而另外一个，虽然欲望如同一把野火在他心里燃烧，让他按捺不住想要伸手，但他还是咬着牙，坚持到了三遍鸡鸣响彻了天空。

“多么甘甜清澈的酒啊！”他终于品尝到了自己亲自酿制的美酒。

成功需要时间，需要耐心地等待。现实生活中，很多人都有积极行动的勇气，却常常缺乏等待胜利果实到来的耐心。成大事者，很多情况下不能急躁，而应有足够的信心和耐心等待机会和创造机会。

每个人都希望自己能成功，但是，成功并不是一蹴而就的。所谓“十年树木，百年树人”，人经不起时间的磨练，经不起一点挫折，要有所成就是很难的。

富兰克林说：“有耐心的人，能得到他所期望的。”耐心是成功的磨刀石。学会了等待时机，离“成功”也就不远了。

耐心是一种坚持。在某种意义上说，耐心是成功的“通行证”。在人生的旅途上，哪有一帆风顺？总会遭遇挫折，有时还布满荆棘，如果没有耐心，不能坚持到底的话，则很难看到成功的模样。“日日行，不怕千万里；常常做，不怕千万事。”很多的时候，尽管我们也曾经全身心地投入过，也曾经拼搏过，但常常在成功即将来临的时候，却又失去了最后的耐心，这时的成功实际上离我们只有一步之遥。仅仅是一步之遥，只要耐心地坚持一下，成功也同样会属于我们，然而却鬼使神差地放弃了，回过头来当我们醒悟的时候为时已晚，后悔莫及了。

有一位佛法很高的老和尚，一次，他应邀去一个寺庙讲经。

那天，寺庙的大厅里座无虚席，人们在热切、焦急地等待着那位佛法很高的大师作精彩的演讲。在寺庙大厅的正中央吊着一个巨大的铁球，为了这个铁球，厅上搭起了高大的铁架。

一位老和尚在人们热烈的掌声中走了出来，站在铁架的一边。

人们惊奇地望着他，不知道他要做出什么举动。

这时两位小和尚，抬着一个大铁锤，放在老者的面前。此时，老和尚对在场的人讲：请两位身体强壮的人，到台上来。好多年轻人站起来，转眼间已有两名动作敏捷的人跑到了台上。

老人告诉他们游戏规则，请他们用这个大铁锤，去敲打那个吊着的铁球，直到把它荡起来。一个年轻人抢着拿起铁锤，拉开架势，抡起大锤，全力向那吊着的铁球砸去，只听一声震耳的响声，吊球动也没动。他接着用大铁锤接二连三地砸向吊球，很快他就气喘吁吁。另一个人也不示弱，接过大铁锤把吊球打得叮当响，可是铁球仍旧一动不动。台下逐渐没了呐喊声，观众好像认定那是没用的，就等着老和尚做出解释。

会场恢复了平静，老和尚从上衣口袋里掏出一个小铁锤，然后认真地对着那个巨大的铁球敲打起来。

他用小锤对着铁球"咚"敲一下，然后停顿一下，再一次用小锤"咚"地敲一下。人们奇怪地看着他，老人就那样"咚"敲一下，然后停顿一下，就这样持续地做。

10分钟过去了，20分钟过去了，会场早已开始骚动，有的人干脆叫骂起来，人们用各种声音和动作发泄着他们的不满。老和尚仍然敲一小锤停一下地敲击着，他好像根本没有听见人们在喊叫什么。人们开始愤然离去，寺庙大厅里出现了大片大片的空处。留下来的人们好像也喊累了，会场渐渐地安静下来。

大概在老人敲打了40分钟的时候，坐在前面的一个人突然尖叫一声："球动了！"刹那间会场鸦雀无声，人们聚精会神地看着那个铁球。那球以很小的幅度动了起来，不仔细看很难察觉。老和尚仍旧一小锤一小锤地敲着，吊球在老和尚一锤一锤的敲打中越荡越高，它拉动着那个铁架子"哐哐"作响，它的巨大威力强烈地震撼着在场的每一个人。终于场上爆发出一阵阵热烈的掌声，在掌声中老和尚转过身来，慢慢地把那把小锤揣进兜里。

老和尚开口讲话了，他只说了一句话："在成功的道路上，你如果没有耐心去等待成功的到来，那么，你只好用一生的耐心去面对失败。"

耐心是一种坚韧。哲人说："无论何人，若是失去了耐心，就失去了灵魂。"耐心考验人的毅力和定力。古往今来，滴水穿石也好，铁杵磨成针也罢，愚公移山也好，精卫填海也罢，难在耐心，贵在耐心，成也在耐心。俗话说，慢工出细活。我们做很多事情，往往要靠绣花一样的精细功夫，而离开了耐心，这些都无从谈起。

现代社会，随着生活节奏的加快，很多人都陷入了对速度的盲目崇拜当中，人们变得越来越没有耐心去等待。可是，人生是一场是"马拉松竞赛"，而非"百米冲刺"，比的是耐力而不是爆发力。要想取得人生最后的胜利，你必须经过一段非常漫长的等待，才可以看出结果。

辉煌的背后，总有一颗努力拼搏的心

其实，人的一生就是一个拼搏和收获的过程。所谓"有志者，事竟成"。每一位成功人士，都付出了巨大的努力和汗水。"苦心人，天不负。"如果我们也能为梦想多付出几分努力，那么，我们也能成为心中想要成为的那个人，做到心中想要做到的事。

她，是一个可怜的小女孩，从小患有小儿麻痹症，只能依靠轮椅才能行动。每当看到同龄的小朋友蹦蹦跳跳的，她都感觉到自卑而又羡慕。随着年龄的增长，她的忧郁和自卑感越来越严重，甚至，她拒绝着所有人的靠近。但也有个例外，邻居家那个只有一只胳膊的老人却成为她的好伙伴。老人是在一场战争中失去一只胳膊的，老人非常乐观，她非常喜欢听老人讲的故事。

这是个天气晴朗的上午，她被老人用轮椅推着去附近的一个公园里散步，草坪上孩子们动听的歌声吸引了他们。当一首歌唱完，老人说着："让我们一起为他们鼓掌吧！"她吃惊地看着老人，问道："我的胳膊动不了，你只有一只胳膊，怎么鼓掌啊！"老人对她笑了笑，解开衬衣扣子，露出胸膛，用手掌拍起了胸膛……那时已经是深秋了，虽然天气晴朗，但风中却夹着几分寒意，尽管如此，她却突然感觉自己的身体里涌动起一股暖流。老人对她笑了笑，说道："只要努力，一只巴掌一样可以拍响。你一样能站起来的！"

当天晚上，她让母亲在一张纸上写下了这样一行字：一只巴掌也能拍响。为了激励自己，她又让母亲将这张纸贴到了墙上。从那之后，她开始配合医生做物理治疗。有时，甚至父母不在身边的时候，她自己扔开支架，试着走路。蜕变的痛苦是牵扯到筋骨的。她坚持着，她相信自己能够像其他孩子一样行走，奔跑……

就这样，经过蜕变的痛苦后，11 岁时，她终于扔掉支架，可以自如地行走了，但她并没有满足，此后，她又向另一个更高的目标努力着，她开始打篮球和参加田径运动。后来，她不但可以跑，而且跑得比别人快。1960 年罗马奥运会女子 100 米决赛，当她以 11 秒 18 的成绩第一个撞线后，掌声雷动，人们都站起来为她喝彩，齐声欢呼着这个美国黑人的名字：威尔玛·鲁道夫。那一届奥运会上，威尔玛·鲁道夫成为当时世界上跑得最快的女人，她共摘取了 3 枚金牌，也是第一个黑人奥运女子百米冠军。

人生能有几回搏！威尔玛·鲁道夫的成功恰恰说明了这一点。拼搏的人生才能称其为人生，拼搏才有人生价值。正如流行歌曲所唱的："三分天注定，七分靠打拼，爱拼才会赢。"古今中外，许多有所成就的成功者都是经过拼搏而成就其伟业的，从他们的身上，我们看到的是汗水，是奋斗，是拼搏。

一个人的生命是短暂的，但精神却是无限的，要做到生命不息，奋斗不止，就要靠顽强拼搏的精神作为动力。要想为自己的人生之路增添色彩，就要做自己想做的，就要拼搏！

吉米·哈里波斯是美国一位颇具传奇色彩的伟大赛车手。从很小的时候起，吉米就有一个梦想，希望自己能够成为一名出色的赛车手。中学毕业后，他到军队中服役，学会了驾驶汽车，并成为了一名开卡车的运输兵，这对他熟练地掌握驾驶技术起到了很大的帮助作用。

从部队退役之后，吉米选择到一家农场里开车。在工作之余，他一直坚持参加一支业余赛车队的技能训练。只要有机会遇到赛车，他都会想尽一切办法参加。因为没有获得好的名次，所以他在赛车上的收入几乎为零，这也使得他欠下一笔数目不小的债务。

不过，经过几次比赛，吉米也积累了不少经验和教训。有一年，吉米参加了威斯康星州的赛车比赛，这场比赛，他有很大的希望获得好的名次。比赛开始后，吉米的赛车位列第三，他一直寻找着机会超越前两名选手。当赛程进行到一半多的时候，突然，他前面那两辆赛车发生了相撞事故，吉米迅速地转动赛车的方向盘，试图避开他们，但终究因为车速太快未能成功。结果，他撞到车道旁的墙壁上，赛车在燃烧中停了下来。

当吉米被救出来时，他的脸已经被毁容了，手也被烧伤，体表伤面积达40%。他被送到医院后，医生整整给他做了7个小时的手术，这才使他从死神的手中挣脱出来。经历这次事故，尽管他命保住了，可他的手萎缩得像鸡爪一样。医生告诉他说：“以后，你再也不能开车了。”然而，吉米并没有因此而灰心绝望。为了实现那个一直以来的梦想，他决心再一次为成功付出代价。他接受了一系列植皮手术，为了恢复手指的灵活性，每天他都不停地练习去抓木条，有时疼得浑身大汗，但他仍然坚持着。

吉米始终有着一种拼搏的精神，他坚信自己的能力。在做完最后一次手术之后，他回到了农场，换用开推土机的办法使自己的手掌重新磨出老茧，并继续练习赛车。

仅仅在9个月之后，吉米又重返了赛场！他首先参加了一场公益性的赛车比赛，但没有获胜，因为他的车在中途意外地熄了火。不过，在随后的一次全程200英里的汽车比赛中，他取得了第二名的成绩。又过了2个月，仍是在上次发生事故的那个赛场上，吉米满怀信心地驾车驶入赛场。经过一番激烈的角逐，吉米最终赢得了250英里比赛的冠军。

拼搏是强者的凯歌，是成功者的阶梯。面对人生的坎坷，只有不断拼搏，你才会成长为一个真正的强者。

拼搏是人自我表现的一种特质，也是自我价值实现的凭借。高尔基曾说过："敢于拼搏的人才是命运真正的主人。"一个人如果不敢向命运挑战，不敢在生活中做出开创之举，命运给予他的不过是一个狭窄的牢笼，而他举目所见的也将只是蛛网和尘埃。因此，只有敢于挑战、敢于拼搏的人才会充实地走完人生之路，实现自己的人生价值。

乐观的人看到希望，悲观的人只能看到绝望

乐观与悲观，代表两种不同的人生态度，两种对人生不同的看法。乐观的人在危机中看到的是希望，悲观的人看到的是绝望。乐观的心态能把坏的事情变好，悲观的心态会把好的事情变坏。生活中，乐观的人能看到事情比较有利的一面，期待最有利的结果；悲观的人则总是看到事情不利的一面，强化不利的结果。

日本的水泥大王浅野一郎，23岁时从乡下来到繁华的东京，看到有人用钱买水喝，感到很奇怪，水还用花钱买吗？面对此事，有的人会这样想：东京这个鬼地方，连用点水都要用钱买，生活费用太高了，怕难以久居，于是便离开东京。但是浅野一郎并不这么想，他从这件事中看到了商机：东京这个地方，连水都能卖钱，

他一下子振奋起来，从此开始他的创业生涯，后来终于成为东京的水泥大王。

这就是一位积极乐观者的态度。乐观者首先看到其发展的有利条件，这样给他更多机会、勇气和动力，自然也有更多的成功机遇；悲观者相反，总是先看到不利的因素，总觉得天要塌下来，因而生活的能力和动力不足，成功的机会自然也少多了。

乐观的人具有积极的心态，他们对待事物，不看消极的一面，只看积极的一面。有一位智者说过："生性乐观的人，懂得在逆境中找到光明；生性悲观的人，却常因愚蠢的叹气，而把光明给吹熄了。当你懂得生活的乐趣，就能享受生命带来的喜悦。"的确，乐观的人，凡事都往好处想，以欢喜的心想欢喜的事，自然成就欢喜的人生；悲观的人，凡事都朝坏处想，越想越苦，终成烦恼的人生。生活是美好的，虽然也不免有些伤心和痛苦，但这些都是生活的本色，所以我们要勇敢而乐观地面对它。

美国加州曾有位刚毕业的大学生，在一次冬季大征兵中他依法被征，即将到最艰苦也是最危险的海军陆战队去服役。这位年轻人自从获悉自己被海军陆战队选中的消息后，便显得忧心忡忡。在加州大学任教的祖父见到孙子一副魂不守舍的模样，便开导他说："孩子啊，这没什么好担心的。到了海军陆战队，你将有两个机会，一个是留在内勤部门，一个是分配到外勤部门。如果你分配到了内勤部门，就完全用不着担惊受怕了。"年轻人问祖父："那要是我被分配到了外勤部门呢？"祖父说："那同样会有两个机会，一个是留在美国本土，另一个是分配到国外的军事基地。如果你被分配在美国本土，那又有什么好担心的。"年轻人问："那么，若是被分配到了国外的基地呢？"祖父说："那也还有两个机会，一是被分配到和平而友善的国家，另一个是被分配到维和地区。如果你分配到和平友善的国家，那也是件值得庆幸的好事。"年轻人问："那要是我不幸被分配到维和地区呢？"祖父说："那同样还有两个机会，一个是安全归来，另一个是不幸负伤。如果你能够安全归来，那担心岂不多余？”年轻人问：“那要是不幸负伤了呢？”祖父说：“你同样拥有两个机会，一个是依然能够保全性命，另一个是完全救治无效。如果尚能保全性命，还担心它干什么呢？”年轻人再问：“那要是完全救治无效怎么办？”祖父说：“还是有两个机会，一个是作为敢于冲锋陷阵的国家英雄而死，一个是唯唯诺诺躲在后面却不幸遇难。你当然会选择前者，既然会成为英雄，有什么好担心的？”

人生会遇到许多难以预料的事，在这些事物面前，我们应当乐观对待，多往好的一面想并为此而努力。积极乐观对于我们就像太阳对于植物一样重要，积极乐观就是心中的太阳，这种心灵中的阳光散发温暖和爱，促进它范围所及的一切事情的发展。

叔本华曾说：“事物的本身并不影响人，人们只受对事物看法的影响。”的确如此，否则为什么同样的事物会带给乐观者和悲观者完全不同的影响呢？并不是事物影响了我们，而是我们被自己对事物的看法限制住了。心态消极的人为世界寻找消极的解释，于是他只能看到消极的世界，而同样的处境，心态积极的人却能从中看出灿烂和光明。

世上的每个人、每件物品、每件事，我们都能从积极和消极两方面进行解释，并得出截然相反的结论。我们看到世界是什么样子，只取决于我们认为它是什么样子。如果你的心是明媚的，世界也会是明媚的。我们生活在同一个社会，环境也大致相似，有的人认为世界冰冷而苛刻，有的人却感觉世界仍有许多美好，其中的差异，只在于他们不同的心态。

如果你认为世界是不幸的，你就只会看到世上的不幸，或许你也向往幸福，但你观察世界的方式实际上是在寻找不幸。相对地，如果你抱着从每一个角落寻找乐趣的想法，你的生活就会是精彩而有趣的。保持积极乐观的心态，就等于是用一双专门寻找美、寻找乐趣的眼睛去观察世界。

人生充满了选择，而生活的态度就是一切。你用什么样的态度对待你的人生，生活就会以什么样的态度来待你。你消极悲观，生命便会暗淡；你积极向上，生活就会给你许多快乐。

在最深的绝望里，遇见最美丽的风景

任何时候，人都要有希望，因为只有有了希望，生命才会有活力。人的一生中，往往会遇到很多的挫折与不幸，我们会有无助与失落的时候，我们也会感觉到绝望。此时，惟有重新燃起希望的火苗，让自己有足够的勇气与信念活下去，才会成就人生的辉煌。

有这样一个在困境中燃起生命和希望之火的故事：

一天早上，欧文与几个建筑工人，爬上一幢小房子的屋顶工作。那天天气极其闷热，而他们所做的工作又异常棘手。欧文当时正在一个木架上工作，主管叫他递过一件工具。欧文伸手去取的时候，忽然，一根木条因不能承托他的重量而折断了。他踩了个空。

这一跌非同小可，因为他 180 斤重的庞大身躯是头先着地的。欧文后来回忆说："我的头先坠地，跟着身躯下压，使我的前额像扭扭棒一样扭曲地顶住我的胸膛。在那一刻，双脚已没有知觉了。

"当别人把我的头放在枕头上，我才开始感觉到疼痛，那疼痛越来越厉害，我只好叫他们把枕头移走。我觉得头颅与身躯好像只有一根线连着。每次我把头稍做移动，疼痛就会加剧。我以为那根线快要断了，头颅也要与身体分家了。我挣扎着保持清醒。

"不久，救援队到了，他们要把担架放在我的身下，我非常害怕，因为我的疼痛已很难忍受了。不过，医生不断地安慰我，同时以利落的专业手法移动我，使我的痛苦不至大大增加。

“在医院里，脑科专家把我移上X光台，然后把我的头移到照X光的最佳位置。我以前虽然也经历过痛苦，但那一次的经历毕生难忘。不久，X光报告出来了，医生证实我的椎骨在第五和第六节之间折断了。

“那一夜，我半睡半醒，反复回忆当天所发生的事。

“就在这既痛苦又迷糊的时候，我记起罗斯福总统的话：‘我们需要害怕的，就是害怕本身。’

“第二天当我醒来后，头部两旁的支架提醒了我身在何方。不久我发觉，我越减少活动，痛苦就会越少。我觉得胸口以下像木乃伊一样。这种感觉非常恐怖，因为这意味着我的知觉已完全失去了。”

以后数周，一切测试都证明欧文已终身残废，但他仍抱有希望。他希望会有奇迹发生，他的脊椎会愈合，为大脑传递信息。

因此，他全心全意去找寻复原之道，想知道怎样做才可以使自己复原。他并没有向人问及自己的情况，因为他从两个护士的对话中，已知道自己四肢瘫痪了。欧文从未见过四肢瘫痪的人，但此刻他知道自己头颈以下的身躯已不能再动了！

这位年轻的丈夫和父亲要面对的是无比艰辛的日子，但没有人比他更坚强。

他说：“我要活下去。我要凭着渴望、意志活下去。我要激发求生的意志。我要去医治，我要发挥自己的潜能。我要专心培养这些信念，而决心必会使我成功。我永不放弃！”

八年后，欧文几乎需要以轮椅代步，但他仍说他的生命是美好的。

他说：“我不会让自责、埋怨和憎恨占有任何位置。我深信憎恨只会带来破坏。我要带着爱去生活，虽然我的身躯伤残，但我的心仍充满着爱。我现在认识到那些真正伤残的人，是那些只以外表完美作为美的标准的人。

“有时在超级市场坐着电动轮椅在货架中穿行时，小朋友会瞪大好奇的眼睛望着我，但我只要向他们笑笑或眨一下眼就可以应付了。有一次，一个小朋友还对我说：‘哇，你真勇敢啊！’”

欧文今天所做的，并不局限于和小朋友打招呼，他有自己的生意。他为酒店安排专业的保姆服务，还在“新希望”电话辅导中心当义务咨询员。

欧文找到了新希望，因此，他的事迹可以为在困境的人带来新的希望。

世上没有绝望的处境，只有对处境绝望的人。我们知道，人生之路，就是不断地战胜困难和面对考验的路。困难并不可怕，可怕的是不能以正确的态度面对困难，在困难中使人倒下的往往不是困难本身，而是消极悲观的态度，是缺乏战胜困难的勇气和信心，是没有坚强的意志。

人类最可贵的财富是希望。希望减轻了我们的苦恼，希望总为人们描绘出充满乐趣的远景，无论处境多么艰难，只要活在希望中，就会看到光明。

她原在一家商店做营业员，爱人是公交车司机，有一个女儿，生活很幸福。但后来她下岗了，为了生活，她出去给人打工，在饭店端盘子，在商场给人卖衣服……总之吃尽了苦头。一年之后，更大的灾难降临了，她的爱人得了不治之症。知道了自己的病情，爱人对她说：“咱这病，治也没用，就不治了。我走了后，你要自己抚养孩子，所以为我别花钱了……”但她不同意，她说哪怕有一线希望也得救你啊，钱算什么啊，钱花完了还能赚，可生命只有一次啊！为了给爱人治病，她借遍了亲朋故旧，终于给爱人做了手术。

可是，手术后两个星期，她爱人还是走了，留给她的，是16万元的外债。她欲哭无泪，真想跟着爱人一起走算了，但一想到孩子，想到那么多的债务，她就打消了这个念头，她决定努力赚钱，把孩子养大，把所有的欠款都还上。她知道给人打工永远也不可能翻身，她打算做生意，但没有大本钱，只能先到早晚市摆小摊。风里来雨里去的，经过一年的努力，她手头有了一些钱，她用这些钱租了个小门市房，卖起了日杂。又经过一年的经营，她的生意打开了局面，于是又租了一个大门市房，开了家大的日杂商店。4 年过去了，她已经赚了 100 多万，不但还清了欠款，而且还在市中心买了一套 100 多平方米的楼房。

有人问她，当初你面临的是绝境，一般人早就挺不住了，你却没有倒下，反而还创造了奇迹，是什么原因呢？她想了想说：“是因为我能在绝境中看到希望！”

保持“希望”的人生是有力的。失掉“希望”的人生，则通向失败之路；“希望”是人生的力量，在心里一直抱着美“梦”的人是幸福的。

上帝给你关上一扇门，同时也会为你打开一扇窗

上帝是公平客观的，它给你关了一扇门的同时，也会为你打开一扇窗。人的一生总会有坎坷与挫折，当它们与你“不期而遇”时，我们是一味地抱怨上天不公、感叹命运多舛，还是勇于面对、不屈抗争并最终战而胜之呢？看看下面这个故事，或许你就会找到答案。

有一个美国人，6 岁时就失去了父亲。长大后为贴补家用，他进城去经商。他先筹资开了一家汽车加油站，加油站营业后，生意并没有他想象中的那么好，然而糟糕的是，这时他又遇上了美国有史以来最严重的经济危机，在他苦心支撑近一年后，他的加油站被迫倒闭了。

第二年的时候，美国经济开始复苏。他瞅准时机，又开了一家小餐馆，搞起了餐饮服务。因为餐馆的服务周到、饭菜可口，开业后，

他的生意非常兴隆。但是，在他还没来得及欣喜时，一场突如其来的大火却将他的餐馆烧了个精光。

面对这两次致命的打击，他曾一度低迷，等他重新调整心态，从低迷中清醒过来后，他觉得自己不能就这么被命运打败，他决定再一次从头开始。于是，他振奋精神，又四处筹资，开设了一家比以前规模更大的餐馆。餐馆的生意比以前更加红火，但令人气愤的是，就在他再一次看到曙光时，在他经营的餐馆附近，另外一条新的交通要道建成通车，他的店铺为此一下子失去了很多顾客，生意也一下子一落千丈。

经过几次打击，他人生中最美好的年华已消失殆尽。这年，他65岁，已身无分文，他拿到了生平第一张救济金支票，金额为105美元。然而，他还是没有死心，他手里还保留着一个极为珍贵的秘方，那是从前他开餐馆时的炸鸡秘方。他又一次努力打起精神，再次开始他的创业。5年后，出售炸鸡的餐馆遍布美国和加拿大。在他70岁时，这种名叫“肯德基”的连锁店在全美达5000家，海外达4000家。他就是我们所熟知的肯德基炸鸡的创始人哈莱德·桑德斯。

命运好像始终在和桑德斯开着一个沉重的玩笑，但是，他并没有被面前的一次次困难所打倒，而是一次次地、坚强地、满怀信心地爬了起来。这个故事告诉我们，挫折与苦难或许是为你关上了希望之门，但同时也打开了梦想之窗。一个人人生的道路不会一帆风顺，而是荆棘丛生、坎坷不断。当面临人生的苦难时，不要抱怨命运的不公，也没必要自暴自弃，因为你就是上帝派来的使者，他让你经受磨练，不断成熟，直至抵达成功的终点。

日本独立公司是专为伤残人设计和生产服装而创立的，赢得了消费者的好评。

这家公司的老板是一位叫木下纪子的妇女，过去她曾管理过两个室内装修公司，并且小有名气。可是，正当她在选定的道路上迅速前进的时候，不幸降临到她的头上，她突然中风，半身瘫痪了，连吃饭穿衣都难以自理。当她从极度的痛苦中摆脱出来，清醒思考的时候，她问自己：这辈子难道就这样结束了吗？不！必须振作起来。穿衣服这件事虽然是件小事，又是每天都遇到的事情，但对一个残疾人来说又多么重要啊！难道就不能设计出一种供伤残人士容易穿的衣服吗？

一个新的念头突然而至，使她顿时兴奋起来。她忘记了自己的痛苦，甚至忘记了自己是一个左半身瘫痪的人。

木下纪子根据自己的设想加上以往管理的经验，办起了世界第一家专门为残疾人设计和生产服装的服装公司——“独立”公司。“独立”这个字眼不仅向人们宣告残疾人的心愿和理想，同时也说出了木下纪子自己的心声：她要走一条独立自主的生活道路。

木下纪子按残疾人的特点及心理，设计出适合残疾人穿的服装。独立公司开张后生意日益兴隆，有时一个季度就可销售五万多美元的服装。由于她事业上的成功，在日本这个以竞争著称的国家，竟得到了十家不同企业的支持，木下纪子还准备把她的产品打入国际市场。她的这一计划不仅得到日本政府的支持，同时也得到了外国友人的帮助，她和一家美国同行成立了一个合资公司。

木下纪子为公司的发展呕心沥血，走过了漫长的路。她向一位来访者宣称：为伤残人士生产产品固然重要，改变残疾人的形象更重要。尽管我们的身体有残疾，但我们的精神并没有残疾。我所做的就是想让人们看到，我们伤残人士不但生活得非常有朝气，而且也同样是生活中的强者。

成功的道路不止一条。如果这扇窗你实在推不开，那么你可能开错了窗。打开另开一扇窗，你会发现整个世界也一样会呈现在你的面前。所以说，这个世界上，从来没有什么真正的绝境，无论黑夜多么漫长，太阳总会冉冉升起；不管风雪如何肆虐，春风终会缓缓吹来。对我们来说，当挫折接踵而来、失败如影随形时，当命运之门一扇接一扇地关闭时，我们永远也不要怀疑，因为总有一扇窗为你打开！

热情地投入才能有所收获

热情是一种昂扬的情绪，是一种积极向上的态度，更是一种高尚珍贵的精神。不论我们做什么事，如果没有倾注全部的热情，都很难将它做好，也很难在某一领域做出成就并展现自我的价值。

英国前首相狄斯雷利认为：“一个人想成为伟人，唯一的途径便是：做任何事都要怀着热情的心。”美国文学家爱默生曾写道：“不倾注热情，休想成就丰功伟绩。”一个人如果没有热情，不论他有什么能力，都很难发挥出来，也不可能会取得成功。成功是与热情紧紧联系在一起的，要想成功，就要让自己永远沐浴在热情的光影里。

热情是什么？热情就是一个人保持高度的自觉，就是把全身的每一个细胞都调动起来，完成自己内心渴望去完成的工作，做自己想做的事。只有用真正的热情，才可能点燃生命中潜藏的动力和激情。

世界第一名女性打击乐独奏家伊芙琳·格兰妮说：“从一开始我就决定：一定不要让其他人的观点阻挡我成为一名音乐家的热情。”

格兰妮在苏格兰东北部的一个农场长大，从8岁起她就开始学习钢琴。随着年龄的增长，她对音乐的热情与日俱增。但不幸的是，她的听力却在逐渐下降，医生们诊断是难以康复的神经损伤造成的，而且断定到12岁，她将彻底耳聋。即使如此，她对音乐的热爱却从未停止过。

她想要成为一名打击乐独奏家，虽然当时并没有这么一类音乐家。为了演奏，她学会了用与众不同的方法“聆听”其他人演奏的音乐。

她只穿着长袜演奏，这样她就能通过她的身体感觉到每个音符的震动，她几乎用她所有的感官来感知着她的整个声音世界。

她立志要成为一名音乐家，而不是一名耳聋的音乐家，于是她向伦敦著名的皇家音乐学院提出了申请。因为以前从来没有一个失聪学生提出过申请，所以一些老师反对接收她入学。但是她的演奏折服了所有的老师，因此她成功地入学，并在毕业时荣获了学院的最高荣誉奖。此后，她就致力于成为第一位专职的打击乐独奏家，并且为打击乐独奏谱写和改编了很多乐章，因为那时几乎没有专为打击乐而谱写的乐谱。而如今，她作为独奏家已经有十几年的时间了，因为她很早就下定决心，不会因为医生诊断她完全变聋而放弃追求，因为医生的诊断并不代表她的热情和信心不会有结果。

热情是发自内心的激情，是一种意识状态，是一种重要的力量，它具有巨大的威力。一个人如果激情洋溢，热情地面对人生，乐观地接受挑战，那么他就成功了一半。

事实上，每一个人的身上都具有成就大事的潜质，不仅反应敏捷、聪明伶俐的人是这样，那些相对木讷甚至看起来有些笨拙的人，也有这样的潜质。只要充分发挥自己的热情，凭借着这种力量，任何一个人都可以出色地完成自己的工作，最终实现自己人生的价值。

乔·吉拉德是世界上最伟大的推销员，他在十五年里卖出 13 000 辆汽车，最多的一年竟卖了 1 425 辆，他的成功，就是归功于他用热情温暖了每一个人。

有一次，一位中年妇女走进他的展销室，她说想在这儿看看车打发一会儿时间。闲谈中，她告诉乔·吉拉德她想买一辆白色的福特车，就像她表姐开的那辆一样，但对面福特车行的推销员让她过一小时后再去，所以她就先来这儿看看。她还说这是她送给自己的生日礼物："今天是我 55 岁生日。"

“生日快乐，夫人！”乔·吉拉德一边说，一边请她进来随便看看，接着出去交代了一下，然后回来对她说：“夫人，您喜欢白色车，既然您现在有时间，我给您介绍一下我们的双门轿车——也是白色的。”

他们正谈着，女秘书走了进来，将一束玫瑰花递给他。他把花送给那位妇女：“祝您长寿，尊敬的夫人。”

显然她很受感动，眼眶都湿了。“已经很久没有人给我送礼物了。”她说，“刚才那位福特推销员一定看我开了部旧车，以为我买不起新车，我刚要看车他却说要去收一笔款，于是我就上这儿来等他。其实我只是想要一辆白色车而已，只不过表姐的车是福特，所以我也想买福特。现在想想，不买福特也可以。”

最后她在乔·吉拉德这儿买走了一辆雪佛莱，并写了张全额支票，其实从头到尾乔·吉拉德的言语中都没有劝她放弃福特而买雪佛莱。只是因为她在这里感受了重视和热情，于是放弃了原来的打算，转而选择了乔·吉拉德的产品。

乔·吉拉德成功的推销案例说明了热情的重要性。热情是人的一种生活态度，积极投入，时时充满热情，才是人的最佳状态。因为积极热情的态度可以感染人、带动人，给人以信心，给人以力量。

热情代表着一种积极的精神力量，它是人人都具有的，只要善加利用，就可以在生活和工作中转化为巨大的能量。如果要想取得成功，你就要时刻充满热情，坚信你从事的事业，发掘那些积极的因素，从而促使自己行动起来。这有助于点燃你内心的热情之火，热情的火焰一旦点燃，你下一步该做的就是不断加柴，让热情之火越来越旺。如果一时没有焕发出热情，那么就强迫自己热情地投入，久而久之，你就会逐渐变得富有热情。如果你想更热情些，就与其他有热情的人呆在一起。在成功心理学方面著书立说的专家邓尼斯·韦特利说：“热情有感染力。当一个热情的人出现时，其他人就很难再无动于衷，保持冷漠。”那么，现在就开始发掘你的热情吧！

其实这是一件很简单的事情，关键就看你如何行动。

热情是推动你面向目标勇往直前，直至成为你生活主宰的原动力。因此，我们对待生活，要时时刻刻充满热情，这样生活才会少几分无奈，多几分精彩。

第六章　活在当下，努力成为最好的自己

活出快乐，拥有好的情绪

快乐是生活的源泉，生活中若没有了快乐就似无水之鱼，虽生犹死。

有这样一个小故事：

很久以前，有个人因为常常闷闷不乐，所以一年四季都在寻找快乐。他到处问别人："请问，到哪里才能找到快乐？"但被问的人总是摇摇头说不知道。他越找不到快乐就越不快乐。于是，他下定决心，不找到快乐决不罢休。因此他收拾了行李远离家乡，到了人烟稀少的深山、海边去寻觅，然而依然找不到，最后他准备放弃了。他告诉自己："算了。我为什么一定要找到快乐呢？只要我好好工作、好好生活，没有快乐又能怎样？我若能找到快乐更好，找不到也不是世界末日啊！我还是回去过我的日子吧！"他对自己说了这一番话后，便兴高采烈地回家了。一路上，他哼着歌、吹着口哨，这时候他惊讶地发现自己已经找到了快乐。

快乐是不需要刻意去寻找的，它就在我们身边，只是我们常常忽视了它的存在，却总是喜欢将目光投得更远，总想在欣赏远处风

景中寻找快乐。

人生是快乐的，世界上之所以有那么多人感觉不到快乐，是因为他们没有发现快乐的眼睛，他们没有用心去对待生活。你要相信，只要尽你所能，用心去体会、去发现，你可以快乐度过每一天。快乐的产生，并不需要什么，完全取决于你自己。

有一个国王得了重病，他躺在丝绸床垫上奄奄一息。这个王国中所有的名医都被召来为他会诊。然而国王的病却不见起色，最后医生一致认为，只有找一件快乐者穿的衬衫，把它放在病人的头下，方能治愈疾病。于是，许多钦差被派到各地去寻找快乐的人。钦差们找遍了全国，他们没有找到一个快乐的人。最后，正当钦差们要放弃时，他们遇到了一个牧羊人，他一边放牧一边又唱又笑。钦差问他："你为什么又唱又笑的？"牧羊人笑着说："我认为我比别人更快乐。"于是，钦差要求牧羊人把衬衫给他们。但牧羊人却说我连一件衬衫都没有。这可太糟糕了，全国唯一的快乐者却没有衬衫。国王听到这个消息，不由陷入沉思。他冥思苦想了三天三夜，不让任何人接近他。第四天，国王将他的丝绸床垫，以及他所有的珍宝都散发给了百姓。从那时起，他又重新恢复了健康。

这个故事说出了快乐的真谛——快乐的源泉，在自己的内心！快乐并非取决于你是什么人，或你拥有什么，它完全来自于你的思想。假如你下决心使自己快乐，你就能够使自己快乐！快乐无需理由，它本身就是理由！

快乐的心情是简单的。快乐不需要太多的诠释和想象。真正的快乐，来自内心深处的一种持久的安详和喜悦。

一位疲惫的诗人去旅行，出发没多久，他就听到路边传来一个男人悠扬的歌声。

他的歌声实在太快乐了，像秋日的晴空一样明朗，如夏日的泉水一样甘甜，任何人听到这样的歌声，都会马上被感染，让快乐把自己紧紧地包裹起来。

诗人驻足聆听。

歌声停了下来，一个男人走了出来，他的微笑甚至比他本人出来得还要早。

诗人从来没有见过一个人笑得这样灿烂，只有一个从来没有经历过任何艰难困苦的人，才能笑得这样灿烂、这样纯洁。

诗人上前问道："你好，先生，从你的笑容就可以看出来，你是一个与生俱来的乐天派，你的生命一尘不染，既没有经历风霜的侵袭，更没有受过失败的打击，烦恼和忧愁也没有叩过你的家门……"

男人摇摇头："不，你错了，其实就在今天早晨，我还丢了一匹马呢，那是我唯一的一匹马。"

"最心爱的马都丢了，你还能唱得出来？"

"我当然要唱了，我已经失去了一匹好马，如果再失去一份好心情，我岂不是要蒙受双重的损失吗？"

快乐无所不在，关键要有一个快乐的心情。心理学博士凯伦·撒尔玛索恩女士说："我们的生活有太多不确定的因素，你随时可能会被突如其来的变化扰乱心情。与其随波逐流，不如有意识地培养一些让你快乐的习惯，随时帮助自己调整心情。"

人生如梦，岁月无情，人活着是为了一种心情，穷也好，富也好，得也好，失也好，只要心情好，一切都好！所以说，快乐是一种心情，它并不因为人们财富的多寡、地位的高低而增减，全部的奥秘只在内心，那就是快乐。

用平常心去对待身边的一切

人们常说要保持平常心，究竟什么是平常心呢？

让我们先品读一首禅诗：

春有百花秋有月，夏有凉风冬有雪。

若无闲事挂心头，便是人间好时节。

这首禅诗表达了“平常心是道”的境界。平常心，是指眼前之境，就是真心的显现，你只要保持初心，珍惜眼前，就不需要到遥远的地方去追寻。

其实，平常心即是道。平常心每个人都有，可却因为贪、嗔、痴、慢，很少有人真正体会到，所以平常心是很难得的。如果一个人能够心无杂念，把功名利禄看破，才是真正拥有了一颗平常心。

平常心是一种恬淡洒脱、气定神闲的心态。“宠辱不惊，看庭前花开花落；去留无意，观天上云卷云舒”是其生动写照。

在唐高宗总章初年，卢承庆是吏部尚书，负责朝廷文武百官的考核选拔工作。当时有一位负责督运朝廷物资的官员，因途中遭遇大风浪，以致损失了大量粮食。于是卢承庆在为他做考评时，就批示说：“督漕运却损失粮食，评为中下等。”这位官员听后泰然自若，没有任何辩解就退了下去。卢承庆感觉此人有雅量，值得尊重。继而一想：“损失粮食在于天灾，不是他个人的责任，也不是他个人力量所能挽救的，评为‘中下’，恐怕不合适。”遂决定将其考绩评为中等。

谁知这位官员知道此事后，仍一如上次那样沉稳，既没有说一句感谢的话，也没有任何惭愧的意思。卢承庆见他如此这般，非常赞赏。最后便将其考绩改为：“宠辱不惊，评为中上等。”这位官员面对政绩考核表现出宠辱不惊的态度，使卢承庆深受感动。后来卢承庆本人也大起大落，命运坎坷，但他的心情始终平静如水，并不因起落无常而改变自己的为人原则。

以平常心观不平常事，则事事平常。其实，人生本就没什么定式，起起伏伏在所难免，能够坦然面对才是明智选择。羞辱也好，荣誉也罢，不过是过眼云烟，重要的是保持一颗平常心。

在我们的生活中经常看到，有的人常常在成功的掌声中变得目空一切、得意忘形，有的人则在失败的打击中变得心灰意冷、一蹶不振；有的人在荣誉的光环下变得患得患失、畏首畏尾，有的人因为一时的屈辱把自己整个人生涂得一片漆黑……尽管各不相同，但是都因为缺少了一颗平常心，他们在贫富得失、福祸悲喜面前，既拿不起，也放不下；既输不起，也赢不起。心境失去平静，生活失去平和，整个人生品尝着绵绵无尽的焦虑与惶恐、无奈与苦涩、疲惫与怨怒、失落与惆怅，总是郁郁寡欢，终生不得志，总是患得患失，惶恐不安。

成败得失都有其自然法则，毁誉褒贬皆为平常中的道理。只要怀有一颗平常之心，我们就能做到豁达、宽容、积极、乐观，而不是狭隘、刻薄、消极、悲观。

公司要裁员，名单公布后，内勤部办公室的王丽和李红按规定一个月后离岗。

那天，大伙儿看她俩都小心翼翼，更不敢和她们多说一句话，因为，她俩的眼圈都红红的。这事摊到谁身上都难以接受。

第二天上班，这是王丽和李红在单位的最后一个月，王丽的情绪很激动，谁跟她说话，她都像吃了火药似的，逮着谁就向谁开火。裁员名单是老总定的，跟其他人没关系，甚至跟内勤部都没关系。王丽也知道，可心里憋气得很，又不敢找老总去发泄，只好拿杯子、文件夹、抽屉撒气。

“砰砰”“咚咚”，大伙儿的心被她提上来又摔下去，空气都快凝固了。人之将走，其行也哀，谁忍心去责备她呢？

王丽仍旧不能出气，又去找主任诉冤，找同事哭诉。

“凭什么把我裁掉？我干得好好的……”眼珠一转，滚下泪来。旁边的人心里酸酸的，恨不得一时冲动让自己替下王丽。自然，办公室订盒饭、传递文件、收发信件，原来是王丽做的，现在却无人过问。

不久听说，王丽找了一些人到老总那儿说情。好像都是重量级的人物，王丽着实高兴了好几天。不久又听说，这一次是“一刀切”，谁也通融不了。王丽再次受到打击，忿忿的，异样的目光在每个人脸上刮来刮去，仿佛有谁在背后捣鬼，她要把那人用眼钩子勾出来。许多人开始怕她，都躲着她。王丽原来很讨人喜欢的，现在，她人未走，大家却有点讨厌她了。

李红也很讨人喜欢。同事们早已习惯了这样对她：“李红，把这个打一下，快点儿！”“李红，快把这个传出去。”李红总是连声答应，手指像她的舌头一样灵巧。

裁员名单公布后，李红哭了一晚上。第二天上班也无精打采，可打开电脑，拉开键盘，她就和以往一样地工作了，李红见大伙不好意思再嘱咐她做什么，便特地跟大家打招呼，主动揽活。

她说：“是福跑不了，是祸躲不了，反正这样了，不如做好最后一个月，以后想做恐怕都没机会了。”李红心里渐渐平静了，仍然勤劳地打字复印，随叫随到，坚守在她的岗位上。

一个月满，王丽如期下岗，而李红却被从裁员名单中删除，留了下来，主任当众传达了老总的话：“李红的岗位，谁也无法替代，李红这样的员工，公司永远不会嫌多！”

这个故事给了我们一个有益的启示：人生中，有很多事情是我们无法改变的，我们能改变的只有自己的心态，我们需要保持一颗平常心。保持平常心，就是保持一种轻松平和的心态，正确地看待自己，宽容地对待别人，努力与周围的环境保持和谐。人生活在社会中，自然要与他人、与社会发生这样那样的联系，这就有一个以什么样的心态和方式去做人做事的问题。一个人能够保持轻松平和的心态，就能不被物欲束缠住心灵、不被狭隘遮住视线，妥善处理方方面面的关系，更好地干事创业，实现自己的人生价值。

平常心不是“看破红尘”，平常心不是消极遁世。平常心是一种心境，不仅是对待周围的环境要做到“不以物喜，不以己悲”，更要对周围的人和事做到“宠辱不惊，去留无意”，这样才能让我们的生活，有一份平静和谐。

活在当下，精彩每一天

佛家经常用来劝导人们的一句智语是“活在当下”。什么叫“当下”呢？简单地说，“当下”就是指你现在正在做的事、生活的地理环境和人文环境。“活在当下”，就是要求人们把生活中所关注的焦点，集中在现在所处的人、事、物上面，全心全意地去接纳它们，认认真真地去品味它们，客观大度地去体验它们。

有个小和尚，每天早上负责清扫寺院里的落叶。

清晨起床扫落叶实在是一件苦差事，尤其在秋冬之际，每一次起风时，树叶总随风飞舞。每天早上都需要花费许多时间才能清扫完树叶，这让小和尚头痛不已。他一直想要找个好办法让自己轻松些。

后来，有个和尚跟他说：“你明天在打扫之前先用力摇树，把落叶统统摇下来，后天就可以不用扫落叶了。”小和尚觉得这是个好办法，于是隔天他起了个大早，使劲地猛摇树干，这样他就可以把今天跟明天的落叶一次扫干净了。一整天小和尚都非常开心。

第二天，小和尚到院子里一看，他不禁傻眼了。院子里如往日一样满地落叶。

老和尚走了过来，对小和尚说：“傻孩子，无论你今天怎么用力，明天的落叶还是会飘下来。”小和尚终于明白了，世上有很多事是无法提前的，唯有认真地活在当下，才是最真实的人生态度。

活在当下，就要无忧亦无悔。无忧就是不要对未来的事作无谓的想象与担心，无悔就是不要对过去已发生的事作无谓的思索与计较。人能无忧无悔地活在当下，才能不被未来与过往束缚，才能自由自在、快快乐乐地过一生。

活在当下是一种全身心地投入人生的生活方式。当你活在当下，而没有过去拖在你后面，也没有未来拉着你往前时，你全部的能量都集中在今天这一时刻。

我们的人生只有三天：昨天、今天和明天。昨天是一张已经过期的支票，明天是一张还不能兑现的期票，只有今天，才是我们真正唯一可以使用的现钞。所以，我们一定要开心过好每一个今天，每一个今天都幸福了，那就是我们整个人生的幸福！

一位年轻英俊的国王常常为两个问题所困扰："我一生中最重要的时间是什么时候呢？""我一生中最重要的人是谁？"他召集全世界的哲学家来帮他回答，凡是能圆满地回答出这两个问题的人，将分享他的财富。哲学家们从世界各个角落赶来了，但他们的答案没一个能让国王满意。后来，国王听说在一个很远很远的山里住着一位聪明的人，决定去拜访他。

国王到达那个聪明人居住的山脚下，装扮成一个农民。当国王来到聪明人住的简陋的小屋前时，发现那人盘腿坐在地上，正在挖着什么。"听说你是个聪明人，能回答所有问题，"他说，"你能告诉我谁是我生命中最重要的人，何时是我最重要的时刻吗？""帮我挖点土豆，"老人说，"把它们拿到河边洗干净。我烧些水，你可以和我一起喝一点汤。"

国王认为这是老人对他的考验，就照他说的做了。他和老人一起待了几天，希望他的问题能得到回答，但老人自始至终没有回答。

国王最后拿出自己的玉玺，表明了自己的身份，并宣布老人是个骗子。老人说："我们第一天见面时我就回答了你的问题，但你没明白我的答案。你来的时候我向你表示欢迎，"老人接着说，"让你住在我家里。要知道过去已经过去，将来并不存在——你生命中最重要的时刻就是现在，你生命中最重要的人就是现在和你待在一起的人，因为正是他和你分享并体验着生活啊。"

幸福对于每个人来说，是一种最值得期待的人生目标。幸福其实也很简单，它就是珍惜每一天，把每一天、每个瞬间都当作永恒来看待。既不抱怨过去，也不只是憧憬未来，而是做好自己，享受当下的充实、心灵的安宁。

资深新闻工作者，中国台湾的王梅在《快乐做自己》一书中，曾经这样提醒人们“每天都活在当下”。书中这样写道：“假使，你的生命只剩下一天，明天就要结束，你今天想做什么？狠狠大吃一顿，彻底不睡与爱人厮守，还是一个人躲起来大哭一场？当生命走向尽头的时候，你问自己一个问题：你这一生了无遗憾吗？你想做的你都做了吗？你有没有好好笑过、真正快乐过？想想看，你这一生是怎么过的：年轻的时候，你拼了命想挤进一流的大学；随后，你巴不得赶快毕业找一份好工作；接着，你迫不及待地结婚、生小孩，然后又整天盼望小孩快点长大，减轻你的负担；后来，小孩长大了，你又恨不得赶快退休；最后，你真的退休了，不过你也老得几乎连路都走不动了……你突然发现，正想停下来好好喘口气，可是，怎么生命就这样要结束了？”

其实，这不就是大多数人的写照吗？他们劳碌了一生，时时刻刻为生命担忧，为未来做准备，一心一意计划着以后发生的事，却忘了把眼光放在“现在”，等到时间一分一秒地溜过，才恍然大悟“时不我予”。

实际上，过去不论多么值得留恋或是多么需要悔恨，那也只是一种心理反应，“过去”已经过去，已经不再存在了；而“未来”则因为其尚未到来，也是不存在的，也没有必要去一遍又一遍地忧虑。再说，未来是现在的延伸和发展，关注于现在，把握好现在，也就是关注并把握了未来。

所以，让我们活在当下，既不是过去，也不是未来。活在当下并非不去回忆往昔，预想未来，而是专注于这一过程！只有把握当下，抓住此时此刻，才能拥有真正的自我，找到平和与宁静的秘诀。因此，我们必须珍惜生命中的分分秒秒，珍惜每一个“现在”。从“现在”起，尽自己的所能，在生命余下的旅程中留下自己浓墨重彩的印记，只要能够这样，即使到了垂暮之年，我们也会爱上自己朝圣者的灵魂和脸上幸福的皱纹。

学会遗忘，让心灵得到释放

遗忘，在我们的日常生活中，是一个极为常见的现象，同时也是一件非常重要的事情。人生在世不可能事事顺利，每个人都会遇到紧张、挫折乃至失败，这样渐渐地就形成了焦虑情绪。如果总是处理不好，必然会给人们的生活带来负面影响。

心理学家柏格森说："大脑的作用不仅仅是帮助我们记忆，而且帮助我们忘却。"其用意就在于提醒人们，要及时地对自己的焦虑情绪进行清理和调整。为了提高我们的生活质量，调整和改善精神状态，我们必须学会遗忘。

我们说，一个快乐的人是不会为自己的负面情绪所困扰的，他通常能够把恼人的往事放在一边，而让愉快的心情时时陪伴着自己，事实上人们也只有这样，才会有旺盛的精神与体力去学习、生活、工作。从这个意义上讲，遗忘是人生的一种智慧。

人生在世，有些东西是必须抛弃的，不管经历怎样的风雨和疼痛，人生总是要不断前行。有些记忆是不适合再带着上路的，它只会让你焦虑不堪，活得更加痛苦，增加更多的心理负担。因此，当某件事引起你焦虑时，最好把这件事尽快地遗忘掉，不要总去想这件事。因为你为这件事去悲伤、难过、叹息，不仅无助于问题的解决，反而会增加你思想上的负担，使你的身心受到压抑。所以应当明智一点、现实一点，事情既已发生，而且无可挽回，就应当果断地丢开它、忘却它，这样，就能使自己暂时忘掉这些不愉快，以求得对它的淡漠和遗忘，从而缓解焦虑对自己的侵扰，避免由此造成的身心损伤。

一艘游轮正在地中海蓝色的水面上航行，上面有许多正在度假的已婚夫妇，也有不少单身的未婚男女穿梭其间，个个兴高采烈。其中，有位明朗、和悦的单身女性，大约60来岁，也随着音乐陶然自乐。这位上了年纪的单身妇人，曾经遭丧夫之痛，但她能把自己的哀伤抛开，毅然开始新的生活，重新开启生命的第二春，这是经过深思之后所做的决定。

她的丈夫曾是她生活的重心，也是她最为关爱的人，但这一切全都过去了。幸好她一直有个爱好，便是绘画。她十分喜欢水彩画，现在更成了她精神的寄托。她忙着作画，哀伤的情绪逐渐平复。而且由于努力作画的缘故，她开创了自己的事业，使自己的经济能完全独立。

有一段时间，她很难和人们打成一片，很难把自己的想法和感觉说出来。因为长久以来，丈夫一直是她生活的重心，是她的伴侣和力量。她知道自己长得并不出色，又没有万贯家财，因此在那段近乎绝望的日子里，她一再自问：如何才能使别人接纳我、需要我？

不错，才50多岁便失去了自己生活的伴侣，自然令人悲痛异常。但时间一久，这些伤痛和忧虑便会慢慢减缓乃至消失，她也会开始新的生活——从痛苦的灰烬之中找寻自己新的幸福。她曾绝望地说道："我不相信自己还会有什么幸福的日子。我已不再年轻，孩子也都长大成人，成家立业。我还有什么地方可去呢？"可怜的妇人得了严重的自怜症，而且不知道该如何治疗这种疾病。好几年过去了，她的心情一直都没有好转。

后来，她觉得孩子们应该为她的幸福负责，因此便搬去与一个结了婚的女儿同住。但事情的结果并不如意，她和女儿都面临一种痛苦的经历，甚至恶化到大家翻脸成仇。这位妇人后来又搬去与儿子同住，但也好不到哪里去。

后来，孩子们共同买了一间公寓让她独住。这更不是真正解决问题的方法。她后来找到了自己的答案——我得使自己成为被人接纳的对象，我得把自己奉献给别人，而不是等着别人来给予我什么。

想清了这一点，她擦干眼泪，换上笑容，开始忙着作画。她也抽时间拜访亲朋好友，尽量制造欢乐的气氛，却绝不久留。

许多寂寞孤独的人之所以会如此，是因为他们不了解爱和友谊并非是从天而降的礼物。一个人要想受到他人的欢迎或被人接纳，一定要付出许多努力和代价。要想让别人喜欢自己，的确需要费点心力。她开始成为大家欢迎的对象，不但时常有朋友邀请她吃晚餐，或参加各式各样的聚会，并且她还在社区的会所里举办画展，处处都给人留下美好的印象。

后来，她参加了这艘游轮的“地中海之旅”。在整个旅程当中，她一直是大家最喜欢接近的人。她对每一个人都十分友善，但绝不紧缠着人不放，在旅程结束的前一个晚上，她的房间是全船最热闹的地方。她那自然而不造作的风格，给每个人都留下深刻印象。从那时起，这位妇人又参加了许多类似的旅游，她知道自己必须勇敢地走进生命之流，并把自己贡献给需要她的人。她所到之处都留下友善的印象，人人都乐意与她接近。她也终于走出了生活阴影，变成了一个开朗乐观的人，重新拾回了属于她的快乐和幸福。

遗忘，对痛苦是解脱，对疲惫是宽慰，对自我是升华。如果一个人总是不能忘记任何事情，那将是十分痛苦的。人活在世上，很难将世事看穿。如果你想把事情看轻看薄看淡，就要学会遗忘，善于遗忘。否则，拘泥于一得一失，则茶饭不思，身心疲惫，活得沉重且艰难。

学会遗忘，用理智过滤去自己思想上的杂质，保留真诚的情感，它会教你陶冶情操。只有善于遗忘，才能保留人生最美好的回忆。如烟往事俱忘却，心底无私天地宽。要学会遗忘，就要胸怀大志，宽容处世，从追求名利得失、个人利益中解脱出来，把任何事情都看轻一点、看淡一点，只留下温馨和美好，才能把愉快的心境、充沛的精力和长久的健康留给自己，使生命之树常青。

遗忘是一种心灵的释放，让思想不被禁锢在记忆的牢笼。在人生的旅途中，如果我们善于遗忘，忘掉那些沉重和灰暗，就会给我们带来心境的愉快和精神的轻松。

停止抱怨，保持良好的做事心态

生活本身就是个问题。而这个大问题又产生了许许多多的小问题。在问题环绕的世界里，普通人经常为之烦恼。因为，面对小麻烦，人们认为理所当然，并顺利地解决掉；当遇到难以解决的问题时，人们就开始抱怨生活的不公平。通常情况下，越是抱怨，事情就会越糟糕。

在日常生活中，很多人都有抱怨的习惯，家人、朋友、同事、老板、工作、社会，所有和他们有关联的人和事都会成为他们抱怨的对象。虽然抱怨不会像愤怒那样集中爆发，却依然会对我们的生活产生非常负面的影响，就像长期服用慢性毒药，在不知不觉间入骨入髓。对习惯抱怨的人来说，抱怨就像空气一样笼罩着他们，他们挑剔世上的每一样东西，仿佛没有任何事能让他们满意。这种不满的情绪就随着他们不断的抱怨逐渐在心中发酵，让他们总是满腹怨气，离轻松愉快越来越远。

很久以前，山里住着一个大师和他的两个弟子，大弟子就是一个很喜欢抱怨生活的人。一天晚上，大师亲自下厨炒了几个菜，随后大师和他的两个弟子坐在一起吃饭。刚开始吃饭，大弟子就滔滔不绝地抱怨起来，一开始是抱怨下山的那条路太泥泞，然后抱怨因为干旱要走很远的路去挑水，再后来又抱怨化缘的时候常常遭别人的鄙视，最后还抱怨他们庙里的香火不如其他庙里的香火旺盛……大师就这样听着，一句话都没有说，等大弟子发完牢骚后，大师就问两个弟子：“今晚的饭菜做得怎么样啊？”大弟子这才猛然意识到，紧接着说：“我刚才只顾着说话了，没有留意菜的味道如何。”

大师又扭过头去问小弟子："今晚的饭菜味道如何啊？"小弟子惭愧地摇摇头，说："我刚才光顾着听大师兄说话了，也没有注意品尝饭菜的味道。"大师无奈地摇摇头，说："那你们现在好好地品尝一下吧。"两位弟子分别夹了大师做的这几个菜，用心地品尝了一番，然后异口同声地说："师父，您今晚做的菜真是太好吃了！"大师微微一笑，说："当你们一个在不停地抱怨生活，而另一个在专心地听别人抱怨的时候，你们都忘了享受生活带来的乐趣。"

这就是抱怨最终带来的"恶果"。抱怨解决不了问题，相反，埋怨问题的发生或是过度地自怨自艾，只会增加你的压力，让你更难处理那些干扰你的事情。

生活本来就不是事事如意，生活本来就不会十全十美，相反，起起落落，悲欢离合才是人生常态。这是现实，你必须承认，所以你不要抱怨。能够忍受不公平的待遇，并且以平和的心态对待，这是人生的一个境界，也是我们努力追求的方向。坦然面对生活，用微笑来迎接一切困难。如果遇到挫折、困难或不顺心的事，就抱怨他人，感叹自己"怀才不遇"，悔恨"明珠暗投"，就会对生活失去兴趣，对美好的东西失去追求。这种心理不仅会磨损人的志气，更是一个人生活幸福的致命伤。

常常抱怨的人，其实是不热爱生活的人，或者说是不理解生活的人。生活是需要你理解的。你不理解生活，你就会常常有愤愤不平之感，有怀才不遇之慨，有牢骚满腹之怨，运气不佳之恨。

张明正出身于一个贫寒的家庭，读书时成绩也不尽如人意，经常遭到老师的批评。高中毕业之后，张明正甚至连普通大学都没考上。拿到高考成绩之后，平时就爱抱怨的张明正变本加厉，不停地抱怨自己的家庭条件不好、抱怨父母没有为他创造良好的学习环境，但是从没看到自己的不足。

由于父亲确实没有能力为孩子提供良好的物质条件，因此张明正平时抱怨的时候，他总是耐心地教育张明正要凭借自己的实力去取得成功，而不要像他一样一辈子碌碌无为。这次，父亲面对张明正的抱怨时却愤怒了："张明正，我人生失败是我自己没有能力！但是你的失败该由你自己承担！你与其这样无休止地开口抱怨，不如静下心来埋头做事！"一向温和敦厚的父亲突然发了脾气，震醒了张明正。从此，张明正停止了抱怨，补习了一年之后成功考取了台湾辅仁大学应用数学系。

从此之后，张明正再也不抱怨自己出身贫寒，再也不抱怨世道不公，而是勇敢地面对困境和挫折，用"开口抱怨不如闭嘴做事"来指导自己的人生。正因为如此，张明正接受了自己出身贫寒、已经输在了起跑线上的事实，那么要想提前达到终点，唯一的办法就是拼尽全身力气在人生的跑道上奔跑，而不是抱怨起跑太迟。

在大学期间，张明正就不断充实自己，毕业之后经过努力创办了自己的公司。通过自己切身体会，"开口抱怨不如闭嘴做事"也成为了公司文化。在这一理念的推动下，他的公司很快就成长壮大起来。就这样张明正带领着他的员工秉承着"开口抱怨不如闭嘴做事"的精神，在商海中一路打拼，终于在高科技行业展露了头角并成为领军人物。

在短短的时间之内，张明正以5000美元在洛杉矶创业，经过商海打拼，到现在拥有了世界上最大的单一软件公司——趋势科技公司。趋势公司市值高达70亿美元，曾经被权威杂志评选为全球前100名最热门的上市公司之一，而张明正也曾经连续两次被美国《商业周刊》推选为"亚洲之星"。

抱怨是世界上最没有价值的语言，只是一味地去抱怨自身的处境，对于改善处境没有丝毫益处，只有先静下心来分析自己，并下定决心去改变它，付诸行动，它才能向你所希望的方向发展。一分耕耘、一分收获，不要企望在抱怨或感叹中取得进步，事情的进展是你的行为直接作用的结果。事在人为，只要你去努力争取，梦想终能成真。

抱怨生活只是弱者失败的借口。生活本来就是不公平的，永远不要抱怨生活，因为生活根本不会因为抱怨而改变！只有我们用平和的心态去面对所给我们的不如意，心中的乌云才会慢慢散开。

英国作家萨克雷有这样一句名言：“生活是一面镜子，你对它笑，它就对你笑；你对它哭，它也对你哭。”如果我们不再抱怨了，那么我们就能够时刻看到生活中光明的一面——即使是在伸手不见五指的夜晚里，也知道星星仍在闪烁，从而帮助我们有效地摆脱烦恼的侵袭，进而真正地拥抱整个世界。

第七章　今天克制自己，明天才能成就自己

能忍则忍，能让则让

有一首小诗说得很好：“忍字上面一把刀，为人不忍祸自招，能忍得住片时刀，过后方知忍为高。”忍并不是懦弱，忍是有涵养的体现。宋朝理学家尹和靖曾说：“莫大之祸，皆起于须臾之不能忍，不可不谨。”一时的不能容忍而发怒，会使人失去理智，可能铸成大错。

忍，即是忍让，是人生当中的一种智慧。在家庭、工作、公共场合甚至出行中，我们都应该好好地学习这门学问，这对于我们的生活来说不无裨益，能使自己的思想境界得到升华。否则，烦恼就会不寻自来。

从前，有位颇具智慧的老者。有一天他正在和客人下棋，忽然一人大吼大叫狂奔而来，对他说：“老头，我只不过是欠你家二两银子的利息，你为什么命令你的家人每天都来逼我还钱！”老者还没来得及回答，这人又破口大骂，并且还把桌子推翻，棋子落得满地。老者就笑着说：“你来此大闹，不就是想免除这二两银子的利息吗？”于是就拿起笔来，写下免除二两银子利息的字据，这个人拿了字据，就急忙道谢离去。老者的客人亲眼目睹了这一幕，不由赞叹：“您

真是一位盛德君子啊！”

老者说：“忍为众妙之门！待人接物之时，若有人以横逆加于我身，就像是走到了荆棘中。这个时候，只要肯慢慢地走，缓缓地把挡在身前的荆棘解开，那些荆棘又怎么能伤害我呢？我看这个人面貌凶狠，言语激烈，他必定是有备而来的。我恐怕激怒了他，会出现意外的变化，所以干脆宽免了他的利息钱。”这天晚上传来一个消息：白日来闹事的人，死在自家的厕所里。细问才知道原因，这人因为被逼债逼得走投无路，所以事先服了毒，来到夏富翁的家中，企图诈骗。因为感谢富翁高义，免除了他的利息，也就不忍心诈骗了，所以急匆匆地赶回家中，在厕所里找粪青来解毒，却为时已晚，老者听了之后，就对天拜谢，人们因此都佩服和尊敬这位老者。

忍让是一种力量，在冲突与不愉快发生时，忍让是“以柔克刚”，进而达到“忍一时风平浪静，退一步海阔天空”的心境。

忍让并非是一种懦弱，而是一种修养、一种美德，是一种成熟的涵养，更是一种以屈求伸的深谋远虑。同时，忍让也是人类适应自然选择和社会竞争的一种方式。

忍让是一种处世的艺术，是一种淡然的生活态度，能将生活中不快的事和不良的情绪淡化和遗忘。

有一位叫白隐的禅师，他是一位生活纯净的修行者，乡里居民都称颂他的品德。在白隐禅师的住处附近住着一对夫妇，他们有一个漂亮的女儿。有一天，夫妇俩惊然发现女儿已有身孕。夫妇俩勃然大怒，逼问女儿那个可恶的男人是谁，女儿吞吞吐吐说出“白隐”二字。夫妇俩怒不可遏地去找白隐理论，但这位禅师不置可否，只是若无其事地回答：“就是这样吗？”孩子生下来后，就被送给白隐。此时，白隐名誉扫地，但他并不以为然，只是非常细心地照顾孩子。虽然平时免不了遭受别人的白眼和冷嘲热讽，但他总是坦然处之。

后来，孩子的母亲实在觉得羞愧、良心不安，于是向父母吐露实情：“孩子的父亲是在鱼市工作的一个年轻人。”她的父母立即带她到白隐那里，向白隐道歉，并祈求得到原谅。白隐仍然淡然如水，他并没有趁机教训他们，仍是那句淡淡的话："就是这样吗？"仿佛什么事都没发生过。白隐这种"忍辱"的德行，赢得了更多、更久的称颂。

生活中我们常常遇到一些无奈：亲人、朋友、同事的误解，甚至是欺凌，面对这些"人民内部矛盾"，最好的办法就是忍。不生气，就是用一颗理解、宽容的心，做到善解人意、通情达理。遇事多为别人着想，善于体谅他人的难处，理解对方那些一时冲动的言行，这样自然就能平和地看待问题，也不会觉得自己受了多大的委屈，有了这种大度的胸襟与气度，自然就能忍受了。

宋代苏洵说："一忍可以制百辱，一静可以制百动。"这就是忍让的巨大作用。如果我们对待非原则性的问题，能忍则忍，能让则让，肯定会让我们心态更平和，生活更美好。

抬头之前先低头

低头是一种姿态，一种风度；一种超人的智慧，一种精深的哲学。懂得低头的人，总能于人世间的纷扰中坚持淡定从容的志趣，以平和达观的心态面对风云莫测的人生。懂得低头的人，才是人群中的圣者，才是最后的强者。

有"美国人之父"之称的富兰克林，他在年轻时曾拜访过一位德高望重的老前辈。

当时的他年轻气盛，挺胸抬头迈着大步，一进门，他的头就狠狠地撞在门框上，疼得他一边不住地用手揉搓，一边看着比他的身体矮去一大截的门。

这时，出来迎接他的前辈看到他这副样子，笑笑说："很痛吧！可是，这将是你今天访问我的最大收获。一个人要想平安无事地活在世上，就必须时刻记住：该低头时就低头。这也是我要教你的事情。”

富兰克林把这次访问得到的教导看成是一生最大的收获，并把它作为人生的准则去遵守。他把“记得低头”作为毕生为人处世的座右铭，受益终生。后来，他成为功勋卓越的一代伟人——美国著名的政治家、科学家、社会活动家。

放低姿态，学会低头，才能为人们所悦纳、赞赏和钦佩，融入人群，营造和谐的人际关系；才能暗蓄力量，悄然潜行，在韬光养晦中成就一番事业。

在现实生活中，有很多人不懂得低头，虽然他们怀着满腔热血，揣着远大抱负，想轰轰烈烈干一番事业，然而，纷纭复杂的现实世界并不像他们想象得那么美好。面对坎坷、荆棘和生活道路上横生的障碍，他们碰得头破血流，成为不得不在风车前败下阵来的“堂吉诃德”。因此，我们要汲取教训，学会审视、思索，采用迂回和妥协的方法去战胜和超越。要知道，一时的低头是为了长久的抬头，正如暂时的退让是为了更好地前进。只有学会低头，才能学会审时度势，把握全局。

一座大寺庙的方丈，因年事已高，心中思考着找一个人来接他的衣钵。一日，他将两个得意弟子叫到面前，这两个弟子一个叫慧明，一个叫觉新。方丈对他们说：“你们凭自己的真实力量，谁能够从寺院后面悬崖的下面攀爬上来，谁将是我的接班人。”

于是，他的两个徒弟一同来到悬崖下，那真是一面令人望之生畏的悬崖，崖壁极其险峻陡峭。

身体健壮的慧明自告奋勇，他信心百倍地开始攀爬，但是不一会儿他就从上面滑了下来。慧明爬起来重新开始，尽管这一次他更加小心，但还是从山坡上面滚落到原地。慧明稍事休息之后又开始攀爬，尽管摔得鼻青脸肿，他也没有一点打算放弃的意思……让人感到遗憾的是，慧明屡爬屡摔，最后一次他拼尽全身之力，爬到半山腰时，因为把所有的力气都耗完了，但又无法停下来去休息，最后重重地摔到一块大石头上，当场昏了过去。方丈不得不让几个僧人用绳索，将他救了回来，他才得以死里逃生。

轮到觉新了，在刚开始的时候他也和慧明一样，竭尽全力地向崖顶攀爬，结果也是不尽人意。觉新紧握绳索站在一块山石上面，他打算再试一次，但是当他无意间向下看了一眼以后，突然放下了用来攀上崖顶的绳索，走下了石头。然后他把衣衫整了整，把身上的泥土也拍了拍，一扭头向着山下走去。

旁观的众僧都对他的行为感到很吃惊，都在猜想着难道觉新就这么轻易放弃了？大家对此议论纷纷。而在这时，方丈默然无语地看着觉新的去向，很有深意地点了点头。

觉新到了山下，沿着一条小溪流顺水而上，又穿过一片绿色的树林，越过山谷，最后没费多大的力气就到达了崖顶。当觉新重新站到方丈面前时，众人还以为方丈会痛骂他贪生怕死，不敢挑战困难，更有可能会将他逐出寺门，谁知方丈却微笑着宣布将觉新定为新一任住持。

众僧都很吃惊。觉新向同修们解释："寺后的悬崖乃是人力不能攀登上去的，但是只要从山腰处低头往下看，一条上山之路便清晰地出现在眼前。师父经常对我们说，明者因境而变，智者随情而行，就是教导我们要知伸缩退变，该低头的时候一定要低头！"

方丈听了，满意地点了点头。

可见，低头，是一种对客观环境的理性认知，是审时度势后的一种明智选择。低头，就是为了你迈向前时更能昂首挺胸。所以，要攀得更高，走得更远，就先要学会低头。当你昂首阔步走向前时，不要忘记低下头，看看你脚下的石头，很可能它会把你绊倒。

学会低头是为了让自己与现实环境有一种和谐的关系，把二者的抵触和摩擦降到最低；是为了保存自己的能力，好走更长远的路；是为了把不利环境转化成有利环境。这是一种怀柔、一种权变，更是人们行走社会的生存智慧。

地不畏其低，方能聚水成海；人不畏其低，方能孚众成王。低头为抬头积蓄力量，低头为抬头创造条件，学会恰到好处地低头处世，必将让你从低处走向高处，从平凡走向卓越。

每一次忍让，都是一种造就

古人云："忍人之所不能忍，才能为人所不能为。"古今中外成大事者，都有忍的品质。忍是强者的处世态度，同样也是弱者的生存法宝。为了长远的考虑，不必计较一时、一事之长短，没有什么不能容忍。忍一时，风平浪静；退一步，海阔天空。忍作为战胜对手的有利武器，不知成就了多少企业家、政治家、军事家和外交家。

韩信年轻时很贫困，表面看来他一无所长，家乡的人都看不起他，有一天一群市井无赖拦住他，其中一个说："如果你有胆量不怕死，就把我杀了；如果你怕死，就从我裤裆下钻过去，否则绝不和你甘休！"威猛高大的韩信强忍心中怒火，毅然当着众人的面从那人胯下钻了过去。为此，家乡的人更看不起他了，认为他不但无能，而且是个懦夫。

其实韩信并不是个懦夫。他忍受那样大的屈辱，是因为他有远大的抱负，没有必要和那个无赖斗气，而毁了自己的前程。后来韩信率领千军万马，逐鹿中原，所向披靡，战功赫赫，成为一代名将。他与部下谈起这件事时说："难道我那时没有胆量杀他吗？只是杀了他，我的一生就完了，因为那时能够忍耐，所以我才有今天的地位和成就。"

在常人看来，胯下之辱让人不堪忍受，是奇耻大辱，韩信忍受了，这是何等的胸襟和气魄！像这种忍，说起来容易，真要做到就太难了。古往今来有多少人能这样忍耐？

忍让并不是懦弱地躲避，而是有意识地忍耐，为的是有朝一日东山再起。忍耐不是一个抽象的概念，关键要在具体环境里，能理智地区分什么重要，什么不重要；什么是原则问题，什么是非原则问题；什么必须现在解决，什么可以暂缓解决。忍耐能让人获得机会，争取更大的空间。因此，在某种意义上，忍耐必将是一种等待，为图大业等待时机成熟，忍之有道。这种忍，不是性格软弱、忍气吞声、含泪度日之举，而是高明人的一种谋略，是做人处世的上上之策。

事物总是在不断地运动和变化，机会存在于忍耐之中，对于垂钓者来说，最好的进攻方式就是忍耐。大机会往往蕴藏在大忍耐之中，大丈夫志在四方，岂可为鸡毛蒜皮的小事而乱了大谋！忍耐不是停止、不是逃避、不是无为，而是坚守、蓄积、迂回前进。当命运陷入无可掌控之时，就要心平气和地接纳这种弱势，坚强地忍受弱者的地位，在守弱的基础上积累实力，一点点发愤图强，使自己慢慢脱离弱者的不利地位，适时出击，争取抓住新的成功机会。

他怀着忐忑不安的心情走进一家装饰公司人力资源部。

“您好，我是刚毕业的大学生，我叫……”话未说完，人事经理不耐烦地挥手道：“出去！出去！我们这里不要应届毕业生！”他感觉喉咙似被石块堵住了一样，但仍小心翼翼地说：“虽然我刚毕业，但是我挺有天分的……”人事经理显得更不耐烦了：“出去！出去！我们的员工个个都有天分……”

他仍不放弃，拿出作品放在了人事经理的办公桌上，对方扫了两眼，似乎感觉还像那么回事，于是耐着性子对他说：“我们已经完全实现无纸化办公，入职者必须熟练操作电脑。”他连忙点头：“我会，我会电脑！”一番“死缠烂打”之下，人事经理答应他试用几天。没过几天，人事经理又请他走人，原来对方已经看出，他在电脑方面只是略懂皮毛而已。

这一波波的“屈辱”，若是换成别人，早打退堂鼓了，偏偏他生来就是个犟种，他下定决心，“赖”在这家公司不走了。

他向人事经理表示，自己只想学电脑，可以为公司不计报酬地工作，只要提供伙食与住宿即可。最后，人事经理在与老板商量以后，提出了一个苛刻的条件——除办公区的卫生外，每天必须将卫生间清理干净，包括洗刷马桶。他毫不犹豫地答应了。

从此，他每天都将几百平方米的办公区彻底清扫一遍，接着打扫卫生间，洗刷马桶。待一切清理工作完成后，大半天已经过去了。随后他简单地吃几口饭，便坐在别人的电脑前，专注地看着别人怎样操作。别人下班以后，他还要再收拾一遍众人留下的垃圾，匆匆吃过晚饭，趁着夜深人静看各种专业书籍，并且上机练习操作。

后来，他觉着自己的建筑常识甚是匮乏，便想到设计总监那里去“偷师”。他看准时机，给设计总监递上一杯“碧螺春”，换回的答复却是：“你刷完马桶洗手没有啊？”总监的轻视没有让他退却，他仔细观察，终于抓住了总监的软肋——他动笔之前必喝一口白酒。于是，他投其所好，用自己不多的积蓄买来各式名酒，还捎上一些下酒小菜。几次下来，总监的脸上出现了笑容，他被默许坐在总监身边学艺。

再后来，他技艺愈精，被提拔为正式设计师。又过了一段时间，老板发现他 3D 装修效果图画得非常好，中标率非常高，遂又提拔他做设计部主管，并放手分给了他一些大项目，他的事业正一步步地走向高峰。

懂得忍耐有利于成就事业，意气用事只会错失良机。“小不忍则乱大谋”，这句话说得很有道理。为了成就一件事，首先得学会忍，在该忍的事情上不懂得忍耐，最终误的是自己。

只有忍才能不败！忍能保身，忍能成事，忍是大智、大勇，忍是成大事的前提。面对别人的侮辱和伤害，我们没必要急急忙忙以一种对抗的方式来证明自己并非软弱可欺，因为路遥知马力，日久见真功，有效地忍耐，会使我们获得更多的收益。

人的一生当中会遇到很多问题，如果你能忍第一个问题，你便学会了控制你的情绪和心志，以后碰到大的问题，自然也能忍，也自然能忍到最好的时机再把问题解决，这样才能成就大事业！

忍是勇敢面对人生的各种屈辱和苦难的无上法宝，忍是一种自我提升的过程，忍是一种宽厚容人的高尚品格。因此，能够接受欺辱而不怨恨，继续以冷静的思考和热情的行动去接近自己的目标的人，值得所有人去尊重。

知退让，懂屈伸

退让是一种低姿态，如果在一些问题上适当退让，不但会让自己占据有利位置，更会博得以后的大成功。对于成功者来说，只要人生目标的大方向没变，有时候选择以退为进的策略，也不失是一种明智的选择。

有一个学校举行智力竞赛，校长对参加决赛的6名选手说："我现在把你们分别关在6间教室里，门外有人把守。我看你们谁有办法，只说一句话，就能让门卫把你放出来。不过有两个条件，一是不准硬闯出门，二是即便放出来，也不能让门卫跟着你。"

3个小时过去了，仍没有一个人发出声响。有个学生很惭愧地低声对门卫说："叔叔，这场比赛太难了，我不想参加这场竞赛了，请您让我出去吧。"

门卫听了，打开房门让他走了出来。然而走出大门的小家伙随即又回来了，他走到大厅里对校长说："校长，您看，按您的要求，我做到了！"

校长高兴地说："好孩子，你确实是这次竞赛的胜利者！"

可见，适时地示弱和退守是一种灵活机动的战略战术，懂得进退，方能出奇制胜。俗话说，退一步海阔天空，为了更好地前进而后退，不是胆小鬼的懦弱，而是聪明人的智慧。

“临渊羡鱼，不如退而结网。”有时，适当适时的退守，正是为了取得更大的进步。达摩祖师面壁十年，也是为了心灵的升华。

曾有两位潜心学习佛法的修行者，他们的功德相差不大，修为也不分胜负。一次，佛祖想从他们两个人中选一个人为座下弟子，可是选谁好呢？如果论功德或是修为，他们不分伯仲，随便选一个，另一个势必不服气。想来想去，佛祖想到了一个好办法。

次日，佛祖叫来两位行者说：“我想择优收徒，所以我只能收你们两人之中的一个人成为我的弟子，但是你们两个资质都相差不大，我一时又无从选择，这样吧，不如你们各自谈谈对佛的修行，就看你们的表现和造化了！”其中一个行者听完后，立即上前一步，正想开口发表自己的言论，此时，另一个行者听完佛祖的话后却双手合十，默默退后一步，佛祖于是点头微笑，领其而去。众人都不明白，没有比试，怎么就分出高低了。佛回答说：“为佛修行的基本道理便是心怀苍生，始终把自己放在最卑微的地方，他们两人这一进一退的表现，我就能够见其心啊！”

人们在谈到成功之道时，更多地强调要有一种积极进取的精神。但是，有时候，一味地硬冲硬打未必是一种最好的方法，以退为进才是一种人生的策略。

的确，疾风知劲草，人须有傲骨，面对险恶的局势，人应当有一种宁为玉碎、不为瓦全的精神。这种不达目的誓不罢休的“视死如归”的精神的确应该提倡，也是人们一直倡导的一种精神。但是客观世界是复杂多变的，就某个具体的事情来说，也有其“时”“势”的问题，在某些特点的时间里、环境下，选择以退为进的方法，也是一种积极的人生策略，而并非是消极退让。

俗话讲：退一步路更宽。这里所说的退是另一种方式的进。暂时退却，养精蓄锐，以待时机，这样的退后再进则会更快、更好、更有效、更有力。退是为了以后再进，暂时放弃那些有碍大局的目标是为了最后实现更大的成功。这种“退”更是一种进取的策略。

“人若只知进不知退，知欲不知足，必有困辱之累，悔吝之咎。”凡事若能知进知退，则可以减少一些不必要的烦恼，当你冲锋向前时，有时不妨停下来歇歇脚，因为缔造佳绩固然重要，倒不如暂时退后，然后，再一飞冲天。

人生在世，必须深谙进退之道，无论是事业还是在家庭关系方面，懂得进退之道的人活得一定比不懂进退的人开心，活得有价值。

控制情绪，别让坏脾气毁了你

每个人都有脾气，脾气也有好有坏，然而坏脾气对我们的恶劣影响是不言而喻的。生活中，不少人脾气暴躁，遇事容易冲动，不能理智地控制自己的脾气，特别是对一些不顺心或自己看不惯的事，常常容易发怒，同周围的人争吵，说出一些使人难堪的话，既伤害别人，又伤害自己。

刘敏老师今年三十多岁，是当地最好中学的语文老师，今年又荣升为毕业班的班主任。她有一个工程师丈夫和一双学习成绩优异的儿女。按理说，刘敏老师应该是一个很幸福的女人，但是她却每天烦恼连连。她的丈夫借口工作太忙，已经连续一个星期没有回家了；一双儿女纷纷住进了姥姥家；左邻右舍看到她都下意识地躲避；教研室的老师也都不愿意主动和她说话。

新的一天开始了。阳光明媚，微风和煦，本来是一个灿烂的日子，刘敏却脸色阴沉，因为家里的小狗昨天晚上在阳台上撒尿，还弄脏了窗帘。在楼下买早餐时，刘敏因为被忙碌的老板怠慢，而和老板大吵一架。当她气冲冲地走进教室时，又被体育老师的教育器械绊了一下险些摔倒，她当着体育老师的面把器材扔出了窗外，这造成了另一场口角的发生。战火平息后，她打开电脑进入校园论坛，准备一吐心中不快，却发现自己教了快三年的学生竟在贴吧中骂她。她顿时火冒三丈，准备立刻去教室把这个学生臭骂一顿，却因为动作太大被刚倒的开水烫伤。

善良的教研室主任为她拿来药水，并递给她一张纸条，上面写道：生气时，第一个遭殃的是自己。刘敏老师顿时如梦初醒。丈夫夜不归宿是因为她总是因为鸡毛蒜皮的事情和丈夫冷战；孩子搬进姥姥家是因为在姥姥家就不会被怒不可遏的妈妈斥责；邻居和同事对她冷漠是因为她几乎和所有熟识的人都发生过摩擦；在论坛上辱骂她的学生前两天才被她狠狠地批评了一番。原来一切烦恼都来自于自己的易怒。

故事中的刘敏老师因为担任毕业班班主任倍感压力而易怒暴躁，最终受伤的人还是她自己。

德国哲学家康德曾说："发怒，是用别人的错误来惩罚自己。"发脾气使自己痛苦，也让别人难受。既然错误在于别人，自己为什么要生气呢？难道自己发了很大的脾气，对方就能受到惩罚吗？答案是否定的，结果恰恰相反，生气不但解决不了问题，反而会使本来不如意的事情更加糟糕。更重要的是，生气还会严重地损害我们的身心健康。

路易斯在30岁的时候因工伤而背部受损，他失去了工作，同时还承受着疼痛的折磨。这次变故使他变得爱生气：因为无法很快医治痊愈而生气，因为老板对他不公而生气，甚至感到家人对他不体贴而因此生气，他还对上帝生气，他整天想着："它多不公平啊！为什么让我这么年轻就遭受这样大的创伤！"终于在他36岁时，第一次心脏病发作，原因是他在街上遇到他的一个"仇人"。醒来后他告诉医生，在他病发前，他正在为了见到那个人而火冒三丈。

这一次发病并没有给他带来改变，他还是会常常勃然大怒。41岁时，他再次因为发怒而住院，他身边的人都劝他："别再这样生气了，不然你会死的。"但路易斯仍然固执地说："不，我宁愿死也不能接受这一切，我不可能不生气。”

他说完这句话的三周后，在他接到一个电话而气急败坏、冲着话筒大叫的时候，心脏病再次复发，永远地离开了人世。

所谓气大伤身，坏脾气是致病的凶手。俗话说：“不要气、不要恼，气气恼恼人易老。”生气对人体健康有百害而无一利。为了健康，我们要学会收敛自己的坏脾气。

脾气不仅是一个人的秉性，更反映了他与人相处的态度和情商。无数事实证明，不能掌控脾气的人，只能沦为情绪的奴隶，得罪别人、损伤和气，给自己制造障碍，甚至在成功的道路上埋藏祸根。

曾经有一位美国经理负责管理印度尼西亚海洋的石油钻井台，一天，他看到一个印尼雇员工作表现比较糟糕，就怒气冲冲地对计时员说：“告诉那位混账东西，让他搭下一班船滚开！”这句粗话使这位印尼雇员的自尊心受到极大伤害，他被激怒了，二话不说，操起一把斧子，就朝经理杀来。经理见状大惊，连滚带爬地从井架上逃到工棚里。那位雇员紧追不舍，追到工棚，恶狠狠地砍倒了大门。这时，幸亏钻井台的人及时赶到，力加劝阻，才避免了一场恶战和灾祸。

这位美国经理掌控不住情绪，不管三七二十一发泄一通，结果搞得场面十分难堪。

人常常因为自己一时的沉不住气，控制不住自己的情绪而做出一些伤害他人或伤害他人与自己之间感情的事情，这是非常不可取的。各种不愉快的经历时常会提醒我们：闲气会让人失神，怨气会让人灰心，怒气会让人愚蠢，坏脾气会害死一个人。如果想拥有一个好脾气，就要时时注意心性的修炼，事事加强自我修养。其中，理性的思考、平和的心态、积极的自励、处世的心机，都是平息怒火、拥有好心情的法宝，样样不能少。

发脾气是本能，控制脾气是本领。让我们远离坏脾气，用一种平和的心态去对待生活中的得失，在愤怒时选择冷静，在执迷时敢于放弃，在贪婪时懂得节制，在受辱时能够宽容，在争执时懂得忍让，在遭遇死角时懂得变通，凡事看得淡一点，知足常乐，就能够让自己的生活变得轻松愉快。

第八章　全力以赴，别让你的人生留下遗憾

抓住机会，别让机遇从指缝间溜走

有一句话是世界上最令人感到可悲的："曾经有一个非常好的机会，可惜我没有把握住。"遗憾的是，这种事情在很多人身上都发生过。其实，机会对我们所有人都是平等的，它有可能降临在我们每一个人的身上，但前提是：在它到来之前，你一定要做好准备。

一年夏天，杰克和约翰不约而同地去某个海岛上寻找金矿。

到海岛的邮船很少，半个月才一班。当他们双双赶到离码头还有 100 米时船刚好起锚。天气炎热，两个都口干舌燥，这时候正好有人推来一车茶水，杰克瞟了一眼茶水车，就飞快地向邮船跑去，因为邮船已经鸣笛发动了。约翰则抓起一杯茶水就灌，他想，喝了这杯茶还来得及。杰克跑到时，船刚刚离岸一米，于是他纵身一跃，跳了上去。而约翰跑到时，船已经离岸六七米了，他只能眼睁睁地看着那船一点点离去。

杰克到达海岛后，很快就找到了金矿。几年后，他成了亿万富翁。而半个月后约翰也来到海岛，却错失良机，最终只得做了杰克手下的一名普通矿工。

人们往往哀叹机遇难得，而机遇降临时，却常常因为准备不足抑或疏忽大意，便与机遇擦肩而过。机遇是一艘起锚的船，相差一步，就会将你无情地抛下，让你无法抵达理想的彼岸。

机会是一个人一生事业成败的关键。一个人漫长的成长历程中，是否能适应社会，是否能更好地生存，很大程度上取决于他是否善于抓住机遇。

“机不可失，失不再来。”人人都会说这句话，但有很多人只有等到机会从身边溜走之后，才恍然大悟，如梦初醒，急得上蹿下跳。机遇对任何人都是公平的，关键要看你是否是一个有心人。那些成大事者自然是捕捉机遇、把握机遇的高手，他们惯于在风险中抓住机遇！

1981 年 7 月 29 日，英国王储查尔斯王子和戴安娜王妃要在伦敦圣保罗教堂举行结婚典礼。听说，这场婚礼耗资 10 亿英镑，将是一场轰动全世界的婚礼。

消息传开，伦敦城内及英国各地很多工商企业都绞尽脑汁想抓住这一千载难逢的发财机遇。他们认为，英国王室大办喜事，也是他们大做生意的时候。伦敦市面上到处出售王室婚礼的纪念品，品种多样。有的把糖盒上印上王子和王妃的照片，有的把各式服装染印上王子和王妃结婚时的图案。

但在诸多的经营者中，谁也没比过一家经营“望远镜”的商号。这位商号老板想，人们最需要的东西就是最赚钱的东西，一定要找出在那一天人们最需要的东西。盛典之时，会有百万以上的人观看，将有一多半人由于距离远，而无法一睹王妃尊容和典礼盛况。这些人那时最需要的不是购买一枚纪念章、买一盒印有王子和王妃照片的糖，而是一副能使他们看清人和景物的望远镜。于是，他突击生产了几十万副马粪纸和放大镜片制成的简易望远镜。

婚礼当天，在皇家车队行经的白金汉宫到圣保罗教堂长达 3.2 公里的街道上，早就聚集了观礼和看热闹的人群，正当成千上万的人由于距离太远看不清王妃的丽容和典礼盛况，急得抓耳挠腮之际，千百个卖童突然出现在人群中，高声喊道："卖望远镜了，一英镑一个！请用一英镑看婚礼盛典！"顷刻间，几十万副望远镜抢购一空。不用说，这位商号老板发了笔大财！

机会从来都是垂青有心人的，做一个有心人，就会发现处处有市场，遍地是黄金。

机会来临的时候，紧紧地抓住它，你就如同抓住了成功的手。人生中往往有许多机会出现你的身边，就看你如何去发现，如何去利用。在日常生活中，常常会发生各种各样的事，有些事使人大吃一惊，有些事则平淡无奇。一般而言，使人大吃一惊的事会让人倍加关注，而平淡无奇的事往往不被人注意，但它却可能包含着重要的意义。一个有敏锐观察力的人，就要能够看到不奇之奇，抓住一些微小的细节，加以利用，并取得成功。

挑战自我，超越自我

人生最大的挑战就是挑战自己，这是因为其他敌人都容易战胜，唯独自己是最难战胜的。有位作家说得好："自己把自己说服了，是一种理智的胜利；自己被自己感动了，是一种心灵的升华；自己把自己征服了，是一种人生的成熟。大凡说服了，感动了，征服了自己的人，就有力量征服一切挫折、痛苦和不幸。"

挑战自我是生命的要求。人生在世，不能只贪图安逸享受。慵懒自私的人，永远也享受不到人生的真正乐趣。只有努力创造，全力拼搏，不断超越，才能在激烈的竞争中占据有利的位置，使生命碰撞出耀眼的火花。

一个人要想拥有更大的成功，就要时刻提醒自己：超越自我，超越昨天。我们不要总是把目光盯住自己的竞争对手，也不需要为自己曾经的失败而深深自责，我们需要做的，就是直面自我，战胜自我。

2011 年，刘亮已经大学毕业两年了。可是，他的内心愁云密布，生活对他来说就是一种煎熬，根本没有什么快乐可言。

为什么呢？因为他在上大学期间，让家里欠下了几万块钱，而这些钱经过两年还没有还完，因此他的内心非常痛苦。更糟的是，大学毕业后，他虽然留在了北京，但由于自己普通话不好，没有找到一个好的工作，收入也不高。于是，他只好在北京的郊区租一间民房居住。因此，他感到生活没有意义，整天愁眉不展，度日如年。我们能想象刘亮内心的痛苦，因为我们自己也会经常碰到那样的事情。

怎么办呢？无奈中刘亮只好写信给父母，希望回到老家，在那里找到一份工作，让他自己能过得开心一些。

但是，他寄出的信如石沉大海，很久也没有回信。他只好又寄出了一封，过了两个月之后，他盼望已久的回信终于到了，但拆开一看，使他大失所望。父母还是希望他尽快赚钱，把一切欠款还了。信的末尾还提到，希望他能够在北京找到属于自己的一方天地。不过，信纸上却留下了这么一段话：父母就像一棵苹果树，当你热的时候，你希望到它的树荫下避暑；当你渴的时候，你希望从它的身上摘下果子吃；当苹果树老了的时候，它已经只剩枯枝了，你还想坐一坐，要是没有苹果树呢？

刘亮看了几遍这几行文字，他不明白写的是什么。

刘亮感到非常失望，还有几分生气，怎么父母回的是这样的一封信？！但尽管如此，这几行字还是引起了他的兴趣，因为那毕竟是远在故乡的父母对自己的一份关切。他反复看，反复琢磨，终于有一天，一道闪光从他的脑海里掠过。这闪光仿佛把眼前的黑暗完全照亮了，他惊喜异常，每天紧皱的眉头一下子舒展了开来。大家知道这是为什么吗？

原来，在这短短的几行字里，他终于发现了自己的问题所在：他过去总是生活在父母的庇护下，结果就失去了独立生存的能力。只要有一点挫折，就想到要回家，而不是勇敢地去战胜困难，去寻找属于自己的空间。一个人只要敢于面对一切困难，面对现实带给他的苦难，一切困难都是可以战胜的。我们为何不去主动改变自己的想法，去搭建属于自己的舞台呢？

刘亮这么想了，接着也就开始这么做了。

他开始主动去寻找能够发挥自己能力的工作。不久，他就进入了一家杂志社，尽管他普通话说得不好，但凭借着自己的文笔，他成为了一名编辑。在做编辑的这段日子里，他树立了自己的良好品牌，不久就在信息产业界有了自己的一席之地，被北京电视台聘请为一个热门栏目的高级策划。后来，他策划的栏目为他带来了可观的收益，使他的生活得到了改变，让自己找到了属于自己的道路。

这个故事告诉我们，一个人的成功需要超越自我。人生是一个不断发展，不断超越自我的过程，而只有那些在这个过程中不断自我挑战的人，才是真正的胜者。

人生最大的困难就是超越自己，这是因为其他困难都容易解决，唯独自己是最难超越的。高尔基曾经说过："人生中最大的胜利就是战胜自己。"

有个失败者前去向一位成功者取经，交谈的过程非常顺利，成功者谈了很多他在成功道路上曾遇到的挫折，曾经历过的磨难，其曲折的经历令失败者唏嘘不已。交谈快要结束时，那位成功者问失败者"虽然我经历过很多的曲折，遇到过很多的对手，可是你知道对我而言最大的敌人是谁吗？"失败者茫然无措，不知如何回答才好。那位成功者笑着说："现在，对我来说，我最大的敌人就是我自己，我最大的挑战也是我自己。只要我战胜了自己，我就有可能取得比现在更辉煌的成就。"事实证明，这位成功者所说的话是对的，因为没过几年，他确实再一次取得了成功，把曾经的成就远远地甩在了后面！

人生是一条奔腾不息的河流，永远不会停留在一个地方，也不会停留在某一阶段，它需要不断地挑战。挑战，是升华，是突变，是人生不可缺少的阶段。正是这种挑战，才使人类从愚昧无知的远古走到文明昌盛的今天。

1994年5月3日，11发半自动狙击步枪子弹射入了德瑞克的体内，穿透了他的骨头、肌肉和器官，只有不到3秒钟的时间。他倒下去后，开始往火线外面爬。等到3小时后得到救援时，他身上的血已经流失了近80%——现场的医生说他距离心脏停止跳动只有30秒钟。

德瑞克一直喜欢挑战自我，他不断设定新的目标，并看着自己实现。由于自己的职业，他还得为最糟糕的情况做准备。

作为澳大利亚警察部队特别行动组的精英之一，他曾很多次因演习而被子弹击中。他的行动计划非常具体，甚至包括如果被击中的话，他该让自己的身体如何应付。他经常付诸实践。他并不是悲观，只是很现实。

那天在澳大利亚迷人的拜瑞沙峡谷中执行任务时，他不仅被击中了，而且伤势严重。他自己很清楚这一点。“我给自己定了一个目标——活下去，和我的孩子们在一起，哪怕坐在轮椅上。”当他被持枪的歹徒击中后无助地倒在地上时，他把自己的精神目标付诸行动。当他感觉到自己由于失血爬不动时，他开始控制自己的行动。他告诉自己要保持平静，放慢呼吸、调整脉搏，以减少失血。

他集中所有的意念使自己活下去，以便当他的孩子们遇到考验和磨难时，他能够帮助他们。通过明智的选择，德瑞克活了下来，再次看到了他的家人。

德瑞克被送到了医院后，最初的7个小时内，他活下去的机会只有一半。当脱离了危险后，他经历了一系列手术，但看起来他的腿不能像从前一样活动了。这对于一个身体健康的人来说，是一个很大的打击。

他说："我陷入了困境，我知道我不能改变过去，但为了使我的未来更好一点，我必须面对这种情形。"

德瑞克舍不得放弃自己深爱的工作。于是，他又为自己设定了一个远大的目标：重新加入特别行动组。别人都觉得这是不可能的，他们认为医生的估计是对的，他永远不能再像正常人一样走路了。

德瑞克把重返特别行动组的目标分解成一个个小的目标。

他说："首先，是站起来。然后绕着床走。我能看到自己实现了每一个目标，而且，当我快实现一个目标时，我给自己设定下一个。"恢复健康对于德瑞克来说，就是一系列的自我挑战性目标。

此外，德瑞克还告诫自己要坚持。德瑞克如此努力，以至南澳大利亚病理学协会都盛赞他的坚持，承认他对生理恢复做出的贡献。

1997年，德瑞克出人意料地重新加入了特别行动组。他还参加了精英军事行动以及救援和高危行动。他不断地挑战自我，别人认为不可能的事，他却都做到了，奇迹正是在这种勇于挑战自我的过程中产生的。

生活就是不停地超越自己走向新生的过程。如果你要想活出精彩，就要随时作好超越自己的准备。战胜自己的过程可以使一个人成长起来，战胜自己的过程可以使一个人发觉自己身上的无限潜能，战胜自己的过程可以使一个人意识到自己的重要。

汪国真曾说过："悲观的人，先被自己打败，然后才被生活打败；乐观的人，先战胜自己，然后才战胜生活。"因此，当遭遇困难挫折的时候，我们一定要战胜自我，因为只有战胜了自我，才能战胜一切的不顺，赢得自由和光明！

你一定要有破釜沉舟的勇气

人只有在破釜沉舟后路断绝，没有外力扶助的时候才能启发潜能。当有外力扶助的时候，就不会知道自己的潜能有多大。

生活中，很多人都习惯做事时给自己留一条或几条后路。退一步海阔天空，有退路固然是好的，但如果一味地后退，事事留有退路，那就意味着在事情还未开始的时候，就已经准备要承受失败了，那么他成功的概率肯定小，因为留有退路，就潜藏着懈怠、失败的风险。发展到最后，可能导致自我麻痹、自我毁灭。到了这一步，“留有退路”的利处，却成了导致失败的“坏处”。所以有些时候，我们要断绝自己的退路，负重前进，给自己加压，挤掉“懈怠”“自我毁灭”等不利因素，事情才会取得成功。

多年前，吴士宏还是一名护士。1985 年，她决定要到 IBM 去应聘。当时，IBM 的招聘地点在长城饭店，这是一个五星级的饭店——那个时候，五星级饭店可是凤毛麟角。

站在长城饭店门口，当年的吴士宏，心中五味杂陈。

她还记得，当时在长城饭店门口，自己足足徘徊了 5 分钟，她呆呆地看着各种肤色的人如何从容地迈上台阶，如何一点也不生疏地走进门去，就这样简简单单地进入另一个世界。她之所以徘徊了 5 分钟不敢进去，就是因为她的内心深处无法丈量自己与这道门之间的距离。

当年的她凭着一台收音机，花了一年半的时间学完了许国璋英语三年的课程，就是凭着这个经历，她也应该进去，机会是不会等人的。

她没再犹豫，而是迈着稳健的步伐，穿过威严的转门，迎着内心的召唤，走进了世界上最大的信息产业公司 IBM 公司的北京办事处。功夫不负有心人，她顺利地通过了两轮笔试和一轮口试，最后来到了主考官的面前，眼看就要大功告成了。

主考官没有提什么难的问题，只是随口问：“你会不会打字？”

她本来不会打字，但是本能告诉她，到了这个地步，就没有退路。

她点点头，只说了一个字：“会！”

“一分钟可以打多少字？”

“您的要求是多少？”

“每分钟 120 字。”

她不经意地环视了一下四周，考场里没有发现一台打字机，马上就回答：“没问题！”

主考官说：“好，下次面试时再加试打字！”

她就这样过五关斩六将，顺利地通过了主考官的面试。

事实是，吴士宏从来没有碰过打字机。面试结束，她就飞快地跑去找一个朋友借了 170 元钱，买了一台打字机，就这样没日没夜地练习了一个星期，居然达到了专业打字员的水平。

就这样，她成功进入了 IBM 公司。后来，她还成了微软（中国）公司总经理。

俗话说：“置之死地而后生。”在非常时期，人是需要有点非常思维和非常勇气的。在最后的关头，唯有抱着破釜沉舟的决心，才能绝处逢生。试想，如果吴士宏当初若不是破釜沉舟、放手一搏，也就不可能有今天的成就。

人在绝境或是没有退路时，才能产生爆发力，展示出非凡的潜力。美国杰出的心理学家詹姆斯的研究显示：一个没有受逼迫与激励的人只能发挥出潜能的 20% ~ 30%，可当他受到逼迫与激励的时候，其能力能够发挥 80% ~ 90%，相当于前者的 3 ~ 4 倍。很多有识之士不仅在逆境中敢于背水一战，即便在一帆风顺时，也用切断后路的强烈刺激，让自己在通向成功的路上立起胜利的路标。巴金的一生是靠稿酬生活的，他该拿的职务工资为何不去拿？居里夫人为何只要实验室，而不要颁发的勋章？爱因斯坦为何要拒绝当总统，而献身科学？他们这么做，都是不给自己留任何退路，逼迫自己去跨越生命中的“高墙”。而跨越“高墙”，就是堵死自己的退路，强迫自己向前，勇往直前。

常言道：有压力才有动力。若要让自己的人生有所突破，有所成功，就必须给自己更大的压力，逼迫自己尽最大的努力。这时，选择自断退路确实是一个绝好的方式。斩断退路，就斩断了自己的惰性；斩断退路，就斩断了为自己回旋的余地，这样才能义无反顾地迈向成功的终点。相反，若心存侥幸，则会因留有后路而一败涂地。

将自己置身于悬崖上的破釜沉舟的精神，从某种意义上说，是给了自己一个向成功的高地冲锋的机会。

李先生在20世纪80年代中期起创办了一家内衣厂，正赶上发展的好时候，那几年顺顺利利赚了不少钱。等到20世纪末时，他的内衣厂规模已经非常大了，利润却逐年下降，几乎到了入不敷出的地步，原因是内衣市场的竞争越来越厉害，而他的内衣厂生产的内衣已经跟不上时代潮流了。经过几天的反复琢磨，李先生决定破釜沉舟，大干一场。他不顾妻儿的反对，取出了所有的存款，然后召开了全厂职工大会，会上他果断地宣布停止现有内衣样式的生产，请设计人员重新设计新型内衣，全厂职工都可以提出自己的想法，设计被采纳的人，可获重奖。他沉重地说："这是我们最后的机会了，我拿出自己的全部存款搞设计，如果失败了，那么我将一无所有，而你们也将失业；但如果成功了，我就会按功行赏，你们的生活也就有了保障。成败在此一举，大家一起努力吧！"这件事使全厂上下都振奋起来，采购人员买来了市面上能找到的所有款式的内衣；设计人员不分昼夜地设计；广大职工纷纷提出自己的看法，从样式、布料，再到裁剪，给设计人员提供了不少灵感，有时一天竟拿出二十多套设计方案；一些职工还自发地跑上街头搞调研，看现在的女孩子究竟喜欢什么样的款式。而厂里的业务员更是拼尽全力拉客户。33天后，一批新款内衣设计完成了，一些客户已经开始订货了，厂里的工人又开始加班加点生产内衣……结果这些内衣一上市就受到了顾客好评：款式美观，质量上乘，价格适中。定货的客商像潮水一样涌来，李先生的内衣厂又复活了。

我们不得不佩服李先生的勇气和胆识，工厂陷入困境时，他本可以关闭工厂，遣散工人，这样做他还可以保住自己的存款，虽然失去了工厂，但一辈子还是可以衣食无忧。但他却不顾家人的反对，彻底断了自己的后路，跟员工一道为工厂的未来而努力奋斗，最终取得了辉煌的胜利。

在面临困境时，要想获得非凡的勇气去战胜困难，最好的办法也就是置自己于死地，切断自己的退路，背水一战。

当千载难逢的机会出现到我们的面前的时候，当某件事情的发展到了一个生死攸关的时刻，人需要有一点破釜沉舟、置之死地而后生的勇气。正是因为面临这种退无可退的境地，人才能集中精神奋勇向前，才能最大程度地调动自己的潜能，从生活中争得属于自己的位置。

在很多时候，我们都需要一种斩断自己退路的勇气。因为身后有退路，我们就会心存侥幸和幻想，前行的脚步也会放慢；如果身后无退路，我们才能集中全部精力，勇往直前，为自己赢得出路。

未来的你一定会感谢积极进取的你

进取心是一个人不断攀登新高峰的动力，一个没有进取心的人永远都只能停留在原有水平上，无法进步。只有不断向新的目标进取，才能一步一个台阶不断地接近成功，所以每个想要有所建树的人都要勇于向更高的目标前进。

美国著名学者奥里森·马登曾说：“进取心激发了人们抗争命运的力量，它来自天堂，是完成崇高使命和创造伟大成就的动力，激励着人们向自己的目标前进。这是宇宙力量在人身上的体现，并不是纯粹的人为力量就能创造这种动力。但是，我们每个人都会感到，这种激励的需要是我们人生的支柱啊，为了获得和满足这种需要，我们甚至愿意以放弃舒适的生活和牺牲自我为代价。进取心最终会成为一种伟大的激励力量，会使我们的人生更加崇高。”

进取心是一个人成功最重要的原因之一。有人研究了美国最成功的500个人的生平，还结识了这些人当中的许多人。结果发现，这些人的成功故事中都有一个不可缺少的因素，这就是强烈的进取心，他们即使屡遭失败但仍旧十分努力。在他看来，积极进取的人会不断鞭策自己不断前进，来实现自己的人生目标。

推销之神原一平1936年时的销售业绩，在公司中已经是名列第一了，但他并没有因此而满足，仍然保持着强烈的进取心，他构想了一个大胆的销售计划，找保险公司的董事长串田万藏，要一份介绍日本大企业高层次人员的“推荐函”，大幅度、高层次地推销保险业务。因为串田先生不仅是明治保险公司的董事长，还是三菱银行的总裁、三菱总公司的理事长，是整个三菱财团名副其实的最高首脑。原一平通过他经手的保险业务，不但可以打入三菱的所有组织，而且还能打入与三菱相关的最具代表性的全部大企业中。

但原一平并不知道保险公司早有被严格遵守的约定：凡是从三菱来明治工作的高级人员，绝对不介绍保险客户，当然这也包括董事长串田。

为了突破性的构想，原一平坐立不安，他咬紧牙关，发誓要实现自己的销售计划。他非常有信心地推开了公司主管销售业务的常务董事阿部先生的门，请求他代向串田董事长要一份“推荐函”。阿部听完原一平的计划后，默默地瞪着原一平不说话，过了很久，阿部才缓缓地说出了公司的约定，回绝了原一平的请求。原一平却不肯打退堂鼓，问道：“常务董事，我能不能自己去找董事长，当面提出请求？”阿部的眼睛瞪得更大了，更长时间的沉默之后，说了5个字：“姑且一试吧。”说完，就挤出一副难以言状的笑容，把原一平打发出门了。

过了几天，原一平终于接到了约见通知，兴奋不已的他来到三菱财团总部，层层关卡，漫长的等待，把原一平的兴奋劲耗去大半。他疲乏地倒在沙发里，迷迷糊糊地睡着了。不知过了多长时间，原一平的肩头被戳了几下，他愕然醒来，狼狈不堪地面对着董事长。串田大喝一声："找我有什么事？"原一平还没有清醒过来，当即就被吓得差点说不出话来，想了一会儿才结结巴巴地讲了自己的销售计划，刚说出："我想请您介绍……"串田就截断他的话："什么？你以为我会介绍保险这玩意？"

原一平在来这之前，就想到过自己的请求会被拒绝，还准备了一套辩驳的话，但万万没有料到串田会轻蔑地把保险业务说成"这玩意"。他被激怒了，大声吼道："你这混账的家伙。"接着又向前跨了一步，串田连忙后退一步。"你刚才说保险这玩意，对不对？公司不是一向教育我们说'保险是正当事'吗？你还是公司的董事长吗？我这就回公司去，向全体同事转述你说的话。"原一平说完转身就走了。

一个无名的小职员竟敢顶撞、痛斥高高在上的董事长，使串田十分生气，但对小职员话中"等着瞧"的潜台词，又不得不认真地去思索。

原一平走出三菱大厦后，心里非常不平静，他为自己的计划被拒绝又是气恼又是失望，当他无可奈何地回到保险公司，向阿部说了事情的经过，刚要提出辞职，电话铃响了，是串田打来的，他告诉阿部，原一平刚才对他恶语相加，他十分生气，但原一平走后他再三考虑。串田接着说："保险公司以前的约定确实有偏差，原一平的计划是正确的，我们也是保险公司的高级职员，理应为公司贡献一份力量，帮助扩展业务。我们还是参加保险吧。"

放下电话，串田马上召开临时董事会。会上决定，凡三菱的有关企业必须把全部退休金投入明治公司，作为保险金。”原一平的顶撞痛斥，不仅赢得了董事长的佩服，还获得了董事长日后充满善意的全面支援，他慢慢地实现了自己的宏伟计划：3年内创下了全日本第一的推销纪录，15年里一直保持着全国推销冠军，连续17年推销额达百万美元。

正是由于原一平有着积极进取的精神，他才能取得如此巨大的成绩。一个人只有具备进取心，才会不满足于现状和已经取得的成绩，不断朝着新的目标前进。只要我们有了进取心，就可以充分挖掘自己的潜能，实现人生的价值，充分享受人生的甘美。

进取心是一个人前进的动力。通往成功的道路从来都不是平坦的，成功的大门也不是对任何人都开放的，只有拥有进取心的人才能一路披荆斩棘、过关斩将，才能信心满满地叩开成功的大门。

拿破仑·希尔曾经说过，“进取心是一种极为难得的美德，它能驱使一个人在不被吩咐应该去做什么事之前，就能主动地去做应该做的事”。在生活中，我们不能只求眼前的安逸，更不能安于当下的舒适，而应时刻保持一种积极向上的进取心，只有这样我们才能更好地发挥自己的能力，真正走向成功。

进取的意义在超越——不是为了超越别人，而是为了超越自己，让将来的自己好于现在。对于一个人的人生来说，没有什么比我们的进取心更重要的了。如果我们的态度是消极而狭隘的，那么，与此对应的就是平庸的人生。我们必须以高于普通人的眼光来看待自己，否则，我们将只会是一个小人物。我们必须希望自己能拥有更高的职位，以督促自己努力得到它；否则，我们永远也得不到。不要怀疑自己有实现目标的能力，否则，就会削弱自己的决心。只要我们在憧憬着未来，我们其实就是在向着目标前进。

“天行健，君子以自强不息。”进取心是一个人不断成长、不断取得新成绩的直接动力。没有进取心，就很难产生成功的动力，成功就缺少了支撑。所以，只要我们有了进取心，才可以充分挖掘自己的潜能，大踏步地迈向成功。

到达彼岸的船没有一艘不带伤

在人的一生中，不可能事事顺利，困难和挫折随时都有可能出现。没有一个人能够不经历一点挫折就走向成长，就如同大海里没有不带伤的船一样，人生之中经历挫折再普通不过，没有必要因为遭遇挫折而绝望。

在西班牙的港口城市巴塞罗那，有一家世界闻名的造船厂，这个造船厂已经有1000多年的历史。每次船厂生产出一艘船舶，都要依照其原貌再打造一个小模型留在厂里，并把这只船出厂后的命运刻在模型上。厂里有房间专门用来陈列船舶模型。因为历史悠久，所造船舶的数量不断增加，所以陈列室也逐步扩大，从最初的一间小房子变成了现在造船厂里最宏伟的建筑，里面陈列着将近10万只船舶的模型。

当人们走进这个陈列馆，无一不被那些船舶模型上面雕刻的文字所震撼。有一只名字叫西班牙公主号的船舶模型上雕刻的文字是这样的：本船共计航海50年，其中11次遭遇冰川，有6次遭海盗抢掠，有9次与另外的船舶相撞，有21次发生故障抛锚搁浅。每一个模型上都是这样的文字，详细记录着该船经历的风风雨雨。在陈列馆最里面的一面墙上，是对上千年来造船厂的所有出厂的船舶的概述：造船厂出厂的近10万艘船舶当中，有6000艘在大海中沉没，有9000艘因为受伤严重不能再进行修复航行，有6万艘船舶都遭遇过20次以上的大灾难，没有一艘船从下海那一天开始没有过受伤的经历……

现在，这个造船厂的船舶陈列馆，早已经突破了原来的意义，它已经成为西班牙最负盛名的旅游景点，成为西班牙人教育后代获取精神力量的象征。

这正是西班牙人吸取智慧的地方：所有船舶，不论用途是什么，只要到大海里航行，就会受伤，就会遭遇灾难。

其实，我们的人生就如同大海里的船舶，随时都可能经历风浪，没有不受伤的船，也没有不经历磨难的人生。只不过真正的强者，能够坚强地在最短的时间内以最快的速度把自己的伤口修复好，然后继续勇敢前进。也只有这么做我们的人生之路才能够越走越宽。

我们知道，人生之路，就是不断战胜困难和面对考验的道路。虽然困难总是让人痛苦的，人们更是不愿遇到困难，但是通过困难的磨炼也的确会使人变得成熟，从这个角度讲，遭遇困难又不是一件坏事。可以说，困难是磨砺人生的基石，只有在困难面前毫无怯意，经过艰苦的磨炼，才能成就伟大的事业；而那些面对困难胆怯、畏缩、逃避的人，是不会有所建树的，更谈不上有何惊人的业绩了。所以，当困难降临时，我们就不该逃避、不该抱怨，而应该以坦然、积极乐观的态度对待困难，最终战胜困难。

在美国，曾有一位电台女主持人被人贬得一文不值，并在自己的职业生涯中遭遇了 18 次辞退。

在最初求职的时候，她来到美国大陆无线电台面试，但是因为是女性遭到公司的拒绝。接着，她来到了波多黎各工作，由于她不懂西班牙语，于是又花了 3 年的时间来学习。在波多黎各的日子，她最重要的一次采访，只是有一家通讯社委托她到多米尼加共和国去采访暴乱，连差旅费也是自己出的。在以后的几年里，她不停面试找工作，不停地被辞退，有些电台指责她能力太差，根本不懂什么叫主持。

尽管如此，她却从来没有放弃过。1981 年，她来到纽约一家电台，但是很快被辞退，失业了一年多。有一次，她向两位国家广播公司的职员推销她的倾谈节目策划，都没有得到认可。于是她找到第三位职员，他雇佣了她，但是要求她改做政治主题节目。她对政治一窍不通，但是她不想失去这份工作，于是她开始“恶补”政治知识。1982 年夏天，她主持的以政治为内容的节目开播了，凭着她娴熟的主持技巧和平易近人的风格，让听众打进电话讨论国家的政治活动，包括总统大选，她几乎在一夜之间成名，她的节目成为全美最受欢迎的政治节目。

这个女人叫莎莉·拉斐尔。现在的身份是美国一家自办电视台节目主持人，曾经两度获全美主持人大奖。每天有 800 万观众收看她主持的节目。在美国的传媒界，她就是一座金矿，她无论到哪家电视台、电台，都会带来巨额的回报。

人生就像大海里航行的船舶，不可能总是风平浪静、一帆风顺，要遭遇无数次的险风恶浪。所以，在你的人生旅程中，遇到困难、挫折和失败，实在是在所难免的，它们是人生的一笔财富，是促使你成功的一剂良药，不经历风雨的花儿，怎么会绚烂？不经历磨难的人生，怎么会发出炫目的光彩？只有经历风雨，才能见到美丽的彩虹。只要我们不畏艰险，勇往直前，就一定会到达成功的彼岸。

第九章　努力工作，只为成就更好的自己

工作的态度，决定人生的高度

在职场中，每个人都有不同的工作轨迹，有的人成为公司里的核心员工，受到老板的器重；有的人一直碌碌无为；有些人牢骚满腹，总认为自己与众不同，而到头来仍一无是处……众所周知，除了少数天才，大多数人的禀赋相差无几。那么，是什么在造就我们、改变我们？是“态度”！

态度是一个人生命的投影，它的美与丑、可爱与可憎全操纵于你之手。一个人的生活状态、人生方向完全受控于其生存态度的牵引。用什么样的态度对待生活，就有什么样的生活现实。

三个工人正在砌一堵墙。有人过来问他们：“你们在干什么？”

第一个人没好气地说：“没看见在砌墙？”

第二个人笑笑说：“我们在盖一座高楼。”

第三个人边干活边哼着小曲，他满面笑容地说：“我们正在建设一座新城市。”

同样的工作，同样的环境，却有如此截然不同的感受。从三个人的态度上，我们可以看出：

第一个人，是被动工作的人。在他的眼里，工作似乎是一种苦役。

第二个人，是没有责任和荣誉感的人。他抱着为薪水而工作的态度，为了工作而工作。

第三个人，是具有高度责任感和创造力的人。在他身上，看不到丝毫抱怨和不耐烦，相反，他充分享受着工作的乐趣。

十年后，第一个人依然在砌墙；第二个人在办公室画图纸——他成了工程师；第三个人呢，是前两个人的老板。

三个人都会砌墙，他们的人生际遇为何会有如此大的反差呢？归根结底是态度的问题。

一个人的工作态度折射着人生态度，而人生态度决定一个人一生的成就。一个心态非常积极的人，无论他从事什么工作，都会把工作当成是一项神圣的职责，并怀着浓厚的兴趣把它做好。

态度是每个人事业成功的基础，也是让自己以轻松愉快的心情投入工作、积极主动完成任务的先导。我们每一个人都要珍惜现有的工作岗位，认认真真地做好每一件事，兢兢业业地干好每一分钟，踏踏实实地走好人生的每一步，从而实现自己的人生目标。

哈佛大学的一项研究发现：一个人的成功，85%取决于他的态度，而只有15%取决于他的智力。的确，当我们没有更多更明显的优势时，那么良好的工作态度就是我们最大的资本和优势，就是竞争力。

路易斯在目前的公司工作已经将近三年了，当初进这家公司是因为福利好、升迁管道顺畅，所以路易斯就跳槽到这里来了。但是，最近他开始有了离开公司的打算，因为跟他同期进入公司的同事，在前一阵子都获得了晋升或加薪，唯独路易斯没有得到丝毫奖励，这让他十分沮丧。

但是他在这个公司工作了一段时间，觉得工作也还轻松顺手，换其他的工作也不一定会更轻松，于是他打算去跟老板争取应得的权益。

于是，路易斯把这个想法告诉他的朋友，并询问朋友的意见。他的朋友在听完他的叙述之后，就顺口问了一句：“为什么你总是得不到应有的报酬呢？”

这句话让路易斯恍然大悟，心想：“是啊，为什么我不能像大家一样获得老板的赏识呢？”于是，他开始思考自己平时在公司里的表现。

经过深刻的检讨与反思之后，他发现同事们在公司都表现得十分积极，有什么工作交代下来，大家都会很认真地做好。反观自己，总是在工作截止日期快到之前，才匆匆忙忙地赶工，然后草草了事。此外，同事们总是比他早到公司，也比他晚离开，不管工作效率或是态度如何，至少这样就让人觉得对工作付出比较多。

在得到这样的认知之后，路易斯决定从改变自己的工作态度做起，为自己建立积极的工作形象，因为如果自己没做好，又怎能去跟别人比呢？

在工作面前，态度决定一切。没有不重要的工作，只有不重视工作的人。只有端正态度，我们才能将工作做好、执行到位。

爱尔伯特·马德说：“一个人，如果他不仅能够出色地完成自己的工作，而且还能够借助于极大的热情、耐心和毅力，将自己的个性融入工作中，令自己的工作变得独具特色、独一无二、与众不同，带有强烈的个人色彩并令人难以忘怀，那么这个人就是一个真正的艺术家。而这一点，可以用于人类为之努力的每一个领域：经营旅馆、银行或工厂，写作、演讲、做模特或者绘画。将自己的个性融入工作之中，这是具有决定性意义的一步，是一个人打开天才的名册，将要名垂青史的最后三秒钟。”

良好的工作态度是获得成功的前提，用什么样的态度去对待工作，完全取决于我们自己。我们应当处处以主动、努力的态度去工作，投入满腔的热忱，充分发挥自己的特长，在平凡的工作岗位上，做出不平凡的事。

责任有多大，事业就有多大

一个人的成就是与他的责任心成正比的。如果你想要有所成就，必须有强烈的事业心，而事业心的核心部分就是责任心。

责任心是做好工作的前提，比尔·盖茨曾对他的员工说："人可以不伟大，但不可以没有责任心。"一个人只有具有高度的责任感，才能在工作中勇于负责，在每一个环节中力求完美，按质按量地完成计划或任务。企业由我们每一个人组成，企业里的每一个人都担负着企业生死存亡、兴衰成败的责任，因此无论职位高低都必须具有很强的责任心。

小张和小王在同一家瓷器公司做员工，她们俩工作一直都很出色，上司也对她们很满意，可是一件事却改变了两个人命运。

一次，小张和小王一同把一件很贵重的瓷器送到客户的商店，没想到送货车开到半路却坏了。因为公司有规定：如果货物不在规定时间送到，要被扣掉一部分奖金。于是，小张二话不说，抱起瓷器一路小跑，终于在规定的时间赶到了地点。这时，心存小算盘的小王想，如果客户看到我抱着瓷器，把这件事告诉老板，说不定会给我加薪呢。于是，小王抢着从小张怀里接过瓷器，却一下没接住，瓷器一下子掉在了地上，"哗啦"一声碎了。两个人都知道瓷器打碎了意味着什么，一下子都呆住了。果然，两人回去后，遭到老板十分严厉的批评。

随后，小王偷偷对老板说："老板，这件事不是我的错，是小张不小心弄坏了。"

老板把小张叫到了办公室。小张把事情的经过告诉了老板。最后说："这件事是我们的失职，我愿意承担责任。小王年龄小，家境不太好，我愿意承担全部责任。我一定会弥补我们所造成的损失。”

两人一起等待着处理的结果。一天，老板把他们叫到了办公室，当场任命小张担任公司的客户部经理，并且对小王说：“从明天开始，你就不用来上班了。”

老板最后说：“其实，那个客户已经看见了你们俩在递接瓷器时的动作，他跟我说了事实。还有，我看见了事情发生后你们两个人的反应。”

小王推却责任落得个失业的下场，而小张只是多了点责任心，就轻易地获得了升迁的机会。

社会学家戴维斯说：“自己放弃了对社会的责任，就意味着放弃了自身在这个社会中更好的生存机会。”同样，如果一个人放弃了对工作的责任，也就放弃了在公司中获得更好发展的机会。工作和责任是密不可分的。在这个世界上，没有不需要承担责任的工作。工作就意味着责任，丢掉责任，也就意味着丢掉了工作。

责任就是对自己所负使命的忠诚和信守，就是对自己工作出色的完成，就是忘我的坚守，就是人性的升华，就是一种使命。在工作中表现优秀的人往往都是那些有着强烈责任感的人，在市场中生存比较好的企业也往往是那些有责任感的企业。责任会成就一个人或一个组织，丢掉了责任同样也就丢掉了成功的机会。因而，每个人对待工作，都不能将责任抛到脑后，因为责任是你走向成功的起点。

罗伯特收到了哈佛大学的录取通知书。但是，因为贫穷，他交不起学费，面临辍学的危机。他决定趁假期去打工，像父亲一样做名油漆工。这天，罗伯特接到了为一栋大房子刷油漆的业务，尽管房子的主人迈克尔很挑剔，但给的报酬很高。在工作中，罗伯特自然是一丝不苟，他认真负责的态度让几次来查验的迈克尔感到满意。即将完工的日子到了，罗伯特为拆下来的一扇门板刷完最后一遍漆，把它支起来晾晒。做完这一切，罗伯特长出一口气，想出去歇息一下，不想却被脚下的砖头绊了个踉跄。这下坏了，罗伯特碰倒了支起来的门板，门板倒在刚粉刷好的雪白的墙壁上，墙上出现了一道清晰的痕迹，还带着红色的漆印。罗伯特立即用切刀把漆印切掉，又调了些涂料补上。可是做好这些后，他怎么看怎么觉得补上去的涂料色调和原来的不一样，那新的一块和周围的也显得不协调。怎么办？罗伯特决定把那面墙重新刷一遍。大约用了半天时间，罗伯特把那面墙刷完了。可是，第二天，罗伯特又沮丧地发现新刷的那面墙又显得色调不一致，而且越看越明显。罗伯特叹了口气，决定再去买些涂料，将所有的墙重刷一遍，尽管他知道这样做，他要花比原来多一倍的本钱，他就赚不了多少钱了，可是，罗伯特还是决定要重新刷一遍。他心中想的是，要对自己的工作负责。他刚把所需的材料买回来，迈克尔就来验工了。罗伯特向他说了抱歉，并如实地将事情和自己内心的想法说了出来。迈克尔听后，不仅没有生气，反而对罗伯特竖起了大拇指。作为对罗伯特工作负责态度的奖励，迈克尔愿意赞助他读完大学。最终，罗伯特接受了帮助。后来，他不仅顺利读完大学，毕业后还娶了迈克尔的女儿为妻，进入了迈克尔的公司。十年后，他成了这家公司的董事长。一面墙改变了罗伯特的命运，更确切地说，是他对工作的负责态度改变了他的命运。

责任心是成功者必须具备的一项素质，我们取得成就的大小与承担责任的多少是成正比的，责任心越强的人，就越能得到他人的尊重和支持。

责任有多大，事业就有多大。无论在哪个岗位上，我们都要牢记自己的责任，认识自己所处位置的重要性，这就是高度的责任感。它能唤起公司每个人的工作精神和团队精神，从而达到公司的既定目标。当一个人有了责任感时，他就能自觉地意识到自己可以担负的责任，有了自觉的责任意识，才会产生良好的工作效果，成就一番事业。

把敬业变成一种习惯，你会一辈子受益

中华民族素有敬业乐群、忠于职守的传统美德。孔子云“执事敬”“事思敬”“修己以敬”。敬业是立业之本，是人实现自身价值的重要凭借，是实现我们奋斗目标，开创美好未来的动力之源。

在竞争越来越激烈的现代职场，敬业是一个人不可或缺的重要素质。它是强者之所以成为强者的一个重要原因，也是弱者变为强者应该具备的职业素养。如果你在工作中具有敬业精神，并且将敬业变成了一种习惯，那么无论从事什么行业，你都是所在领域里出类拔萃的。

在港台明星中，刘德华是人们耳熟能详的影视歌三栖明星。在财富榜上，他可能不是最有钱的明星；但在人气榜上，他绝对是名气最大、占据一线明星位置时间最长的人之一。曾有人说过：刘德华在“四大天王”中，唱歌不如张学友，跳舞不如郭富城，长相不如黎明，却能纵横娱乐圈二三十年，敬业是他的最大秘诀！

这位早已年过不惑的中年人,既不是大器晚成,也不是少年得志,更不属咸鱼翻身，而是凭借着勤奋敬业，受到了导演和观众的认可和好评，一天天、一年年地走到今天。

由此可以看出，一个人的敬业精神在其一生的发展中是至关重要的，这也是企业员工应该具备的职业道德。如果你在工作中能爱岗敬业，并且把爱岗敬业变成一种习惯，你会一辈子从中受益的。

敬业就是对工作认真负责，尊重自己的工作，对自己提出比别人更高的标准，工作时投入全部身心，甚至把它当成自己的私事，无论付出什么都心甘情愿，并且能够善始善终，把工作做到近乎完美的程度。如果一个人能有这样的追求，那么就会有一种神奇的精神力量支撑着他，使他尽善尽美地完成自己的工作。

敬业精神是做好本职工作的重要前提和可靠保障。搜狐公司总经理张朝阳说："我们公司聘人的标准是是否敬业，当然，辞退的原因也和敬业有关。我认为，一个人的工作是他生存的基本权利，有没有权利在这个世界上生存，要看他能不能认真地对待工作。能力不是主要的，能力差一点，只要有敬业精神，能力会提高的。如果一个人本职工作做不好，找别的工作、做其他事情都没有可信度。如果认真做好一个工作，往往还有更好的、更大的工作等着你去。这就是良性发展。"

查理在一家高科技公司的收发室工作，是一个临时工。近一段时间，公司要进行人事改革、机构调整，目前正处于人员去留不定的等待阶段。由于公司对人才素质要求很高，许多年轻的大学生都认为自己有可能被淘汰，在还没有得到确切消息之前，他们干脆就不来上班了。

查理心里知道，像他这样的临时工，公司是绝对不会留用的，更应该早做打算。但是，在还没有交接钥匙之前，他不想丢弃自己分内的工作。他依然像往常一样勤奋地工作着，及时地把报纸、信件送到各个部门，又马不停蹄地为自己增加了一份额外的工作——替各个办公室搞起了卫生，因为人员不定，连卫生工作都显得有点紊乱，查理默默地主动承担这项工作。

时间的脚步永远不会停滞不前，交接的这一天终于到了，查理知道自己真的要和这份工作说再见了，他决定做好最后一次。查理干得格外认真、仔细，甚至为将要接替他工作的人画好了去各个部门的路线图。这时，有个年轻人来到收发室问他："许多人早就不来了，你怎么坚持到现在还在工作？"查理说："今天是我做这份工作的最后一天，明天我也不来了，但是我把今天的事情做完、做好了，走时心里才踏实。无论做什么，总得要有始有终吧。"年轻人没说话，点点头走开了。

查理继续做着他的事情，他把收发室收拾得干干净净、一尘不染，又把桌凳上稍微有点松动的螺丝拧紧一些，把盛放报纸的壁橱再次整理一番，直到下班，他到接收办公室交钥匙时，还不忘给阳台上的花草浇浇水。

第二天，是公司宣布留用人员名单的日子，大家惊奇地发现，名单上竟然有查理的名字！原来，和查理谈话的年轻人就是公司的新任董事长。他当天在全体员工大会上郑重宣布："公司需要做事认真、有责任心、爱岗敬业的员工，查理就是一个爱岗敬业的典型。不爱岗的人必然下岗，不敬业的人肯定失业。"

敬业是一种积极向上的人生态度。一个敬业的人会将敬业意识内化为一种品质，实践于行动中，做事积极主动，勤奋认真，一丝不苟。这样他不仅能获得更多宝贵的经验、取得非凡的成就，还能从中体会到快乐，并能得到同事的关注和钦佩，受到老板的提拔和重用。懂得敬业、具有敬业精神是你在事业上迈出的第一步，在职场中拼搏的人士要不断思考这一问题并培养自己的敬业精神。

敬业是任何一份职业都需要的职业道德，是将工作做好的最直接的保证。敬业的人怀着一种对职业的敬仰，在工作中充分发挥自己的潜力，体现自己的价值。如果你能爱岗敬业，并且把敬业变成一种习惯，你会一辈子从中受益。

比别人多做一点，成功会悄然到来

付出多少，就会得到多少。如果想在自己的领域里获得成功，捷径就是每天多做一点儿，速度快一点，时间久一点。这样的做法将会使你与众不同，从而让你获得更多的发展机会。

成功的人永远比别人做得更多。如果不是你的工作，而你做了，这就是机会。在工作中，有很多东西都是我们需要增加的那"一点点"。大到对公司的态度，小到你正在完成的工作，甚至是接听一个电话、整理一份报表，只要能“多做一点点”，把它们做得更完美，你将会得到数倍于“一点点”的回报。

每天多做一点，会使你最大限度地展现自己的工作态度，最大限度地发挥你的天赋，从而使你的自身价值得以不断提升。

詹姆斯是一家公司的员工，他的升迁是非常迅速的，为什么他会得到一再提拔呢？原因就是他乐意去做他本职工作以外的事，从而引起了老板的注意。

詹姆斯总是在忙完自己的工作后，不断地为他人提供服务和帮助，不管那个人是他的同事还是上司。詹姆斯将那些职责以外的工作，也当作自己的事来做，任劳任怨，不计报酬。渐渐地，老板有了找詹姆斯帮忙或分担一些重要工作的习惯。

虽然多做了一些工作占用了他的休息时间，并且没有任何报酬，但是从这些工作中，詹姆斯获得了更多的学习机会，并很快得到老板的青睐，最终获得了提升。后来，詹姆斯成立了公司，他自己成为总裁。他的成功秘诀就是：每天多做一点点。

比别人多付出的这一点儿就是你超越他人的秘诀。追求成功的人，就要主动比别人多付出一点点。只有积极主动地工作，才会让老板欣赏你、重用你，而你将有机会获得加薪和升职。

主动工作，不要等着你的老板来催促，不要做一个墨守成规、等候老板命令的人。成功总是垂青那些能够主动工作的人，工作中如果你能够自愿主动多做一点，那么你的收获会远远超过你的想象。

可是很多人根本就没有意识到这点，是的，你没有义务去做自己职责范围以外的事，但是你可以选择自愿去做，以鞭策自己快速前进。只有当你主动、真诚地提供真正有用的服务时，你的老板才会关注你、信赖你，从而给你更多的机会。哪怕你只是普通职员，“每天多做一点”的工作态度也能使你从竞争中脱颖而出。

社会在发展，公司在成长，个人的职责范围也随之扩大。身为公司的一员，你不应该只是局限于完成领导交给自己的任务，而要站在公司的立场上，在领导没有交代的时候，积极寻找自己应该做的事情，主动地完成额外的任务，不要总是以“这不是我分内的工作”为由来推脱。

做了你职责以外的工作，说明你的责任心很强，对于一个充满责任心的员工来说，这就是机会。有人曾经研究为什么当机会来临时我们无法把握，因为机会总是乔装成“问题”的样子。当顾客、同事或老板要求你提供帮助，做一些份外的事情，而不是让他人来处理时，积极伸出援助之手吧！

无论从事什么工作，比自己份内的工作多做一点，比别人期待的更多更好一点，你就会为公司创造更多的财富。只要你这么做了，你就可以超越别人，这不仅让你与众不同，也会为你的成功铺平一条道路。

赵鹏初中毕业后，由于家境贫穷，只能出来打工。初到深圳，一无文凭、二没关系、三缺手艺的他，无法谋生，于是只能栖居在沙头角的铁皮房中。经过反复认真的思考和了解，赵鹏决定去卖菜。

卖菜成本低，几百元就可以周转，只是每天都得起早摸黑，又脏又累。

卖菜的同时，赵鹏一直留心观察身边的事情。他发现，做豆腐是门手艺，不像卖菜，谁都可以干。于是他马上向做豆腐的师傅学习，以更勤奋的工作获得对方信任，最后还和做豆腐的人合作，卖起了豆腐。

豆腐在菜场中零卖销量有限，赵鹏经过观察发现，豆腐卖给食堂这样的大客户更有利润。于是他便开始给食堂送货。别人送豆腐送到货收了钱就走，赵鹏则不同，他每送一处，只要人家正在做饭，他一定把豆腐切好，帮忙下到锅里。就因为多做了这一点小事，赵鹏的人生出现了第一次转机。

有一天赵鹏给沙头角一个上千人的大公司食堂送豆腐，恰巧该公司的行政部经理正在食堂检查工作，看见赵鹏帮着切豆腐，询问怎么回事。员工说他每次都这样做。行政经理当即说，你不用再卖豆腐了，到公司来上班，我们正缺一名保安。

这个岗位的职责是坐在公司门口，监督工人上下班打卡，保证公司财物安全。在这个岗位上，赵鹏又做了别的保安从未做过的事——将公司门口打扫得干干净净，连打卡机的卡架都擦得没有一丝灰尘，赵鹏一干就是一年多。一年之后，他的人生又出现了第二个转机。

这家公司进军商界，开设连锁超市，需抽调老员工去从事经营管理工作。赵鹏勤勉负责的工作态度和积极主动的工作作风，使老板不加考虑地就把他选上了，让他负责超市糖果蜜饯的财务管理。

赵鹏自从得到这份工作以后，非常珍惜，他克服了自己文化水平低的困难，将业务账目梳理得井井有条，无论供货有多少品种，销退、结账、保质期，他都在账上反映得清清楚楚，使进出货办得极有效率。此外，他又比别的同事多做了一件事：每次货物进出，他必亲临现场查验，而不只是等仓库报单据。而客户结算退货他也都一帮到底，装卸搬运、填单制据。

于是，赵鹏的第三次转机顺理成章地出现了。赵鹏的细致严谨，被一位供货的台湾商人看在眼里，记在心上，这位老板决定聘请他专门打理其大陆批发业务，作为其在大陆业务的拓展负责人。

经历几番转机之后，赵鹏已经今非昔比了，成为身价数百万、拥有数辆货柜车、每月批发几个集装箱进口蜜饯的独立批发商。不过，尽管已是老板，他仍旧坚持这个使他人生得到转变的原则——比别人多做一点，还是起早贪黑，比员工做得还多。

有时，在工作中我们不必比别人多做许多，只需要一点点就已足够，就会让别人刮目相看。有付出才有回报，你今天的努力，就是你明天收获的果实。也许我们的付出并不能马上给自己带来改变，但是它会越积越多，总有一天，就会回报给我们一个绚丽的人生。

每天多做一点点，并不会占用你多少时间，但是会让你离成功更近一步。

多想几步，成功的几率就会更大

成功并不是只要比别人多付出努力就行，有时成功就在于比别人多想一步！

1910年，德国科学家魏格纳因病躺在医院的病床上休息，墙上挂着一张地图，闲极无聊，他就很随意地观察这张地图。一天，他突然发现，大西洋两岸的地形好像是互补的，南美大陆巴西东部凸出的部分与非洲大陆西海岸的赤道几内亚、加蓬、安哥拉凹进去的部分相对应，几乎可以把它们完全拼合在一起。

这个发现，让魏格纳兴奋了好长一阵子，并由此引发了魏格纳一连串的思考。这两个大陆是不是原先就是连在一起的？如果是的话，那又是什么原因使它们分开的？不顾病痛，魏格纳着手搜集了大量的地质学、古生物学的资料，终于提出并证实了一个崭新的理论——大陆板块漂移说。

为什么每天都有许多人在看世界地图，而只有魏格纳提出了大陆板块漂移说？我们认识到，要想获得成功，就必须付出比别人足够多的努力。其实在很多时候，天才和普通人的区别就在于能比别人多想一步。

纵观那些事业有成的人，他们都有一个共同特点，就是能够比别人多想几步，多看几步。这几步决定着你是否成功。你能想到未来发展有多快，那你的成功几率就有多高。多想几步，多看几步，虽然是一种看不见的能力，却影响着事业的成败！

比别人多想一步，才能成功。在生活中也是一样。当面对同一问题时，如果你能比别人多想一步，那么你就能快速并且正确地解决，这样你就走在了别人的前面。

威廉和布鲁斯是同一天被招进一家超市工作的，起初两个人都一样，从最底层干起。可不久，威廉受到总经理青睐，一再被提升，从普通员工到领班，直到部门经理，几乎是平步青云。而布鲁斯却像被人遗忘了一般，还在最底层工作。

终于有一天，布鲁斯忍无可忍，向总经理提出辞呈，并痛斥总经理无识人之才，辛勤工作的人不提拔，反而重用那些吹牛拍马的人。

总经理耐心地听着，他了解这个小伙子，工作认真并且吃苦耐劳，但似乎缺少了点什么，缺什么呢？三言两语说不清楚，说清楚了他也未必信服，看来……他忽然有了一个主意。

“布鲁斯先生，”总经理说，“您马上到集市上去看看今天有什么卖的。”

布鲁斯很快从集市回来说，刚才集市上只有一个农民拉了车土豆在卖。

“一车大约有多少袋，多少斤？”总经理问。

布鲁斯又跑去，回来说有10袋。

“价格多少？”布鲁斯再次跑到集市上。

总经理望着气喘吁吁的他说：“请休息一会儿吧，看威廉是怎么做的。”说完叫来威廉，对他说：“威廉先生，你马上到集市上去，看看今天有什么卖的。”

威廉很快从集市回来了，汇报说到现在为止只有一个农民在卖土豆，有10袋，价格适中，质量很好。他带回几个土豆让经理看。又说这个农民过一会儿还有几筐西红柿要卖。据他说价格也很公道，可以进一些货。这种价格的西红柿，总经理可能会要。所以他不仅带回了几个西红柿做样品，而且把那个农民也带来了。他现在正在外面等着回话呢。总经理看了一眼红着脸的布鲁斯说：“请他进来。”

同样的工作，威廉由于比布鲁斯多想了几步，于是在事业上取得了一定的成功，并赢得了老板的青睐。

比别人多想一步，就离成功近一步！一个成功者之所以能成功，其实并没有多少秘诀，他们只不过比平常人多想几步罢了。有时，多想几步非但不会浪费时间，还会使自己对未来拥有一份更充分、更全面的了解和把握，从而更接近成功的目标。

王铮前往一家咨询公司应聘。他从招聘信息上得知，这家公司的主要业务是为当地企业和外地企业联系代理商和经销商，并提供办公场所搜寻、公司注册、办公事务代理和会务组织等服务。

王铮按时来到公司面试。经理问了几个问题后，对他说："我公司准备购置一批电脑，请你到大厦旁边的电脑市场了解一下最新的电脑行情。"

半小时后，王铮将从电脑市场要来的几份价目表交给了经理。

"这是零售价，如果批发 50 台，价格是多少呢？"

又过了半小时，等王铮把从销售商那里问到的电脑批发价格告诉经理后，他又问王铮："电脑的 120G 硬盘怎么卖？另外，打印机、电脑桌有没有优惠？"

"那我再去电脑市场了解一下。"看到王铮疲于应付的样子，经理叫住了他，并让秘书递给他一杯茶。

"我们做业务必须有良好的观察和思考能力，想法要多、要全，能够快人一步。业务人员不仅要善于动手，还要善于动脑，遇事多想一步。如果不能做到这一点，就不可能为客户提供有效的信息与咨询服务，为采购商提供质优、价廉、物美的产品，反而会造成人力、物力、财力的浪费。"经理意味深长地说。

王铮这次求职以失败告终。

故事虽然平常，却值得我们深思。想要成功就要比别人多想一步，反之则会落后于别人。工作中要注意锻炼自己的领悟力和洞察力，独立思考、多谋善断，凡事比别人多想几步，才不会与机遇失之交臂，才有可能获得更大的成功。

无论这个世界好与坏，无论是公平还是不公平，
无论现实是残酷还是美好，你都要为之奋斗！

青 春 励 志 丛 书

QINGCHUN LIZHI CONGSHU

别在吃苦的年纪
选择安逸

唯有勤奋和努力，
才能让你过上你想要的生活。

青春是用来改变自己的，不是用来虚度光阴、碌碌无为的。
告别安逸，努力奋斗，让青春无悔，让美好驻足！

潘鸿生◎编著

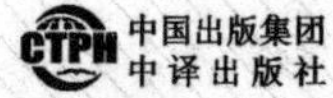

中国出版集团
中译出版社

图书在版编目（CIP）数据

别在吃苦的年纪选择安逸 / 潘鸿生著. -- 北京：中译出版社，2020.2

（青春励志系列丛书）

ISBN 978-7-5001-6144-8

Ⅰ. ①别… Ⅱ. ①潘… Ⅲ. ①成功心理－青年读物 Ⅳ. ① B848.4-49

中国版本图书馆 CIP 数据核字（2020）第 022610 号

出版发行：中译出版社
地　　址：北京市西城区车公庄大街甲 4 号物华大厦六层
电　　话：（010）68359376，68359827（发行部）（010）68003527（编辑部）
传　　真：（010）68357870
邮　　编：100044
电子邮箱：book@ctph.com.cn
网　　址：http://www.ctph.com.cn

策　　划：北京瀚文锦绣国际文化有限公司
责任编辑：温晓芳
封面设计：孙希前

排　　版：张元元
印　　刷：香河县宏润印刷有限公司
经　　销：全国新华书店

规　　格：880mm × 1230mm　1/32
印　　张：25
字　　数：650 千字
版　　次：2020 年 4 月第一版
印　　次：2020 年 4 月第一次

ISBN 978-7-5001-6144-8　　**定价**：178 元 / 套（全 5 册）

前言

Preface

“年轻时不吃苦，老来必受苦。”人生短短几十年，如果你在该奋斗的年纪选择了安逸，你就必须在该安逸的年纪去奋斗。

鲁迅曾言：“青年又何能一概而论？有醒着的，有睡着的，有昏着的，有躺着的，有玩着的，此外还有很多。但是，自然也有要前进的。”青春是每个人最好的年华，也正是每个人吃苦的年纪。当然，你也能够选取安逸。但是，你就应明白你此刻选取的安逸都将会在未来付出惨痛的代价。年轻的时候不拼搏、不折腾、不吃苦，难道等芳华老去的时候去抱怨、去后悔、去鄙视自己吗？不要辜负了自己的大好时光，别在吃苦的年纪选择安逸。

我们每个人都应该明白这样一个道理：“吃得苦中苦，方为人上人。”苦和累是生活原味，只有吃苦才能吃香，没有人随随便便可以成功，那些所谓的成功人士，哪一个不是吃苦吃出来的？“故天将降大任于是人也，必先苦其心志，劳其筋骨，饿其体肤”，苦过累过才能品尝到生活的甘甜，苦乐中奋斗的人生才会更精彩。

成功的人生不是等来的，你的未来不会在某个地方傻傻地等你，而是需要你用双手拼出来，拼出属于你自己的世界，拼出属于你自己的辉煌。“三分天注定，七分靠打拼。”要拼就奋力去拼，给自己一次机会，不要给自己留下遗憾。

人活一次，拼一次，你才不会后悔。不要在该奋斗的年纪选择安逸，青春是用来改变自己的，不是用来虚度光阴、碌碌无为的，你不努力，以后什么都没有。那些比你优秀的人，比你还拼命地想要更牛，是多么可怕的事。如果你也想在这个社会中活得舒服，那就不能怂不能懒，更不能怕吃苦。

不想苦一辈子，就要苦一阵子。人生，哪有不努力就能过得毫不费力，欲戴王冠必先要承其重。没有谁的幸运是凭空而来，只有当你足够努力，你才会足够幸运。这世界不会辜负每一分努力和坚持，时光不会怠慢执着而勇敢的人。虽然不是每一次努力都有收获，但是每一次收获必定要努力。所以舍弃短暂的安逸，终会翘望明天的辉煌。

目录
Contents

第一章　该奋斗的年龄，不要安逸地睡大觉 / 1

立刻行动，否则别想成功 / 1

人生不只是坐着等待，好运就会从天而降 / 4

不要在奋斗的年纪选择了安逸 / 7

生活不曾亏欠每一个勤奋努力的人 / 10

敢于冒险，你的人生才有无限可能 / 14

第二章　唤醒全新的自我，别以消极定义你的人生 / 18

无论身处何种境遇，都让自己充满自信 / 18

每天反省自己，你会迈进成功的快车道 / 20

让进取心成为前进的助力 / 24

做任何事都能成功的人，只因他们有无限的热情 / 28

克服自身不足，激发生命活力 / 31

第三章　决定你上限的不是能力，而是格局 / 34

目标越远大，人的进步越大 / 34

不断学习，做大人生格局 / 37

你能把“忍”的功夫做多大，你将来的事业就有多大 / 42

学会合作，不要一个人战斗 / 45

不要自我设限，敢于超越一切“不可能” / 48

第四章　生活凭什么惯着你，你要对自己狠一点 / 52

背水一战，给自己一片没有退路的悬崖 / 52

勇气在哪里，运气就在哪里 / 55

压力也是动力，多给自己点压力 / 58

靠天靠地不如靠自己 / 62

激发潜能，唤醒心中沉睡的巨人 / 65

第五章　人总要经历点儿事情，才能迅速成长 / 70

不摔几个跟头，怎能学会走路 / 70

所有的坎坷，都是为了让你变得更强 / 73

换个角度看，所有吃亏都是一种获得 / 78

适者生存，学会适应环境 / 81

没有逆境，你永远不能成功 / 85

第六章　改变，永远都不会太晚 / 89

不会分享的人注定是一个失败者 / 89

克服懒惰，让自己忙起来 / 91

保持谦虚的心态，才能使人进步 / 95

不生气，你就赢了 / 98

别让你现在的坏习惯毁了将来的你 / 101

第七章　既然告别安逸，就别怕一路风雨 / 105

即使面临失败，也不要轻言放弃 / 105

为了明天的成功，耐住今天的寂寞 / 108

人生豪迈，不过是从头再来 / 113
直面自我，挑战自我，战胜自我 / 114
你所受的苦难，终会照亮你未来的路 / 117

第八章　修炼内功心法，时刻保持最佳状态 / 121
你无法改变环境，但可以改变心境 / 121
任何磨砺，都是奋斗路上的垫脚石 / 124
除去浮躁情绪，别让浮躁毁了你 / 127
心中有信念，脚下有力量 / 129
心态积极，天下无敌 / 133

第九章　今天工作不努力，明天努力找工作 / 137
额外的工作里有额外的机会 / 137
不要为了薪水而工作 / 139
化繁为简，一针见血找到问题关键 / 143
端正态度，全力以赴投入工作 / 146
成功人的方法，失败人的借口 / 149

第一章　该奋斗的年龄，不要安逸地睡大觉

立刻行动，否则别想成功

行动就是力量，唯有努力行动才可以改变一个人的命运。古人云:“事虽小，不为不成；路虽近，不行不到。”意思是说看似很小的事情，你不去做便不能成功；很短的一段路程，如果不去走，那么也不会到达终点。成功需要你将想法转化为行动，只有行动了你才会收获成功，而不是只要默默观赏就会成功的。

有个落魄的中年人每隔三两天就到教堂祈祷，而且他的祷告词几乎每次都相同：“上帝啊，请念在我多年来敬畏您的分上，让我中一次彩票吧！阿门。”但他却从来没中过奖。

终于有一次，他跪着说：“我的上帝，为何您不垂听我的祈求？让我中彩票吧！只要一次，让我解决所有困难，我愿终身奉献，专心侍奉您……”

就在这时，圣坛上空传来洪亮庄严的声音：“我一直垂听你的祷告。可是，最起码，你老兄也该先去买一张彩票吧！”

说一尺不如行一寸。有想法是好的，但再好的想法也要付出行动。因为行动才会产生结果，行动是成功的保证。俄罗斯作家克雷洛夫曾说过：“现实是此岸，理想是彼岸，中间隔着湍急的河流，行动则是架在河上的桥梁。”任何伟大的目标、伟大的计划，最终必然落实到行动上才能实现，行动是完成计划奔向目标获得成功的保证。

你可以界定你的人生目标，认真制定各个时期的目标，但如果你不行动，还是会一事无成。冥思苦想，谋划着自己如何有所成就，是不能代替身体力行去实践的，没有行动的人只是在做白日梦。

心动不如行动。再美好的梦想与愿望，如果不能尽快在行动中落实，最终只能是纸上谈兵，空想一番。有人说，心想事成。这句话本身没有错，但是很多人只把想法停留在空想的世界中，而不落实到具体的行动中，因此常常是“竹篮子打水——一场空”。所以，有了梦想，就应该迅速有力地实施。坐在原地等待机遇，无异于等着天上掉馅饼。

安东尼·吉娜是美国纽约百老汇最年轻、最负盛名的年轻演员，她是这样讲述她的成功之路的。

几年前，当吉娜还是一名学生时，她参加了一次校际演讲比赛，她将自己的梦想告诉了在场的所有人：“大学毕业后，我要去演百老汇歌舞剧的主角。”

演讲结束后，吉娜的心理学老师找到她，质问她：“为什么现在不去百老汇，非要等到毕业后才去呢？”吉娜想了一下说：“是呀，大学生活并不能帮我实现梦想。”于是，她说：“那我一年以后就去百老汇。”

老师又生气地问：“为什么今天不去，非要等到一年后去呢？”

听完老师的话，吉娜觉得很有道理，对老师说：“我决定下个月就出发。”老师又紧跟着问：“今天去跟下个月去，有什么不一样？”

吉娜激动不已地说：“好，我现在就去订机票，马上出发。”

老师赞许地点点头说：“机票我已经帮你订好了。”吉娜当天就飞赴她梦想中的殿堂了。

当时，百老汇的制片人在酝酿一部经典剧目，正在征最佳女主角，要在100个人当中挑选10个，再在10个人中选择最优秀的一个。挑选方式是，让她们每人念一段剧本中主角的台词。

吉娜千方百计地从一个化妆师手里得到了将要排演的剧本。然后闭门苦读，悄悄演练。正式面试那天，她是第40个出场的应聘者，制片人问她是否有过表演的经验，吉娜甜甜地一笑说：“我可以给您表演一段曾经在大学里演出过的剧目吗？”制片人不愿打击一个热爱艺术的青年的心，就答应了。可是当制片人听到吉娜使用的台词正是将要上演的剧目中的对白时，被她那真挚的感情、惟妙惟肖的动作惊呆了，他立刻宣布面试结束，女主角已经找到了。

就这样，吉娜刚到纽约就顺利地迈出了实现梦想的第一步，穿上了她人生第一双红舞鞋。

在通往成功的道路上，光有远大的理想是不行的，还要付诸行动，否则理想就是空想。在理想的实现上，成功者的共性是，一旦锁定目标，就马上行动起来，不断拼搏，不达目标誓不罢休。

空想家与行动者之间的区别就在于是否进行了持续而有目的的实际行动。实际行动是实现一切改变的必要前提。我们往往说得太多，思考得太多，梦想得太多，希望得太多，我们甚至计划着某种非凡的事业，最终却以没有任何实际行动而告终。

立刻行动起来，不要有任何的耽搁。要知道世界上所有的计划都不能帮助你成功，要想实现理想，就得赶快行动起来。成功者的路有千条万条，但是行动却是每一个成功者的必经之路，也是一条捷径。

也许你早已经为自己的未来勾画了一幅美好的蓝图，但是它同时也给你带来烦恼，你感到自己迟迟不能将计划付诸实施，你总是在寻找更好的机会，或者常常对自己说：留着明天再做。这些做法将极大地影响你的做事效率。因此，要获得成功，必须立刻开始行动。任何一个伟大的计划，如果不去行动，就像只有设计图纸而没有盖起来的房子一样，只能是一个空中楼阁。

万事始于心动，成于行动。成功者的路有千条万条，但是行动却是每一个成功者的必经之路，也是一条捷径。100次心动，远比不上一次行动。心动只能让你终日沉浸在幻想之中，而行动才能让你最终走向成功。

人生不只是坐着等待，好运就会从天而降

机会，它是上天给予少数幸运儿的礼物。

常有人发出如此的感慨：如果给我一个机会，我也能……

他们把自己的命运系在一个等来的机会上，他们当然总也不会成功，以至于至今都只知道抱怨自己的命运。

没有人会主动给你送来机会，机会也不会主动来到你的身边，只有你自己去主动争取。成大事者的习惯之一是：有机会，抓机会；没有机会，创造机会。

世界歌王帕瓦罗蒂到中国采风的时候，去北京中央音乐学院做访问。许多有音乐功底和有社会背景的学生都使出浑身解数，以求得在这位歌王面前一展歌喉。要知道，这可是一个难得机会，哪怕是得到歌王的一句肯定，也足以引起中外记者们的大肆渲染，从而让歌坛耀升一颗新星。在学院的一间教室里，帕瓦罗蒂耐着性子挨个听大家唱歌，不置可否。正在沉闷之时，窗外有一男孩引吭高歌，唱的正是名曲《今夜无人入睡》。听到窗外的歌声，帕瓦罗蒂的眉头舒展开了：“这个学生的声音像我。”接着他又对校方陪同人员说：

“这个学生叫什么名字？我要见他！并收他做我的学生！”这个在窗外唱歌的男孩就是从陕北山区来的学生黑海涛。以他的资历和背景，根本没有机会见到帕瓦罗蒂，他只能凭借歌声推荐自己。后来，在帕瓦罗蒂的亲自安排下，黑海涛得以顺利出国深造。1998 年，意大利举行世界声乐大赛，正在奥地利学习的黑海涛又写信给帕瓦罗蒂。于是，帕瓦罗蒂亲自给意大利总统写信，推荐他参加音乐大赛，黑海涛在那次大赛上获得名次。黑海涛凭着他那善于推荐自己的勇气和不断努力的精神，在音乐道路上取得了非凡的成就，现在黑海涛是奥地利皇家歌剧院的首席歌唱家。

这似乎是一个奇迹，但这个成功的例子也足以让人沉思：守株待兔，是等不来机遇的，只有像黑海涛那样，主动出击，才能给自己创造机遇。

从某种意义上讲，机遇是被人创造出来的，是人的主观能动性与外界环境的客观必然性的结合。主观方面条件的增强会影响到客观环境的变化，使机遇更容易产生。

莎士比亚说：“聪明人会抓住每一次机会，更聪明的人会不断创造新机会。”当机遇尚未出现时，除了时刻准备之外，我们也应该主动为自己创造机遇，不能总是守株待兔，等着机遇上门。培根说过：“智者创造机会”。机会是等不来的，他必须靠我们平时的勤奋经营和努力创造才能获得；机会也是平等的，关键看你是否懂得如何去寻求机会，并且将它变成人生成功的垫脚石。

有一位名叫西尔维亚的美国女孩，她的家庭条件很不错，完全有机会实现自己的理想。她从念中学的时候起，就一直梦寐以求当电视节目的主持人，她觉得自己具有这方面的才干。因为每当她和别人相处时，即便是生人也都愿意亲近她并和她长谈。她知道怎样从人家嘴里掏出心里话。她的朋友们称她是他们的“亲密的随身精神医生”。她自己常说：“只要有人愿意给我一次上电视的机会，我相信我一定能成功。”

但是，她什么也没做，而是在等待奇迹出现，希望一下子就当上电视节目的主持人。

西尔维亚不切实际地期待着，10年过去了，结果什么奇迹也没有出现。

谁也不会请一个毫无经验的人去担任电视节目主持人。而且，节目的主管也没有兴趣跑到外面去物色人才，相反都是别人去找他们。

另一个名叫辛迪的女孩却实现了同样的理想，成了著名的电视节目主持人。辛迪并没有白白地等待机会出现。她不像西尔维亚那样有可靠的经济来源，所以白天去打工，晚上在大学的舞台艺术系上课。毕业之后，她开始谋职，她跑遍了洛杉矶每一个广播电台和电视台。但是，每一个地方的经理对她的答复都差不多：“没有几年工作经验的人，我们是不会雇用的。”

但是，她不愿意退缩，也没有等待机会，而是走出去寻找机会。她一连几个月仔细阅读广播电视方面的杂志，最后终于看到一则招聘广告，北达科他州有一家很小的电视台招聘一名预报天气的女主持人。

辛迪是加州人，不喜欢北方。但是，有没有阳光、是不是下雪都没有关系，她只是希望找到一份和电视有关的职业，干什么都行！她抓住这个工作的机会，动身到北达科他州。

辛迪在北达科他州工作了两年，最后在洛杉矶的电视台找到了工作。又过了5年，她终于得到提升，成为她梦想已久的电视节目主持人。西尔维亚那种失败者的思路和辛迪的成功者的观点正好背道而驰。她们的分歧点就在于，西尔维亚在10年当中，一直停留在幻想中，坐等机会，期望时来运转。而辛迪则是采取行动，首先，她充实了自己；其次，在北达科他州受到了训练；再次，在洛杉矶积累了比较多的经验；最后，终于实现了理想——电视节目主持人。

从这里可以看出，机会不是等来的，在很多时候还得靠自己去发现，去挖掘，甚至还得靠自己去创造，并且创造机会比等待机会更为重要。因为现成的机会毕竟不多，等待机会显得过于被动，而创造机会却能充分发挥自己的主观能动性，把握甚至改变事情的发展趋势。

一位名人曾说过："等待机会的人不是聪明的人，而寻找机会，把握机会，征服机会，让机会成为服务于他的奴仆的人才是最聪明的人、最优秀的人。"的确，真正的强者不会等待机会来找他，而是到处寻找并抓住机会，让机会主动为他服务。

不要在奋斗的年纪选择了安逸

有一个关于寒号鸟的故事：

山脚下有一堵石崖，崖上有一道缝，寒号鸟就把这道缝当作自己的窝。石崖前面有一条河，河边有一棵大杨树，杨树上住着喜鹊。寒号鸟和喜鹊面对面住着，成了邻居。

几阵秋风，树叶落尽，冬天快要到了。

有一天，天气晴朗。喜鹊一早飞出去，东寻西找，衔回来一些枯枝，就忙着垒巢，准备过冬。寒号鸟却整天飞出去玩，累了回来睡觉。喜鹊说："寒号鸟，别睡觉了，天气这么好，赶快垒窝吧。"寒号鸟不听劝告，躺在崖缝里对喜鹊说："你不要吵，太阳这么好，正好睡觉。"

冬天说到就到了，寒风呼呼地刮着。喜鹊住在温暖的窝里，寒号鸟却在崖缝里冻得直打哆嗦，悲哀地叫着："哆罗罗，哆罗罗，寒风冻死我，明天就垒窝。”

第二天清早，风停了，太阳暖烘烘的。喜鹊又对寒号鸟说：“趁着天气好，赶快垒窝吧。”寒号鸟不听劝告，伸伸懒腰，又睡觉了。

寒冬腊月，大雪纷飞，漫山遍野一片白色。北风像狮子一样狂吼，河里的水结了冰，崖缝里冷得像冰窖。就在这严寒的夜里，喜鹊在温暖的窝里熟睡，寒号鸟却发出最后的哀号：“哆罗罗，哆罗罗，寒风冻死我，明天就垒窝。”

天亮了，阳光普照大地。喜鹊在枝头呼唤邻居寒号鸟，可怜的寒号鸟在半夜里冻死了。

寒号鸟是可悲的，但这种悲剧是由谁造成的，难道是因为天寒吗？显然不是，因为天迟早是要变冷的，寒号鸟却没有做好御寒的准备，总是拖延垒窝的时间，最终被冻死。

这个故事告诉我们，今天的安逸，可能会造成明天的残酷。凡事要未雨绸缪，不可以懒惰。只有勤劳的人才能收获成果。

在竞争激烈的人生擂台上，寒号鸟的故事每天都在上演。很多人过早地选择了安逸，找一份看似轻松稳定的工作，便放心大胆地享受着悠闲自在的生活。本以为人生苦短，不过是随遇而安。然而一旦寒冬来临，最先受苦的，往往是他们。

王超最近拿现在的自己与以前的他相比较，发觉自己变得懒惰了，原来是生活太安逸了。他买了台电脑，住得也舒服了，吃得也非常好，但是心里面总是空空的，心情时常不好，时常问自己：这么长时间自己又学了多少东西，又做了多少有意义的事情呢？想想刚毕业的时候，吃的是什么，住的是什么，工作的时间有多长，在工作的时候用了多少精力，与现在真的没法比。这些使他想起一则寓言：把青蛙放在开水锅里它可以逃生，把它放在冷水锅里慢慢加热，它就不会逃生，最后被慢慢煮死。

想想你自己现在是否也和上例中的王超处于一样的状态。今天的安逸生活只会带来明天的平庸。所以，我们不应安于现状，对现在所拥有或所期盼的事情感到知足，更不要为了现在的一点成就而放弃了奋斗精神。

奋斗是年轻的主题，年轻是理想的载体。但现在很多人都忽略了这一点，在每一天的浑浑噩噩、庸庸碌碌中活着，在最应该奋斗的年纪，他们选择了安逸，那么未来便不可期。网络上有这样一段话："20 岁的贪玩，导致了 30 岁的无奈！ 30 岁的无奈，决定了 40 岁的无为！ 40 岁的无为，致使了 50 岁的失败！……"成功的人生等不得，请不要在该奋斗的年纪选择了安逸，否则，当你回首过去，除了蹉跎，你还是一无所有！

哈佛大学曾做过一项长达 25 年的跟踪调查，调查的对象是一群智力、学历、环境等条件差不多的年轻人。调查结果显示，3%的人 25 年后成了社会各界的顶尖成功人士，他们中不乏白手创业者、行业领袖、社会精英。10%的人大都在社会的中上层，成为各行各业中不可或缺的专业人士，如医生、律师、工程师、高级主管，等等。而占 60%的人几乎都在社会的中下层，他们能安稳地工作，但都没有什么特别的成绩。剩下的 27%几乎都处在社会的最底层。他们过得不如意，常常失业，靠社会救济，还常常抱怨他人，抱怨社会，抱怨世界。从离开校园到职场人生，25 年也许只是弹指一挥间。然而，25 年过去，当同窗好友再一次相聚时，一个不可回避的现实就是昔日朝夕相处、平起平坐的同学，有了明显的"社会价值等级"。造成这种等级区分的，当然有机遇、人际关系以及与之相对应的环境。但是，最重要的因素却在于每个人在迈出校园的起跑线上是否找到了自己的人生方向，是否懂得努力奋斗，在一些最重要的方面积累自己的成功资本。

天上不会掉馅饼，今天的勤奋努力筑就了明天的辉煌成绩；今天的安逸生活也只会带来明天的平庸。别在该奋斗的年纪选择安逸，你必须对自己狠一点，趁年轻，拼一拼。年轻的时候不拼搏、不折腾、不吃苦，难道等年华老去的时候去抱怨、去后悔、去鄙视自己吗？

现在，我们要扪心自问一下：你奋斗了吗？你为自己的梦想播种耕耘了吗？努力是通向理想的必经之路，而奋斗是通向理想的必要条件。人的一生只有一次，只有不懈努力与奋斗，才能战胜人生中的激流，找到那条梦想之路，跳过梦想之门，找寻属于自己奋斗而得来的果实。

从现在开始，努力奋斗吧！

生活不曾亏欠每一个勤奋努力的人

美国第三任总统托马斯·杰斐逊说过这样一句话："我非常相信运气，而且我发现，工作越勤奋，运气就越容易找上门。"

古往今来，无数成功人士的经历告诉我们：成功别无他法，要靠一步一个脚印地行走；要靠一点一滴地积累；要靠勤奋去打造；要靠汗水去浇灌。

莎士比亚13岁的时候，父亲破产了，一家人的生活失去了依托。他不得不中途退学，帮助父母打理生意，做些家务。不过，困苦的生活并没有使莎士比亚心灰意冷。他那充满幻想的头脑，对任何事情都有浓厚的兴趣：大自然的美丽景色，使他赏心悦目；老人们讲述的动人故事，使他浮想联翩。对未来的生活，他充满了憧憬。

剧团的演出在莎士比亚的记忆里总是留下十分清晰的痕迹。早在幼年时期，伦敦城里最有名的女王剧团曾经到斯特拉福镇演出过，此后多年中，每年都有几个剧团来这里演出。这些演出在莎士比亚幼小的心灵里播下了爱好戏剧的种子。

他常常邀集几个小伙伴，模仿自己看到的戏剧情节，有声有色地演起戏来。有时候，为了思考一个剧中的情节，他独自在田间小径上踱来踱去，琢磨某个角色的动作表情。他暗暗下定决心：要终身从事戏剧事业。他知道，当个戏剧家，要有很丰富的知识。因此，他开始如饥似渴地阅读哲学、文学、历史等方面的书籍，自修希腊文和拉丁文，多方面地吸取营养。几年以后，他已经是一个相当博学的人了。

一天，莎士比亚突发奇想：能在戏院里谋份工作就好了。可这样的机会不是太多。于是，他主动到戏院服务：他做马夫，专门等候在戏院门口，伺候看戏的绅士。有乘车的贵客到了，他就赶紧迎上去拉住马匹，系好缰绳。日子久了，他和看门人混熟了。看门人特许他从门缝里和小洞里窥看戏台上的演出，他边看边细心琢磨剧情和角色。每天夜深人静的时候，他仍然发愤读书、苦练演戏本领，他屋里的烛光常常彻夜不熄。

莎士比亚凭借自己的勤奋努力，很快就掌握了丰富的戏剧知识。有一位著名演员很欣赏他的才能，便请他到剧团里演配角。莎士比亚知道在演出实践中能提高和丰富自己的艺术才能，不禁喜出望外。进入剧团后，为了演好戏，他经常深入下层社会，观察那些流浪汉、江湖艺人和乞丐，同自己周围的各种人谈心，学习他们的言谈举止，熟悉他们的生活习惯，体会他们的思想感情。这样，他很快就成了一名十分活跃的演员。

莎士比亚深感自己的知识浅薄，便利用点滴时间苦苦读书。他不仅博览了大量的书籍，还广泛地接触了英国的现实社会。就这样，他凭借自己的勤奋和努力，开阔了视野，丰富了知识，在此基础上，他仅用了一年多的时间，就为剧团写出了《亨利六世》等三部剧本，引起了戏剧界的注意。紧接着，他又连续写出了《理查三世》《错误的喜剧》等剧本，也获得了极大的成功。

莎士比亚的故事告诉我们，人只有养成勤奋的习惯，才能在事业上获得成功，成就精彩的一生。

天道酬勤，没有一个人的才华是与生俱来的，每一个成功者的背后，都有着一连串的让人为之振奋的奋斗故事。在成功的道路上，除了勤奋，是没有任何捷径可走的。

在成功的众多因素当中，勤奋是必不可少的。努力不懈、自强不息，这是成功者的一项基本素质。高尔基说过："天才就是勤奋。人的天赋就像火花，它既可以熄灭，也可以燃烧，而迫使它熊熊燃烧的办法只有一个，那就是勤奋。"爱迪生也说过："天才就是一分灵感加上九十九分汗水。"这些名言都在反复告诉我们这样一个永恒的真理：一个人能否取得成功，不是看他有多高的天赋，而关键在于他是否勤奋。

"业精于勤，荒于嬉"。勤奋是一笔价值远远超过黄金的财富，纵然你有黄金万两，但如果坐吃山空，你总会有穷困的一天，唯有勤奋才是永不枯竭的财源，这一点，我们应该牢记在心。勤奋能使人走向成功。

聂开榜是一家拥有十多名员工的网络公司的总经理。他出生于贵州毕节一个贫困家庭，靠贷款上了大学。在湖南工程学院计算机系求学期间，当同学还在打电话向父母要生活费的时候，他已经在做家教、派传单、送牛奶、承包学习教室的卫生来换取学费与生活费。这些活儿虽然累，却帮助他积累了步入社会的宝贵经验。

大学毕业后，聂开榜应聘到当地一家新成立的网络公司从事营销工作。在营销销售培训的开始，他一站上讲台就脸红，紧张得说话都吭吭哧哧，加上浓厚的贵州口音，台下没有一个人听懂他的话。于是他花比别人多三倍的努力来工作，同事们每天打 30 个电话，他打 60 个电话；每天出去拜访客户，两个月下来把鞋子都磨烂了。尽管如此，两个月下来他仍没有开单，公司打算将他解聘。面临即将要失去工作的困境，聂开榜向老板提出，不要工资，拉到了业务再算提成。终于在第三个月，他做成了第一笔业务。此后订单就源源不断地来了，他一个月的工资比其他业务员三个月加起来的工资还要高。辛苦努力换来了收获，在得到工资的同时，也得到了老板的赏识，很快他就被提升为业务经理，带领其他团队成员共同开拓市场。

但好景不长，由于管理不善和资金缺乏等问题，公司面临倒闭，聂开榜失业了。这时的他并没有怨天尤人，而是反复思考着小时候父母跟他说过的一句话："好好学习，将来找一份好工作。"他想，为什么是找一份好工作，而不是为别人提供一份好工作呢？于是，他决定凭借自己的技术和经验，自己办一家网络公司。联系上以前的同事，大家出技术、出资金，成立了亿度网络公司。最开始，每个人既是股东、管理员，又是程序员、业务员，白天出去跑业务，晚上还要在电脑旁编程序。聂开榜很辛苦，但每次想要放弃的时候，想到是自己的公司，他便重新抖擞精神，努力奋斗。如今，在公司上下的一起努力下，公司慢慢步入正轨，聂开榜也开始在业内崭露头角。

可见，勤奋足以使人们成就事业，它是所有成就伟大事业者的共同个性。世界上没有任何东西可以比得上、可以代替勤奋的意志，教育不能替代，多财的父母、多势的亲戚以及其他的一切，也都不能代替。唯有勤奋才能让你做出非凡事业来，也唯有勤奋才能成全你的人生和事业。

勤奋是成功之本。一个人要想在这个竞争激烈的时代脱颖而出，就必须付出比他人更多的汗水和努力，具有一颗积极进取、奋发向上的心，否则只能由平凡变为平庸，最后成为一个毫无价值和没有出路的人。

成功与勤奋是密不可分的，如果想获得成功就必须通过勤奋的努力，俗话说得好："一分耕耘，一分收获。"没有辛勤的付出哪能有成功的源泉。成功的路上无捷径，只有勤奋才是成功的源泉。

敢于冒险，你的人生才有无限可能

生活中，绝大多数人需要一种安全感，希望生活安定，有保障，因此也极容易产生一种满足感，生活停留在所谓的知足常乐状况。尽管这意味着平庸、单调和乏味，但是他们也不愿打破它，常常任机会从身边溜过，也不去试试它。

一次，有人问农夫是不是种了麦子。农夫回答：“没有，我担心天不下雨。”那个人又问：“那你种了棉花了吗？”农夫说：“没有，我担心虫子吃了棉花。”于是那个人又问：“那你种了什么？”农夫说：“什么也没种。我要确保安全。”

生活中有不少人就像那个农夫一样，不愿意去尝试，不冒任何风险，到头来，什么也做不成，什么也不是。

冒险是人生中的一种勇气和魄力。要想有卓越的成功，就得敢于冒险。整个生命就是一场冒险，走得最远的人常是愿意去冒险的人。正如有人所说：人生最大的价值就在于冒险。

惧怕失败，不冒风险，平平稳稳地过一辈子，虽然可靠、平静，虽然生活“比上不足比下有余”，但那是多么无聊。冒险失败远胜于安逸平庸。与其平庸地过一辈子，不如轰轰烈烈地干一场。冒险能够带给你一些全新的体验，一些你所未知的领域的体验，可以说，冒险的体验正是你生活中进步和快乐的源泉，因此对于还没有发生的事情完全不必心怀恐惧，也不要费心做那种无谓的尝试，试图把生活中的每一面都规划好。倘若你想让自己的生活丰富多彩，那么就需要让你的生活多一些意外，多一些弹性。其实不管是你的工作，还是你的生活，如果总是重复着相同的内容，又怎么会有新的收获呢？你应该明白，生活并不能够预先设计，因此对于不可预知的未来，你没有必要去担心或惧怕，你应该打破你的规矩，突破你的闭锁，发挥敢为人先的冒险精神，去体验冒险给你带来的快乐及成功。

冒险与收获常常是结伴而行的。险中有夷，危中有利。要想有卓越的结果，就要有胆量，敢于冒风险。过人的胆识，就是抓住机遇的资本。放大胆量，敢想、敢做、敢追求，成功只属于那些有胆识并不断前行的人。

北京西城区的王先生是一位“敢吃螃蟹”的人，他凭借先机和冒险精神抓住了商机，从而获得了财富。

王先生是一位身无分文的下岗职工，一次与人谈话时，得知其住宅附近有几间待租空房，一共有 1000 多平方米。业主要租房者每天缴纳房租 500 元，租借期限为 10 年，并要求一次性付清。由于房租昂贵，人们都觉得在此做生意有很大风险，房屋一时无人租赁。

然而，王先生却认为：有风险才有财源。于是，他果断地向亲友筹借了一些资金，租赁该空房开了一家中档饭店。一位朋友好心提醒他：“你借钱开店，难道不怕赔本吗？”王先生只是默默一笑。

其实，王先生是做了一番考虑的。因为店址在住宅区附近，客流量很大，消费群体也很多，虽然需要较大的投资，但是很快就会收回成本，并能获得高额利润。

后来的发展，证明了王先生的眼光是超前的，这家饭店的投资在 3 个月后全部收回，并获得了很高的利润。

是什么原因促使王先生成功的呢？就是他敢于冒险的精神。

成功的人都清楚地认识到人生路上风险是在所难免的，但他们仍充满信心地在风险中争取事业的成功。

在很多情况下，强者之所以成为强者，就是因为他们敢为别人所不敢为。如果缩手缩脚，即使有比别人更新的思想，也只能错过机会，被时代淘汰。

20世纪60年代中期，美国耶鲁大学的一个血气方刚的年轻人写了一篇论文。在论文中，他阐述了关于在全国范围内建立一种连夜递送邮包的快递系统的设想。在当时，这种想法是具有远大眼光和基于科学分析的冒险精神的。但是评分教授却认为，这篇论文简直是一派胡言，想法不切实际，结果论文评级为差等。年轻人不认为自己的设想是天方夜谭，自此开始寻找实现梦想的机会。这个年轻人就是全球最大的快递公司联邦快递创始人弗雷德·史密斯。

1969年，弗雷德·史密斯服完兵役后开始创业。他先是收购一家破产企业，完成原始积累，然后凭借家族的庞大资金支持，甘冒天下之大不韪，建立了有史以来第一家航空快递公司。当时，邮递运输业的许多资本家都不看好他的快递公司，不仅投入资金大，利润空间少，社会上对目前的运输服务也抱不信任态度。正是有这些原因，这项新事业举步维艰，初期营运持续亏损。仅一年时间，公司亏损近2000万美元，许多亲朋好友劝他撒手，他都坚持咬牙挺住。弗雷德·史密斯深信，随着科技的发展，提供高效快递的服务行业一定会有极其广阔的发展前景。因为如果人们确信自己拥有价值很高而又易损的包裹能在第二天早上安全送到目的地，他们是愿意出高额快递费的。眼下的公司亏损是因为参与快递的小包裹多，大客户少。随着公司信用度的升高，需要快递贵重物品的大客户势必会越来越多。果然，5年后公司扭亏为盈，1985年，总资产达到51.83亿美元。至此，弗雷德·史密斯——这位全球最大的快递公司联邦快递创始人，当之无愧地成为当时成就最大的企业家之一。

生活中，不能缺少冒险精神，什么事情都要去勇敢地尝试。对于一项需要冒险的事情，当别人犹犹豫豫的时候，你迅速做出决断，大胆承担起来，很可能这就是改变你的命运的关键性一步。

对于强者来说，“无险不足以言勇”。一个真正的强者，厌恶平淡无奇的生活，他们渴望冒险，希望在生活中掀起巨浪，喜欢充满传奇色彩的浪漫生活。从这个意义上说，敢不敢冒险，正是区别强者和弱者的标志之一。

在人生中，思前想后、犹豫不决固然可以免去一些做错事的可能，但更大的可能是会失去更多成功的机遇。这种得不偿失的结果对我们来说是更大的损失。因此，我们必须学会冒险，学会去尝试，因为生活中最大的危险就是不冒任何风险。只有敢于冒险，才会有更多的成功机会。

鼓励冒险，绝不等于提倡蛮干，应该讲究科学规律，能够预测事情发展的未来，并能降低风险，这样会减少损失，即便失败了，也不会有太大的失望。所以，我们要成功，就需要“理性的冒险”。它是建立在正确的思考与对事物的理性分析上的，只有通过理性的思考，认识到冒险的必要而决心去冒险，才能获得成功。否则，所谓的冒险便成了莽撞。

冒险不一定都能成功，但成功一定要冒险。如果你想取得骄人的业绩，那么冒险是必要的。如果你想做得更好，你就得向现状挑战，你就得努力改变现状，你就得尝试冒险。

第二章　唤醒全新的自我，别以消极定义你的人生

无论身处何种境遇，都让自己充满自信

在人生成功的道路上，自信心比什么都重要。它是人生最可靠的资本，它能使人克服困难，排除障碍，不怕冒险。对于事业的成功，它比什么东西都更有效。

成功者有一个显著特征，就是他们对自己充满了极大的信心，坚定地相信自己的力量。而那些没有做出多少成绩的人，其显著特征则是缺乏信心。正是这种信心的丧失，使得他卑微怯懦、唯唯诺诺。

自信心是人们完成某项任务时表现的一种积极的心理状态，它是对自我能力、自我价值的积极肯定。有人说，自信就像人生道路上随身携带的一根鞭子，不时地鞭策自己攻克难关，登上新的高度。自信使人进步，使人发愤，使人走向成功。自信是战胜一切困难的必要条件，能够搭起成功的桥梁，任何时候只有树立坚定的自信心，遇到困难和坎坷才能够迎刃而解，而不至于悲观失望而停止行动、裹足不前。

罗斯福夫人艾莉洛出身于名门世家，按道理说她应该是个非常

自信的女孩子，其实情况并不是那样。因为家中美女如云，她的母亲、婶婶都是社交界名媛，和她们相比，她一直认为自己是个一无长处的人！她终日充满自卑感，在他人的阴影之下生活着。

直到有一天，在一次圣诞节舞会里，有一位年轻人走上前来对她说："我能请你跳支舞吗？"之后，忽然便有许多年轻人来邀她共舞。而第一位邀她共舞的年轻人，就是美国政坛知名的人物富兰克林·罗斯福。

这是一个发人深思的故事，为什么同一个人前后有天壤之别呢？这就是自卑与自信的差异。

在日常生活中，我们主观上很想有所建树，之所以没有成功，往往并不是能力不够、客观条件不成熟，而是缺少自信、信心，心里对自己产生了怀疑。或者说，许多失败是从自卑即自己看不起自己、不相信自己开始的。莎士比亚曾说："自信是走向成功的第一步，缺少自信即是失败的原因。"爱默生说："自信是成功的第一秘诀。"一个人只要充满自信，就能产生非凡力量。扬长避短，本是障碍缺陷，反而会变为成功的动力和福音。

大凡成功的人士，都有着自信与积极的人生态度。他们始终以饱满的激情、强烈的自信心和积极的人生态度，去坦然地面对困难，并善于克服困难。

自信对每个人都非常重要，无论面临的是学习的压力，还是工作的挑战，无论身处顺境还是逆境，自信都可以产生神奇的放大效应。

小泽征尔是世界著名的交响乐指挥家。在一次世界优秀指挥家大赛的决赛中，他按照评委会给的乐谱指挥演奏，敏锐地发现了不和谐的声音。起初，他以为是乐队演奏出了错误，就停下来重新演奏，但还是不对。他觉得是乐谱有问题。这时，在场的作曲家和评委会的权威人士坚持说乐谱绝对没有问题，是他错了。面对一大批音乐大师和权威人士，他思考再三，最后斩钉截铁地大声说："不！

一定是乐谱错了！”话音刚落，评委席上的评委们立即站起来，报以热烈的掌声，祝贺他大赛夺魁。

原来，这是评委们精心设计的“圈套”，以此来检验指挥家在发现乐谱错误并遭到权威人士“否定”的情况下，能否坚持自己的正确主张。前两位参加决赛的指挥家虽然也发现了错误，但终因随声附和权威们的意见而被淘汰。小泽征尔却因充满自信而摘取了世界指挥家大赛的桂冠。

信心是行动的基础，是一个人走向成功必须具备的心理素质。一个人只有心里充满必胜的信念，对自己所从事的事业坚信不疑，他才可能迈出坚定的步伐，产生克服困难的勇气和力量，想出解决问题的方法和对策，赢得他人的信赖和支持，最后才能到达为之奋斗的终点。

第二次世界大战期间，麦克阿瑟将军在南太平洋指挥盟军的时候，办公室的墙上挂着一块牌子——上面写着这样的话：

你有信仰就年轻，疑惑就年老；

你有自信就年轻，畏惧就年老；

你有希望就年轻，绝望就年老。

岁月使你皮肤起皱，但是失去了自信，就损伤了灵魂。

这是对自信最好的赞词。

自信心是一个人做事情与活下去的支撑力量，没有了这种信心，就等于自己给自己判了死刑。一个乐观自信、深信自己所从事的事业会成功的人，必定会走上成功之路。相反，一个怀疑自己的能力、对未来失去信心的人，必然不会取得事业上的成就。

每天反省自己，你会迈进成功的快车道

苏格拉底认为：“未经自省的生命不值得存在。”自省即自

我反省，它是一个人得以认识自己、分析自己，并有效提高自己的最佳途径。自省，是对自己的行为思想做深刻检查和思考、修正人生道路的一种方法。

法国牧师纳德·兰塞姆去世后，安葬在圣保罗大教堂，墓碑上工工整整地刻着他的手迹："假如时光可以倒流，世界上将有一半的人可以成为伟人。"一位上帝在解读兰塞姆手迹时说："如果每个人都能把反省提前几十年，便有50%的人可能让自己成为一名了不起的人。"他们的话，道出了反省之于人生的意义。柏拉图说："内省是做人的责任，没有内省能力的人不配做人，人只有透过自我内省才能实现美德与道德的兼顾。"确实如此，不反省就无法真正地认识自我，更不要说取得成功了。

一个善于自我反省的人，往往能够发现自己的优点和缺点，并能够扬长避短，发挥自己的最大潜能；而一个不善于自我反省的人，则会一次又一次地犯同样的错误，不能很好地发挥自己的能力，所以经常自我反省很重要。

我们每个人都要经常跳出自身反省自己，取出自己的心，一再地检视它，这样才能真正了解自己。古今中外许多伟人和智者，就是通过反省来战胜自己内在的敌人，打扫自己思想灵魂深处的污垢尘埃，减轻精神痛苦，从而净化自己的精神境界。

松下幸之助在松下电器创立50周年纪念日的讲话中说："我们已经走过了250年计划的五分之一，现在彻底回顾并检讨这50年，我认为我们过去走的路没有错，是成功的，而各位也非常热心和努力。

"可是详细研究这50年的内容时，似乎存在着失败，即使不能算是失败，似乎也有考虑不充分之处，有做得并不十分完善之处，以及疏忽大意的地方。在今后的年代里，就要消灭那些错误，即使是只能往前推进一步也好，希望大家能和我一同在这有意义的一天里，深深反省。

“我发觉，不论国家或个人，没有反省就没有进步。同样的道理，没有反省的公司，也会停顿不前。从这个意义上说，进步是由反省诞生的。不能因为业绩上升，就认定昨天和以前的做法是对的。一定要知道，今天的做法并不能得到满分，一定还有值得改进的地方，然后每个人都以100分为目标去努力。即使做不到，也要经常保持这种反省的态度。我认为我们的今后会有大的发展，不过希望各位能认清这一点，即是否成功，完全系于这一年的反省上面！”

松下幸之助的故事说明，没有反省，就没有进步。

一般来说，能够时时反省自己的人，是非常了解自己的人。他们会时时考虑：我到底有多少力量？我能干些什么事？我的缺点在哪里？我有没有做错什么？……这样一来，他们能够轻而易举地找出自己的优点和缺点，为以后的行动打下基础。

“吾日三省吾身”，这是圣贤自我修养的一句格言。它的意思是，一个人对自己的所作所为，应该是经常地、反复地进行自我反省，自我检查，自我解剖。

为什么要反省？因为人不是完美的，总存在着个性上的缺陷、智慧上的不足，人年轻的时候缺乏社会的磨炼，因此常会说错话、做错事、得罪人。你所做的一切，有时候旁人会提醒你，但绝大多数人看到你做错事、说错话、得罪人会袖手旁观，因此必须通过反省才能了解自己的所作所为。

李开复说，懂得自省的人才能不断成长。一个人之所以能够不断地进步，正在于他能够不断地自我反省，找到自己的缺点或者做得不好的地方，然后不断改正，从而取得一个又一个的成功。相反，一个人不能及时察觉自身缺点，不能用最快的速度纠正自己的发展方向，就不会在学业和事业上有所成就，最终会在优胜劣汰的自然法则面前难以生存。

有一个青年，有一天在街角的报亭借用电话，他用一条手帕盖着电话筒，然后说：“是王公馆吗？我是打电话来应征做园丁工作的，我有很丰富的经验，相信一定可以胜任。”电话接线生说：“先生，恐怕你弄错了，我家主人对现在聘用的园丁非常满意，主人说园丁是一位尽责、热心和勤奋的人，所以我们这儿并没有园丁的空缺。”

青年听罢便有礼貌地说：“对不起，可能是我弄错了。”接着便挂了电话。

报亭老板听了青年人的话，便说：“年轻人，你想找园丁工作吗？我的亲戚正要请人，你有兴趣吗？”

青年人说：“多谢你的好意，其实我就是王公馆的园丁，我刚才打的电话，是用于自我检查，确定自己的表现是否合乎主人的标准。”

反省是一种自我检查的活动，也是一种学习能力，更是认识错误、改正错误的前提。通过反省及时修正错误，就能够不断地调整自己的心态和做事方法，所以说掌握了自我反省的能力，就等于掌握了自我完善和通往成功的秘方。

荀子在《劝学》中写道：“君子博学而日三省乎己，则知明而行无过矣。”说的就是道德高尚的人一方面要博学，另一方面要反省自身，才能知识日增，防患未然，减少过失。懂得自省，人格才能不断趋于完善，人才能慢慢地走向成熟。通过自省，做人才会越来越成功，生活才会越来越幸福。

自省是净化心灵的手段、了解自我的途径，是自我修养的最高境界，是我们每个人必做的一门功课。我们不妨在每天结束时好好问问自己下面的问题：今天我到底学到些什么？我有什么样的改进？我是否对所做的一切感到满意？如果你每天都能改进自己的能力并且过得很快乐，必然能获得意想不到的丰富人生。真诚地面对这些提出的问题就是反省，其目的就是要不断地突破自我的局限，开创成功的人生。

反省是一个人走向成功的基础，是达到成功所必需的精神之一。让我们学会自我反省，走向成功。

让进取心成为前进的助力

什么是进取心？所谓进取心，就是主动去做应该做的事情。

进取心是一个人成功最重要的原因之一。有人研究了美国最成功的500个人的生平，还结识了这些人当中的许多人，结果发现：这些人的成功中都有一个不可缺少的元素，这就是强烈的进取心。他们屡遭失败但仍旧十分努力，在他们看来，积极进取的人会不断鞭策自己不断前进，来达到自己的人生目标。

巴西著名足球明星贝利在足坛上初露锋芒时，记者问他："你的哪一个进球踢得最好？"他回答说："下一个！"而当他在足坛上大红大紫，成为世界著名球王，已踢进1000个球以后，记者又问他同样的问题，他仍然回答："下一个！"

进取的意义在超越——不是为了超越别人，而是为了超越自己，让将来的我好于现在。对于一个人的生命来说，没有什么比我们的进取心更重要的了。如果我们的态度是消极而狭隘的，那么，与这对应的就是平庸的人生。我们必须以高于普通人的眼光来看待自己，否则，我们只是一个小人物。我们必须希望自己能拥有更高的职位，以督促自己努力得到它；否则，我们永远也得不到。不要怀疑自己有实现目标的能力，否则，就会削弱自己的决心。只要我们在憧憬着未来，我们其实就是在向着目标前进。

班·费德雯是保险销售史上的一位传奇人物。

1912年，他出生于美国；

1942年，他加入纽约人寿保险公司；

1955年，还没有人敢去想，一名寿险业务员的年度业绩可以超过1000万美元；

1956年，他打破了寿险史上的纪录，年度业绩超过1000万美元；

1959年，2000万美元的年度业绩还被认为是遥不可及的梦；

1960年，他把梦想变成了现实；

1966年，他的寿险销售额冲破了5000万美元的大关；

1969年，他缔造了1亿美元的年度业绩，至此之后这种情况更是屡见不鲜；

1984年，他成为百万圆桌协会会员，此为保险业的最高荣誉。

在这个专业化导向的行业里，连续数年达到10万美元的业绩，便能成为众人追求的、卓越超群的百万圆桌协会会员，而费德雯却做到近50年平均每年销售额达到近300万美元的业绩。另外，他的单件保单销售曾做到2500万美元，一个年度的业绩超过1亿美元。他一生中售出数十亿美元的保单，比全美80%的保险公司销售总额还高。

放眼寿险史上，没有任何一位业务员能赶上他。而他的一切，仅是在他家方圆40里内，一个人口只有1.7万人的东利物浦小镇中创造出来的。

谈到这些常人难以取得的成功，费德雯认为："我的成功就在于对成功怀有强烈的进取心。对自己的生活方式与工作方式完全满意的人，已陷入常规。假如他们没有鞭策力，没有强烈进取之心，或使自己变成更好的人的愿望，那么他们便只能在原地踏步，原地踏步就等于退步。"

进取心是一个人前进的动力。通往成功的路从来都不是平坦的，成功的大门也不是对任何人都开放的，只有拥有进取心的人才能一路披荆斩棘、过关斩将，才能信心满满地叩开成功的大门。

正如美国著名学者奥里森·马登所说："进取心激发了人们抗争命运的力量，他来自天堂，是完成崇高使命和创造伟大成就的动力，激励着人们向自己的目标前进。这是宇宙力量在人身上的体现，并不是纯粹的人为力量就能创造这种动力。但是，我们每个人都会感到，这种激励的需要是我们人生的支柱啊，为了获得和满足这种需要，我们甚至愿意以放弃舒适和牺牲自我为代价。进取心最终会成为一种伟大的激励力量，会使我们的人生更加崇高。"

进取心是成功的起点，有了成功的起点，才有成功的人生。在我们的身上，存在一种神秘的力量，它就是进取心。它不允许我们有丝毫懈怠，它让我们永不满足，每当我们达到一个高度，它就召唤我们向更高的境界努力。它是摆脱颓废的最佳手段，一个人一旦形成不断自我激励、始终向着更高境界前进的习惯，身上所有的不良品质和坏习惯都会逐渐消失。纵观古今中外的成功人士，他们身上大都有这种不断进取的个性与品质。

底特律有一位汽车销售员，由于不敢主动向顾客推销，只要顾客一拒绝就马上退缩，因此他的销售业绩始终很落后，当然他的收入也跟销售业绩成正比。由于情况一直不见好转，加上孩子的出生，慢慢他的经济压力越来越大。如果收入再不改善，马上会陷入经济困境。虽然他知道这种状况必须尽快改善，也去请教其他同事有关销售汽车的技巧，但他的销售业绩依然得不到提高。

一天早上，正在吃早点时，他望着手中的面包，脑海中突然闪过一个念头："如果再不提升我的业绩，增加我的收入，恐怕我连现在手中的面包都买不起了，那些来买车的顾客其实就好比我手中的面包啊！我能多争取到一位顾客就等于多一块面包。每天都有面包（指顾客）自己送上门，我为什么还退缩而不把握机会呢？”

有了这个想法后，这位汽车销售员的态度、做法同以前完全不一样了。每当有顾客来买车，他总是积极主动地为顾客介绍各种车辆的性能，并超出工作职责范围，告诉顾客一些有关车辆的常识，让顾客有全然不同的感受。

即使顾客没有下决定买汽车，他也客气地请他们留下资料，并热情地送顾客离去。顾客们感受到他这种亲切的态度，都很乐意留下资料，并允诺买车时，一定会回来找他。

除此之外，他还经常打电话联系向他买过车的顾客们，询问车辆使用的情况，还免费提供汽车保养常识。如果遇到他无法解决的问题，他都会介绍顾客到值得信赖、价格公道合理的修车厂。这种做法使那些顾客都感到很满意。因此，当他询问他们是否有朋友或亲戚要买车子时，这些人都十分愿意介绍亲戚朋友向他买车。而他都会送他们礼物以表达回谢。

不仅如此，这位销售员还常常与银行办理汽车贷款的职员保持联系，并表示只要介绍客户向他买车，他便赠送精美礼品给他们。如此一来，许多人都介绍新的客户向他买车。于是，这位销售员的客户便如滚雪球般不断增加，不仅销售业绩节节高升，收入也显著增加，经济压力完全解除，最后他成了一位有名的汽车销售大王。

“天行健，君子以自强不息。”进取心是一个人不断成长、不断取得新成绩的直接动力。没有进取心，就很难产生成功的动力，成功就少了支点。所以，只有我们有了进取心，才可以充分挖掘自己的潜能，实现人生的价值，充分享受人生的甘美。

有了进取心，你才能克服一切自卑、自弃，激发出你的全部潜能！有了进取心，你才能坚持不懈，不断学习和改进，以最快的速度完善自己！有了进取心，你才会不畏艰难险阻，敢于创造出别人不敢也不能创造出的奇迹！有了进取心，你才能开拓出金光灿烂的成功之路！

总之，进取心是成功的关键因素。完成工作的使命和创造伟大成就的动力，就是来自于进取心，它激励着人们不断向自己新的奋斗目标前进。有了进取心，你才会奋发向上、百折不挠；有了进取心，你才会披荆斩棘；有了进取心，你才会求新求好。

做任何事都能成功的人，只因他们有无限的热情

热情是一种洋溢的情绪，是一种积极向上的态度，更是一种高尚珍贵的精神。不论我们做什么事，如果没有倾注全部的热情，都很难将它做好，也很难在某一领域做出成就并展现自我的价值。

美国文学家爱默生曾写道："人要是没有热情是干不成大事业的。"大诗人乌尔曼也说过："年年岁岁只在你的额上留下皱纹，但你在生活中如果缺少热情，你的心灵就将布满皱纹了。"一个人如果没有热情，不论他有什么能力，都很难发挥出来，也不可能会成功。成功是与热情紧紧联系在一起的，要想成功，就要让自己永远沐浴在热情的光影里。

一位对传道早就失去信心的牧师，在生活中也失去了应有的热情。他每天变得懒懒散散，就是偶尔去传道一次，也是一副很不认真的样子。

有一天夜里，牧师做了一个梦。他梦到自己被带到了天堂，见到了上帝，上帝要为他一生的工作而奖赏他。

最开始，有个天使捧来了一个华丽灿烂的冠冕，上面镶满了珍珠宝石，可是旁边的天使长却说："你拿错了，这是上帝20年前为他预备的，那个时候他正拼命为信仰做见证。可是后来他的表现证

明他不是一个热心工作的人，所以只能拿一个次等的冠冕给他。”

不一会儿工夫，天使又捧了一个次等的冠冕。这个冠冕虽然没有前个那么华丽，但也非常漂亮。这个时候天使长又说了：“你又拿错了，这是上帝10年前为他预备的。那个时候他还富有些许热情。不幸的是，他被世上的各种欲望和诱惑迷住了，之后他成了一个对工作不冷不热没有任何激情的人，再去换一个吧！”

于是天使又换来了一个冠冕，上面一粒珠宝都没有，这个冠冕简直丑陋极了。

这位牧师突然惊醒过来，原来这只是一场梦。可是这场梦却让他重拾信心，找回热情，勤奋传道，热心事业，立志要讨上帝的喜悦，最后成了最热心的传道之人。

这个故事说明了热情的重要性。热情是人的生活态度，积极投入，时时充满热情，才是人的最佳状态。因为积极热情的态度可以感染人、带动人，给人以信心，给人以力量，形成良好的环境和氛围。

热情是发自内心的激情，是一种意识状态，是一种重要的力量，它具有巨大的威力。一个人如果激情洋溢，热情地面对人生，乐观地接受挑战，那么他就成功了一半。一个人如果没有热情，不论他有什么能力，都很难发挥出来，也不可能会成功。

有一位杂志推销员去拜访现代成功学大师和励志书籍作家拿破仑·希尔。一进门，这位推销员首先注意到了拿破仑·希尔的书桌，他发现希尔桌子上摆放着几本杂志，然后他又看到了希尔的书架，之后他惊呼道：“天呐，你的办公室有这么多书，我看得出来，你是一个十分喜爱读书的人。”

拿破仑·希尔虽然对推销员抱有成见，但是听到他讲自己感兴趣的事，不由自主地放下了手中的文稿。但是当他看到这个推销员不请自来地进了自己的书房时，又改变了主意，对他说：“我很忙，不希望受到你的打扰。你还是赶紧离开吧，我是不会听你在这里胡说的。”

这位推销员敏锐地注意到了对方的变化，他迟疑了一下，但是很快又来了精神，因为当时他正抱着一大堆杂志，他必须推销出这些杂志才能拿到足够的佣金，因此他并没有离开。

他不慌不忙地走到书架前，取出一本爱默生文集。之后他开始用他不竭的热情不停地谈论爱默生的那篇《论报酬》的文章。他说得津津有味，不知不觉中，拿破仑·希尔已经被动地接受了很多他的有关爱默生作品的新观念。

10 多分钟过去了，拿破仑·希尔解除了对他的戒备，开始放下手中的文稿认真地听他说话。最后，他把自己的杂志摊开来，向希尔一一分析了这些杂志，并进一步说明拿破仑·希尔为什么应该订这些杂志。等到他要离开的时候，他已经和拿破仑·希尔签下了一张订单。

从这位推销员的事例中我们不难发现，这个推销员的确有其高超的推销手段，但是使他的这些推销手段得以施展的却是他的热情。因为他积极地对待自己的工作，所以即使遇到了冷落和排斥，他也没有因此而打退堂鼓，相反采取了一种积极的态度来进行接下来的推销，最终取得了成功。

热情是工作的灵魂，是一种能把全身的每一个细胞都调动起来的力量，是不断鞭策和激励我们向前奋进的动力。在所有伟大成就过程中，热情是最具有活力的因素，可使我们不惧现实中的重重困难。

爱默生说：“不倾注激情，休想成就丰功伟绩。”热情是战胜所有困难的强大力量。它使你保持清醒，意志坚强；它使你全身心地投入你从事的事业当中，唯有保持高度的热情，你才会有永不衰竭的动力。

热情是经久不衰地推动你面向目标勇往直前，直至你成为生活主宰的原动力。因此，我们对待生活，要时时刻刻充满热情，这样生活才会少几分无奈，多几分精彩。

克服自身不足，激发生命活力

人生道路布满了荆棘，有着各种各样的困难。有的人遇到一点儿困难就悲观失望，受到一点儿挫折就灰心丧气，而如果身体上有某种缺陷，则更是绝望不已，破罐子破摔，总认为自己比别人差了一大截，不可能有什么成就，便坐以待毙了。其实，无论是弱点也好，缺陷也好，都不是成功的障碍，只是缺乏自信者的借口而已。

有这样一个孩子，他相貌丑陋，说话口吃，而且因为疾病导致左脸局部麻痹、嘴角畸形、一只耳朵失聪，他的母亲为此陷入深深的痛苦之中："一个来到世界上没几年的孩子，就要忍受不幸命运的折磨，他以后怎么生活啊？"但她除了对孩子倍加爱护之外，还能做些什么呢？然而，这个孩子注定是个生活的强者，他比一般的孩子更快地走向成熟，他默默地忍受着别的孩子对他的嘲笑、讥讽。他自卑，但更有奋发图强的意志，当别的孩子在玩具中打发时间时，他则沉浸在书本中，在他读的书中有很大一部分是成人读物，他却读得津津有味，因为他从中学到了坚强，学到了一种永不放弃的品质。为了矫正自己的口吃，他模仿古代一位有名的演说家，嘴里含着小石子讲话。看着嘴唇和舌头都被石子磨烂的儿子，母亲心疼地流着眼泪说："不要练了，妈妈一辈子陪着你。"懂事的他替妈妈擦干眼泪说："妈妈，书上说，每一只漂亮的蝴蝶，都是自己冲破束缚它的茧之后才变成的，如果别人把茧剪开一道口，由茧变成了的蝴蝶是不美丽的，而我要做一只美丽的蝴蝶。"

经过不懈的努力，他能流利地讲话了。因为他的勤奋和善良，中学毕业时，他不仅取得了优异的成绩，还获得了良好的人缘，他周围没有人嘲笑他，人们对他只有敬佩和尊重。这时，他母亲为他找到了一份不错的工作，她希望自己的儿子尽量顺利些。但他同样对母亲说："妈妈，我要做一只美丽的蝴蝶。"

1993年10月，博学多才、颇有建树的他参加总理竞选，他的对手居心叵测地利用电视广告夸张他的脸部缺陷，然后写上这样的广告词："你要这样的人来当你的总理吗？"但是，这种极不道德的、带有人格侮辱的攻击招致了大部分选民的愤怒和谴责。当他的成长经历被人们知道后，赢得了极大的同情和尊敬，他的竞选口号"我要带领国家和人民成为一只美丽的蝴蝶"，使他高票当选为总理，并在1997年的竞选中再次获胜，连任总理，人们亲切地称他为"蝴蝶总理"，他，就是加拿大第一位连任两届、跨世纪的总理让·克雷蒂安。

这个故事告诉我们：即使你有什么弱点，有什么缺陷，也不能因此丧失自信心，因为这些都不是你成功的障碍。只要你有志气，有决心，你完全可以克服自己的不足，甚至还可以把你最弱的地方转化为最强的武器。

一些社会学家曾对许多身体有缺陷的成功者进行分析，最后得出结论：这些成功者，正是某种缺陷激发了他们的潜能。威廉·詹姆士曾说："我们最大的弱点，也许会给我们提供一种出乎意料的助力。"这也就是说，缺陷不仅不是障碍，还有可能成为激发事业成功的动力。

保加利亚有一个男孩，身材很矮小，不足一米五，为此他经常受到同伴的嘲笑和讥讽。但是他并没有因为自身的不足而自暴自弃，而是成功地将自己本身的缺点转化成了优点。他利用自身的矮小优势参加了举重训练。经过坚持不懈的努力，几年之后，这个身材矮小的男孩成功地站在了奥运会最高领奖台上。

由此可见，只要正确认识自己的短处并巧妙地加以利用，化短为长，变弊为利，缺陷和不足同样可以帮助你获得成功。

当然，不是说越是身体有缺陷越容易成功，越是家境贫寒越容易成才，举上面的例子，就是想说明一点，即“人无完人”，我们每个人都难免会有缺陷，而关键在于我们如何去对待它。我们只有接受缺陷才能够看到更完美的人生，我们要学会欣赏自己的不完美，学会利用缺陷，将它转化为成功的有利条件。正视缺陷，它将激发出我们更大的创造力和激情。

第三章 决定你上限的不是能力，而是格局

目标越远大，人的进步越大

同样是成功，为什么有的人成就大，有的人成就小？有的人事业如日中天，有的人事业低迷，这除了与每个人能力大小有关外，还与个人制定的目标大小有着直接关系。

世界著名小提琴家谭盾初到美国时，曾和一个黑人琴手在一家银行门前卖艺赚钱。赚了钱之后，谭盾进了一所大学深造，黑人琴手则一如既往聊以卒日。10年后，谭盾重访当年的卖艺街头，又见到了那位黑人琴手，他仍在卖艺。见面后，黑人琴手扬着一张过客丢下的钞票问谭盾在哪里卖艺。谭盾笑笑，此时的他已是国际知名的音乐家了，他经常应邀在世界著名的音乐大厅表演。

是什么使在同一起跑线上的两个人形成了天壤之别？是大目标与小目标。大目标使人的生活就是干事业，小目标使人的生活仅是过日子。正所谓伟人心中有志向，凡人心中只有愿望。

高尔基说过：“一个人追求的目标越高，他的才力就发展得越快，

对社会就越有益。”一个人之所以伟大，首先是因为他的目标伟大。任何一个不甘平庸的人都要有一个长远的规划和明确的奋斗目标，才能有奔头，才能有希望，才能有实现梦想的积极性，这也是马云成功的原因之一。

马云的雄心壮志是阿里巴巴未来发展最重要的精神力量所在，从他一开始便宣布“做百年企业”来看，这个目标之大，不仅显示了他目光之长远，还将他颇具霸气的领袖气场体现了出来。

在阿里巴巴成立之初，马云就提出企业要活 80 年的目标。在阿里巴巴 5 周年庆的时候，马云又提出了一个新的目标——阿里巴巴要做 102 年的公司。对此，马云说：“目标越明确，员工越知道我要干什么。我觉得我们提的 102 年是因为阿里巴巴诞生在 1999 年，20 世纪活了 1 年，这个世纪再活 100 年。下世纪活 1 年，加起来 102 年，是横跨三个世纪。在 102 年之间任何一个时间我失败，都表示我没有成功。”2006 年，马云再一次强调了要做 102 年企业的决心。正因有如此目标，马云决定阿里巴巴的淘宝网以后将继续免费。一个人到底能走多远，有没有目标真的很重要。2008 年，在超越曾经的对手易趣后，马云让淘宝瞄准了新的“靶心”：追赶亚马逊、eBay，10 年内超过沃尔玛。“我要让沃尔玛后悔让中国产生了一个淘宝，那时却没能与它合作！”马云用他一贯的夸张式语气说。这个目标当时看起来非常遥远，因为沃尔玛 2007 年营业收入 35 000 亿元人民币，而淘宝同年度的交易额为 4.33 亿元，预计 2008 年可突破 1000 亿元。即使在 2008 年淘宝网可以突破 1000 亿元，沃尔玛依旧是淘宝的 35 倍。面对如此大的差距，马云却没有丝毫惧怕之情，他说：“差距虽然很大，但如果连想都不敢想，那就永远也做不到”。

目标大小与一个人的成就有直接的关系。马云的成功充分地说明了这一点。可以说，有多大的目标，就有多大的成就。有什么样的目标，就会有什么样的人生。有清晰且长期的远大目标，并且一直在努力，才会有一个成功的人生。

李嘉诚在创业初期，将自己的塑胶厂取名叫“长江”，其意义为：“长江不择细流，故能浩荡万里。长江之源头，仅涓涓细流，东流而去，容纳无数支流，汇成汪洋之势。日后的长江塑胶厂，发展势头也会像长江一样，由小到大。长江是中华民族的骄傲，未来的长江集团也应该让中国人引以自豪。长江浩荡万里，具有宽阔的胸怀，一个有志于实业的人，理当扬帆万里，破浪前进，去创建宏图伟业。”从这里，我们不难看出李嘉诚的远大创业目标，也正是由于他有这样远大的抱负，才会成就今天巨大的成就。

埃德蒙斯认为：“伟大的目标构成伟大的心。”一个人之所以伟大，是因为他树立了一个伟大的目标。伟大的目标可以产生伟大的动力，伟大的动力导致伟大的行动，伟大的行动必然会成就伟大的事业。小目标，小成功；大目标，大成功。因此，只有拥有一个远大的目标，才能够高瞻远瞩，取得大的成功。

杰出的人和平庸的人最大的差别，往往就在于目标高低。当我们在人生长河中扬帆远航的时候，千万不要忘记树立远大目标。远大目标是人的精神支柱和动力源泉，它可以不断地激发人的生命活力，使其永葆内在的青春。若没有远大目标，就不会有生活的信心和向上的动力，就像没有灵魂的行尸走肉一样，只能是浑浑噩噩、碌碌无为地度过一生。

在一个大热天，一群人正在铁路的路基上工作。这时，一辆火车缓缓地开过来，劳动的人只好放下工具。火车停下来后，最后一节特别装有空调装备的车厢的窗户忽然打开了。一个友善的声音由里面传出来：“大卫，是你吗？”这群人的队长大卫·安德森回答说：“是的，吉姆，能看到你真高兴。”寒暄几句后，大卫就被铁路公司的董事长吉姆·摩非邀请上去了。这两人经过一个多小时的闲聊后，握手话别，火车又开走了。

这群人立刻包围了大卫，他们都对他居然是铁路公司董事长的朋友而感到吃惊。大卫解释说，20 年前他与吉姆 · 摩非在同一天开始为铁路公司工作。

有人半开玩笑半正经地问大卫：“为什么你还要在大太阳下工作，而吉姆 · 摩非却成了董事长？”大卫说了一句意味深长的话：“20 年前我为每小时 1.75 美元的工资而工作，而吉姆 · 摩非却为铁路事业而工作。”

正如大卫所说，他们两人 20 年后的境遇相差如此遥远，是由他们各自选择的目标决定的。吉姆 · 摩非的目标比大卫 · 安德森的远大并具有挑战性。一旦这样的目标树立以后，就必须付出超过常人的努力，坚持不懈地干下去，当然 20 年后结果就不一样了。

从这个例子我们看出，目标确定了我们前进的方向。我们的目标越远大，我们的努力就越有价值；我们的目标越宏伟，我们的工作也就越有成就。

目标可以决定一个人事业的成败兴衰。有了远大的目标便不易满足，会不断地去奋斗，直到自己的目标成为现实为止。不想当元帅的士兵，不仅永远当不上元帅，更无法成为一个好士兵。没有大目标的人就如井底之蛙一般没有远见，只会待在自己的一井之底。著名作家高尔基告诉人们：“目标越远大，人的进步越大。”大目标会告诉人们能够得到什么东西。大目标会召唤人们采取积极的行动。当我们心中有了一幅大目标的宏图，我们就能从一个成就走向另一个成就。

不断学习，做大人生格局

当你的才华撑不起你的梦想时，你所能做的就是一点点给自己的才华养精蓄锐，在梦想的道路上，不断充电，不断学习，持续精进自己。

当今社会，竞争日益激烈，什么样的人才能恒久立于“不败之地”？答案可能会有多种。但我们可以肯定的是，善于通过不断学习提高自己能力的人，在激烈的竞争中一定具有明显的优势。

歌德说过：“人不光是靠他生来就拥有一切，而是靠他从学习中所得到的一切来造就自己。”学习是一种信念，也是一种可贵的品质。它是自我完善的过程，也是我们在现代社会立于不败之地的秘诀。

随着人类文明的发展，知识也需要不断地更新。因此，我们应该不断学习，培养各种能力，在学习中不断改变自己。只有这样，才能实现自己的目标，活出自己的精彩。

1791 年，法拉第出生在伦敦市郊一个贫困铁匠的家里。他父亲收入菲薄，体弱多病，子女又多，所以法拉第小时候连饭都吃不饱，有时他一个星期只能吃到一个面包，当然更谈不上去上学了。

法拉第 12 岁的时候，就上街去卖报纸。他一边卖报纸，一边从报纸上识字。到 13 岁的时候，法拉第进了一家印刷厂当图书装订学徒工，他一边装订书，一边学习。工作之余，他就翻阅装订的书籍。有时甚至在送货的路上，他也边走边看。经过几年的努力，法拉第终于摘掉了文盲的帽子。

渐渐的，法拉第能够看懂的书越来越多。他开始阅读《大英百科全书》，并常常读到深夜。他特别喜欢电学和力学方面的书。法拉第没钱买书、买簿子，就利用印刷厂的废纸订成笔记本，摘录各种资料，有时还自己配上插图。

一个偶然的机会，英国皇家学会会员丹斯来到印刷厂校对他的著作，无意中发现法拉第的“手抄本”。当他知道这是一位装订学徒记的笔记时，大吃一惊，于是丹斯送给法拉第皇家学院的听讲券。

法拉第以极为兴奋的心情，来到皇家学院旁听。做报告的正是当时赫赫有名的英国著名化学家戴维。法拉第瞪大眼睛，非常用心地听戴维讲课。回家后，他把听讲笔记整理成册，作为自学用的化学课本。

后来，法拉第把自己精心装订的化学课本寄给戴维教授，并附了一封信，表示："极愿逃出商界而入于科学界，因为据我的想象，科学能使人高尚而可亲"。

收到信后，戴维深为感动。他非常欣赏法拉第的才干，决定把他招为助手。法拉第非常勤奋，很快掌握了实验技术，成为戴维的得力助手。

半年以后，戴维要到欧洲大陆做一次科学研究旅行，访问欧洲各国的著名科学家，参观各国的化学实验室。戴维决定带法拉第出国。就这样，法拉第跟着戴维在欧洲旅行了一年半，会见了安培等著名科学家，长了不少见识，还学会了法语。

回国以后，法拉第开始独立进行科学研究。不久，他发现了电磁感应现象。1834 年，他发现了电解定律，震动了科学界。这一定律，被命名为"法拉第电解定律"。

法拉第依靠刻苦自学，从一个连小学都没念过的装订图书学徒工，跨入了世界第一流科学家的行列。恩格斯曾称赞法拉第是"到现在为止最伟大的电学家"。

1867 年 8 月 25 日，法拉第坐在他的书房里看书时逝世，终年 76 岁。由于他对电化学的巨大贡献，人们用他的姓"法拉第"作为电量的单位；用他的姓的缩写"法拉"作为电容的单位。

法拉第的成功是不断学习的结果。因为只有不断地学习，才能不断地进步，只有不断地进步，才能一步步接近成功。所以，我们要从每个可能的地方努力摄取知识，这是使人知识广博的唯一方法。广博的知识可以使你远离狭隘、鄙陋，使你的胸襟开阔。这样的人才能够从多方面去"接触人生，领会人生"，而学习的趣味，也是广大、深厚的。

西方白领阶层流行这样一条知识折旧定律："一年不学习，你所拥有的全部知识就会折旧 80%。你今天不懂的东西，到明天早晨就过时了。现在有关这个世界的绝大多数观念，也许在不到两年时间里，将成为永远的过去。"当今时代，知识更新越来越快，唯有不断学习新的知识和技能，充实和提高自己的能力和水平，才能适应实际工作的需要。

杨澜于 1994 年成为中央电视台《正大综艺》的节目主持人，把一个有着良好家教和较高文化素养的青春少女形象和富有女性细腻情感的职业女性形象结合在一起，为我们呈现出一种既高雅又本色、既轻松又令人回味的主持风格。

在完成第 200 期《正大综艺》的节目制作之后，杨澜到了美国攻读哥伦比亚大学国际传媒硕士学位。

当时很多人无法理解，因为杨澜已经成为著名节目主持人，她完全可以站在这个高度上享受她已经获得的成功和荣誉，为什么还要做此决定呢？但是，越是有功底的人越能体会到学识的重要性，也越能产生进一步提升自己的渴望，所以杨澜离开了众人羡慕的主持人位置，去美国读书，继续做一名学生。

当杨澜再一次出现在媒体上时，她的形象发生了巨大变化。她的境界提升了，她在自己的人生道路上又上了一个台阶。

人生是一个成长的过程，也是一个不断学习的过程。我们每个人必须有能力在自己工作和生活中利用各种机会，去更新、深化和进一步充实获得的知识，使自己适应快速发展的社会。每个人必须具备自我发展、自我完善的能力，不断地提高自我素质，不断地接受新的知识和新的技术，不断更新自己的观念、专业知识和能力结构，以使自己的观念、知识体系跟上时代的变化。

社会竞争日趋剧烈，生活情形日益复杂，所以你必须具备充分的学识，接受充分的教育训练，来应对社会生活的变化。如果你满足现状，不思进取，那么，你就不能使自己的命运向更好的方向发展。在当今社会中，任何人都不能满足现状，只有勤奋努力，才能适应社会生活，实现人生目标。

某软件公司新来了两名大学生，一个叫齐磊，学数学的；一个叫顾刚，学计算机的。刚进公司的时候，由于顾刚专业的先天优势，他如鱼得水，获得不少展示才华的机会，接连在好几个项目中出彩，一时颇为得意。

一年多来，顾刚一直以自己的专业文凭为荣，总觉得自己是“科班出生”，受过专业系统训练，别人是根本竞争不过他的。于是，他躺在功劳簿上吃起了老本。平时上班一有机会就偷闲玩游戏，上网聊天，对于更深层次的软件开发研究，他没有丝毫涉猎，整天在自己营造的轻松氛围中度过，至今仍是个普通的程序员。而外行的齐磊却成了软件分析师。原因是什么呢？因为齐磊知道自己是学数学的，对计算机只是略知一二，所以就决定从头学起，从认识键盘到安装制作软件，结合教材系统、扎实地对自己的知识体系进行补充，不但工作时间不溜号，而且经常早起晚归，抓住每分每秒进行学习。

在软件开发技能熟练掌握之后，齐磊并没有放松，而是把自己的长处充分地利用上，在大型软件的算法上下功夫，以严密的数学思维为基础编写程序。他同时，对软件开发的最新动向也时刻关注着，并为此订阅了大量报刊，吸收先进的知识，然后结合现实开发新软件，通过这样不断地“充电”，齐磊很快从外行变成了内行。

不断地学习是成功必备的重要条件。学习能力从某种意义上就是竞争能力。一个人只有具备比别人更快、更好的学习能力，才会在竞争中脱颖而出，战胜对手。

学习对人是有巨大帮助的，它可以使人充满智慧，得到知识，为将来的发展打下良好的基础。奥文·托佛勒曾说：“在这个伟大的时代，文盲不是不能读和写的人，而是不能学、无法抛弃陋习和不愿重新再学的人。”未来的竞争是能力的竞争、知识与专业技能的竞争，一个人如果不善于学习，他的前途就会一片渺茫。学习是我们发展的基础，因为只有不断地学习，掌握新知识、新技能，我们的视野才会更开阔，思路才会更清晰，我们才能紧跟时代发展的脚步。总之，只有那些随时充实自己，为自己奠定雄厚知识储备的人，才能在激烈的竞争中生存下去。

你能把“忍”的功夫做多大，你将来的事业就有多大

世上所有的成功都离不开忍耐。很多人只看到成功人士成功后的辉煌，却并不了解，在走向成功的道路上伴随始终的正是忍耐。

古人说：“忍人之所不能忍，才能为人所不能为。”当一个人选择的目标确定之后，除了审时度势，顺势而为外，必须学会忍耐。许多人干成事业，大人物成就伟业，忍耐的性格和品质起着一定作用。

很多人认为“忍耐”是没出息，是忍气吞声，这显然是对“忍耐”的误解。真正的“忍”绝不是无原则的退让、放弃，委曲求全，而是对人宽容、对己克制和约束，以及更深远的考量与权衡。

忍，其实是一种人生智慧的力量。它不是一个抽象的概念，关键要在具体环境里，能理智地区分什么重要，什么不重要；什么是原则问题，什么是非原则问题；什么必须现在解决，什么可以暂缓解决。忍耐能让人获得机会，争取更大的空间。

美国阿拉斯加州的比尔和雷诺，是两个精力充沛而有理想的青年，他们不甘心贫穷，一起来到非洲腹地寻找传说中的宝石。在没有人烟的山谷，比尔和雷诺一块块地拣着矿石，从事着枯燥无味、辛苦劳累的工作。

时间一天天过去了，他们拣来的矿石也在一天天增多。比尔和雷诺的手掌已经磨破了，身上被火辣辣的太阳晒起了一层皮，浑身被蚊虫叮咬得全是脓包。在拣到 9999 块矿石之时，雷诺想着身心忍受的痛苦，想着创业的艰辛，便不愿意坚持了，他决定离开。

比尔说："我们已经拣到了 9999 块，就这样半途而废了吗？在困难面前，你要沉得住气，再拣一块不就凑到 1 万块了吗？说不定最后 1 块就是宝石。"雷诺不耐烦了，他恼怒地说："现在谁还抱有你这种想法，那他肯定是个傻瓜。"他说完扭头便离开了。

比尔看着雷诺消失的背影，深深地叹了口气，随手又将一块矿石拣起。很快他便感到手中的这块矿石沉甸甸的，与以往的大不相同。仔细一看，原来真的就是日思夜想的宝石。回到阿拉斯加州后，比尔将宝石变卖掉，用赚得的利润开办了一家钢铁厂。

几年后，当雷诺还在四处流浪时，比尔已经成为美国赫赫有名的钢铁大王了。有人问他成功的秘诀是什么，他感触良深地说："我成功的秘诀就是'忍耐'二字。成功和失败只有一步之遥，在艰难困苦、恶劣环境面前，谁能忍受，并在绝境中抗争，谁就是胜利者。学会忍耐，没有一件东西能阻挡住你的前进之路。"

成大事的人都有忍耐的能力。在忍耐的过程中，有嘲笑，有不理解，也会有侮辱，然而这些都不会把他们压垮。因为他们知道：小不忍则乱大谋。动辄出气的人虽然可以解除一时的心理压力，但从长远来看，他会断了自己的事业。

学会忍耐并不是委曲求全、窝窝囊囊做人，而是通过少惹是非、少生麻烦的方式绕过障碍，减少人生不必要的负面消耗，从而更好地展现自己的才华，发挥自己的特长。这样不仅能减少麻烦，甚至可以成就一番伟业。

忍不是忍气吞声，息事宁人，而是达到人生中的某种目的，避免感情用事的一种思想方法。忍耐并非无原则的退让，实乃志存高远的坦荡，不以小事而迷失，不以琐碎而忧心，心中只有大目标，为了向目标靠近，可以忍耐无谓的羁绊。这就是忍耐的智慧所在。很多时候因为小地方忍不住，而害了大事，这就非常不值得了。

他怀着忐忑不安的心情走进一家装饰公司人力资源部。

“您好，我是刚毕业的大学生，我叫……”话未说完，人事经理不耐烦地挥手道：“出去！出去！我们这里不要应届毕业生！”他感觉喉咙似被石块堵住了一样，但仍小心翼翼地说：“虽然我刚毕业，但是我挺有天分的……”人事经理显得更不耐烦了：“出去！出去！我们的员工个个都有天分……”

他仍不放弃，拿出作品放在了人事经理的办公桌上，对方扫了两眼，似乎感觉还像那么回事，于是耐着性子对他说：“我们已经完全实现无纸化办公，入职者必须熟练操作电脑。”他连忙点头：“我会，我会电脑！”一番“死缠烂打”之下，人事经理答应试用他几天。没过几天，人事经理又请他走人，原来对方已经看出，他在电脑方面只是略懂皮毛而已。

这一波波的“屈辱”，若是换成别人，早打退堂鼓了，偏偏他生来就是个犟种，他下定决心，“赖”在这家公司不走了。

他向人事经理表示，自己只想学电脑，可以为公司不计报酬地工作，只要提供伙食与住宿即可。最后，人事经理在与老板商量以后，提出了一个苛刻的条件——除办公区的卫生外，每天必须将卫生间清理干净，包括洗刷马桶。他毫不犹豫地答应了。

从此，他每天都将几百平方米的办公区彻底扫除一遍，接着打扫卫生间，洗刷马桶。待一切清理工作完成后，大半天已经过去了。随后他简单地吃几口饭，便坐在别人的电脑前，专注地看着别人是怎样操作的。别人下班以后，他还要再收拾一遍众人留下的垃圾，匆匆吃过晚饭，趁着夜深人静看各种专业书籍，并且上机练习操作。

后来，他觉着自己的建筑常识甚是匮乏，便想到设计总监那里去“偷师”。他看准时机，给设计总监递上一杯“碧螺春”，换回的答复却是:“你刷完马桶洗手没有啊？”总监的轻视没有让他退却，他仔细观察，终于抓住了总监的软肋——他动笔之前必喝一口白酒。于是，他投其所好，用自己不多的积蓄买来各式名酒，还捎上一些下酒小菜。几次下来，总监的脸上出现了笑容，他被默许坐在总监身边学艺。

再后来，他技艺越来越精湛，进而被提拔为正式设计师。又过了一段时间，老板发现他 3D 装修效果图画得非常好，中标率非常高，遂又提拔他做设计部主管，并放手分给了他一些大项目，他的事业正一步步地走向高峰。

懂得忍耐有利于成就事业，意气用事只会错失良机。人的一生当中会遇到很多问题，如果你能忍第一个问题，你便学会了控制你的情绪和心志，以后碰到大的问题，自然也能忍，也自然能忍到最好的时机再把问题解决，这样才能成就大事业！

学会合作，不要一个人战斗

有这样一个小故事：

从前，有两个饥饿的人得到了一位长者的恩赐：一根鱼竿和一篓鲜活的鱼。其中一个人要了一篓鱼，另一个人要了一根鱼竿，于是他们分道扬镳了。得到鱼的人原地就用干柴搭起篝火煮起了鱼，他狼吞虎咽，还没有品出鲜鱼的肉香，转瞬间，连鱼带汤就被他吃了个精光，不久，他便饿死在空空的鱼篓旁。另一个人则提着鱼竿继续忍饥挨饿，一步步艰难地向海边走去，可当他已经看到不远处那片蔚蓝的海洋时，他浑身的最后一点力气也使完了，他也只能眼巴巴带着无尽的遗憾撒手人寰。

又有两个饥饿的人，他们同样得到了长者恩赐的一根鱼竿和一篓鱼。只是他们并没有各奔东西，而是商定共同去找寻大海。他俩每次只煮一条鱼一起分享，经过长途跋涉，当这一篓鱼吃完的时候，终于来到了海边。从此，两人开始了捕鱼为生的日子。几年后，他们盖起了房子，有了各自的家庭、子女，有了自己建造的渔船，过上了幸福安康的生活。

前面两个人因为不知道合作，所以两个人都失败了；而后面两个人懂得合作，最终双双取得了成功。

这个故事告诉我们：学会合作才能得以生存。世界上有许多事情，只有通过相互合作才能完成。

我们任何人在这个世界上都不是孤立存在的，都要和周围的人发生各种各样的关系。无论你从事什么职业，也不管你在何时何地，始终离不开与别人的合作。一个人学会了与别人合作，也就获得了打开成功之门的钥匙。

拿破仑·希尔说：“那些不了解合作重要性的人，就如同走进生命的大旋涡中，他们会遭受不幸的毁灭。‘适者生存’是不变的道理，我们可以在世界上找出许多证据。我们所说的‘适者’就是有力量的人，而所谓的‘力量’就是合作。为了获得生命的成就，我们就应该努力合作，而不是单独行动，一个人只要能够和他人友好合作，才更容易获得成功。”合作是取得成功的重要前提，不能与他人良好合作，你就休想取得良好的成果。

21世纪是一个知识经济的时代，也越来越要求人们具备团队合作能力。一个人若真的想成就一番事业，必须发扬合作精神。如果没有其他人的合作，任何人都无法取得持久性的成功。

有个年轻人，大学毕业后应聘到一家公司上班。上班的第一天，他的上司就分配给他一项任务，为一家知名企业做一个广告策划方案。

这个年轻人见是上司亲自交代的，不敢怠慢，就埋头认认真真地搞起来。他不言不语，一个人摸索了半个月，还是没有弄出一个眉目来。显然，这是一件他难以独立完成的工作。上司交给他这样一份工作的目的，目的是考察他是否有合作精神，但他不善于合作，既不请教同事和上司，也不懂得与同事合作一起研究，凭自己一个人的力量去蛮干，当然拿不出一个合格的方案来。

由此可见，一个人要想取得一定的成绩，只发挥以一当十的干劲还不够，还必须提高自己的团队合作精神，使整个团队发挥以十当一的功效。只有把自己融入整个团队之中，凭借集体的力量，才能把个人不能完成的棘手问题解决。

在当今劳动分工日益细密的情况下，靠个人的能力成功的机会更少了。合作已经成了人的一种能力，是成功的基础。一个人最明智且能获得成功的捷径就是善于同别人合作。正如利皮特博士所说的："人的价值，除了具有独立完成工作的能力外，更重要的是具有和他人共同完成工作的能力"。

比尔·盖茨可以说是公认的聪明绝顶的人物，但他所取得的成就同样也不是由他一个人所创造的。其中，对比尔·盖茨的事业起到了决定性帮助的人物当属现任微软总裁史蒂夫·鲍尔默。

盖茨是一个计算机技术的天才，可他在公司管理方面却显得手足无措，以至于微软刚成立的时候，就陷入了重重危机。盖茨清醒地认识到了这一点，在学校期间，盖茨就是一个沉默内向的人，他参加的绝大多数交际活动都是好友鲍尔默极力鼓励的。同是哈佛高才生的史蒂夫·鲍尔默，知识面广，反应敏捷，判断准确，善于把握商机，是一个天生的管家。更可贵的是鲍尔默很早就开始了商业实践。在高中时，鲍尔默就担任了小篮球队的经理人。当时的教练说，鲍尔默是他当时见过的最好的经理人，球队需要用的球和毛巾总是放在它们应该放的地方，他从那时起就是团队精神的典范，因此，整个队伍的状态一直都非常好。

于是，盖茨决定去找鲍尔默。1980年，比尔·盖茨在他的游艇上以5万美元的年薪说服了当时就读于斯坦福大学商学院的鲍尔默加入微软。从此，这两位性格迥异的好友通力合作书写了一个制造财富的神话。

合作才有出路。俗话说：一个篱笆三个桩，一个好汉三个帮。也就是说，一个人的力量总是有限的，有了大家的帮助，个人才能有更大的发展。哲学家威廉·詹姆士曾经说过，"如果你能够使别人乐意和你合作，不论做任何事情，你都可以无往不胜。"合作是一种能力，更是一种艺术。唯有善于与人合作，才能获得更大的力量，争取更大的成功。

现代社会越来越强调团队合作，与其他人合作，可以取长补短，更好地发挥自己的能力。人常说："一个巴掌拍不响，众人拾柴火焰高。"善于发现自己和别人的长处，并能够利用，不嫉妒别人的长处、不护自己的短处，能够协调别人为自己做事，与合作人之间建立良好的信誉，是成功者的法则，也是人与人之间共同发展的主旋律。

不要自我设限，敢于超越一切"不可能"

人类生存中有一项不可否认的事实：只要是人类可以正当追求的，都有可能获得成功。英国大作家约翰生曾说过："在勤奋和技巧之下，没有不可能成功的事情。"的确，没有做不到的事情，只有你想不想做，或许当你做一件事情的时候会遇见很多的困难，但只要你发自内心地想做，最后还是会成功的。

人生没有达不到的高度，只有不愿攀登的心。如果你认为自己的愿望永远不可能实现，那它也永远只能是你的愿望；如果你相信愿望终会变成现实，那这就没有什么不可能。不要在心里为自己设限，那将是你无法逾越的障碍。很多事情看似不可能，但只要你换一种方式去做，并排除固定观念的束缚，很多“不可能”都会变成“可能”。

有一位老师，他带领的班级在学校所有的竞赛中总是名列前茅，有人向他取经，他走到黑板前写下两个大字：“不能”。然后问全班同学：“我们该怎么办？”

学生们马上高高兴兴地大声回答：“把‘不’字擦掉。”

是的，这就是答案了，擦掉“不”字，“不能”就变成“能”了。只要你从你的字典里把“不可能”这个词删除，从你的心中把这个观念铲除，从你谈话中将它剔除，从你的想法中将它排除，从你的态度中将它扫除，不要为它提供理由，不再为它寻找借口，把这个字和这个观念永远抛弃，而用光辉灿烂的“可能”来替代，你就能够将不可能变为可能。

或许你会说这套理论太玄妙、太理想化，在崇尚唯物主义的世界里，这个观念近乎荒谬。正因为如此，“大部分人”都是普普通通地过“正常的”生活，只能平平凡凡过一生，他们并不是成功者。

林语堂先生讲过一句话：“为什么世界上95%的人都不成功，而只有5%的人成功？因为在95%人的脑海里，只有三个字‘不可能’。”改造命运、不为群体意识所绊、不被“不可能”这类词汇难倒，常常是“极少数人”的思想和行为。一件件曾被认为“不可能”的事在他们手中变为可能，他们天生就是成功者。

你愿意过“大部分人”那“正常”的生活呢，还是想拥有“极少数人”那“不正常”的成功生命？如果你选择了后者，就要学会运用自己的意念。坚信你能，那么你就真的一定能，并一定能将“不可能”变成“可能”。

福特汽车的创始人亨利·福特在制造著名的V-8汽车时，明确指出要造一个内附8个气缸的引擎，并指示手下的工程师立刻着手设计。

但在讨论设计方案时，其中一个工程师认为，要在一个引擎中装设8个气缸是根本不可能的。他对福特说：“我的上帝啊，这简直是天方夜谭！以我多年的经验来判断，这是绝对不可能的事情。我愿意和您打赌，如果谁能够把它设计出来，我宁愿放弃我一年的薪水。”

福特先生笑着答应了他的赌约，他坚信自己的设想是正确的。他认为尽管现在世界上还没有这种车，但只要多搜集一些资料，并把它们的长处加以改进，是完全可以设计和生产出来的。

后来，其他工程师通过精心研究和设计，不但成功设计出了8个汽缸的引擎，而且还将它正式生产出来了。于是那个工程师对福特先生说：“我愿意履行自己的赌约，放弃一年的薪水。”

福特先生却满脸严肃地对他说：“不用了，你可以领走你的薪水，但看来你并不适合在福特公司工作了。”

尽管那个工程师在其他方面的表现很不错，但他仅仅凭借自己现有的知识和经验就妄下结论，而不去积极主动地广泛搜集相关资料，不去寻找实现这个设计的方法，这注定了他被解雇的命运。

在这个事例中，福特之所以会取得成功，是因为他在关键时刻敢于挑战“不可能”，他相信只要不自我设限，就不会再有任何限制；突破自我限制，任何事情都不能阻止自己。在积极者的眼中，永远没有“不可能”，取而代之的是“不，可能”。积极者用他们的意志，他们的行动，证明了“不，可能”的“可能性”。

“只要有足够的意志力，足够的头脑和足够的信心，几乎任何事情都可以做到。”不是不可能，只是暂时没有找到方法。正如哈瑞·法斯狄克所说：“这世界现在进步得太快了，如果有人说某件事不可能做到，他的话通常很快就会被推翻，因为很可能另一个人已经做到了。在信心和勇气之下，只要我们认为可以做到，就可以以科学的方法推翻‘不可能’的神话，我们就可能做成任何我们想做的事情。”

生活中确实有许多的“不可能”在我们心头，它无时无刻不在侵蚀着我们的意志和理想，其实，这些“不可能”大多是人们的一种想象，只要能拿出勇气主动出击，那些“不可能”就会变成“可能”。人的潜能是巨大的，一个人只有具备积极的自我意识，才会知道自己是个什么样的人，并知道能够成为什么样的人，从而他才能积极地开发和利用自己身上的巨大潜能，将不可能的事变成可能，干出非凡的事业来。

第四章 生活凭什么惯着你，你要对自己狠一点

背水一战，给自己一片没有退路的悬崖

有一句成语叫作“置之死地而后生”，也就是说，斩断自己的后路，让自己陷入绝境中，往往可以创造出奇迹。这种破釜沉舟的精神，从某种意义上说，是给了自己一个向生命的成功高地冲锋的机会。

生活中，很多人都习惯做事时给自己留一条或几条后路。退一步海阔天空，有退路固然是好的，但如果一味地后退，事事留有退路，那就意味着这个人在事情还未开始的时候，就已经准备要承受失败了，那么他成功的概率肯定小。因为，留有退路的时候，就潜藏着懈怠、自我安慰。发展到最后，可能导致自我麻痹、自我毁灭。到了这一步，“留有退路”的利处，却成了导致失败的“坏处”。所以有些时候，我们要断绝自己的退路，负重前进，给自己加压，挤掉“懈怠”“自我毁灭”等不利因素，做事尽量求得事事成功。

有一个年轻人大学毕业后开始求职，但由于他所学的专业实在

太冷门，半年过去了，仍未找到工作。他的老家在一个偏僻的山区，为了供他上大学，家里已经拿出了全部的钱，所以即使没有钱，他也不好意思再向家里伸手了。

2000 年 6 月的一天，他终于弹尽粮绝了，在那个阳光和煦的午后，年轻人在大街上漫无目的地走着，路过一家大酒楼时，他停住了。他已经记不清有多久不曾吃过一顿有酒有菜的饱饭了。酒楼里那光亮整洁的餐桌、美味可口的佳肴，还有服务小姐温和礼貌的问候，令他无限向往。他的心中忽然升起一股不顾一切的勇气，于是便推开门走了进去，选一张靠窗的桌子坐下，然后从容地点菜。他简单地要了一份南烧茄子和一份扬州炒饭，想了想，又要了一瓶啤酒。吃过饭后，又将剩下的酒一饮而尽，他借酒壮胆，努力做出镇定的样子对服务员说："麻烦你请经理出来一下，我有事找他谈。"

经理很快出来了，是个四十多岁的中年人。年轻人开口便问："你们要雇人吗？我来打工行不行？"经理听后显然愣了："怎么想到这里来找工作呢？"他恳切地回答："我刚才吃得很饱，我希望每天都能吃饱。我已经没有一分钱了，如果你不雇我，我就没办法还你的饭钱了。如果你可以让我来这里打工，那你就有机会从我的工资中扣除今天的饭钱。"

酒楼经理忍不住笑了，向服务员要来他的点菜单看了看说："你不贪心，看来真的只是为了吃饱饭。这样吧，你先写个简历给我，看看可以给你安排个什么工作。"

此后这个年轻人开始在这家酒店打工，他从办公室文秘做到西餐部经理，又做到酒店副总经理。再后来，他集资开起了自己的酒店。

没有退路才有出路。很多时候，只有看到自己的后路断了，才会激起人的斗志，才会去放手一搏，为自己赢得出路。历史上很多成就大事业的人正是因为有了置之死地而后生的精神，勇往直前，最后成为大赢家。

不留退路，其实是一种破釜沉舟的勇气。有了这种勇气，才能拿出全部精力，全力以赴地投入，最终得以成功。也许做任何事考虑全面，想好退路，是一种生活的智慧，是成功的前提，但是这也少了一份勇往直前的勇气。有些时候，只有不留退路，才有出路；只有斩断退路，才能激起殊死奋斗之心。

创造了中国企业成长奇迹的蒙牛集团创始人牛根生的创业经历正印证了置之死地而后生这句话。

“我这样的人你们要吗？”1998 年年底的一天，已经正式从伊利辞职的牛根生溜达着去了呼和浩特的人才市场。“你多大了？”对方问。“40 岁。”牛根生回答。“对不起，你这样的年龄在我们企业属于安排下岗的一列。”对方直言不讳笑着回答。

牛根生打算自己做点事情解决生计。牛根生一开始想开一家海鲜大排档，房子选好了，模式考虑好了，然而由于种种原因，这个计划也难产了。

直到这个时候，牛根生才意识到，自己虽然离开了伊利，但伊利罩在他头上的阴影并没有散去。

就在这个时候，原来跟随牛根生的一帮兄弟纷纷被伊利免职，他们一起找到牛根生，希望牛根生带领他们重新闯出一条新路。牛根生想了想自己的困境，然后对他们说：“哀兵必胜！既然什么都不让我们干，我们就再打造一个伊利！大家起个新名字吧。”结果，大家起了一个名字叫蒙牛。

1999 年 1 月，蒙牛正式注册成立。得知此消息的且还在伊利工作的老部下开始一批批地投奔而来，总计有几百人。牛根生曾经告诫他们不要弃明投暗，面对无市场、无工厂、无奶源的三无环境，没有人能保证蒙牛一定会有一个光明的未来。但是，老部下们义无反顾地加入了蒙牛的团队。

正是在这种看似无处求生的绝境下，牛根生带领着蒙牛创造了奇迹。

当初牛根生放弃在伊利的优厚待遇，在一个别人觉得已经应该安稳过一世的年龄，选择了出来闯荡自己的事业。正是这种置之死地而后生的气魄让他最后绝处逢生，创造了中国企业成长速度的神话。

常言道：有压力才有动力。若要让自己的人生有所突破，有所成功，就必须给自己更大的压力，逼自己尽最大的努力。这时，选择自断退路确实是一个绝好的方式。斩断退路，就斩断了自己的惰性；斩断退路，就斩断了为自己回旋的余地，这样才能义无反顾地迈向成功的终点。相反，若心存侥幸，则会因留有后路而一败涂地。

不留退路，就是给自己一条出路。当千载难逢的机会降临到我们面前的时候，当某件事情的发展到了一个生死攸关的时刻，人需要有一点破釜沉舟的精神。正是因为面临这种无退路的境地，人才能集中精神奋勇向前，才能最大限度地调动自己的潜能，从生活中争得属于自己的位置。

在很多时候，我们都需要一种斩断自己退路的勇气。因为身后有退路，我们就会心存侥幸和安逸，前行的脚步也会放慢；只有身后无退路，我们才能集中全部精力，勇往直前，为自己赢得出路。

勇气在哪里，运气就在哪里

勇气是面对任何事物都无所畏惧的心理状态。歌德曾说：“你若失去财产，你只失去了一点儿；你若失去了荣誉，你就失去了许多；你若失去了勇敢，你就失去了全部。”在成功的道路上，如果你缺乏勇气和自信，如果你不敢面对现实和机会，那成功只能成为你遥不可及的梦想了。

勇气是什么？勇气就是一个人敢于尝试的一种动力。生活中，有些事情一些人之所以不去做，只是因为他们认为不可能。其实，有许多不可能，只存在于人的想象之中。因此，在现实生活中，对待困难的事情，要有足够的勇气去面对、去尝试。如果不去尝试，就没有成功的机会。如果尝试了，即使没有成功，也能为未来的成功积累一些不可多得的经验。所以，无论做什么事，首先要有勇气。有了勇气，才敢于做事，才能最终战胜困难和挫折，到达成功的彼岸。

有一个国王，他想委任一名官员担任一项重要的职务，就召集了许多威武有力和聪明过人的官员，想试试他们之中谁能胜任。

“聪明的人们，”国王说，“我有个问题，我想看看你们谁能在这种情况下解决它。”国王领着这些人来到一扇大门——一扇谁也没见过的最大的门前。国王说：“你们看到的这扇门是我国最大、最重的门。你们之中有谁能把它打开？”许多大臣见了这门都摇了摇头，其他一些比较聪明的，走近看了看，犹豫了半天还是没敢去开这门。这时一位大臣走到大门处，仔细检查了大门，用各种方法试着去打开它。最后，他抓住一条沉重的链子一拉，门竟然开了。其实大门并没有完全关死，而是留了一条窄缝，任何人只要仔细观察，再加上有胆量去试一下，都会把门打开的。国王说：“你将在朝廷中担任重要的职务，因为你不光限于你所见到的或所听到的，你还有勇气靠自己的力量冒险去试一试，而不是犹豫不决、畏缩不前。”

其实，成功离你并不遥远，可能只是一扇门的距离，就看你是否有勇气打开这扇门。有些时候，不是我们缺少成功的能力，而是缺乏走向成功的勇气。

塞万提斯说过："失去财富是损失，失去朋友同样是损失，而失去勇气则是最大的损失。"的确，失去什么都不要失掉勇气！勇气在，世界就在。在这个世界上，很多人之所以没有成功，并不是因为他们缺少智慧，而是他们面对事情的艰难时缺少做下去的勇气。很多时候，我们工作生活中的胜败都是勇气的较量，许多相当成功的人，并不一定是他比你"会"做，而是他比你"敢"做，比你有勇气。

"战结"束后，有一位年近六旬的老翁，敏锐地感觉到未来的石油发展应该是中东。他要在中东开发石油，在美国的炼油厂提炼。但当时中东地区早已被世界上 7 家实力雄厚的大公司控制，要想打进去十分困难。可是没有人会想到，老翁竟然看中了沙特阿拉伯与科威特之间的一块不毛之地。这是一个属于两国共管的中立区，是一大片荒漠。老翁聘请的石油地质学家驾着飞机从空中观察地形地貌，断定那下面埋藏着石油。经过谈判，老翁获得了 60 年石油开采特许权，但他必须满足沙特提出的相当苛刻的条件，要冒极大的风险。美国石油工业界许多人公开指出，这样做注定要破产，他们认为那里根本不可能出油。但老翁很有信心，他敢于这样做，是因为他认为在沙特开采石油成本低廉，着眼于石油价格上涨因素，他断定那块地方从长远来看一定能赚到大钱。4 年中，他先后投下了 4000 万美元，但只产出少量劣质油。这种油很难提炼，几乎没有商业价值。石油工业界的预言似乎已经被证实了，连他本人也显露出焦躁不安的情绪，毕竟他已经不再年轻。然而，在经历了 4 年之久的不断挫折之后，成功终于向勇敢的人招手了。该地区的高产油井被一口接一口地打了出来，他的财富开始成倍地增加……这位颇富冒险精神的老翁叫保罗·盖蒂，他是当今最负盛名的石油大亨。

无独有偶。1956年，58岁的哈默购买了西方石油公司，开始大做石油生意。石油是最能赚大钱的行业，也正因为最能赚钱，所以竞争尤为激烈。初涉石油领域的哈默要建立起自己的石油王国，无疑面临着极大的竞争风险。首先碰到的是石油被几家大石油公司垄断，哈默无法插手；沙特阿拉伯是美国埃克森石油公司的天下，哈默难以染指……

如何解决油源问题呢？1960年，当花费了1000万美元勘探基金而毫无结果时，哈默再一次冒险地接受一位青年地质学家的建议：旧金山以东一片被其他石油公司放弃的地区，可能蕴藏着丰富的天然气，并建议哈默的西方石油公司把它租下来。哈默又千方百计从各方面筹集了一大笔钱，投入了这一冒险的投资。当钻到860英尺（262米）深时，终于钻出了加利福尼亚州的第二大天然气田，估计价值2亿美元以上。

上面两个事例告诉我们，成功的人们并不比我们更有知识、更加聪明，他们和我们唯一的不同是：比我们更有冒险的勇气。机遇往往总是在一瞬间闪现，只有勇敢地伸出双手，把握住这一瞬间，成功的希望才会属于你。

人们常说：机遇是给有准备的人，但任何准备都是要有前提的。抱怨自己没有机会的人，多半没有勇气冒险。人们无法相信一个面对挑战毫无勇气可言的人，会能支撑到机遇的来临。勇气的内涵是一种信念、一种执着。尤其是在竞争激烈的环境中，只有那些充满勇气的参与者，才有可能获得成功。

压力也是动力，多给自己点压力

美国有一句俗语：“被推到水里的人，能很快学会游泳”。其中的蕴意是：在一定的情景下，往往压力会变成动力，助推人们获得成功。

大多数人可能认为，压力乃是一种消极因素，殊不知，换一个角度看问题，压力又是你前进的助力。压力越大，动力也就越大，只有不断在压力中获得重生的人才能茁壮成长。

有一位孤苦伶仃的老农户，每天清晨就辛勤地外出工作，直到夜幕降临的时候才收工回家。他养一头心爱的骡子，老农夫与这头骡子可说是形影不离，相依为命，不管到哪里一定都带它一起出门。有一天晚上回家的途中，骡子一不小心地掉进了一眼已干枯的井里，这个时候，老农户想尽办法把骡子救出来，但是最后还是无计可施，无能为力。老农夫想，如果不能把它救出来，干脆就把它活埋算了，因为不忍心看着它等死，于是他看看井的深度，估计要用五六车的土才能把这口井填满。当第一车的沙土倒进井里之后，尘土飞扬，骡子也看不见了，这个时候骡子在井里拼命地挣扎和践踏沙土。老农户又运了第二车土倒进去，接下来是第三车、第四车，直到第六车之后，老农户心想，应该完全将井填满了，于是，他闭上眼睛，准备默哀几分钟再离去。

当老农夫再次睁开眼睛时，吓了一大跳，因为他竟然看见那头骡子就站在井的上边，活得好好的，并没有被活埋。起初他以为看花了眼，于是又仔细瞧瞧，没错，站在面前的就是他那头心爱的骡子。

原来，老农夫每倒进一车的沙土，骡子就拼命地践踏挣扎，然后爬到土堆上，土越多，骡子就爬得越高，所以当井填满之后，它也就安然无恙地爬了出来，原来要将它活埋置它于死地的沙土反而把它给救了出来。

对于那头骡子来说，老农夫的一车车沙土就是压力，这种压力就是来埋葬自己的。但是，骡子将其视为一种助力，最终靠这种助力重获新生。我们的人生在很多时候就会像骡子一样，会遇到很多压力，如果一个人善于化压力为助力，就不会不成功。

有一哲人说过："要想有所作为，要想过上更好的生活，就必须去面对一些常人所不能承受的压力，你得像古罗马的角斗士一样去勇敢地面对它，战胜它，这就是你必须走的第一步。"的确，压力中潜藏着成长的机缘。哪里有压力，哪里就有成长的契机。

有一位经验丰富的老船长，当他的货轮卸货后在浩瀚的大海上返航时，突然遭遇到了可怕的风暴。水手们惊慌失措，老船长果断地命令水手们立刻打开货舱，往里面灌水。"船长是不是疯了，往船舱里灌水只会增加船的压力，使船下沉，这不是自寻死路吗？"一个年轻的水手嘟囔着。

看着船长严厉的脸色，水手们还是照做了。随着货舱里的水位越升越高，随着船一寸一寸地下沉，依旧猛烈的狂风巨浪对船的威胁却一点一点地减少，货轮渐渐平稳了。

船长望着松了一口气的水手们说："上万吨的巨轮很少有被打翻的，被打翻的常常是根基轻的小船。船在负重的时候，是最安全的；空船时，则是最危险的。"

其实，我们每个人不也正如一只只在生活的海洋中航行的船，若没有压力，我们就很容易被生活的波浪打翻。

人生在世，本来就会面临各种各样的压力，当你学会调整自己，让压力一点一滴而来时，你会发现，压力反而是一种动力，只要你按部就班，它就会不断推动着你努力前进。

俗话说："没有压力就没有动力。"压力就如一根弹簧，你只有把它压下去，它才会弹起来；就像皮球，你只有把它拍出去，它才会跳起来。人生也正如此，在压力面前，人们往往能更充分地发挥自己的潜力，在压力下不断超越自己，创造一个又一个的奇迹。

常言道，“井无压力不出油，人无压力轻如灰”。有些时候，有压力未必是坏事。没有压力就唤不醒斗志，没有压力就挖掘不出潜力，所以孟子说“生于忧患，死于安乐”。压力是一支强心剂，促使我们驾着生命的车轮，不断地快节奏地向上滚动，伴着我们在人生之书上写下辉煌的篇章，在人生大舞台上尽情展现自己的风采。试想，一个懒散没有压力的人是如何堕落与沉寂，他只会为别人的成功而喝彩，而自己却一事无成，安于现状，任时光流逝、岁月蹉跎，在风尘中死去。

海伦·凯勒在一岁多的时候，因为生病，从此眼睛看不见，并且又聋又哑了。由于这个原因，海伦的脾气变得非常暴躁，动不动就发脾气摔东西。她家里人看这样下去不是办法，便替她请来一位很有耐心的家庭教师沙丽文小姐。海伦在她的熏陶和教育下，逐渐改变了。她利用仅有的触觉、味觉和嗅觉来认识四周的环境，努力充实自己，后来更进一步学习写作。几年以后，当她的第一本著作《我的一生》出版时，立即轰动了全美国。

在她的《假如给我三天光明》一文中，更是表达出了她的坚强、乐观和向上的精神，而这一切都该归功于她对生活的认识。

当把失明仅仅当作一项压力的时候，她痛苦惆怅，所以她不能真正面对生活；当她把压力化作动力的时候，生活就选择了她。

在现实生活中，相信绝大多数的人所面对的情况都不会有海伦·凯勒那么糟，她尚且能够凭借坚强的意志和积极乐观的精神，化压力为动力，取得令人瞩目的成就，对我们正常人来说，就更应该如此去做！

也许你正感受着来自生活、工作和学习的压力，也许你正在为此抱怨、不平，与其诅咒命运的不公，不如换一种眼光重新领悟压力的价值。把压力化作动力，压力才能真正发挥出其内在的巨大力量。正如“二战”时期的风云人物斯大林所说，只有伟大的压力，才会产生强大的动力。

靠天靠地不如靠自己

生活中，我们遇到难题时，总是有这样一个习惯，把希望寄托于别人身上，然而却忽略了一个问题，只有我们自己最了解自己，成功者要靠自己！

在一个森林里，有许多的小动物，其中最不起眼的就是那长着笨重的壳的蜗牛。有一天，小蜗牛问妈妈："为什么我们从出生起，就要背负着这个又笨又硬的壳？"妈妈说："因为我们的身体没有骨骼的支撑，只能爬，又爬不快，所以要这个壳的保护！"小蜗牛说："那毛虫妹妹没有骨头，也爬不快，为什么她却不用背负这个又硬又笨的壳呢？"妈妈说："因为毛虫妹妹能变成蝴蝶，天空会保护她呀！""可是蚯蚓弟弟没有骨头，也爬不快，又变不成蝴蝶，那他为什么没有这个壳呢？"小蜗牛又问。"因为蚯蚓弟弟会钻土，大地会保护他呀！"小蜗牛伤心地哭了起来："我们好可怜，天空不保护我们，大地也不保护我们。"妈妈安慰他说："所以我们有壳呀，我们不靠天不靠地，我们靠我们自己！"

终于有一天，发生了大灾难，所有的蝴蝶都因为强风的袭来，折断了翅膀；所有的蚯蚓，都因为失去大地的保护，而被拦腰斩断，唯有蜗牛，依靠自己厚重的壳存活了下来。

俗话说：靠天天倒，靠人人跑。凡事都要靠自己，只有用自己的力量克服困难、锻炼了顽强的意志，才能到达成功的彼岸。这既是人成熟的标志，也是每个成功者所具有的品质。

曾经独闯法国、担任过法国华侨华人总会主席的杨明曾说过："我有这样的习惯：自己的事自己干，不靠别人。我看有的人到外国谋生，一下飞机就很不习惯。没有熟人或朋友就不知该咋办了。这样的人怎么成得了事！”

的确，寻求朋友或亲人的支持，解决问题可以顺利一些，可这毕竟不是上上之策，因为别人只能帮你一次，但不能事事都来帮你。真正能依靠的只能是自己。

有一天，某人在赶路，天突然下起雨来，于是这个行路人就急忙躲在屋檐下避雨。这时候他看见佛祖正撑伞走过。这人就央求道：“佛祖，普度一下众生吧，送我一段路程怎么样啊？”

佛祖说：“我在雨里，你在檐下，而檐下无雨，你不需要我度。”

这人一听，立刻跳出檐下，站在雨中：“现在我也在雨中了，该度我了吧？”

佛祖说：“你在雨中，我也在雨中，我不被淋，因为有伞；你被雨淋，因为无伞。所以不是我度自己，而是伞度我。你要想度，不必找我，请自找伞去！”说完便走了。

第二天，这人遇到了难事，便去寺庙里求佛祖。走进庙里，才发现佛祖的像前也有一个人在拜，那个人长得和佛祖一模一样，丝毫不差。这人问：“你是佛祖吗？”

那人答道：“我正是佛祖。”

这人又问：“那你为何还拜自己？”

佛祖笑道：“我也遇到了难事，但我知道，求人不如求己。”

这个人很受启发，拜谢过后就一个人走了。

是啊，求人不如求己，自己是自己的上帝，如果你自己跌倒了，总期待别人的帮助是不可能的，而且没有人可以帮你一辈子。

靠人不如靠己，求人不如求己，自己才是最强大的。一个人要想在社会上站稳脚跟，就必须以自立自强为核心，培养自我独立的精神。

教育家陶行知曾说过：“滴自己的汗，吃自己的饭，自己的事自己干，靠人，靠天，靠祖上，不算是英雄好汉。”的确，人若想取得任何事业的成功，都必须依靠自己的不懈努力。如果把自己的成功寄希望于别人身上，你也许永远也品味不到成功的甘甜。

一位中国留学生以优异的成绩考入美国的一所著名大学。由于人生地不熟、文化差异大、思乡心切加上饮食生活不适应等诸多原因，入学不久他便病倒了，课程落下很多不说，更为严重的是由于费用不足，生活甚为窘迫，面临退学的危险。给餐馆打工一小时可以挣几美元，他嫌累不干。几个月下来，他带的费用所剩无几，学校放假时他准备退学回家。

在机场迎接他的是他年近花甲的父亲。当他走下飞机扶梯的时候，立刻看到了久违的父亲，便兴高采烈地向他跑去。父亲脸上堆满了笑容，张开双臂准备拥抱儿子。可就在儿子搂到父亲脖子的那一刹那，这位父亲却突然大大地向后退了一步，孩子扑了个空，一个趔趄摔倒在地。他对父亲的举动深为不解，父亲拉起倒在地上的他说：“孩子，这个世界上没有任何人可以做你的靠山，当你的支点。你若想在激烈的竞争中立于不败之地，任何时候都不能丧失自立、自信、自强之心，一切全靠你自己！”说完父亲塞给孩子一张返程机票，这位学生没跨进家门便直接登上了返校的航班。

在飞机上他反复回味父亲的话，想想那重重的一摔以及父亲恳切的表情，他似乎知道该怎么做了。返校后他先找到了一份餐馆洗碗的工作，使自己的生活有了着落。然后他积极地结交外国朋友，熟悉异国文化习俗，融入他们的生活。在学习上，他也十分刻苦、努力，获得了许多教授的赞许。不久他获得了学院里的最高奖学金，且有数篇论文发表在有国际影响的刊物上。

英国经济学家亚当说过：“掌握自己才能掌握一切。战胜自己才是最完美的胜利。”命运是由自己去把握，而不是由谁去安排你的命运，只有你自己才是你人生的主人。过分依赖别人的人，不会有大的成就。与其一味地把希望寄托在别人身上，不如积极地行动起来，创造条件改变自己的命运，要知道自己的命运并不掌握在别人手里。

一个人如果要成功只能靠自己，靠自己什么呢？若要靠出身富贵、条件优越、智能超常、机遇幸运、环境如意等所谓有利因素，那是靠不住的，甚至连身强力壮、时间充裕、使人理解和支持这些十分必要的条件也是靠不住的。那么，靠自己究竟靠什么？只能靠重新认识自我，发展积极的心理态度，只能靠认定自己就是一座金矿，认定自己是一个可以挖掘出无价之宝的宝藏。那么，最后你就一定能够获得成功。

激发潜能，唤醒心中沉睡的巨人

所谓“潜能”通常是指一个人身体、心理素质等方面存在的发展可能性。潜能是一个人本身具备但是还没有开发出来的能力，它就像是一双隐形的翅膀，只有在人们发现它的那天起，它才会让你真正插上双翼，带你在天空自由飞翔。

在法国一个位于野外的军用飞机场上，一位名叫桑尼耳的飞行员正在专心致志地用自来水枪清洗战斗机。突然，他感到有人用手拍了一下他的后背。回头一看，他吓得大叫一声，拍他的哪里是人，一只硕大的狗熊正举着两只前爪站在他的背后！桑尼耳急中生智，迅速把自来水枪转向狗熊。也许是用力太猛，在这万分紧急的时刻，自来水枪竟从手上滑了下来，而狗熊已朝他扑了过去……他闭上双眼，用尽吃奶的力气纵身一跃，跳上机翼，然后大声呼救。

警戒哨里的哨兵听见了呼救声，急忙端着冲锋枪跑了出来。两分钟后，狗熊被击毙了。

事后，许多人都大惑不解：机翼离地面最起码有2.5米的高度，桑尼耳在没有助跑的情况下居然跳了上去，这可能吗？如果真是这样，桑尼耳不必再当飞行员了，而是当一名跳高运动员，从而创造新的世界纪录。

从这个事例中，我们可以了解一个事实：每个人都有巨大的潜能，人的潜能是无穷的。可是，由于受到后天环境的影响，大部分人都让自己的潜能处于沉睡状态，只有在某种情况下它才能被发挥得淋漓尽致。

有一个很著名的冰山理论就很好地展示了潜能给人们带来的巨大惊喜。人们已经拥有的能力就好像冰山一角，只占能力的30%，而还有70%的能力隐藏在冰山之下，未被发掘。科学也证明，我们的大脑有2000亿个脑细胞，能够容纳1000亿个信息单位。我们思考的速度大约是每小时480英里，快过最快的子弹头列车；我们的大脑能够建立100万亿个联结，甚至比最尖端的计算机还厉害；我们的大脑平均每24小时会产生4000种念头……不妨大胆假设：假如我们能把大脑潜能提高一倍，我们解决问题的能力将会多么惊人！在我们身上没有得到开发的潜能，就犹如一位熟睡的巨人，一旦受到激发，便能发挥“点石成金”的力量。

有一位大学毕业生，应聘做了保险公司的推销员。刚开始，他还雄心勃勃，梦想着做一个最杰出的保险推销员。可是，干了几个月以后，他就对自己的能力发生了怀疑。有时候，大半个月他也不能谈成一个保户。他因此而陷入了苦恼：难道我真的不是干保险的材料吗？我真的连这点儿能力都没有吗？正当他打算打退堂鼓的时候，他看到了这样一句话：“每个人都具有超出自己想象两倍的能力。”他决定试一试，看看这句话是否真的有道理。

他开始重新思考自己以往的工作态度及工作状况。他惊讶地发现，过去的工作并不是非常令自己满意，常常因为萎缩倦怠而白白浪费了许多机会，有的时候遇到大的保户，由于自己的胆怯没有及时抓住。他重新给自己订立了目标：增加每天的访问次数，绝不因各种理由而拖延访问；要多与顾客面谈，减少电话访问形式；对于有些客户要穷追不舍；访问有可能成为大保户的公司老板，不许怯弱和退却。

后来的结果如何呢？经过一段时间的努力工作，这位大学生惊讶地发现：自己的能力远远超出过去，每个月的保单比以前足足多了5倍。

每个人都隐藏着惊人的潜能，任其埋没，就会平庸一生；激发潜能，就能辉煌一生。罗斯福曾经说过："杰出的人不是那些天赋很高的人，而是那些把自己的才能尽可能发挥到最高限度的人。"人的潜能是巨大的，一个人只有具备积极的自我意识，才会知道自己是个什么样的人，并知道能够成为什么样的人，从而他才能积极地开发和利用自己身上的巨大潜能，将不可能的事变成可能，干出非凡的事业来。

人们常常埋怨社会埋没人才，其实，由于缺乏信心和勇气、自卑、懒惰、安于现状、不思进取，自我埋没的现象也是相当普遍的。如果我们能多给自己一点刺激，多给自己一些积极的暗示，多一点信心、勇气、干劲，多一分胆略和毅力，就有可能使自己身上处于休眠状态的潜能发挥出来，创造出令自己也吃惊的成功来。

日本独立公司是一家专为伤残人设计和生产服装的公司，它们的服装不但价格低廉，而且还非常人性化，适合伤残人士穿着，因此赢得了消费者的一致好评。

这家公司的老板是一位叫木下纪子的妇女，在未成立独立公司以前，她曾管理过两个室内装修公司，并且小有名气。可是，正当她顺风顺水发展的时候，不幸降临到她的头上——她突然中风，半身瘫痪了，连吃饭穿衣都难以自理。当她从极度的痛苦中摆脱出来，清醒思考的时候，她问自己：难道这辈子就要这样躺在床上了吗?不行！我不能自暴自弃，必须振作起来。穿衣服这件事虽然是个小事，但又是每天都遇到的事情，对伤残人士来说又多么重要啊！难道就不能设计出一种供伤残人容易穿脱的衣服吗?一个新的念头突然而至，使她顿时兴奋起来。她忘记了自己的痛苦，甚至忘记了自己是一个左半身瘫痪的人。

有了好的想法之后，就要开始行动了。于是，木下纪子根据自己的设想加之以往管理的经验，办起了世界第一家专门为伤残人设计和生产服装的公司——“独立”公司。为什么要叫作“独立”公司，木下纪子解释说，这个字眼不仅要向全世界人们宣告伤残人的志愿和理想，也道出了她自己内心的独白，就是她要走出一条独立自主的生活道路。

独立公司成立后，木下纪子按残疾人的特点及心理，设计出适合伤残人穿的服装。服装推向市场后，好评如潮，公司的生意日益兴隆，有时一个季度就可销售五万多美元的服装。由于她事业上的成功，在日本这个以竞争著称的国家，竟得到了十家不同行业的支持。木下纪子还准备把她的产品打入国际市场。她的这一计划不仅得到日本政府的支持，同时也得到了外国友人的帮助，她和一家美国同行组成了一家合资公司。

作为一个残疾人，木下纪子没有自暴自弃。相反，她重新点燃生活的火把，她为公司的发展呕心沥血，走过了漫长的路。在接受记者采访时，她说：“为伤残人生产产品固然重要，改变伤残人的形象更重要。尽管我们的身体有残疾，但我们的精神并没有残疾。我所做的就是想让人们看到我们伤残人不但生活得非常有朝气，而且也同样是生活中的强者。”

从木下纪子成功的事例中可以看出，一个人虽然残疾了，但只要不断地激励自己，开发自己的潜能，仍旧可以获得成功。

任何成功者都不是天生的，成功的根本原因是开发了人的无穷无尽的潜能，每一个人都有相当大的潜能。爱迪生曾经说：“如果我们做出所有我们能做的事情，我们毫无疑问地会使我们自己大吃一惊。”激发人的潜能就是为了使我们的能力和聪明才智充分地发挥出来，为我们的生活、学习、工作打下坚实的基础，使我们在人生的道路上不断地超越自我，挑战自我，充分体现自我的人生价值，创造美好的人生！

第五章　人总要经历点儿事情，才能迅速成长

不摔几个跟头，怎能学会走路

人的一生，总有一些不如意、跌倒的时候。那么，跌倒了怎么办呢？爬起来，就这么简单。

一位父亲很为他的小孩苦恼，都已经十五六岁了，一点儿男子气概都没有。他去拜访一位禅师，请求这位禅师帮他训练他的小孩。

禅师说："你把小孩留在我这边三个月，这三个月你都不可以来看他。三个月后，我一定可以把你的小孩训练成一个真正的男人。"

三个月后，小孩的父亲来接小孩。禅师安排了一场空手道比赛来向父亲展示这三个月的训练成果。被安排与小孩对打的是空手道的教练。

教练一出手，这小孩便应声倒地。但是小孩才刚倒地便立刻又站起来接受挑战。

倒下去又站起来……如此来来回回总共十六次。

禅师问父亲："你觉得你小孩的表现够不够男子气概？"

“我简直羞愧死了，想不到我送他来这里受训三个月，我所看到的结果是他这么不经打，被人一打就倒。”父亲回答。

禅师说：“我很遗憾你只看到表面的胜负。你有没有看到你儿子那种倒下去立刻又站起来的勇气及毅力？那才是真正的男子气概。”

人可以被打败但不可以被打倒。只要你心中有光，你同样可以一百零一次站起来，把苦涩的微笑留给昨日，用不屈的毅力和信念赢得未来。

英国小说家、剧作家柯鲁德·史密斯曾经这样说：“对于我们来说，最大的荣幸就是每个人都失败过。而且每当我们跌倒时都能爬起来。”

“失败了再爬起来”，看起来是一句鼓舞失败者最好的话，但是要真正实行起来，需要的是自我鼓励的品质和勇气。以顽强的毅力和百折不挠的奋斗精神去迎接生活的挑战，你才能够免遭淘汰。上苍能在无意中夺去你的视力，也可以在不觉中毁掉你的手臂，但只要你能充满信心地与命运进行搏斗，你就能战胜一切困难和障碍。

美国百货大王梅西于1882年生于波士顿，年轻时出过海，以后开了一间小杂货铺，卖些针线，铺子很快就倒闭了。一年后他另开了一家小杂货铺，仍以失败告终。

在淘金热席卷美国时，梅西在加利福尼亚开了个小饭馆，本以为供应淘金客膳食是稳赚不赔的买卖，岂料多数淘金者一无所获，什么也买不起，这样一来，饭馆又倒闭了。

回到马萨诸塞州之后，梅西满怀信心地干起了布匹服装生意，可是这一回他不只是倒闭，简直是彻底破产，赔了个精光。

不死心的梅西又跑到新英格兰做布匹服装生意。这一回他时来运转了，买卖做得很灵活，甚至把生意做到了街上商店。第一天开张时账面上才收入 11.08 美元，而现在位于曼哈顿中心地区的梅西公司已经成为世界上最大的百货商店之一。

人的一生难免会遇到很多困难和挫折，遭受很多打击。遇到这些挫折本身并不可怕，关键在于你自己。当你遭受挫折、遇到困难、受到打击却不气馁，那么你会取得成功。一个人能有成就并在气质上超过常人，往往正在于其对待失败的态度，而失败是每个人都会经历的。精神上被打败了，那才是一败涂地。

人生之路漫长而且坎坷，因此遭受挫折、遇到困难、遭到打击在所难免，差别只在有人把头破血流不当一回事，有人稍微破皮就灰心丧气。跌倒了还能爬起来，你才有成功的希望。

不管你在什么时候跌倒了，一定要爬起来。人生路上奔走的不止你一个，你跌倒了不赶快爬起来，不但同行的人会抛下你，后面的人也会超过你，甚至从你身上踩过去。“跌倒”后只有爬起来，才能继续和他人竞争，和他人比拼！趴在地上是不会有任何机会的，所以一定要爬起来。如果你跌倒了而不想爬起来，那么不但没有人会来扶你一把，而且还会成为众人唾弃的对象。但如果你忍着痛苦想要爬起来，那么迟早会得到别人的帮助。那些丧失“爬起来”意志的人，是得不到帮助的。因此，你一定要爬起来。

该亚·博通早年埋头于发明创造，他先是发明了脱水肉饼干，但他的发明却没有给他带来多少好处，相反，更使他在经济上陷入了窘境。有了第一次失败的教训，又经过两年反反复复的实验，他终于又制成了一种新产品——炼乳，并决定把它推向市场。

博通的工厂是由一家车店改造的，租金便宜。在刚开业时，博通每天花费 18 个小时在工厂里指导炼乳的生产方法，监督生产程序，检查卫生清洁情况。由于附近有纯正、营养丰富的牛奶供应，因而炼乳的成本也是比较低廉的。

于是，博通小心地挑选了一位社区领袖作为他的第一位顾客，因为，这位社区领袖对炼乳的意见，会有助于博通巩固新公司以及新产品在该地区的地位，可喜的是这位社区领袖对产品表示了赞赏。但是，由于当时当地顾客的习惯是把掺有水分的牛奶放入一些发酵品，进行蒸馏。他们觉得炼乳稀奇古怪，对它有疑心，所以很少有人问津。博通两次出师不利，甚至到了山穷水尽的地步——他的两位合伙人为此都失去了信心，第一家炼乳厂就这样被迫关闭了。

在失败面前，该亚·博通破釜沉舟，在此基础上又建起了一个新厂，他的不懈努力终于有了成效，他的第三次尝试终于获得了成功。他的公司在他逝世时，已根深蒂固，在当时已成为美国具有领导地位的炼乳公司。

在博通的墓碑上，写着这样一段墓志铭："我尝试过，但失败了。我一再尝试，终于成功。"这是博通对他自己一生的总结。

拿破仑说："人生的光荣不在永不失败，而在于能够屡败屡战。"的确，成功的人不是从未被击倒过，而是在击倒后，还能够再爬起来，继续努力奋进。对人生抱有这种态度，一定会取得好成绩。

没有失败就没有所谓成功，关键是看我们对于失败的态度。生活就是要面对失败和挫折。当你一蹶不振而悲观失望时，切记失败是成功之母，几次碰壁也算不了什么，人生后边的路还很长很长。

在通往成功的道路上，任何一个人的发展之路，都不会是完全笔直的，都要走些弯路，都要为成功付出代价。成功者也会失败，但他们之所以是成功者，就在于他们失败了以后，能够从失败中总结出教训，并从失败中站起来，发愤上进，于是，成功就接踵而来。

所有的坎坷，都是为了让你变得更强

有位哲人这样说："没有磨难的人生是空白的人生。没有倒下就没有跃起，没有失败就难言成功，也不可能具备百折不挠的坚韧。”在生活的海洋中，事事如意、一帆风顺地驶向彼岸的事情是很少的。或学习上遇到困难，或工作中受到挫折，或生活上遭到不幸，或事业上遭到失败，这些都有可能发生。当困难出现时，我们不要唉声叹气，自认倒霉；也不要悲观绝望，自暴自弃；更不要怨天尤人，诅咒命运。而应该在厄运和不幸面前，不屈服，不后退，不动摇，顽强地同命运抗争；在重重困难中冲开一条通向胜利的路，成为征服困难的英雄，掌握自己命运的主人。

1864 年 9 月 3 日，寂静的斯德哥尔摩市郊，突然爆发出一阵震耳欲聋的巨响，滚滚的浓烟霎时冲上天空，一股股火花直往上蹿。仅仅几分钟时间，一场惨祸发生了。当惊恐的人们赶到出事现场时，只见原来屹立在这里的一座工厂已荡然无存，无情的大火吞没了一切。火场旁边，站着一位三十多岁的年轻人，突如其来的惨祸和过分的刺激，已使他面无血色，浑身不住地颤抖着……这个大难不死的青年，就是后来闻名于世的弗莱德·诺贝尔。

诺贝尔眼睁睁地看着自己所创建的硝化甘油炸药的实验工厂化为灰烬。

人们从瓦砾中找出了五具尸体，其中一个是他正在大学读书的活泼可爱的小弟弟，另外四人也是和他朝夕相处的亲密助手。五具烧得焦烂的尸体令人惨不忍睹。诺贝尔的母亲得知小儿子惨死的噩耗，悲痛欲绝。年老的父亲因大受刺激而突发脑出血，从此半身瘫痪。然而，诺贝尔在失败和巨大的痛苦面前却没有动摇。

惨案发生后，警察当局立即封锁了出事现场，并严禁诺贝尔恢复自己的工厂。人们像躲避瘟神一样避开他，再也没有人愿意出租土地让他进行如此危险的实验。困境并没有使诺贝尔退缩，几天以后，人们发现，在远离市区的马拉仑湖上，出现了一只巨大的平底驳船，驳船上并没有装什么货物，而是摆满了各种设备，一个青年人正全神贯注地进行一项神秘的实验。他就是在大爆炸中死里逃生、被当地居民赶走了的诺贝尔！

大无畏的勇气往往令死神也望而却步。在令人心惊胆战的实验中，诺贝尔没有连同他的驳船一起葬身鱼腹，而是碰上了意外的机遇——他发明了雷管。雷管的发明是爆炸学上的一项重大突破，随着当时许多欧洲国家工业化进程的加快，开矿山、修铁路、凿隧道、挖运河都需要炸药。于是人们又开始亲近诺贝尔了。他把实验室从船上搬迁到斯德哥尔摩附近的温尔维特，正式建立了第一座硝化甘油工厂。接着，他又在德国的汉堡等地建立了炸药公司。一时间，诺贝尔生产的炸药成了抢手货，源源不断的订货单从世界各地纷至沓来，诺贝尔的财富与日俱增。

然而，获得成功的诺贝尔并没有摆脱灾难。

不幸的消息接连不断地传来：在旧金山，运载炸药的火车因震荡发生爆炸，火车被炸得七零八落；德国一家著名工厂因搬运硝化甘油时发生碰撞而爆炸，整个工厂和附近的民房变成了一片废墟；在巴拿马，一艘满载着硝化甘油的轮船在大西洋的航行途中，因颠簸引起爆炸，整艘轮船全部葬身大海……一连串骇人听闻的消息，再次使人们对诺贝尔望而生畏，甚至把他当成瘟神和灾星，如果说前次灾难还是小范围内的，那么这一次他所遭受的已经是世界性的诅咒和驱逐了。

诺贝尔又一次被人们抛弃了，不，应该说是全世界的人都把自己应该承担的那份责任都推给了他一个人。面对接踵而至的灾难和困境，诺贝尔没有一蹶不振，他身上所具有的毅力和恒心，使他对已选定的目标义无反顾，永不退缩。在奋斗的路上，他已习惯了与死神朝夕相伴。

炸药的威力曾是那样不可一世，然而，大无畏的勇气和矢志不渝的恒心最终激发了他心中的潜能，最终征服了炸药，吓退了死神。

诺贝尔赢得了巨大的成功，他一生共获专利发明权355项。他用自己的巨额财富创立的诺贝尔科学奖，被国际科学界视为一种崇高的荣誉。

我们知道，人生之路，就是不断地战胜困难和面对考验的路。虽然困难总是让人痛苦的，人们更是不愿遇到困难，但是通过困难的磨炼也的确会使人变得成熟，从这个角度讲，困难又不是一件坏事。可以说，困难是磨砺人生的基石，只有在困难面前毫无怯意，经过艰苦的磨炼，才能成就伟大的事业；而那些面对困难胆怯、畏缩、逃避的人，是不会有所建树的，更谈不上有何惊人的业绩了。所以，当困难降临时，我们就不该逃避、不该抱怨，而应该以坦然、积极乐观的态度对待困难，最终战胜困难。

一位哲人说过：一个人绝对不可在遇到困难时，背过身去试图逃避。若是这样做，只会使困难加倍。相反，如果面对困难毫不退缩，困难便会减半。

张璨是现今中国极具影响力的十大女富豪之一。或许大家看到的都是她的辉煌，但却不知，在她的人生道路上，也经历了无数的挫折。

1982年，张璨以优异的成绩考入了北京大学，就读于国际政治系。大学期间，张璨努力学习，屡屡创下佳绩。但令人没有想到的是，到了大三，学校竟以“张璨三年前考上某大学，但没有去报到，第二年又考上了北大”为由，注销了她的学籍。按照学校规定，有学不上的考生必须要停考一年。这突如其来的打击，让张璨一下子蒙了。身边的同学怕她想不开而做傻事，就劝道：“没事，你就当散散心。”张璨也突然间懂得了一个道理：不管遇到什么事情都不能哭，遇到什么问题都应该想办法去解决。并且她还暗自下定决心：我一定要坚强，要比别的北大同学读更多的书。”

1986年的夏天，同学们都毕业了，很多人都被分配了工作，张璨很是羡慕。虽然她自己也完成了学业，但却因为没有文凭，只得到了一纸说明，大概意思就是：被注销学籍，但坚持上课，成绩合格，学校不管分配。

学校不分配工作，张璨只好自己找。她时常鼓励自己：没有工作，或许会更有前途，因为以后面对的机会比较多。

果然，功夫不负有心人，经过艰辛的努力，张璨终于创立了属于自己的公司。但不料，又遇到了一些打击。1992 年，张璨的公司才刚刚起步，而家中就有四位老人纷纷患癌症住院，她的母亲和婆婆相继去世。这一系列的打击，在常人看来一定是很难承受的，但张璨却勇敢地挺住了。对此，她说："面对这些，我只能逼着自己熬过去。其实，我只是一个普普通通的人，也会退缩、会懦弱。但是，当这些事实摆在面前的时候，怕是没用的，只能坚持。"在张璨看来，失败是人生历程中必经的一个坎。一直以来，张璨都在自己的办公桌上贴有这样一句话：风筝与强风对抗，方能飞向高峰。也正是抱着这样的思想，使她取得了最后的成功。

如今的张璨已经统领一个在信息技术、生物与健康和房地产三大领域进行投资与经营的大型民营高科技企业，拥有了属于自己的大厦、多家分公司和上亿美元的净资产。

在挫折面前，张璨并没有被打倒，而是勇敢地克服了它。也正因如此，才使得她有了今天的辉煌成就。

清代金兰生在《格言联璧》中写道："经一番挫折，长一番见识；容一番横逆，增一番气度。"生命是一次次的蜕变过程。唯有经历各种各样的折磨，才能拓展生命的厚度。只有通过一次又一次与各种折磨握手，历经反反复复几个回合的较量之后，人生的阅历就在这个过程中日积月累、不断丰富。

在人生的旅途上，遇到各种各样的困难是在所难免的。面对困难，是想方设法战胜它，还是绕道走？勇敢者的选择只能是前者。因为只有勇敢地战胜困难，我们的人生才有意义，我们的事业才能成功。

换个角度看，所有吃亏都是一种获得

在人生的历程中，吃亏和受益是互为存在、相互转换的。一个人不可能事事都受益，有些事情当时即使真的受益了，最终导致的结果仍有可能是吃亏；而有些事情表面上看，可能是吃亏了，但事后仍有可能会出现一个受益的结果。

刘易斯是巴西一家食品加工公司总经理。有一次他突然从化验室的报告单上发现，他们生产食品的配方中，起保险作用的添加剂有毒，虽然毒性不大，但长期服用对身体有害。如果不用添加剂，则又会影响食品的鲜度。刘易斯考虑了一下，他认为应以诚对待顾客，于是他毅然把这一有损销量的事情告诉了每位顾客，随之又向社会宣布，防腐剂有毒，对身体有害。他做出这样的举措之后，自己承受了很大的压力，食品销路锐减不说，所有从事食品加工的老板都联合起来，用一切手段向他反扑，指责他别有用心，打击别人，抬高自己，他们一起抵制他公司的产品，他的公司一下子跌到了濒临倒闭的边缘。苦苦挣扎了4年之后，他的食品加工公司已经倾家荡产，但他的名声却家喻户晓。这时候，政府站出来支持了他。刘易斯公司的产品又成了人们放心满意的热门货。他的公司在很短时间内便恢复了元气，规模扩大了两倍。刘易斯的食品加工公司一举成了巴西食品加工业的“龙头公司”。

这个故事讲述了商业活动中的得失之道：小处吃亏，大处受益，暂时吃亏，长远受益。如能将个人的得失置之度外，便可宽心自如地对待周遭的人与事，时时从大局着眼，从长远利益考虑问题——这就是智者的选择。

但现实生活中，能够主动吃亏的人实在太少，这并不仅仅因为人性的弱点让人很难拒绝摆在面前的诱惑；更是因为大多数人缺乏高瞻远瞩的战略眼光，不能舍弃眼前小利而争取长远利益。其实，学会吃亏，善于吃亏，乐于吃亏，这并不是一个人无能、无用、无知的表现，很大程度上这也是一个人的品行伟大与否，思想高尚与否，行为善良与否的写真。

有位哲人曾写下这样一段令人怦然叫绝的文字，绝对是对“吃亏是福”的最好诠释——人，其实是一个很有趣的平衡系统，当你的付出超过你的回报时，你一定取得了某种心理优势；反之，当你的获得超过了你付出的劳动，甚至不劳而获时，便会陷入某种心理劣势。很多人拾金不昧，绝对不是因为跟钱有仇，而是因为不愿意被一时的贪欲搞坏了自己的心情。一言以蔽之：人没有无缘无故的得到，也没有无缘无故的失去。有时，你是用物质上的不合算换取精神上的超额快乐；也有时，看似占了金钱便宜，却同时在不知不觉中透支了精神的快乐。所以，先哲强调：吃亏是福，就是这样一个道理。

有一位温州商人刘老板，他在陕西铜川开了一家机电设备公司。有一次，一个老客户来买电器配件，遗憾的是，刘老板找遍了公司的库存，就是没有这个配件。但是，这位客户着急得很，因为拿不到这个配件，他所在的企业就面临停工，而停工一天的损失将达到5万多元。

看到客户如此着急，刘老板一边安慰，一边承诺一定在一天之内把货搞到。客户刚走，刘老板便亲自出马打的直奔西安供货方。谁知，西安没有货了。没办法，他只好连夜乘飞机回杭州，然后再轿车赶往温州老家。回来折腾一番已经是清晨四五点了。刘老板不顾疲劳，又在温州联系相关的生产厂家，结果在连续联系了十几个厂家后，终于找到了这个电器配件。拿到电器配件后，刘老板火速打车直奔机场，下车看望一下父母的时间都没有。第二天，当他把货交到客户手中时，客户感动得无法言语。

这次生意对刘老板来说，是一桩赔本生意。因为一个配件才300元，利润也就十几元钱，但是刘老板却付出了3000多元的交通费。从表面上看，刘老板亏了好几千元，但是他却赢得客户的信任。第二天，客户所在的企业就敲锣打鼓地送来了大匾，还带上当地媒体来采访刘老板，宣传他这种一心想着客户的事迹。就这样，刘老板吃亏待人的消息在业内广泛流传，他的生意自然是越来越红火，得到的财富比区区几千元的损失要多得多。

老子说，福兮祸所伏，祸兮福所倚。就是说事物的发展能产生两个极端的转化，世上的任何事情都是有失有得。从上面这个事例可以看出，刘老板表面上吃了点亏，但他却交到了一个朋友，孰轻孰重，明眼人一看就知道了。就像世上没有白占的便宜，世上也同样没有白吃的亏。也许你现在觉得自己的付出和牺牲很不值，但若将眼光放得长远些、广阔些，其实吃亏的人才会得到真正的实惠。设想一下，如果上例中的刘老板没有吃亏的经历，之后哪有那么多人找他合作呢？口沫横飞、指天誓日是没有用的，一个人的品质只能从他的行为中体现。舍得吃亏，就是用行动向别人证明，你是一个值得信任与合作的人。

俗话说，放长线钓大鱼。志向远大的人，断不会为蝇头小利争破头皮，也不会因为吃了些小亏而耿耿于怀。人与人相处，如果一个人从来不吃亏，只知道占便宜，到最后，他很可能成为一个吃大亏的人。选择吃亏，虽然意味着“舍弃”与“牺牲”，但那毕竟只是一时的，并且也不失为一种胸怀，一种品质，一种风度。况且，“吃亏是福”，“亏”是我们走向未来成功的助力剂。

吃亏是福，关键在于心，在于不计较小小得失，在关键时候有敢于吃亏的气量，这不仅体现你大度的胸怀，同时也是做大事业的必要素质。每次你吃亏，都会为自己攒下一笔人情债，开始时的吃亏，实际上是着眼于更大的目标。把关键时候的“亏”吃得淋漓尽致，才是真正的赢家。

懂得吃亏的人才是真正的智者。华人首富李嘉诚曾说：“有时看似是一件很吃亏的事，往往会变成非常有利的事。”这就是吃亏是福，这就是现实生活的得失之道。生活中总有一些聪明的人，能从吃亏中学到智慧。

“吃亏是福”是一种处世的智慧。我们要调自己整心态，坦然面对吃亏，从而让我们能在人生路上走得一帆风顺。

适者生存，学会适应环境

水，遇不同境地，显各异风采：经沙土则渗流，碰岩石则溅花，遭断崖则下垂为瀑，遇高山则绕道而行。它不断改变自己的形态，因势利导，迁就环境，故而长流不息。其实，人生处世也应如水一般，善待一切，灵活、善变，不妄求环境适应自己，而善使自己适应环境。人在世上不顺之事颇多，所以我们要学水之能潜、能涌、能流、能奔、能升、能降，适境而生，适境而居。

有这样一则小故事：

有一个人总是落魄不得志，于是向智者请教。

智者沉思良久，默然舀起一瓢水，问：“这水是什么形状？”这人摇头：“水哪有什么形状？”智者不答，只是把水倒入杯子，这人恍然：“我知道了，水的形状像杯子。”智者摇头，轻轻端起杯子，把水倒入一个盛满沙土的盆。清清的水便一下融入沙土，不见了。

这个人陷入了沉默与思索。过了很久，他说：“我知道了，社会处处像一个规则的容器，人应该像水一样，盛进什么容器就是什么形状。”

任何人都不可能离开环境而生存，在无法改变环境时，只有改变自己，努力去适应环境。达尔文曾经说过：“不要期待环境为你而变，而要争取尽快地改变自己来适应环境。”只要我们还活着，必然面对生存；只要我们想更好地生存，必须成为适者。外部的生存环境是残酷的，我们只有认清环境，改变自己，才能获得更好的发展。

无论在家庭还是在职场，很多事你做了努力，但仍然无法改变现状。这时候，你只有改变自己，去适应环境，适应某个或某些人。比起改变他人，改变自己要来得容易。自己的心态改变了，看待人或事的眼光不一样了，再接受那些原来你认为不可能的事情，就不会困难了。从另一个角度讲，很难改变自己思维角度的人，往往也不太可能改变别人。因为他们永远从一个角度出发想问题，碰几次壁仍不懂转换策略，那接连碰壁就是不言而喻的了。

一位社会学教授带着学生来到一块草坪上，指着一棵老槐树说：“这里有一窝蚂蚁，与我相伴多年。”

学生们凑上前观看：树缝儿里有小洞，小蚂蚁们东奔西跑，进进出出，很热闹。

教授说：“近些日子，我常常想办法堵截它们，但未能取胜。”

学生们发现，树周围的缝隙、小洞大多被泥巴、木楔给封住了。

“可它们总是能从别处找到出路。”教授说，“我甚至动用樟脑丸、胶水，但是，它们都成功地躲过了劫难。有一段时间，我发现它们唯一的进出口在树顶；而一周后，我发现它们重新在树腰的空虚处开辟了一个新洞口。”

学生们表示钦佩。

教授说：“蚂蚁们的生存环境不比你们广阔，它们的奋斗舞台实在很狭窄，更重要的是，它们深深理解自己的力量，因此，当它们知道自己无法改变洞口被堵死这一事实时，它们就很快地适应了。而自然界中，那些善于拼搏、厮杀的猛兽们，如狮子、老虎、熊，目前的生存境况大多岌岌可危，因为它们似乎不懂得奋斗的另一层力量——适应。”

学生们有所顿悟。

这个故事告诉我们，外部的生存环境是残酷的，适应环境本身就是奋斗的组成部分，我们只有认清环境，改变自己，才能获得更好的发展。

人不可能一直生活在自己意愿的环境中，当生存的环境变得越来越艰难时，我们要懂得改变自己去适应它。如果环境不利于我们，我们还要强行让外界适应我们，就可能会花费巨大的代价，而且还不一定能取得成功。所以说，与其试图改变环境适应自己，不如改变自己去适应环境。

著名的文学家托尔斯泰曾经说过：“世界上只有两种人：一种是观望者，一种是行动者。大多数人想改变这个世界，但没人想改变自己。”想要改变现状，就要改变自己；要改变自己。就得改变自己的观念。一切成就，都是从正确的观念开始的。一连串的失败，也都是从错误的观念开始的。要适应社会，适应环境，适应变化，就要学会改变自己。

刘娜大学本科毕业后，被北京的一家外资企业看中了，并获得了试用的机会，刘娜为此兴奋不已。要知道，在北京这样的大都市里，拥有研究生、硕士、博士文凭的人数不胜数，而她一个本科毕业生竟然能进入外资企业，而且从事管理工作，的确是一件令人兴奋的事。更让她高兴的是，如果能顺利度过 3 个月的试用期，她就可以按照合同，在公司工作 3 年，而且自己的保险与户口问题也可以得到解决。这样优厚的福利待遇激励着刘娜努力工作，她决定在试用期内好好表现，争取能成为该企业的正式员工。上班的第一天，由于赶上塞车，刘娜迟到了5分钟。人事主任什么话也没说，下班后却将她留下，给她上了一堂课，并要求她每天提前半小时到达公司，做好工作前的准备，如打扫办公室卫生，为大家准备好开水。当时，刘娜只是想能顺利转为正式员工，所以，非常爽快地答应了。

第二天，刘娜按照人事经理的要求早早地来到了公司，扫地、擦桌子、打开水，等其他同事都到了以后，刘娜以为可以休息一会儿了，不料令她不满的事情发生了，刘娜俨然成了一个名副其实的打杂工，其他同事都悠闲地看着报纸喝着茶，而她却被指使得头晕眼花。不是这个请刘娜帮忙办某事，就是那个请她帮忙干活儿，整个上午办公室里最忙的就是她了。刘娜虽然心里不满意，可是想到自己正处于试用期，就默默地忍受了。

3个月过去了，刘娜已经成了该单位的正式员工，那些端茶倒水的事她再也不用做了。

由刘娜的就业经历看，公司对新员工的要求与老员工是没有差异的，无非是在试用期里主管可能会多布置些工作给新员工，看他们在一个新环境下的实际工作能力以及适应能力。新人要做好的就是：适应新公司的文化、价值观；适应新老板的管理风格；适应新工作环境中与老员工的关系；做好可能会“被欺负”的心理准备（就是有可能老板给你的工作比老员工多，老员工有可能来支配你的工作等）。如果不能尽快适应工作环境，而是意气用事，很可能丢掉就业机会，那么先前的努力也就白白浪费了。

人的一生，其实质是一个不断适应的过程，新员工的适应只是人生某一阶段的一个新起点，所以你要学会尽快地适应新环境，主动地适应新规则，用新思想提升自己各方面的能力。

比尔·盖茨说：“生活是不公平的，你要去适应它。”只有不断调整自身适应环境，你才能获得巨大发展。与其强求外在环境的改变，不如像赵刚一样，先从自己开始改变。与其强求环境适应你，不如先改变自己，主动去适应环境，创造机会。所以说，人不能要求环境适应自己，只能让自己适应环境，先适应环境，才能改变环境。当你从这样的认识出发，面对现实，千方百计改变自己，你就会发现，在改变自己适应环境的同时，环境也会逐渐随了人愿。

一个人要想营造成功幸福的人生，就一定要有适应环境变化以及新环境的能力。生活中，我们每个人都会遭遇恶劣的环境，既然我们没有办法改变，何不试着去适应呢？这是一个适者生存的时代，只有学会适应社会环境，个人才能生存和发展。要知道，一个人不可能总是生活在同一个环境中，即使是生活在同一个环境中，环境也会时常发生变化，如果不能适应环境的变化或者适应不了新环境，则只能被淘汰或归于失败。

适应环境既是一种时代的需求，也是一种艺术。我们只有与现实环境保持良好的接触，以客观的态度面对现实，随时调整自己，保持良好的状态，才会求得最大的成功和幸福。

没有逆境，你永远不能成功

没有人是一帆风顺的，任何一个人都会遇到逆境。英国哲学家培根说过："超越自然的奇迹多是在对逆境的征服中出现的。"关键的问题是应该如何面对逆境。当逆境降临到你的人生门口，以怎样的心态对待它，便成了人生归宿的契机。

一个女儿常常对父亲抱怨她的生活，抱怨命运的不公平，抱怨生活的不如意。她不知该如何应付目前的一切状况，想要自暴自弃了。她已厌倦了对命运的抗争和奋斗，在她的生活里，好像一个问题刚解决，新的问题就又出现了。

看着自暴自弃的女儿，父亲非常担心。有一天，父亲把女儿带进了厨房。他先往三只锅里倒入一些水，然后把它们放在旺火上烧。不久锅里的水烧开了。他往一只锅里放些胡萝卜，第二只锅里放只鸡蛋，最后一只锅里放入碾成粉末状的咖啡豆。他将它们浸入开水中煮，一句话也没有说。

女儿不耐烦地看着父亲的这一系列举动，不知道父亲在做什么。大约20分钟后，父亲把火闭了，把胡萝卜捞出来放入一个碗内，把鸡蛋捞出来放入另一个碗内，然后又把咖啡舀到一个杯子里。做完这些后，父亲这才转过身问女儿，"亲爱的，你看见什么了？""胡萝卜、鸡蛋、咖啡。"她回答。

父亲让女儿伸出手摸摸胡萝卜。她摸了摸，注意到它们变软了。父亲又让女儿拿一只鸡蛋并打破它。将壳剥掉后，她看到了是只煮熟的鸡蛋。最后，父亲又让她喝了咖啡。品尝到香浓的咖啡，女儿笑了。她问："父亲，这意味着什么？"

父亲解释说，这三样东西面临同样的逆境——煮沸的开水，但其反应各不相同。胡萝卜入锅之前是强壮的，结实的，毫不示弱的，但进入开水之后，它变软了，变弱了。鸡蛋原来是易碎的，它薄薄的外壳保护着它呈液体的内脏，但是经开水一煮，它的内脏变硬了。而粉状咖啡豆则很独特，进入沸水之后，它们反而改变了水。"哪个是你呢？"他问女儿。"当逆境找上门来时，你该如何反应？你是胡萝卜，是鸡蛋，还是咖啡豆？"听了父亲的话，女儿若有所思。

在厨房里用开水煮食物是如此，人生的境界也是如此。在漫长的人生旅途中，我们总会碰到暗无天日的境遇，我们不能控制逆境的出现与否，但是我们却能够和它抗争。

人总是在逆境中不断成长，因为只有在困难中才会发现自己身上的瑕疵，从而完善自我。李嘉诚曾说过：一个人只有面对和忍受逆境的痛苦，这个人成功的机遇才能表现出来。

许多人如果没有遇到逆境，他们是不会发现自己真正的强项的。他们若不是遇到极大的挫折，不遇到对他们生命巨大的打击，就不知道怎样焕发自己内部贮藏的力量。

很久以前，在法国里昂的一个盛大宴会上，来宾们就一幅绘画到底是表现了古希腊神话中的某些场景，还是描绘了古希腊真实的历史画面，彼此间展开了激烈的争论。看到来宾们一个个面红耳赤，吵得不可开交，气氛越来越紧张，主人灵机一动，转身请旁边的一个侍者来解释一下画面的意境。

这是一位地位卑微的侍者，他甚至根本就没有发言的权利，来宾们对主人的建议感到不可思议。结果却大大出乎了人们的意料，这位侍者的解释令所有在座的客人都大为震惊，因为他对整个画面所表现的主题做了非常细致入微的描述。他的思路非常清晰，理解非常深刻，而且观点几乎无可辩驳。因而，这位侍者的解释立刻就解决了争端，所有在场的人无不心悦诚服。

大家对这位侍者一下子产生了兴趣。

“请问您是在哪所学校接受教育的，先生？”在座的一位客人带着极其尊敬的口吻询问这位侍者。

“我在许多学校接受过教育，阁下，”年轻的侍者回答说，“但是，我在其中学习时间最长，并且学到东西最多的那所学校叫作‘逆境’。”

这个侍者的名字叫作让·雅克·卢梭。他的一生确实都是在逆境中度过的。早年贫寒交迫的生活，使得卢梭有机会成为一个对社会有着深刻认识的人，尽管他那时只是一个地位卑微的侍者。然而，他却是那个时代整个法国最伟大的天才，他的思想甚至对今天的生活仍有着重要的影响。卢梭的名字，和他那闪烁着智慧火花的著作，就像暗夜里的闪电一样照亮了整个欧洲。

就像卢梭说的那样，他这一切伟大成就的取得，莫不得益于那所叫作“逆境”的学校。

逆境给人才成长制造困难，形成压力和压抑，使人才成长备受挫折。但是，正如《菜根谭》中所说：“居逆境中，周身皆针砭药石，砥节砺行而不觉；处顺境时，眼前尽兵刃戈矛，销膏靡骨而不知。”久处顺境，易生骄奢淫逸和惰性。而人在身陷逆境时，资源匮乏，精神压抑，成功欲望迫切，成才动机强烈，因此常常能够取得在顺境中难以取得的巨大成功。事实正是如此，豪门子弟多不成器。而出身贫寒者始终处于忧患之中，逆境使人别无选择，逆境给人很大压力，而压力能激发出强劲动力。

古今中外一切杰出人物，没有一个是一帆风顺走向成功的。在失败和不幸面前，他们无不是选择了发愤图强之路，一个个奋起与人生的逆境抗争，紧紧扼住命运的咽喉，做生活的强者，通过自己的艰苦奋斗，最终赢得命运的青睐。

逆境是促使人奋发向上的动力，是锻炼一个人意志的火炉。俗语说：“逆境是检验强者和弱者的试金石，也是造就英雄和豪杰的先决条件。”这句话是说，如果一个人能够在逆境中脱颖而出，那么这个人就一定有卓越的成就。也就是说，任何人在逆境中只要不怕困难，奋勇前进，就可以成才。

面对逆境，沮丧、灰心、绝望地悲叹命运不公都无济于事。在逆境中，我们要保持一颗乐观向上的心，坦然面对失败，从现在开始，凭借自身的力量，挑战生活，挑战逆境。我们相信，任何困难和艰险都不会阻止我们迈向成功的脚步。只有历经磨难，才能到达巅峰，才能看到最美的风景，逆境不可怕，可怕的是没有挑战逆境的勇气。只有认真、努力地对待逆境，它才会变成一条蜿蜒的小路将我们导引向成功的殿堂。

第六章　改变，永远都不会太晚

不会分享的人注定是一个失败者

有一则寓言故事：

有一头海豹在大海里受了重伤，爬上海岸后很快就昏死了。海豹伤口发出的血腥味引来了几只贼鸥。甲贼鸥说："这只海豹是我发现的，应该由我独享，你们给我滚得远远的吧！"乙贼鸥说："我第一个看到，应该我独享，你——甲贼鸥和其他的贼鸥们都应该滚得远远的！"丙贼鸥说："凭资格，我比你们都老，所以应该由我独享，你们全都给我滚蛋吧！"丁贼鸥说："我父亲是贼鸥国的国王，我是贼鸥国的王子，所以这头海豹应该由我独享，你们都没有资格享受！"……

他们谁都想独享这头海豹，就互相混战起来，打来打去，有的头破血流，有的腿和翅膀受伤折断。再看那头海豹，已经冻成了硬邦邦的大冰坨子，贼鸥们谁也啄不动它了，只能你看看我，我看看你，然后垂头丧气地带着伤残的身体飞走了。其实，一百只贼鸥一起吃那头海豹也要吃好几餐呢。

一只企鹅见了这个情景说："一个由贪婪者组成的群体，只能是个个唯利是图，大家明争暗斗，不懂得分享的道理，结果谁也讨不了好。”

这个寓言故事告诉我们一个道理：只有学会与他人共同分享利益，才能确保你的利益。

古语有云：与君同行，分之即得之！意思是说和别人在一起，如果你愿意和身边的人分享你的东西，那么得到的一定比失去的多。在当今的社会中，“分享”已经越来越成为商业活动中不可缺少的品质。分享，是现代人际交往的基础，也是生活品质得以提升的表现。只有懂得与人分享，乐于与人分享，敢于与人分享，才能充分得到别人的尊重与认可，才能让你事业走向成功。

王小姐是某公司的销售员。进公司的三年中，她一直视公司为家，并抱着“不管老总把不把自己当成一家人，但自己一定把公司的事当成自己的事”的信念，为公司的产品进入北京立下了汗马功劳。老总也未亏待她，不断地为她加薪，她的业绩也节节攀高。

后来，在王小姐的一手策划下，该公司的产品以迅雷不及掩耳之势，迅速在广东、上海等大城市登陆，并一举占领了全国三分之二的市场。而王小姐的营销策划，成了当时业界同人公认的经典之作。王小姐当仁不让地成了公司的第一大功臣。从此以后，王小姐再不把其他同事放在眼里，即使有些项目是和他人一起完成的，她也常常将同事们的功劳揽在自己的身上，由此引来了怨声一片。

有一次，就在王小姐准备一个“大手笔”，想再为公司创造下一个销售神话时，老总把她叫到了总裁办公室，说：“这是一张支票，拿着它，你可以离开公司了！”

“为什么？”

“如果所有的功劳都是你的功劳，那么本公司也就不需要你了！”老总说完，挥了挥手。

于是，王小姐只好拿着那张支票，伤心地离开了自己付出全部心血和智慧的公司。

俗话说，有福同享，有难同当。成功需要分享，团队的成功更需要分享。一个良好的团队，大家通力协作，共同努力，取得的任何成绩当然也是属于大家的，成功当然也属于整个团队。就算是某个人取得了更大的成就，也千万不要忘了一起拼搏努力的其他团队成员，与他们一起分享成功的喜悦。只有分享，才能共赢。不懂得分享的人，只能共苦不能同甘的人，最终会被大家所唾弃，所不齿，被大家孤立，被大家远离。

独享荣誉是一个典型的容易激起他人心中不满，并心生恨意和嫉妒的最主要原因。试想，当大家都为一个目标在努力工作，不料让你抢先得到这个惹人眼红的功劳，于是相比之下的其他人就明显比你矮了很多，你的存在也不时地给他人造成了威胁，尽管你并未做任何伤害他人的事情，但又有谁还愿意跟一个没有安全感的人一起工作呢？自然而然，独自享受荣誉还心安理得地把高帽子往自己头上戴的人，最终将沦为孤家寡人，更何谈招人喜欢，受人欢迎呢？

因此，你在工作上有特殊表现而受到肯定时，千万别忘了分享荣耀，否则这份荣耀会为你带来人际关系上的危机。工作上有了业绩，升职了，加薪了，不妨和同事们庆祝一番，对老板说声“谢谢”，对下属的配合与支持表示真诚的感谢，甚至是嘲笑过你的人，也要为他们给了你前进的动力而有所感谢，让大家都能感受到你内心真诚的感激，从而与你分享快乐。

克服懒惰，让自己忙起来

富兰克林曾经说过：“懒惰就像生锈一样，比操劳更能消耗身体。”懒惰是一种好逸恶劳，不思进取，缺少责任心，缺乏时间观念的心理表现。如果一个人过于懒惰，那么无论他的理想有多么伟大，他都不可能实现，因为懒惰的人是很难把理想付诸行动的。而且，一个人如果养成了懒惰的习惯，还会给他的成长带来不可忽略的其他问题。

两匹马各拉一辆大车。前面的一匹走得很好，而后面的一匹常常停下来。于是人们就把后面一辆车上的货挪到前面一辆车上去。等到后面那辆车上的东西都搬完了，后面那匹马便轻快地前进，并且对前面那匹马说：“你辛苦吧，流汗吧，你越是努力干，人家越是要折磨你。”来到车马店的时候，主人说：“既然只用一匹马拉车，我养两匹马干吗？不如好好地喂养一匹，把另一匹宰掉，总还能得到一张皮吧。”于是，他便这样做了。

可见，懒惰是要受到惩罚的。正如著名哲学家罗素所说：“真正的幸福绝不会光顾那些精神麻木、四体不勤的人们，幸福只在勤劳和汗水中。”

懒惰是走向成功道路的最大拦路石。在生活和工作中，如果一个人采取懒惰的态度，那么他永远都不会有成绩。

一位母亲在出门前，怕自己的儿子饿着，给他做了几张足以吃半个月的大饼；又怕儿子懒得动手，就给他套在了脖子上。然而令她难以置信的是当她一周后回家时，看到儿子已经饿死了，大饼却剩下一大半。原来儿子只将脖前的饼啃掉，啃完后又懒得用自己的手去转一下，以便吃到另一面，结果就被活活饿死了。

这个故事生动地说明了懒惰的危害。一个连自己的手都懒得抬起，害怕或不愿意付出相应劳动的人，还能奢望拥有什么呢？

懒惰，使人的才华被埋没，使人的潜能被扼杀，使人的一切希望都化为泡影。一个人如果为懒惰所左右，那么他除了躺在草坪上，做一些“黄粱美梦”以外，很难再有什么别的作为了。所以，如果你想要在工作中取得成绩，就要戒除懒惰的毛病，否则，多么好的设想、计划，都不可能实现。

懒惰是人类最难克服的一个敌人。很多人之所以总是拖延自己的行动，就是因为懒惰的关系。许多本来可以做到的事，都因为一次又一次的懒惰拖延而错过了成功的机会。黑格尔说过："最大的天才尽管朝朝暮暮躺在青草地上，让微风吹来，眼望着天空，温柔的灵感也始终不光顾他。"天分高的人如果懒惰成性，不努力发展他的才智，则其成就也不会很大。

有一位热心于慈善事业的企业家，总是尽自己的所能帮助那些生活在贫困线以下的人。有一次他听说某山区的一个村子很穷，穷的连最基本的温饱都解决不了。于是他便决定向那个穷山村捐一笔钱，用来帮助他们脱贫致富。

捐钱之前，企业家决定亲自到那个村子里看看。他去了一户村民家里，在那个黑洞洞的屋子里，他看到那家人正在吃饭。他们没有桌子，没有凳子，甚至连双筷子都没有。一家人就这样捧着饭碗蹲在地上，用手抓着吃。看到这一幕，企业家有了一种揪心的感觉，恨不得立刻就能改变着个村子的现状，他决定回去后要做的第一件事就是马上把钱拨过来。

可是当他走出那户村民家之后，却突然改变了主意。回去之后，他撤销了捐助的决定，对此人们百思不得其解。

后来企业家道出了原委：原来就在他走出那户人家之时，突然注意到门前有一大片竹林。"守着竹林，他们连桌凳和一双筷子都懒得做，给他们钱又有什么用呢？"企业家非常痛惜地说。

庄子曰："夫哀莫大于心死，而人死亦次之。"对于一个人来说，惰性是一事无成的重要原因。世上没有哪个人生下来就该贫穷、潦倒。在机会均等的情况下，一个人能否有所作为，主要就看你能否克服惰性。

我们都知道，懒惰是勤劳的对应词，有了懒惰才表现出来的勤劳。克服懒惰，正如克服任何一种坏毛病一样，是件很困难的事情。但是只要你决心与懒惰分手，在实际的生活中持之以恒，就能够克服懒惰带来的负面影响。一个人一旦养成勤奋的习惯，往往会拥有愉快的心情。因为人在专注的时候，意念与行为协调一致，所以恶劣的情绪不仅没有潜入的机会，更没有盘踞的空间。一个进入勤奋状态的人，心中就不会有长久驻足的懒惰。所以，克服懒惰最直接、最有效的方法就是使自己忙碌起来。

一个懒惰者四处流浪、乞讨，饱受了人间的酸甜苦辣。

一天，他流浪进了方圆寺。他已经一天没有吃东西了，便向一位老和尚乞求水与食物。

老和尚说，你今天帮我打扫寺院的卫生，我就给你水和食物。

懒惰者说，我一天没吃东西了，你给我水和食物，我明天再帮你打扫寺院的卫生，行吗？

老和尚说，我这里只有今天，没有明天，我只看到今天，从来不看明天。你不愿意今天帮我打扫卫生，你现在就离开吧。

懒惰者说：我现在四肢无力，请你给我一点儿水和食物，然后我再帮你打扫寺院的卫生，行吗？

老和尚说：我这里只有现在，没有然后，我只看现在，从来不看然后。你不愿意现在帮我打扫卫生，你马上离开这里吧。

懒惰者只好立即帮老和尚打扫寺院。当他打扫完，老和尚便给了他水和食物。懒惰者吃饱喝足，美美地睡了一觉。

懒惰者一觉醒来，豁然醒悟，行胜于言。他从此改掉了懒惰恶习，感到无比的幸福与快乐。

其实，惰性的表现往往只不过是你自己的一个念头，只要你能够把这个念头打消了，那么懒惰也就会从你的身上逃走了。赶走了懒惰的你，就自然而然地会从自己动手改造自己开始，你的许多实践，你的许多行动，都会在你的勤劳中获得回报。

保持谦虚的心态，才能使人进步

谦虚是人的一种修养。凡谦虚之人，“不自见，故明；不自是，故彰；不自伐，故有功；不自矜，故长”。具有这种气质的人从不盛气凌人，不以长者自居，不以能人骄人，不以贵人下人，因而人格高雅、尊贵，他人自会感到可亲。一般来说，越是见多识广，越是素养高雅者，就越是谦虚；而越是无知的小人，就越是不知天外有天，而越发狂妄。

冯异自幼好学，熟读《左氏春秋》《孙子兵法》等书。他原系王莽政府的一名郡掾，在家乡河南颍川郡任职。一次他去属县巡察，被刘秀的汉兵抓去了。幸亏他的堂兄冯孝及乡友丁琳、吕安等均参加了刘秀的起义军，经他们的推荐，刘秀又认为冯异确系人才，故赦而录用他。冯异认为刘秀气度非常，可以与之共图大业，故决心归附他，回城率众迎降了。

冯异既有统率正规部队和治理郡县的才能与素养，又具备良好的作风。首先，他为人谦逊，在路上与其他将军邂逅时，他总是先引车让路。

其次，他率领的部伍整齐，进止皆有规矩，成为刘秀全军的模范。特别在每次战役结束后，部队要驻扎休整，将军们大多围坐在一起争功论赏，独有冯异从不居功自傲，总是只身一人坐在大树下默默无言地思考战斗的经验教训。久而久之，人们看到他这种与众不同的作风，便称呼他“大树将军”。当他们攻破邯郸后，刘秀准备把收集的散卒分配给诸将，结果，兵士们都踊跃地报名，自愿归“大树将军”麾下。这种士卒们自发的爱戴之心，不仅使刘秀十分器重冯异，而且使“大树将军”这个称呼迅速在全军中传播开来。他们认为“大树将军”不单不居功自傲，而且把功劳归予将士群众，所以方获得将士的亲附。从此，“大树将军”在人们的心目中已成为一个可敬可爱、可信可亲的形象了。

建武六年春,冯异去京师时,盘踞在陇古的隗嚣却趁机蠢蠢而动。一到夏天，守在西方的诸将累为隗嚣所败，军情十分吃紧。光武帝乃命冯异迅速进驻栒邑。在冯异尚未到达时，隗嚣的大将王元已带领二万人马下陇，并分遣巡逻的先遣部队进发栒邑。

此时，冯异主张在敌人大军未到前就去抢占栒邑。可是诸将均因战败胆寒而异口同声地说：“敌人兵盛，乘胜而来，其锋势剽悍而不可挡。应该驻军便地，慢慢地制定出稳妥的作战方略再图进取。”冯异说：“敌人临境，贪于小胜而深入进军。倘若栒邑失守则三辅动摇，关中不保，这是我担忧的主要原因。如今我军攻击的力量虽尚不足，但守之有余，故应该抢占栒邑，以逸待劳。”

冯异不顾众将的反对，亲自带领人马，偃旗息鼓，悄悄地进驻栒邑，先把城门关起来。王元的巡逻部队到达时，还不知道城中已有守军而大模大样地毫无戒备。冯异趁敌人麻痹大意，出其不意地突然树旗击鼓轰然而出。敌人惊慌失措地胡乱奔逃，冯异的军队乘胜追击数十里，并大破之。正巧祭遵将军的兵马又大破王元的军队于汧地。于是北地的其他诸豪均叛隗嚣而归降汉军了。

这一战的胜利，其收获远远地超出了战场上的所得。由于打败了陇古的强敌隗嚣，不但确保了关中的安全，而且使盘踞在陇西的窦融更加靠拢汉军了。这样在四川称帝的公孙述就显得非常孤立。冯异一面把战况如实地报告给光武帝，另一面继续向西北方进军。

但是冯异并没有因此而居功自傲，其他将军就想趁机分取冯异的功劳。光武帝为此特下玺书说：“征西大将军冯异的功劳有如丘山，还自以为不足。他好比鲁大夫孟子反，战败齐国后反殿其功。为了崇尚他的谦让，特遣太中大夫前来赏赐征西吏士医药棺殓。凡是大司马以下的将军都要去亲自吊死问疾。”此后，冯异又进军义渠，先后平定北地、上郡、安定、天水等郡，威震西北，开拓了不少疆土，建立了不少功绩。

人们总是乐于接受谦逊的人，而对于傲慢的人加以排斥。做人还是谦虚的好，因为谦虚是成功的基石。

我们须知，谦虚的人才能不断学习，不断进步，才会有虚怀若谷的度量，也才能让人愿意亲近，这样做事才有基础；反之若恃才妄为、高傲自大，成了“孤家寡人”，也就一事难成了。

法国哲学家笛卡尔是一位知识渊博的伟大学者，但随着知识的增长，他越来越谦虚，经常感叹自己的无知。

有人问他：“您的学问这样广博，竟然感叹自己无知，这岂不是笑话？”

笛卡尔说：“古希腊哲学家芝诺曾经画过一个圆圈，他说，如果圆圈内表示一个人已经掌握的知识，那么圆圈外他未掌握的知识是个无限大的世界。”

的确如此，一个人的知识越多，知识的圆圈越大，那么作为他与未知知识接触线的圆周也就越长，他就会越来越清楚地看到自己没掌握的知识是那么多，他也就会变得越谦虚。

为人处世，绝不可以骄傲自满，想要成为完善之人，首先要觉得自己始终不完善，并要不断地努力。在人际交往中，要“劳谦虚己，则附之者众；骄慢倔傲，则去之者多”。意思是说，谦虚待人，愿意和他亲近交往的人自然就多；如果骄傲自满，盛气凌人，即使是原来与他亲近的人也会离他而去的。

诗人鲁藜曾说：“还是把自己当作泥土吧，老是把自己当作珍珠，就会有被埋没的痛苦。如果在一个群体里，老把自己当作主角，别人不仅不会接受，反而会嘲笑你。”谦虚不是胆怯懦弱，谦虚是一种清醒的自我认知。

一次，徐悲鸿正在画展上评议作品。一位乡下老农上前对他说："先生，您这幅画里的鸭子画错了。您画的是麻鸭，雌麻鸭尾巴哪有那么长的？"原来徐悲鸿展出的《写东坡春江水暖诗意》，画中麻鸭的尾羽长且卷曲如环。老农告诉徐悲鸿，雄麻鸭羽毛鲜艳，有的尾巴卷曲；雌麻鸭毛为麻褐色，尾巴是很短的。徐悲鸿接受了批评，并向老农表示深深的谢意。一个成功而又谦虚的人，总会让人敬仰。

一个人即使是有能力，在某方面做出了一点成绩，但也不要太骄狂自满，要注意谦虚待人，才能得到他人的尊重与认可。因此，在和别人交往时，要尊重他人的人格，做到平等待人，礼貌待人，不能谄上而慢下。另外，还要有自知之明，每个人都有自己的长处，所以要多学习别人的长处。不要因自身的优点而骄傲自大。有谦虚宽容的胸襟，自然能以谦和平等的态度待人，不致给人留下骄狂傲慢的不良印象。

一个人有地位，有才学而能谦虚待人，就能使别人信服。懂得谦虚就是懂得人生无止境，知识无止境。海不辞水，故能成其大；山不辞石，故能成其高。只有谦虚谨慎、永不自满的人，才能追求有所作为、有所成就的人生。

不生气，你就赢了

情绪也可以称为感情。每个人都有感情，也都有理智。但是在一定的时候，人的理智却被感情埋没了。被感情埋没的理智之下，所做的事情往往都是人们非常后悔的事。古语说："喜时之言多失信，怒时之言多失礼。"人一旦失去理智，那么感情就像是一匹脱了缰的野马一样不停地狂奔，人就有可能成为情绪的奴隶，成为情绪的牺牲品。

新的一届竞选又开始了。一位准备参加参议员竞选的候选人向自己的参谋们讨教如何获得多数人的选票。

其中一个参谋说："我可以教你一些方法。但是我们要先定一个规则，如果你违反我教给你的方法，要罚款10元。"

候选人说："行，没问题。"

"那我们从现在就开始。"

"行，就现在开始。"

"我教你的第一个方法是：无论人家说你什么坏话，你都得忍受；无论人家怎么损你、骂你、指责你、批评你，你都不许发怒。"

"这个容易，人家批评我，说我坏话，正好给我敲个警钟，我不会记在心上。"候选人轻松地答应道。

"你能这么认为最好。我希望你能记住这个戒条，要知道，这是我教给你的所有方法中最重要的一个。不过，像你这种愚蠢的人，不知道什么时候才能记住。"

"什么！你居然说我……"候选人气急败坏地说。

"拿来，10块钱！"

虽然脸上的愤怒还没退去，但是候选人明白，自己确实是违反规则了。他无奈地把钱递给参谋，说："好吧，这次是我错了，你继续说其他的方法。"

"这个方法最重要，其余的方法也差不多。"

"你这个骗子……"

"对不起，又是10块钱。"参谋摊手道。

"你赚这20块钱也太容易了。"

"就是啊，你赶快拿出来。你自己答应的。你如果不给我，我就让你臭名远扬。"

"你真是只狡猾的狐狸。"

"10块钱，对不起，拿来。"

“呀，又是一次。好了，我以后不再发脾气了！”

“算了吧，我并不是真要你的钱，你出身那么贫寒，父亲还因不还人家钱而声誉不佳！”

“你这个讨厌的恶棍，怎么可以侮辱我家人！”

“看到了吧，又是10块钱，这回可不让你抵赖了。”

看到候选人垂头丧气的样子，参谋说：“现在你总该知道了吧，克制自己的愤怒并不容易。你要随时留心，时时在意。10块钱倒是小事，要是你每发一次脾气就丢掉一张选票，那损失可就大了。”

看来，学会控制自己的情绪，对于每个人而言都是相当重要的，它是我们成功的前提，更是我们身心健康的保证。做自己情绪的主人，不仅让你重新获得主导权，而且会使你发现，掌控自己的情绪以后，所有的难题都能够轻松驾驭了！

能否控制自己的情绪是一个人心理素质的体现。成功学大师戴尔·卡耐基曾说：“学会控制情绪是我们成功和快乐的要诀。”的确，有效地管理和调控自己的情绪，就能够改变自己的处境，面对不如意的现实。一个明智的人如果能恰当地驾驭好他的情绪烈马，并以最佳的方式表达出来，那么他将在别人心目中留下“沉稳、可信赖”的形象。虽然他不一定因此获得重用，或者在事业上有立竿见影的效果，但总比不能控制自己情绪的人要好得多。

在生活中，每当你发脾气时，你应该分析所有使你愤怒的原因，然后避免使自己暴露于那些痛苦之下，采取一些积极有效的措施来控制自己的情绪。

下面介绍几种情绪的自我调节方法，供大家在情绪波动时一试。

（1）请可信赖的人帮助你。让他们每当看见你动怒的时候，便提醒你。你接到信号之后，可以想想看你在干什么，然后努力推迟动怒。

（2）不要总是对别人抱有期望。只要没有这种期望，愤怒也就不复存在了。

（3）当你愤怒时，首先冷静地思考，提醒自己：不能因为过去一直消极地看待事物，现在也必须如此，自我意识是至关重要的。

（4）主动控制。主要是用自己的道德修养、意志修养缓解和降低愤怒的情绪。有人在要发泄怒气时，心中默念“不要发火，息怒、息怒”，会收到一定效果。

（5）当你想用愤怒情绪教训人时，可以假装动怒，提高嗓门或板起面孔，但千万不要真的动怒，不要以愤怒所带来的生理与心理痛苦来折磨自己。

（6）当你要动怒时，花几秒钟冷静地描述一下你的感觉和对方的感觉，以此来消气。最初 10 秒钟是至关重要的，假如你能够熬过这 10 秒钟，愤怒便会逐渐消失。

（7）当你发怒的时候，要时刻提醒自己，人人都有权根据自己的选择来行事，如果一味禁止别人这样做，只会加深你的愤怒。你要学会允许别人选择其言行，就像你坚持自己的言行一样。

（8）改变自己的心态。愤怒通常是虚荣心强、心胸狭窄、感情脆弱、盛气凌人所致，对此，可以用疏导的方法将烦恼与怒气导引到高层次，升华到积极的追求上，以此激励起发奋的行动，达到转化的目的。

一位哲人说过：“不善于驾驭自己情绪的人总会有所失。”如果我们想要生活平顺和幸福，我们不仅需要知道自己的不良情绪根源在哪儿，也需要学习驾驭情绪的方法，这一点非常重要。

别让你现在的坏习惯毁了将来的你

拿破仑·希尔曾说过：“习惯能成就一个人，也能摧毁一个人。”

习惯是什么？习惯就是人和动物对于某种刺激的“固定性反应”，久而久之形成的类似于条件反射的某种规律性活动。

亚里山德拉大图书馆被烧之后，只有一本书保存了下来，但并不是一本很有价值的书，于是一个识得几个字的穷人用几个铜板买下了这本书。这本书的内容并不怎么有趣，但里面却有一个非常有趣的东西，那是窄窄的一条羊皮纸，上面写着“点金石”的秘诀是一块小小的石子，它能将任何一种普通金属变成纯金。

羊皮纸上的文字解释说，点金石就在黑海的海滩上，和成千上万与它看起来一模一样的小石子混在一起，但真正的点金石摸上去很温暖，而普通的石子摸上去是冰凉的。然后这个人变卖了他为数不多的财产，买了一些简单的装备，在黑海边扎起帐篷，开始翻捡那些石子。

他知道，如果他捡起一块摸上去冰凉的普通石子就将其扔在地上，他就有可能几百次捡拾起同一块石子，所以当他摸着冰凉的石子的时候，就将它扔进大海里。他这样干了一整天，却没有捡到一块点金石。然后他又这样干了一个星期、一个月、一年、三年，但是他还是没有找到点金石。但他仍继续这样干下去：捡起一块石子，是凉的，将它扔进海里；又捡起另一块，若还是凉的，再把它扔进海里……

但是有一天他捡起了一块石子，这块石子是温暖的……他仍把它随手扔进了海里。因为他已经形成了一种习惯，把他捡到的所有石子都扔进海里。他已经如此习惯于做扔石子的动作，以至于当他真正想要的那一个到来时，他也还是将其扔进了海里！

这就是习惯，是再自然不过的一个动作，但恰恰是这样的、一个不经意的动作，造成了这个人所有的成就都毁于一旦。

人们常说“习惯成自然”，就是说习惯是一种最省时、最省力的自然动作，因为有个习惯存在时，你完全可以不假思索就自觉地、经常地、反复地去做事了。习惯就是一种潜意识的自动功能，是一种不假思索的、多次重复而形成的潜意识行为，一旦养成就难以察觉。

习惯虽小，可它的力量却是巨大的，习惯经过反复强化，会在不知不觉中变成一个人本能的一部分，形成一种能左右人行为的神奇力量。有行为科学研究表明：一个人的行为大约只有5%是属于非习惯性的，而剩下的95%都是习惯性的。这么说来，习惯对我们的生活应该有着绝对的影响，习惯决定了我们的品德；决定了我们思维和行为的方式；决定了我们日常的生活起居。甚至于，当我们的命运面临抉择时，习惯都会冲到最前方帮我们做决定。

培根说："习惯真是一种顽强而巨大的力量，它可以主宰人的一生。"纵观那些载入史册的成功人士，每个人身上都有一些可圈可点的好习惯影响着他们的人生轨迹。

英国著名的戏剧家萧伯纳活了94岁。他不仅才思敏捷，有着"当代人最清醒的头脑"，还有着可与运动员媲美的强壮身体。他一生坚持每天运动锻炼，不吸烟喝酒，按时作息，保持着良好的生活习惯。有强健的身体做保证，萧伯纳才能得以精力充沛地笔耕不辍，并创作了大量文学作品。他的良好习惯提醒人们：好习惯越多，驾驭自己的能力也就越强，你也就能更容易走向成功。

习惯是一种顽强的力量，它可以主宰人的一生。因此，我们每个人都要养成良好的习惯，无论从学习到工作，从为人到处事，从我们生活的各个方面……如果一个人拥有好的习惯，就会受益终生。

习惯的养成，好似通过一再地重复，使细绳变成粗绳，再变成绳索。每一次我们重复相同的行为，就增加并强化它，绳索又变成缆绳，再变成链子，最终就成了根深蒂固的习惯，把我们的思想与行为缠得死死的。然而，一个人的身上总是好习惯与坏习惯并存的。好习惯是有助于改善性格、完善人格和提高道德修养的，是有益于身心健康的，是益智和有助于提高学习、工作和生活效率的，是有助于丰富生活经验和人生感受的，是有助于你建立美好形象的；而坏习惯则相反，是让人工作学习效率低下、颓废、堕落、不思进取的元凶。

从这个意义上说，改变了我们的坏习惯，也就等于拒绝了失败的命运走向；而养成了一个好习惯就等于走上成功的坦途。越早了解这个道理，对你的人生越具有积极意义。

今天的习惯决定明天的命运。英国哲人查尔斯·里德有一句著名的话："播下一种思想，收获一种行为；播下一种行为，收获一种习惯；播下一种习惯，收获一种性格；播下一种性格，收获一种命运。"好的习惯可以使你走向成功，而坏的习惯容易耽误一生。一个人的习惯是很难改变的，但并不是不可改变的，只要摒弃坏习惯，培养好习惯，我们就能把握住自己的命运。

第七章　既然告别安逸，就别怕一路风雨

即使面临失败，也不要轻言放弃

1948年，牛津大学举办了一个题为成功秘诀的讲座，邀请丘吉尔前来演讲。演讲的前一天，会场上人山人海，全世界各大新闻机构都到齐了。丘吉尔用手势止住大家雷动的掌声，说："我的成功秘诀有三个：第一是，决不放弃；第二是，决不、决不放弃；第三是，决不、决不、决不能放弃！我的演讲结束了。"说完他就走下了讲台。会场上沉默了一分钟后，突然爆发出热烈的掌声，经久不息。

不管做什么事，只要放弃了，就没有成功的机会；不放弃，就会一直拥有成功的希望。如果你有99%想要成功的欲望，却有1%想要放弃的念头，这样也只能与成功擦肩而过。

有两只青蛙在觅食的时候，不小心掉进了路边的一个牛奶罐里，牛奶罐里还有为数不多的牛奶，但是足以让青蛙们体验到灭顶之灾。

一只青蛙想："完了，完了，全完了，这么高的一只牛奶罐，

我怕是永远都出不去了。”于是，它很快就沉了下去。

另一只青蛙在看见同伴沉没于牛奶的时候，它却没有沮丧和放弃，而是不断告诫自己：上帝给了我坚强的意志和发达的肌肉，我一定能够跳出去。于是，它鼓起勇气，鼓足力量，不停地在牛奶里游动，并一次又一次奋起，跳跃……生命的力量和美好展现在它每一次的搏击与奋斗里。

不知过了多久,这只青蛙突然发现脚下的牛奶变得黏稠了,原来,由于它不停地游动和反复地跳跃已经使液状的牛奶渐渐变成了奶酪。这个发现让青蛙兴奋不已，虽然此时它已经筋疲力尽了，但它还是鼓起最后残存的力气，继续不停地跳跃……

牛奶终于变成了一块奶酪，第二只青蛙用自己坚持不懈的奋斗和挣扎终于换来了自由的那一刻。它踩着坚实的奶酪从牛奶罐里跳了出来，重新回到绿色的池塘里。而另一只青蛙则永远留在了那块奶酪里。

这个故事告诉我们，在困难面前，永远不要轻言放弃。放弃必然导致彻底的失败。而永不放弃，总会找到解决的方法。只要坚持就能有所收获。

生活中，我们常常会遇到各种各样的挫折，但是，千万不要错误地把挫折视为失败，过早地放弃努力，从而导致了前功尽弃、一事无成。要知道，我们做任何事都不可能是一帆风顺的。事物的发展始终是曲折的螺旋式的向前推进，所以，我们不要被一点点挫折和困难所吓倒，不要轻易放弃。

在诺贝尔试验安全炸药的道路上，可谓困难重重。世界各国买了他制造的硝化甘油，经常发生爆炸。美国的一列火车，因炸药爆炸成了一堆废铁；德国的一家工厂，因炸药爆炸，厂房和附近民房全部变成一片废墟；“欧罗巴”号海轮，在大西洋上遇到大风颠簸，引起硝化甘油爆炸，船沉人亡。

这些惨痛的事故，使世界各国对硝化甘油谈虎色变，有些国家甚至下令禁止制造、贮藏和运输硝化甘油。面对这种艰难的局面，诺贝尔没有灰心，他深信完全有可能解决硝化甘油不稳定的问题——他对自己充满信心。

一年过去了，诺贝尔在反复试验中发现：用一些多孔的木炭粉、锯木屑、硅藻土等吸收硝化甘油，能减少爆炸的危险。最后，他用一份的硅藻土，去吸收三份的硝化甘油，第一次制成了运输和使用都很安全的硝化甘油工业炸药。这就是诺贝尔安全炸药。

为了消除人们对硝化甘油炸药的怀疑和恐惧，1867年7月14日，诺贝尔在英国的一座矿山做了一次对比实验：他先把一箱安全炸药放在一堆木柴上，点燃木柴，结果这箱炸药没有爆炸；他又把一箱安全炸药从大约20米高的山崖上扔下去，结果也没有爆炸；然后，他在石洞、铁桶和钻孔中装入安全炸药，用雷管引爆，结果，都爆炸了。这次实验大获成功，给参观的人留下了深刻的印象：诺贝尔的安全炸药，确实是安全的。

不久，诺贝尔成立了安全炸药托拉斯，向全世界推销这种炸药。从此，人们结束了手工作坊生产黑色火药的时代，进入了安全炸药的大工业生产阶段。

大发明家爱迪生寻找电灯灯丝材料的故事，也和诺贝尔试验炸药一样，充满了艰辛，也充满了希望。爱迪生试制白炽灯泡，失败了1200次，一个商人讽刺他是一个毫无成就的人。爱迪生对此却哈哈大笑，很自信地说："我已经有很大的成就，证明了1200种材料不适合做灯丝。"

爱迪生12岁时开始他艰苦的闯荡生涯，他做过火车上的报童，学会了发报技术，到过波士顿、纽约，一直到24岁时才有了自己的工厂和美满幸福的家庭。爱迪生在1878年时宣布要发明一种光线柔和、价格便宜的安全电灯。为了找到合适的灯丝，爱迪生试验过硼、钉、铬、炭精以及各种金属合金，共1600多种材料，历时13个月，但是都没有成功。一些人吹起了冷风，说爱迪生这次是“吃进了自己啃不动的东西”。一个曾经在爱迪生那里工作过的物理学家称这个试验是“大海捞针”。但是，爱迪生不怕失败，坚持试验，下决心要从大海中捞起针来。

功夫不负有心人。1879年10月10日下午5时，爱迪生点亮了用碳化棉丝做灯丝的灯泡，他亲自观察和做记录。这一次，灯泡明亮、稳定，1小时、2小时、3小时……灯泡一直亮着。从19日到21日，没有一个人去休息。直到21日下午2时，爱迪生叫助手把电压加高一点，灯泡更亮了。又过了几分钟，灯丝终于烧断了。为此，《纽约先驱论坛》用整版篇幅详细报道了灯泡试验成功的消息。爱迪生获得了全部专利。1879年除夕，爱迪生把60个灯泡点亮后，挂在门罗公园里，当时下着大雪，竟有3000多人冒着大雪来参观。

就是靠这种永不放弃的精神，诺贝尔、爱迪生找到了打开成功之门的钥匙，成了伟大的发明家。

只要不放弃，总会有机会。人的一生不可能总是一帆风顺，只要你敢于坚持，决不放弃，那些不可能的事，也会变为可能。困难面前，永不放弃，坚定如初，你便能创造人生的奇迹。

有首歌唱得好：“阳光总在风雨后，请相信有彩虹！”每个人的一生都会经历各种各样的风雨和打击，阳光和彩虹只会出现在风雨后，因而只有那些能忍受住风雨的打击，坚持到最后的人才能看到雨后的彩虹和阳光。

为了明天的成功，耐住今天的寂寞

有段话讲得好：“每个优秀的人，都有一段沉默的时光，那段时光，是付出了很多努力，忍受孤独和寂寞，不抱怨不诉苦，日后说起时，连自己都能被感动的日子。”耐得住寂寞是所有成功者共同遵循的一个原则。成功是一个过程，辉煌的人生是从寂寞开始的。成功之前，只有你孤身一人，没有鲜花，没有掌声，更没有人会留意你，而你却需要一天天在冷清中度日，身心饱受内心与外在的折磨，在寂寞中独行，与折磨共处。

古今中外，大凡有所成就的人，都能够忍受住寂寞，忍受住平淡无味的生活，在默默无闻中锐意进取。元曲大师马致远的一生是寂寞的，所以他的一首小令成为元曲的代表：“枯藤老树昏鸦，小桥流水人家。古道西风瘦马，夕阳西下，断肠人在天涯。”唐代文学家陈子昂是寂寞的，所以他的诗才具有震撼人心的魅力：“前不见古人，后不见来者。念天地之悠悠，独怆然而泪下。”鲁迅是寂寞的，所以他才敢于直面惨淡的人生，敢于正视淋漓的鲜血，敢于怒向刀丛觅小诗，成为中华民族的脊梁和灵魂。这些人拥有生命的支柱、精神的脊梁、人性的守望。耐得住不为人知、无人喝彩的寂寞，使自己的人生在寂寞中丰盈起来，高大厚重起来。

耐得住寂寞是人们成功的前提条件。在通往成功的道路上，如果你忍受了大多数人不能忍受的孤独和寂寞时，你的回报也就逐渐显现出来。在这些孤独和寂寞的背后，藏着多少汗水，藏着多少痛苦，藏着多少辛酸和不为人知的故事，只有你自己去体会。如果你能完全地忍受住这种孤独和寂寞，那你离成功之巅就不远了。

20世纪50年代，余彭年怀揣着对人生的美好希望，来到香港淘金。生于湖南乡下的他在香港既不会说英语，又听不懂广东话，身在异乡，举目无亲，因此在求职的时候处处碰壁。最后，在一位老乡的帮助下，他找到了一份勤杂工的工作。

扫地、洗厕所的工作又脏又累，还会遭到别人的白眼。但是，被生活所迫的余彭年不得不每天坚持去做这份薪水很低又没有什么发展前途的工作。

周六和周日是公司员工们休息的时间。在这一天，勤杂工们也是不用上班的。刚刚来到香港的余彭年很想去欣赏香港的美丽景色，了解一下那里的风土人情。但是，当别的勤杂工们出去逛街游玩的时候，公司里却还有很多敬业者在加班。如果没有人及时打扫卫生，写字楼里就会肮脏不堪。因此，他决定留下来继续干好本职工作。

他在公司里从不多说一句话，只是默默地干好手中的事。公司里的勤杂工们都看不起他，在休息的时候，没有一个人愿意主动走上前来和他聊天。不过，余彭年并不在意，仍然是默默地坚持着把工作做好。终于有一天，老板看到了这位沉默寡言而又工作认真的小伙子，对他产生了好感。随后，就破格让他成了办公室里的一名员工。余彭年来到办公室后，一直坚持着往日的行事风格，在工作上表现得非常勤奋，老板对他就更加器重了，于是，就让他做了公司的总经理。

几年之后，余彭年积攒了足够的工作经验和一定的创业资本，就向老板递上了辞职书。老板愉快地同意了，并且让余彭年成为他公司里的一名股东。从此之后，余彭年在事业上开始展翅飞翔，他的生意越做越大，在地产界和酒店行业取得了举世瞩目的成就。

余彭年的成功不是偶然的，其中最重要的原因就是他能够耐得住寂寞，坐得住冷板凳。他不会因为工作的卑微而辞职，也不会因为同事的冷落而愤怒，在相当长的一段时间内，能够静下心来去面对困境，正是如此，他才有了后来的成就。

有道是："古来圣贤皆寂寞"。为什么？因为寂寞是一种至高的境界。在寂寞的世界里，你的灵魂是无助的，心底也不会再响起尘世的喧嚣，你的内心不会是一片宁静的。其实，寂寞是一种无形的力量，而且无比强大。它可以深入人的每一根神经和血管，可以延伸到我们生活的每一个角落。你经历的孤独与寂寞，不但可以激励你的斗志，锻炼你的意志，还可以丰富你的经历，让你对孤独有全新的概念。所以说，当一个人感到孤独时，也就是他正在勇敢地面对生活、面对现实的时候，他的心情从此会格外宁静，也能看到自己内心的世界。

安徒生是一个穷苦鞋匠的儿子，小时候，他不仅天天要忍受饥饿的煎熬，还处处得看别人的白眼，但他有一个被认为是“痴心妄想”的志向——当一名让所有人都羡慕的艺术家。可是他连饭都吃不上，更别说请老师了。于是，那只好委屈他父亲了——亲自给他上课，教他明白人生的艰难，让他懂得了生活的残酷，安徒生也没辜负父亲的心血与期望，他懂得了人情的冷暖，更学会了写作。不幸的是，父亲在他 11 岁那年病逝了，酷爱文学的他并没有因此而退却，只身来到首都哥本哈根，开始了在文学道路上的挣扎。多年后，在一个偶然中，他获得了免费学习的机会，这对于一个一无所有的文学青年来说，真是一次难得的机会！几年后，凭着坚忍不拔的奋斗精神，他进入了哥本哈根大学学习。毕业后，他也没有参加任何工作，靠着写作的稿费维持生活。1835 年，而立之年的安徒生开始写童话，并出版了他的第一本童话集，这本仅有 61 页的书中有《打火匣》《小克劳斯和大克劳斯》《豌豆上的公主》《小意达的花儿》共四篇。但作品并未获得预期效果，有的读者甚至认为他没有写童话的资本，建议他放弃，但安徒生非常坚定：“这才是我不朽的工作呢！”

此后，他放弃其他创作方式，专注于童话创作。优秀童话作品接二连三地摆到了读者的面前，安徒生的创作事业也达到高峰时刻，但他的生活并没有因此而好转。为了创作，他的一生都是在孤独寂寞中度过的，自幼贫穷的他不但经历过早年丧父之痛，更没有品尝过婚姻的幸福，孤独、悲痛的窘境伴随着他的一生；可以说，安徒生的一生都是在写作童话中度过的，他是把创作当成与命运周旋、抗争的有力武器。一篇篇优秀的童话为人们带来了一丝温暖，为一代一代的孩子们带来了多少幸福与欢乐，而他却觉得即使生活在寒冷的冬天也值得了。

在丹麦那个残酷无情的环境里，虽然肉体上的饥饿和精神上的打击时刻不离安徒生左右，但他却能在寂寞中坚守终生，怨天尤人、妄自菲薄等词汇在他的字典里查不到，他以顽强的意志、不断拼搏的精神创作出了一篇篇脍炙人口的作品。

俗话说“不经历风雨哪有彩虹”。如果一个人缺乏坚强的意志和耐得住寂寞的超脱之心，就不会以平静的心态奋斗到成功的时刻。在这个世界大同的环境里，没有谁可以想成功就成功的，因为成功源于在寂寞中的坚守。

任何一个有辉煌成就的人，都是以孤独寂寞做伴。寂寞孤独的人未必都能取得辉煌，但有辉煌成就的人一定能经得起磨难，耐得住寂寞，承受得住孤独。可以这么说，辉煌是需要寂寞孤独的。为争取辉煌，需要忍常人所不能忍，需要自己与自己较量。在常人眼里，这些人，他们是寂寞的、孤独的，但同时，他们也是快乐的。为了自己心爱的事业，他们选择了寂寞，承受着孤独，但他们又在努力，在奋斗，所以又不是寂寞孤独的。

李刚初中毕业后，在一家机械厂上班，面对人才济济的机械加工市场，他从最基本的打磨棱角开始，一步一步稳扎稳打。在别人下班后去夜市吃喝玩乐的时候，李刚一个人待在屋子里研究机械加工制图，在别人休息日去市里玩乐的时候，李刚坐在培训班里学习高级制图。他在机械厂工作了 3 年的时间里，有人辞职，有人升职，有人被开除。有人劝李刚，还是换个工作吧，你这样下去永远都出不了头。李刚总是笑笑，然后继续自己的煎熬生活。

在机械厂工作 5 年后的一次技工大赛上，李刚凭借着自己过硬的技术坐上了厂内第一技工的交椅。

寂寞是思想上的考验，更是精神的历程。一个人能耐得住寂寞，他就能有一颗宁静的心灵，心灵一旦安静下来，尘埃落定，他也就能将想做的事做好。

只有能够勇敢面对寂寞，不怕寂寞的人，才能有力量让他的才能在寂寞中生光。古往今来，一切有成就的人，也往往是最寂寞的人，而他们带给人们的往往是最美丽的东西，就是因为他们不怕寂寞，敢于面对寂寞。

演员王学圻曾说过，作为一名演员要耐得住寂寞才能创造出成功的辉煌。耐得住寂寞是所有成功者遵循的一条原则。只要我们能够耐得住寂寞，就能够甘于在生活的底层磨炼摔打，精心积蓄，变失败为成功，最终走到事业的顶峰。

人生豪迈，不过是从头再来

有一个出生在偏远山村里的农家女孩，在日出而作日落而息的劳作之余，把全部的时间都用来做她最喜欢的一项传统工艺——剪纸，并且达到了比较高的水平。

这个女孩子不知从哪里听说这么一个消息：一些外国人喜欢中国的工艺品，大老远跑到山西的农家小院去买老太太做的虎头鞋，一双 10 美元，值好几十块钱。她想，北京是首都，外国人多，如果把自己的剪纸拿到那里一定能卖个好价钱。18 岁那年，她为自己的剪纸作品进行了第一次尝试，她带着省吃俭用攒出来的路费，满怀希望地到了北京。但是她没有想到，北京艺术品市场里的剪纸那么便宜，她带去的作品，一块钱一张都没人要，险些连回家的路费都成了问题。这次尝试得到的答案是：此路不通，后果是不仅没挣到钱还赔上了一笔数目不少的路费。此时，这位女孩应当把什么放在第一位？女孩选择了坚持，她决定继续学习剪纸艺术。

22岁那年，她为自己的剪纸进行了第二次尝试。她苦苦哀求，软磨硬泡拿到了父母为她准备的1000元嫁妆钱，交了省城一家美术馆的展览费。这一次更惨，她不仅赔上了自己的嫁妆，还欠下了一大笔装裱费，而且成了乡邻茶余饭后的笑料。后来，她为还钱跑到深圳去打工。打工的那段日子尽管很艰难，但她除了每天在流水线上拼命工作外，晚上还挤出时间去上美术课，处处留心实现自己剪纸梦想的机会。

后来，她做了一次又一次尝试。随着年龄的增长和人生阅历的增加，她将自己所能了解到的途径一一尝试：到艺术学校自荐，参加各种各样的评比和展出，给报纸杂志寄作品，报名参加电视台的剪纸节目，想方设法接触记者，联系赞助搞个人展，请工艺品店和市场代卖，去印染厂推销自己的图样设计，等等。她的尝试有许多都失败了，但她勇敢地承担了每一次失败带来的后果。每失败一次都要狼狈不堪地处理善后问题，但她仍然对自己充满希望，始终把酷爱的剪纸艺术放在第一位。

终于，她有了自己的一个小小的剪纸工作室，靠剪纸维持自己的生活。她满足了，快乐地认为自己获得了成功，因为日夜与她相伴的是剪纸艺术。最后，这个农家女孩成了一位名声远扬的“剪纸艺人”。

直面自我，挑战自我，战胜自我

人生最大的挑战就是挑战自己，这是因为其他敌人都容易战胜，唯独自己是最难战胜的。如果没有挑战的勇气，自己的命运不会有太大的改变。机会不会平白无故地降临在我们头上，而需要自己去挑战和争取。如果不甘平凡，就要付出别人不愿付出的努力，在还有希望的时候绝不放弃，而是解决一个个难题，挑战一次次极限。当自己再回头的时候，会发现自己走过的路已经如此漫长。

据说雄鹰是世界上寿命最长的动物，能活 70 年。但在它 40 岁的时候，必须经受一次生与死的抉择。

从幼鹰开始，鹰嘴上的喙和爪子上的指甲不断长长，背上的羽毛越来越厚重，直到鹰 40 岁左右，飞翔不能承受之重了。于是，鹰躲到一个人迹罕至的山崖上，把自己的喙用力地磕在石头上直至磕断，鲜血淋漓，然后再用自己的喙把指甲啄掉，用爪子把背上厚重的羽毛拔下。整个过程需要 150 多天的时间，能挺过去的雄鹰就获得了重生，获取新的 30 年的生命。

看来，蜕皮是一个痛苦的过程，把原有的表皮蜕掉本身就是疼痛难忍的。在新皮长出来之前，往往还要面临着各种危险。因此，每一次蜕皮都是一次生与死的考验。但是在经过蜕皮的痛苦过程之后，换来的是却一次新生，是更强壮、能更成熟的生命。

其实，人生又何尝不是一次又一次的蜕变。在挫折和坎坷面前，我们忍受着剧痛和心灵的折磨，然而只有勇往直前、义无反顾者才能超越自己。超越自己，不仅符合自己的实际，而且是对自己生命的优化。所以，只有勇于接受生活的挑战，不断地充实自我，才会超越自己，才会走向最终的辉煌。

伟人和庸人开始是在一条起跑线上。伟人之所以成为伟人是因为超越了自我，庸人之所以成为庸人是因为走不出自我的苑囿。

吉米·哈里波斯是一位美国颇具传奇色彩的伟大赛车手。从很小的时候起，吉米就有一个梦想，希望自己能够成为一名出色的赛车手。中学毕业后，他到军队中服役，学会了驾驶汽车，并成为一名开卡车的运输兵，这对他熟练驾驶技术起到了很大的帮助作用。

从部队退役之后，吉米选择到一家农场里开车。在工作之余，他仍一直坚持参加一支业余赛车队的技能训练。只要有机会遇到车赛，他都会想尽一切办法参加。因为得不到好的名次，所以他在赛车上的收入几乎为零，这也使得他欠下一笔数目不小的债务。

不过，经过几次比赛，吉米也获得了不少经验和教训。有一年，吉米参加了威斯康星州的赛车比赛，这场赛车，他有很大的希望在这次比赛中获得好的名次。比赛开始后，吉米的赛车位列第三，他一直寻找机会超越前两名选手。当赛程进行到一半多的时候，突然，他前面那两辆赛车发生了相撞事故，吉米迅速地转动赛车的方向盘，试图避开他们。但终究因为车速太快未能成功。结果，他撞到车道旁的墙壁上，赛车在燃烧中停了下来。

当吉米被救出来时，他的脸已经被毁容了，手也被烧伤，体表伤面积达40%，他被送到医院后，医生整整给他做了7个小时的手术，这才使他从死神的手中挣脱出来。经历这次事故，尽管他保住了性命，可他的手萎缩得像鸡爪一样。医生告诉他说："以后，你再也不能开车了。"然而，吉米并没有因此而灰心绝望。为了实现那个久远的梦想，他决心再一次为成功付出代价。他接受了一系列植皮手术，为了恢复手指的灵活性，每天他都不停地练习用残余部分去抓木条，有时疼得浑身大汗淋漓，而他仍然坚持着。

吉米始终有着一种拼搏的精神，他坚信自己的能力。在做完最后一次手术之后，他回到了农场，换用开推土机的办法使自己的手掌重新磨出老茧，并继续练习赛车。

仅仅是在9个月之后，吉米又重返了赛场！他首先参加了一场公益性的赛车比赛，但没有获胜，因为他的车在中途意外地熄了火。不过，在随后的一次全程200英里的汽车比赛中，他取得了第二名的成绩。又过了两个月，仍是在上次发生事故的那个赛场上，吉米满怀信心地驾车驶入赛场。经过一番激烈的角逐，吉米最终赢得了250英里比赛的冠军。

从吉米身上，我们是否也会得到这样的启示：如果能够不断地发现自我、挑战自我、超越自我，每个人都会有找到属于自己的一份精彩。

人生是一个不断发展，不断超越自我的过程，而只有那些在这个过程中不断自我挑战的人，才是真正的胜者。

有位作家说得好："自己把自己说服了，是一种理智的胜利；自己被自己感动了，是一种心灵的升华；自己把自己征服了，是一种人生的成熟。大凡说服了，感动了，征服了自己的人，就有力量征服一切挫折、痛苦和不幸。"挑战自我是生命的要求。人活在世上，不能只贪图安逸享受。慵懒自私的人，永远也享受不到人生的真正乐趣。只有努力创造，全力拼搏，不断超越，才能在激烈的竞争中占有自己的位置，使生命的碰撞发出耀眼的火花。

一个人要想拥有更大的成功，就要时刻提醒自己：超越自我，超越昨天。我们不要总是把目光盯着自己的竞争对手。也不需要为自己曾经的失败而深深自责，我们需要做的，就是直面自我，战胜自我。

你所受的苦难，终会照亮你未来的路

苦难是一种财富，是对人生的一种考验。法国作家巴尔扎克说过："苦难对于天才是一块垫脚石，对能干的人是一笔财富，对弱者是一个万丈深渊。"如果一个人一生总是风平浪静的话，那是不完整的人生，因为他体会不到经历苦难后崛起的那种成功快乐。

法国作家罗曼·罗兰说："累累创伤，就是生命给你的最好东西，因为在每个创伤上面都标志着前进的一步。"我们每个人的人生中都不可避免会有苦难的发生，没有了苦难，我们也就失去了同命运搏击的勇气。

有一次在聚会上，一些堪称成功的实业家、明星谈笑风生，其中就有著名的汽车商约翰·艾顿。

艾顿向他的朋友、后来成为英国首相的丘吉尔回忆起他的过去——他出生在一个偏远小镇，父母早逝，是姐姐帮人洗衣服、干家务，辛苦挣钱将他抚育成人。但姐姐出嫁后，姐夫将他撵到舅舅家，舅妈很刻薄，在他读书时，规定每天只能吃一顿饭，还得收拾马厩和剪草坪。刚工作当学徒时，他根本租不起房子，有将近一年多时间是躲在郊外一处废旧的仓库里睡觉……

丘吉尔惊讶地问："以前怎么没听你说过这些呢？"艾顿笑道："有什么好说的，正在受苦或正在摆脱受苦的人是没有权利诉苦的。"这位在生活中失意、痛苦了很久的汽车商又说："苦难变成财富是有条件的，这个条件就是，你战胜了苦难并远离苦难不再受苦。只有在这时，苦难才是你值得骄傲的一笔人生财富。别人听着你的苦难时，也不觉得你是在念苦经，只会觉得你意志坚强，值得敬重。但如果你还在苦难之中或没有摆脱苦难的纠缠，你说什么，在别人听来，无异于就是请求廉价的怜悯甚至乞讨……这个时候你能说你正在享受苦难，在苦难中锻炼了品质、学会了坚韧吗？别人只会觉得你是在玩精神胜利、自我麻醉。"

艾顿的一席话，使丘吉尔重新修订了他"热爱苦难"的信条。他在自传中这样写道："苦难是财富，还是屈辱？当你战胜了苦难时，它就是你的财富；可当苦难战胜了你时，它就是你的屈辱。"

在一个人遭遇困苦的时候，生命之花往往会以新的形式重新绽放，因为苦难是人生的必修课，只有在这堂课上，你才能够看清"真相"，才能够发现"良机"。

苦难是什么？它是一种痛苦艰难的境况，它能激励人们思变、崛起，改变困境，因此，从某种意义上说，苦难也是一种"财富"。

苦难，是人生旅程的幽灵。有人害怕它，认为那是一种不幸。其实，苦难在一定条件下，可以转化为财富。

在人漫长的一生中，或多或少都会经历苦难，人是从苦难中成长起来的。有人说："一时的苦难是上天赐予的，一世的苦难是自找的。"关键是苦难面前你会用什么样的心理特质来面对，如果你内心足够强大，那么你就能善待苦难，忍受苦难，超越苦难，最终成为人们羡慕的成功者。

李嘉诚成为商业巨子，就是他不以苦难为借口，不甘贫穷，同贫穷奋斗的结果。李嘉诚不是一个天生的幸运儿，他所经历的忧患与磨难，是今天的年轻人所难以想象的，如果说上帝不公，再没有谁受到的不公比李嘉诚更严重了。李嘉诚异于常人之处，不是他所受到的苦难，而是他在苦难之中的顽强奋斗，这是他取得成功的根本原因。

当年，为了给父亲治病，李嘉诚一家生活相当清贫。两顿稀饭，再加上母亲去集贸市场收集来的菜叶子，便是一天的"美食"。1943年那个寒冷的冬天，李云经走完了他坎坷的一生。临终前，他哽咽着对李嘉诚说："阿诚，这个家从此就只有靠你了，你要把它维持下去啊！"

父亲的遗训，李嘉诚永志不忘，时刻铭记在心，并伴随他一生的风风雨雨，使他终身受益无穷。但与此同时，父亲没有给李嘉诚留下一文钱，相反，他给李嘉诚留下了一副家庭的重担。后来有一个记者问起李嘉诚："请您说说一个人的成功是不是跟从小的志向有关，而一个人的志向是不是天生的？"

李嘉诚回答说："我自小便很喜欢念书，而且很有上进心。那时候，我就暗暗地发誓，要像父亲一样做一名桃李满天下的教师，但是由于环境的改变，贫困生活迫使我孕育了一股强烈的斗志，就是要赚钱。可以说，我拼命创业的原动力就是随着环境的变迁而来的。当我 14 岁的时候，父亲去世，我要肩负家庭的重担，因为我是长子，而父亲并没有留下什么给我们，所以读书是绝对没有可能了。赚钱是迫在眉睫的事，这样志向就有了改变。而且在接下来进入社会开始工作的日子里，我有韧性，能吃苦，因为我不计较个人得失，只是努力工作，努力向上，再加上忠诚可靠，因此一路进步，薪金也一路增加。”

一个人所历经的苦难和挫折，都将是他一生中最珍贵的一笔财富。事实证明，一个人所经历的苦难越多越大，那么他取得的成就往往就越大。

苦难是人生的必修课，苦难是人生的试金石。困苦过后，人生恢复了原本的光彩，焕发出无穷无尽的力量；洗礼过后，人生的脚步更稳，也更铿锵有力。

人是从苦难中成长起来的，没有苦难的人生是不完美的人生，就像没有风雨的天空就是不完整的天空一样。人生只有经受过苦难，思想才会受到锤炼，灵魂才会得到升华，意志才能得到坚强，才能真正认识人生，从而实现人生的最大价值。

无论是谁，都需要经历苦难，生命才更完整。正如作家刘墉所说：“让我们一起寻找一个苦难的天堂。”因为苦难，也是一笔财富。

第八章　修炼内功心法，时刻保持最佳状态

你无法改变环境，但可以改变心境

生活中，有些人总喜欢说，他们现在的悲惨境况是别人造成的，环境决定了他们的人生位置。这些人常说他们的情况无法改变。但事实上环境能左右一些意识上的感观，却不是造成实际境况的主因。说到底，如何看待人生，由我们自己的态度决定。

一位知名学者是单身汉的时候，和几个朋友一起住在一间只有七八平方米的小屋里。但是，他一天到晚总是乐呵呵的。

有人问他："那么多人挤在一起，连转个身都困难，有什么可乐的？"

学者说："朋友们在一块儿，随时都可以交换思想、交流感情，这难道不是很值得高兴的事儿吗？"

过了一段时间，朋友们一个个成家了，先后搬了出去。屋子里只剩下了学者一个人，但是每天他仍然很快活。

那人又问："你一个人孤孤单单的，有什么好高兴的？"

他说："我有很多书啊！一本书就是一个老师，和这么多老师在一起，时时刻刻都可以向它们请教，这怎不令人高兴呢！"

几年后，学者也成了家，搬进了一座大楼里。这座大楼有七层，他的家在最底层。底层在这座楼里是最差的，不安静、不安全，也不卫生。上面老是往下面泼污水，丢死老鼠、破鞋子、臭袜子和杂七杂八的脏东西。

那人见他还是一副喜气洋洋的样子，好奇地问："你住这样的房子，也感到高兴吗？"

"是呀！"学者说，"你不知道住一楼有多少好处啊！比如，进门就是家，不用爬很高的楼梯；搬东西方便，不必花很大的劲儿；朋友来访容易，用不着一层楼一层楼地去叩门询问……特别让我满意的是，可以在空地上养一丛一丛花，种一畦一畦菜，这些乐趣，数之不尽啊！"

过了一年，学者把一层的房间让给了一位朋友，这位朋友家有一个偏瘫的老人，上下楼很不方便。他搬到了楼房的最高层——第七层，可是每天他仍是快快活活的。

那人揶揄地问："先生，住七楼也有许多好处吧？"

学者说："是啊，好处多着哩！例如，每天上下几次，这是很好的锻炼机会，有利于身体健康；光线好，看书写文章不伤眼睛；没有人在头顶干扰，白天黑夜都非常安静。"

后来，那人遇到学者的学生，他问："你的老师总是那么快快乐乐，可我却感到，他每次所处的环境并不那么好呀？"

学生说："决定一个人心情的，不在于环境，而是在于心境。"

面对已经发生的事情，我们不可能改变，但是我们可以改变自己的心境，改变自己对事物的看法，给予其正面的意义。一旦我们的心境发生改变，那么你对整个事情的感受也改变了。正如圣严法师所说：“只要自己的心态改变，环境也会跟着改变；世界上没有绝对的好与坏。”生活本身既不是福，也不是祸，它是福祸的容器，就看你把它变成什么。

在任何特定的环境中，人们还有一种最后的自由，就是选择自己的态度。成功是因为态度，幸福与快乐也取决于个人的态度。一个人只要改变内在的心态，就可以改变外在的生活环境和生存状态。态度决定着人生的成败：我们怎样对待生活，生活就怎样对待我们。

虽然我们无法改变人生，但我们可以改变人生观；虽然我们无法改变环境，但是我们可以改变心境；虽然我们无法调整环境来完全适应自己的生活，但我们可以调整态度来适应一切的环境。

有位外地来的客人进入餐厅后，想知道一下第二天的天气情况，以便安排自己下一步工作。他就问服务生：“明天天气怎么样？”

出乎他意料的是，那位服务生肯定地说：“会是我喜欢的天气。”

客人非常不解地问：“你怎么知道会是你喜欢的天气？”

服务生回答这位客人：“环境不是我所能改变的，但心情是可以改变的。所以，与其关心明天到底是风还是雨，倒不如调整我的心情。只要天气是我喜欢的，那么我就会以愉悦的心情开始一天的工作。”

的确，对于无法改变的事，我们不妨坦然面对；对于结局不定的事，我们不妨往好处想。不要总把乌云布在脸上，不要总把牢骚挂在嘴边，只有让自己保持乐观，保持积极，才能多一份愉快，少一份烦恼。

圣严法师曾说过：“心随境转是凡夫，境随心转是圣贤。”其实，心随境转与境随心转就只是一念之间的智慧，如果每个人都能拥有这一点智慧，那周遭的一切都将变得美好。

任何磨砺，都是奋斗路上的垫脚石

人生是个坎坷的过程，有时它需要去付出无比的痛苦和辛酸，才可以换来成功的笑容！有时它又需要你去忍受无比的痛楚之后，才得以重生！

山上庙里有尊雕刻精美的佛像，前来拜佛的人络绎不绝。铺在山路上的石阶开始抱怨："大家同是石头，凭什么我被人蹬来踩去，你却被人供在殿堂？"佛像笑了笑："当年，您只挨六刀，做了一方石阶，而我经历了千刀万凿之后，才有了现在的形状！"

是啊！千锤百炼终成佛。佛之所以为佛，是因为它经历了常人难以想象的磨难。

冰心曾经说过："成功的花，人们只惊羡于它现时的明艳，然而当初她的芽儿，浸透了奋斗的泪泉，洒遍了牺牲的血雨。"当一个人功成名就的时候，人们只看到了他事业有成后的威风，却忘记他为了成功而经历的磨炼和困难，以及为此付出的心血和汗水。

坎坷的经历是成功的垫脚石。未经历挫折和磨难的考验，怎能体会到胜利和成功的喜悦；未经历风雪交加的黑夜，哪能体会风和日丽的可爱；未经历坎坷泥泞的艰难，哪能知道阳光大道的可贵。

塞万提斯被誉为西班牙文学世界里最伟大的作家。1547 年，他出生于一个贫困之家，父亲是一个跑江湖的外科医生。因为生活艰难，塞万提斯跟随父亲东奔西跑，直到 1566 年才定居马德里。颠沛流离的童年生活，使他仅受过中学教育。他 22 岁参加西班牙军队，结果在一次海战中，他不幸身受重伤，左手致残。1575 年离开军队，回家途中却不幸遇到摩尔人海盗，他被抢到阿尔及尔作为奴隶出卖，有过一言难尽的痛苦和艰辛。一直到1580年，他才被父母赎身获得自由。为了生计，塞万提斯在海军中充任军需职务，后来却因涉嫌挪用公款案，蒙冤入狱。三个月后，无罪释放，却一直找不到好工作，丢掉了几份好差事，一家人的生活没有着落，再次徘徊在饥寒困顿中。当时一家七口人挤在一所下等公寓的小房子里，楼上是妓院，楼下是小酒楼，白天晚上都十分嘈杂。但正是在如此嘈杂和恶劣的条件下，他在狭窄的过道上放一张极为简单的书桌，从事《堂吉诃德》的创作，并一举成名。

著名作家巴尔扎克曾说过："挫折和不幸，是天才的进身之阶、信徒的洗礼之水、能人的无价之宝、弱者的无底深渊。"面对生活的困难，天才和信徒往往能顶住压力，在不断的压力下使自己的能力和实力得到不断的提高，从而创造出来更为夺目的辉煌，最终走向成功。而那些弱者只会在逆境中消磨掉自己的理想与信念，感慨苍天不公，命运不济，失败一生。

确实是这样，人的一生不可能一帆风顺，毫无曲折，即便是一帆风顺的人生，只会让人觉得碌碌无为，没有值得回忆的。相反，经历过崎岖和坎坷的人生才能让人学会在逆境中拼搏和生存，才会在我们走过困难之后回首过去而感到骄傲。"笑到最后的人才能笑得最好""经历过风雨，才能见彩虹"，只要我们能坚守理想与信念，持之以恒，永不言弃，最终定能胜利。

《命运交响曲》是贝多芬最杰出的一部作品，它的主题是反映人类和命运搏斗，最终战胜命运。这也是他自己人生的写照。第一乐章中连续出现沉重而有力的音符，贝多芬说："命运就是这样敲门的。"

贝多芬是世界著名的音乐家，也是命运最糟的一个。童年，贝多芬是在泪水浸泡中长大的。家庭贫困，父母失和，造成贝多芬性格上严肃、孤僻、倔强和独立，在他心中蕴藏着强烈而深沉的感情。他从 12 岁开始作曲，14 岁参加乐团演出并领取工资补贴家用。到了 17 岁，母亲病逝，家中只剩下两个弟弟，一个妹妹和已经堕落的父亲。不久，贝多芬得了伤寒和天花，几乎丧命。贝多芬简直成了苦难的象征，他的不幸是一个孩子难以承受的。尽管如此，贝多芬还是挺过来了。他对音乐酷爱到离不开的程度。在他的作品中，有着他生活的影子，既充满高尚的思想，又流露对人间美好事物的追求和向往。对美丽的大自然他有抒发不尽的情怀。说贝多芬命运不好，不光指他童年悲惨，实际上他最大的不幸，莫过于 28 岁那年的耳聋。先是耳朵日夜作响，继而听觉日益衰弱。他去野外散步，再也听不见农夫的笛声了。从此，他孤独地过着聋人的生活，全部精力都用于和聋疾苦战。贝多芬活在世上，能理解他的人太少了，而唯一能给他安慰的只有音乐。他作曲时，常把一根细木棍咬在嘴里，借以感受钢琴的振动，他用自己无法听到的声音，倾诉着自己对大自然的挚爱，对真理的追求，对未来的憧憬。他著名的《命运交响曲》就是在完全失去听觉的状态中创作的。他坚信，“音乐可以使人类的精神爆发出火花”。“顽强地战斗，通过斗争去取得胜利”这种思想贯穿了贝多芬作品的始终。

1827 年 3 月 26 日，一个雷雨交加的夜晚，音乐巨人与世长辞，那时他才 57 岁。贝多芬一生是悲惨的，世界不曾给他欢乐，他却为人类创造了欢乐。贝多芬身体是虚弱的，但他是真正的强者。

常言道：“自古英雄多磨难。”磨难是检验我们心志的一种最好方式。不要抱怨生活中遇到的困难与挫折，而应把这当成磨炼自己的机会。无论什么人，做任何事情，都会碰到这样或那样的困难，都需要具有坚强的意志和毅力，而在努力的过程中，我们只有知难而进、迎难而上，才能在各自的领域上取得成功。

除去浮躁情绪，别让浮躁毁了你

在竞争激烈的社会中生存，每个人都很容易被种种烦恼困扰，一旦无法排解，心情便会浮躁起来。有时候，你越是急躁，便在错误的思路中陷得越深，就越难取得成果。心态浮躁犹如作茧自缚，最后让浮躁毁了自己。

小李是某研究所的文艺学研究员。搞研究是一个需要耐得住寂寞，坐得住冷板凳的职业，快不得，急躁不得。有一天，小李在书库里翻了大半天的资料，忽然烦躁起来，心想，这样做效率真够低的，得多长时间才能出新的有价值的研究成果啊，何年何月才能出名啊！

小李开始怀疑自己的选择了，为什么自己当初要选择进研究所搞研究呢，三年已经过去了，那些下海经商的同学现在已经有了自己的房子，并且大部分已经结婚，而自己现在还是住在单位里的单身宿舍里。

一想到这些，小李的心变得更加浮躁起来，没有办法静下心来去阅读资料，直到进入该项研究的最后几天，他才找出了同类研究课题的一些研究成果，稍微改编了一下，算是完成工作。

但是他的论文发表之后，研究所很快就接到了投诉电话，说他的文章中整段整段都出现了抄袭现象。小李知道自己犯了一件极大的错误，再也没有颜面留在研究所里了。

小李因为浮躁，最终不仅没有成名，反而落得个失业的结局，这是需要人们警醒的：要想做成事，满脑子只想去寻找一条捷径而没有一份脚踏实地的平淡与从容是不行的。

浮躁是成功、幸福和快乐的绊脚石，是人生最大的敌人。如果一个人浮躁，容易变得焦虑不安或急功近利，最终会失去自我。

浮躁给人带来的危害是很大的。浮躁的人自我控制力差，容易发火，不但影响学习和事业，还影响人际关系和身心健康。

有一位社会学家这样说道："浮躁的心态是要不得的，它急功近利，一旦所需要的东西不能实现，便会让人焦躁、烦恼。"所以，不要因外界的纷纷扰扰而自乱阵脚，乱了自己生活的步子，更不要心生烦躁、忧虑、焦灼，要保持你心情的宁静。

有一个刚刚毕业的大学生，因没有考上研究生不知道何去何从，又因担心即将去一个人才济济的大公司任职的女朋友移情别恋而终日郁郁寡欢，当别的同学都主动去联系工作单位时，他却天天混在宿舍里，只知道借酒消愁，还经常和同学争吵，任何事情都不能耐心地去做，心情浮躁不安。

后来，在女朋友的劝说下，他去看了心理医生。心理医生了解了他的情况后对他说："你曾看过章鱼吧？章鱼在大海中，本来可以自由自在地游动、寻找食物、欣赏海底世界的景致、享受生命的丰富情趣，但它却找到了个珊瑚礁，伸出八只强大的手臂，牢牢地攀住珊瑚礁，然后动弹不得、焦躁不安，让自己陷入绝境。其实，系住章鱼的是它自己的手臂！"心理医生用故事的方式引导他思考，并提醒他，"我想，此时的你很像那只章鱼。如果你想从浮躁的不良情绪中走出来，就一定要松开你的'八只手'，用它们自由游动，这样你才能积极地去争取人生的成功与幸福。"

其实,我们处在这个千变万化的世界中,人人都有过浮躁的心态，这也许只是一个念头而已。一念之后，人们还是该做什么就做什么，不会迷失了方向。然而，当浮躁使人失去对自我的准确定位，使人随波逐流、盲目行动时，就会对家人、朋友甚至社会带来一定的危害。这种心浮气躁、焦躁不安的情绪状态，往往是各种心理疾病的根源，是成功、幸福和快乐的绊脚石，是人生的大敌。无论是做企业还是做人都不可浮躁，如果一个企业浮躁，往往会导致无节制地扩展或盲目发展，最终会失败；如果一个人浮躁，容易变得焦虑不安或急功近利，最终迷失自我。

对于渴望成功的人，应该记住：你着急可以，切不可以浮躁。成功之路艰辛漫长而又曲折，只有稳步前进才能坚持到终点，赢得成功。如果一开始就浮躁，那么，你最多只能走到一半的路程，然后就会累倒在地。

因此，一个人只有控制了浮躁，他才会吃得起成功路上的苦，才会有足够的毅力一步一个脚印地向前迈步，最后走向成功。只有自己控制好了自己的浮躁情绪，才不会因为各种各样的诱惑而迷失方向。

心中有信念，脚下有力量

人是为什么而活？又是什么在支撑着人们努力奋发？其实，这不过就是两个字——信念。

信念是一切成功和奇迹的源泉。俄国的列宾曾经说过："没有原则的人是无用的人，没有信念的人是空虚的废物。"如果我们在做任何事之前，没能树立起一个坚定的信念，只是一味地采取消极的态度，告诉自己这也无法实现，那也不可能做到，恐怕我们的人生也就这样失败了。

大海上一艘轮船不幸失事，大副带着幸存的九名水手跳上了救生艇，在海面上漫无目标地漂流，一个星期过去了，大家依然看不到一丝获救的希望。大副守护着仅存的半壶淡水，不许其他九个人碰它一下——有水就有活下去的希望，没有了水，大家就再也难以撑下去了。

大副是救生艇上唯一带枪的人，他用枪口对着那九个随时都有可能疯狂扑上来抢水的水手。任凭他们对着自己咒骂、咆哮，大副用最强硬的态度阻挡着他们。

在这九个人当中，最凶悍的是一个秃顶的家伙，他凶狠地盯着大副，用他那沙哑的破嗓子奚落他：“你为什么还不认输？你无法坚持下去了！”说着，他猛地蹿上来，伸手去抢壶。大副毫不客气地用枪对准了他的胸膛。秃顶叹一口气，乖乖地坐下了。

为了保护这半壶维系着所有人生命希望的淡水，大副已是两天两夜没有合眼了，他不断告诉自己一定要挺住，不要让别人用鲁莽的举动把所有落难者的希望毁灭掉。然而干渴和困倦折磨得他再也撑不下去了，他握枪的手一点点软下去。迷糊中，大副居然把枪塞给了离他最近的秃顶，断断续续地说：“请你……接替我。”然后就脸朝下跌进了船舱。

黎明再次来临的时候，大副醒了过来，他听到耳畔有个沙哑的声音说：“来，喝口水。”是秃顶！

秃顶一只手拿着淡水壶，另一只手稳稳地握住枪对着其余八个越发疯狂的水手。看到大副满脸疑惑，秃顶红着脸略显局促地说：“你说过，让我接替你，对吗？你是领班，是指挥，我应该肩负这个重任，但是你别倒下了。”

后来，他们终于等来一艘救援的船。令救援者万分震惊的是，虽然这十个人干渴得危在旦夕了，但大副的手里仍握着那半壶水。前来援救的船长从大副紧握的手中接过淡水壶，摇了摇，一种沙沙的声音通过壶壁传出来。船长小心翼翼地拧开盖子，只见一股细沙从壶里滑落……

信念是强大的精神力量，有了坚定的信念，就能精神振奋、克服困难，甚至生命受到威胁，也不轻易放弃内心信念。信念代表着一种希望，像一颗种子，一颗生命的种子。只要心中有信念，一切都会充满希望。

信念是一种力量，支撑着你的生命，带给你无限希望。坚定地义无反顾地按照自己的理想和信念，坚持不懈走下去，表面上看上去似乎是只知道埋头拉车不知道抬头看路，最终却抵达了人生的辉煌顶峰。

数千年来，人们一直认为四分钟跑完一英里（约1609米）是件不可能的事。但在1954年，罗杰·班纳斯特就打破了这个思维障碍：他之所以能创造这项佳绩，一是得益于体能上的苦练，二是归功于精神上的突破。在此之前，他曾在脑海里多次模拟四分钟跑完一英里，长久下来便形成极为强烈的信念，因而对神经系统有如下了一道绝对命令，必须完成这项使命。他果然做到了大家都认为不可能的事。谁也没想到，在班纳斯特打破这项纪录后的两年里，竟然有近400人四分钟内跑完了一英里。

有了班纳斯特这样的信念，人就能够发挥无比的创造力。

在成功之前，我们必须相信自己有能力成功。信念的力量在成功者的足迹中起着决定性的作用，要想事业有成，就必须拥有无坚不摧的信念。

海伦·凯勒出生于美国亚拉巴马州北部一个叫塔斯喀姆比亚的城镇。在她一岁半的时候，一场重病夺去了她的视力和听力，紧接着，她又丧失了语言表达能力。然而，就在这黑暗而又寂寞的世界里，她并没有沉沦，而是以坚定的信念挑战命运。没有视觉和听觉，她就靠手指来“观察”老师莎莉文小姐的嘴唇，用触觉来领会她喉咙的颤动、嘴的运动和面部表情，学习读书和说话。但是，这往往是不准确的。她为了使自己能够发好一个词或句子的音，要反复地练习。这样，有时难免会反复经历失败，但她从不在失败面前屈服。

海伦21岁的时候考入了拉德克利夫学院。在大学学习时，许多教材都没有盲文本，要靠别人把书的内容拼写在她手上，因此她在预习功课的时间上要比别的同学多得多。当别的同学在外面嬉戏、唱歌的时候，她却要花费很多时间努力备课。

最终，海伦用顽强的毅力克服了生理缺陷所造成的精神痛苦。她热爱生活，会骑马、滑雪、下棋，还喜欢戏剧演出，喜爱参观博物馆和名胜古迹，并从中得到知识。她 21 岁时，和老师合作发表了自己的处女作《我生活的故事》。在以后的 60 多年中，她共写下了 14 部著作，成为一位学识渊博，掌握英、法、德、拉丁、希腊五种文字的著名作家和教育家。她走遍了美国和世界各地，为盲人学校募集资金，把自己的一生献给了盲人福利和教育事业。这些事迹使她赢得了世界各国人民的赞扬，并得到了许多国家政府的嘉奖。

可以说，海伦创造了生命的奇迹。从一个近乎先天缺陷的孩子到一个创造奇迹的伟人，帮助她成功的正是信念——一种顽强不屈、积极向上的生活信念，让她最终创造了常人所不能创造的奇迹。

信念是成功的支柱。一个人要想做成大事，必须有一种强大的力量作为精神上的支撑，这种力量来源于个人强大的信念。一个人有多大的信念，就会取得多大的成就。信念是蕴藏在心中的一团永不熄灭的火焰，它让我们勇敢、无畏地去面对生命的艰难困苦、人生的风风雨雨、命运的潮起潮落。

每个人都渴望成功，渴望取得骄人的成就，然而，要想获得成功，除了相信自己的杰出能力，没有什么可以激励一个人去成就伟大的事业。历史上的许多人，都对自己获取成功的能力具有坚定不移的信念，正是这种强大的信念使他们能够创造出一个又一个奇迹。

人的信念具有某种神秘的力量，在成功的道路上，只要你始终抱着必胜的信念，一切难题都将迎刃而解。我们应该拥有坚定的信念，我们应该相信自己总有一天会走向成功，因为我们每天都在为了目标的实现而坚持不懈地努力奋斗。坚定的信念可以帮助我们克服重重困难，跨过种种阻碍，坚定的信念可以促使我们付出积极努力的行动。

心态积极，天下无敌

什么是心态？心态就是一个人的心理状态。心态有两种，即积极心态和消极心态。比如，杯子里有半杯水，有的人会说："唉，怎么只有半杯水了。"而有的人则说："啊，还有半杯水呢！"这是两种截然不同的心态。前者是悲观的，后者是乐观的；前者是消极心态，后者是积极心态。

心理学家经过长期研究证明，积极心态是乐观的，是能够妥善应对烦恼的。一个人，只要能够找出各种理由证明自己今天比昨天好，今年比去年好，就能很好地解决当今世界各种各样的心理问题。

人生的方向是由"态度"来决定的，其好坏足以明确我们构筑的人生的优劣。一个人要想让自己生活得更好，首先你就得让自己的心态处在一种积极活跃的状态。积极的心态是成功的起点。如果一个人的心态是积极的，乐观地面对人生，乐观地接受挑战和应付困难，那他就成功了一半。

积极的心态是人生的黄金定律，一个心态积极者常能心存光明远景，即使身陷困境，也能以愉悦和创造性的态度走出困境，迎向光明。

世界冠军摩拉里就是一个具有积极心态的人。早在少不更事、守着电视看奥运竞赛的年纪，他的心中就充满了梦想，梦想着即将到来的成功。1984年，一个机会出现了。他在自己擅长的游泳项目中，成为全世界最优秀的游泳者，但在洛杉矶奥运会上，他却只拿了亚军，冠军的梦想并没有实现。

摩拉里重新回到梦想中，回到游泳池里，又开始投入实际的训练中。这一次目标是1988年韩国汉城（首尔）奥运金牌。没承想，他的梦想在奥运预选赛时就烟消云散，他竟然被淘汰了。

跟大多数人一样，摩拉里变得很沮丧。之后他便把这份梦想深埋心中，跑到康乃尔大学学习法律。三年间，他很少游泳，可是心中始终有股烈焰，他无法抑制这份渴望。离 1992 年巴塞罗那奥运会比赛不到一年的时间了，摩拉里决定再孤注一掷一次。在这项属于年轻人的游泳赛中，他算是高龄，简直就像是拿着枪矛戳风车的现代堂吉坷德，他想赢得百米蝶泳赛冠军的想法简直愚不可及。

对摩拉里而言，这也是一段悲伤艰难的时刻，因为他的母亲因癌症而离世了。她将无法和他一起分享胜利的成果，可是追悼母亲的精神加强了他的决心和意志。

令人惊讶的是,摩拉里不仅成为美国代表队成员,还赢得了初赛。他的成绩比世界纪录慢了一秒多,在竞赛中他势必要创造一个奇迹。

加强想象，增加意象训练，不停地训练，他在心中仔细规划赛程。直到后来，不用一分钟，他就能将比赛从头到尾，像透彻水晶般仔细看过一遍。他的速度会占尽优势,他希望能超越自己的竞争者,一路领先。

预先想象了赛程，他就开始游了，而且最终他成功了。那一天，他真的站在领奖台上，看着星条旗冉冉上升，美国国歌响起，颈上挂着令人骄傲的金牌。凭着他的积极心态，摩拉里将梦想化为胜利，美梦成真。

积极的心态对一个人成功的影响是至关重要的。如果你是一个能保持积极的心态，能掌握自己的思想，并引导它为自己的生活目标服务的人，你就能够获得成功。

几乎所有成功者，无不有一个共同的特点，那就是具有积极的心态。他们运用积极的心态去支配自己的人生，用乐观的精神来面对一切可能出现的困难和险阻，从而保证了他们不断地走向成功。而许多一生潦倒者，则普遍精神空虚，以自卑的心理、失落的灵魂、悲观失望的心态和消极颓废的人生目标做前导，其后果只能是从失败走向新的失败，至多是永驻于过去的失败之中，不再奋发。

杰里是个饭店经理，他的心情总是很好。当有人问他近况如何时，他回答：“我快乐无比。”

如果哪位同事心情不好，他就会告诉对方怎么看事物的正面。人生就是选择，你选择如何去面对各种处境。归根结底，你自己选择如何面对人生。

有一天，他忘记了关后门，被三个持枪的歹徒拦住了。歹徒朝他开了枪。

幸运的是事情发现较早，杰里被送进了急诊室。经过 18 个小时的抢救和几个星期的精心治疗，杰里出院了，只是仍有小部分弹片留在他体内。

6 个月后，有位朋友见到了他并问他近况如何，他说：“我快乐无比，想不想看看我的伤疤？”那位朋友看了伤疤，然后问当时他想了些什么。杰里答道：“当我躺在地上时，我对自己说有两个选择：一个是死，另一个是活。我选择了活。医护人员都很好，他们告诉我会好的。但在他们把我推进急诊室后，我从他们的眼中读到了‘他是个死人’。我知道我需要采取一些行动。”

“你采取了什么行动？”

杰里说：“有个护士大声问我有没有对什么东西过敏。我马上答，‘有的’。这时，所有的医生、护士都停下来等我说下去。我深深吸了一口气，然后大声吼道：‘子弹！’在一片大笑声中，我又说道：‘请把我当活人来医，而不是死人。’”

杰里就这样活下来了。

一个人能否改变自己的命运，关键取决于他的心态如何。成功者与失败者的差别在于前者以积极的心态去对待人生，后者则以消极的心态去面对生活。而只有积极的心态才是成功者的法宝。

无论对我们的生活还是事业，心态都是至关重要的。不要让你的心态使你成为一个失败者，成功永远是那些抱有积极思维的人所取得，并由那些以积极的心态努力不懈的人所保持。

第九章　今天工作不努力，明天努力找工作

额外的工作里有额外的机会

做好自己的本分，是成功的基石。而做点分外事，则是职业精神的体现，也是个人气度的体现。在工作中，仅仅尽职尽责是不够的，还应该比分内工作多干一点儿，比别人期待的更多一点儿，这样才能得到更多的锻炼，才能为成长提供更多的机会。一些看起来不起眼的小事，常常能反映出一个人的工作态度。

李·柯金斯在担任福特汽车公司总经理时，有一天晚上，公司里因有十分紧急的事，要发通告信给所有的营业处，所以需要全体员工协助。不料，当李·柯金斯安排一个做书记员的下属去帮忙套信封时，那个书记员竟傲慢地说："这不是我的工作，我不干！我到公司里来不是做套信封工作的。"听了这话，李·柯金斯一下就愤怒了，但他仍平静地说："既然这件事不是你的分内事，那就请你另谋高就吧！"

在实际工作中，不乏一些像上例中书记员一样的员工，他们将

分内、分外用明确的界线划得很清楚，只做自己分内的工作，或多做一点儿就要图报酬，殊不知这有碍于自己工作能力的提高，久而久之还会令老板对你失去好感。所以，当你接到额外工作时，不要愁眉苦脸，抱怨不停，多做分外工作对你的成功大有好处。

詹姆斯是一家公司的员工，他的升迁是非常迅速的，为什么他会得到一再提拔呢？原因就是他乐意去做他分外的事，从而引起了老板的注意。

詹姆斯总是在忙完自己的工作后，不断地为他人提供服务和帮助，不管那个人是他的同事还是上司。詹姆斯将那些分外的工作，也当作自己的事来做，任劳任怨，不计报酬。渐渐地，老板有了找詹姆斯帮一个小忙或分担一些重要工作的习惯。

虽然多做了一些工作占用了他的休息时间，并且还没有任何报酬，但是从这种分外的工作中，詹姆斯获得了更多的学习机会，并很快得到老板的青睐，最终获得了提升。后来，詹姆斯成立了公司，他自己成为总裁。

职场中，在努力做好本职工作的同时，还要经常去做一些分外的事，只有这样，你才能时刻保持积极主动的心态，才能得到更多的锻炼机会，才能引起老板的注意。

多做一些分外的工作，就会多一次学习和锻炼的机会，多一种技能，多熟悉一种业务，对自己总是有好处的。它会使你尽快地从工作中成长起来。也许你会说，我们没有义务做职责范围以外的事。但是，积极主动是一种宝贵的备受领导重视的素养，它能使人变得更加敏捷、更加积极向上。

一位成功学家曾聘用一名年轻女孩当助手，替他拆阅、分类信件，薪水与相关工作的人相同。有一天，这位成功学家口述了一句格言，要求她用打字机记录下来："请记住：你唯一的限制就是你自己脑海中所设立的那个限制。"

这个女孩将打好的格言交给老板，并且有所感悟地说："你的格言令我深受启发，对我的人生大有价值。"

这件事并未引起成功学家的注意，但是，却在女孩心中打下了深深的烙印。从那天起，女孩开始在晚饭后回到办公室继续工作，不计报酬地干一些并非自己分内的工作——譬如替老板给读者回信。

这个女孩认真研究成功学家的语言风格，以至于这些回信和自己老板写得一样好，有时甚至更好。她一直坚持这样做，并不在意老板是否注意到自己的努力。

终于有一天，成功学家的秘书因故辞职，在挑选合适人选时，老板自然而然地想到了这个女孩。

多做一些看似分外之事，往往能让你拥有更多的机会和收获。事实表明，只有超越领导的期望，付出超值的努力，你才能在竞争中脱颖而出。所以不要总是以"这不是我分内的工作"为理由来逃避责任，推卸责任。当分外的工作降临到自己头上时，你不妨视为一种机遇、一种锤炼。如果不是你的工作，你去做了，就能得到老板的赏识。

社会在进步，企业在发展，个人的职责范围也在随之扩大。在公司里，你永远没有分外的工作。那些所谓分外工作都应是你的工作。能够把它做好，不仅是能力的体现，更能加重你在公司领导心中的砝码。

不要为了薪水而工作

一位著名的企业家说过这样一段话：我的员工中最可悲也是最可怜的一种人，就是那些只想获得薪水，而其他一无所知的人。

为了薪水而工作，这在年轻人中比较常见。一些年轻人在走出校园时，总对自己抱有很高的期望，认为一开始工作就应该得到重用，就应该得到相当丰厚的报酬。他们在工资上喜欢相互攀比，似乎工资成了他们衡量一切的标准。然而，工作固然是为了生计，但是比生计更可贵的，就是在工作中充分挖掘自己的潜能，发挥自己的才干。

其实，薪水仅仅是工作报酬的一种获得方式。工作为了薪水，只是人们最低层次的需要；而每个人都有自我价值实现的渴望和要求。对于职场中人来说，工作是他们实现自我价值的一个很好的途径。为薪水而工作是最没有长远目光的，不是一种明智的人生选择。没有长期的打算，结果受害最深的往往是自己。因而，工作不是仅仅为了薪水，职场中人应该厘清这个道理。

关于职场薪水，有一个 80/20 法则，也道出了薪水对于个人而言并不公平的本质——假如一个人要工作 30 年，在工作的前 20 年，你得非常努力，可是赚到的钱可能只是一生收入的 20%；但在最后的 10 年，赚的薪水可能是一生收入的 80%。也就是说，我们现在不必太在意自己薪水的高低，你应该关注自己能力、人脉方面的成长，以及经验的积累，这些远比薪水要重要。

某大学有两位特别优秀的毕业生，他们天资聪慧，才能出众，有着相近的兴趣和爱好。对他们而言，找个有发展潜力的工作肯定是件非常容易的事。毕业时，两人导师的朋友正在创办一家小型公司，并委托导师为他物色一个合适的人选。因此，导师建议他这两个学生前去试一试。

学生王某先去应聘。应聘回来后，王某打电话对导师说："您的朋友只给 1000 元的月薪，真是太吝啬了，我才不去他那儿工作呢！我现在已经在另一家月薪 2000 元的电脑公司开始上班了。"

学生李某是后去应聘的，虽然同样是 1000 元的月薪，尽管李某也同样有能力找到赚更多钱的工作，可是，他却欣然接受了这份工作。

当导师得知他的决定时，导师问他：“工资这么低，你不觉得太吃亏了吗？”

李某是这样回答导师的：“当然了，我也想同别人一样赚更多的钱，但您的朋友给我的印象非常深刻，我感觉在他那里肯定能学到一些本领，虽然薪水低点儿，但也是值得的。我觉得，我在那里工作肯定能更有前途。”

几年之后。王某的月薪由当初2000元涨到了4000元，可李某的月薪却由当初的1000元上升到了10000元，外加年底分红。短短几年的时间，两人的差别是如此之大。原因何在呢？显然，当初王某是被高薪蒙蔽了眼睛，而李某对工作的选择却是从多学习东西的角度出发。

一个人如果只为薪水而工作，工作起来也就没有了主动参与的积极性，他将会成为一个不幸的人，受害最深的不是别人，而是他自己。如果我们不只为薪水而工作，我们得到的将会更多，而且薪水也会不断上涨。

职业规划专家认为，长期来看，工作的第一个10年，应该是学习期，工作的第二个10年，是可以看到薪资明显攀升的成长期，而第三个10年，是可以望见个人薪资最高峰出现的收成期。收成期绝非必然的结果，在前面的两个10年中，如果你努力过了，具备了超常的业务能力和深厚的人脉关系，收入的提高才会水到渠成。

曾有人说：“在初入社会的时候，不要太顾及你的老板所给你的薪水是多少。你不如去想一想你自己还可以从中获得各种可能的好处，如技巧的提高，经验的积累及整个生命的充实，等等。”工作是一个自我发展的机会。你可以在工作中培养自己多方面的能力，比如行政能力、决策能力、社交能力等，而所有这一切都远远超过了你得到的薪水的价值。

一个为薪水而工作的人是无法走出平庸的生活模式的，也从来不会有真正的成就感。所以，不要刻意考虑你目前薪水的多少，而应珍视工作本身给你创造的价值。要知道，只有你自己才能赋予自己终身受益无穷的价值。

英国伦敦的一位富商约翰说："我刚来伦敦的时候，在一家店里替人扫地，一个星期挣 6 英镑。到了年底，我又找了一家公司工作，在那里我一个星期拿 14 英镑，但我依然努力工作。5 年之后，我进了伦敦的一家大公司，在那里我当上了商务代表，年薪 3000 英镑。可那个时候我对经理说，我会努力在这份工作的合同期满的时候，再进入经理层。"

在约翰的合同还未到期的时候，他被董事长叫进了办公室，桌上摆着一份新的合同。这是一份长达 10 年的合同，而公司提供给他的工资是年薪 1 万英镑。

那时他和他的妻子每个星期只花 8 英镑，节省下来的钱他们就用来投资。在他的第二份合同到期时，他投资所得的钱已经达到了 11.7 万英镑，于是他入股公司，成为公司的合伙人。

其实，在约翰开始工作的时候，他的朋友对他说："约翰，你真傻，你的工作不但不挣钱而且还那么累。你每天都加班到深夜帮人家包装货物，你以为这样你就可以发财吗？"

约翰回答说："既然我来到伦敦，我就要干出一番事业来，也许现在我必须做这些别人不放在眼里的活，但我坚信总有一天，我会成功的。"

约翰来到伦敦时，他就为自己确立了职业目标——成为一个成功的商人。他从来不会错过任何一个学习做生意的机会，即使是在店里扫地的时候，他也会观察老板是怎样和客人们打交道的。他总是在观察，在学习，在总结。即使不用工作的时候，他也会试着和客人们攀谈，了解他们的消费观念和消费需求。有时他也会问老板一些生意方面的问题，时间长了他便总结出了很多生意经。虽然那时他一周只有6英镑的收入，可是他所学到的东西又岂止是6英镑？

相对于薪水来说，知识、经验和工作的技巧对于一个人的成长更加重要。薪水是对我们现有能力和价值的认可，是我们现有价值的兑现，而能力和经验的积累则可以使我们未来的价值增值。假如只是为了能多挣一些工资而工作，把工作当作解决自己生计问题的一种手段，那就得不偿失了。

这个世界上大多数人都在为薪水而工作，如果你能不仅仅为薪水而工作，你就超越了芸芸众生，也就迈出了成功的第一步。

化繁为简，一针见血找到问题关键

法国著名哲学家、数学家、物理学家笛卡尔说过："我只会做两件事，一件是简单的事；另一件是把复杂的事情变简单。"我们要学会抛弃以往复杂的思维、老套的方法，不要在一件简单的事情上浪费时间，力求将复杂的事情简单化，只有这样才能起到事半功倍的效果。

把复杂的事情简单化，实际上就是将复杂的事情简单做。用最简单的办法解决最复杂的问题，这是一种大智慧，是明智之举。

日本的火箭研制成功后，科学界选定A岛做发射基地。经过长久的准备，当进入可以实际发射的阶段时，A岛的居民却群起反对火箭在此发射。于是全体技术人员总动员，反复与岛上居民沟通、谈判，以寻求他们的理解。可是，交涉却一直陷入泥淖状态，虽然最后终于说服了岛上的居民，可是前后却花费了3年的时间。

后来，大家重新检讨这件事情时，发现火箭的发射并不是非A岛不行，然而此前，却从来没有人发现这个问题。当时只要把火箭运到别的地方，那么，3 年前早就发射了。由于当时太执着于如何说服岛民的问题上，所以连“换个地方”这么简单而容易的方法都没有想到。

很多时候，问题本来很简单，只是人为地复杂化了，使其费时费力，又浪费成本。我们强调“将复杂的事情简单做”，这实际上是一种讲实际、求实效的作风，是一种事半功倍的工作方法，它能以最小的代价求得最大最好的效果。

职场中，我们经常看到有的人善于把复杂的事物简明化，办事又快又好，效率高；而有的人却把简单的事情复杂化，迷惑于复杂纷繁的现象，使复杂的事物更显复杂，结果只能陷入其中走不出来，工作忙乱被动，办事效率极低。这两种类型的人，其工作效率高低不同，原因在于会不会运用化繁为简的工作方法和艺术。

“复杂”与“简单”是两个相对的哲学概念。认识这两个概念，应该具有辩证思维。复杂问题解决起来未必就困难，简单问题解决起来也不一定就容易。因此，面对复杂问题，我们应该善于运用简单性思维，学会复杂问题简单操作。这种“简单”，并非是把问题简单化，而是揭开问题复杂性的外衣，或由繁入简，或删繁就简，直刺问题的本质。

在工作中，化繁为简可以将时间使用效率大大地提高。纵观人类发展史，效率往往就是从简化开始的。赵武灵王提倡“胡服骑射”，用骑兵结束了“战车时代”，靠简化在军事上做出了卓越贡献。秦始皇统一文字，统一货币，统一度量衡靠简化推进了社会的进步。在当今科学技术、社会发展日新月异的时代，运用简化提高效率，对我们现代化建设步伐的加快具有重要意义。

在当今快速紧凑的工作节奏中，化繁为简是最好的工作原则。因为复杂的东西往往是缺乏速度的，不能迅速达到目标也就没有了效率。化繁为简有利于提高工作效率，使人们从繁忙的工作中解脱出来。以简单来驾驭烦琐是一种工作境界，也是一个人工作能力的显现。

企业管理大师艾利·高德拉特博士常说：“复杂的解决办法是行不通的，问题越复杂，解决办法越要简单。”把简单的事情复杂化，就是采用烦琐复杂的方法去处理简单的事情，有时会动用不必要的人力、物力和财力去解决原本可以轻易解决的问题。这就像是用宰牛刀杀鸡、用高射炮打蚊子一样，不仅愚蠢、毫无效率，甚至是劳民伤财的。所以，从简单的方法入手。越是复杂的问题，越要按简单化的原则来处理。

新西兰的某个动物园得到了一个国家捐赠来的两只袋鼠。为了好好照顾袋鼠，动物园领导专门咨询了动物专家，并根据专家的建议，为袋鼠兴建了一个既舒适又宽敞的围场。同时，动物园领导还别出心裁地筑了一个一米多高的篱笆，以免袋鼠跳出去逃走。可是，第二天一大早，动物管理员惊奇地发现两只袋鼠在围场外吃着青草。动物园领导认定是因为篱笆的高度过低，所以他们将篱笆加高了半米。但是，同样的事情在第三天又发生了，袋鼠又跑到了篱笆外面。动物园领导又下令将篱笆增高到两米，心想这下总该没什么问题了吧。但尽管如此，管理员还是吃惊地发现，袋鼠仍旧不在围场内，而是在篱笆外悠闲地吃着青草。动物园领导百思不得其解，青草地边上，被围场围住的长颈鹿忍不住问其中的一只袋鼠：“你是怎么跳出那么高的篱笆的？你到底能够跳多高啊？”“唉！我真是弄不明白，他们为什么一直在加高篱笆的高度！”袋鼠笑着回答说，“事实上，我从来都不曾跳过篱笆，而是走出围场的，因为他们从来就没把围场的门给关上过。”

将问题简单化，其关键点是要找到问题的关键。只有找到问题的关键，问题才能够迎刃而解。

很多事情包括有些很简单的事之所以难做，是因为人们要么常常把自己的思维局限于既定的程式里，要么往往把问题想得太复杂。遇到问题时，总是想着用复杂的办法去解决，导致束手无策。这时，如果能打破常规，用简单对付简单，用简单对付复杂，问题往往就会迎刃而解了。

《史记》中讲："大乐必易，大礼必简。"意思是说，"大"的音乐一定是平易近人的；"大"的礼仪则一定是简朴的。世界的表现虽然复杂，但方法的本质却是简单。面对纷繁复杂的万事万物，迎接不断出现的新情况、新问题，说难也难，说易也易，关键看你能否把握方法的本质；是否善于用简单的理念去处理、去破解。

世界是复杂的，但也是简单的，只是我们常常被自己的习惯性思维禁锢，从而把简单的事情弄复杂了。如何将复杂的事情回归于简单，根除工作的"复杂病"，是每一个人需要思考的问题。所以，我们在工作当中，一定要通过转变思想，时刻去提醒自己要把复杂的事情简单化。

端正态度，全力以赴投入工作

能否竭尽全力地做好任何一件事，是决定一个人事业上能否成功的关键。有了全力以赴的精神，成功的可能性便会大大提高。这不仅是人生的原则，也是工作的原则。所以，一个人无论从事何种职业，都应该尽心尽责，尽自己的最大努力，求得不断的进步。

24岁的海军军官卡特，应召去见海曼·李特弗将军。在谈话中，将军非常特别地让他挑选任何他愿意谈的话题。当他好好发挥完之后，将军就总问他一些问题，结果每每将他问得直冒冷汗。终于他开始明白：自认为懂得很多的那些东西，其实懂得很少。

结束谈话时，将军问他在海军学校学习成绩怎样。他立即自豪地说：“将军，在820人的一个班中，我名列59名。”将军皱了眉头，问：“你全力以赴了吗？”“没有。”他坦率地说，“我并不总是全力以赴的。”“为什么不全力以赴呢？”将军大声质问，瞪了他许久。此话如当头棒喝，给卡特以终生的影响。此后，他事事全力以赴，后来最终成为美国总统。

无论做任何事，务必竭尽全力，因为它决定一个人日后事业上的成败。一个人一旦领悟这一秘诀，他就掌握了打开成功之门的钥匙了。李嘉诚说过：“做生意不需要学历，重要的是全力以赴。”杰克·韦尔奇也说过：“干事业实际上并不依靠人的智慧，关键在于你能否全心投入，并且不怕辛苦。实际上，经营一家企业不是一项脑力工作，而是体力工作。”可见，在我们的工作中，学历和能力并不一定是最重要的，但如果不全力以赴地投入工作，就无法在职场中取得优异的成绩。

想在工作中表现得更出色，办法只有一个，那就是全力以赴地投入工作。无论身处怎样的境遇，遭遇怎样的困难，都不要放弃努力，而应该竭尽全力做到最好，这样应该会心想事成的。

著名人寿保险推销员罗迪正是凭借着自己的全力以赴，创造了一个又一个奇迹。当罗迪刚转入职业棒球界不久，便遭到有生以来最大的打击，他被约翰斯顿球队开除了。他的动作无力，因此球队的经理有意要他走人。经理对他说：“你这样慢吞吞的，根本不适合在球场上打球。离开这里之后，无论你到哪里做任何事，若不提起精神来，你将永远不会有出路。”罗迪没有其他出路，因此去了宾州的一个叫切斯特的球队，从此他参加的是大西洋联赛，一个级别很低的球赛。和约翰斯顿队175美元相比，每个月只有25美元的薪水更让他无法找到激情。但他想：“我必须激情四射，因为我要活命。”

在罗迪来到切斯特球队的第三天，他认识了一个叫丹尼的老球员，他劝罗迪不要参加这么低级别的联赛。罗迪很沮丧地说：“在我还没有找到更好的工作之前，我什么都愿意做。”

一个星期后，在丹尼的引荐下，罗迪顺利加入了康州的纽黑文球队。这个球队没有人认识他，更没有人责备他。那一刻，他在心底暗暗发誓，我要成为整个球队最努力也最尽心尽力的球员。这一天在他生命里刻下了最深的烙印。

每天，罗迪就像一个不知疲倦和劳顿的铁人一样奔跑在球场上，球技也提高得很快，尤其是投球，不但迅速而且非常有力，有时居然能震落接球队友的护手套。

在一次联赛中，罗迪的球队遭遇实力强劲的对手。那一天的气温达到了华氏 100 度，身边像有一团火在炙烤，这样的情况极易使人中暑晕倒，但他并没有因此退却。在快要结束比赛的最后几分钟里，对手接球失误，罗迪抓住这个千载难逢的机会迅速攻向对方主垒，从而赢得了决定胜负的至关重要的一分。

发疯似的激情让罗迪有如神助，它至少起到了三种效果。第一，他忘记了恐惧和紧张，掷球速度比赛前预计的还要出色；第二，他“疯狂”的奔跑感染了其他队友，他们也变得活力四射，在气势上压制了对手；第三，在闷热的天气里比赛，罗迪的感觉出奇好，这在以前是从来没有过的。

从此，罗迪每月的薪水涨到了 185 美元，和在切斯特球队每月 25 美元相比，他的薪水在 10 天的时间里猛增了七八倍，这让他一度产生不真实的感觉，他简直不知道还有什么能让自己的薪水涨得这么快。

一个人在工作中创造出的成绩，关键的不是他的能力是否过人，也不在于外界的环境是否足够优越，最关键在于他是否竭尽全力。只要竭尽全力，即使他所从事的仅是简单平凡的工作，仍然可以在工作中创造出骄人的成绩。

在职场中，无论做什么工作、担任什么职位，我们都要全力以赴，不要辜负自己的才能。因为没有一份工作是卑微到不值得好好去做的。

在工作中，许多时候态度决定成败，并非能力，而是心态决定成就的大小。全心全意，全力以赴，潜能才可尽显。所以说，如果你想做一个成功的人，你就必须全力以赴地对待任何一件事，哪怕是一件小事情，如果你想做一名优秀的员工，那你必须全力以赴地工作；如果你想获得高薪和提拔，同样你必须全力以赴。只有全力以赴的人，才是企业最需要的人，也只有全力以赴的人，才是最容易获得老板青睐的人。

成功人的方法，失败人的借口

一个人做事不可能一辈子一帆风顺，就算没有大失败，也会有小失败。而每个人面对失败的态度也都不一样，有些人不把失败当一回事，他们认为“胜败乃兵家之常事”；也有人拼命为自己的失败找借口，告诉自己，也告诉别人：他的失败是因为别人扯了后腿、家人不帮忙，或是身体不好、运气不佳等。总之，他们可以找出一大堆理由。

著名的美国西点军校有一个久远的传统，遇到学长或军官问话，新生只能有四种回答：“报告长官，是。”“报告长官，不是。”“报告长官，没有任何借口。”“报告长官，我不知道。”除此之外，不能多说一个字。

新生可能会觉得这个制度不尽公平，如军官问你：“你的腰带这样算擦亮了吗？”你当然希望为自己辩解。但是，你只能有以上四种回答，别无其他选择。在这种情况下，你也许只能说：“报告长官，不是。”如果军官再问为什么，唯一的适当回答只有：“报告长官，没有任何借口。”

这既是要新生学习如何忍受不公平——人生并不是永远公平的，同时也是让新生们学习必须承担责任的道理：现在他们只是军校学生，恪尽职责可能只要做到服装仪容的要求，但是日后他们肩负的却是其他人的生死存亡。因此，“没有任何借口”！

从西点军校出来的学生许多人后来都成为杰出将领或商界奇才，不能不说这是“没有任何借口”的功劳。

“没有任何借口”是美国西点军校 200 年来一直奉行的行为准则。这一行为准则同样适用于当今职场的工作。无论工作中的任务有多困难，我们都不要去寻找“借口”，而是应该尽自己所能去完成任务。

在一家建筑材料公司里，有一位与众不同的业务员。他刚进入这家公司的时候，公司最大的问题是如何讨账。因为产品不错，销路也不错，但产品销出去后，总是无法及时收到回款。

有一位客户买了公司 10 万元产品，但总是以各种理由迟迟不肯付款。公司先后派了三批人去讨账，但都没能要到货款。当时这位业务员刚到公司上班不久，就和另外一位业务员一起被派去讨账。他们软磨硬泡，想尽了办法。最后，客户终于同意给钱，叫他们过两天去拿。

两天后他们赶去，对方给了他们一张 10 万元的现金支票。

他们高高兴兴地拿着支票到银行取钱，结果却被告知，账上只有 99930 元。很明显，对方又耍了个花招，给的是一张无法兑现的支票。第二天就要放假了，如果不及时拿到钱，不知又要拖延多久。

遇到这种情况，一般人可能就一筹莫展，找到种种借口回到公司向董事长交代如何兑不了账了。但是这位业务员没有那么做，他想，如果肯想办法一定能解决这个问题的。他根据以往的经验，反复琢磨，突然灵机一动，赶紧拿出100元钱，让同去的业务员存到客户公司的账户里。这样一来，账户里就有了10万元。他立即将支票兑现。

当他带着这10万元回到公司时，老板对他大加赞赏。之后，公司不断发展，5年之后他当上了公司的副总经理，后来又当上了总经理。

成功属于那些善于找方法的人，而不是善于找借口的人。与其费心思为自己的失败找各种借口，不如花时间为自己找一个解决问题的好方法。因此，我们要做一个为成功找方法的人，而不是为失败找借口的人。

寻找借口的人喜欢故步自封，他们缺乏一种创新精神和自动自发工作的能力。借口会让他们躺在以前的经验、规则和思维惯性上舒服地睡大觉。因此，他们在工作中很难做出创造性的成绩。

借口太多会让人消极颓废。当遇到困难和挫折时，不是积极地去想办法克服，而是去找各种各样的借口。其潜台词就是“我不行”“我不可能”，这种消极心态会让人陷入无限的拖延之中，最终会剥夺个人成功的机会，让人一事无成。

亚历克斯小时候不爱学习，考试常常不及格。每次考完试，他总是找各种理由为自己开脱，不是题太难，就是自己身体不适，或者老师判分有问题等。

有一天，当亚历克斯再次为自己考得不好找借口时，父亲毫不客气地打断了他：“别再为自己找借口了。你考得不好，是因为你不认真学习，也不善于总结方法。如果你是用心地学习，你就不会，也不用找借口了。”

这句话给了亚历克斯极大的震动。从此以后，他再也不为自己的坏成绩找借口，而是努力从自身找原因，寻找适合自己的学习方法。后来亚历克斯不仅获得了优异的成绩，更是把“不找借口找方法”

贯彻到自己的职业生涯中，最终跻身成功人士之列。

在人生和工作的各个环节中，学会拒绝借口是非常重要的一环。任何借口都是推卸责任，在责任和借口之间，选择责任还是选择借口，体现了一个人的态度。任何问题都有解决的方法，方法总比问题多，关键是我们对待问题的态度。当遇到问题时，平庸者不是主动去找方法解决，而是找借口回避问题，而优秀者则是把问题当作机遇，积极地寻找解决问题的方法，将问题变为成功的机会。

你现在所有的努力和准备，都是一种沉淀，一种铺垫，
都是为了将来某个特殊的时间点到来时，你可以迸发出巨大的力量。

青 春 励 志 丛 书

QINGCHUN LIZHI CONGSHU

你的努力
终将成就更好的自己

努力没有过多的理由，
只为成就最好的自己。

只有拼尽全力，你才能看到最美的未来。
你的努力，是改变未来的决定性力量。

潘鸿生◎编著

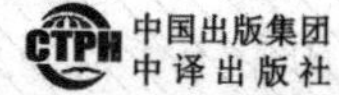

图书在版编目（CIP）数据

你的努力终将成就更好的自己 / 潘鸿生著. -- 北京：中译出版社，2020.2

（青春励志系列丛书）

ISBN 978-7-5001-6144-8

Ⅰ. ①你… Ⅱ. ①潘… Ⅲ. ①成功心理—青年读物 Ⅳ. ① B848.4-49

中国版本图书馆 CIP 数据核字（2020）第 022615 号

出版发行：中译出版社
地　　址：北京市西城区车公庄大街甲 4 号物华大厦六层
电　　话：（010）68359376，68359827（发行部）（010）68003527（编辑部）
传　　真：（010）68357870
邮　　编：100044
电子邮箱：book@ctph.com.cn
网　　址：http://www.ctph.com.cn

策　　划：北京瀚文锦绣国际文化有限公司
责任编辑：温晓芳
封面设计：孙希前

排　　版：张元元
印　　刷：香河县宏润印刷有限公司
经　　销：全国新华书店

规　　格：880mm × 1230mm　1/32
印　　张：25
字　　数：650 千字
版　　次：2020 年 4 月第一版
印　　次：2020 年 4 月第一次

ISBN 978-7-5001-6144-8　　**定价**：178 元 / 套（全 5 册）

中　译　出　版　社

前言 *Preface*

当今社会，竞争日益激励和残酷，你今天不努力，明天就更有压力。不要在生活潦倒的时候，才懂得付出努力的重要。很多人认为自己现在过得不好，内心总是充满了抱怨和痛苦。其实他们今天的抱怨和不如意，恰恰是由昨天的自己一手造成的。为了将来不后悔，奋斗是你唯一的法宝。

我们今天的努力，是为了成全明天更好的自己。我们现在选择的路，将决定着自己未来要成为什么样的人。安于现状、不思进取，也许会让你现在过得很舒服，但你未来终要为自己的不作为买单；努力拼搏、不断奋斗，也许会让你吃不少苦，但你最后一定会大有收获。过去的你如何并不重要，重要的是今天的你在做什么，这也决定着未来的你将成为怎样的人。

人生并不是只有现在，而是有更长远的未来。我们今天的努力，都是为了明天的辉煌。我们今天所做的一切，都是在为未来做铺垫和准备。你一定要相信，你付出的这些努力终将一点一滴地成就更好的自己。时间会让我们成为更好的人，所有的付出都会有回报，只要我们愿意努力。

你想要多少幸运，就需要付出多少努力。知名主持人何炅曾在接受采访时说过一段话："想要得到，你就要学会付出，要付出还要坚持。如果你真的觉得很难，那你就放弃，如果你放弃了就不要抱怨。人生就是这样，世界是平衡的，每个人都是通过自己的努力去决定自己生活的样子。”虽然无法使每个人都成为自己所期待的样子，但是我们可以通过努力，不断接近这个目标。相信自己，你能作茧自缚，就能破茧成蝶。

你现在的努力，是为了遇见更好的自己，过上理想的生活。很多时候，我们不是没有未来，也不是没有追求，路一直都在，只是缺了几分遍体鳞伤的勇气，缺了一种踏刃而起的决心。其实，只有勤奋努力、苦心钻研，才能获得更高的收益，才能更好地实现个人的自我价值。所以，我们要用现在每一天的努力换取未来美好幸福的生活。未来的你一定会感谢现在努力的自己，并将这段艰苦的岁月，当作最美好的回忆。你的努力，终将成就更好的自己！

目录 Contents

第一章　有了方向，努力才不会白费 / 1

赶路之前，问一问目的地 / 1

有了梦想，世界终有一天会被你踩在脚下 / 4

了解自己的长处，找准自己的定位 / 7

走一条属于自己的路，更易活出你的精彩 / 10

成功开始于你的想法，圆梦取决于你的行动 / 13

第二章　强大的内心，成就强大的人生 / 18

心有多大，世界就有多大 / 18

别拿别人的错误来惩罚自己 / 22

既然错过了星星，就别再错过月亮 / 25

与其杞人忧天，不如做好现在 / 29

千锤百炼，拥有一颗强大的内心 / 32

第三章　管理好时间，也就赢得了未来 / 35

珍惜时间，每一分钟都不能浪费 / 35

坚持利用碎片时间，你将和别人拉开距离 / 38

学会专注，集中精力投入一个目标 / 41

要事第一，先做最重要的事情 / 44
无论什么时候，都不要迟到 / 47

第四章　告别缺点，让努力事半功倍 / 50
跟心浮气躁的自己说再见 / 50
停止抱怨，积极改变现状 / 53
告别自卑，自信让你魅力非凡 / 56
欲速则不达，凡事不可急于求成 / 59
冲动会让你付出难以想象的代价 / 62

第五章　每天正能量，带着最好的心情去努力 / 66
世上本无事，庸人自扰之 / 66
只要满怀希望，就会看到光明 / 69
事情没有绝对的好坏，关键是你的态度 / 71
任何时候都别忘了微笑 / 74
做一个快乐的人，笑对每一天 / 78
热情地投入才能有所收获 / 81

第六章　战胜自我，你会赢得整个人生 / 85
挑战自我，战胜自我，超越自我 / 85
学会自我激励，自己给自己加油 / 88
不要自我设限，敢于超越一切“不可能” / 91
此刻你所经历的苦难，将会照亮未来的人生 / 94
断自己的退路，破釜沉舟才能绝处逢生 / 98

第七章　你的努力，用对了地方吗 / 101

做自己喜欢且擅长的事情 / 101

善于自我反省的人更容易成功 / 104

方法正确效率才更高 / 108

学会思考，思路决定出路 / 110

借别人的力量来经营自己的事业 / 112

跟对人，才能做对事 / 115

第八章　不放弃，让世界看到你的努力 / 119

不是成功来得慢，而是放弃速度快 / 119

成功就是，你站起来比跌倒的次数多那么一次 / 122

自己选的路，跪着也要走完 / 125

当你快要顶不住的时候，困难也快顶不住了 / 129

没有顽强的毅力，就别想成功 / 131

第九章　努力工作，你终将过上你想要的生活 / 136

想出人头地，先努力成为你那个领域的“专家” / 136

先把小事做好，才可能成为主角 / 139

积极主动，你会赢得更多机会 / 142

责任有多大，事业就有多大 / 145

第一次就把事情做好 / 149

第一章　有了方向，努力才不会白费

赶路之前，问一问目的地

目标是一个人奋斗和努力的方向，也是一种对自己的鞭策。当一个人有了目标，才会有热情、有积极性、有使命感和成就感，才能最大限度地发挥自己的优势，调动沉睡在心中的那些优异、独特的品质，造就自己璀璨的人生。相反，一个人如果没有明确的目标，他就会失去崇高的使命感，也就丧失了进取的活力。

托尔斯泰说："一个人应该有一生的目标，有一年的目标，有一月的目标，有一星期的目标，有一天的目标，有一小时的目标，有一分钟的目标。"——这可能就是他成功的秘诀之一。一个人是否能发挥自己的聪明才智，关键在于他的心中是否有明确的目标。

有一年，一群意气风发的天之骄子从美国哈佛大学毕业了，他们即将开始穿越各自的"玉米地"（他们的智力、学历、环境条件都相差无几）。临出校门，学校对他们进行了关于人生目标的调查。结果是这样的：

27% 的人，没有目标；

60% 的人，目标模糊；

10% 的人，有清晰但比较短期的目标；

3% 的人，有清晰而长远的目标。

25 年间，他们穿越“玉米地”。

25 年后，哈佛对这群学生进行了跟踪调查。结果是这样的：

3% 的人，他们朝着一个方向不懈努力，成为社会各界的成功之士，其中不乏行业领袖、社会精英；

10% 的人，他们的短期目标不断实现，成为各个领域中的专业人士，大都生活在社会的中上层；

60% 的人，他们安稳地生活与工作，但都没有什么特别的成绩，几乎都生活在社会的中下层；

剩下 27% 的人，他们的生活没有目标，过得很不如意，并且常常在埋怨他人、抱怨社会、抱怨这个“不肯给他们机会”的世界。

上面这组数据告诉我们：只有为自己树立一个明确的目标，才能在生活和事业中取得丰硕的成果。

没有目标，我们的梦想便是无的放矢，无处依归。有了目标，才有斗志，从而开发我们的潜能，并促使我们为之寻找到达目的地的方法。

有了目标，就必须要明确它。因为模糊不清的目标不但不能帮助你到达成功的彼岸，反而会让你陷入迷惑之中，让你觉得成功太遥远，可望而不可即。

许多优秀的成功人士都有过这样的切身感受：明确的目标会带给你创造的激情火花，它就像成功的助推器，会推动你向理想靠近或飞跃。当你规划自己的生活和事业时，千万别低估了制定可测目标的重要性。只有制定明确的目标，才能看到方向，不至于忙忙碌碌却无所收获。

有一位研究者，针对目标改变行为的人进行研究。他发现，目标定得最明确的人，达到目标的机会最大。

有个人失踪了，在某个黄昏失踪在茫茫的沙漠之中。他是为了去寻找另一个失踪者而失踪的。到了第二天清晨，另一个失踪者回来了，他却没有回来。

回来的失踪者说：他曾遇到过沙暴，处境十分艰难。但他明确了自己所在的位置，他的目标是营地，所以他终于回来了。

去寻找失踪者的人，一定也遇到了沙暴，他一定也十分艰难，但他失踪的原因却在于：他的目标是寻找失踪者，他在一心一意的寻找中并没有固定的位置，所以他真的失踪了。

一句英国谚语说："对一艘盲目航行的船来说，任何方向的风都是逆风。"

没有明确的目标，就如同大海中的船舶失去了灯塔的指引，永远无法靠岸。而明确自己的目标，则能找到方向，为工作和生活带来奇迹。我们不是预言家，却能够用一个简单的问题，预测一个人的未来。如果问："你的人生有何明确的目标？你计划如何达成目标？"大多数的情况下，问 100 个人同样的问题，其中有 98 个人会这样回答："我要让自己过得好，努力追求成功。"这个答案乍一听，似乎言之有理，但是仔细一想，你就会发现，真正成功的人，都有明确的目标及切实的执行计划。

曾有一个年轻人，因为工作上的事情特地来找拿破仑·希尔帮忙，这位年轻人举止大方，聪明，未婚，大学毕业已经四年了。

希尔从年轻人目前的工作谈起，了解到了他所受的教育情况、家庭背景以及对事情的态度。然后希尔问他："你找我，目的是不是让我帮你换份工作呢？"

年轻人答道："是的。"

"那你想要一份什么样的工作呢？"

"问题就在这里，我真不知道自己该做什么。"年轻人回答说。

这个问题其实很普遍，特别是在年轻人当中普遍存在。后来，希尔帮他和几个老板进行了接洽，但帮助都不大，因为这种误打误撞的求职方法并不高明。

拿破仑·希尔让这位年轻人静下心来，先想明白自己适合哪项工作，然后再做决定。

希尔说："不妨让我们换个角度想一下，10年以后你希望自己是个什么样子呢？"

年轻人沉思了一会儿，说："我希望我的工作和别人一样，待遇很优厚，并且买下了一栋好房子。当然，更深入的问题我还没考虑好。"

希尔说："你的想法是很自然的现象，你现在的情形就好比是跑到航空公司里说'给我一张票'一样，除非你说出你的目的地，否则人家无法卖给你。同样道理，除非我知道了你现实的人生目标，否则我无法帮你找到合适的工作。只有你自己知道你的目的地。"

年轻人恍然大悟，他不得不开始认真地思考。两个小时过后，那名年轻人满意地离开了。希尔相信他已经学到了重要的一课：出发以前，先要有目标！

无论你做什么事情，明确自己的目标和方向是非常必要的。只有在知道你的目标是什么、你到底想做什么之后，你才能够达到自己的目的，你的梦想才会变成现实。

对于每一个人来说，重要的是要有明确的目标，要对自己的人生有个恰如其分的设计。只有明确的行动目标，才会有为之奋斗的不竭动力。目标就是希望，目标就是挖掘潜能的动力。当人们有了明确目标并能不断对照时，其行动的热情和动力得到维持和加强，就会自觉地克服一切困难，努力去实现目标。

有了梦想，世界终有一天会被你踩在脚下

每个人小的时候都会有一个对于自己来说伟大的梦想，尽管有

时会是痴人说梦般不切实际，但毕竟都曾经想过，梦过。这实际上是一种追求，一种对未来的向往。正是基于这种追求和向往，人们从前的种种梦想，今天都变成了现实。

约翰尼·卡特早年有一个梦想，他的梦想就是当一名歌手。参军后，他买到了自己有生以来的第一把吉他。他开始自学弹吉他并练习唱歌，甚至自己创作了一些歌曲。服役期满后，他开始努力工作以实现当一名歌手的夙愿，可他没能马上成功。没有人请他唱歌，就连电台唱片音乐节目广播员的职位也没能得到。他只得靠挨家挨户推销各种生活用品维持生计，不过他还是坚持练习唱歌。后来，他组织了一个小型的歌唱小组，在各个教堂、小镇上巡回演出，为歌迷们演唱。终于，他灌制的一张唱片奠定了他音乐成就的基础。他吸引了不少的歌迷！金钱、荣誉、在电视屏幕上露面——所有这一切都属于他了。他对自己的实力坚信不疑，这使他获得了成功。

然而，卡特接着又经受了第二次考验。经过几年的巡回演出，他被那些狂热的歌迷拖垮了，晚上必须服用安眠药物才能入睡。渐渐地，他对药物的依赖越来越严重，以至于失去了控制能力——他不是出现在舞台上，而是出现在监狱里了。到了 1967 年，他每天必须服用一百多片药片。

一天早晨，当他从佐治亚州的一所监狱刑满出狱时，一位行政司法长官对他说："约翰尼·卡特，我今天要把你的钱和麻醉药都还给你，因为你比别人更明白你能充分自由地选择自己想干的事。看，这就是你的钱和药片，你现在就把这些药片扔掉吧，否则，你就去麻醉自己，毁灭自己，你选择吧！"

卡特选择了生活。他又一次对自己的能力做了肯定，深信自己能再次成功。他回到纳什维克，找到了他的私人医生。医生不太相信他，认为他很难改掉吃麻醉药的坏毛病。医生告诉他："戒掉毒瘾比找上帝还难。"卡特并没有被医生的话吓倒，他知道"上帝"

就在他心中，他决心找到上帝，尽管这在别人看来几乎不可能。

接下来，他开始了他的第二次奋斗。他把自己锁在卧室，一心一意要戒掉毒瘾，为此他忍受着巨大的痛苦，还常常做噩梦。他在回忆这段往事时说，他总是昏昏沉沉，好像身体里有许多玻璃在膨胀，突然一声爆响，只觉得全身布满了玻璃碎片。当时摆在他面前的，一边是麻醉药的引诱，另一边是他奋斗目标的召唤，结果他的信念占了上风。九个星期以后，他又恢复到原来的样子了，睡觉也不再做噩梦了。他努力地实现着自己的计划，几个月后，他终于重返舞台，再次引吭高歌。由于不停息地奋斗，他终于又一次成为了超级歌星。

梦想是人生的一部分，有梦想的人生，才是完整的人生。斯蒂芬·霍金曾说："如果一个人没有梦想，无异于死掉。因为我有梦想，所以我活着！"梦想具有神奇的能力。人一旦有了梦想，即使前方艰难险阻，也无法阻挡他前进的脚步。

梦想是藏在心灵深处的最大的渴望，是成就事业的原动力，梦想能激发一个人的巨大潜能。梦想是人的一种生活状态，它可以让人展现出无限的激情，这种激情又可以让人创造出无法想象的奇迹。所以，人要有梦想。无论你的梦想有多遥远，只要你认识到它对你的重要性，每天为之而努力，你就会离它越来越近。即便有些梦想不能实现，但它会像一展明灯指引着你的人生方向。

一个农夫带着他的儿子在地里耕作，累了，便坐在田头休息。儿子望着远处出神，父亲问他在想什么，他说："等我长大了，不要种地，每天待在家里就有人给我邮钱。"父亲笑一笑说："你这是做梦。"

儿子上学了，他从课本里知道了埃及金字塔，他对父亲说："等我长大了，我要去埃及看金字塔。"父亲生气地对他说："你别做梦！"

然而，十几年之后，他成了畅销书的作家，每天坐在家里写作，不断有报社和出版社给他邮来稿费，他还去了埃及看金字塔。

这是一个真实的故事。那个“做梦”的人就是台湾作家林清玄。

梦想造就成功人生，只要努力，梦想是可以成真的。相反，连梦想也没有的人生则是苍白的，安于现状‘害怕困难’不思进取，这种人很难有成功的一天。所以，有梦想的人总会创造出伟大的奇迹。

梦想在不断地改变着世界，但有些人随着年龄的成长却又逐渐地失去了曾有的梦想。或许你会说现实太残酷，或许你会说梦想太遥远，或许你会说自己能力不够……有太多的或许，但这些都不是你放弃梦想的理由。

记住，没有梦想的人生是可悲的。梦想如同一张风帆，给人生的小舟加入前进的动力；梦想如同一盏明灯，给人生指明前进的方向。我们要用梦想去构筑生活，然后再从一个梦想中站起来进入人生的另一个梦想，在对梦想的不断追逐中实现自己的人生。

生活中，我们每一个人都应该有一个梦想。如果没有梦想，请尽快寻找你的梦想吧。如果有梦想，那快朝着你梦想的方向行进吧。

了解自己的长处，找准自己的定位

每个人的身上都有光辉，但你最应该做的是发现并提升自己，记得你身上的优势，发现并拓展它，让它发出灿烂的光芒！

人是复杂的、多面的。既有长处，也有短处；既有优点，也有缺点。如何扬长避短，最大限度地表现自己，这是成功人士必备的素质。聪明的人能够最大限度地表现自己的才华和优点，使自己具有永恒的魅力。

一次，丘吉尔的老朋友、美国证券业巨头伯纳德·巴鲁克陪丘吉尔参观华尔街股票交易所。那里紧张热烈的气氛深深地感染了丘吉尔，他立即被股票迷住了。但出师不利，他的头一笔交易很快就被套住了，这令他很丢面子。他又瞄准了另一只很有潜力的英国股票，但股价偏偏不听他的指挥，一路下跌，他又被套住了。

如此折腾了一天，丘吉尔做了一笔又一笔交易，陷入了一个又一个泥潭。下午收市钟响，丘吉尔惊呆了，他已经资不抵债要破产了。正在他绝望之时，巴鲁克递给他一本账簿，上面记录着另一个温斯顿·丘吉尔的“辉煌战绩”。原来，巴鲁克早就料到像丘吉尔这样的大人物，其聪明才智在股市之中未必有用武之地，加之初涉股市，很可能会赔了夫人又折兵。因此，他提前为丘吉尔准备好了一根救命稻草，并吩咐手下用丘吉尔的名字开了另一个账户。

像丘吉尔这样的大人物之所以被股票套住，差点导致他资不抵债破产，是因为他做了他不擅长的事。我们每个人都有自己的长处，也有自己的短处，要想成功，就要认清自己的长处，做自己最擅长的事。

临渊羡鱼，不如退而结网。要想使自己成为一个成功人士，首先应该“自知”，即对自己有一个清醒的认识，哪些是自己所长，哪些又是自己所短，自己的优势究竟是什么。

成功人士之所以成功，很重要的一点就是利用自己的优点和长处，而对自己的弱点和短处要设法避开。人生的诀窍就是利用自己的长处。在人生的坐标系中，一个人如果站错了位置——用他的短处而不是长处来谋生的话，那是非常可怕的，他可能会在永久的卑微和失意中沉沦。因此，我们只有紧紧抓住自己的一技之长，并且加以利用。

在生活中，我们不难发现，有的人善于做学问，没有当官的素质，可他非要去从政不可，或不得已被推上某个领导岗位，结果在官场上很不得意，学问也耽误了。这种情况屡见不鲜，用劳伦斯·彼得的话说，这叫“迷失自己”。这种人的失败，在于没有找准自己的位置，丢了自己的长处，而用了自己的短处。

某单位外贸部有两位年轻人，一位是日语翻译，另一位是英语翻译。在单位领导的眼里，两个人都是未来外贸部经理的候选人。为此，在工作上他们常常暗暗较劲，你追我赶。

该单位原先有日商投资，因此单位管理层经常需要和日本人打交道，理所当然的那位学日语的年轻人就有了经常在公开场合露面的机会。一时间，他在单位里的口碑超过了那位英语翻译。

英语翻译坐不住了。为了比对手做得更好，于是，他决定凭着大学时选修过日语的基础，暗暗学起了日语，准备超越对手。

两年过去了，英语翻译拥有了一张日语等级证书。他开始尝试着与日商进行对话，帮助做一些有关日文的翻译任务。一时间同事们对他掌握两门语言都十分的佩服。

但是，就在他自我感觉良好的时候，他在用英语翻译澳大利亚商人的贸易合同时，关键词汇失误，给公司造成了 10 万美元的损失，这使公司董事长为此事十分震怒。后来，那位日语翻译成了外贸部经理。

看到这样的结局，反省再三，英语翻译醒悟了过来，这几年自己忙着去学日语，却疏忽了本职专业。可是，他心里更清楚，即使自己再怎么努力学习日语，也是没有对手学得好，因为自己学得很吃力，而且只掌握了一些皮毛而已。这一次，让他更加清醒地明白了自己的真正特长是什么，从此以后，便不会去拿自己的短处跟人比高低了。

一个人成功与否，在很大程度上取决于自己能不能扬长避短，善于经营自己的长处。富兰克林说得好："宝贝放错了地方便是废物。"如果一个人不是经营自己的长处，而是扬短避长，过高或过低地估量自己，那么他的人生之路将是非常崎岖和艰难的，他可能终生劳碌但永远不会成功。相反，若善于发挥自己的优势，经营自己的长处，就可能很快驶入事业的快车道，创造出丰富多彩的人生。

20世纪50年代，大科学家爱因斯坦曾收到以色列当局的一封信，信中恳请他去当以色列总统。但出乎人们意料的是，爱因斯坦竟然拒绝了。他说：“我整个一生都在同客观物质打交道，既缺乏天生的才智，也缺乏经验来处理行政事务以及公正地对待别人。所以，并不适合如此高官重任。”

显然，爱因斯坦是一个自知的人，他明确知道自己的长处和缺点。

凡成功者，都是根据自己的长处来确定自己的人生方向，并坚持既定的方向，从而如愿以偿地获得成功的。坚守自己的优势方向，就要能经得起各种诱惑的考验，不去随波逐流，不去赶时髦。

尺有所短，寸有所长。你也许兴趣广泛，掌握多种技能，但所有技能中，总有你的长项。我们的择业原则应是：去选择最能使你全力以赴的职业，最能使你的品格和长处得以充分发展的职业。因为唯有利用你的长处，才能给你的人生增值。相反，利用你的短处，会使你的人生贬值。

每个人对自己的人生道路，对自己的优势都应该进行一番设计，真正认清了方向，加以精心培养，就可以少走弯路，事半功倍，早日成功。在人生的路上，只要善于发掘和利用自己的优点，就会成为一个成功人士。

走一条属于自己的路，更易活出你的精彩

张国荣的歌曲中唱道：“我就是我，是颜色不一样的烟火。”每一个人都应该庆幸自己是世上独一无二的，应该找到自己最擅长的，然后坚持下去，永远做一流版本的自己，不做二流版本的别人。在所有缺点中最无可救药的就是失去自我，成为别人的复制品。正如法国作家辛涅科尔所说：“对于宇宙，我微不足道，可是对于我

自己，我就是一切。”

在清代乾隆年间，有两个书法家，一个极认真地模仿古人，讲究每一笔、每一画都要酷似某某人，如某一横要像苏东坡的，某一捺要像王羲之的。自然，一旦练到了这一步，他便颇为得意。另一个则正好相反，不仅苦苦地练，还要求每一笔、每一画都不同于古人，讲究自然，直到练到了这一步，才觉得心里头踏实。

那么，究竟谁更高明呢？两个人谁都不服谁。

有一天，第一个书法家嘲讽第二个书法家，说：“请问仁兄，您的字有哪一笔是古人的？”

后一个并不生气，而是笑眯眯地反问了一句：“也请问仁兄一句，您的字究竟哪一笔是您自己的？”

第一个听了，顿时张口结舌。

盲从他人，过分仿效他人，都是对天赋的埋葬，是对意志的抹杀，对个性的泯灭。这正如齐白石先生所说：“学我者生，似我者死。”走不出前人的框架，自然也就不会有自己的天地。成功没有固定的模式，一味地模仿不可能取得大的成就，甚至会失去自己本来的优势。

爱迪生在他的《论自信》里说道：“在每一个人的受教育过程中，他一定会在某个时期发现：羡慕就是无知，模仿就是自杀，不论好坏，必须保持自我本色。”一个萝卜一个坑，每个人都有自己的个性、自己的特点。我们没必要盲目地模仿别人，而应时刻秉持自我本色，发挥最好的自己。只有肯定自我、相信自我，才能成就自我。

20 世纪 80 年代，有位名叫安德森的模特公司经纪人，看中了一位身穿廉价产品、不拘小节、不施脂粉的大一女生。

这位女生来自美国伊利诺伊州一个蓝领家庭，每年夏天，她就跟随朋友一起，在德卡柏的玉米地里剥玉米穗，以赚取来年的学费。

她从没看过时装杂志，也不懂什么是时尚，更没化过妆。这都不重要，重要的是她天生丽质，浑身散发着清新的天然香味，但是唯一美中不足的是她的唇边长了一颗触目惊心的黑痣。

安德森要将这位还带着田里玉米气息的女生介绍给经纪公司，却遭到了一次又一次地拒绝，原因大都是因为她唇边的那颗黑痣。但是他下定了决心，要把女生及黑痣捆绑着推销出去，他有种奇怪的预感，这颗黑痣将成为这位女生的标志。

安德森给这个女生做了一张合成照片，小心翼翼地把大黑痣隐藏在阴影里，然后拿着这张照片给客户看。客户果然很满意，马上要见真人，真人一来，客户就发现“上了当”，客户当即指着女生的痣说：“我可以接受你，但是你必须把这颗痣去掉。”

激光除痣其实很简单，无痛且省时，当这位女生和安德森商量把这颗痣除掉的时候，安德森坚定不移地对她说：“你千万不能去掉这颗痣，将来你出名了，全世界就靠着这颗痣来识别你。”

果然，这女生几年后红极一时，日入3万美元，成为天后级的人物，她就是名模辛迪·克劳馥，她的长相被誉为“超凡入圣”，她的嘴唇被称作芳唇，芳唇边赫然入目的是那颗今天被视为性感象征的桀骜不驯的黑痣。

有一天，媒体竟然盛赞辛迪有前瞻性眼光。辛迪回顾从前，不由得倒抽凉气，在她的成名路上，幸好遇到了“保痣人士”安德森。如果她去掉了那颗痣，就是一个通俗的美人，顶多拍几次廉价的广告，就淹没在繁花似锦的美女阵营里面，再难有所作为了。

我们每个人都是世界上独一无二的，你就是你自己，你无须按照他人的眼光和标准来评判甚至约束自己，你无须总是效仿他人。保持自我本色，这是最重要的一点。

基尔凯曾说过：“一个人最糟的是不能成为自己，并且在身体与心灵中保持自我。”每个人生来就是独一无二的，模仿别人，便是扼杀自己。不论好坏，你都必须保持本色，自己的本色是自然界的一种奇迹，也是上苍给每个人最好的恩赐。

当时在音乐界如日中天的柏林很欣赏葛希文的能力，就问葛希文要不要做他的音乐助理，薪水是 750 美元以上。但柏林同时忠告说："如果你接受的话，你可能会变成一个二流的柏林，但如果你坚持自己的本色去创作，总有一天你会成为一个一流的葛希文。"葛希文接受了这个忠告，从此坚持生活、创作都保持自己的本色，后来他果然成为美国最著名的作曲家。

不要模仿他人，做最真实的自己。我们每个人的生活面貌都是自己塑造而成的，我们应该学会接受自己，看清楚自己的长处，将自己的禀赋发挥出来，而不是亦步亦趋地跟在别人身后，和别人跳进同一个圈子里，跳一样的舞蹈。在所有缺点中，最无可救药的就是失去自我，成为别人的复制品。

成功者走过的路，通常都不适合其他人跟着重新再走。在每个成功者的背后，都有自己独特的、不能被别人所仿效和重复的经历。与其一味地模仿别人，还不如充分利用自己的优势，让别人来羡慕你！保持自己的本色，在顺其自然中充分发展自己是最明智的。

成功开始于你的想法，圆梦取决于你的行动

说到梦想，几乎每个人都会有，可是通过努力奋斗而实现梦想的人却并不多。因为，有些人只会空想，他们只是一群空想家。而努力实现梦想的人才是真正的成功者。

18 岁那年，他有一个美好的梦想，希望能考上一所重点大学。本来他的这个梦想并不遥远，除了英语成绩差些外，其他学科都相当不错，只要他肯稍加努力，将英语成绩提上去，完全可能实现自己的愿望。遗憾的是，他太惧怕那些枯燥的 A、B、C，只坚持了几天就退缩了。结果，他的这个梦想真的只是一个梦，尚未行动就夭

折了。

23岁那年，他有一个美好的梦想，希望能娶到一位漂亮的姑娘。本来他的这个梦想并不遥远，因为他善良淳朴，乐于助人，勤奋踏实，很多女孩子都喜欢他。遗憾的是，他十分自卑，认为没有房子，没有车子，没有存款，人家凭什么喜欢自己呢？于是，当那个心仪的女孩真正走进他的生活时，他选择了退缩，连与别人交往的勇气都没有。结果，他的这个梦想真的只是一个梦，尚未行动就夭折了。

25岁那年，他有一个美好的梦想，希望成为一个有钱人。本来他的这个梦想并不遥远，因为他精明能干，很有做生意的天赋，并且也看准了一个赚钱的项目，只要他大胆地按计划实施，再假以时日，他极有可能成为一个让人羡慕的富翁。遗憾的是，他害怕风险，舍不得放弃安逸稳定的生活。权衡再三之后，他选择了放弃。结果，他的这个梦想真的只是一个梦，尚未行动就夭折了。

70岁那年，他有一个梦想，希望能在人间留下了一些痕迹，这次他没有犹豫，因为他知道自己剩下的时光实在不多，于是他排除一切干扰，静心写作，数年如一日。三年后，他成了一位知名的作家。此刻，他才真正意识到行动是多么的重要。

有梦想还需要付出行动和努力，这样才能把梦想变为现实，这就是上面的故事带给我们的启示。

俞敏洪说："一个人要实现自己的梦想，最重要的是要具备两个条件：勇气和行动。"的确，我们不仅要有敢于做梦的勇气，同时也一定要让自己的梦想扎根在现实的土地上。这好比放风筝，要想让它飞得高，就一定要把那根长线牢牢地攥在手中。说得更形象一点，梦想就像是一辆车，而对自我和社会现实的认识就像是车轮，如果我们不让车轮着地，那么这辆车就永远也到达不了终点。

圆规为什么可以画圆？因为脚在走，心不变。你为什么不能圆梦？因为心不定，脚不动。

大家知道伊利诺伊理工学院是如何创立的吗？一天，有一位在读的大学青年，向校长提出了若干改进大学制度弊端的建议。但是他的意见没有被校长接受。于是，他做了一个重要决定——自己办一所大学，他要自己来当校长，以消除这些弊端，在当时，办学校至少需要 100 万美元。

这可是笔不小的数目，上哪找这么多的钱呢？等到毕业以后再挣？那太遥远了。

他将自己封闭起来，每天都待在寝室里苦思冥想如何能赚 100 万美元的各种方法，坚信自己可以筹到这笔钱。面对他的妄想，同学们都认为他有神经病，奉劝他“天上不会白白掉钱下来”。

终于有一天，他意识到，这样下去是永远也不会有答案的，决定不再思考，而是付出行动。于是，他采用一个在前些日子想出的计划，决定给报社打电话，说他准备举行一个演讲会，题目是《如果我有 100 万美元》。

他给无数家报社打了电话，说明他的想法，但是没有一家报社理他，更有一些报社取笑他的“无知、天真”。最后，终于有一个报社的社长被他的诚意和精神打动，告诉他后天有一个慈善晚会，在晚会上允许他发言，但时间只能是 15 分钟。

那是场盛大的慈善晚会，吸引了许多商界人士。面对台下诸多成功人士，他鼓起勇气，走上讲台，发自内心、充满激情地说出了自己的构想。最后，待他演讲完毕，一个叫菲利普·亚默的商人站起来说：“小伙子，你讲得非常好。我决定投资 100 万，就照你说的办。”

就这样，年轻人用这笔钱办了一所自己梦寐以求的大学，起名为亚默理工学院，也就是现在著名的伊利诺伊理工学院的前身，他实现了自己的梦想，而这个青年，就是后来备受人们爱戴的哲学家、教育家——冈索勒斯。

可见，行动决定结果。如果说敢想就是成功了一半，那么另一半就是去做。

说一尺不如行一寸。一切美好的愿望都需要我们去执行，没有果敢的行动，那么，再美好的梦想都只能化作泡影。《英国十大首富成功秘诀》曾这样分析当代英国顶尖成功人士，该书指出：“如果将他们的成功归因于深思熟虑的能力和高瞻远瞩的思想，那就失之片面了。他们真正的才能在于他们审时度势然后付诸行动的速度。这才是他们最了不起的，这才是使他们出类拔萃、居于实业界最高职位的原因。什么事一旦决定马上就付诸实施是他们的共同本质，‘现在就干，马上行动’是他们的口头禅。”在思考与决定之后就应该勇敢地去做。只有立即动手的人才能够抓住转瞬即逝的机会，也只有立即动手的人才能够很快地将自己的想法付诸行动，而将自己的想法付诸行动才能够将想象的结果变为真正的现实。

有两个年轻人一同搭船到异国闯天下，他们下了船后，看着海上的豪华游艇从面前缓缓而过，二人都非常羡慕。青年甲对青年乙说：“要是哪一天我也拥有这么一艘游艇，该多么气派。”英国人也点头表示同意。

吃饭的时间到了，二人都发觉已经好几天没有吃饭了，到处看了看，发现一个小摊前围满了顾客。青年甲就对青年乙说：“咱们也来做快餐的生意吧！”青年乙说：“好啊！看起来这主意不错。可是，你没看到那个咖啡厅的生意比这还好，不如再看看吧！”两人的意见发生了分歧，于是就分手了。

之后，青年甲立刻找了一个他认为很好的地点，投资做起了大众式的快餐。他起早贪黑用心经营，几年后就拥有了几十家快餐连锁店，自己也跻身富翁行列，他没有忘记给自己买一艘游艇的梦想，并且通过付诸行动实现了。

一天，青年甲出去游玩时，看到一个一身破烂的男子在向路过的人乞讨，这人就是当年与他一起来闯天下的青年乙。他忍不住问青年乙：“这些年你都干什么去了？”青年乙回答说：“这么多年来，我一直不停地在想：我到底该做什么呢！”

正如智者的一句话：与其坐而论道，不如起而躬行。面对人生、面对梦想，怀有务实的心态，付诸实践，才能让你的梦想不成为空谈，更不会只是笑谈。

对于现实中的人来说，不同的人可以拥有不同的梦想。有些人希望获取财富，有些人希望自身价值得到认可和体现，有些人希望能填补经济市场中的某个空白，或者承担起自己的一份社会责任。无论一个人选择什么样的梦想作为自己的奋斗目标，一旦确立下来，就必须毅然付出全部的努力朝这个目标前进。只有这样，梦想才会具有价值，人生也因此才更有意义。

第二章　强大的内心，成就强大的人生

心有多大，世界就有多大

宽容是快乐的源泉。在生活中，有很多烦恼和怨恨的产生，都源自缺少了宽容，所以我们才会感觉不快乐。古希腊一位哲学家曾经说过："只要你懂得宽容，你的环境会变得更为宽阔；绝不耿耿于怀，生活才能永远快乐。"只有度量大的人，他才可以有稳定的、积极的、健康的情绪，而只有这样的情绪才可以创造出一个真正快乐的人。

一位穷困潦倒的远房亲戚来找张某借钱，说是她丈夫因遇到车祸，脾破裂住进了医院。然而，张某当时从感情上是无法接受她的。见到了她，20 多年前的往事又浮现在他的眼前，恨和气使他无法接纳她，真不想让她走进他的家门。因为在 20 多年前，是他借钱给她的丈夫，她的丈夫才娶了她。当他遇到困难时，而且是急需用钱时，他只想要回借给她丈夫的钱。而娶进来的她，死活不认账，而且当他的母亲代他去表达想法，想要回他的钱时，她竟然还动手打了他年近 70 岁的老母亲。当时他不知道，后来听了母亲的述说，心里难过极了。钱借给了别人，让老母亲去要债，结果被人家打了。为了母亲，他决定不要这钱了。多少年过去了，一提起这件事他仍气愤难平！今天，她竟然还有脸来借钱！

后来，在她吃饭的时候，张某顺手拿起一本杂志坐在客厅的沙发上，杂志中的一段话给他启发很深：人世间最宝贵的是宽容，宽容是世界上稀有珍珠。善于宽容的人，总是在播种阳光和雨露，医治人们心灵和肉体的创伤。同宽容的人相处，智慧得到启迪，灵魂变得高尚，襟怀更加宽广。

等到她吃过饭走进客厅时，张某想，按照她的品行，我不应该去同情她。但过去的事已经过去了，再提也没有什么意义，何况母亲已经不在了。我怎么能和他们一般见识？我应该学会宽容，做一个宽容大度的人，原谅他们的过错。现在她的丈夫生命垂危，我不能见死不救……然后，他跑进屋里，拿了500元交给了她。张某诚恳地说："这钱拿去给你丈夫治病，不要你还了。"他知道她无能力还钱，起码在这几年内。另外，张某又给了她价值200元钱的补养品，让她丈夫手术后好好调养。她当时非常震惊和感动，扑通一声就跪在地上，泪流满面地说："叔，我对不起您，我们欠您的钱，包括以前的钱，这辈子还不了，我来世还给您，您的大恩大德我一辈子也报答不完，我给您磕头。"张某看到她那个样子，又悲又喜，眼泪情不自禁地流出来，他的心情是复杂的，说不清是爱还是宽容。

从那件事情以后，他的心情轻松了不少。他想一生中最恨的人，他都原谅了她，还有什么做不到的呢！

常言道："海阔不如心宽，地厚不如德厚。"宽容是一种境界，是一种智慧和力量，学会宽容别人，也就是善待自己的一种方式，你在宽容别人的同时，也给了自己一个淡然的心态。

宽容是为了那些曾经伤害或侵犯我们的人着想而做出的，它的最高境界是心灵的净化和升华，它使我们从中看到了非常强大的力量。所以说，一个人能够宽容伤害自己的人，不但会化解和避免很多无谓的矛盾，而且会产生出一种温暖的自我完美感，可以消融自己的痛苦、烦恼，帮助我们恢复友谊、爱情和事业。

法国作家雨果曾经这样感叹："世界上最宽广的是海洋，比海洋更宽广的是天空，而比天空更宽广的，是人的胸怀。"而在中国，则有"宰相肚里能撑船"的说法。这都说明一个人要想成功，就要学会宽以待人。

早在春秋时期，有一次秦穆公乘车出行，走到半路时车坏了，拉车的马也跑了一匹，因为秦穆公很喜欢那匹马，就亲自去找马。找来找去，终于在岐山的南边找到了。不幸的是，那匹马已被一群流民抓住杀了，秦穆公的部属气愤极了，纷纷请求杀了这群流民。秦穆公摆摆手说："算了，只是一匹马而已，我听说只吃马肉而不喝酒会伤身体，就给他们一些酒吧。"于是流民们喝上了秦穆公赐的酒，事情就这样过去了。

一年之后，秦国和晋国在韩原展开大战。战斗一开始秦军失利，秦穆公的战车被晋兵包围，秦穆公身受重伤，晋国的大将马上就要活擒秦穆公了。正在万分危急之时，曾在岐山分吃马肉的为首者率数百人突然从一旁树林中冲出，他们奋力死战，终于战胜了晋军，并俘虏了晋惠公。

正是秦穆公包容了食其战马的人，在危难之时才会得到他们的帮助，秦穆公可谓宽容得福啊！

宽容，不只是一种思想，更是一种可以实践的本质。当你学会宽容别人时，就是学会宽容自己，给别人一个改过的机会，就是给自己一个更广阔的空间！

宽容的伟大来自内心，宽容无法强迫，真正的宽容总是真诚的、自然的。用你的体谅、关怀、宽容对待曾经伤害过你的人，使他感受到你的真诚和温暖。宽容所至，能化干戈为玉帛，仇恨的乌云也会被一片祥和之光驱散，澄明而辽阔，蔚蓝如洗。

林肯是美国历史上最伟大的总统之一，他 12 岁的时候，由于家境的困难不得不中止学业，去做了一名伐木工人。那个时候伐木工人的工资很低，伐一立方米的木材只有1.2美元的报酬。当时伐木全是手工劳作，所以工作的效率也很低，一个人要干两天才能伐到一立方米。伐倒的木材，工人们就在木头的尾部用墨水写上自己名字的第一个字母，表示这根木头是自己所伐的，然后再去向老板要钱。林肯的全名亚伯拉罕·林肯，所以他就在自己伐倒的木材上写上一个“A”字。但是有一天他发现自己辛苦砍伐的10多根木头被人写上了“H”，这显然是有人盗用了林肯的劳动成果。

林肯生气极了，回家对继母说：“一定是那个叫亨得尔的家伙干的，我要去找他理论。”

继母看着林肯说：“孩子，你先别急，听我给你讲个故事。”

“从前有一片大森林，那里有一个善良的人，名叫斑卜，他以打猎为生，经常在密林中安装捕兽套子。由于他安装的地方是野兽们经常出没的路线，所以几乎每天都有收获。有一天他又去收套子，却发现套子上只有动物脱落的毛，动物已经被别人取走了，斑卜很生气，但又不知是谁干的，他想留个条子，可是又不会写字。于是他就在纸上画了一张很生气的脸，放在套子上。第二天他又去收套子，发现套子上有一片大树叶，树叶上画着一个圈，圈子里有房子，房子旁边还有一只狂吠的狗。斑卜不知道是什么意思，他想：为什么别人拿走了我的动物还要画图呢。他觉得应该和这个人见面说理，于是他就画了一个正午的太阳，还有两个人站在捕兽套边。第三天中午他又来到了这里，看到有一个浑身插满了野鸡毛的印第安人在那里等他。他们彼此语言不通只能通过打手势来对话，印第安人用手势告诉斑卜这里是我们的地盘，你不可以在这里装套子。斑卜也打手势说：这是我装的套子，你不能拿走我的果实。两个人的模样都很古怪，相互看得直乐。斑卜想，与其多个敌人，还不如多一个朋友，于是他就大方地将捕兽套送给那个印第安人了。

“这样大家就相安无事了，后来有一天斑卜打猎时遇到了狼群追赶，被迫跳下了悬崖，等他醒来的时候，发现自己正躺在印第安人的帐篷里，伤口上还有印第安人给他上的药。此后他就成了印第安人的好朋友，和他们生活在一起，共同打猎。”

讲完这个故事，继母对林肯说：“孩子，你要学会宽容别人，这样才能使自己的路越走越宽广。要不然，你在社会上就会到处树敌，很难成功的。”

此后，林肯牢记母亲的教导，这种宽容的美德为他以后的人生铺平了道路，助他成功竞选为美国第 16 任总统。这对于一个平民出身的孩子来说，是不可思议的奇迹。林肯在后来的回忆中，对继母充满了感激与敬仰。据说在林肯的总统办公室里还挂着这样的条幅：“宽容比批评更能改变人。”而这种宽容的精神，正是源自他继母的教导。

生活中，我们何必为曾经的伤害耿耿于怀呢？学会宽容别人，也是善待自己的一种方式。学会及早地忘却，及早地原谅，及早地享受生活，生命里美丽的日子不是会多些吗？假如我们每个人都能以宽容、达观和敦厚的心，去生活处世，那便会拥有宽广的心理生活空间，任自己遨游，就会生活得很自在。

别拿别人的错误来惩罚自己

生活中，我们每天都会遇到很多令自己心情不愉快的事。无论是做人还是做事，我们都不要用别人的错误惩罚自己。德国古典哲学家康德说：“发怒，是用别人的错误来惩罚自己。”每个人都要对自己的行为负责，犯错就要接受惩罚。但是，生气并不是惩罚犯错之人的一种手段，反而是和自己过不去。生气就是自己找罪受，别人犯错，惩罚自己，只会令亲者痛仇者快。

35岁的王娜是当地最好中学的英语老师，今年又荣升为毕业班的班主任。她有一个工程师丈夫和一双学习成绩优异的儿女。按理说，王娜老师应该是一个很幸福的女人，但是她却每天烦恼连连。她的丈夫借口工作太忙，已经连续一个星期没有回家了；一双儿女纷纷住进了姥姥家；左邻右舍看到她都下意识躲避；教研室的老师也都不愿意主动和她说话。

新的一天开始了。阳光明媚，微风和煦，本来是一个灿烂的日子，王娜却脸色阴沉。因为家里的小狗昨天晚上在阳台上撒尿，还弄脏了窗帘。在楼下买早餐时，王娜因为被忙碌的老板怠慢，而和老板大吵一架。当她气冲冲地走进教室时，又被体育老师的教育器械绊了一下险些摔倒，她当着体育老师的面把器材扔出了窗外，这造成了另一场口角的发生。战火平息后，她打开电脑进入校园论坛，准备一吐心中不快，却发现自己教了快三年的学生竟在贴吧中骂她。她顿时火冒三丈，准备立刻去教室把这个学生臭骂一顿，却因为动作太大被刚倒的开水烫伤。

善良的教研室主任为她拿来药水，并递给她一张纸条，上面写道："生气时，第一个遭殃的是自己。"王娜老师顿时如醍醐灌顶。丈夫夜不归宿是因为她总是因为鸡毛蒜皮的事情和丈夫冷战；孩子搬进姥姥家是因为在姥姥家就不会被怒不可遏的妈妈斥责；邻居和同事对她冷漠是因为她几乎和所有熟识的人都发生过摩擦；在论坛上辱骂她的学生前两天才被她狠狠地批评了一番。原来一切烦恼都来自自己的易怒。

故事中的王娜老师因为担任毕业班班主任倍感压力而易怒暴躁，最终受伤的人还是她自己。许多时候，我们往往做拿别人的错误来惩罚自己的傻事。在惩罚自己的时候，又达不到纠正别人错误的目的。这种生气，并不能使别人做出什么改变，你也不会因此而愉快。

一件事情本来是别人的错，我们却为此辗转反侧难以入睡，茶饭不思憔悴不堪，耿耿于怀闷闷不乐。而做错事情的那个罪魁祸首，却没把错误当作一回事，照样吃喝玩乐。他的人生依然美好，而我们的生活却变得黯淡无光。回过头来想想，不该拿别人的过失惩罚自己。

大家都知道生气是无知又无济于事的解决问题的方式，可是又奈何不了它。正因为缺少度量和悟性，放不下得失之心，人才会生气。通常情况下，生气的发生不外乎两种，要么怒发冲冠、暴跳如雷；要么闷闷不乐、自我折磨。不管是哪一种方式，最终伤害最深的都是自己。怒发冲冠之人的怒火就像火山爆发，喷出的岩浆四处溅射，伤害对方的感情，也吓倒旁人。而闷闷不乐之人的怒火就像烧开水一样，水在水壶中翻滚沸腾，却始终无法突破壶盖，最终压抑了自己。然而，你付出如此多的代价却未必能换来犯错人的醒悟。从某种意义上说，生气是用别人的过错来惩罚自己的愚蠢行为。既然如此，何苦要生气呢？

其实，在每个人的生活中，都时不时地会发生一些不愉快的事情。也许是别人的一次不小心，把茶水洒在了自己的衣服上，或者是自己在开会的时候迟到了几分钟，又或者是因为中午的饭菜不合口味等，这些鸡毛蒜皮的小事，会出现在每个人的生活里。但是，不同的人面对的方法却有着很大的不同。大度的人，常常会一笑了之，不为这些小事继续烦恼，更不会用别人的错误处罚自己。

有一个女孩毫无道理地被老板炒了鱿鱼，她坐在喷泉旁边的一条长椅上黯然神伤，感到生活的前景变得暗淡。在她身边不远处，有一个小男孩站在那里咯咯笑，她左右看看，并没有发现什么，于是就好奇地问小男孩：“你笑什么呀？”

“这条长椅的椅背是早晨刚刚漆过的，我想看看你站起来的时候，背后会是什么样子。”小男孩说话时一脸的得意神情。

女孩怔住了，猛然地想起：“周围那些刻薄的人，不是正等着和这个小家伙一样，在我背后，等着看我失败后落魄的样子吗？现在我虽然不如意，但这并不能说明什么，无论如何，也不能丢掉自己的信心和尊严啊！”

于是她想了想，指着前面的空地对那个小男孩说：“你看那里，那里有很多人在放风筝呢。”小男孩回身去找，但他什么也没有找到，他立刻发觉不对，知道自己受骗了，但当他恼怒地转过脸去，女孩已经把外套脱了拿在手里，她身上穿的鹅黄色毛衣让她看起来青春漂亮。小男孩无奈地甩甩手、嘟着嘴，失望地走了。

对于他人的不怀好意，没有人可以一点都不生气的，关键在于你如何看待这样的事情，如何对待别人的不怀好意。就像上例中的女孩一样，如果生气了，那个小男孩只会有得逞的满足感，而女孩自己也会成为怒气下的牺牲品。所以无论面对什么事情，我们都要保持沉着冷静，不要为一件微不足道的事而生气，生气与烦恼只是展现自己面对困难时的无能而已，只有沉着与冷静，用豁达的心态去面对，这样才会有一个好结果。

有时候别人的错误固然可恨，但如果我们一味沉浸在这种情绪之中，而不是自我调节，只知道生气，大多数时候是无济于事的。当我们不考虑任何实际情况，当愤怒越发激烈，变成行动时，甚至会引发不必要的伤害。所以，面对他人的过错，能够做到不生气的人，才是生活的智者。生别人的气，不是在惩罚他人，而是在惩罚自己。

既然错过了星星，就别再错过月亮

生活中，我们经常可以看到，一些人因为自己做错了某件事，便终日陷在无尽的自责、哀怨和悔恨之中，这无疑是一种严重的精神消耗，只会令我们痛苦不堪。过去的已经过去，我们为过去哀伤、遗憾，除了劳心费神，于事无补。莎士比亚曾说：“聪明的人永远不会坐在那里为他们的过错而悲伤，而是会去找出办法来弥补过错。”所以，我们没有必要整日缅怀过去的错误，既然过错已经发生，我们所需要的是从过错中总结经验得失，避免下一次再犯。

美国通用电气公司的一位工程师正在独立负责一项新塑料的研究。一天，意外事故突然发生了：实验的设备爆炸，昂贵的实验设备和厂房全部都炸毁了。所幸的是，那位工程师当时没在现场，幸免于难。然而当他面对一片狼藉的现场时，精神几乎崩溃。他伤心透了，他想这项研究是由自己来负责的，出了这么大的事故，责任只能由自己来承担，不单是要承担巨额的债务费用，自己在通用公司的梦想也因此结束了。更为严重的是，以后还有谁再相信自己呢？他在极度沮丧的心情下与通用总部派来调查这次事故的高级官员进行了谈话。

这位官员问：“我们在这次事故中得到了什么？”

工程师沮丧地回答：“由此看来，我当初的实验方案行不通。”

“这就好，我们得到了需要的东西，实验室炸毁了没什么可怕的，如果我们什么结果也没得到那才是最可怕的。”调查官员平静地说。

令工程师万万没有想到的是，一场重大的事故就这样解决了。这给他的内心造成了很大的震动，他告诉自己要忘记过去的失败，重新再来。此后，他不再去想爆炸的实验室，不再沮丧，他继续进行研究。

功夫不负有心人。这位工程师最终取得了巨大的成就。他就是后来带领通用电气公司实现飞速发展、被誉为世界第一 CEO 的杰克·韦尔奇。

这个故事其实是告诉我们一种对待错误，失误的心态——不要为自己的过失而苦恼。当你认识到做错了事，走错了路，应该做的是及时地改正错误、调整方向，而不是为错误不断地懊悔。因为，过去的已经过去，你再也无法重新设计。而后悔，只会让你失去现在的机会。正如泰戈尔所言，如果你因为错过太阳而流泪，那么你也将错过月亮和星辰。我们总是执着、感伤于曾经失去的，以致忽略了身边的风景以及未来可能存在的惊喜，这不能不说是一种得不偿失。

生活中，总会有一些意想不到的事情发生。当你面对一些不幸的打击时，要学会潇洒地挥一挥手，告别昨天。不要把宝贵的时间和精力浪费在悔恨、自责和羞愧上。这些负面情绪只会阻止你改变目前的生活状态，因为它们只会让你的意识停留在过去。

有个年轻人靠在一块大石头上，懒洋洋地晒着太阳。这时，从远处走来一个怪物。

“年轻人！你在做什么？”怪物问。

“我在这里等待机会。”年轻人回答。“等待机会？哈哈！机会是什么样子，你知道吗？”怪物问。“不知道。不过，听说机会是个很神奇的东西，它只要来到你身边，那么，你就会走运，或者当上官，或者发了财，或者娶个漂亮老婆，或者……反正美极了。”

“嗨！你连机会是什么样都不知道，还等什么机会？还是跟着我走吧。让我带着你去做几件对你有益的事吧！”怪物说着就要来拉年轻人。

“去去去！少来添乱！我才不跟你走呢！”年轻人不耐烦地说。怪物叹息着离去。

一会儿，一位长髯老人来到年轻人的面前问道：“你抓住它了吗？”“抓住它？它是什么东西？”年轻人问。

“它就是机会呀！”

“天哪！我把它放走了！”年轻人万分懊悔。

年轻人对面前给他带来机会的怪物无动于衷，认为它是可有可无的东西，可以不要，却始终做着虚无缥缈的白日梦。

现在，这个年轻人仍在痛苦地等待着，他的一生就在这种痛苦的等待中耗尽了。

是的，年轻人损失了一次改变命运的良机，然而这损失并不很大，他把他的生命都浪费在痛苦的等待中才是最大的悲剧。

生活中，有太多的变数，事情一旦发生，就绝非一个人的心境所能变的。如果心里整天想着它，怎么也挥不去那个阴影，怎么也摆脱不了那种懊悔，为此反反复复孤枕难眠，这样就放大了痛苦，带给自己的将是更大更多的失误。

曾经的失去可以成为我们以后的借鉴，但我们不能因此背上包袱，我们还有很长的路要走。丢掉那些因为失去而衍生的哭泣、烦恼，轻轻松松上路，你才会越走越快、越走越欢愉，路也才会越走越宽。

玛丽娜是一个生性乐观的女孩，不论遇到什么事情，她都能积极面对。

有一次，她在海上度假的时候，遇到了大暴雨，结果在甲板上滑倒，腿部受了重伤，染上了腿部痉挛以及静脉炎等病症。因为伤得非常严重，所以医生觉得她应该把腿锯掉，这样才能保住生命。医生考虑到年轻女孩以后的生活，有些犹豫了，他担心玛丽娜接受不了这个事实。然而出乎这位医生的意料，当他把这件事告诉玛丽娜时，她只是看了他很久，然后非常平静地说："如果一定这样不可的话，那也就只好这样了。"

当她被推进手术室的时候，她的家人以及朋友都站在一旁哭泣。玛丽娜却只是朝他们挥了挥手，非常开心地说："我马上就会出来的，你们在这里等我。"

当手术完成后，玛丽娜很快就恢复了健康。虽然她失去了一条腿，但是她没有放弃自己的理想和追求，她选择忘记痛苦，使自己忙于建设更美好的明天，直到她去世为止。

不被命运所击倒，忘记昨天的悲伤，忘记自己所失去的，把精力和目光更多地给予现在，去争取更美好的未来，才能寻回自己的天空。生活永远是由两个选择构成的，既然悲剧已经发生了，那么痛苦下去又有什么用呢？我们不如选择积极、开心的那个方法，让自己的心态平静下来。如果我们在有限的生命里，把过多的时间都耗费在对失去的耿耿于怀中，那是多么大的浪费啊！

有一位哲人曾说过：当你无法改变一些已经发生的事实时，你要学会忘记，而不是埋怨与惋惜。过去的事就让它过去吧，不要做无谓的埋怨和惋惜，因为你已经无法去改变它了。但你要记住，以积极的态度来应付不幸之事会收到好的效果，只要你吸取教训，你便从中获益。

与其杞人忧天，不如做好现在

有一年冬天的晚上，当时卡耐基住在芝加哥，他接到一个朋友的电话，低沉的声音传来不少沮丧。他说去年的投资让他的财产损失巨大，他经营的小公司也很不景气，说不定很快就要倒闭了，预计送儿子出国留学的事看来也要泡汤了，现在是饭也吃不香，觉也睡不好，今后该怎么办？卡耐基对他说："做好今天的事，比如该工作时就努力工作，该睡觉时就好好睡觉。在公司没倒闭之前，做好你该做的事。"

其实，卡耐基所说的话的意思就是要珍惜今天的时光，做好现有的手头事情，该吃饭就吃饭，该睡觉就睡觉。无论明天何去何从，都不能忽视了今天，更不能放弃今天。不做好今天的事而忧虑明天做什么，无疑是水中望月，雾里看花。

姆斯·卡莱里说："最重要的是不去看远处模糊的事情，而是去做手边清楚的事情。"你不要把未来的事情拿到今天来考虑，比如，担心自己会不会失业，担心未来能不能找到好工作，担心未来能找到一个好伴侣，忧虑未来得了病怎么办，忧虑自己的孩子，忧虑自己的父母，等等。所有这些担心、忧虑乃至焦虑，不仅解决不了现实的问题，更重要的是这种人失去了现实的行动力。心理学专家指出，人们的多数忧虑源自对将来的考虑，对还没有发生的事情患得患失，忧心忡忡，甚至感到一种绝望与挫败，而专注当下也不会减轻这种焦虑感。未来应该去梦想、设计与规划，但是，如果只是醉心于虚幻的未来，忘记了享受现在，那么与黄粱美梦又有何异？

有这样一则故事：

“睡吧，别再胡思乱想了。”一个商人的妻子不停地劝慰着她那在床上翻来覆去、折腾了足有几百次的丈夫。“嗨，老婆啊，”丈夫说，“你是没遇上我现在的罪啊！几个月前，我借了一笔钱，明天就到还钱的日子了。可你知道，咱家哪儿有钱啊！你也知道，借给我钱的那些邻居们比蝎子还毒，我要是还不上钱，他们能饶得了我吗？为了这个，我能睡得着吗？”他接着又在床上继续翻来覆去。妻子试图劝他，让他宽心：“睡吧，等到明天，总会有办法的，我们说不定能弄到钱还债的。”“不行了，一点儿办法都没有了，”丈夫喊叫着。最后，妻子忍耐不住了，她爬上房顶，对着邻居家高声喊道：“你们知道，我丈夫欠你们的债明天就要到期了。现在我要说一些你们不知道的事：我丈夫明天没有钱还债！”她跑回卧室，对丈夫说：“这回睡不着觉的就不是你而是他们了。”

明天的事让时间去解决吧，我们要的是快乐的今天。何必为明天的事情忧虑呢？专心地过好今天，活出生命的色彩，当晚上安然入眠时，那就是给今天最好的掌声和礼赞。

在现实生活里，常让人们深感不安的往往不是眼前的事情，而是那些所谓的“明天”和“后天”，那些还没有到来，或永远也不会到来的事物。人们总是为了将来所需和将来会如何而发愁，这种担心令人深深地感到不安。

其实，这种对未来的过度担心和焦虑严重地影响了我们今天的生活。恐惧心理往往来自过度关注遥远未来的思维习惯。试想一下，假如一个人总是将精力放在关注未来的事件上，将明天可能要发生的事件或万一要发生的事情作为今天要承担的重担压在自己心上，这个人的心理能承受得了吗？而不能承受的生命之重就有可能转化为恐惧、焦虑等不良情绪。所以，克服恐惧心理最有效的方法，是活一天，尽一天的责任，做好一天的事，剩下的都交给时间去处理，相信时间是改变一切的可靠的力量。

我们并不是说回忆过去或者展望未来有什么不好，而是说，过于沉醉过去或未来可能会妨碍一个人现在的努力与行动。只有当过去的经验值得借鉴才需要回忆，只有未来的梦想对现实有意义才值得展望。而活在当下是我们享受快乐人生的秘诀，抓住现在则是我们创造美好将来的途径。

一天，早餐过后，有人请佛陀指点。佛陀邀他进入内室，耐心聆听此人滔滔不绝地谈论自己存疑的各种问题达数分钟之久。最后，佛陀举手，此人立即住口，想知道佛陀要指点他什么。

“你吃了早餐吗？”佛陀问道。这人点点头。

“你洗了早餐的碗吗？”佛陀再问。这人又点点头，接着张口欲言。佛陀在这人说话之前说道：“你有没有把碗晾干？”

“有的，有的，”此人不耐烦地回答，“现在你可以为我解惑了吗？”“你已经有了答案。”佛陀回答，接着把他请出了门。

几天之后，这人终于明白了佛陀点拨的道理。佛陀是提醒他要把重点放在眼前———必须全神贯注于当下，因为这才是真正的要点。

活在当下是一种全身心地投入人生的生活方式。活在当下，如果没有过去拖你的后腿，也没有未来拉着你往前时，你全部的能量都集中在这一时刻，生命就会具有一种强烈的张力。

有人说，要想过好今天，就要学会关门。把通往昨天的后门和通往明天的前门都紧紧关住。这样，人一下子就变得轻松了。你的生活中，也就会平添许多快乐和满足。

每个人都不知道明天的事情会怎么样，但今天的事情是可以把握的，谁能说明天的太阳就会照到自己身上，但也不能因此而为明天去发愁。

现在比过去和将来都重要，早晨醒来时，我们真正能掌握的，唯有今天而已，谁也无法将一只脚遗留在过去，也无法单靠一只脚便踏入未来。

千锤百炼，拥有一颗强大的内心

生活中，你是不是曾经因为遭遇不公平对待而气愤不已？你是不是曾经因为一些不可理喻的事情而暴跳如雷？你是不是曾经因为不够自信而导致事情一败涂地？你是不是曾经因为生活中的一点儿小事而闷闷不乐……大千世界，芸芸众生，谁都不免会受伤害，因为人生没有绝对的公平，只是相对公平的。当在一个天平秤上，你得到的越多，也必须比别人承受得更多。同样的伤害，区别在于，内心强大的人更懂得安慰自己，并总是对未来充满希望。

到底什么才是内心强大？内心强大的人不会因任何外在的刺激而产生情绪上的波澜。如果必须有一个准确的答案，我想这是内心强大的人最本质、最核心的特征。

人这一辈子，常会经历挫折和磨难，也常遭他人不解和埋怨。面对质疑，我们往往难以做到不为所动、宠辱不惊；面对困境，也难以让自己心无旁骛、处之泰然。所以，我们需要修炼一颗强大的内心。拥有强大的内心，才能在生活中无所畏惧，昂扬激越；才能逆转人生，创造奇迹。

《论语》中道：仁者不忧、智者不惑、勇者不惧。真正的强者在于内心的强大。一个内心强大的人，才能真正无所畏惧。也只有内心的强大，我们才能远离焦虑，在生活中处之泰然，宠辱不惊，不论外界有多少诱惑，多少挫折，都心无旁骛，依然固守着内心那份坚定。内心的强大，才可能让我们的生活是丰实的而非空洞的；生活的丰实，才可能让我们的人生是精彩的而非轻佻的。内心强大的人，他不在乎有多少人误解了他，也不在乎有多少世俗的偏见，因为他的内心就是一个完美的世界，一个人内心的丰富，足以弥补一些物质的匮乏。内心强大的人，不管他面临了多大的困难，他都能用强大的内心去接纳；内心强大的人，无论上天给他安排了怎样的人生厄运，他都能用强大的内心去挑战；内心强大的人，不管外部世界再纷繁浑浊，他都能用强大的心去面对生活，诗意的生存。可以说，内心强大的人，就是真正有思想的人，而真正有思想的人，也必然是内心强大的人。

有一个小男孩，很不幸地在一次火灾中被烧伤，伤情特别严重，整个下半身都失去了知觉，这意味着他将不能再像常人一样用双腿走路了。出院后，他只能坐在轮椅上，在妈妈的帮助下才能到处去转一转。

有一次，妈妈又推着他到院子里晒晒太阳，呼吸新鲜空气。过了一会儿，妈妈有事暂时离开了。看着外面迷人的景色，忽然让他心中一动，他觉得自己也要享受这美好的世界，“我一定要站起来！”内心的声音呼喊着。他奋力推开轮椅，用双手支撑着在草地上匍匐向前挪动，直到爬到篱笆墙边，他努力抓着墙站起来，扶着篱笆墙练习行走。

但是，尽管他每天都会坚持练习，时间也一天天地流逝，他的双腿却始终软弱地垂着，没有任何知觉。可他不甘心就这样一直在轮椅上过生活，他握紧拳头告诉自己：未来的日子里，一定要靠自己的双腿来行走。终于，在一个清晨，当他再次拖着无力的双腿紧靠着篱笆行走时，下肢感到一阵钻心的疼痛。他惊呆了，自从烧伤后，他的下半身再也没有过任何知觉。他怀疑是不是自己感觉错了，又试着走了两步，那种疼痛又一次清晰地从双腿传来。在他不懈地锻炼下，他的下肢终于开始恢复了知觉。

自此以后，他的腿恢复得很快，终于有一天，他竟然可以在院子里跑步了。于是，他的生活与一般的男孩子变得并无两样，到他读大学时，还被选进了田径队。这个自己主宰自己的命运，创造奇迹的小男孩叫葛林·康汉宁，毕业于纽约大学，获得博士学位。他于 1933 年获得美国最佳业余运动员称号，并创下室外一英里赛、室内 800 米、室内 1500 米和室内一英里赛的世界纪录。

真正的内心强大者，永远都是自己的主人，即使全世界放弃了他，他也不会放弃自己。

只有内心的强大，才是真正的强大。记得一位哲人曾说过：即使你拥有全世界的财富，也不如拥有一颗强大的内心世界。人未必会因为拥有名利地位而幸福，但是一定会因为拥有宽广强大的内心世界而幸福。拥有强大的内心，可以更坦然地面对挫折，可以更细腻地品味生活，可以更理智地面对诱惑，可以在一贫如洗时悠然自得，可以在富贵乡里拥抱贫穷。

内心强大是心中的安定与平静。强大，不是霸道，不是要将别人的所有占为已有，恰恰相反，内心的强大带给我们的是宽容和谦让。正是因为内心的安定与平静，我们才明白自己真正需要什么，才明白如何才能得到快乐。

内心强大的人不失眠，不焦虑，不急躁，随时随地做人生中最坏的打算，往最好处追求。一切成功都从内心开始，外在世界的成就不过是内心世界成就的倒影。只有心理上变得强大起来，你才能战胜外在的困境。彪悍的人生不需要理由，只需要一颗强大的内心。不管做任何事，请记住，先训练一个强大的内心。

第三章　管理好时间，也就赢得了未来

珍惜时间，每一分钟都不能浪费

时间是人生最大的财富。人生以时间为尺度计算其长短，事业以时间为标准衡量其成败。没有时间，也就没有生命，没有存在，没有思想，没有希望，也就没有一切。一切都存在于时间之中，时间是一切条件中的基本条件，不珍惜时间就得不到生命的价值。

生命是由时间构成，我们假设一个人能活 80 岁，每天睡觉 8 个小时，一生将有 233600 个小时用在睡觉上，大约是 9733 天，合 26 年 7 个月，那么这个人还剩下 53 年 5 个月的时间做其他的事情。假设他每天吃早、午饭各用去 30 分钟，吃晚饭用 1 个小时，这样每天用于吃饭的时间就是两个小时，80 年将在吃饭上用掉 58400 个小时，合 2433 天，相当于 6 年 7 个月，那么这个人还剩下 46 年 10 个月。假设这个人每天用于个人卫生的时间是一个小时，80 年将用掉 3 年 4 个月，这样人还剩下 43 年 6 个月的时间。再减去每天用于休闲、娱乐的时间是 3 小时，80 年将耗掉 87600 小时，也就是整整 10 年的时间。那么这个人还剩下 33 年 6 个月的时间。再假设他每天在上班途中、购物上用的时间为 3 小时，80 年就意味着另外一个 10 年的耗费，这样只剩下了 23 年 6 个月的时间了。再减去他每年用在旅游、度假、生病等事情上的时间为15天，那么80年就是1200天，也就是3年3个月，这样还剩下20年3个月。一个寿命是80岁的人，大约只有18年1个月的时间用来投身自己喜欢的事业。所以，一个人的生命是有限的，如何珍惜时间、有效地利用人的短暂一生，去成就更辉煌的事业，这是有志之士应该认真思考对待的人生课题。

屠格涅夫说得好："没有一种不幸可与失掉时间相比了。"如果你不懂得珍惜时间，你无疑染上了最坏的习惯。时间意味着一切，那些在人生路上有所建树的人大都有着良好的时间习惯。如果你也想和他们一样，突破自己，成为一个成功者，那么，请好好珍惜时间，它会给予你无穷的回报。

巴尔扎克说："时间是人的财富、全部财富，正如时间是国家的财富一样，因为任何财富都是时间与行动之后的成果。"巴尔扎克是怎样珍惜和利用时间的呢?

让我们看看巴尔扎克普通的一天：

午夜，墙上的挂钟敲了十二下，巴尔扎克准时从睡梦中醒来，他点起蜡烛，洗一把脸，开始了一天的工作。这是最宁静的时刻，既不会有人来打扰，也不会有债主来催账，正是他写作的黄金时间。

准备工作开始了，他把纸、笔、墨水都放在适当的位置上，这是为了不要在写作时有什么事情打断自己的思路。他又把一个小记事本放到写字台的左上角，上面记着章节的结构提纲。他再把为数极少的几本书整理一下，因为大多数书籍资料都早已装在他脑子里了。

巴尔扎克开始写作了。房间里只听见奋笔疾书的"沙沙"声。他很少停笔，有时累得手指麻木，太阳穴激烈地跳动，他也不肯休息，喝上一杯浓咖啡，振作一下精神，又继续写下去。

早晨8点钟了，巴尔扎克草草吃完早饭，洗个澡，紧接着就处理日常事务。印刷所的人来取墨迹未干的稿子，同时送来几天前的清样，巴尔扎克赶紧修改稿样。稿样上的空白被填满了密密的字迹，正面写不下就写到反面去，反面也挤不下了，就再加上张白纸，直到他觉得对任何一个词都再挑不出毛病时才住手。

修改稿样的工作一直进行到中午 12 点。整个下午的时间，他用来摘记备忘录和写信，在信上和朋友们探讨艺术上的问题。

吃过晚饭，他要对晚饭以前的一切略做总结，更重要的是，对明天要写的章节进行细致缜密的推敲，这是他写作中一个非常重要的环节，一个必不可少的步骤。晚上 8 点，他放下了一切工作，按时睡下了。

这普通的一天，只是巴尔扎克几十年间写作生活的一个缩影。

生命对于每个人来说都是珍贵的，也是有限的，那就应该在有限的生存时间里把握好每一分钟，不让碌碌无为占据生命的每一个空隙。

哲人曾说过，珍惜时间，利用时间的人才是生活的强者。有的人一辈子活得庸庸碌碌，其实不是他们不聪明、不努力，而是没有利用好时间。相反，有的人一举成名天下知，是因为他们能够利用好人生当中的每一分钟，做驾驭时间的主人。一个人的生命价值，取决于这个人对时间利用的多少。生命每一段、每一分、每一秒都是值得珍惜的，应把每一分钟都当成最后一分钟来对待，让每分钟都过得有价值、有意义。

时间是最宝贵的财富，若没有时间，计划再好，目标再高，能力再强，也是空的。倘若你不满意今天的生活，那就应该反思几年前的行为；倘若你希望几年后有所改变，那从今天起就要学会好好利用时间。

从现在开始，就让我们一起行动起来吧，用好每一分每一秒，把有限的生命投入无限的生活之中。提高生活的质量，让生命的价值在有限的时间里尽量发挥，这样就等于增加了生存的“密度”，扩充了有限生命的内涵，我们的生命也因此变得更有价值，我们的生活也会更有意义！

坚持利用碎片时间，你将和别人拉开距离

时间是每个人与生俱来的一笔财富。善于掌握和运用这笔财富，是一种对生命的经营。而管理好了生命当中的零碎时间，我们就能拥有更多的时间！

你可能会有这样的疑惑，为什么成功人士能在短短几十年中创造出令人惊叹的成就，而你却一直在努力，始终在路上，任年华老去，却依旧碌碌无为，总觉得时间不够用。

事实上，那些成功者大都能很好地管理自己的时间，规划自己的人生，用最少的时间创造最大的效益，他们的成功具有必然性。所以，请不要再抱怨时间不够用，如果你可以把一些看起来零散的时间集中利用，也会取得不小的收获。

人在一生中除了有整块的学习、工作时间外，还有许多零碎的时间（有人称之为“下脚料”或“零头布”）可以利用。据统计，人的一生中除 1/3 时间用于工作、生产，1/3 时间用于休息睡眠外，还有 1/3 的业余时间。这些业余时间看起来零散，算起来惊人。有人计算人到 60 岁，能过 3120 个星期天，相当于 8 年时间，除休息外，还可做很多事情。英国数学家科尔就是利用近 3 年的全部星期天，攻克了一道 200 年无人攻克的数学难题而轰动数学界。还有人计算，如果一天挤一小时业余时间来学习，从 16 岁到 70 岁，可以学习两万个小时，若每小时读 10 页书，可以读 20 多万页，其厚度将有两层楼那么高。

杰克·伦敦是美国著名作家，在他的房间里，有一种独一无二的装饰品，那就是窗帘上、衣架上、柜橱上、床头上、镜子上、墙上……到处贴满了各式各样的小纸条。杰克·伦敦非常喜爱这些纸条，

几乎和它们形影不离。这些小纸条上面写满各种各样的文字：有美妙的词汇，有生动的比喻，有五花八门的资料。

睡觉前，他默念着贴在床头的小纸条；早晨醒来，他一边穿衣，一边读着墙上的小纸条；刮脸时，镜子上的小纸条为他提供了方便；在踱步、休息时，他可以到处找到启动创作灵感的语汇和资料。不仅在家里是这样，外出的时候，杰克·伦敦也不轻易放过零碎的一分一秒。出门时，他早已把小纸条装在衣袋里，随时都可以掏出来看一看、想一想。杰克·伦敦利用一点一滴的零散时间积累素材，为他以后的创作提供了大量的第一手资料，他在短短的40年时间里共创作了约50部作品，为后人留下了宝贵的精神文化遗产。

其实，每个人一天的时间都一样，但是善于利用零碎时间的人，就能得到更多的时间和益处。如果你可以做到每一点零散时间都充分利用，用来做一些小工作，譬如一些零散的工作，那么积少成多也可以做很多事情的。

一个人的成就是一点一滴积累起来的，是善于利用时间的结果。时间的碎片散落在我们生命的周围，有心的人就会拾起这些碎片，用这些碎片织成伟大的蓝图。所以，生存的智慧就在于从时间的碎片里创造生命的辉煌。

鲁迅先生说过，时间就像海绵里的水，只要挤就会有。大段时间固然应该珍惜，零星时间也绝不能白白浪费。大凡有所成就的人，都是善于利用零碎的时间。

从某种意义上来讲，生命的价值就体现在人们所谓的零碎的时间中。能够掌握好自己时间的人，也就能掌握自己的前途。著名的海军上将纳尔逊，曾发表过一项令全世界懒汉瞠目结舌的声明：“我的成就归功于一点：我一生中从未浪费过一分钟。”军事家苏沃格夫也表示过：“一分钟决定战局。我不是用小时来行动，而是用分钟来行动的。”其实他们的成功就在于珍惜零碎时间，懂得注重这一细节。

在我们的生活中，常常有一些零碎和闲暇的时间，它看起来很不起眼，只有十分钟、八分钟，但日久天长，积累起来将是一个十分可观的数字。如果把他们积累起来好好利用，肯定会有很大的收获。

如果你是一个英语学习爱好者，那么你一定听过这样一句话：“一年的零碎时间，足以攻克英语！”这就是“疯狂英语”的创始人李阳最喜欢的一句话。

李阳在中学的学习成绩很不理想。高三期间因对学习失去信心曾几欲退学，后来勉强考入兰州大学工程力学系，大学一年级、二年级，李阳多次补考英语。

为了彻底改变英语学习失败的窘境，李阳开始奋力一搏。

李阳制作了许多小纸条，写上一些英文句子，在零碎时间他就大声背诵这些句子。甚至在去食堂的路上，他也大声背诵，而不顾其他人投来的诧异的目光。

经过四个月的艰苦努力，李阳在大学英语四级考试中一举获得全校第二名的优异成绩。

那么，零碎时间从哪里来呢？李阳曾说：“我特别喜欢堵车，因为一堵车，我别无选择，只有拿出小纸片来背上两句。我特别喜欢排队，因为再长的队，我都没有感觉，好像一会儿就轮到我了。”

凭着善于利用零碎的时间，李阳的英语水平突飞猛进，大学毕业之后，他创办了“疯狂英语”培训机构，在全国各地义务讲学1000多场次，听讲人数近千万人。

其实，每个人都有很多的零散时间，就算把工作和生活安排得再怎么井然有序，难免总还是会在无意中多出一些零碎时间。但很多人都是浪费了这些零散的时间，而没有能够将这些零散的时间一点一滴地积累起来做其他事情。如果可以做到每一点零散时间都充分利用，用来做一些小工作，譬如一些零散的工作，那么积少成多也可以做很多事情的。

总之，每个人的生命中，都有许多零散的时间，我们要学会找出来并加以利用，创造属于自己成功的人生。

学会专注，集中精力投入一个目标

专注对于我们来说是一种极其宝贵的精神。面对来自世界上形形色色的诱惑，最有效的抵御方法就是专注。专注可以明辨是非，可以坚定信念，更可以创造奇迹。

美国作家爱默生认为：“生活中有件明智事，就是精神集中；有一件坏事，就是精力涣散。”如果一个人想法太多，或者是想要实现的目标太多，那么自然是无法做到精神集中，从而导致精力涣散。所以，目标太多跟没有想法、没有目标其实是一样的效果。

想法太多的人经常会因为目标太多而堕入空想，最终导致自己不能够专注地去做事情，不能把时间和精力用于实现某一个具体目标上。这种行为其实是造成一个人事业失败的重要因素之一。如果一个人想做的事情过多，那么结果常常会不尽如人意，最终会一事无成。

导致这种想法太多、目标太多的人从成功走向失败的根本原因就在于，目标太分散以致无法专注集中任何一个目标。

有人问微软总裁比尔·盖茨成功的秘诀，比尔·盖茨回答道：“选定一件事就咬住不放。世界上成功的人，不是那些脑筋好的人，而是对一个目标咬住不放的人，我想我们应该只做软件。”

比尔·盖茨的话中谈到了两件事，其一是选定一个目标，其二是咬住不放。

世界上无数的失败者之所以没有成功，不是因为他们才干不够，而是因为他们不能集中精力、不能全力以赴地去做一件事情，他们喜欢东学一点、西学一下，尽管忙碌了一生却往往没有培养自己的专长，到头来什么事情也没做成，更谈不上有什么强项。但是，明智的人懂得把全部的精力集中在一件事上，唯有如此方能将精力更多地聚集在一点上；明智的人也善于依靠不屈不挠的意志、百折不回的决心以及持之以恒的忍耐力，努力在激烈的生存竞争中获得胜利。在实现目标的道路上，最忌讳的就是朝三暮四。

将放大镜在阳光下聚焦，并把焦点固定在纸的一点上，很快就能将纸点燃，如果不停地移动焦点，那你永远也别想看到火焰。你只有将目标准确定位，才能集中精力，实现理想。

“把所有的鸡蛋放入同一个篮子，并照管好那个篮子。”在实现人生的目标中也应当如此。既然选择了一个目标，就不要让这个目标轻易地失去。

歌德曾经说过：“一个人不能骑两匹马，骑上这匹，就要丢掉那匹。聪明人会把凡是分散精力的要求置之度外，只专心致志地去学一门，学一门就要把它学好。”

法国作家莫泊桑，很小便表现出了出众的聪明才智。一天，莫泊桑跟舅父去拜访他的好友——著名作家福楼拜。舅父想推荐福楼拜做莫泊桑的文学导师。可是，莫泊桑却骄傲地问福楼拜究竟会些什么？福楼拜反问莫泊桑会些什么。莫泊桑得意地说：“我什么都会，只要你知道的，我就会。”

福楼拜不慌不忙地说：“那好，你就先跟我说说你每天的学习情况吧。”莫泊桑自信地说：“我上午用两个小时来读书写作，用另两个小时来弹钢琴，下午则用一个小时向邻居学习修理汽车，用三个小时来练习踢足球，晚上，我会去烧烤店学习怎样制作烧鹅，星期天则去乡下种菜。”说完后，莫泊桑得意地反问道：“福楼拜先生，您每天的工作情况又是怎样的呢？”

福楼拜笑了笑说：“我每天上午用四个小时来读书写作，下午用四个小时来读书写作，晚上，我还会用四个小时来读书写作。”

莫泊桑不解地问："难道您就不会别的了吗？"福楼拜没有回答，而是接着问："你究竟有什么特长，比如有哪样事情你做得特别好的？"这下，莫泊桑答不上来了。于是他便问福楼拜："那么，您的特长又是什么呢？"福楼拜说："写作。"

原来特长便是专心地做一件事情。

莫泊桑下决心拜福楼拜为文学导师，一心一意地读书写作，最终取得了丰硕的成果。

这个事例告诉我们，所有成大事的人，都把某种明确的目标当成他们努力奋斗的主要推动力。一生只做一件事，没有什么干不成的。也就是说，每次只专注于一个目标，直至成功，就会有很多很多的收获。

查尔斯·狄更斯曾经说："心志专一可以使任何一种学习取得成效，这种方法是唯一有效并经得起考验的方法。我可以坦诚地告诉你，我自己构造的小说或进行的想象，都得自我所养成的工作习惯。我对非常普通甚至最不起眼的事情进行全神贯注地思考，并且一天都不间断，再将写成后的稿子改了又改，反复斟酌推敲。"一次，人们问狄更斯，他是怎样取得成功的，狄更斯回答说："我从来不对那些应该全力以赴的事情掉以轻心，这就是我成功的秘诀。"一个专注的人，往往能够把自己的时间、精力和智慧凝聚到所要干的事情上，从而最大限度地发挥积极性、主动性和创造性，提高执行力，努力实现自己的目标。

专注是一种巨大的力量，它在一个人追求成功的过程中，起着不可估量的作用。正如哈佛大学的第二十二任校长洛厄尔所说："想让一个人的大脑发挥最佳的状态，那么就让它不间断地处理一件事情，这样专注地去做、去想，最后必定会取得最好的成效。"成功没有捷径可走，成功来自专注。人的精力总是有限的，成功卓越者可能一生要做很多事情，但在一段时间内，只有集中精力投入一个目标，才容易成功。

要事第一，先做最重要的事情

做事之前，应该清楚地知道，什么是自己该忙的。在现实生活中，许多不善于利用时间的人，在处理日常生活的方方面面时，分不清哪个更重要，哪个更紧急，时常左右为难。这正如法国哲学家布莱斯·巴斯卡所说：“把什么放在第一位，是人们最难懂得的。”

有这样一个笑话：

一对馋嘴的夫妻一起分三个饼，你一个，我一个，最后还剩下一个，两人互不相让，于是决定从现在起都不说话，谁坚持的时间长，谁就能得到最后一个饼。

两人面对面坐下，果然都不开口。到了晚上，一个盗贼溜进屋里，看见夫妻俩，先是有点害怕，看他们毫无反应，就放心大胆地搜罗起财物来。盗贼将家中稍微值钱点的东西一件一件地搬出门去，妻子心里虽然着急，但看丈夫一动不动，便只好继续忍耐。盗贼就更大胆了，干脆连最后一个米缸也搬走了。妻子再也坐不住了，高声叫喊起来，并恼怒地对丈夫说：“你怎么这么傻啊！为了一个饼，眼看着有贼也不理会。”

丈夫立刻高兴地跳了起来，拍着手笑道：“啊，蠢货！你最先开口讲的话，这个饼属于我了。”

很显然，笑话中的这一对愚蠢的夫妇没有分清事情的轻重缓急，没有找到当前最重要的问题，结果因小失大，闹出了笑话。

做事的一个基本原则是：把最重要的事情放在第一位。古人云：“事有先后，用有缓急。”任何事情都有轻重缓急之分。重要性最高的事情应该优先处理，不应将其和重要性最低的事情混为一谈。

对于那些零零散散的事务，我们可以先把它们按照“急、重、轻、缓”的顺序，整理好再着手处理。只有分清哪些是最重要的并把它做好，做事的时候才会变得井井有条，简约有效。

王强和潘杰是同一家企业的两个部门主管。他们每天都要工作八九小时。王强离开办公室时总要带着一公文包文件，他要利用自己的业余时间继续完善自己未完成的报告。他总是觉得很累，基本没有什么时间可以用来放松和休息。

与王强相反，潘杰坚守一个原则：绝不把任何工作问题带回家。在上班的八小时，他就尽可能认真地做好当天的工作。当然，时间总是有限的，他会首先完成最重要的工作，其余琐碎的小事要么不做，要么就授权下属去做。

一段时间以后，两人的业绩差别变得非常明显。王强越来越力不从心，最悲哀的是，他做了很多无用功，真正重要的事情却没有做好。潘杰还是那副轻松自得的样子，周末还有时间和家人一起出去游玩，他所分管的业务增长很迅速，获得了上司的嘉奖。

王强和潘杰在能力上并没有特别大的差异，然而，能否对时间合理利用让两人立刻有了高下之分。

在生活中，勤奋却没有取得成就的人比比皆是。这是因为他们常犯一个错误，那就是分不清主次轻重。他们常常是捡了芝麻丢西瓜，虽然小事干得又多又好，但成效不大，因为那毕竟是些无关紧要的小事，而真正重要的大事却常常被他们忽视，因为小事已经占用了他们大部分的时间和精力。为了让时间利用率最大化，你要试着比普通人多思考一些，学会先做重要的事。

要事第一，就是先做最重要的事情。这也是做事的一个基本原则。当代管理学之父彼得·杜拉克说过：“必须分清轻重缓急。最糟糕的是什么事都做，但都只做一点儿，这必将一事无成。”大凡成功者都非常明白“轻重缓急”的道理的，他们在处理一年或一个月、一天的事情之前，总是按分清主次的办法来安排自己的工作。因此，开始做事之前，他们总要好好地安排工作的顺序，谨慎地做好这件事。

美国伯利恒钢铁公司总裁查尔斯·舒瓦普，向效率专家艾维·利请教“如何更好地执行计划”的方法。

艾维·利声称可以在10分钟内就给舒瓦普一样东西，这东西能把他公司的业绩提高50%，然后他递给舒瓦普一张空白纸，说：“请在这张纸上写下你明天要做的6件最重要的事。”舒瓦普用了5分钟写完。

艾维·利接着说：“现在用数字标明每件事情对于你和你的公司的重要性次序。”

这又花了5分钟。

艾维·利说：“好了，把这张纸放进口袋，明天早上第一件事是把纸条拿出来，做第一项最重要的。不要看其他的，只是第一项。着手办第一件事，直至完成为止。然后用同样的方法对待第二项、第三项……直到你下班为止。如果只做完第一件事，那不要紧，你总是在做最重要的事情。”

艾维·利最后说：“每一天都要这样做——您刚才看见了，只用10分钟时间——你对这种方法的价值深信不疑之后，叫你公司的人也这样干。这个试验你爱做多久就做多久，然后给我寄支票来，你认为值多少就给我多少。”

一个月之后，舒瓦普给艾维·利寄去一张2.5万美元的支票，还有一封信。信上说，那是他一生中最有价值的一课。

5年之后，这个当年不为人知的小钢铁厂一跃而成为世界上最大的独立钢铁厂。人们普遍认为，艾维·利提出的方法功不可没。

培根说：“敏捷而有效率地工作，就要善于安排工作的次序，分配时间和选择要点。只是要注意这种分配不可过于细密琐碎，善于选择要点就意味着节约时间，而不得要领地瞎忙等于乱放空炮。”

重视时间效率的人懂得，他们必须要完成许多工作，而且每件工作都要达到一定的效果。因此，他们就会集中一切资源以及他所有的时间和精力，坚持把重要的事情放在前面先做。要做最重要的事，就是养成把每天要做的工作排列出来的习惯。

要事第一的观念如此重要，但却常常被我们遗忘。我们必须让这种重要的观念成为一种做事习惯，每当开始做一件事情时，都必须首先让自己明白什么是最重要的，什么是我们应该花最大精力重点去做的事。

无论什么时候，都不要迟到

成功的秘诀，首要一点就是准时。可是一般人的习惯，往往是一再拖延。例如，通知几点开会、用餐等，通常会晚半小时甚至更长时间到，这就是人们常说的“八点开会，九点到，十点才能听报告”。

詹姆斯先生一贯非常准时。在他看来，不准时就是一种难以容忍的罪恶。有一次，詹姆斯与一个请求他帮忙的青年约好，某天上午的10点钟在自己的办公室里见那位青年，然后陪那位青年去会见火车站站长，应聘铁路上的一个职位。到了这一天，那个青年比约定时间竟迟了20分钟。所以，当那位青年到詹姆斯的办公室时，詹姆斯先生已经离开办公室，开会去了。

过了几天，那个青年再去求见詹姆斯。詹姆斯问他那天为什么失约，谁知那个青年人回答道：“呀，詹姆斯先生，那天我是在10点20分来的！”“但是约定的时间是10点钟啊！”詹姆斯提醒他。那个青年支吾着说：“迟到一二十分钟，应该没有太大关系吧？”詹姆斯先生很严肃地对他说：“谁说没有关系？你要知道，能否准时赴约是一件极紧要的事情。就这件事来说，你因不能准时已失掉了拥有你所向往的那个职位的机会，因为就在那一天，铁路部门已接洽了另一个人。而且我还要告诉你，你没有权利看轻我的20分钟时间，没有理由以为我白等你20分钟是不要紧的。老实告诉你，在那20分钟的时间中，我必须赴另外两个重要的约会，我也不能让别人白等。”

不要以为约会迟到只是一件稀松平常的事，更不要以为它不足以产生严重的不良后果。事实上，在“守时”被视为美德的社会里，“迟到”是一种令人难以接受的恶习。

其实，不守时的习惯，不仅浪费了他人的宝贵光阴，令一些要急着办事的人感到反感，还会给人留下一个坏印象。不守时，就等同于不守信用，会让他人对你失去信任。

守时是一种素质。如今快节奏的生活，呼唤着人们的时间意识。守时，理应是现代人所必备的素质之一。

所谓守时，就是遵守时间，履行承诺，答应别人的事情就要在规定的时间范围内完成。守时是一种对别人的尊重，是自己的一张信誉名片，是一种于细节处相见的美德。它不仅体现出一个人对人、对事的态度，更体现出一个人的道德修养。

守时的习惯代表你对自己的控制能力。如果一个人平常的举止行为，做不到守时，那他做什么事情应该也难会如期完成。

德国哲学家康德是一个十分守时的人。一次，他想要去一个名叫珀芬的小镇拜访他的一位老朋友威廉先生。于是，他写了信给威廉，说自己将会在3月5日上午11点之前到达那里。半路却因为桥坏了过不了河了，他跑到附近的一座破旧的农舍旁边，对主人说：“请问您这间房子肯不肯出售？”农妇听了他的话，很吃惊地说：“我的房子又破又旧，而且地段也不好，你买这座房子干什么？”“你不用管我有什么用，你只要告诉我你愿不愿意卖？”“当然愿意，200法郎就可以。”

康德先生毫不犹豫地付了钱，对农妇说：“如果您能够从房子上拆一些木头，在 20 分钟内修好这座桥，我就把房子还给你。”农妇再次感到吃惊，但还是把自己的儿子叫来，及时修好了那座桥。

马车终于平安地过了桥。10 点 50 分的时候，康德准时来到了老朋友威廉的房门前。康德和老朋友度过了一段快乐的时光，但是他对于为了准时过桥而买下房子、拆下木头修桥的过程却丝毫没有提及。后来，威廉先生还是从那位农妇那里知道了这件事，他专门写信给康德说：老朋友之间的约会大可不必如此煞费苦心，即使晚一些也是可以原谅的，更何况是遇到了意外呢。但是康德却坚持认为守时是必需的，不管是对老朋友还是陌生人。

守时是一种美德、一种素质、一种涵养，是待人有礼貌的表现。每次的守时，都会给对方留下良好的印象，从而为自己赢得更多的朋友。德国文学家、历史学家蒙森有句名言——“不守时间就是没有道德。”不遵守时间的人，在浪费自己和别人宝贵时间的同时，也会失去朋友，有谁愿意和一个不懂得珍惜时间、不懂得尊重他人的人做朋友呢？不守时只是一个表象，深层次的原因源于对时间的轻视和对别人的漠视，所以说，守时不单单是礼貌问题，更是人格问题。

陈诗钊是恩施联盟投资公司董事长，他有一个因诚信而得名的外号——“陈准时”。一次，他和某部门的领导约定下午 3：50 见面，但无奈的是，陈诗钊在赴约时发生堵车，眼看时间一分一秒地过去，离约定的时间就只差十几分钟了，怎么办？走！离目的地还有 1000 多米，陈诗钊一路小跑，最终在约定时间的最后一分钟内赶到。这事让这领导感慨了好久，“陈准时”这个外号也就叫开了。

守时是尊重别人的时间和尊重自己的时间。尊重别人的时间相当于尊重别人的人格、权利，尊重自己的时间则无疑是珍惜自己的生命。因此，守时的人更容易获得他人的尊重，也必将赢得自己的成功。

总之，不论在生活上或是工作上，忙一点没关系，只要你遵守时间信用，获得成功的概率就会越多。

第四章　告别缺点，让努力事半功倍

跟心浮气躁的自己说再见

在我们心灵深处，总有一种力量使我们茫然不安，让我们无法宁静，这种力量叫浮躁。浮躁就是心浮气躁，是成功，幸福和快乐最大的敌人。从某种意义上讲，浮躁不仅是人生最大的敌人，而且还是各种心理疾病的根源，它的表现形式呈多样性，已渗透到我们的日常生活和工作中。可以这样说，我们的一生是同浮躁斗争的一生。

有一位学者曾语重心长地说："浮躁的心态是要不得的，它急功近利，一旦所需要的东西不能实现，便会让人焦躁、烦恼。"

一个书生，做事急功近利，时常为了一件事情，心力交瘁，结果总是距成功差一步。为此，他感到很痛苦，于是找到镇上的智者诉说自己的痛苦。智者听了书生的诉说，把他带到了一间破旧的小屋里，屋子里的桌子上放着一杯水。智者微笑着对书生说："你看看这杯水，在这里放了这么久了，每天几乎都有灰尘落进水里，但是水依然澄明，你知道是什么原因吗？"

书生仔细观察了一会儿，说："因为灰尘都沉下去了。"

智者满意地点点头，说："年轻人，人生就如同这杯水，懂得沉淀，才能让水变得澄澈。内心不够平静，就如杯子不停地晃动，水自然会变得浑浊，人生自然会变得痛苦。当你因为一件事情忙碌却没有结果的时候，记住让自己沉淀下来，反省自己，找找自己失败的原因。切记不要因此而变得浮躁，要知道，人在浮躁的时候，思考能力只有平静时的一半。人生，如同这杯水，要平静地接纳一些事情，不浮躁，才能保持澄明。”

浮躁是成功、幸福和快乐的绊脚石，是人生最大的敌人。如果一个人浮躁，容易变得焦虑不安或急功近利，最终会失去自我。

浮躁给人带来的危害是很大的。浮躁的人自我控制力差，容易发火，不但影响学习和事业，还影响人际关系和身心健康。

王闯是一个重点大学的博士毕业生，学的是化学材料专业，与一家著名的大型芯片研发公司签订了就业协议。刚进该公司的时候，公司正提倡“博士下乡，下到生产一线去实习、去锻炼”。实习结束后，领导安排他从事电磁元件的工作。堂堂的名牌大学博士理应干一些大项目，不想却让自己搞这种不起眼的小儿科，王闯实在有些想不通，工作没多久就辞职了。如果他选择了那家公司，接受系统的专业培训，踏踏实实沿着开发的路子走下去，凭着他的聪明才智，十几年之后一定会做出不小的成绩。他只身来到北京，专业对口的工作又都不合他的胃口，有一天在报纸上看见金融证券这行很赚钱，于是他向几家证券公司投了简历，但这行业不接受没经验的刚出校门的大学生，无奈之下，他又做起了保险销售工作。

由于他的性格不适合在外跟人打交道，一段时间后，销售业绩总是达不到公司的最低考核标准，被搞得身心俱疲。

他受不了这样被人管制的高压工作，心高气傲的他又联络几位北京的同学凑钱一起创业，做起了程序开发的工作。现在虽然创业的门槛低了，但是要成功并非一件简单的事。由于开始时资金缺乏，加上开发出的产品销售不理想，不到一年，就支撑不下去了，赔了钱，最后还把同学关系弄得很僵。

经历了创业的风险、欠了一身的债之后，王闯放弃了创业这条路子，重新回到打工的道路上，重新找工作，挣钱还债。几年下来，王闯又换了好几个工作，至今还在社会上飘忽不定，没有找到安身立命的根基。现实的残酷让王闯陷入很尴尬的境地。回想毕业十年来的经历，他从来没想到名牌大学毕业的他，会在社会上混得如此之惨。

故事中的王闯就是因为浮躁，最终一事无成，混得如此惨淡的下场，这是需要人们警醒的：要想做成事，满脑子只想去寻找一条终南捷径而没有一份脚踏实地的平淡与从容是不行的。

生活中，不少人办事都想一挥就成，一蹴而就，他们似乎忘了一点，做什么事情都有一定的规律，都得按一定的步骤行事，欲速则不达。

轻浮、急躁，对什么事都深入不下去，只知其一，不究其二，往往会给工作、事业带来损失。戒急躁就是要求我们遇事沉着、冷静，多分析思考，然后再行动。

众所周知，世界著名的英国生物学家达尔文是进化论的奠基人。年轻时的达尔文，是个游手好闲的纨绔子弟。1831 年，他从英国剑桥大学毕业后，他的父亲觉得对于一个游手好闲的人而言，牧师是最适合的职业，既有丰厚的待遇，也有很高的地位，最重要的是有许多可以自己支配的时间。

父亲安排的牧师职业确实有着很大的吸引力，但是，在大学期间，达尔文对博物学非常感兴趣，因而希望继续从事博物研究。经过一番思考之后，达尔文放弃了牧师职业，自费进行了艰苦漫长的环球考察。无论面对怎样的困境，他始终坚持着自己的理想，不放弃，不浮躁，保持宁静。在漫长的科考过程中，他不受外界的影响，把一切困难、烦恼都沉淀下来，始终专注于自己的事业。每到一处，他不辞劳苦，采集动植物的标本，记载新物种。

经过五年的环球考察，他积累了丰富的资料。此后又经过多年的潜心研究，终于在1859年出版了科学巨著《物种起源》，在当时的生物界引起了极大的轰动。

达尔文最终为生物学做出了巨大贡献，这一切都源于他的不浮躁。

通过这个故事我们不难看出，只有不浮躁，才能经受住成功路上的辛苦，只有不浮躁，才会有耐心与毅力前进。

对于渴望成功的人，应该记住：你着急可以，切不可以浮躁。成功之路，艰辛漫长而又曲折，只有稳步前进才能坚持到终点，赢得成功；如果一开始就浮躁，那么，你最多只能走到一半的路程，然后就会累倒在地。

因此，一个人只有控制了浮躁，他才会吃得起成功路上的苦，才会有足够的毅力一步一个脚印地向前迈步，最后走向成功。只有自己控制好了自己的浮躁情绪，才不会因为各种各样的诱惑而迷失方向。

停止抱怨，积极改变现状

生活中有很多人喜欢抱怨，抱怨活得太辛苦、压力太大，抱怨家人，抱怨朋友，抱怨上司，抱怨同事……仿佛只要与他们有接触的事或人，他们都无一例外地抱怨。

抱怨是一种很常见的不健康的心理状态。在人生的道路上，我们都会遇上一些不顺的事，这时就会习惯性地抱怨。这些抱怨不仅不会改变现状，还会让我们陷入深深的焦虑和不满之中。

在一家汽车修理厂，有一名修理工叫迈克，他喋喋不休地抱怨从进厂的第一天就开始了，“修理这活太脏了，瞧瞧我身上弄的”，

“真累呀，我简直讨厌死这份工作了”……这些是他每天都会说的，他的生活被抱怨和不满的情绪包围着。他认为自己在受煎熬，在像奴隶一样卖苦力。因此，迈克每时每刻都窃视着师傅的眼神与行动，稍有空隙，他便偷懒耍滑，应付手中的工作。几年之后，只有迈克还是修理工，其他的员工都学到了精湛的手艺，不是被公司送进大学进修，就是另谋高就了。然而，迈克依然在这种恶性循环中抱怨度日。

生活本来就不是事事如意，生活本来就不会十全十美。相反，起起落落，悲欢离合才是家常便饭。这是现实，你必须承认，所以你不要抱怨。能够忍受不公平的待遇，并且以平常的心态对待，这是人生的一个境界，也是我们努力追求的方向。坦然面对生活，用微笑来迎接一切困难。如果一旦遇到波折、困难或不顺心的事，就抱怨他人，感叹自己“怀才不遇”，悔恨“明珠暗投”，对生活失去兴趣，对美好的东西失去追求。这种心理不仅会磨损人的志气，而且是一个人生活幸福的致命伤。

常常抱怨的人，其实是不热爱生活的人，或者说是不理解生活的人。生活是需要你理解的。你不理解生活，你就会常常有愤愤不平的感觉，你就会有怀才不遇的感觉，你就会有牢骚满腹的感觉，你就会有运气不佳的感觉。

生活中总有很多不如意的地方，但抱怨是解决不了问题的。抱怨是一种有害的情绪，又是人们最容易产生的情绪。抱怨为什么有害，是因为抱怨会让人产生消极的情绪，让人戴上有色眼镜看世界，抱怨会磨灭人的斗志，磨损人的动力。倾向于抱怨的人，总是会否认人存在的主观能动性，不能通过自我改造来适应世界和不断改造环境。他们容易认为环境因素是不可以改变的。倾向于抱怨的人总是会否认外界存在的有利因素，因为抱怨自动把有利的方面都屏蔽了，抱怨会让自我陷入自怨自艾中，掉入泥潭而最终伤人伤己。

抱怨生活只是弱者失败的借口。生活本来就是不公平的，永远不要抱怨生活，因为生活根本不知道你是谁！只有我们用平凡的心去面对所给我们的不如意，心中的乌云才会慢慢散开。

阿米莉亚是一家化妆品公司的创办人。小时候，她和奶奶一起生活在乡下。奶奶开了一个小杂货店，为人慈祥又和气，邻居们都喜欢和她聊天。每当那些喜欢抱怨、爱发牢骚的邻居到商店买东西时，奶奶总是会把阿米莉亚拉到身边，让她看自己和邻居说话。

有一次，邻居爱普生前来买香烟。奶奶问他："今天怎么样啊，爱普生老兄？"

爱普生长叹一声说道："唉，今天不怎么样啊，哈德森大姐。你看看，这天气这么热，气死人了。这种鬼天气，真要命啊！"

奶奶一边给他拿香烟，一边附和着说："是啊，是啊！嗯，嗯……"一直抱怨了十多分钟，爱普生才离开小店。

又有一次，邻居汤姆一进店门就向奶奶抱怨道："哈德森大姐，真是气死我了！我再也不想干犁地这活儿了！尘土飞扬不说，驴子还不听使唤。我真是干够了！你看看我的腿、脚，还有手、眼睛、鼻子，到处都是尘土，我真是干够了！"

奶奶仍然是那副老样子，一边给他拿东西，一边附和着说："是啊，是啊！嗯，嗯……"

等汤姆发完了牢骚离开小店，奶奶把阿米莉亚拉到身前，问她："孩子，你听到这些喜欢抱怨的人说的话了吗？"阿米莉亚点点头。奶奶接着说："孩子，在每个夜晚都会有一些人———不管是白人还是黑人，不管是富人还是穷人———酣然入睡但是再也不会醒来。那些与世长辞的人，睡觉时不会感到暖和的被窝已变成冰冷的灵柩，身上的羊毛毯已变成裹尸布，他们再也不能为天气热或驴子不听话而唠叨一分钟。孩子，你要记住：不要抱怨，因为抱怨不能解决任何问题。如果你对现状不满意，那你就设法去改变它。如果改变不了，那就改变你的心态去面对这些问题，但你一定不要去抱怨什么。”

长大后，阿米莉亚牢记着奶奶的话，无论遭遇多大的挫折，她也从未抱怨过什么，最终靠自己的勤奋和智慧打拼出了一片天地，成了业界有名的女强人。

与其抱怨生活，不如改变心态，命运不会因为抱怨而改变，要想改变自己的命运，首先就是努力工作，不要抱怨。

抱怨生活，只能让自己意志消沉，沮丧，心灰意冷，甘为庸碌，最终迷失自我。停止抱怨，努力工作和生活，世界将会更美好。只有不抱怨生活的人，才是生活的主人。只有不畏惧生活中的不平和磨难，在生活中历练自己，促使自己成长和成熟，羽翅丰满，才能在广阔的天空翱翔，放飞梦想，实现人生价值。

关注积极的事以及你想得到的东西，并朝着那个方向去努力，为你的进步喝彩，你将养成热爱生活的习惯，而不是终日怨天尤人。

告别自卑，自信让你魅力非凡

什么是自卑？简而言之，就是觉得自己不如别人，对自己的能力评价偏低。常有抑郁、忧伤、胆怯、失望、害羞、不安和内疚等表现。有的人因为工作成绩差产生自卑，有的人因为自己形象不够好产生自卑，有的人因为自己的家庭条件不好、衣着不如别人时髦产生自卑，有的人甚至连自己脸上的痤疮也成为自卑的原因。自卑是主观的感受，容易产生自卑的人往往好与别人比高低，有很强烈的争强好胜之心，急切地希望一切都超过别人，梦想一鸣惊人，虚荣心较强，容易为一时的成功而骄傲，也为一时的失败而灰心丧气。

麦斯威尔·马尔兹医生说过：“世界上至少有 95% 的人都有自卑感！”这个数字或许会把你吓一跳，但真要细心观察一下会发现，你周围的亲朋好友，有几个人是真正的不自卑？又有几个人不是成天对你诉说自己的不幸？

其实，世界上最糟糕的事就是对自己没有信心，把自己看成一个可怜的人，那么一旦实施可怜给自己，那就真的很可怜了。

孙伟在大学时曾经被公认是全班最胆小怕事的人。大学毕业时大家挥手告别，并且约定十年之后要重新相聚。很多同学预言孙伟不会有什么大作为，十年之后的他依然胆小怕事，过着普通的生活，庸庸碌碌。

十年很快就过去了，到了约定的日子，全班同学又聚在了一起。当年那些意气风发的同学被生活改变成了一言不发的旁观者，许多有才华的同学也在生活的压力下失去了当时的锐气，变得消极倦怠。孙伟，这个被公认的失败者还是和当年一样简单，不出众也不惹眼。

聚会到了高潮，大家纷纷讲述自己的理想，以及对目前生活的满意程度。大多数人表示自己目前的生活状态与理想相去甚远，几乎没有人满意现在的生活。

孙伟也向大家介绍了自己的生活："我现在拥有几家公司，总资产数亿元，远远超出了当年走出校门的理想。如果说我现在还有什么不满，那就是我现在取得的成绩离那些我欣赏的成功者还很遥远。我想说的是，当年不论是在学校还是初入社会，我都是一个自卑的人，我发现每个人都有特长，而我一直很平凡。但是我发现，不论我怎么努力也不可能赶上所有的人，所以我决定选择从某些方面提升自己的能力，告诉自己有很大的学习空间。我把自卑转化成自信，把所有伟大目标转化成向别人学习的一点点的进步。进步一点，就有一点战胜自卑的理由。这样一来，我获得了源源不断的前进动力，也取得了今天的成绩。"

孙伟的成功不仅仅在于有了良好的事业，更在于他驱散了心底的自卑，怀着自信面对生活。自卑就像我们心中的阴云，只有拨开它，我们才能享受到灿烂的阳光，拥有人生的快乐。战胜自卑最有效的方法就是相信自己，只有相信自己才能超越自己。

人生中难免要遇到一些挫折，也难免会产生一时的自卑心理，关键是怎样对待挫折，怎样克服自卑心理。首先为自己制定的目标要切合实际，要以豁达和宽容的态度对待学习和生活中遇到的不如意的事。生活并不像一条小溪那样，平静地潺潺流动着，生活中会有激动和震荡，有高潮也有低潮。遇到挫折不要心灰意冷，怨天尤人，要振作起来，卧薪尝胆，用自信和积极的心态去填平自卑的深沟。

奥斯卡影后妮可·基德曼曾是一个非常自卑的影星，她总是认为自己比不上别人，每接拍一部电影，她都非常紧张。为演好一个角色，她必须努力控制好自己的情绪，她曾这样说过："我是个内心脆弱的人，每一次要尝试新的角色，我总是有点歇斯底里，很想逃避，那些角色我实在没信心演好……"

但是，她没有临阵退场，而是努力发现自身存在的优点，选择坚持，用心演好每一个角色，拍好每一部电影。她不但没让自己停下来，还一部接一部地演，一次又一次挑战自己。正因为如此，她才摆脱了媒体说她是"花瓶"的阴影，选择在好莱坞电影界继续发展。

自卑其实就是自己和自己过不去。为什么老要和自己过不去呢？你不觉得自己身上也有许多可爱的地方、令人骄傲的地方吗？也许你不漂亮，但是你很聪明；也许你不够聪明，但是你很善良。人有一万个理由自卑，也有一万个理由自信！丑小鸭变成白天鹅的秘密，就在于它勇敢地挺起了胸膛，骄傲地扇动了翅膀。所以，自卑者需要调整对自己的认识角度，更需要通过不断地发展自我建立一种特殊的人生优势。唯有在丰富的生活经历之上建立起一种内在的自信，自卑的人才不会因遭遇一些挫折、侮辱而轻易贬低、否定自己。

与其为自卑而悲观丧气，庸碌无为，不如变自卑的缺点为奋斗的力量，扼住命运的咽喉，积极去奋斗，争取成功。自卑并非天堑，不能够超越，主要在于自己。事实上，只有踏踏实实地去做每一件事，你才会对自己能否做好每一件事充满信心。在满意的目光中，你会忘掉自己的不足，你会随时随地充满自信，你就不会再自卑。

只有控制自卑心理，你才会敢于进取，成为一个有主动创造精神的人，才能开拓事业；你才会有积极的人生态度，才会活得开朗、开心；你才会勇于承担责任，成为一个有责任心的人。

欲速则不达，凡事不可急于求成

培根曾在《凡事不可急于求成》一文中这样写道："二位智者说过：慢些，我们就会更快。没错，有人为了显示效率，凡事草草了事，结果得不偿失，使得一件本可一次完成的事情，要回头重复多次。所以，做事情不要急于求成。"

子夏是孔子的学生。有一年，子夏被派到莒父（现在的山东省莒县境内）去做地方官。临走之前，他专门去拜望老师，向孔子请教说："请问，怎样才能治理好一个地方呢？"

孔子十分热情地对子夏说："治理地方，是一件十分复杂的事。可是，只要抓住了根本，也就很简单了。"

孔子向子夏交代了应注意的一些事后，又再三嘱咐说："无欲速，无见小利。欲速，则不达；见小利，则大事不成。"

这段话的意思是：做事不要单纯追求速度，不要贪图小利。单纯追求速度，不讲效果，反而达不到目的；只顾眼前小利，不讲长远利益，那就什么大事也做不成。子夏表示一定要按照老师的教导去做，就告别孔子上任去了。

后来，"欲速则不达"作为谚语流传下来，被人们经常用来说明过于性急图快，反而适得其反，不能达到目的。所以，无论做什么事情，不要急于求成，应该遵循规律，脚踏实地，一步一个脚印，认真地走出每一步，就一定会有收获。

有这样一个小故事：

有一个农夫，在地里种下了两粒种子。很快它们变成了两棵同样大小的树苗。第一棵树在一开始就决心长成一棵参天大树，所以它拼命地从地下吸收养料，储备起来，用于滋润自己的每一个细胞，盘算着怎样向上生长，完善自身。由于这个原因，在最初的几年，它并没有结果实，这让农夫很恼火。相反，另一棵树同样也拼命地从地下吸取养料，打算早一刻开花结果，并且它做到了这一点。这使农夫很欣赏它，并经常浇灌它。

时光飞转，那棵久不开花的大树由于身强体壮，养分充足，终于结出了又大又甜的果实；而那棵过早开花结果的树，却由于还未成熟，便承担了开花结果的任务，所以，结出的果实苦涩难吃，并不讨人喜欢，并且自己也因此累弯了腰。农夫诧异地叹了口气，只能用斧头将它砍倒，当柴烧了。

万事万物都有定理，任何事物的发生、发展都是严格按照各自的规律进行的。急于求成的结果就是欲速则不达，导致最终的失败。做任何事情都要脚踏实地，一步一个脚印才能逐步走向成功，一口是永远吃不成一个胖子的，急于求成的结果，只能适得其反，结果只能功亏一篑，落得一个揠苗助长的笑话。许多事业都必须有一个痛苦挣扎、奋斗的过程，正是这个过程将你锻炼得无比强大并成熟起来。宁详毋略，宁近毋远，宁下毋高，宁拙毋巧——朱熹的十六字真言可谓对“欲速则不达”做了一番精彩的诠释。

很多时候，求快反而达不到预期的效果。俗话说：“慢工出细活”。这里的“慢”，所表达的不是一种具体的工作形态，而是一种心态，一种生活方式。慢不是懒惰，放慢速度不是拖延时间，而是遇事涵养静气，不急不躁。这要求我们在开展工作中冷静分析工作情况，逐步积累，通过量变达到质变的效果，务必保持戒骄戒躁、耐心细致的态度，慢慢雕琢，耐心做足工作，争取圆满完成工作任务。

在大学刚毕业的那一年，23 岁的小张历尽艰辛才好不容易找到了人生的第一份工作，在一家小的广告公司写文案，月薪是可怜的 800 元；但是 10 个月后，他的月薪赫然已达到 5000 元以上，也一跃而成这个城市最厉害的广告公司的策划总监，并开始出版自己的长篇小说！

他之所以能在短短的时间内实现这样一个质的飞跃，最重要的一个原因是他忍受了常人不能忍受的寂寞！在工作的这一年当中，他除了绞尽脑汁挖空心思撰写好每个最可能能够执行的策划方案之外，还不断地阅读营销、策划和广告方面的书籍，努力开拓自己的眼界。并上了一些成功学的课程，非常谦虚地向业已成名的前辈和师长学习，仔细分析并研究他们的每一个成功案例，不断寻找自己与实战的差距，还会努力发现和挖掘自己比他们高明的地方。

工作之余，他把更多的时间投入他永远热爱的写作当中。每当夜深人静的时候，他躲在自己的房间里，放几支音乐，在键盘上轻松地敲击出天马行空般的想象，他常把自己在不知不觉中幻化成一个纵横驰骋于疆场的战将，文字是他随意调遣而绝无怨言的士兵。也唯有此时，他自己就是这个世界上最强大、最神圣、最崇高、最优秀、最可爱、最成功的英雄，平时所有的委屈、所有的艰辛、所有的落寞、所有的忧伤、所有的喧嚣、所有的过眼烟云都是那样微不足道。

可见，要想成就一番事业，欲速则不达，只有耐得住寂寞，潜心苦练，才能达到目标。

中国有句俗话：心急吃不了热豆腐。我们做任何事情都不能急于求成，而是应该脚踏实地地做好今天的每一件事情。如果你这样做了，你就会多积累一分经验和自信去面对明天的挑战。

现代社会，随着生活节奏的加快，很多人都陷入了对速度的盲目崇拜当中，人们变得越来越没有耐心、心浮气躁、坐不住冷板凳，好高骛远只想拣“高枝”，急功近利，结果一事无成。相反，只有不急于求成，让做事的速度慢下来，才有时间、有精力将活儿做细、做好、做精致。所以说，做事情切不可急功近利，要从日常生活中培养耐心、信心，凡是都要用心、专心才容易成才。

冲动会让你付出难以想象的代价

俗话说：冲动是魔鬼。每个人在生活中都会遇到不合自己心意的事，这时候如果不保持冷静，不克制自己的冲动行为，就会为此付出代价。

在英国发生了这样一则故事：

史蒂芬是英国中部城镇奥尔德姆的一名警察。一天晚上，他身着便装来到市中心的一间食杂店门前。他准备到店里买包香烟。这时，店门外一个流浪汉向他要烟抽。史蒂芬说他正要去买烟。流浪汉认为史蒂芬买了烟后会给他一支。

当史蒂芬从食杂店买完烟出来后，喝了不少酒的流浪汉再一次缠着他索要香烟。史蒂芬感到很反感，没有不给他，于是两人发生了口角。随着互相谩骂和嘲讽的升级，两人情绪逐渐激动。史蒂芬掏出了警官证和手铐，说：“如果你不放老实点，我就给你一些颜色看。”流浪汉反唇相讥：“你这个混蛋警察，你有什么了不起的，看你能把我怎么样？”在言语的刺激下，二人扭打成一团。旁边的人赶紧将两人分开，劝他们不要为一支香烟而发那么大火。

被劝开后的流浪汉骂骂咧咧地向附近一条小路走去，他边走边喊：“自以为是的警察，有本事你来抓我呀！”失去理智、愤怒不已的史蒂芬拔出枪，冲过去，朝流浪汉连开四枪，那个流浪汉倒在了血泊中……

法庭以“故意杀人罪”对史蒂芬做出判决，他将服刑30年。

一个人死了，一个人坐了牢，起因是一支香烟，罪魁是失控的冲动情绪。所以，无论遇到任何事情都应该冷静沉着，尤其是怒火攻心之时，更要有意识地控制自己，先搞清楚事情状况，切忌一时冲动、意气用事。要知道，盛怒之下的行为，通常都毫无理智可言，事后痛悔几乎是必然的。既然如此，为什么不在当时就抓住自己，让自己别做那些注定要后悔的蠢事？

愤怒是人类的一种失控情绪。当人们处在愤怒中时，智商和情商都降到了最低，特别容易做出冲动的傻事。在愤怒的关头，人们往往会自以为是，做出非常武断的决定，其冲动行为的危害性不可估量。

大名鼎鼎的巴顿将军，就是因为在关键时刻不能控制自己的愤怒情绪而影响了他的一生。

事情发生在1943年8月10日，当时战斗进展不顺利，巴顿的心情很不好。下午1时30分，巴顿在行车途中发现了通往第九十三军后方医院的路标，马上命令司机把车开过去。巴顿与士兵们进行闲谈，赞扬他们的勇敢精神和业绩。但凡熟悉巴顿的人都发现，他神情紧张，不像往常那样热情诙谐。突然，巴顿发现一名未受伤的士兵住在医院里，顿时变得冷酷无情，此人叫保尔·贝内特，患有“炮弹休克症”。此时，他缩成一团，哆哆嗦嗦地回答巴顿的问话：“我的神经有毛病，我能听到炮弹飞过，但听不到它爆炸。”说罢，他便哭泣起来。

巴顿勃然大怒，大声叫骂：“他妈的，你神经有毛病，你真是个胆小鬼，狗娘养的。”

接着巴顿打了他耳光，吼道：“你是集团军的耻辱，你要马上回去参加战斗，但这太便宜你了。你应该被枪毙，事实上，我现在就要枪毙你！”说完，巴顿拔出手枪，在他眼前晃动。当巴顿走出病房时还在向医生叫喊，要他们把那人送出医院。

“打耳光”事件发生后，巴顿内心也感到自责，但由于战事紧张，他很快就把这件事忘掉了。但事情的发展完全出乎他的意料。

很快，巴顿打人的消息传遍了第七集团军，新闻界也议论纷纷，艾森豪威尔也知道了这件事，他以个人的名义给巴顿写了封信，严厉批评了巴顿的“卑鄙”行为，并责令巴顿：必须向被打者道歉，向所有在场的医护人员和伤员道歉，而且还要向整个第七集团军，一个部队挨一个部队地道歉。

接到信后，巴顿开始感到问题的严重性，因此他认真执行了艾森豪威尔的命令。

但是，有些人仍不能原谅巴顿，坚决要求把巴顿送上军事法庭或降职处分，以致让他失去继续参战的机会。但是在艾森豪威尔等人的保护下巴顿并没有受到这些惩罚。

但这次事件对巴顿的影响很大，这使他未能出任集团军司令，人们认为，“巴顿具有某些令人遗憾的性格，他鲁莽、暴躁，有时容易冲动”。

巴顿原本光辉灿烂的前程就此毁于一次打耳光上。

愤怒是一种人性弱点，常常使人丧失理智，做出不计后果的言行，最终使自己深受其害。所以，我们要学会克制愤怒，在怒发冲冠的时候及时踩一脚急刹车。

下面是消除愤怒情绪的一些具体方法：

（1）请可信赖的人帮助你。让他们每当看见你动怒的时候，便提醒你。你接到信号之后，可以想想看你在干什么，然后努力推迟动怒。

（2）不要总是对别人抱有期望。只要没有这种期望，愤怒也就不复存在了。

（3）当你愤怒时，首先冷静地思考，提醒自己：不能因为过去一直消极地看待事物，现在也必须如此，自我意识是至关重要的。

（4）主动控制。主要是用自己的道德修养、意志修养缓解和降低愤怒的情绪。有人在要发泄怒气时，心中默念“不要发火，息怒、息怒”，会收到一定效果。

（5）当你想用愤怒情绪教训人时，可以假装动怒，提高嗓门或板起面孔，但千万不要真的动怒，不要以愤怒所带来的生理与心理痛苦来折磨自己。

（6）当你要动怒时，花几秒钟冷静地描述一下你的感觉和对方的感觉，以此来消气。最初 10 秒钟是至关重要的，假如你能够熬过这 10 秒钟，愤怒便会逐渐消失。

（7）当你发怒的时候，要时刻提醒自己，人人都有权根据自己的选择来行事，如果一味禁止别人这样做，只会加深你的愤怒。你要学会允许别人选择其言行，就像你坚持自己的言行一样。

（8）改变自己的心态。愤怒通常是虚荣心强、心胸狭窄、感情脆弱、盛气凌人所致，对此，可以用疏导的方法将烦恼与怒气导引到高层次，升华到积极的追求上，以此激励起发奋的行动，达到转化的目的。

第五章　每天正能量，带着最好的心情去努力

世上本无事，庸人自扰之

有这样一个有趣的小故事：

一个小孩问一位胡长很长的老人："老爷爷，你睡觉的时候是把你这花白的长胡子放在被子外还是放在被子里？"这个问题把老人问住了，因为他从来不曾留意自己的胡子到底是怎么放的。

晚上睡觉到时候，老人突然想起小孩子问他的话。他先把胡子放在被子外面，感觉很不舒服；又把胡子放在被子里面，仍觉得很难受。

就这样，老人一会儿把胡子拿出来，一会儿又把胡子放进去，整整一个晚上，他始终想不出来，过去睡觉的时候，胡子是怎么放的。

第二天，老人见到那个小孩，生气地说："都怪你这小孩，让我一晚上没睡成觉！"

其实，胡子放在哪里，还不是一样要睡觉，一切顺其自然，就不会有太多的烦恼。生活中，烦恼大多都是自找的。当你用审视的眼光看待烦恼时，会不经意地发现，其实束缚住自己心情、令自己

痛苦难堪的不是别人而是自己。成功在于自己，失败也在于自己。要想摆脱烦恼，关键要依靠你自己的力量，自己才是心灵的上帝。

一直以来，澳大利亚草原上的这位牧羊人，就羡慕别人的羊群比自己的数量多，别人的羊毛质量比自己的好。因此，他每天都“烦、烦、烦”地喊着，并冲家里人发脾气，还不时向上帝祈祷，希望与别人交换命运。

上帝决定帮他实现交换命运的愿望。于是，上帝对他说：“你把所有的烦恼都装进口袋里吧，然后来到篱笆墙边，有无数袋烦恼，或许有你认为分量比较轻的，你喜欢哪一袋，就换哪一袋。”

牧羊人向上帝表示过感谢后，便赶快把自己的烦恼装进口袋，背在肩上就出发了。

一路上，牧羊人觉得肩上的口袋越来越沉重，他甚至觉得自己被压弯了腰，他觉得自己已再没有力气前进了。但是，他太希望与别人交换命运了，因此他强撑着踉踉跄跄地一步一步往前挪。

牧羊人边走边想着自己的一个远房亲戚，他不仅在城里有别墅，还有可爱的儿女，年轻漂亮的妻子，这个亲戚一定没有烦恼。

牧羊人又想到牛奶厂的厂长，他看起来多么自在逍遥啊，他不用干活，家里雇用了挤奶工、厨师，他的日子过得比任何人都滋润。

牧羊人想到种花的老人，他过着与世无争、超绝尘世的生活，他的那一份宁静和从容，让自己多么羡慕啊！种花老人的烦恼一定少之又少。

当牧羊人来到篱笆墙时，上帝让天使将他肩上的口袋卸下，放进一大堆装着麻烦、苦恼、不满、屈辱、挫折等的口袋中间，而这些口袋的主人都是牧羊人所羡慕的那个阶层的人：有农场主，牛奶厂的厂长，远房亲戚，种花的老人，甚至有政府公务员、律师、企业家、歌王。

牧羊人看傻了眼，他喃喃道：“上帝啊！感谢你的仁慈，让我有机会从这么多人中挑选交换命运的对象，我太高兴了！”

在生活中，我们常常会遇见各种烦恼，而这些烦恼就如同心中的枷锁一般，多数都是自己给自己锁上的。事实上，只要我们心中明朗，那把锁就永远不会锁上，我们又何必自寻烦恼，给自己的内心上锁呢?

一次,几位同学去拜访大学时的老师。老师问他们生活得怎么样。一句话勾出了大家的满腹牢骚，大家纷纷诉说着生活的不如意：工作压力大呀,生活烦恼多呀……一时间,大家仿佛都成了上帝的弃儿。

老师笑而不语，从房间里拿出许许多多的杯子，摆在茶几上。这些杯子各式各样，有瓷器的，有玻璃的，有塑料的，有的杯子看起来高贵典雅，有的杯子看起来粗陋低廉……老师说：“都是我的学生，我就不把你们当客人看待了。你们要是渴了，自己倒水喝吧。”

同学们已经口干舌燥了，便纷纷拿了自己中意的杯子倒水喝。等他们手里都端了一杯水时，老师讲话了，他指着茶几上剩下的杯子说：“大家有没有发现，你们挑选去的杯子都是最好看最别致的杯子，而像这些塑料杯就没有人选中它。”他们并不觉得奇怪，谁都希望手里拿着的是一只好看的杯子。

老师说：“这就是你们烦恼的根源。大家需要的是水，而不是杯子，但我们有意无意地会去选用好的杯子。这就如我们的生活——如果生活是水的话，那么，工作、金钱、地位这些东西就是杯子，它们只是我们用来盛起生活之水的工具。杯子的好坏，并不能影响水的质量，如果将心思花在杯子上，你哪有心情去品尝水的苦甜，这不是自寻烦恼吗？”

正所谓：世上本无事，庸人自扰之。生活中，总免不了有一些苦恼烦闷的事。有些烦恼来自外界，必须正视；而大多数困扰则源于内心，这就是所谓的“自寻烦恼”。

生命是一段匆匆而过的旅程，只有把握好我们已有的一切，才能拥有一个实实在在的美好人生。

只要满怀希望，就会看到光明

希望是什么？

希望是引爆生命潜能的导火索，是激发生命激情的催化剂。只要活着，就要有希望，只要每天给自己一个希望，我们的人生就不会黯然失色。

一位叫林德曼的精神病学专家曾独自一人架着一叶小舟驶进了波涛汹涌的大西洋。他在进行一项心理学试验，准备付出的代价是自己的生命。

林德曼博士认为，一个人只要对自己抱有信心，就能保持精神和机体的健康。当时，德国已经先后有100多位勇士相继驾舟横渡大西洋，结果均遭失败。林德曼博士认为，这些死难者是死于精神上的崩溃，死于恐怖和绝望。为了验证自己的观点，他不顾亲友们的反对，亲自进行了试验。

在航行中，林德曼博士遇到了难以想象的困难，多次濒临死亡，他的眼前甚至出现了幻觉，运动神经也处于麻木状态，有时真有绝望之感。但只要这个念头一升起，他马上就大声自责："懦夫，你想重蹈覆辙，葬身此地吗？不，我一定能够成功！"生的希望支持着林德曼，最后他终于成功了。他在回顾成功的体会时说："我从内心深处相信一定会成功，这个信念在艰难中与我自身融为一体，它充满了周围的每一个细胞。"

他的试验表明，一个人只要充满希望，精神就不会崩溃，就可能战胜困难并取得成功。

任何时候人都要有希望，因为只有有了希望，生命才会有活力。

人的一生中，往往会遇到很多的挫折与不幸，我们会有无助与失落的时候，我们也会感觉到绝望。此时，唯有重新燃起希望的火苗，让自己有足够的勇气与信念活下去，才会成就人生的辉煌。

1945 年 8 月 15 日，第二次世界大战结束，在德国的土地上到处是一片废墟，满目疮痍。美国社会学家波普诺带着几名调查人员到实地察看。他们看了许多户住在地下室的德国居民。而后，波普诺就向调查人员问了一个问题：

“你们看像这样的民族还能够振兴起来吗？”

“这个难说，要看具体的情况。”一名调查人员随口答道。

“他们肯定能！”波普诺非常坚定地给予了纠正。

“为什么呢？”调查人员不解地问道。

波普诺看了看他们，又问：“你们到每一户人家的时候，看到了他们的桌上都放了什么？”

随从人员异口同声地说：“一瓶鲜花。”

“那就对了！任何一个民族，处在这样困苦的境地还没有忘记爱美，那就一定能在废墟上重建家园！”

世上没有绝望的处境，只有对处境绝望的人。只要我们心中存在希望，只要我们心中有一颗希望的种子，那么就一定会创造出奇迹。

人的一生，不如意的事十有八九。但是无论是在何时何地，也无论你遇到什么样的艰难困苦，请你都不要失去对生活的热爱和对美好事物的追求，同时必须为之长期不懈地努力奋斗，这样人生的命运将会还报给你幸福的微笑。

美国作家欧亨利在他的小说《最后一片叶子》里讲了个故事：病房里，一个生命垂危的病人从房间里看见窗外的一棵树，在秋风中一片片地掉落下来。病人望着眼前的萧萧落叶，身体也随之每况愈下，一天不如一天。她说：“当树叶全部掉光时，我也就要死了。”一位老画家得知后，用彩笔画了一片叶脉青翠的树叶挂在树枝上。

最后一片叶子始终没掉下来。只因为生命中的这片绿，病人竟奇迹般地活了下来。

人生不能没有希望，所有的人都是生活在希望当中的，保持“希望”的人生是有力的。失掉“希望”的人生，则通向失败之路；“希望”是人生的力量，在心里一直抱着美“梦”的人是幸福的。也可以说抱有“希望”活下去，是只有人才被赋予的特权、只有人，才由其自身产生出面向未来的希望之“光”，才能创造自己的人生。

鲁迅曾经说过：“希望是附丽于存在的，有存在，便有希望，有希望，便是光明。”希望是激励我们前进的巨大的无形动力。只要我们满怀希望，我们就能走出困境，重新看到光明。时刻对未来怀有希望，并为之锲而不舍地奋斗，才是具有最高信念的人，才会成为人生的胜利者。

事情没有绝对的好坏，关键是你的态度

世界上的万事万物都有正反两面，事物的对立统一构成了千姿百态的自然界。所以，事物的好与坏、错与对都是客观存在的，就看我们如何去看待。如果看到事物好的一面多一些，那么它就是好的；如果看到事物坏的一面多一些，那么它就是坏的。世界上没有绝对好或者绝对坏的事物，每个事物只是在不同的场合、不同的环境下发挥的作用不同，就看我们如何去理解。

有一次，贾宝玉邀请林黛玉去赏花。二人来到花园里，宝玉说：“你看，柳树都发芽了，淡绿色的嫩芽多好看！看那花多漂亮！你听，小鸟的叫声多好听！”可是林黛玉却说：“可惜花开得好，终究还是要落的呀……”说着眼泪又珍珠般地落下。

同样是赏花，为什么两人会有两种截然相反的看法呢？关键是

两人对待事物的看法不同。林黛玉持有消极悲观的态度，看问题从消极的方面考虑，自然就会伤春悲秋，由外物的不幸联想到自己的命运，她这样的负面思维方式，会给自己带来不尽的悲伤和痛苦；而贾宝玉则具有积极乐观的态度，凡事看到了好的一方面，所以他看到的是生机勃勃和满园春色。

同样一件事情，因看问题的角度不同，就会产生不同的认知。凡事多往好处想，就会少生烦恼、苦闷，而多有喜乐、平安。相反，凡事习惯往坏处想，就会使人沮丧、难过。

看过这样一则故事：

一个老太太，生了两个女儿，大女儿嫁给了卖雨伞的，二女儿嫁给了卖草帽的。

一到晴天，老太太就唉声叹气，说："这么大的太阳，雨伞不好卖，大女儿的日子肯定不好过了。"

一到雨天，她又想起了二女儿："这么大的雨，我二丫头的草帽咋卖得出去噢。"

所以无论晴天还是阴天，老太太总是一脸愁云。

后来，有一个智者听了老太太的担忧，劝慰道："老人家你应该高兴才是。你想，雨天你家大女儿的伞就好卖了，晴天你二女儿的草帽生意就好得很。"

老太太一想，是啊，从此再也不伤心了。

生活中，有很多烦恼和痛苦是很容易解决的，有些事只要你肯换角度、换个心态，你会有另外一番光景。

任何事情都是由"好"与"坏"两个对立面构成。事情的"好"与"坏"多数情况下取决于我们看待它的角度，背对阳光看到的只能是你的影子。有些人活在世上，恰恰总是把事往坏处想，结果也使自己整天处在高度紧张、猜疑、惊恐、戒备、争斗之中，具有这种心理状态的人，还能开心吗？

换个角度看问题，并不是解决一切问题的灵丹妙药，却是一种健康积极的人生哲学。有了它，也许问题本身不会减少，但问题的解决却找到了正确的方向。

当我们遇到苦难或挫折时，不妨把暂时的困难当作黎明前的黑暗。只要以积极的心态去观察、去思考，就会发现，事实远没有想象中的那样糟糕。换个角度去观察，世界会更美。所以，我们应该培养乐观的人生态度。凡事往好处想，事情自然会向好的方面发展。

张雨在宝洁实习刚一个星期，由于对这个行业简直就是一无所知，几乎没有任何出色的业绩，仅仅出售了几瓶洗浴液，看着旁边其他品牌的促销员，心中真不是滋味。学习经济管理四年，期间的刻苦努力不说，只为将来能干出一番业绩来。可是刚小试人生，就对自己的才智与能力打了一个折扣。其实他一点也不比别人笨，营销的理论都知道，为什么在实际的销售中没有业绩呢？面对一天不如一天的现状，他的思想开始动摇了，自己到底能不能继续胜任这份工作。

张雨和经理谈了自己的想法，经理劝他要对自己充满信心，不要放弃，如果自己对自己都没有信心，那么别人对你还会有信心吗？他希望张雨能够再坚持一个星期，并且参加全体员工工作会议，每个人都要讲自己在销售中遇到的实际情况，再说是如何考虑、如何解决的。经理的话使他感受到一种自我激励的存在，没有人可以帮他，只有靠自己了。他终于找到了困扰他的主要问题：面对失败，总是悲观想问题，一味地认为自己不行，为何不能让自己换个角度来看呢？

“天将降大任于斯人也”，这或许是上天对自己的一种考验，为什么不能用积极的态度去面对，用足够的热情来改变自己的心情。如果能够对每个顾客都抱有十二分的热情和努力去对待，让自身的状态达到最佳，就能够去感染周围的人。

于是，他发誓要在一个星期内改变现状。这几天他干得十分轻松，每天都对自己说："今天是美好的，我一定要拿第一。"付出总会有回报，在第五天，他拿了第一，他将这个好消息告诉了经理，经理鼓励他说："相信最佳，继续努力。"这是十分平常的一件小事，可是对他来说却不然。这让他明白自己是有能力、有潜力的，只要坚持自己的信念，顽强拼搏，没有办不到的事情。

生活中很多情况就是如此，只要转变一下思考方式，改变了看问题的心态，结果就会大大不同。

有些人总是喜欢说，他们现在的状况是别人造成的，环境决定了他们的人生位置，许多事情他们无法摆脱，也不能往好的方向想。这是因为他们从未真正地往好的方向想过，他们总是悲观失望，有时即使有好的想法，也马上会被自己所否定。说到底，如何看待人生，全由我们自己决定。

人生充满了选择，而生活的态度就是一切。相同的世界在不同的人眼中是不同的，有时看法甚至是截然相反的。乐观的人在每一个忧患中看到机会，悲观的人在每一个机会中看到忧患。很多事情你站在不同的角度，便会有不同的看法，与其愁苦自怨，倒不如换个角度，转变一下心情。凡事往好处想，内心便充满阳光，这种乐观的、积极向上的心态，会激发我们的生命力，永远拥有成功的信心和希望。即便是身处绝境的情况下，也能以豁达开朗的心胸面对未来。

任何时候都别忘了微笑

生活离不开微笑，微笑是善良的表现，微笑是真诚的流露，微笑是沟通人们心灵的调和剂。微微地一笑，可以代替多少解释，化解多少误会，又得到多少理解和尊重呢？凡是经常面带微笑的人，往往能将别人吸引住，使人感到愉快。

王楠是一名刚刚进入大学的学生，由于她长得不太好看，经常被校园里的那些帅哥和靓妹们嘲笑，叫她“超级恐龙”，更有甚者干脆直呼她“夜叉婆”。

每当同学这样叫她时，她非常气愤和羞愧，但却无可奈何，有时甚至掩面大哭。人常说，大学的生活最美好，可她的生活就像在炼狱一样。她也总是试图躲避人们的视线，甚至躲在宿舍里不敢出来。

有一天，当她又因为同学的嘲笑而暗自垂泪的时候，被管理校园花草的王师傅看见了，问明原委后，王师傅告诉她一些能使人变漂亮的秘诀：

第一，脸上经常挂上笑容，遇到同学甭管他如何对待过你，都要主动亲切地打招呼。

第二，绝不自伤自怜，学会坚强勇敢，别总是把自己的长相放在心上。

第三，乐于助人，用一颗友善的心去对待别人。

王师傅说：“只要你能照着这些秘诀去做，三个月后你一定会变成全校最吸引人的姑娘。”

于是王楠听从了王师傅的话，全心全意地按这些秘诀的要求去做。“精诚所至，金石为开。”不久，同学们对她的态度发生了巨大变化，不再嘲笑和讽刺她，她果真成了全校同学中最受欢迎、最有人缘、最易于相处的人了。而且由于她的脸始终是微笑着的，就像五月的丁香花一样，虽不美丽，却很宜人。所以同学们都说：“原来她并没有那么丑，还是很漂亮的啊！”

有位世界名模曾说过这样一句话：“女人出门时若忘了化妆，最好的补救方法便是亮出你的微笑。”微笑是人类面孔上最动人的一种表情，是社会生活中美好而无声的语言，它来源于心地的善良、宽容和无私，表现的是一种坦荡和大度。微笑是成功者的自信，是失败者的坚强；微笑是人际关系的黏合剂，也是化敌为友的一剂良方。

微笑是对别人的尊重，也是对爱心和诚心的一种礼赞。

暖暖和冰冰一起长大，她们两个人从小在各个方面都非常的优秀，在大学里她们更是成为校园里一道亮丽的风景线。冰冰比暖暖的功课要好，也比暖暖长得漂亮，可是唯一的缺点就是不爱笑，总是一副冷冰冰的样子。而暖暖呢，虽然功课比冰冰稍逊一些，而且也没有冰冰那般美丽的容貌，可是她最具杀伤力的“武器”就是微笑了。她面对任何事都喜欢微笑，她说：“微笑能减轻内心的恐惧感，让我有勇气面对一切困难。”

很快，她们大学毕业了，一起出来找工作。由于大学时，她们学的是旅游专业，所以，她们一同去了一家旅游公司应聘导游。公司经理问了她们很多专业性的知识，冰冰都能非常流畅地回答出来。而暖暖呢，有些问题并不能流畅回答，但是她在回答不上来的时候，总会报以歉意地微笑，同时浅浅一笑，也是对自己的鼓励。

最后，这家旅游公司只招了暖暖一个人，冰冰不解。经理说：“你的专业知识确实很过硬，而且语言组织能力也很强，可是你不懂得微笑，导游是一个服务行业，旅游者花钱是来买舒心的，一路上看着一张冷冰冰的脸，你说他们会开心吗？”

可见，整天板着一张面孔的人是没有人喜欢的。每个人都喜欢看到一张微笑的脸，它透露着亲切和阳光，在给自己一个轻松的心情的同时，也能带给别人一个轻松的感觉。所以，假如你要获得别人的欢迎，请给人以真心的微笑。

世界上最伟大的推销员乔·吉拉德曾说：“当你笑时，整个世界都在笑。一脸苦相没人理睬你。”微笑是通用的护照，走遍全球。阳光雨露般的微笑是你畅行无阻的通行证。

无论你在什么地方，无论你在做什么，在人与人之间，简单的一个微笑是一种最为普及的语言，她能够消除人与人之间的隔阂。人与人之间的最短距离是一个可以分享的微笑，即使是你一个人微笑，也可以使你和自己的心灵进行交流和抚慰。

飞机起飞前，一位乘客请求空姐给他倒一杯水吃药。空姐很有礼貌地说：“先生，为了您的安全，请稍等片刻，等飞机进入平稳飞行后，我会立刻把水给您送过来。好吗？”

15分钟后，飞机早已进入了平稳飞行状态。突然，乘客服务铃急促地响了起来，空姐猛然意识到：糟了，由于太忙，忘记给那位乘客倒水了！空姐连忙来到客舱，小心翼翼地把水送到那位乘客跟前，面带微笑地说：“先生，实在是对不起，由于我的疏忽，延误了您吃药的时间，我感到非常抱歉。”这位乘客抬起左手，指着手表说道：“怎么回事？有你这样服务的吗？你看看，都过了多久了？”空姐手里端着水，心里感到很委屈。但是，无论她怎么解释，这位挑剔的乘客都不肯原谅她的疏忽。

接下来的飞行途中，为了补偿自己的过失，空姐每次去客舱给乘客服务时，都会特意走到那位乘客面前，面带微笑地询问他是否需要水，或者别的什么帮助。然而，那位乘客余怒未消，摆出一副不合作的样子，并不理会空姐。

临到目的地前,那位乘客要求空姐把留言本给他送过去。很显然，他要投诉这名空姐。此时，空姐心里虽然很委屈，但是仍然不失职业道德，显得非常有礼貌，而且面带微笑地说道：“先生，请允许我再次向您表示真诚的歉意，无论你提出什么意见，我都将欣然接受您的批评！”那位乘客脸色一紧，嘴巴准备说什么，可是却没有开口。他接过留言本，在上面写了起来。

飞机安全降落。所有的乘客陆续离开后，空姐打开留言本，惊奇地发现，那位乘客在本子上写下的并不是投诉信，而是一封热情洋溢的表扬信。

是什么使得这位挑剔的乘客最终放弃了投诉呢？在信中，空姐读到这样一句话：“在整个过程中，你表现出了真诚的歉意，特别是你的十二次微笑，深深打动了我，使我最终决定将投诉信写成表扬信！你的服务质量很高。下次如果有机会，我还将乘坐你们的这趟航班！”

由此可见，微笑是一种武器，是一种寻求和解的武器。微笑能将怒气挡在对方体内，阻止他的进攻。微笑是一缕春风，化开久冻的坚冰；微笑是一滴甘露，滋润久旱的心田；微笑是人们脸上高尚的表情，温馨而怡人。无论是在生活，还是在工作中，只要你不吝惜微笑，往往就能够左右逢源、顺心如意。这是因为微笑表现着自己友善、谦恭、渴望友谊的美好的感情因素，是向他人发射出的理解、宽容、信任的信号。

在我们的生活中不能没有微笑。一位诗人曾经这样写道：“你需要的话，可以拿走我的面包，可以拿走我的空气，可是别把你的微笑拿走。因为生活需要微笑，也正因为有了微笑，生活便有了生气。”的确，在我们的生活中不能没有微笑。微笑是你接近他人最好的介绍信。微笑的表情，是一种诚意和善良的象征，是愉悦别人的一种良好形象，同时也是一种引起兴趣和好感的催化剂。

做一个快乐的人，笑对每一天

生活中，每一个人都有一份属于自己的快乐，不同的阶段有着不同的快乐，就看你是否会寻找。学会寻找快乐，并将这种快乐充实在自己生活的不同阶段，即使你什么都没有，但只要拥有快乐，那么你就是这个世界上最富有的人！

有这样一个小故事：

很久以前，有个人因为他常常闷闷不乐，所以一年四季都在找快乐。他到处问别人：“请问，到哪里才能找到快乐？”但被问的人总是摇摇头说不知道。他越找不到快乐就越不快乐。于是，他下定决心，不找到快乐绝不罢休。因此他收拾了行李远离家乡，到了人烟稀少的深山、海边去寻觅，然而依然找不到，最后他准备放弃了。他告诉自己：“算了。我为什么一定要找到快乐呢？只要我好好做事、好好生活，没有快乐又能怎样？我若能找到快乐更好，找不到也不是世界末日啊！我还是回去过我的日子吧！”他对自己说了这一番话后，便兴高采烈地回家了。一路上，他哼着歌、吹着口哨，这时候他惊讶地发现自己已经找到了快乐。

快乐是不需要刻意去寻找的，它往往就在我们身边，只是我们常常忽视了它的存在，却总是喜欢将目光茫然地投得更远，总想在欣赏远处风景中寻找渺茫的快乐。

快乐的源泉，在自己的内心！快乐并非取决于你是什么人，或你拥有什么，它完全来自你的思想，你心中注满希望、自信、真爱与成功的想法，就是快乐了。假如你下决心使自己快乐，你就能够使自己快乐！快乐无须理由，它本身就是理由！

一位疲惫的诗人去旅行，出发没多久，他就听到路边传来一个男人悠扬的歌声。

他的歌声实在太快乐了，像秋日的晴空一样明朗，如夏日的泉水一样甘甜，任何人听到这样的歌声，都会马上被感染，让快乐把自己紧紧地包裹起来。

诗人驻足聆听。

歌声停了下来，一个男人走了出来，他的微笑甚至比他本人出来得还要早。

诗人从来没有见过一个人笑得这样灿烂，只有一个从来没有经历过任何艰难困苦的人，才能笑得这样灿烂，这样纯洁。

诗人上前问道：“你好，先生，从你的笑容就可以看来，你是一个与生俱来的乐天派，你的生命一尘不染，既没有尝过风霜的侵袭，更没有受过失败的打击，烦恼和忧愁也没有叩过你的家门……”

男人摇摇头：“不，你错了，其实就在今天早晨，我还丢了一匹马呢，那是我唯一的一匹马。”

“最心爱的马都丢了，你还能唱得出来？”

“我当然要唱了，我已经失去了一匹好马，如果再失去一份好心情，我岂不是要蒙受双重的损失吗？”

快乐是一种习惯，是一种发自内心的情感，是一种清澈的、美妙的内心感受。庄子认为：生命本应是乐天而无欲的，真正的快乐是生命本性的自然流露，来源于自己精神的内部，而不被外物所影响。

快乐是一种态度，一种选择。快乐的人，不是他的生活里没有痛苦和挫折，而是他选择了一种乐观的人生态度，对自己充满信心。

心理学博士凯伦·撒尔玛索恩女士说：“我们的生活有太多不确定的因素，你随时可能会被突如其来的变化扰乱心情。与其随波逐流，不如有意识地培养一些让你快乐的习惯，随时帮助自己调整心情。”快乐并非取决于你是什么人，或你拥有什么，它完全来自你的思想，你心中注满希望、自信、真爱与成功的想法，就是快乐了。假如你下决心使自己快乐，你就能够使自己快乐！

刘教授是一位年过花甲的老妇人，除了患有一些常见的老年病之外，她的视力很不好，双目接近失明。丈夫去世以后，由于生活难以自理，她决定住进养老院。在走进养老院的第一天，刘教授在大厅等候了一个多小时。当护士有些歉意地告诉她，房间已布置就绪时，她宽容地笑了。在前往房间的路上，护士对她细致地描述了房间的设施，有一张舒适的床，有梳妆台，有漂亮的窗帘，没等护士说完，刘教授就高兴地说：“我很喜欢我的房间。”护士不解地问：“可是，您还没有到房间里看过啊？”刘教授回答：“其实，这和到没到房间没有什么关系，喜欢是我早已决定好的事情。就是说，喜欢不喜欢我的房间，主要并不取决于家具是怎样安排的，而取决于我怎样安排自己的想法。从我决定住进养老院的时候起，我就决定喜欢养老院的一切了。”

停顿了一会儿，刘教授若有所思地说：“我可以选择整天躺在床上，琢磨我身体的哪些部位的功能出了毛病，给我带来了这样或那样的困难；也可以选择接受生活的变化，并且在种种变化中保持快乐。我决定选择后者，并不断地提醒、告诫自己，每一天都是一份十分珍贵的礼物，我应该心怀感激。”护士敬佩地问：“您为什么能有如此快乐、豁达的心态呢？”刘教授说：“我与丈夫的感情很深，也十分怀念他，但我曾答应过他对我的叮嘱，要坦然地接受变化，珍爱生命的每一天，顽强而快乐地活下去。我相信，如果人们在所有的事情面前，都能以快乐的心态去面对，那么无论事情如何糟糕，心情也照样可以是快乐的。其实，快乐是可以选择的心态。”

生活本身就是一个选择，快乐还是悲伤都由你自己做决定去选择。正如北大人一直相信的一句话：“愉快的生活是由愉快的思想造成的。”我们还要唉声叹气吗？我们为什么不做个快乐的人呢？生活中有不顺、有烦恼、有压力，但只要你保持愉快的思想，你就会发现更多的快乐。

快乐是什么？快乐就在手中，快乐就在心中，快乐就是自我，快乐就是现在。把不快乐的东西扔了，把快乐的东西捡起来，人生就有了快乐。只要你愿意享受快乐，快乐就会粘上你。

快乐是属于你的，你自己的快乐只有你自己才能寻找得到，如果你自己放弃了，那么谁也帮不了你。

热情地投入才能有所收获

热情，在某些人看来也许不是一个过于时尚的词语，但它却每时每刻都在影响着我们的生活，反映着我们生命的价值和幸福的所在。

热情是一种心理内在固有的基因，是我们自身品质、精神状态和对事物认知程度的一种外化表现。从这个意义上来讲，我们每个人都富有热情，热情是我们自身潜在的无穷无尽的财富。

有三个人做游戏，要在纸片上把他们曾经见过的印象最好的朋友的名字写下来，并解释为什么选这个人。结果写好后。第一个人解释说：“每次他走进房间，给人的感觉都是春光满面，好像生活又焕然一新了。他热忱活泼，乐观开朗，总是非常振奋人心。”第二个人也说明了他的理由：“他不管什么场合，做什么事情，都是竭尽所能、全力以赴。他的热忱感动了每一个人。”第三个人说：“他对一切事情都尽心尽力，所付出的热忱无人能比。”

他们三个人都是英国几家大刊物的通讯记者，他们见多识广，足迹遍布世界的各个角落，结交了各种各样的朋友。当三人都亮出纸片上的名字，他们惊异地发现原来三个人写的是同一个名字——澳大利亚墨尔本一位著名的律师，这位律师正是以热忱而举世闻名。

热情，是一种内在的精神，它深入人的内心，热情作为一种精神状态是可以互相感染的，也是最能打动人的。

生活，其实是一种态度。当你态度积极的时候，你的生活也随之热情高涨。没有什么比失去热忱更使人觉得垂垂老矣。热情是人的生活态度，积极投入，时时充满热情，才是人的最佳状态。因为，积极热情的态度可以感染人、带动人，给人以信心，给人以力量，形成良好的环境和氛围。

美国文学家 R. W. 爱默生曾写道：“人要是没有热情是干不成大事业的。”大诗人 S. 乌尔曼也说过：“年年岁岁只在你的额上留下皱纹，但你在生活中如果缺少热情，你的心灵就将布满皱纹了。”一个人如果没有热情，不论他有什么能力，都很难发挥出来，也不可能会成功。成功是与热情紧紧联系在一起的，要想成功，就要让自己永远沐浴在热情的光影里。

她在入这个家具厂之前，先后干过不少工作——承包过农田，搞过运输，倒卖过袜子，还卖过雪糕。但是，都没有挣到钱。对于一个离了婚又带着孩子的女人来说，既没出众的长相，又无骄人的学历，生活的确不易。

她虽然在材料车间干些杂活，但她还是十分珍惜，也干得格外卖力且出色。有一次，一个本地木材商因质量问题与公司发生激烈冲突，她主动请缨，最后把事情处理得非常妥帖，为公司挽回了大笔损失。她由此得到了老板的赏识，并第一次赢得额外奖金。

她高兴了很久。但是，现实马上将她拉回到愁眉不展的状态中。需要补充的是，她来这个公司已经大半年时间了，基本上没有露过笑脸。而且，天天穿着那套老旧的工作服，就更别提化妆打扮了。

后来，车间领班荣升为经理助理。在大家眼中，空缺的位置非她莫属。但结果令人意外，老板提拔了另外一个人。老板把她叫去，说："你怎么每天都没有笑容呢？"她说："就咱们眼前这些活还需要笑吗？"老板的脸色严肃起来："是的，依我看，确实是干什么都需要笑，你要是会微笑，付出同样的努力，就能比别人收获更多。相反，呆板会消损你的努力——我之所以把领班这个位置安排给另外一个人，就是因为她比你乐观。有时候，微笑也是一种力量。"

老板的话使她感触颇深，她开始试着用微笑来面对身边的一切，许多熟人见了，都惊叹她的改变，并欣慰于她日渐好转的处境。

充满热情的人脸上时常洋溢着笑容，故事中的"她"如果能充满热情，时常面带微笑，机会可能早就降临到她头上了。

热情是发自内心的激情，是一种意识状态，是一种重要的力量，它具有巨大的威力。一个人如果激情洋溢，热情地面对人生，乐观地接受挑战，那么他就成功了一半。

有一次，美国中央铁路公司总裁佛里德利·威尔森被记者问到如何才能使事业成功时，他是这样回答的："一路走来，我经过了许多风雨，个人的成功与失败，知识、经验方面的差异并不大。我认为，一个人的经验越多，对事业就越认真，这是一般人容易忽略的成功秘诀。成功者和失败者的聪明才智相差都不大。在这种情况下，只有对工作富有激情的人，才比较容易成功。一个不具备实力而富有热情的人，与一个虽然具有实力但不具有热情的人相比，前者的成功机会多于后者。"

一个对生活充满热情、狂热投入工作的人，每天早上一起来就会迫不及待地要把自己发动起来。他们有明确的目标，总是对生活充满了渴望而又精力充沛，能一直坚守自己的使命。这样的热情来源于对工作的热爱与对自己追求的享受：无疑，这种人一定是生活中的强者。

热情是经久不衰地推动你面向目标勇往直前，直至你成为生活主宰的原动力。因此，我们对待生活，要时时刻刻充满热情，这样生活才会少几分无奈，多几分精彩。

第六章　战胜自我，你会赢得整个人生

挑战自我，战胜自我，超越自我

曾经听一位名人说过："人生，首先要挑战自我。"确实如此，如果没有自我的挑战，哪来的辉煌业绩呢？车轮的生命在于不停地滚动，人生的意义在于不断地迎接挑战。只有敢于挑战困难的人才能抓住每一个机会，才有最终获得成功的可能。

威尔逊的截肢源于12岁那年的一场车祸。"我以为我失去了一切，"他回忆道，"那段日子让我备受煎熬。"不过装了假肢后，他发现自己还是能和朋友们一起参加体育运动。此外，他还加入了所在高中的篮球二队。

25岁那年，威尔逊到现场观看了澳大利亚残疾运动员冠军赛。这是他第一次看到截肢运动员在田径赛道上奔跑。他觉得自己完全能像他们那样驰骋。

这次经历促使他投入了残疾人田径运动中。虽然他起步较晚，可是进步速度却是惊人的：次年他便获得了澳大利亚残疾运动员进步奖。2000年悉尼残奥会上，他在400米比赛和400米接力赛两个项目中夺得两枚金牌。2001年，威尔逊被授予澳大利亚勋章，以表彰他在残疾人体育运动中取得的成就及做出的贡献。

获得了多个荣誉后，威尔逊对成绩有了更为深刻的认识："我的目标都是非常个人化的目标。你可以为实现自己的目标而努力，但你无法左右别人的行为。我只想跑出自己的最好成绩。如果我能超越自己的最好成绩，我就会很高兴。"

纵观威尔逊的运动生涯，就是一部超越自我的奋斗史，26岁才开始从事残奥体育并获得两枚金牌。而36岁的他仍然驰骋在北京残奥的田径场上。他用自己的行动诠释了奥林匹克精神。

人生是一个不断发展，不断超越自我的过程，而只有那些在这个过程中不断自我挑战的人，才是真正的胜者。

挑战自我是生命的要求。有位作家说得好："自己把自己说服了，是一种理智的胜利；自己被自己感动了，是一种心灵的升华；自己把自己征服了，是一种人生的成熟。大凡说服了、感动了、征服了自己的人，就有力量征服一切挫折、痛苦和不幸。"人活在世上，不能只贪图安逸享受。慵懒自私的人，永远也享受不到人生的真正乐趣。只有努力创造，全力拼搏，不断超越，才能在激烈的竞争中占有自己的位置，使生命的碰撞发出耀眼的火花。

一个人要想拥有更大的成功，就要时刻提醒自己：超越自我，超越昨天。我们不要总是把目光盯着自己的竞争对手。也不需要为自己曾经的失败而深深自责，我们需要做的，就是直面自我，战胜自我。

如果没有挑战的勇气，自己的命运不会有太大的改变。机会不会平白无故地降临在我们手上，而需要自己去挑战和争取。如果不甘平凡，就要付出别人不愿付出的努力，在还有希望的时候绝不放弃，而是解决一个个难题，挑战一次次极限。当自己再回头的时候，会发现自己走过的路已经如此漫长。

被人称为"珍珠王子"的陈爱，是广东省雷州市爱珠珍珠实业有限公司总经理，他的创业过程可以说是一部迎难而上、不断挑战自我的成功史。

1991 年的陈爱也只是一个穷小子，在外打工多年的他回到了自己那个贫困的家乡。陈爱为何会在这个时候回到家乡呢？原来，他在外面混了好几年也没搞出个名堂来，仍然是一贫如洗。但是他了解到一个无比重要的信息——珍珠价高好卖。就是这条信息，让他打道回府，决心在家乡搞个珍珠养殖场。

陈爱的家乡世代农耕，从未有人养过珍珠。养珍珠投入大，风险也大，要是赔了就会弄得个倾家荡产的下场，村里人都劝他。但是，陈爱并没有被困难和风险所吓退，他知道成功都不是能轻松得来的，只有迎难而上才能获得成功。

经过努力，陈爱的珍珠养殖获得了巨大的成功。接着，陈爱扩大了养殖面积。当年的珍珠收购价 1.1 万元 / 公斤，陈爱掘到了第一桶金。逆境求生存，正当陈爱雄心勃勃要再扩大养殖规模的时候，意料不到的事情发生了。市场珍珠价格突然大跌，一片阴云笼罩在这个“珍珠村”，压得人们喘不过气来。

陈爱没有办法，眼看着这么多珍珠，竟然卖不出去。他只好把珍珠加工成珍珠项链，运到海南、广州等地销售。几个月过去了，珍珠项链仍然没有卖出去。那年，正好广州在举办珠宝博览会。打听到这个消息，陈爱便带着他的珍珠，怀着碰碰运气的心情来到广州。没想到一位外商对他的珍珠产生了浓厚的兴趣，经过洽谈，双方达成购销协议。就是这个协议，不仅树立了陈爱自己的品牌——爱珠珍珠，而且这个品牌让“中国珍珠第一村”名扬海内外。

1997 年，陈爱注册了雷州市爱珠珍珠实业有限公司，此时他已拥有资产 500 多万元。当时，公司已形成了养殖、加工、销售一条龙的服务销售网络。后来因“非典”影响，市场变得不景气。

公司在受重创的同时，与陈爱合作的伙伴知难而退，抽走了资金。陈爱没有放弃，迎难而上，利用互联网这个平台展开强大的攻势。

网上交易这个营销策略大获成功，陈爱的公司很快走出低谷，生意越来越红火。

其实陈爱可以不用经历这些创业的苦难，他也可以当一个平凡的农民，安稳地度过一生，但是正是他不甘于平凡，敢于挑战自我，才成就了他的成功。

一个成就大事的人，不但有超群的才能，更有敢于挑战的勇气。如果一个人不敢挑战自我、不敢挑战困难，即使他的能力多么优秀，都将难以发挥出来；即使机会摆在他们面前，他也不敢去把握。最终，他们的事业和追求都只能成为空中楼阁。

生活就是不停超越自己走向新生的过程。如果你要想活出精彩就要随时做好超越自己的准备。战胜自己的过程可以使一个人成长起来，战胜自己的过程可以使一个人发觉自己身上的无限潜能，战胜自己的过程可以使一个人意识到自己的重要。

学会自我激励，自己给自己加油

在我们每个人的生命里，潜藏着一种神秘而有趣的力量，那就是自我激励。自我激励是一个人事业成功的推动力，其实质则是一个人把握自己命运的能力。

所谓自我激励，就是通过激发人的行为动机的心理，使人处于一种兴奋状态。这是一种积极的自我心理暗示，常能使处于不利地位的人打消自卑感，增强自信心和进取心。

中古时期，苏格兰国王罗伯特·布鲁斯，曾前后 10 多年领导他的人民，抵抗英国的侵略。但因为实力相差悬殊，6 次都以失败告终。一个雨天，战败后的他悲伤、疲乏地躺在一个农家的草棚里，几乎没有信心再战斗下去了。正在这时候，他看到草棚的角落里，有一只蜘蛛在艰难地织网，它准备将丝从一端拉向另一端，6次都没有成功。然而这只蜘蛛并没有灰心，又拉了第7次，这次它终于成功了。布鲁斯受到了极大的启发，“我要再试一次！我一定要取得胜利！”他以此激励自己，重新拾起自信心，以更高涨的热情领导他的人民进行战斗。这次，他终于成功地将侵略者赶出了苏格兰。

你看，这自我激励的作用是多么大啊！如果苏格兰国王遇到失败时，没有自我激励，心灰意冷，毫无信念，恐怕就是另一个结局了。

人的内心中常常存在着需求激励的欲望。我们每个人无论多么坚强，都需要勇气、力量和希望。缺乏激励就会导致没有足够的热情。人生的旅途就像马拉松赛跑，一路上虽然有人为我们喝彩、鼓掌、加油，但这些都只是外在因素，真正的力量，来自自我，来自内心。所以，在面对逆境时，我们要学会自我激励，以积极的心态去应对。

心理学认为：自我激励从某种意义上说就是自我期待，人们激励自己的目的就是为达到所期待的目标。美国哈佛大学的心理学家威廉·詹姆斯发现，一个没有受过激励的人，仅能发挥其能力的20%～30%，而当他受到激励时，其能力可发挥至80%～90%，即一个人在通过充分的激励后，所发挥的作用相当于激励前的3～4倍。圣女贞德说：“所有战斗的胜负首先在自我的心里见分晓。”确实如此，每一个人的内心都存在着需求激励的欲望，只有激励才能激起他的激情和热情。

自我激励是无形的财富，看不见的法宝。自我激励是一切内心要争取实现的条件，包括希望、愿望等所产生的一种动力，它是人类活动的一种内心状态。人类的一切行为都有一定的目的和目标，人的有目的行为都是出于对某种需要的追求。人的一切行为都是受到激励而产生的，通过不断的自我激励，就会使人有一股内在的动力，朝所期望的目标前进并最终达到目标。因此，自我激励在个人走向成功中起着引擎的作用。

一个人成就的大小，取决于他个人的思想。拿破仑·希尔说过：“一旦思想插上想象和自信的翅膀，它就会无所不能。”如果你想成功，那么你就必须学会操纵你的思想，做思想的主人；相信自己，你就一定能做到。这就要求我们自我激励和自我鼓励，自己给自己加油，这是一个人获得快乐、幸福、智慧和成功的法宝。每一次激励，都能够挖掘出自我潜力，每一次鼓舞，都能让自己更上一层楼。

迈克尔·乔丹是一位伟大的篮球运动员，他始终坚信自己是最好的。5岁时，他就开始练习篮球。1972年夏，他在收看了慕尼黑奥运会篮球比赛后，兴冲冲地对妈妈说：“总有一天我也要参加奥运会，我也要拿金牌！”说这话的时候，乔丹又小又瘦，谁也看不出来他以后会成为篮球奇才。但乔丹的母亲对乔丹说：“我相信你，你能行。”在妈妈的鼓励下，乔丹相信自己就是可以做到最好，每次他拿上篮球，也都会自信满满地说：“我能行。”正是这种力量一直伴着乔丹走向篮球场，走向世人都敬仰的超级篮球王的神坛。

成功总是属于不懈努力和不断自我激励的人。当自己孤立无援的时候，很多人想到的是寻找别人的肩膀去依靠，希望得到别人的安慰和鼓励。与其是依赖别人，为什么不去依靠自己呢？生活中的很多挫折、困难和打击都是需要自己独立去面对的，在别人给不了你帮助和支持的时候，自己就要学会为自己呐喊，为自己加油鼓劲。

自我激励是一种精神动力，人的一切行为都是受到激励而产生的，通过不断地自我激励，就会使你有一股内在的动力，朝向所期望的目标前进，最终达到成功的顶峰。

美国一家知名度很高的杂志曾对美国前500家大企业的领导人

做了一次调查研究，发现这些人身上的一个共同点是：他们都重视自我激励。他们有的把激励自己的话录成磁带；有的抄在小本子上随身携带；有的写在纸上，张贴在自己视野所及的地方；有的每天花几分钟的时间，面对镜子反复朗诵那些令人振奋、令人自信的语句。他们就是这样来激励自己，走向成功的。

自我激励，就是要给自己一个习惯性的思想意念。别人能行，相信自己也能行；其他人能做到的事，相信自己也能做到。平时要经常激励自己："我行，我能行，我一定能行。""我是最好的，我是最棒的。"特别是遇到困难时要反复激励告诫自己。这样，就会通过自我积极的暗示机制，鼓舞自己的斗志，增加心理力量，使自己逐渐树立起自信心。

自我激励是人生中一笔弥足珍贵的财富，是人前行的无穷动力。一旦你拥有了自我激励的动力，你的生命就插上了美丽的翅膀，它将带着你展翅翱翔，创造属于你自己的人生辉煌。

不要自我设限，敢于超越一切"不可能"

走进美国航天基地的人，会看到一根大圆柱上镌刻着这样的文字："If you can dream it，you can do it"这句话可译为：如果你能够想到，你就一定能够做到。

不错，想得到便做得到。人生没有达不到的高度，只有不远攀登的心。英国大作家约翰生曾说过："在勤奋和技巧之下，没有不可能成功的事情。"的确，没有做不到的事情，只有你想不想做，或许当你做一件事情的时候会遇见很多的困难，但只要你发自内心地想做，最后还是会成功的。

在现实生活中，人们时常会遇到这样或那样的困难，看起来好像没有什么解决的办法，但只要你换一种方式去做，并排除固定观念的束缚，很多“不可能”都会变成“可能”。

1485年6月，哥伦布提出了一个惊人的计划，为了实现自己航海的计划，他向人们提出了要到东方的打算。他对西班牙国王说：“我从这儿向西也能到达东方，只要你们能拿出钱来支持我。”

此言一出，哥伦布就遭到了许多人的非议，“不可能，这怎么可能呢”的反对声一浪高过一浪。哥伦布极力反对说：“不，这是可能的事。”

但是，西班牙人民并没有反对他，因为他们认为，从西班牙向西航行，不出500海里，就会被大海淹没。至于说到达富庶的东方，那简直就是天方夜谭，不可能的事。

可是，在哥伦布第一次航行成功后，又开始了第二次航行时，他遇到了人们的阻拦：他遇到了空前的阻力，甚至还有人想在大西洋上拦截他的船，并企图暗杀他。原来认为“不可能”的人继续讽刺他，但他并没有放弃，终于他的船只到达了富庶的东方。

林语堂先生讲过一句话：“为什么世界上95%的人都不成功，而只有5%的人成功？因为在95%人的脑海里，只有三个字‘不可能’。”改造命运、不为群体意识所绊、不被“不可能”这类词汇难倒，常常是“极少数人”的思想和行为。一件件曾被认为“不可能”的事在他们手中变为可能，他们天生就是成功者。

你愿意过“大部分人”那“正常”的生活呢，还是想拥有“极少数人”那“不正常”的成功生命？如果你选择了后者，就要学会运用自己的意念。坚信你能，那么你就真的一定能，并一定能将“不可能”变成“可能”。

伊莱贾刚到报社当广告业务员时，经理对他说，你要在一个月内完成20个版面的销售。

20个版面，一个月内？伊莱贾认为不可能完成。因为他了解到报社最好的业务员一个月最多才销售 15 个版面。

但是，他不相信有什么是“不可能”的。他列出一份名单，准备去拜访别人以前招揽不成功的客户。去拜访这些客户前，伊莱贾把自己关在屋里，把名单上的客户念了 10 遍，然后对自己说：“在本月结束之前，你们将向我购买广告版面。”

第一个星期，他一无所获；第二个星期，他和这些“不可能的”客户中的 5 个达成了交易；第三个星期他又成交了 10 笔交易；月底，他成功地完成了 20 个版面的销售。

在月度的业务总结会上，经理让伊莱贾与大家分享经验。伊莱贾只说了一句:“不要恐惧被拒绝,尤其是不要恐惧被第一次、第十次、第一百次甚至上千次的拒绝。只有这样，才能将不可能变成可能。”

报社同事给予他最热烈的掌声。

在积极者的眼中,永远没有“不可能”,取而代之的是“不,可能”。积极者用他们的意志,他们的行动,证明了“不,可能”的“可能性”。

“只要有足够的意志力，足够的头脑和足够的信心，几乎任何事情都可以做到。”不是不可能，只是暂时没有找到方法。正如哈瑞·法斯狄克所说：“这世界现在进步得太快了，如果有人说某件事不可能做到，他的话通常很快就会被推翻，因为很可能另一个人已经做到了。在信心和勇气之下，只要我们认为可以做到，就可以以科学的方法推翻‘不可能’的神话，我们就可能做成任何我们想做的事情。”

生活中确实有许多的“不可能”在我们心头，它无时无刻不在侵蚀着我们的意志和理想，其实，这些“不可能”大多是人们的一种想象，只要能拿出勇气主动出击，那些“不可能”就会变成“可能”。人的潜能是巨大的，一个人只有具备积极的自我意识，才会知道自己是什么样的人，并知道能够成为什么样的人，从而他才能积极地开发和利用自己身上的巨大潜能，将不可能的事变成可能，干出非凡的事业来。

此刻你所经历的苦难，将会照亮未来的人生

《百家讲坛》名嘴康震说过这样一句话："苦难是滚水，但我们可以将它煮成一杯香茶。"这个比喻跟现实很贴切，它道出了苦难对于我们的意义：苦难是放在手中的一杯滚水，它能否成为一杯香茶，关键在于你往里面添加什么佐料。

苦难是一种财富，是对人生的一种考验。法国作家巴尔扎克说过："苦难对于天才是一块垫脚石，对能干的人是一笔财富，对弱者是一个万丈深渊。"的确，苦难的遭遇能磨砺坚强的意志，所以我们应该心存感激，接受它，超越它！人只有经过苦难的炼狱，方能读懂人生，走向成熟，人生的价值在于对自身苦难的严峻正视、深刻思考、透彻理解、不懈抗争。

伊娜15岁的时候，父母便双双去世，少年的伊娜，无依无靠，别无选择，只好投奔叔叔，寄居在叔叔家里。

叔叔是一个商人，颇有家产。然而他把伊娜接来一起生活，有一个重要的目的，是想让伊娜与自己有些痴呆的儿子结婚。寄人篱下的伊娜，痛恨叔叔冷酷的同时，也感受到了世态的炎凉。怎么办？留下来，就不得不与那个傻子结婚；离开叔叔，又没有其他可托付依靠之人，而自己还尚未成年，如何继续今后的生活？但人是站着生活的，俯首乞食的生活，毫无意义可言。伊娜决定离开叔叔家。

往后的日子，不用说，大家也能想象。虽然生活艰苦，但伊娜从未放弃过对生活的追求。她变卖了父母遗留的家产，到一处小胡同，开了家小裁缝店，开始用自己稚嫩的双肩，自谋生计了。由于她的苦心经营，总是对生活充满信心地微笑，顾客们对她特别照顾，

所以生意还不错。伊娜也很满足，走过噩梦般的生活，她总算找到了一点儿曙光。

不久，伊娜认识了一个珠宝商人，两人在交往中产生了爱情。后来他们结为夫妻，感情很深，又有了个可爱的孩子，真可谓幸福美满了。伊娜甚至以为，那些伴随她多年的苦难，终于远离她了。

然而好景不长，命运又一次剥夺了她的幸福，丈夫因心脏病突然离开了人世。难道真是命该如此吗？难道真是命运的捉弄吗？伊娜不相信。“从来好事天生险，自古瓜儿苦后甜。”已经经历过人生风浪的伊娜，又一次身陷困境。

“今后怎么办？”伊娜苦苦思索着。虽然丈夫生前好友愿意解囊相助，但伊娜谢绝了他们的好意。她已习惯了微笑着坚持，自强自立，不愿接受别人的施舍，这样只会消磨自己的意志，夺去自己的信心。最后，她决定将自己的裁缝店做大。善于动脑筋的伊娜，经过反复的思考、比较，最终开了一家专制女性内衣的小店。她投入所有资金，购置先进机器，还雇用了一些女工，聘请专业的裁缝师。于是，伊娜自任总经理了。很快，小店就赚回了本钱，还有了盈利。人们也慢慢熟知了她。

如今的伊娜，已经是美国家喻户晓的企业界“明星”，并非因为她主演了什么好莱坞大片，而是因她对美国裁缝界的出色贡献。不仅为美国服装界带来了一次新的革命，自己也享受到了成功所带来的甘甜。看到她今日的辉煌，谁会想到她曾是失去双亲的孤苦少女？谁会想到她曾经经历失去伴侣的切肤之痛？伊娜用自己坚强的意志，终于走出了困境的沼泽，走进了成功的殿堂。

诚然，虽然每个人都不希望苦难降临在自己身上，然而苦难却不偏不倚地降临在每个人的身上。有人能善待苦难，于是能够忍受苦难，超越苦难，最终成为人们羡慕的成功者。

法国作家罗曼·罗兰说：“累累创伤，就是生命给你的最好东西，因为在每个创伤上面都标志着前进的一步。”我们每个人的人生中都不可避免会有苦难的发生，没有了苦难，我们也就失去了同命运搏击的勇气。

在一个人遭遇困苦的时候，生命之花往往会以新的形式重新绽放，因为苦难是人生的必修课，只有在这堂课上，你才能够看清“真相”，才能够发现“良机”。

一个著名成功人士说：“生前没有经历困难的人，他的生命是不完整的。”苦难虽然不能给人带来任何利益，但能磨炼人的品性、意志。许多人凭借这些来冲破困境、阻力，打开一条从没有人打开过的通往成功之路。

美国的著名作家杰克·伦敦1876年出生在加利福尼亚州一户破产农民家庭里。在他10岁左右的时候，父亲就破产失业了。从这时起，他便不得不分担家里生活的忧愁。

他走街串巷当报童，到车站去卸货车，到滚球场帮助人竖靶子……总之，为了活下去，他什么都干，把挣来的每一分钱全部都交给家里。正如他后来说的：“差不多在早年的生活中我就懂得了责任的意义。”

14岁，杰克·伦敦小学毕业，进了一家罐头厂当童工。后来又到麻纱厂看机器，到发电厂烧锅炉。在工厂里，他饱尝了资本主义制度下童工生活的苦难：每天在非人的条件下常常要工作十八九个小时，直到深夜11点才能拖着疲劳不堪的身子回家。后来，他回忆这段生活时，愤慨地说:“我不知道在奥克兰一匹马该工作多少钟点。”他说自己成了“劳动畜生”。

1893年，杰克·伦敦17岁时，受雇到一条小帆船上当水手，动身到日本海和白令海去捕海狗。海上的生活苦不堪言，可是，这次航海却增加了他的见闻，也磨炼了他的意志，成了他后来写作一系列海上故事的生活基础。不久，他因为“无业游荡”被捕入狱当苦工。

出狱后，他刻苦自学，但由于家里一直太贫穷，他直到 18 岁才上中学。紧接着，又因为生活维持不下去而中途辍学。1896 年，他 20 岁时，靠自修考上了加利福尼亚大学，可是，只读了一个学期，便因缴纳不起学费而退学。

失学后，他一边在洗衣店工作，一边开始业余写作，希望用稿费来弥补家用。可是，当时稿费不仅低，而且时常拖欠。有时候他为了马上得到稿费，甚至要跑到杂志社与出版商干上一架。

后来，杰克·伦敦又随众人到遥远的阿拉斯加去当淘金工人。他历经千辛万苦，由于缺乏营养，劳累过度，患了坏血病，几乎使他下肢瘫痪；但是，北方壮丽的自然景色，淘金工人的苦难生活，印第安人的悲惨遭遇，却给他的文学创作提供了丰富的素材。如小说《渴望生存》便是收获之一。

苦难的刺激与磨炼，使杰克·伦敦成为一个具有特殊气质的作家。成为职业作家后，他 16 年如一日，每天工作 19 小时，一共写了 50 本书，其中仅长篇小说就有 19 部。他的作品从一开始就坚持现实主义的原则，充分表现了生命的伟大、人同困难的斗争、人处于各种逆境中的反抗，给 20 世纪初的文坛带来了一股生气勃勃的力量。

苦难是人生的必修课，苦难是人生的试金石，困苦过后，人生恢复了原本的光彩，焕发出无穷无尽的力量；洗礼过后，人生的脚步更稳，也更铿锵有力。

人是从苦难中成长起来的，没有苦难的人生是不完美的人生，就像没有风雨的天空就是不完整的天空一样。人生只有经受过苦难，思想才会受到锤炼，灵魂才会得到升华，意志才能得到坚强，才能真正认识人生，从而实现人生的最大价值。

无论是谁，都需要经历苦难，生命才更完整。正如作家刘墉所说：

“让我们一起寻找一个苦难的天堂。”因为苦难，也是一笔财富。

断自己的退路，破釜沉舟才能绝处逢生

很多人在开始做事的时候往往给自己留一条后路，作为遭遇困难时的退路。但谁都知道，只有下了破釜沉舟般决心的军队，才能决战制胜。西楚霸王项羽之所以能够以少胜多、打败秦军，原因就在于此。只要下定决心，就没有做不好的事。一个人只有把自己逼入绝境，才能激发出埋藏在内心的潜能，置之死地而后生。

秦末农民起义，项羽率领楚军与秦军作战。当时的秦军人数是项羽所率领军队人数的好多倍。看到秦军十分强大，不少项羽军中的将士们出现了畏战的情绪。

在这种情况下，项羽亲自率领一支精锐部队去打先锋，直接迎战秦军的主力。当部队过了滔滔漳河后，项羽命令部下：“把过了河的船只通通凿穿，沉于河底；把做饭的锅全部砸碎，丢弃不要。军队只带三天的粮草，急行军迎击敌人。”

军士们还有不明就里的，心想，这下子完了，本来就处于弱势，再把生活必需品都丢弃不要，这仗还怎么打啊？但是，大家都知道项羽的脾气，所以都不敢多说。

然而很快，项羽这样做就显示出了效果。和秦军交战后，楚军因为没有了退路，所以大家都知道，眼前只有一种方式可取，就是奋勇当先。所以，大家都拼尽了气力迎敌。结果接连取得了九战九胜的战绩，一举扭转了整个战局。

这次战争也是中国古代历史上著名的以少胜多的战役，为灭秦打下了直接的基础。

项羽大败秦军的故事告诉我们，在面临困境时，要想获得非凡

的勇气去战胜困难，最好的办法也就是置自己于死地，断自己的退路，背水一战。正是因为面临这种无退路的境地，人才能集中精神奋勇向前，才能最大限度地调动自己的潜能。只有这样的人，才能从生活中争得属于自己的位置。

有一个学电子专业的大学生，毕业时分配到一个让许多人羡慕的政府机关，干着一份十分轻松的工作。

然而时间不长年轻人开始变得郁郁寡欢，原来他的工作虽轻松但与所学专业毫无关系，要知道年轻人可是电子专业的高才生啊！空有一身本事却无用武之地。他想辞职外出闯天下，但内心深处却十分留恋眼下这份稳定又有保障的舒适工作，要知道外面的世界虽然很精彩可是风险也大啊！经过反复思量他仍拿不定主意，于是他就将自己的想法告诉父亲，他的父亲听后想了一会儿，给他讲了一个故事：有一个乡下的老人在山里打柴时拾到一只很小的样子怪怪的鸟，那只怪鸟和出生刚满月的小鸡一样大小，也许因为它实在太小了，还不会飞，老人就把这只怪鸟带回家给小孙子玩耍。

老人的孙子很调皮，他将怪鸟放在小鸡群里，充当母鸡的孩子，让母鸡养育着。母鸡没有发现这个异类，全权负起一个母亲的责任。

怪鸟一天天长大了，后来人们发现那只怪鸟竟是一只鹰，人们担心鹰再长大一些会吃鸡。然而人们的担心是多余的，那只一天天长大的鹰和鸡相处得很和睦，只是当鹰出于本能在天空展翅飞翔再向地面俯冲时，鸡群出于本能会产生恐慌和骚乱。

时间久了，村里的人对于这种鹰鸡同处的状况越来越看不惯，如果哪家丢了鸡，便首先会怀疑那只鹰，要知道鹰终归是鹰，生来是要吃鸡的。越来越不满的人们一致强烈要求：要么杀了那只鹰，要么将它放生，让它永远也别回来。因为和鹰相处的时间长了，有了感情，这一家人自然舍不得杀它，他们决定将鹰放生，让它回归大自然。

然而他们用了许多办法都无法让那只鹰重返大自然，他们把鹰带到很远的地方放生。过了几天，那只鹰又飞回来了，鹰眷恋它从小长大的家园，舍不得那个温暖舒适的窝。

后来村里的一位老人说："把鹰交给我吧，我会让它重返蓝天，永远不再回来。"老人将鹰带到附近一个最陡峭的悬崖绝壁旁，然后将鹰狠狠地向悬崖下的深涧扔去，如扔一块石头。那只鹰开始也如石头般向下坠去，然而快要到涧底时它终于展开双翅托住了身体，开始缓缓滑翔，然后轻轻拍了拍翅膀，就飞向蔚蓝的天空，它越飞越自由舒展，越飞动作越漂亮，这才叫真正的翱翔，蓝天才是它真正的家园啊！它越飞越高，越飞越远，渐渐变成了一个小黑点，飞出了人们的视野，永远地飞走了，再也没有回来。

听了父亲的故事，年轻人痛下决心，辞去了公职外出闯天下，终于干出了一番事业。

关键时刻，有破釜沉舟的勇气的人，才能给自己创造一个向生命高地冲锋的机会。

人生没有退路，我们才会更加努力地探寻出路。只有一条路可走的人往往是最容易成功的人，因为别无选择，所以他们会倾尽全力朝目标冲刺。有时只有斩断自己的退路，才能把不可能变成可能。只有将自己逼上梁山，才能找到出路。对自己太容忍，就是对自己的残忍。当我们不能后退时，就只有前行。

成功的路总是艰辛的，不会一帆风顺。人生的每一步选择都会有风险，或许做出选择之后你会变得一无所有，自己把自己置身于绝境之中。然而，往往正是这些有勇气把自己置身于绝地的人最后才是真正的成功者。

置之死地而后生是一种胆略，是一种气势，是一种魄力。破釜沉舟、绝处求生，这样的人生才算极致精彩！

第七章　你的努力，用对了地方吗

做自己喜欢且擅长的事情

每个人都想成功，但其秘诀是什么呢？答案是：做自己喜欢且感兴趣的事情。因为这会让你的能力得到充分的发挥，工作有事半功倍的效果，自己会更有成就感。如果你把大量的时间和精力消耗在一些自己不喜欢或不擅长的事情上，结果往往一无所获。

成就一份事业的唯一途径，就是做自己喜欢且感兴趣的事情。兴趣是最好的老师，据有关研究资料表明，如果一个人对某一工作有兴趣，能发挥他的全部才能的80%~90%，并且长时间保持高效率不感到疲劳。相反，对工作没有兴趣的人，只能发挥全部才能的20%~30%，也容易精力疲乏。另外，兴趣还可以开发智力，是成才的起点。

一位名人说过："兴趣比天才重要。"谁找到了自己最感兴趣的工作，谁就等于踏上了通向成功的道路。

华德·迪斯尼出生在贫困的木匠家庭，在靠画画难以维持生计的情况下，他坚持把自己的心血全部投注于他喜欢做而且做得最好的一件事——画画当中。在被一家广告公司以他"没有画画才能"为理由炒鱿鱼后，他与朋友合开了一家制作漫画电影的公司，但最后公司倒闭了，这次的创业以失败收场。

华德·迪斯尼并没有因此而灰心，他又和哥哥开了另外一家制片厂，历经千辛万苦终于成功推出了《幸运的兔子奥斯华》和《爱丽斯梦游仙境》两部动画电影。但是这两部电影的动画人物专利权和影片版权，最后竟被通路商给抢走了。

遭受多次失败后，身无分文的他沦落到只能住在旧仓库，生活窘迫得连吃饭都成了问题，但他依然没有放弃自己最爱的画画。

有一天，一只老鼠出现在他身边。他对这只老鼠产生了莫名的好感，他把自己的面包分给这只老鼠，最后他们成了好朋友。再后来，迪斯尼以这只老鼠为原型，加入自己的想象力，创作出了风靡全球的“米老鼠”形象,他终于和他的小老鼠一起站在了全世界亿万人面前。

你最喜欢做的那件事，才是你真正的天赋所在。不管贫穷还是富有，无论平凡还是伟大，只有做自己喜欢做的事，才会全身心投入，从而获得成功，拥有人生真正的幸福。

兴趣对人的发展有一种神奇的力量。易趣网的创始人邵易波曾说：“一个人要成功的话，一定要找到自己最想做的事，当然这也是他最能干的事，这样他就能够每天都很有劲地去工作，也容易成功……”内心的喜好是推动事业进步的最大动力，它能帮你克服困难，坚持到底。一个人如果能够根据自己的兴趣爱好去选择事业的目标，他的主动性将会得到充分发挥。即使是十分疲倦和辛劳，也总是兴致勃勃，心情愉快；即使困难重重也绝不灰心丧气，去想办法，百折不挠地去克服它。如果你喜欢你所从事的工作，你工作的时间也许很长，但丝毫不觉得是在工作，反倒像是游戏。所以，只有做自己喜欢做的事情，最感兴趣的事情，才能最大限度地实现自身的价值，取得更好的成就。

凯苏拉全家都从事音乐事业，上中学的时候，音乐才能给了凯苏拉许多机会，使他成了学校的“明星”。到了大学，这里有来自世界各地的学音乐的学生。有一个来自瑞士的学生弹起钢琴来几乎无懈可击，技艺非常纯熟；还有一个从俄国来的学生钢琴也特别出色。在这里凯苏拉没有什么出众之处。而他对于音乐既没有别人那样崇高的热情和强烈的献身精神，也没有别人那种娴熟的技巧和出色的才干。过了两年，凯苏拉终于认识到：自己在音乐上只是一个平庸之才。于是他不顾父母的竭力劝阻和强烈反对，离开了音乐学院。

凯苏拉开始探求自己到底想要干什么，他先改学经济，又转而去搞服装设计，做服装生意……他就这样多次改变了计划，但他却始终找不到自己的位置。

凯苏拉是在经过了多次尝试的失败后，才偶然学了心理学，他终于找到了能使他心花怒放、精神振奋的事业。这就是他喜欢的心理学研究工作。他在心理学课堂上发言的时候，教室里常常特别安静，因为他说话的时候，大家都在全神贯注地倾听，这使他感到惊讶。因为除了他的家人和密友之外，平常他说话似乎没什么人注意听。他受到了鼓舞，更加勤奋攻读。

回顾自己走过的路，凯苏拉心中十分庆幸。作为一名心理医生，医治好那么多的病人，给他的生命带来了很大的意义和明确的目标。

凯苏拉几经改行换道，不断地探索和尝试，终于让他发现了属于自己的太阳，最大限度地发出它的光芒。

如果凯苏拉没有意识到音乐并非自己最擅长的领域，如果他是个甘心屈服的人，如果他不是一个积极的人，如果他不是一个勇于发现自我的人，那么，世界上就少了一位优秀的心理医生。

心理学认为，当一个人从事自己所喜爱的职业时，他的心情是愉快的，态度是积极的，而且他也很有可能在所喜欢的领域里发挥最大的才能，创造最佳的成绩。上面的事例就是一个最好的证明。

一位名人说过：“一定要做自己喜欢做的事情，才会有所成就”当然，做自己喜欢做的事，并不是那么容易的。事实上，大多数人都在做他们不喜欢的事情，却又必须逼着自己把不喜欢的事情做得更好。在这种乏味的情况下，他们会经常失去动力，时常遇到事业的瓶颈，而没有相应的解决方案。他们不断地征求别人的意见却还是照着一般生活方式生活。凡事没有多大的进展，甚至是在原地徘徊。这些当然不是他们想要的，但是由于客观的原因以及条件的制约，他们当中却很少有人试着去改变自己的状况。

人的生命是有限的，抓紧时间去做自己想做的事情，把梦想变成现实，千万不要将梦想带进坟墓，让自己后悔。因为，生活中最大的幸福，就是放手做自己真正想做的事情，并乐在其中，做到最好。

比尔·盖茨说过："做自己喜欢和善于做的事，上帝也会助你走向成功。"如果你想要获得成功，一定要更真实地面对自己，倾听自己内心深处的声音，问问自己，这真的是自己人生一辈子最喜欢做，最想做的事情吗？如果是的，那就赶紧开始努力吧！

善于自我反省的人更容易成功

自省即自我反省，它是一个人得以认识自己、分析自己，并有效提高自己的最佳途径。自省，是对自己的行为思想做深刻检查和思考、修正人生道路的一种方法。

一般来说，能够时时反省自己的人，是非常了解自己的人。他们会时时考虑：我到底有多少力量？我能干些什么事？我的缺点在哪里？我有没有做错什么？……这样一来，他们能够轻而易举地找出自己的优点和缺点，为以后的行动打下基础。

善于自我反省的人，生活中处处都是提高自我的机会。古今中外许多伟人和上帝，就是通过反省来战胜自己内在的敌人，打扫自己思想灵魂深处的污垢尘埃，减轻精神痛苦，从而净化自己的精神境界。

著名作家梁晓声曾在随想录里回忆说，少年时代的他曾是一个爱撒谎的孩子，总是企图用谎话推掉自己对于某件事的责任。可是，这种撒谎的行为常常使他产生浓重的内疚感，他意识到自己在做不好的事，但还是忍不住去做，这使他处于非常矛盾的境地。

正是这样一种并不很坚定的自省意识，使他逐渐抑制住了爱撒谎的不好苗头，消灭了一种消极品性滋长的可能性。

1977 年，梁晓声从复旦大学毕业。在去北京的火车上，他细细反省了一下自己在复旦大学 3 年中的所作所为，将自己做过的亏心事细数了一遍。透过这些亏心事，梁晓声认识到了自身性格中的不少消极因素，诸如怯懦、“随风倒”等。认清了这些消极因素，梁晓声就通过自觉的努力去克服它们，从而使自己的性格朝着有利于成功的方向发展。

梁晓声说：“我的最首位的人生信条是：‘自己教育自己。’”他把反省列为人生信条的首位，肯定是有他自己的道理的。通过自省，他能够清晰地认识到自己性格中的种种消极因素，自觉地抑制这些因素的扩张。

人非圣贤，孰能无过。人活在世上，谁都难免有这样或那样的缺点和错误，谁都难免有丑陋的一面。就连爱因斯坦都宣称，他的错误占 90%，那么普通人身上的错误就更不用说了。所以，每个人都要经常跳出自身反省自己，取出自己的心，一再地检视它，这样才能真正了解自己。

法国牧师纳德·兰塞姆去世后，安葬在圣保罗大教堂，墓碑上工工整整地刻着他的手迹：“假如时光可以倒流，世界上将有一半的人可以成为伟人。”一位上帝在解读兰塞姆手迹时说：“如果每个人都能把反省提前几十年，便有 50% 的人可能让自己成为一名了不起的人。”他们的话，道出了反省之于人生的意义。

一个善于自我反省的人，往往能够发现自己的优点和缺点，并能够扬长避短，发挥自己的最大潜能；而一个不善于自我反省的人，则会一次又一次地犯同样的错误，不能很好地发挥自己的能力，所以经常自我反省很重要。

三国末年的周处是吴国有名的大将。吴国灭亡后，周处在西晋做官，他刚正不阿、执法严明。后来被派往西北讨伐氐羌的叛乱，战死于沙场。周处年轻时，为人蛮横强悍，任性使气，是当地的一大祸害。河中有条蛟龙，山上有只白额虎，加上周处，百姓称他们是“三大祸害”。“三害”当中周处最为厉害，有人劝说周处去杀死害人的猛虎和蛟龙，实际上是希望“三个祸害”相互拼杀。周处立即杀死了老虎，又下河斩杀蛟龙。蛟龙在水里有时浮起、有时沉没，漂游了几十里远。周处同蛟龙搏斗，经过了三天三夜，当地的百姓们都认为周处已经死了，大家都高兴地庆贺。结果周处杀死了蛟龙从水中出来了。他听说乡里人以为自己死了而对此庆贺的事情，才知道大家实际上把自己当作一大“祸害”，因此就有了悔改的心意。

于是，他便到吴郡去找陆机和陆云两位有修养的名人。当时陆机不在，周处只见到了陆云，他就把全部情况告诉了陆云，并说：“自己想要改正错误，可是年龄大了，日子都已经荒废了，怕是最终干不出什么成就了。”陆云说：“古人珍视道义，认为哪怕是早晨明白了圣贤之道，晚上就死去也是甘心的。况且你的前途还是很有希望的。再说人就怕立不下志向，只要能立志，又何必担忧好名声不能传扬呢？”周处听了茅塞顿开，他改过自新，通过不断学习，最后成了一代名将。

周处之所以能够改正错误，是因为他心中有不断反省自我的思想，就是在这种观念的指导下，周处向陆机和陆云两位贤人请教、学习，最终成为名满天下的一代将军。

反省自我，需要认真谦恭的态度。在认识到自己的不足后，我们应该用心反省自己的错误，谦虚地改进自己的做法。仔细地寻找解决问题的方法，才能救自己于万丈深渊之下，不切合实际一味地臆想只会使人陷入更深的泥潭。

荀子在《劝学》中写道："君子博学而日三省乎己，则知明而行无过矣。"说的就是道德高尚的人一方面要博学，另一方面要反求自身，才能知识日增，防患于未然，减少过失。懂得自省，人格才能不断趋于完善，人才能慢慢地走向成熟。通过自省，做人才会越来越成功，生活才会越来越幸福。

反省是人生重要的功能，它是一种自我检查的活动，还是一种学习能力，是认识错误、改正错误的前提。无数事实证明，自我反省能力能够促使人更快地成功。通过反省及时修正错误，就能够不断地调整自己的心态和做事方法，所以说掌握了自我反省的能力，就等于掌握了自我完善和通往成功的秘方。

"见贤思齐焉，见不贤而内自省也"，我们应不断自省，找出新方向、新办法，为自己加分。自省贵在自觉，严以律己，经常反思自己的思想和行为，无情地自我解剖，严格地自我批评，及时更正自己的过错。

自我反省是认识自我、发展自我、完善自我和实现自我价值的最佳方法。我们每个人要将"反省自己"作为日常生活的一个重要组成部分。不断地检查自己行为中的不足，以便及时地反思失误的原因，不断地完善自我。我们不妨在每天结束时，好好问问自己下面的问题：

1. 我今天学到了什么？

2. 今天有什么新主意？

3. 工作中遇到了哪些困难？

4. 距离昨天定下的目标有多远？

5. 今天身体感觉怎么样？

6. 为什么今天过得开心或者不开心？

7. 如果感觉不好，为什么？

真诚地面对这些提出的问题就是反省，其目的就是让我们不断地突破自我的局限，省察自己，开创成功的人生。

时时不忘反省自己，我们就能打开人生的智慧之门，进入人生的更高境界。

方法正确效率才更高

生活中，我们常常会看到这样的情况：有的人做事很认真，每天都不停地忙，还常常加班加点地来完成工作，但是由于方法不正确，效率很低，工作绩效平平；有的人平时很少加班，因为工作方法正确，能够用较少的时间来完成工作任务，绩效相当好。在这个重视过程，更重视结果的年代里，我们不仅要努力，更要用合理的方法做事，才更有效率。

一个伐木工人在一家木料厂找到了工作，伐木工人下决心要干好这份工作。

第一天，老板给他一把锋利的斧头，并给他规定了伐木的范围。这一天，工人砍了 20 棵树。老板说："不错，就这么干！"工人深受鼓舞。第二天，他干得更加起劲，但是他只砍了 17 棵树。第三天，他加倍努力，可是只砍了 12 棵树。

工人觉得很惭愧，跑到老板那里道歉，说自己也不知道怎么了，好像力气越来越小。

老板问他："你上一次磨斧子是什么时候？"

"磨斧子？"工人诧异地说："我天天忙着砍树，哪里有时间磨斧子！"

这个工人以为越卖力，工作成果就越大，这是思维习惯束缚了他。

在工作中，许多人认为自己付出的辛勤汗水并不比别人少，但成绩却总没别人好，究其原因，主要是方法技巧问题，所以在工作中，我们还要注意做事的技巧。当遇到工作的难题时，绝对不应该像那位伐木工人一样一味用蛮力去干，要多动些脑筋，看看自己努力的方向是不是正确。

有一句俄罗斯谚语："巧干能捕雄狮，蛮干难捉蟋蟀。"这句话道出了一个普遍的真理，即做事要讲究方法，巧干胜于蛮干。巧干是一种分析判断、解决问题和发明创造的能力，是敏锐机智、灵活精明的反映，也是充满活力、随机应变的智慧。在工作中，巧干是抓住了事情的关键，并找到了有针对性方法的结果。巧干既可以减少劳动量，又可以达到事半功倍的效果。

丸竹先生开着一家小作坊，卖油炸豆腐。做这种生意十分辛苦，不论寒暑，每天凌晨两点就得起床。

丸竹的媳妇可受不了这种苦，她从小在城市里长大，娘家条件好，没想到嫁过来的第二天，就得半夜爬起来炸豆腐。她想，这工作赚钱不多太辛苦，长期下去非把人累趴下不可。怎么办呢？

这个聪明的媳妇开始动脑筋了。她想："一块一块地炸，又慢又累人，这么大的油锅，咱就不能一次炸十块，同时翻动吗？"由此她又想起她在娘家时，烤鱼用的架子就是可以同时烤好几块的，烤鱼和炸豆腐也差不多！

她把自己的想法告诉了丈夫，于是夫妻二人根据烤鱼架的样子，用铁丝做了一个新式"油炸豆腐器"，然后放入十块豆腐，夹好后放入油锅。以前，炸到一定程度，豆腐便会自动浮上来，这次，由于豆腐都夹在夹子里，沉在油锅中，待拿上来一看，每块豆腐的两面都焦黄、鼓胀，色香味俱佳，根本不用翻动，丸竹夫妻越炸越有劲，一口气把平时需要几小时的工作都做完了，效率提高了好几倍。

经过进一步改进，丸竹将这种新式炸豆腐器申请了专利，并生产出产品，同行们纷纷购买。后来，这项专利权又卖了两千多万日元。

可见，一种恰当的、科学的工作方法，能起到事半功倍的效果。

在工作中，许多人认为自己付出的辛勤汗水并不比别人少，但成绩却总没别人好，究其原因，主要是方法技巧问题，所以在工作中，我们还要注意做事的技巧。当遇到工作的难题时，绝对不应该一味下蛮力去干，要多动些脑筋，看看自己努力的方向是不是正确。

现在是知识经济已见端倪的时代，效率非常关键，没有方法就没有效率。惠普前首席知识官高建华说："惠普这样的跨国公司不提倡员工整天努力地拼命工作，而提倡员工聪明地工作，希望员工在工作中开动脑筋，想出更好的办法去解决问题、完成工作，从而提高工作质量和效率。"低头努力地工作本是无可厚非的，不过要想迅速攀到职业"顶峰"，这是远远不够的。许多人为了在老板面前表现自己，常常加班加点工作。这些人错误地认为唯有这样才能得到老板的赏识。其实工作效率与工作业绩才是最重要的，不能盲目地为忙而忙，也不能为做表面文章而假忙，结果却没有任何成绩。所以，我们只有采用好方法，才能真正解决问题，才能比一般人更优秀、更有效率，才能最终获得成功。

学会思考，思路决定出路

哈佛大学有一个理念是：一个人的成功与失败不在于他的能力和经验，而在于他的思维方式。因为思维指导行动，行动影响习惯，习惯形成品格，品格决定命运。美国潜能开发大师伯恩·崔西说："你大部分时间在想什么，你就会变成那样的人。"约翰·马克斯韦尔说："你今日的生命是昨日思考的结果，你明日的生命将由今日思考所决定。"可见，思考对一个人的生活、学习、工作、命运有着多么大的影响。

人的思考能力是自己唯一能完全控制的东西，没有正确的思考，就不会有正确的行动。那些成大事者都养成了勤于思考的习惯，善于发现问题、解决问题，不让问题成为人生的难题。可以说，任何一个有意义的构想和计划都是出自思考，思考可以支撑起人生。古今中外的成功者，大都经过了一番艰苦而正确的思考。爱因斯坦狭义相对论的建立就经过了“十年的思考”。他说：“学习知识需要思考、思考、再思考，我就是靠这个学习方法成为科学家的。”伟大的思想家黑格尔在著书立说之前曾缄默6年，不露锋芒。在这6年中，他以思为主，专研哲学。这平静的6年，其实是黑格尔一生中最富有成效的。牛顿从苹果落地导出了万有引力，有人问他有什么诀窍，他说：“我没有什么方法，只是对于一件事情做长时间的思考罢了。”

日常生活中，我们不管做什么都需要“思考”。我们所有的计划、目标的想法，都是思考的产物。我们的思考能力，是我们唯一能完全控制的东西。我们可以任意地运用它，使它显示出一定的力量。

在一条繁华的商业大街上有一家超市，筹建这个超市的时候，很多股东都不同意，因为在同一条街上，已经有十几家颇具规模的超市了，要想在这条街上分得一杯羹，对于一个新办的超市，困难是不言而喻的。新上任的董事长是个年纪轻轻的女子，刚从国外某名牌大学管理系毕业。她十分自信，把握十足地鼓励那些举棋不定的股东们说：“我会在两年内将这条街上三分之二的购物者拉进我们的超市来！”

设计超市的时候，年轻的女董事长坚持要在超市内设计一个豪华、气派的免费公厕，股东们更不理解了，在这寸金寸土的商业大街上，投资一个豪华的公厕要浪费多少钱呀？何况，公厕是市政府的事情，公司为什么要耗资耗地在超市内建没有收益的免费公厕呢？

但在女董事长的坚持下，免费公厕还是在超市最里边的角落里建成了。出乎股东们预料的是，超市刚刚建成，就整天顾客如流、人来人往，生意出奇地红火。这个规模不比其他超市大，货品不如其他超市丰富的超市，竟一时声名鹊起，吸引了大批的购物者。股东们在欣喜之余却大惑不解，年轻的女董事长向大家解释说：“其实也没有别的原因，只不过我们的超市比他们的多了一个免费公厕而已。”

女董事长说，“可能平时你们这些男士们不太爱逛街，对于女人来讲逛街时最烦心的事情莫过于找不到洗手间。所以，在筹建我们这个超市前，我就发觉，在这条商业街上，最令市民和游人头疼的，就是少了一个免费公厕，而其他超市也没有免费公厕。我们不惜寸土寸金，在我们自己的超市里修建了这个免费公厕，使许多本来不愿光顾我们超市的人，也不得不因为他们自己急欲方便而走进了我们的超市里来，他们的许多人成了我们的顾客，即便那些没有在我们这里购物的人，他们也会成为我们公司的'活'广告，他们会把我们超市有免费公厕的消息告诉给他们的家人、亲戚，甚至朋友，这将给我们拉来多少顾客、节省多少广告费用呢？”

一个免费的公共厕所就是别人没有注意的边缘，这位女董事长通过自己的思考发现了它，于是也成就了自己的成功。

思路决定出路，思考是人生最大的财富。学会思考，就能找到人生新的起点；学会思考，学会创新，成功就会向你走来。洛克菲勒曾说过：“我永远信奉做事越少，赚钱越多的真理。我的时间有限，我只去做那些需要自己思考的事情，这才真正是我经商致富的关键。”的确如此，我们的世界正是因为有很多善于思考的人才会如此的进步，正是因为有那些不善于思考的人才会变得如此复杂。

有一位哲人说过这样一句富有哲理的话：这个世界不缺能干活的人，缺的是会思考的人。思考是人们谋取进取之路，善于思考的人，用大脑做事，而不只是用双手做事。在生活和工作中，我们要善于观察、学习、思考和总结，仅仅靠一味地苦干奋斗，埋头拉车而不抬头看路，结果常常是原地踏步。所以说，有思考的行动，事半功倍；无思考的行动，事倍功半。

借别人的力量来经营自己的事业

有这样一个故事：

一个晴朗的午后，有一个少年和父亲一起打理花园。他们时而修剪草地，时而修剪树枝，时而给花草浇水。清风徐来，吹走了炎热，他们干起活来格外有劲。

父亲突然发现草地中央有一块大石头，就让少年把石头挪到草地外边。于是，少年使出全身的力气去搬石头，但石头纹丝不动。忙了半天后，少年终于投降了。

“爸，不行啊，我没法挪动这块大石头。”

父亲以和蔼的语调跟少年说：“孩子，如果你想尽一切方法的话，一定能挪开那块大石头。”

少年再次使出浑身力气试着挪动石头，可仍然未能成功，急得都快要哭出声来。这时候，父亲走过来轻轻拍一拍少年的后背说：“孩子，我站在你的旁边静静地看着你奋力挪动石头，不过你好像忘了一件事。”

少年顿时瞪大了眼睛。

父亲微笑着说：“你忘了我站在你身旁。我时刻做好了准备，就等你的招呼，可你根本不想向我求助啊。”

少年的眼睛闪了一下，向父亲说他需要帮助。当他和父亲合力把石头挪到草地外面后，少年高兴地喊了起来：“爸爸，我们终于做到啦！”

在日常生活和工作中，有许多故事中的少年这样的人，他们自己无法完成一件事情，却又不肯求助于他人，最后既耽误了时间，又影响了结果。

成功，在很大程度上是依靠自身的力量，因为内因才是事物发展的根本原因，但是外因也起着必不可少的作用，如果能够巧妙地利用外力，巧妙地利用他人的力量，你的成功之路也许会走得更轻松一些。

王石是万科公司的董事长兼总经理，也是一位善借他人之力的智者。他在经营万科的过程中，多次向社会招聘贤才。

L君原是万科公司的一名职员，可不知什么原因，忽然不辞而别，被聘到一家酒店做业务经理。

王石在公司与L君一起工作的时候，发觉L君很有才干，且上下左右的关系也处理得非常融洽，这样挥手而去，很是可惜。而且自己在有些方面存在不足，L君又恰恰有这些方面的长处，两人取长补短，不是更好吗?

于是王石左思右想，花了很大力气，终于说服L君重新加入了万科公司，而且当年在L君的努力下，公司员工齐心协力，为公司赚了几百万元，使得公司营业额超过两亿多元，在深圳五家上市公司中名列第二。

万科成功的奥秘当然不只是借用人才之力一个原因，但是善于借用人才之力，显然是其第一重要的因素。

正所谓：他山之石，可以攻玉。善于借助他人之力，可以弥补自己的不足，加快成功的进程，还可以获得“双赢”。

在现代社会中，经济迅速发展，各行业各部门之间的竞争非常残酷，单靠一个人的能力是很难取得事业的成功的。因此，必须借用别人的力量，才能取得事业的成就和创造灿烂的人生。

“好风凭借力，送我上青云”，聪明的人知道“借”的妙处，不仅善于借他们之力，还善于借他人之“财”。毕竟两手空空，身无分文，不论办什么事都举步维艰，所以只有靠借才能有出路。他们想出来的办法通常是“借钱赚钱，借钱发财”。这种变钱之道值得借鉴，在必要的情况下，要敢于借贷、善于用贷，走一条借钱生钱的发财路。

当年，美国富豪路维格唯一的家当就是一艘老油船。

有一天，他跑到大通银行，对银行职员说他要借钱。那位职员看了看他的破衬衫领子，轻蔑地问他拿什么做担保。路维格便搬出了那艘老油船，说他正把船租给一个石油公司，每月的租金正好可以分批还这笔款子。银行还是有点犹豫，路维格便建议把租契交给银行，由银行去跟那家石油公司收租金。

一般来说，银行是不会接受这种非分要求的，但他们看重了那家石油公司的信用，而路维格当时是没有什么信用可谈的，因此，银行借给了他一笔钱。

第一笔贷款到手之后，路维格看这样可以从银行贷到款，于是他用贷款来的钱又买了一只旧货船，然后改成油轮租了出去，再拿着租契到银行贷款，再买船。如此反复了好几年。他已经拥有八艘自己的船了。这时候，他开始搞起航运，虽然规模不大，不能和那些大的航运公司对抗，但是他已经能赚到了300多万美元了，而且，这些钱还在不断地增长。在几年的时间里，路维格把一艘旧船变成了拥有八艘油轮的船队，这对他来说已经是非常不错的结果了。

如果你想很轻松地使用自己获得成功，获得财富，而又不用什么实际上的投入，就要学会巧妙地运用“借”字，这是最高明的一种手段。

生活中，不少人认为，成功只有依靠自己一个人的力量去取得，才能真正显示出自己的本领，而向别人寻找帮助，则是一种无能的表现。当然，如果只靠自己的能力就能把事情办好，确实是件好事。但是一个人的能力毕竟有限，总有一些超出你能力之外的事情，你的能力达不到或者勉强干完也是漏洞百出，这就需要借助他人之力了。

跟对人，才能做对事

有这样一个小故事：

有个年轻人大学毕业后，在社会上闯荡了几年，仍毫无建树。

有一天，他遇到了一位德高望重的智者，便虚心请教：“我怎样才能像马云那样成功呢？”智者告诉他：“有三个秘诀，第一个是帮成功者做事；第二个是与成功者共事；第三个是请成功者为你做事。”

很显然，对我们大多数人来说，这三个秘诀里最容易实现的还是第一个——帮成功者做事。也就是说，跟对人是成功的第一步。

对年轻人来说，“跟对人”是成功的前提之一。如果你有幸遇到了一个优秀的、值得跟随的人，那么你将走入成功的快车道。俗话说：近朱者赤，近墨者黑。在那些优秀的人身边，耳濡目染、潜移默化，你也将被这种优秀感染，不经意间变得优秀。优秀的人往往比较有远见和经验，跟随他们，缺乏经验的你才能更容易找到成功的路，进而快速成功。

现实生活中广为流传这样一句话：你是谁并不重要，重要的是你和谁在一起。古代“孟母三迁”的故事，就是这句话最好的证明。你和谁交往，跟什么样的人在一起真的很重要，甚至能改变你的成长轨迹，决定你的人生成败。

在一次商务聚会中，各路神仙相聚一处。有两个端着酒杯的中年男子出于礼貌和拓宽人脉的目的相互敬酒，并攀谈了起来。了解了彼此的身份和身价后，两个端着杯子的人进行了这样的谈话。

“为什么你能成为千万富翁，而我只能成为百万富翁呢，难道我还不够努力吗？”其中的百万富翁向身边那位千万富翁请教道。

“你平时和什么人在一起？”

“和我在一起的全都是百万富翁，他们都很有钱，很有素质……”百万富翁自豪地回答。

“呵呵，我平时都是和千万富翁在一起，这就是我能成为千万富翁，而你只能成为百万富翁的原因。”那位千万富翁轻松地回答。

一个人成功与否，一定程度上取决于他是否拥有一个成功的环境。跟对人，才能做对事；跟错了人，整个世界也就跟着错了。

自古以来，中国就有“择主”“站队”之说。春秋战国时代，是一个“择主”之风最为盛行的时代，那时候，人们并没有什么爱国观念，“朝秦暮楚”是“择主”的方式。当时的有识之士，没有一个不在择主。而当时在政治舞台上风云一时的人物，如商鞅、苏秦、张仪、乐毅、李斯等人，无不是经过“择主”之后，才得以大展身手，显功于当时、垂名于后世的。这些人的成功，也都是“跟对人”的结果。对今天的年轻人来说也是十分有借鉴意义的。

跟对人——这也是雅芳 CEO 钟彬娴，全球最成功的华裔女性的成功之道。她作为《时代》杂志评选出来的全球最有影响力的 25 位商界领袖中的唯一的华人女性，在许多人心中就是一个奇迹。

钟彬娴可以说是一无背景、二无后台。大学毕业后，钟彬娴选择去鲁明岱百货公司做她喜欢的营销工作，在那里，她结识了她职业生涯中的第一个老板——鲁明岱历史上的第一个女性副总裁法斯。在法斯的提拔下，钟彬娴 27 岁就进入了公司的最高管理层。

后来，钟彬娴和法斯一起跳槽到玛格林公司，不久就升到了副总裁的位置。钟彬娴觉得自己的发展空间有限，于是去了雅芳。在那里，遇到了第二位给她机会的老板——雅芳 CEO 普雷斯，在普雷斯的欣赏和破格提拔下，加上钟彬娴个人的努力，钟彬娴上升到了 CEO 的位置。

一个既没有背景又没有后台的女性，在不惑之年荣升到公司 CEO 这样的位置，不能不说是一个奇迹，而其成功的关键就在于跟对了人。这就是当代成功速成法则，也的确可以称之为成功的捷径。

事实上，一个人未来的发展前景，除了个人先天努力之外，跟对人也是很重要的一件事。跟对人是一个人成功的第一步，方向对了，路途才不会遥远。正所谓一人得道鸡犬升天，那个人若是成功，之前就在他手下的人，他也不会忘记的。只要你有机会与巨人站在一起，你就成功了一半。

余娜大学学的是新闻专业，毕业后就职于一家广告公司。三年里，她在公司的表现一直平平。她的顶头上司是个非常傲慢和刻薄的女人，她对余娜的工作经常挑三拣四，没事找事，还时常泼些冷水。一次，余娜针对客户主动地做了一个策划案，被上司知道了，不但不赞赏她的主动工作，反而批评她不专心本职工作。余娜很受打击，以后再也不敢关注自己职责范围之外的工作了。余娜觉得，上司之所以老找她麻烦，是因为她不像其他同事一样奉承她，但是她自认自己不是个能溜须拍马的人，所以不可能得到上司的青睐，于是她在公司里变得沉默寡言，并计划着随时跳槽走人。

后来，公司从其他部门调来一个新上司。这个上司是从国外回来的，性格开朗，经常把表扬挂在嘴边，对同事的工作也经常赞赏有加。在他的感染下，余娜也开始大胆地发表自己的看法。新上司对余娜的想法表示肯定和表扬。由于新上司的积极鼓励，余娜工作的热情空前高涨，她也不断地学习新技能，起草合同、参与谈判、跟客户周旋……余娜非常惊讶，原来自己还有这么多的潜能可以发掘，想不到以前那个沉默害羞的女孩，今天能够跟外国客商为报价争论得面红耳赤。

从这个事例可以看出，只要“跟对人”，就有获得成功的机会。

俗话说，“良禽择木而栖，良臣择主而事”。跟对人能让你少走弯路，学到更多；跟对人能让你快速成长，收获更多；跟对人能让你走得更远，体悟更深。

对年轻人来说，或许你还没有丰富的经验，或许你资质十分平庸，但这并不等于说成功对你是遥不可及的。只要跟对了人，你一样可以快速走向成功。

第八章　不放弃，让世界看到你的努力

不是成功来得慢，而是放弃速度快

很多的时候，尽管我们也曾经全身心投入过，也曾经拼搏过，但常常在成功即将来临的时候，却又失去了最后的耐心，这时的成功实际上离我们只有一步之遥，仅仅是一步之遥，只要耐心的坚持一下，成功也同样会属于我们，然而却鬼使神差放弃了，回过头来当我们醒悟的时候——为时已晚，后悔莫及了。

日本作家芥川龙之介有个著名的“一步说”。芥川说：“九十九步是一半，一步是一半。这是一个超数学问题。当代人不明白这个道理，因此诋毁天才；后世人不明白这个道理，因此在天才面前焚香！”芥川先生认为，在百米赛跑中，九十九步是一半，那剩下的一步是另一半。许多人都可以跑到九十九步，但是那剩下的一步只有天才才能跑到。这最后一步是最艰难的，然而也是最具有突破性的，跨越了这一步，你便实现了质的突破，后面往往就是胜利的曙光。但在生活中，很多人都是因为没有跨越这最后一步，最终失败了。

1905 年，洛伦丝·查德威克成功地横渡了英吉利海峡，因此而闻名于世。两年后，她从卡德那岛出发游向加利福尼亚海滩，想再创一项前无古人的纪录。

那天，海上浓雾弥漫，海水冰冷刺骨。在游了漫长的16小时之后，她的嘴唇已冻得发紫，全身筋疲力尽，而且一阵阵战栗。她抬头眺望远方，只见眼前雾霭茫茫，仿佛陆地离她十分遥远。现在还看不到海岸，看来这次无法游完全程了。她这样想着，身体立刻就瘫软下来，甚至连再划一下水的力气也没有了。

"把我拖上去吧！"她对陪伴她的小艇上的人挣扎着说。

"咬咬牙，再坚持一下，只剩下一英里远了。"艇上的人鼓励她。

"你骗我。如果只剩一英里，我早就应该看到海岸了。把我拖上去，快，把我拖上去。"

于是，浑身瑟瑟发抖的查德威克被拖了上去。小艇开足马力向前驰去，就在她裹紧毛毯喝一杯热汤的工夫，褐色的海岸线就从浓雾中显现出来，她甚至都能隐约看到海滩上，欢呼等待她的人群。到此时她才知道，艇上的人并没有骗她，她距成功确确实实只有一英里。

其实，成功者与失败者并没有多大的区别，只不过是失败者走了九十九步，而成功者走了一百步。很多时候，在我们人生的道路上，面对困难和挫折，我们能够咬着牙坚持着熬过最漫长、最艰难的时刻，可当成功将要与我们伸手相握的时候，却因为我们最终的放弃，便与之擦肩而过了。

"行一百里者半九十。"最后的那段路，往往是一道最难跨越的门槛。其实每一个人的一生中，无论工作或生活，都会或多或少地出现这样那样的极限环境，或者说极限困境。有的时候就需要那么一点点毅力，一点点努力的坚持，成功就能触手可及，而不是充满遗憾地擦肩而过。

刘超是一名刚刚毕业的大学生，对于他来说，一生中最难忘的应该是他的第一次面试，也是他记忆中最受教育的一次面试。

那天，刘超拿着个人简历去一家公司应聘业务员的岗位。他兴冲冲地提前 15 分钟到达了公司所在大厦的一楼大厅里。当时，刘超很自信，他专业成绩好，年年都拿奖学金。那家公司在这座大厦的 16 楼。这座大厦管理很严，两位精神抖擞的保安分立在两个门口旁，他们之间的条形桌上有一块醒目的标牌："来客请登记。"

刘超整理了一下衣服，然后向前询问："先生，请问 1601 房间怎么走？"保安问："你预约了吗？""是的，我已经约好时间来面试的。"刘超回答说。"好，请你稍等，我打个电话，核实一下。"说着，保安抓起电话，过了一会说："对不起，1601 房间没人。""不可能吧，"刘超忙解释，"今天是他们面试的日子，您瞧，我这儿有面试通知。"那位保安又拔了几次："对不起，先生，1601 还是没人；我们不能让您上去，这是规定。"

时间一秒一秒地过去。刘超心里虽然着急，也只有耐心地等待，同时祈祷该死的电话能够接通。已经超过约定时间 10 分钟了，保安又一次彬彬有礼地告诉他电话没通。

刘超当时压根也没想到第一次面试就吃了这样的"闭门羹"。面试通知明确规定："迟到 10 分钟，取消面试资格。"他犹豫了半天，只得自认倒霉地回到了学校。

晚上，刘超收到了一封电子邮件："先生，您好！也许您还不知道，今天下午我们就在大厅里对您进行了面试，很遗憾您没通过。您应当注意到那位保安先生根本就没有拨号。大厅里还有别的公用电话，您完全可以自己询问一下。我们虽然规定迟到 10 分钟取消面试资格，但您为什么立即放弃却不再努力一下呢？我们招聘的业务员需要有坚持不懈、永不放弃的精神。祝您下次成功！"

当你面对又一次的失败而伤心，甚至打算放弃时，你有没有想过再试一次？要知道，我们成长的过程中总是会遇到这样那样的失败。失败了不要气馁，只要有"再试一次"的勇气和信心，你就能获得成功。

其实，成功往往就在你想放弃的下一刻出现，如果你停止努力，就永远不可能享受到成功的果实，只能在成功的面前徒留遗憾。做事只要持之以恒，不轻言放弃，就会有意想不到的收获！

成功就是，你站起来比跌倒的次数多那么一次

人生最大的荣耀不是从不跌倒，而是每一次跌倒后都能爬起来。在漫长的生命过程中，相信每个人都会有“跌倒”的时候，无论你因为什么跌倒了，跌得如何，一定要记住：爬起来！爬起来之后，“跌倒”的过程就变得微不足道了，在跌倒后又爬起来的一刹那，已经证明你拥有了成功的可能，它已经成为你生活中的另一个起点。

人生之路漫长而且坎坷，因此遭受挫折、遇到困难、遭到打击在所难免，差别只在有人把头破血流不当一回事，有人稍微破皮就灰心丧气。所以不管你在什么时候跌倒了，一定要爬起来，趴在地上是不会有任何机会的。如果你跌倒了，并忍着痛苦想要爬起来，那么你才有成功的希望。那些丧失“爬起来”意志的人，是永远不会成功的。

汪建华从小便随父母来到了四川生活，他先后在煤建公司、纸板厂等单位从事修理和驾驶工作。

1987 年，汪建华承包了糖酒公司的一个汽车队。富有商业头脑的汪建华两年就赚了 30 多万元。1989 年他又投资 28 万元，买下了一个汽车队，还投资近 10 万元，创办了一家修理厂。这样一来，汪建华既搞汽车运输，又经营汽车修理，生意十分红火。不到三年时间，他净赚了 150 万元，成了当地屈指可数的百万富翁。

由此而来的县人大代表、政协常委、工商联副主席、企业家联谊会副会长、优秀企业家等各种头衔及荣誉，在他头上编织成一道耀眼炫目的光环。

整天置身于人们尊敬和羡慕的目光中，汪建华的虚荣心得到了极大满足。而此时的他压根儿没想到，他公司的潜在危机开始暴露出来，酿成了一场灭顶之灾。

由于汪建华整天在外忙于各种应酬，没有精力和时间去管理企业。结果导致购进的原材料质量太差，生产工艺粗糙，连续发生两起因质量问题引起的车祸事故，死伤三人，车辆报废。一时间，“神川”农用车臭名远扬，用户不敢买，经销商也要求退货，整个公司趋于崩溃。

不久之后，经法院评估，他的公司已资不抵债，宣布破产。一夜之间，汪建华变得一无所有，几百万资产如同天上的流星一样，一闪即逝。

这次失败在经济上打垮了汪建华，1995 年整整一年的时间，他几乎就靠父亲的接济度日。有一次，汪建华的儿子急性阑尾炎发作，可他翻箱倒柜，只找出 5 元 8 角钱……

走投无路的汪建华找到一个借了他 10 万元的人讨债，结果对方只打发了他 200 元钱……

后来汪建华去给一个中巴车主开车。可是因为乘客害怕汪建华的霉运而不敢乘坐他开的车，车主只好把他给辞退了……汪建华只有去蹬三轮车，一次，因为价格争执被乘客一拳将他打倒在泥地里……

几经周折，他又到一家汽车修理店当修理工，又被一个故意找碴儿的师傅用废汽油劈头盖脸地泼去……

在故乡实在生存不下去了，1999 年，汪建华到北京某食品公司当了一名修理工。老板见汪建华精明能干，便破例让他进入配料车间做配料员，月薪也涨到了 3000 元。

精明的汪建华在这里发现了商机：掌握食品配料技术，小投资办食品厂。于是，汪建华偷偷地将多种食品配方牢记于心。之后，汪建华便打电话与妻子商量并决定，把家里的房子卖掉开办食品厂。

经过几个月的精心筹建，2001 年 10 月，汪建华注册的“德华食品厂”挂牌了。

很快，德华系列食品也生产出来了，可销售成了一大难题。汪建华知道自己的产品要打入大城市有困难，便经常独自一人跑到周边的一些小城镇挨家挨户地推销，每次一去就是 20 多天。那年大年三十，夫妻俩还在外面推销产品，回到家已经是晚上 9 点多钟了。可家里的两个孩子还守在门外，饿着肚子呢？汪建华看到这一幕，心里不禁一酸，妻子还没等他将车停稳便跳了下去，抱着两个孩子失声痛哭。

就是凭着这股干劲和韧劲，汪建华终于为食品厂打开了销路。到 2002 年 6 月，他厂里的产品在周边 50 个县占领了市场，销售业绩一路飙升，半年就实现利润近 100 万元。

至此，在人们眼里消失了两年多的汪建华在他跌倒的地方又重新站了起来，再次成为这个拥有 10 多万人口小城的“焦点人物”。

失败对一个人来说并非都是坏事，很多时候，失败是与成功并行的。面对一次次失败时，我们要把失败当成成功的垫脚石，不懈地努力，总有一天会迎来成功的。

美国《成功学》的创始人希尔·拿破仑说：“自然经常是先给某些人重重的一击，他们倒伏在地，看谁能爬起来再投入人生的战场，那些毅力强大的勇敢者，就被选择为命运的主人。”的确，人生即使偶尔跌倒了，只要自己不因此倒地不起，如果跌倒了就此趴下，一蹶不振，永远不会到达胜利的巅峰，而跌倒了再爬起来总是会有成功的希望所在的。如果你问一个善于溜冰的人怎样获得成功时，他会告诉你：“跌倒了，爬起来。”这就是成功。跌倒不一定是坏事。每个人的成长过程，就如学习溜冰一样，总要跌倒好多次才能学会。所以人生跌倒了可以累积经验。

在通往成功的道路上，多少人跌倒了，就再也没有爬起来，多少人把这条路看得遥远可怕，以为是不可登的。这些都是弱者的表现。对于强者来说，跌倒一次算什么，只要爬起来，同样可以笔直地站在蓝天下，继续往前走。跌倒了再爬起来，能够磨炼一个人的意志，给人以丰富的经验，增强性格的坚韧性和提高其解决问题的能力，引导一个人产生创造性变迁，寻找到更好的人生道路。

这个世界在意的，不是你声嘶力竭的哭声，而是你跌倒后如何爬起来。在漫漫人生路上总有许多的坎坷，一次又一次的跌倒，并没有什么可怕；可怕的是失去信心，失去对成功的期待与坚持。只要你在一次次摔倒后，还能顽强地爬起来，继续坚持下去，就会看到成功的曙光。

自己选的路，跪着也要走完

很多人都有理想，但并不是每个人都能够坚持自己的梦想，所以很少有人会实现自己的理想。但事实上，任何一个拥有理想的人，只要能够坚持下去，就会看到成功的希望。

任何伟大的梦想不可能从幻想里出来，而任何光辉的时刻也必定从一分一秒的努力里得来。若想让理想之灯放出光芒，需要付出艰辛的劳动甚至是一生的努力。

凌晨5点，瑞克·李特开车时睡着了，车飞过了10尺宽的堤防，撞毁在一棵树上。接下来的6个月，他拖着受伤的背部生活。此时，瑞克有很多时间来仔细思考自己的生命，这是过去13年的教育没有教他的。

出院两周后的某一天中午，他回家去，竟发现他母亲因为吃太多安眠药，半昏迷地躺在地板上。瑞克又再次体会到正规教育的不足，过去他并没学到如何处理生命中人际关系及情绪方面的问题。

接下来的几个月，瑞克开始酝酿出一个想法，那就是发展一套课程，以使学生获得更高的自我价值感，学会处理人际关系及应付冲突的技巧。当瑞克开始研究这样的课程应包含什么内容时，他刚好看到了一篇国家教育会所做的研究报告。在这个研究里，有100个30岁的受访者被问到，他们是否觉得高中教育给了他们活在这世上所需的技能？超过80%的人回答说："绝对没有。"

这些30岁的受访者也被问到，他们现在希望过去能学到什么技能？最频繁的答案是处理人际关系的技巧——如何和居住在同一个屋檐下的人处得更好？如何找到工作而且不被炒鱿鱼。如何处理冲突？如何做一个好父母。如何了解一个孩子的正常发展状况，如何管理财务及如何以直觉获知生命的意义。

瑞克有一个构想，那就是开创出一套传授以上技能的课程，受到此构想的激励，瑞克遂中断大学的学业，以便到美国各地去访问中学生，搜集资料以便确立此课程内容，其间，他询问来自120所中学的2000多名学生同样的两个问题：

1. 如果你要为学校设计一种课程，以用来协助你目前或以后可能会遇到的问题时，这个课程应该包含哪些内容？

2. 列出10个你生活中的首要问题，而且你希望这些问题能在家中或学校里被处理得较妥当。

不管受访的学生是来自有钱的私立学校或市内的种族区，是来自乡下或郊区，令人惊讶的是他们的答案都如出一辙。孤单及不喜欢自己是名单上出现最频繁的问题。除此之外，他们希望学到的技能也和那些30岁受访者所列出的一样。

瑞克整整两个月都睡在车上，只靠60元过活，大部分的时间，他都吃饼干夹花生酱，有几天他甚至没东西果腹，瑞克所拥有的资源很少，但他对自己的梦想非常执着。瑞克的下一步就是列出一张表，这张表记录了国内咨商界及心理界的顶尖教育家及领袖人物。他起程去拜访每个在名单上的人，向他们请教，顺便寻求支持。但是这些人却对瑞克说："你太年轻了！回去念大学吧！把学位拿到，去念研究生，那你就可以走这条路了。"他们简直是在泼冷水。

但瑞克却坚持了下来，当他快20岁时，他已卖掉了车子和衣服，而且向朋友借贷，负债达3200美元。有人建议他去找基金会筹钱。

首次和当地的一个基金洽谈便令瑞克大失所望，当他走进办公室的时候，瑞克害怕得发抖，这个基金会的副总裁是个体形魁梧、发色偏暗、面带峻色的男子。当瑞克掏心剖肺地讲述他的母亲、2000个孩子及有关发展一套中学生新课程的计划时，这位副总裁整整半小时就坐在那里，不发一言。

当瑞克讲完之后，这位副总裁抽出了一叠档案。他说："孩子，我在这里已经快20年了！我们为这些教育计划提供资金，每个都失败了！你的计划也会面临相同的命运，至于失败的原因为何？答案十分明显，你才20岁，你没有经验、没有钱，也没有大学文凭，什么都没有。"

瑞克离开基金会的办公室之后，他发誓一定要证明这位副总裁所说的话是错的。瑞克开始研究哪些基金会有兴趣为服务青少年的计划提供资金，然后他花了数月的时间，从早到晚撰写资金补助申请提案。瑞克整整花了一年多的时间不眠不休地写，每一份提案他都小心地针对每个机构的宗旨和要求撰写。瑞克抱着很高的期望寄出所有提案，但每份提案都被退回了！

一封一封的提案被寄出去了，但也一封一封地被退回来。最后，当瑞克的第155封资金补助申请书也被拒绝时，所有支持瑞克的人都开始动摇了！瑞克的父母哀求他回去念大学；特别辞去工作帮瑞克写提案的老师——肯恩·格林也说："瑞克，我现在一毛钱也不剩了，而我还要养活老婆和孩子，我只能再等一份提案的结果，如果还是被打回，我就必须回塔乐多去教书了！”

瑞克还有最后一次机会，他在热望及信心的激励下，设法说通了几位秘书，才得以和家乐氏基金会的执行长罗斯·莫比博士一起吃午餐。路上，他们经过了一个卖冰淇淋的小摊子。莫比问瑞克说：“要不要吃个冰淇淋？”瑞克点点头，但他实在太焦虑了，以至于把手上的冰淇淋筒压碎了，巧克力冰淇淋汁流满了他的指缝间。瑞克试着在莫比博士察觉此事之前，偷偷摸摸气急败坏地想甩掉手上的冰淇淋汁，但莫比博士还是看到了，他扑哧一笑，走回小摊子替瑞克拿了一叠纸巾。年轻的瑞克爬入车内，面红耳赤，可怜兮兮。连一个甜筒都拿不好，他怎么能请别人赞助他的新教育课程呢？

两周后，莫比打电话给他说：“你要求 55000 元的赞助，但我们很抱歉，董事会的成员否决了你的要求。”瑞克觉得眼泪都快流出来了！两年来，他一直为一个梦想努力拼搏，到头来却是一场空。

“但是，”莫比接着说：“董事们却一致决议要赞助你 13 万元。”

瑞克掉下了眼泪，他激动得连一句谢谢你都说不出来。

从那时候起，瑞克·李特已为他的梦想募到了 1 亿美元，目前在 32 个国家及全美 50 州里的 3 万多所学校都有教授“逐梦技巧训练课程”。因为一位 19 岁青年的执着，每年有 300 万的学童得以学习到重要的生活技能。

1989 年时，因为逐梦课程的惊人成就，瑞克·李特扩大了他的梦想，创立了国际青年基金会，而且得到 6500 万美元的赞助金，这是美国历史上第二大笔的赞助金。此基金会的目的就是要在全世界支持且扩编成功的青年课程。

瑞克·李特的生命证明了一件事，那就是只要能执着远大的理想，且有不达目的绝不终止的意愿，便能产生惊人的力量。在实现理想的过程中，不管多么坎坷艰难，只要不断努力，就会等到自己想要的结果。任何一个拥有理想的人，都会在历经苦难之后看到光明和希望。

坚持自己的理想，尽管前途漫长而曲折，但希望一直都在，尽管有时会失败，但输不等于零，是你离成功又近了一步，尽管有时力不从心，但若放弃，成功就会舍你而去。坚守自己的梦想，最终你会摘得属于自己的桂冠。

这是一个绽放梦想的时代，每个人都是梦想家，要想美梦成真，必须脚踏实地，要百折不挠，锲而不舍，坚持成就梦想！让梦想带领我们前行，照亮我们的人生。梦想是一段锲而不舍的追求，梦想是一份神圣高尚的责任，在人生的舞台上，尽情放飞你绚烂的梦想吧。

当你快要顶不住的时候，困难也快顶不住了

成功是一个持续不断的过程，只有坚持沿着一条路努力往前走，才有可能取得成功。相反，如果仅仅是走上了成功的道路而不坚持一直走下去，那么即使你之前已经有所收获，你最终的结果也往往是半途而废。

有许多人做事有始无终，在开始做事时充满热忱，但因缺乏坚韧与毅力，不待做完便半途而废。任何事情往往都是开头容易坚持难，所以要估计一个人才能的高低，不能看他下手所做事情的多少，而要看他最终完成的有多少。在赛跑中，裁判并不计算选手在跑道上出发时怎样快，而是计算跑到终点时间的先后。

从前，有一个石匠打算敲开一块大石头，而他所拥有的工具只不过是一个小铁锤和一支小凿子，可是这块大石头却硬得很。当他举起锤子重重地敲下第一声时，没有敲下一块碎片，甚至连一丝凿痕都没有，可是他并不以为意，继续举起锤子一下再一下地敲，一百下、二百下、三百下，大石头上依然没出现任何裂痕。

可是石匠还是没懈怠，继续举起锤子重重地敲下去，路过的人看他如此卖力而不见成效却还继续硬干，不免窃窃私语，甚至有些人还笑他傻。可是石匠并未理会，他知道虽然所做的还没看到一点儿成效，不过那并非表示没有进展。他又挑了大石头的另一个地方敲，一锤又一锤，也不知道是敲到第五百下还是第七百下，或者是第一千零四下，终于看到了成效，那不是只敲下一块碎片，而是整块大石头裂成了两半。难道说是他最后那一击，使得这块石头裂开的吗？当然不是，而是他一而再、再而三，连续敲击的结果。

这个故事给我们很大的启示，成功的秘诀不在于一蹴而就，而在于你是否能够持之以恒。骐骥一跃，不能十步；驽马十驾，功在不舍。任何伟大的事业，成于坚持不懈，毁于半途而废。成功与失败之间就只有那么短短的距离，一个人能否成功就在于能否坚持到最后。

人生就像马拉松，获胜的关键不在于瞬间的爆发，而在于途中的坚持。你纵有千百个借口放弃，也要给自己找一个坚持下去的理由。很多时候，成功就是多坚持一分钟，一分钟不放弃，下一分钟就会有希望。

马云曾说过："我永远相信，只要永不放弃，我们还是有机会的。"正如他所说，他的创业路也是经过了一波三折，几经弹尽粮绝，但最后还是坚持了下来。

从 1995 年，马云辞去大学教师的职业下海创办"中国黄页"到后来被迫离开黄页创办阿里巴巴，再到阿里巴巴取得今天的辉煌成就，这一路上马云遭遇的挫折、困难是难以计数的，但马云凭着"永不放弃"的精神坚持了下来。

早在 1999 年 3 月，阿里巴巴刚成立的时候，马云就说过："即使是泰森把我打倒，只要我不死，我就会跳起来继续战斗！"

到 2002 年互联网"最寒冷的冬天"，马云对阿里巴巴员工说的是"跪着过冬"，坚持下去，等待"春天"的到来。他说："中国网站 6 个月之内有 80% 会死掉，就像新经济，有 70% 的想法要扔掉，只有 30% 能实现下去。这时你跟竞争者拼的是谁能活着，谁能专注。不管多苦多累，哪怕是半跪在地上也得跪在那儿。跪着过冬，就是你站不住了也得跪着，不要躺下，不要倒。坚持到底就是胜利。”

最终，阿里巴巴又奇迹般地熬过冬天，活了下来，还实现了盈利。对此，马云说：“很多人比我们聪明，很多人比我们幸运，为什么我们成功了？难道是我们拥有了财富，而别人没有？当然不是。一个重要的原因是我们坚持下来了。”

马云认为“永不放弃”是阿里巴巴取得成功的重要原因，在他看来，“有时候死扛下去就会有机会”。成功不在于你做成了多少，而在于你做了什么，历练了什么。事实上，如果没有马云和他团队的坚持，以及他们面对重重困难和打击时不认输、坚持住的勇气，阿里巴巴也不会有今天的成就。

没有一种成功不需要坚持。当你为自己的梦想付出努力的时候，就要为此做好打“持久战”的准备。只有坚持不懈、不轻易放弃，才能获得最终的成功。

我们每个人都渴望成功！那么，成功的秘诀是什么呢？是坚持！成功出自坚持，坚持就是胜利！

世上的事，只要不断努力去做，就能战胜一切。哪怕事情再苦、再难，只要我们不放弃，只要我们“再坚持一下”，我们就有希望，就有成功的可能。

没有顽强的毅力，就别想成功

俗话说：“能登上金字塔的只有两种生命：雄鹰和蜗牛。”雄鹰是靠飞行，很容易就上去了，而蜗牛是靠毅力一点一点爬上去的。

毅力也称意志或坚持力，是成才者必须具备的重要品质之一。西方有一句谚语:“有毅力的人，能从磐石里挤出水来。”安格尔认为:“所有坚忍不拔的努力迟早会取得报酬的。”这些都说明了毅力的重要性。

毅力是人的一种心理忍耐力，是一个人完成学习、工作、事业的持久力。当它与人的期望、目标结合起来后，它就会发挥巨大的作用。要实现远大的理想，就必须增强你的毅力。没有毅力，理想就无法实现，没有理想，毅力就无从产生，这两者是相互依存的。

历史上大凡有成就的人，无不在事业上具有顽强的毅力，一步一个脚印，踏踏实实，向着既定的目标，义无反顾地迈进，从而成就美好的理想。

成功从来都不是一蹴而就的，它经常要使当事人经过千锤百炼，饱经风霜，或许只有如此，人们才能真正体会成功的喜悦。

1973 年，由于中东爆发石油危机，严重打击了香港的各行各业，特别是塑胶业。当时，股票暴跌，百物腾贵，失业人数大增，小市民生活苦不堪言。

有一天，一位蓬头垢面、愁眉苦脸、油污满手的 50 岁男子，拖着疲乏的脚步，踏进旺角一位著名相士的命相馆。他明显地受了很大的挫折，希望这位相士能指点迷津，趋吉避凶。谁知道，相士铁口狠批:

“你的命运，与富贵无缘。我看你还是安分地找一份工作，做个打工仔——你是不适宜自我创业的。”

受了这种挫折之上的挫折，大多数人会意志消沉，意兴阑珊。但这位已经 50 岁的落魄问津者，却是一位不折不扣的“造命人”——这位相士的话，反而激发了他的斗志。他凭着超乎常人的信心与毅力，面对逆境，在往后的日子里，逆流而上，自我创富而终成富豪。

1991 年的农历大年初二，在中东炮火弥漫之际，香港维多利亚港举办了一次世界规模的烟花汇演。而这次悦目缤纷表演的赞助商“震雄集团”是一个工业机构，打破了历年来类似汇演被商业机构垄断的传统。

“震雄”的创办人，就是当年那位落魄者、向相士“下马问前程”的中年人蒋震。

而蒋震由“霉”至“发”的秘密，就是信心加毅力。

蒋震是山东人，生于1923年，幼年在济南度过。1949年，蒋震来到香港。这位山东仁兄，不懂本地话，举目无亲，身无分文。为了糊口，他曾做过苦力、纱厂染工，当过开矿工人，甚至有数年的时间漂泊到日本替美军当海外劳工。

浑浑噩噩，无固定之职，无隔宿之粮，就这样，蒋震与家人过了数年朝不保夕的生活后，终于在一个偶然的机会之下，他由邻居介绍进入香港飞机工程公司工作。

这份工作，成了蒋氏生命中的转折点，他首次接触到机械修理的知识，为日后的工业生涯奠定了基础。他边做边学，买了不少关于机器与操作的书，充实自己，为将来的发展与成功铺路。离开了“港机”之后，蒋震转到一家由美国人开设的飞机零件生产工厂“石利洛”当总管。在这段时间，他不只对机器的认识进一步增加，更在管理方面上了宝贵的一课。

“石利洛”由于不获港府发牌，最终被捷和集团接了手，而蒋震也只好辞职。

1958年，蒋震凭着一点积蓄，与友人谭雄在大堪村成立了一个小型的机械零件加工厂，而“震雄”就是取两人的名字而成的。

过了一年，蒋谭两人开始生产一些吹气机，制造医用的塑胶药水瓶；之后，他们尝试制造吹瓶机，又推出一系列薄膜压出机。

可惜，由于他们资金有限，生产技术落后，生产的机器很快便受到市场的淘汰。合伙人谭雄见生意不好，心灰意冷，提出退股。从此，蒋震便单枪应战，独资经营。

蒋震这位老山东，意志坚强，不为失败所挫，仍然埋头研究吹瓶机的制作与改善。他这个山东一人帮，无法与上海帮、潮州帮、福建帮和广东帮“挂钩”，孤独地经营，每天花上近20小时在工厂，很多时候连家也不回。

1965年，“震雄”推出了先进的螺丝直射注塑机，获得中华厂商会第24届工业展览会“最新产品荣誉奖”。

之后，“震雄”不断革新、不断改良它的产品，业务由本港发展到海外各地；1971年，它研制成香港首台全油压增压式四安士螺丝直射塑胶机，备受厂方赞扬，奠定了“震雄”的工业地位。

但是好景不长。1973年，中东爆发了全球经济灾难性的石油危机。香港的塑胶业首当其冲，单在1973年的8—10月，就有77家塑胶厂倒闭。

“震雄”欠下银行200多万元债务，被银行逼迫着还款，蒋震与银行交涉，获准将存货与机器出售，按月摊还欠款。

这个时期的蒋震，每日工作20小时，尽自己最大的努力，去克服这个危机。结果，三个月之后，他偿还了100多万的债务。银行见“震雄”信誉良好，便没有进一步追讨欠款，而“震雄”便因此得以幸存，在经济复苏之后，有如它赞助汇演的烟花一般，一飞冲天，光芒璀璨。

蒋震的前半生可谓历尽沧桑，但他认为这恰恰是他成功的基础：“一个真正生活过的人，必须亲身经历过内心的痛苦与皮肉的磨炼。”就是这种“内心的痛苦与皮肉的磨炼”，令蒋震自强不息，去克服和超越那令人窒息的艰苦环境，最终成为一位工业巨子。

蒋震也深感信心与毅力对于创富的重要：“创业精神不分今昔……只要有信心、肯做、勤学，机会自然会来临。”

蒋震毫不犹豫地鼓励“有信心人士”去创业：“当今社会，商业活动多，社会经济繁荣，社会对人才的需求也相对增加。因此，在当今社会只要是人才，身怀本领，再加上勤奋和信心，白手兴家的机会就较数十年前大得多。”

实践证明，所谓强者就是一个有坚强意志、顽强毅力、遇挫不挠、遇折不断的人。清代金兰生在《格言联璧》中写道：“经一番挫折，长一番见识；容一番横逆，增一番气度。”生命是一次次的蜕变过程。唯有经历各种各样的折磨，才能拓展生命的厚度。只有通过一次又一次与各种折磨握手，历经反反复复几个回合的较量之后，人生的阅历就在这个过程中日积月累、不断丰富。

古人曰：“锲而舍之，朽木不折；锲而不舍，金石可镂”。顽强的毅力是取得成功的最好秘诀，没有顽强毅力的人将一事无成。毅力能够决定我们在面对困难、失败、诱惑时的态度，看看我们是倒了下去还是屹立不动。如果你想重振事业、如果你想把任何事做到底，单单靠着“一时的热劲”是不成的，你一定得具备毅力方能成事，因为那是你产生行动的动力源头，能把你推向任何想追求的目标。具备毅力的人，他的行动必然前后一致，不达目标绝不罢休。

在人生的道路上，总会出现许多的坎坷和不平，当我们遇到困难和挫折的时候，我们要用毅力和智慧去征服它，只有这样，才能顺利地到达成功的彼岸。

第九章　努力工作，你终将过上你想要的生活

想出人头地，先努力成为你那个领域的“专家”

在激烈的职场竞争中，一个人想立于不败之地，就必须让自己成为所从事领域里无人超越的角色，做真正的专家，并且不断地找准方向，走在发展的前沿。自己付出的努力越多，承担的越多，就越有利于你成为“他人所不及”的人才，进而升级的机会就会越大。

香港有一位“打工皇帝”，年薪千万港元。他总结自己的成功秘诀在于：“想办法让自己成为专业人士，而且要不断地加强它，让自己变得无法取代，你就会变得很值钱。”

他说：“现代的社会是知识经济的时代，已经不只三百六十行，而是三百六十万行，社会经济分工越细，做一个全才就越不可能，而且被取代的机会就越大。只有成为一个专业人士，才是增强自己优势与卖点的不二法则。”

美国纽约一家五星级大酒店里，有一个叫汤姆的小厨师，他是一个普通得不能再普通的人，没有英俊的容貌，也没有高超的厨艺，所以他在厨房里只当下手。但是他会做一道非常特别的甜点：把两

只苹果的果肉都放进一只苹果中，那只苹果就显得特别丰满，可是外表上看，一点儿也看不出是两只苹果拼起来的，就像是天生那样子长的，果核也被他巧妙地去掉了，吃起来特别香。

在一次偶然的机会里，一位长期包住酒店的贵妇人发现了这道甜点，她品尝后，觉得很适合自己的口味，并特意约见了做这道甜点的小厨师。贵妇人虽然长期包了一套最昂贵的总统套房，一年中也只有不到一个月的时间在这里度过，但是，她每次到这里来，都会指名点那道小厨师做的甜点。

在经济萧条的时候，酒店里总要裁去一定比例的员工。但不起眼的小厨师却从来没有被解雇，就像有特别硬的后台和背景。后来，酒店的经理告诉汤姆，那位贵妇人是他们最重要的客人，而他是酒店里不可或缺的人。

小厨师虽然很不起眼，但是他却具有别人没有的那种专业技能，所以在老板的眼里，他就是不可替代的人。

这个故事告诉我们一个道理：人无我有，人有我强，这种技术或能力就是你的强项，它犹如一把锋利的长剑，助你披荆斩棘，所向披靡，达到成功的彼岸。

法国文学家雨果说："只要学有专长，就不怕没有用武之地。"社会不要求我们是"通才"，但一定要是"专才"。行行出状元，只要拥有一技之长，就可以成为一个行业的精英，成为企业永远需要的人才。只要你拥有了"一技之长"，拥有了一个"绝招"，你就有了竞争的资本，就有了就业谋生的手段。所以说，"千招会"不如"一招绝"。

如果你想在人才济济的竞争之中脱颖而出，就必须在自己的专业技能上有过硬的本领，这样才能引起老板的注意，并受到同事的钦佩，从而奠定自己业务骨干的地位，为今后事业的成功打下坚实的基础。

一位著名的企业家说："'万事通'在我们那个年代还有机会

施展，现如今已一文不值了。”所以，企图掌握好多种职业技能，还不如精通其中一两种。什么事情都知道些皮毛，还不如在某一方面懂得更多，理解得更透彻。要生存，就必须有过硬的本领。我们可以没有高学历，可以没有圆通的处事智慧，但一定要有一项过硬的专业技能和本领。无论从事什么职业，都应该精通它。

法国的一家工厂的电机突然间坏了，顿时停电了，一大帮技术人员围着电机团团转，就是找不出毛病，他们使尽了浑身解数仍未能解决问题。正当厂长打算另请高明时，电机组有一名基层员工毛遂自荐。

这是一个身材瘦弱矮小的年轻人，脸上还带着稚气未脱的神色，穿着沾满油渍的工作服，他用一种请求但很恳切的语气对厂长说:“我可不可以试试？”

许多人都瞧不起他，刚来厂里不到一年，平时闷着头也不吱声，能有什么本事？厂长也带着一种怀疑的口吻问道:“你几天能修好？”

这位矮个子员工想了想，说:“三天时间吧。”问他用什么工具，他说只用一把小铁锤、一支粉笔就行了。

白天，他围着电机转悠，这儿看看，那儿敲敲，晚上，他就睡在电机房。到了第三天，人们见他还不拆电机，不禁怀疑起来，他的同事让他别打肿脸充胖子了。

一位跟他最要好的朋友对他说：“修不了就赶紧撤手吧！”

可是他笑着说：“别着急，今晚就可见分晓。”

当天晚上，他让人们搬来梯子，爬到电机顶上，用粉笔在外机壳上画了一条线，说：“此处烧坏线圈 13 圈。”

技术人员半信半疑地拆开一看，果然如此，电机很快就修好了，并恢复了正常运行。

有人相当不解，问他为什么会做到如此神奇，他神秘地答道:“精通，精通能让你解决一切问题！”

厂长觉得他是一个难得的人才，如果把他调到技术部一定会有用武之地。于是决定给他5000元的奖金，并从原岗位升任技术部顾问。

在这家工厂不只是他一个人，还有很多人被破格录用，他们都是自己所在领域顶级的专家，能为企业减少开支，增加效益。

无论从事什么行业，要想在该行业中站稳脚跟，做出一番成就，就必须具备一定的专业技能，只有在自己的专业技能方面精益求精，你才能成为本行业的尖兵。否则，你别说想要树立个人品牌，就是想立足于社会也无从谈起。

西班牙著名的智者巴尔塔沙·葛拉西安在其《智慧书》中告诫人们："在生活和工作中要不断完善自己，使自己变得不可替代。让别人离了你就无法正常运转，这样你的地位就会大大提高。"所以，无论你从事什么职业，都应该精通它，下决心掌握自己职业领域的所有问题，比别人更精通。如果你是工作方面的行家里手，精通自己的全部业务，就能赢得良好的声誉，也就拥有了成功的秘密武器。

在生活和工作中，我们要不断完善自己，提高自己的专业技能，使自己变得不可替代。同样的工作，用你比用别人工作会完成得更好；用你比用别人工作会完成得更快；用你比用别人完成工作所需的消耗、付出的代价更小。你对公司的价值越大，就越难以被替代。当你具有了不可替代性，就等于树起了自己的个人品牌，拥有了良好的职业生涯。

成功不是空口说白话，要有拿得出手的硬件才行，你一定要学会一二种专长，将自己定位为一个专业角色，并且在所选定的专业领域的某个环节中努力做到最好、最杰出，这样就离成功不远了，因为专业人才是企业永远需要和依赖的。

先把小事做好，才可能成为主角

在职场中，能把小事做好就是给自己最好的出路。用一件件的小事为自己积累资本，为成就大事做准备，为自己创造机会，争得机遇。因为只有那些有准备的人才会得到一个机遇的青睐！

成功人生，往往就从小事开始。点滴的小事之中蕴藏着丰富的机遇，不要因为它仅仅是一件小事儿不去做。立大志，干大事，精神固然可嘉，但只有脚踏实地从小事做起，从点滴做起，心思细致，注意抓住细节，才能养成做大事所需要的严密周到的作风。有时，一件小事往往可以反映出一个人做事的态度，可以成为我们成功的契机。要知道，只有善于做小事的人才能做成大事。

美国福特公司名扬天下，不仅使美国汽车产业在世界独占鳌头，而且改变了整个美国的国民经济状况，谁又能想到该奇迹地创造者福特当初进入公司的“敲门砖”竟是“捡废纸”这个简单的动作？

那时候福特刚从大学毕业，他到一家汽车公司应聘，一同应聘的几个人学历都比他高，在其他人面试时，福特感到没有希望了。当他敲门走进董事长办公室时，发现门口地上有一张纸，很自然地弯腰把他捡了起来，看了看，原来是一张废纸，就顺手把它扔进了垃圾桶。董事长对这一切都看在眼里。福特刚说了一句话：“我是来应聘的福特”。董事长就发出了邀请：“很好，很好，福特先生，你已经被我们录用了。”这个让福特感到惊异的决定，实际上源于他那个不经意的动作。从此以后，福特开始了他的辉煌之路，直到把公司改名，让福特汽车闻名全世界。

无独有偶，平安保险公司的一个业务员也有与福特相似的惊喜。他多次拜访一家公司的总经理，而最终能够签单的原因，仅仅是他在去总经理办公室的路上，随手捡起了地上的一张废纸并扔进了垃圾桶。总经理对他说：“我（透过窗户玻璃）观察了一个上午，看看哪个员工会把废纸捡起来，没有想到是你。”而在这次面见总经理之前，他还被“晾”了 3 个多小时，并且有多家同行在竞争这个大客户。

一个人要养成重视小事的习惯，因为从一些小事上，能反映出做事的态度。不要忽略一些不起眼的小事或细节，有时正是这些小事或细节，决定着一个人的成败。即使是一个微不足道的动作，或许就会改变一个人的一生。因此，在工作中，我们要真正从小事做起，从细节入手，把小事做好，把细节做得更周到细致，注意在做事的细节中找到机会，这样才能赢得老板的赏识，从而使自己走向成功之路。

俗话说，“罗马不是一天建成的”。一幢宏伟的建筑是由无数工人一砖一瓦完成的，这其中包括搬砖、和泥等一系列琐碎繁杂的小事；巨大的机器运转离不开一颗小小的螺丝钉。所以说，无论做什么工作都不要忽略其中的小事。我们要树立工作中无小事的理念，并且要付出自己的热情和努力去完成这些小事。也许有人认为这些小事过于烦琐，过于枯燥，会埋没自己的才华。但是，“一屋不扫何以扫天下”，如果连小事都做不到位，即使交给你大事业也是难以完成的。

王华是某知名大学的学生。毕业后，他以优异成绩进入了一家事业单位。他一心只想鹏程万里，不料上班后才发现，每日无非是些琐碎事务。这些事情既不需太多智能，也干不出什么心情，他的心便渐渐冷了下来。

一次单位开会，部门的同事们都在彻夜准备文件，分配给他的工作是装订和封套。处长再三叮嘱：“一定要做好准备工作，别到时弄得措手不及。”他却不以为然：初中生也会的事，还用得着这样告诉大学生吗？同事们忙忙碌碌，他却只在旁边看报纸。文件终于交到他手里。他开始一件件装订，没想到只订了几份，订书机“喀”地一响，针用完了。

王华漫不经心地抽开订书针的纸盒，脑中“轰”的一声——里面是空的。翻箱倒柜之后，他才发现，平时满眼皆是的小东西，现在竟连一根都找不到。此时已是深夜 11 点半，文件必须在次日 8 点大会召开之前发到代表手中。处长大怒道：“告诉你的话，你就是不听。连这点小事也做不好，你这个大学生有什么用啊！”王华低下头无言以对。

他没有说话，径直走了出去。凌晨3点时，他找到一家通宵服务的商务中心，终于赶在开会之前，将文件整齐漂亮地发到代表手中。事后，他来到处长办公室等候批评，没想到平时严厉得不近人情的处长，却只说了一句："记住，最小的事也同样是重要的事。"

只有善于做小事的人才能做成大事。细节决定成败，许多看起来微不足道的事，如果你不注意，极可能会影响自己的发展，影响自己的工作和前途。所以，你必须真正了解"小事"中蕴藏的深刻内涵，关注那些以往认为无关紧要的平凡小事，并尽心尽力地认真做好它。在工作中，甘于做一些小事。通过做这些小事，积累了经验，增强了信心，日后才能干更大的事情。

小事成就大事，细节成就完美。有时，看似无关紧要的小事却往往关系到一件事情的成败，关系到个人的前途和命运。作为职场人，你必须真正了解"平凡"中蕴藏的深刻内涵，关注那些以往认为无关紧要的平凡小事，并尽心尽力地认真做好它。

积极主动，你会赢得更多机会

在竞争异常激烈的时代，被动就会挨打，主动就可以占据优势地位。我们的事业、我们的人生不是上天安排的，是我们主动去争取的。如果你主动行动起来，你不但锻炼了自己，同时也为自己争取好的职位积蓄了力量。

所谓主动，就是积极地、自觉地，不用别人告诉或安排，你就能出色地做好工作。对一个年度或一段时期的工作有目标、有计划、有措施、有落实、有总结，什么时候开始，什么时候完成，得到什么样结果，要心中有数。要善于发现问题，敢于面对困难，勇于探索追求，不达目标决不放弃。如果我们不能做到这些，或者不能坚持这样做下去，就谈不上是主动工作。反之就是应付，只能是被动工作。

张明是一位有学识、有能力的部门主管，但却在公司的一次人事变动中被撤职了，这让大家都大觉意外，百思不得其解。在一次偶然的聚会中，有人遇见其直属领导，问起此事，领导说："他在工作中缺乏'主动'，好几次都见到他坐在办公室内无事可做，在和别人闲聊，问之，他答说：'工作做完了'。工作能做得完吗？做完的工作是我直接告诉他要怎样做的工作，而不是真的完成了他的本职工作。"

仔细品味，这位领导说的话不无道理。工作是永远做不完的，一个优秀的员工应该是一个积极主动的工作的人。在同业竞争激烈的今天，你不能只满足于把自己应该做的和老板交办的工作做好了，而要在这之外，多发现和思考一些问题。主动去做老板没有交代的事情，并把这些事做好，你就能提升自己在老板心目中的位置，就会被调升到更高的职位，获得更大的成功。

主动是成功的基石，主动工作会使一个人有一个良好的心理状态，会取得意想不到的成功。钢铁大王卡耐基曾经说过："有两种人成不了大器，一种是别人非要他做，否则不会主动做事的人；另一种是即使别人让他做，也做不好事的人。那些不需要别人催促，就会主动做事，而且不会半途而废的人必将成功，这种人懂得要求自己多付出一点点，而且做得比预期更多。"任何一个企业都迫切需要那些主动、负责的员工。积极主动是优秀员工的显著标志。优秀的员工往往不是被动地等待别人安排工作，而是主动去了解自己应该做什么，做好计划，然后全力以赴地去完成。主动工作、积极进取的员工，才可以尽快在职场中找到自己的位置，并获得成功。

孙科的单位是一家大型的商贸公司。一次，孙科在帮老板整理文件时，发现老板正在为公司的产品打不开新疆的市场而苦恼，他便主动向老板表示自己愿意到新疆去开拓市场。

老板听完孙科的请求后，不太相信他的能力："可是，前几次派去的几位推销员都无功而返了，而且，那里的条件远不如待在公司总部，你能行吗？"

"我相信自己能在那里开拓出新的市场，因为我事先已做过周密的调查，并制订了切实可行的销售计划。"说完，孙科递上了自己的销售计划书。

经过董事会研究决定后，老板终于让孙科去新疆开拓市场。后来的事实证明，孙科的确是一名销售高手。他到新疆以后，很快让自己公司的产品打入了市场。不久后，公司产品销售量节节攀升，成了同类产品中最受顾客欢迎的产品。

两年后，老板就将孙科调回公司总部担任经理助理。而与孙科同时应聘进入公司的人，现在大多还同孙科当初一样，在一个平凡的工作岗位上从事着平凡的工作。其实，他们的才能不一定比孙科差，但如今却有着天壤之别，其原因是他们缺乏主动执行的精神。他们错误地认为只要准时上班，按时下班，就是对工作尽职尽责了。

一个做事主动的人，知道自己工作的意义和责任，并随时准备把握机会，展示超乎他人要求的工作表现。

在日常工作中，经常会出现同样的工作岗位、同样素质的不同人去做，却出现截然不同的工作结果，究其原因就是主动工作和被动执行的结果。

小南和小华在同一家公司任职，小南在一年的时间里得到了两次升职的机会，而小华却还停留在原来的职位上。小华觉得很不服气，就去找老板问理由。老板吩咐他说："小华，你现在就到市场去一趟，调查一下今天早上有什么卖的东西。"小华欣然答应，没一会儿就回来了，他向老板报告说："今天市场只有一个农民拉了一车土豆在卖。""一共有多少？"老板问。小华闻言又往市场跑，汗流浃背地回来报告说："共有 50 袋土豆。""那价格又是多少？"老板又问。小华只好又跑向了市场询问价格，并且还埋怨老板为什么不一次都问完。老板微微一笑说："好了，现在你坐在椅子上休息一下，看看别人是怎么做的。"老板把小南找来做同样的工作，小南很快从市场回来，向老板报告说：现在只有一个农民在卖土豆，一共50袋，价格是每公斤1元，土豆的质量很好，他还带回一个样品让老板看。并且这个农民一小时后还要运来几箱番茄，价格也很公道。他知道昨天店里的番茄卖得很不错，供不应求，而这样便宜的番茄老板肯定会进货，所以就把那个农民带来了，他现在正等在外面。

这时老板对着坐在椅子上的小华说："现在你知道小南职位比你高的原因了吧？"

任何一个企业都迫切需要那些积极、主动的人。在现代职场中，过去那种听命行事的风格已不再受到重视，积极主动工作的员工将备受青睐。一个积极主动的员工总能把心思全部用在工作上。在工作中他们往往能发现问题，并通过认真研究，找到解决问题的最好方法，获得工作所给予的更多的回馈。

拿破仑说过："自觉自愿是一种极为难得的美德，它能驱使一个人在不被吩咐应该去做什么事之前，就能主动地去做应该做的事。"主动工作的最大意义在于，你在做那份工作时不再像以前那样被动，你会更加用心地把它当作自己的事情来做，做起来很有激情，并能从中获取快乐、成就与满足感！

主动做事情，是优秀员工的必备素质。主动做事不仅会让你超越别人，更为重要的是，它还会让你百倍地发挥自身潜力，超越自我。当你做到了积极主动，超越了自我，就会发现，加薪和升迁原来很简单。

责任有多大，事业就有多大

在一堂企业人力资源培训课上，讲师问了学员们这样一个问题：

一个单位有四种人，如果是你，你觉得哪一种人对单位的危害最大？你觉得单位首先会开除哪一种人？

第一种：有能力，并努力做事的；

第二种：有能力，却不好好做事的；

第三种：无能力，会认真做事的；

第四种：无能力，也不好好做事的。

学员们听完这道题后，先是有一些触动和感慨，接着便是相互地窃窃私语。这时，讲师缓缓道来，我们可以肯定的是：第一种人，永远是受到欢迎的；第三种人，单位也会用它。唯一受到争论的就是第二种人和第四种人，一个单位首先肯定会开除第二种人，原因是第四种人虽然不受欢迎，单位不喜欢那样的员工，但是他们不会不做，不至于会兴风作浪，危害单位。而第二种人很聪明，能做好却不做，比不会做而不做的人更加可恶，因为他们缺少责任心。工作中，他们对单位的危害远远大于第四种人。这道题正说明了责任大于能力这句话。

一个人的工作做得好坏，最关键的一点就在于有没有责任心，是否认真履行了自己的责任。如果一个人没有责任感，即使他有再大的能力也是空谈；而当一个人有了责任感，他就有了激情、有了忠诚、有了奉献、有了执行力……他的生命就会闪光，他就能在工作中激发自己最大的潜能。

在实际工作中，关系到你成败的往往不是能力，而是你对于工作的态度，也就是所强调的责任心。

责任心是人必须具备的基本素养，是做好工作、成就事业的前提条件。一个人要干好自己的本职工作，就要有高度的责任心，就要以生生不息的精神、火焰般的热情去做好每一天的工作。

一个人的能力有大小，见识有高低，但责任心却是平等的。有责任心才会严格要求自己，要用“高投入”磨炼自己，用高标准反省自己，追求工作的精确性和完美性。

王涛大学毕业后，来到一家钢铁公司工作。期间，他发现很多炼铁的矿石并没有得到完全充分地冶炼，一些矿石中还残留着没有被冶炼好的铁。如果这样下去，公司岂不是会有很大的损失?

出于对工作的负责，王涛找到了负责这项工作的工人，跟他说明了问题，这位工人说:“如果技术有了问题，工程师一定会跟我说，现在还没有哪一位工程师向我说明这个问题，说明现在没有问题。”王涛又找到了负责技术的工程师，对工程师说明了他看到的问题。工程师很自信地说，技术是世界上一流的，怎么可能会有这样的问题。工程师并没有把他说的看成是一个很大的问题，还暗自认为，一个刚刚毕业的大学生，能明白多少，不会是因为想博得别人的好感而表现自己吧?

但是王涛认为这是个很大的问题，于是拿着没有冶炼好的矿石找到了公司负责技术的总工程师，他说：“先生，我认为这是一块没有冶炼好的矿石，您认为呢？”

总工程师看了一眼，说：“没错，年轻人你说得对。哪来的矿石？”

王涛说：“是我们公司的。”

“怎么会，我们公司的技术是一流的，怎么可能会有这样的问题？”总工程师很诧异。

“工程师也这么说，但事实确实如此。”王涛坚持道。

“看来是出问题了。怎么没有人向我反映？”总工程师有些发火了。

总工程师召集负责技术的工程师来到车间，果然发现了一些冶炼并不充分的矿石。经过检查发现，原来是监测机器的某个零件出现了问题，才导致了冶炼的不充分。

公司的总经理知道了这件事之后，不但奖励了王涛，而且还晋升他为负责技术监督的工程师。

总经理不无感慨地说：“我们公司并不缺少工程师，但缺少的是负责任的工程师，这么多工程师就没有一个人发现问题，并且有人提出了问题，他们还不以为然，对于一个企业来讲，人才是重要的，但是更重要的是真正有责任感和忠诚于公司的人才。”

工作就意味着责任，无论你所做的是什么样的工作，都需要尽职尽责地完成！只要你能够尽职尽责地去把它做好，你所做的事情就是充满意义的，你就会获得尊重和敬意。

一个人的成就是与他的责任心成正比的。如果你想要有所成就，必须有强烈的事业心，而事业心的核心部分就是责任心。优秀的员工要有敢于承担责任的意识，为自己的决策和行为负责，才能使自己不断提高，获得同时和领导的认可，进而赢得更多的资源和平台。

责任感是人走向社会的关键品质，是一个人在社会上立足的重要资本。一个单位总是希望把每一份工作都交给责任心强的人，谁也不会把重要的职位交给一个没有责任心的人。

一家公司的营销部经理带领一支队伍参加某国际产品展示会。在开展之前，有很多事情要做，包括展位设计和布置、产品组装、资料整理和分装等，需要加班加点地工作。可营销部经理带去的那一帮安装工人中的大多数人，却和平日在公司时一样，不肯多干一分钟，一到下班时间，就溜回宾馆去了，或者逛大街去了。经理要求他们干活，他们竟然说：“没有加班费，凭什么干啊。”更有甚者还说：“你也是打工仔，不过职位比我们高一点而已，何必那么卖命呢？”

在开展的前一天晚上，公司老板亲自来到展场，检查展场的准备情况。到达展场，已经是凌晨一点，让老板感动的是，营销部经理和一个安装工人正挥汗如雨地趴在地上，细心地擦着装修时粘在地板上的涂料。而让老板吃惊的是，其他人一个也见不到。营销部经理站起来对老总说：“我失职了，没有能够让所有人都来参加工作。”老板拍拍他的肩膀，没有责怪他，而指着那个工人问：“他是在你的要求下才留下来工作的吗？”

经理把情况说了一遍。这个工人是主动留下来工作的，在他留下来时，其他工人还一个劲地嘲笑他是傻瓜：“你卖什么命啊，老板不在这里，你累死老板也不会看到啊！还不如回宾馆美美地睡上一觉！”

老板听了叙述，没有做出任何表示，只是招呼他的秘书和其他几名随行人员加入工作中去。当参展结束后，一回到公司，老板就开除了那天晚上没有参加劳动的所有工人和工作人员，同时，将与营销部经理一同打扫卫生的那名普通工人提拔为安装分厂的厂长。

那一帮被开除的人很不服气，来找老板理论。“我们不就是多睡了几个小时的觉吗，凭什么处罚这么重？而他不过是多干了几个小时的活，凭什么当厂长？”他们说的“他”就是那个被提拔的工人。

老板对他们说的是：“用前途去换取几个小时的懒觉，是你们的主动行为，没有人逼迫你们那么做，怪不得别人。而且，我可以通过这件事情推断，你们在平时的工作里也偷了很多懒。他虽然只是多干了几个小时的活，但我却从这件事中看出，他是一个有责任心的人，有多大的责任心就应该承担多大的职务，提拔他，是对他工作尽职尽责的回报！”

人可以不伟大，可以清贫，但不可以没有责任。责任心是成功者必须具备的一项素质，我们取得成就的大小与承担责任的多少是成正比的，责任心越强的人，就越能得到他人的尊重和支持。

责任是对自己所负使命的忠诚和信守，责任是对自己工作出色的完成，责任是忘我的坚守，责任是人性的升华。如果一个人希望自己一直有杰出的表现，就必须在心中种下责任的种子，让责任成为鞭策、激励、监督自己的力量。

第一次就把事情做好

生活中，你可能会有这样的经历：为了尽快结束工作，你迅速地把某件事情做完，没有过多地考虑细节问题，最后却不得不重头再做一遍；为了图方便省事，你把垃圾随便扔在地上，清洁人员却不得不重新捡起来，再扔一次。有时候你浪费的是别人的时间，有时候你浪费的则是自己的时间，而这都是因为你没有把事情一次做到位。

李烨在一家公司做内勤工作，负责公司里的一些杂务事情。有一次，公司的复印机出了问题，总是卡纸，老板让他找人修理一下。经过修理人员的检查，发现原来是搓纸轮老化造成的。修理人员更换新的搓纸轮后，复印机可以正常运转了，但修理人员发现复印机的定影器也有点问题，问李烨是否需要更换一个新的。

李烨认为既然复印机现在已经修好了，也就没必要再动别的零件，再说自己下午还有别的事要办呢，哪有时间陪他们修这个。他心想，等有了问题再说吧！于是，就打发修理人员快走。修理人员走时，对他说："现在不换，过一两个月后你还是得换！"

一个月后，当老板复印一份重要文件的时候，发现复印机居然彻底不工作了。他大发雷霆，叫来李烨："你是怎么办事的！上个月才修了一次，现在就不能用了！上次修的时候你彻底检查了吗？"

李烨想起了上次修理人员的提醒，觉得理亏，马上打电话让修理人员过来，可对方说太远，而且连续几天的工作都安排满了，如果他着急，只能他自己把机器拖过去才行。李烨只得灰头土脸地找出租车，找人搬机器……

你是否也和故事中的李烨一样，因第一次没把事情做好，你要忙着改错或是补救，使工作越忙越乱，浪费了大量的时间和精力。事实上，这样的事情几乎每天都发生在我们的生产中：工作失误要花时间来修正，产品质量出现问题要花时间来返工修补，一个本来用一天时间就可以完成的工作，却要花费很多人更多的时间来完成，一个原本只花费一块钱就能完成的工作，却要很多人为弥补产品质量或安全问题上花费更多的钱！我们宝贵的时间、精力、利润就是这样流失出去了！返工的浪费是最冤枉的，因为第二次把事情做对，既不快也不便宜！想想这些，你是否理解了“第一次就把事情做对”这句话的分量。

第一次就把事情做好，就要用高要求和高标准来要求自己，在做事的过程中，争取第一次就把事情做对，不给自己留下再三纠错的后遗症。在做事情的时候，如果在最初的时候，就竭尽自己的全力，力求把事情做到最好，这样容易让自己养成一种严谨的工作态度。如果能够做到这一点，那在日后的工作或生活中，就能够给人留下很强的信任感，也会让自己变得自信和严谨。

在日常工作中，要提高工作效率，第一次就把事情做对是最好的方法。唯有第一次把事情做对，做到符合要求，才能进入可执行的过程，从而达到预期的效果和效率。所以，我们要在平时的工作中时刻注意，把事情做对，做到符合要求。

“第一次就把事情做对”，它并不是说人不可以犯错误，而是指对待工作必须有一种坚持第一次就做对，符合所有要求的决心和态度。

在一次工程施工的过程中，师傅们正在紧张地进行着工作。这时，有一位师傅的手头需要一把扳手。他便对身边的小徒弟说：“去，给我拿一把扳手来。”

小徒弟飞快地跑去。师傅等了很长一段时间，才见小徒弟气喘吁吁地跑回来，拿回一把巨大的扳手说：“师傅，扳手拿来了，真难找！”

师傅一看，却发现这并不是他想要的扳手。于是，他非常生气地对小徒弟说：“谁让你拿这么大的扳手呀？”

小徒弟没有说话，但是显得非常委屈。这时，师傅才发现，自己叫徒弟拿扳手的时候，并没有告诉徒弟自己需要多大的扳手，也没有告诉徒弟到哪里去找这样的扳手。他自己以为徒弟应该知道这些，但实际上徒弟并不知道。师傅明白了：发生问题的根源在自己，因为他并没有明确告诉徒弟做这项事情的具体要求和途径。

第二次，师傅明确地告诉徒弟，到某一库房的某个位置，拿一个多大尺码的扳手。这一次，没过多长时间，小徒弟就把师傅想要的那个扳手拿回来了。

在这个故事中,小徒弟因为第一次没有把事情做对,浪费了时间。

“第一次”意味着效率，而“第一次把事情做对”则意味着代价最小，质量最高，收效最大。通过第一次把事情做对，人们可以达到提高效能与竞争力的目的。

在工作中，“第一次就把事情做对”是一个应该引起足够重视的理念。第一次把事情做对，可以减少我们改正未做好的事情的时间和成本，还可以使我们少走很多不必要的弯路。

在我们的工作经历中，也许都有过这样的情况：工作越忙越乱，解决了旧问题，又产生了新问题、新错误！结果，轻则自己手忙脚乱地改错，浪费大量的时间和精力，重则返工检讨，给公司造成经济或形象上的损失。第一次没有把事情做对，容易让人忙中出错，形成恶性循环，不仅让自己白忙，还会让很多人跟着你白忙，造成巨大的人力和物力的损失，必须及时终止。所以，再忙，也要在必要的时候停下来思考一下，而不要盲目地消耗资源。而第一次就把事情做好，正是解决这种“瞎忙症”的要诀。

总之，第一次把事情做对，是提高效率的工作法则，也是在激烈的竞争中脱颖而出的最有力武器，更是卓越者与平庸者最明显的差距。

世界那么大，人生那么短，别让自己留下遗憾，
明天和意外不知谁先来？

青 春 励 志 丛 书

QINGCHUN LIZHI CONGSHU

世界那么大，我要去看看

用打不死的精神，
创造理想生活。

在这个世界上，一定有人，在做着你不敢做的事，
在过着你想过的生活。

潘鸿生◎编著

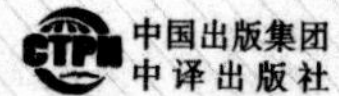

中国出版集团
中译出版社

图书在版编目（CIP）数据

世界那么大，我要去看看 / 潘鸿生著. -- 北京：中译出版社，2020.2

（青春励志系列丛书）

ISBN 978-7-5001-6144-8

Ⅰ. ①世… Ⅱ. ①潘… Ⅲ. ①成功心理—青年读物 Ⅳ. ① B848.4-49

中国版本图书馆 CIP 数据核字（2020）第 022616 号

出版发行：中译出版社
地　　址：北京市西城区车公庄大街甲 4 号物华大厦六层
电　　话：（010）68359376，68359827（发行部）（010）68003527（编辑部）
传　　真：（010）68357870
邮　　编：100044
电子邮箱：book@ctph.com.cn
网　　址：http://www.ctph.com.cn

策　　划：北京瀚文锦绣国际文化有限公司
责任编辑：温晓芳
封面设计：孙希前

排　　版：张元元
印　　刷：香河县宏润印刷有限公司
经　　销：全国新华书店

规　　格：880mm × 1230mm　1/32
印　　张：25
字　　数：650 千字
版　　次：2020 年 4 月第一版
印　　次：2020 年 4 月第一次

ISBN 978-7-5001-6144-8　　定价：178 元 / 套（全 5 册）

前言 Preface

2015年4月14日早晨，一封辞职信引发热评，辞职的理由仅有10个字："世界那么大，我想去看看。"一时间，这句话成为火遍大江南北的流行语，很多人在热议之余，也在感慨，因为他们有太多束缚和枷锁，无法轻易说出这句话，于是这句话就成为他们对自由生活的一种向往。

世界那么大，风景那么美，既然憧憬远方，就不要原地蹉跎。渺小的我们终究是那匆匆过客，所以，何不迈出勇敢的一步，将脑海中那句徘徊已久的话付诸行动呢？不要停留在原地，世界那么大，你长年累月地站在这里，只能看到那来来往往的车辆和拥挤的人潮，永远不可能领略到大千世界的美好，所以，向前进步，去领略这美好的大千世界，见识不同的美丽风景，看到不同的人种，见识更多的物体，努力实现自己的梦想。

其实有位哲人早就说了，生命本身就是一场旅行。人这一生若不能看看这个世界，哪怕没闲过一天，也觉得不够充实。虽然在旅行中，我们改变不了什么，但是，你可以用轻松的姿态活出无可替代的精彩。

"世界那么大，风景那么美，机会那么多，人生那么短。"其实，趁年轻，多出去走走，见见世面，或许，你会从中得到启发，有一句话是这样说的：灵感，来源于实践；生活，来源于社会的磨砺。趁年轻，多到外面走走，因为青春不会倒流。

世界这么大，多出去走走看看，人越走出自己的圈子，就发现世界越大。和不同的人聊人生，就会发现自己多么渺小。世界那么大，何苦把自己困在自己的局里。路可以越走越宽，心可以越来越纯净。一个见过世面的人更明白如何看待这个世界，更知道如何看待身边的人和事，也更容易过好自己的一生。希望你也能多出去走走，看看外面的世界，成为更好的自己！

读万卷书不如行万里路，行万里路不如阅人无数。在这个世界上，一定有另一个你在做着你不敢做的事，在过着你想过的生活。趁年轻，多出去走走看看，多丰富自己的人生阅历！

目录

Contents

第一章　世界那么大，不要在原地蹉跎 / 1

心有多大，世界就有多大 / 1

趁年轻，来一场说走就走的旅行 / 4

读万卷书，还要行万里路 / 7

远见决定视界，视界决定你的世界 / 9

既然选择了远方，就要风雨兼程 / 13

做自己喜欢且擅长的事情 / 15

第二章　带着梦想上路，过有追求的生活 / 18

用目标为你的人生导航 / 18

有梦想，谁都了不起 / 21

人生是靠自己规划和设计的 / 24

勿虚度人生，过有目标的生活 / 28

找准舞台，才能遇见更好的自己 / 31

第三章　现在就去做，人生没有太晚的开始 / 34

行动是成就人生的力量 / 34

唯有行动才能实现伟大的梦想 / 38

拖延是对人生最大的挥霍 / 41
别让优柔寡断绊住了你 / 44
主动出击，才能收获精彩的人生 / 46

第四章　世界那么大，一定要有创富思维 / 50
积少成多，养成储蓄的习惯 / 50
运用智慧，掌握方法赚大钱 / 53
赚钱是为了活着，但活着绝不只是为了赚钱 / 57
思路决定出路，观念决定贫富 / 60
小钱积大钱，不要瞧不起小生意 / 63

第五章　万里征途，你带什么上路 / 67
在成功的路上，热情是必不可少的 / 67
无论何时，都要做一个讲诚信的人 / 70
真诚待人，岁月也会对你温柔以待 / 73
在希望中活着，才会看到光明 / 77
你不是缺少成功的机会，而是缺少成功的勇气 / 80

第六章　给精神一次放逐，让心灵在路上成长 / 84
学会遗忘，着眼未来 / 84
保持乐观的心态，生活一路阳光 / 88
忘掉忧虑，重拾快乐心情 / 91
不要活在昨天的痛苦中 / 95
心怀感恩的人才会拥有真正的快乐 / 98

第七章　适时放下，让生命轻装前行 / 102
放下包袱，快乐前行 / 102
放下完美，人生将有不同的风景 / 104
放下执着，所有问题都会迎刃而解 / 107
放下嫉妒，保持平和的心态 / 110
放下虚荣，你才会活得轻松快乐 / 115

第八章　笑看人生，淡然面对盛世繁华 / 119
人生不易，不要再自寻烦恼 / 119
修剪心中过多的奢求，别让贪婪缚住了手脚 / 122
看得开得失，才是真正的智者 / 126
人生易老常知足，高兴欢乐永不愁 / 129
岁月若静好，难得一颗平常心 / 133

第九章　抓住幸福，享受即时的精彩 / 136
金钱不是幸福的源泉，幸福也不是金钱的产物 / 136
富贵于我如浮云，不要为名利所困 / 139
珍惜当下，享受每一天 / 143
放慢脚步，尽情享受生活 / 146
大道至简，学会享受简单生活 / 149

第一章　世界那么大，不要在原地踌躇

心有多大，世界就有多大

有这样一个故事：

有三个从农村到城市打工的年轻人，他们在同一家炼铁厂工作。

厂里工作辛苦，工资又不高。下班了，三个人都有自己的活：一个到城里去蹬三轮车，一个在街边摆了一个修车摊，还有一个在家里看书，写点文章。蹬三轮车的人钱赚得最多，高过他在炼铁厂的工资；修车的也不错，能对付柴米油盐的开支；看书写字的那位虽没有收入，但也活得从容。

有一天，三个人说起自己的目标和愿望。蹬三轮车的人说："以后我天天有车蹬就很满足了。"修车的说："我希望有一天自己能在城里开一间修车铺。"喜欢看书写东西的那个人想了很久，才说："以后我要离开炼铁厂，我想靠我的文字吃饭。"其他两位当然都不信。

五年过去了，他们还是过着同样的生活。十年后，修车的那位真的在城里开了一家修车铺，自己当起了老板。蹬三轮车的那位还是下班了去城里蹬车。十五年后，看书写字的那位发表的一些作品在地区引起了不少人的关注。二十年后，他的作品被一家出版社看中，本人也调到省城当了编辑。

这个小故事说明了一点：格局有多大，未来的路就有多宽。不同的人有着不同的命运，这主要取决于一个人的格局大小。有大格局的人对人生有一个大的目标，绝不会把自己局限在一个狭小的空间之内，而是准备将事业做到最大。因此，他们就踏平坎坷，最终成为成功者。而一个格局小的人脑海中有着太多障碍，只能看到眼前的东西，对未来缺少规划，最终成为失败者。

眼界和格局不是说有就有的，没有经历过，是无法通过别人的口述而感觉到的，想要开阔眼界，那就要到处去走走、去看看；想要扩充格局，那就去经历，去做一些自己从来没有做过的事情。填充自己的格局，才能更好地发展自己。

深圳某知名培训集团的老总身价数十亿，无论从哪方面讲，他都是一位非常出色的成功人士。但如果你翻开他的奋斗史，你会惊讶他的经历：十五年前，初中学历的他孤身来到深圳打工，在一家工厂做油漆工，每天工作十多个小时，也没有休息日，可就算这样辛苦地工作，每月的收入却不到1000元。一年后，他愤怒地丢下一句话："我一定要混出个人样！"毅然辞工。没有收入来源的他租了一间在深圳最便宜的铁皮房，开始了自己的创业生涯。他开过小店、做过小批发商，但都没有成功。后来他发现深圳的培训业开始兴起。没有学历的他毅然加入这一行，把省吃俭用攒下来的钱拿去听培训大师讲课，去模仿他们，并常常去图书馆里为自己"充电"。为了打开局面，他开始跑到一些工厂去做一些免费的励志培训，锻炼自己的口才和提升自己的知名度。终于慢慢地，他有了一笔笔培训收入，并成为一名励志培训大师，到后来又组建了自己的培训公司，并被邀请去给清华大学的博士生导师上培训课，这些辉煌的成就很难让人将之与一个初中学历的工人联系起来。但他确实成功了，没有什么条件，全靠自己的一颗进取心去创造。

一个人的命运不是取决于上天的安排，而是取决于他自身的人生格局。很多成功者之所以能够取得成功，是因为他们在自己还是一个小人物的时候就在规划自己的人生大格局。他们有一个开阔的心胸，没有因环境的不利而妄自菲薄，更没有因为能力不足而自暴自弃。他们在气势、性格和信念上拥有正常人所不能拥有的东西，能够用发展的、全局的、战略的眼光来看待生活和工作，相信通过自己的努力一定能够获得成功。而那些格局小的人往往会因为生活的不如意而怨天尤人，因为一点小的挫折就一筹莫展，看待问题的时候常常是一叶障目、不见泰山，因此，也就不可避免地成了碌碌无为的人。

井植岁男是日本三洋电机公司的创办人。有一次，他试图鼓励其雇用的园艺师傅自己创业，但这位园艺师傅却拒绝了。

有一天，他家的园艺师傅对井植说："社长先生，我看您的事业越做越大，而我却像树上的蝉，一生都坐在树干上，太没出息了。您教我一点创业的秘诀吧？"

井植点点头说："行！我看你比较适合园艺工作。这样吧。在我的工厂旁有 2 万坪空地，我们合作来种树苗吧！多少钱能买到 1 棵树苗呢？"园艺师傅回答说："50 元。"

井植又说："好！以 1 坪种 2 棵计算，扣除走道，1 万坪大约种 2 万棵，树苗的成本是不是 100 万元。三年后，1 棵可卖多少钱呢？"

"大约 3000 元。"

"100 万元的树苗成本与肥料费由我支付，之后的三年，你负责除草和施肥工作。三年后，我们就可以收入 600 多万元的利润。到时候，我们每人一半。"

听到这里，园艺师傅却拒绝说："哇？我可没有那么大的胆量敢做那么大的生意！"

最后，他还是在井植家中栽种树苗，按月拿取工资，白白失去了致富良机。

那位园艺师傅错失致富良机的主要原因就是格局太小，他把自己放在了一个狭隘的空间里，对生活没有太大目标。当初，如果他能够对生活有一个大的追求，三年之后，他便可以获得更多财富了。由此可见，小格局是成功的主要障碍。如果一个人被小格局所束缚，那么他就会有一个鼠目寸光般的思维，缺乏创新意识和危机意识，更缺乏主动进取的热情。

其实，我们应该相信自己的能量，不能主观地自我设限。毕竟很多事情的解决并不是我们的能力达不到，而是因为我们给自己设的“局”太小。如果我们能够打破这种小格局、突破自我限制的话，就能拥有更广阔的人生空间了。

心就是一个人的翅膀，心有多大，世界就有多大。如果不能打破心中的内壁，即使给你一片广阔的大海，你也犹如置身于狭小的鱼缸，找不到自己的方向。

人生那么短，不要在小世界里卑微地活着，梦想有多远，脚步就有多远。

趁年轻，来一场说走就走的旅行

旅行是人生中最好的一种投资。到一个陌生的地方，看风景、听故事，感受他乡的人文情怀和风土人情绝对是人生中值得投资去做的一件事情，因为它会让你体验到各种不一样的生活，既增长了见识，又对一个地方有了全新的认知和感悟，同时也可以让你更清楚地认识和了解自己。

刘楠出生在一个小镇，她上大学以前甚至都没有出过省。刘楠从来到大都市那天起，便看到了和自己家乡完全不一样的世界，她感到震撼，原来世界如此丰富多彩。闲暇时光，有时听同学们聊起自己去过的地方，刘楠越发觉得自己视野狭窄，看到的世界太小，从那个时候起，刘楠就暗暗下定决心，以后一定要走遍全中国。

从上大学的时候开始，刘楠就开始了自己的旅行。这时她是穷学生，没有钱，就拼命学习拿奖学金，然后坐硬座去有同学在的那座城市住同学的寝室，和同学一起吃食堂，坐公交车游走在城市的各个角落。四年大学生活，以这样的方式，刘楠走过了不少城市和省份。等到工作了，有钱了，刘楠走得就更远了，甚至还去了国外。

旅游拓宽了刘楠的视野，增长了刘楠的见识，刘楠在旅行中看到了不同的世界，而且旅游中所经历的人和事，以及大自然中的一草一木常常会给刘楠带来意想不到的启发，让她在短短一瞬间悟出许多人生的道理。这些见识也增加了刘楠与别人聊天的资本，有越来越多的人觉得刘楠说话特别吸引人，而那些各不相同的见闻则使得刘楠的心态更加平和。

俗话说："见多识广"，旅游是个"流动的大课堂"，旅行可以使人的视野更加开阔，知识变得更加丰富。如果你每天都待在同一个地方，足不出户，那你永远不知道外面的世界有多精彩，人们的生活有多么丰富多彩。现在虽然人人都有网络，可以足不出户就了解和学习到很多东西，但是有些东西是网络里面了解不到的，是需要自己亲身去体验的。难怪古人把"读万卷书，行万里路"作为人生的一大目标。确实，知识的本来面貌多半从旅行中发掘而来，书本上的许多知识皆来源于旅行，成就于博闻广见。读书获取的知识只是意会，若无身体力行的旅行，怎么意会都难以加上一个贴切的注脚。经历了，体验了，也就真实地感受到了。

20世纪90年代初，新开播的《正大综艺》将耳目一新的旅游电视节目观感带给了广大观众，那句"不看不知道，世界真奇妙"的片头语几乎成为老幼皆知的口头俗话。《正大综艺》里那几位游历于世界各地的外景主持常常带着大家去领略不同国家、地区的风光和文化，常常让我们啧啧称奇，这就是旅游的魅力所在吧，它总能让你看到不一样的世界，感受到不一样的文化。

旅行是一种生活方式，意义在于为自己提供更多可能性，见识到自己所不知道的人、事、物，身临其境感受不一样的追求、社交圈和世界观。如果你不出去走走，你就会以为这就是世界，当你走出去的时候，你会惊呼，原来世界是这样的。当你走出了自己的小圈子，出去接触到了不同的人、不同的文化，你会发现自己的心胸不再像以前那般狭隘，无论是看世界的方式，还是面对人生的态度，都有了很大改变。

周芳是某外企的一名高管，同时也是一名旅游达人。其实，她真的不算是一个漂亮的女人，可是她浑身散发着诱人的气质，有着一种女人难得的洒脱和活泼。如今，她已经拥有十六年游历生涯，走过了全球 70 多个国家、地区，她积累了太多故事，她深入巴布亚新几内亚蛮荒地带，险成压寨夫人；她穿越西藏区域，醉卧亚马孙河；她尝试新西兰高空弹跳，体验墨西哥死亡跳水；她吃蚂蚁蛋、响尾蛇、咸酥蛆；她在巴西大跳桑巴热舞，在秘鲁和僵尸共枕……她的生活才是真正的五彩斑斓。

青春是一去不复返的，正因为我们年轻，才可以轻狂，才可以不顾后果地勇敢去闯，看看不一样的世界，长长见识，为自己的未来增加人生历练。如果一个人长期固定在家和工作单位里，好像鸟被囚禁在鸟笼里一般，不但生活单调无味，长此下去，还会闷出病来。长时间围困在钢筋水泥建筑里，终日里听到的是机器的隆隆声、各种车辆的马达声和城市的嘈杂音，一旦换了个去处，面对湖光山色、绿水青山、莺歌燕舞、蓝天白云的大自然，一定会令你心旷神怡、流连忘返。

趁年轻，趁还有梦想，想去的地方，现在就去，想做的事情，现在就做。哪怕搭车、睡沙发、住客栈，享受在路上的自由，青春就该这么折腾！

读万卷书，还要行万里路

古代圣贤曾有言：读万卷书，行万里路。在此强调的是不仅仅要读圣贤书，读书获得知识后，还要走出封闭的环境，游历名山大川，开阔眼界和胸襟，这才称得上是君子之学。

人们常说：不登山，不知山高；不涉水，不晓水深；不赏奇景，怎知其绝妙。的确，读万卷书，还须行万里路。有了知识的储备，当然就要去把知识转化为实实在在的东西。出去走一走，看一看世界是否如书中描绘的那样色彩斑斓。在这方面，明代地理学家、旅游学家徐霞客给我们做出了榜样。

徐霞客出生在江苏江阴一个有名的富庶之家，祖上都是读书人，称得上是书香门第。他的父亲徐有勉一生不愿为官，也不愿同权势交往，而是喜欢到处游览欣赏山水景色。徐霞客幼年受父亲影响，喜爱读历史、地理和探险、游记之类的书籍。这些书籍使他从小就热爱祖国的壮丽河山，立志要游遍名山大川。15 岁那年，徐霞客应过一回童子试，但没有考取。父亲见儿子无意功名，也不再勉强，就鼓励他博览群书，做一个有学问的人。徐霞客的祖上修筑了一座“万卷楼”来藏书，这给徐霞客博览群书创造了很好的条件。他读书非常认真，凡是读过的内容，别人问起，他都能记得。家里的藏书还不能满足他的需要，他还到处搜集没有见到过的书籍。他只要看到好书，即使没带钱，也要脱掉身上的衣服去换书。

19 岁那年，徐霞客的父亲去世了。他很想外出去寻访名山大川，但是按照封建社会的道德规范“父母在，不远游”，徐霞客因有老母在堂，所以没有准备马上出游。他的母亲是个读书识字、明白事理的女人，她鼓励儿子说：“身为男子汉大丈夫，应当志在四方。你出外游历去吧！到天地间去舒展胸怀，广增见识。怎么能因为我在，就像篱笆里的小鸡、套在车辕上的小马，留在家园，无所作为呢？”徐霞客听了这番话，非常激动，决心去远游。临行前，他头戴母亲为他做的“远游冠”，肩挑简单的行李，就离开了家乡。这一年，他 22 岁。

徐霞客一生游历了三十余年，足迹踏遍 16 个省份和 100 多座城市，游阅了大半个中国。在旅行考察中，他主要是靠徒步跋涉，连骑马乘船都很少，还经常自己背着行李赶路。他寻访的地方多是荒凉的穷乡僻壤，或是人迹罕见的边疆地区。他不避风雨，不怕虎狼，与长风为伍，与云雾为伴，以野果充饥，以清泉解渴。他几次遇到生命危险，出生入死，尝尽了旅途的艰辛。

徐霞客 28 岁那年，来到温州攀登雁荡山。他想起古书上说的雁荡山顶有个大湖，就决定爬到山顶去看看。当他艰难地爬到山顶时，只见山脊笔直，简直无处下脚，怎么能有湖呢？可是，徐霞客仍不肯罢休，继续前行到一个大悬崖处，至此路没有了。他仔细观察悬崖，发现下面有个小小的平台，于是就用一条长长的布带子系在悬崖顶上的一块岩石上，然后抓住布带子悬空而下，到了小平台上才发现下面斗深百丈，无法下去。他只好抓住布带，脚蹬悬崖，吃力地往上爬，准备爬回崖顶。爬着爬着，带子断了，幸好他机敏地抓住了一块突出的岩石，不然就会掉下深渊，粉身碎骨。徐霞客把断了的带子连接起来，又费力地向上攀缘，终于爬上了崖顶。

徐霞客在跋涉一天之后，无论多么疲劳，无论在什么地方住宿，他都坚持把自己考察的收获记录下来。他写下的游记有 240 多万字，可惜大多失散了。留下来的经过后人整理成书，就是著名的《徐霞客游记》。这部书 40 多万字，是把科学和文学融合在一起的一大“奇书”。

徐霞客的故事告诉我们，一个人要想获得成功，光有知识是远远不够的，读万卷书，还要行万里路。行万里路就是为长见识。物有甘苦，尝之者识；道有夷险，履之者知。世上有很多路，而只有自己亲身走过的路，心里最清楚。种过田，才知道耕种的艰辛；做过工，才知道工作的劳苦；跌过跤，才知道跌倒的痛楚。也正是因为有了丰富的人生经历之后，人们才学会了分析和判断，并从中找出一条最适合自己的路。所以，在成功的道路上，知识不如见识。读万卷书，还要行万里路。

远见决定视界，视界决定你的世界

在当今高速发展的社会里，很多人都无法预测和想象两年后的社会将成为什么样子。但即使如此，想要成就人生、成就事业，就不能不去策划明天、预见未来，这就需要有远见。没有远见的人只看到眼前的、摸得着的、手边的东西。相反，有远见的人心中装着整个世界。

什么是远见？老子说："其安易持，其未兆易谋；其脆易泮；其微易散。为之于未有，治之于未乱。"他明确指出，事物的发展变化都有一个从量变到质变的过程，明智的人能够在事物刚刚显露出苗头的时候就发现它的发展演变规律，甚至在没有预兆的情况下就能预见它的趋势，从而早做筹划。这就是远见。

20 世纪 80 年代初，摆个地摊就能发财，可很多人不敢；90 年代初，买只股票就能挣钱，可很多人不信；20 世纪初，开个网站就能赚钱，可很多人不试。究其原因，是很多人目光短浅，看不到这些行业未来发展的希望所在，从而不敢贸然行动，失去了发展的良机。思路决定出路，眼光决定未来。站得高，才会看得远；看得远，才会行得长。

美国作家唐·多曼在《事业革命》一书中说："把眼光放长远"是踏上成功之路的一条秘诀。如果一个人想成大事，就必须拥有长远的眼光。

曾经有两个企业都想在某郊区投资地产，并各派了专人前去调查那里的情况。结果A企业的人在考察之后，向公司报告说：“那里人口稀少，房产业发展机会渺茫，房子修好了也没有人来住。”而B企业的人则在考察之后，向公司报告说：“该地虽然人口稀少，但那里环境优雅，人们厌倦了城市的喧嚣，定会喜欢在那里安置生活。”果然不出B企业所料，随着城市包围农村，城里人越来越向往农村生活，尤其是一些农家乐办得更是如火如荼。所以B企业的投资是明智的。

A企业的人员鼠目寸光，只看见眼前事物的表象，而B企业的人却高瞻远瞩，从表象里预见到未来。B企业的远见卓识远远高于前者。如果一个企业的领导像A企业的人一样近视，那么他的动作很可能都是短期行为，而如B企业那样见识过人，眼光放长远一点，就能使企业获得长远利益。

在激烈的竞争中，谁有眼光，谁能够看到趋势，谁能够高瞻远瞩，谁就能比别人先成功。比尔·盖茨曾说过：“我从来都是戴着望远镜看世界的。”眼光长远的人才会有广阔的天地去拼搏、去奋斗。成大事者都是具有远见的人，因为只有把目光盯在远处，才能有大志向、大决心和大行动。

“眼光决定未来”在这个经济变化速度超快的时代已是一个不辩的事实。什么样的眼光决定了什么样的命运。你所关注的东西就是你的未来。通常有长远眼光的人能够不拘于现有状况，对事物发展做出大胆预测，具有冒险精神，并且有着睿智的头脑，并非凭空去放远他们的眼光，他们懂得如何能够实现目标。

马云在创办中国黄页时，就是因为他独具慧眼，看到了常人看不到的商机，所以才能成就阿里巴巴的未来，才能开拓出电子商务领域的新天地。

1995年，马云第一次接触到互联网。当时，互联网刚刚兴起，还不为人知。在这种情况下，马云高瞻远瞩，看到了互联网的远大前景，决定创办中国黄页。然而，几乎所有人都认为马云绝不可能取得成功。

马云从美国回来后，便立即召集 24 位朋友开会，当他激情洋溢地向大家讲解互联网时，大家都一脸茫然与不屑。马云讲了两小时后，最后只有 1 个人支持，其他 23 个人都反对。不仅如此，当时连网易 CEO 丁磊也不看好他。然而，马云并没有感到灰心丧气，依然决定创建中国黄页。

创建中国黄页后，马云在向人们推销互联网时，因为人们的不解，他们便误认为马云是疯子、是骗子……但尽管如此，马云仍然坚信自己的选择没有错，并且坚定不移地坚持了下来，最终打造了阿里巴巴帝国。

在互联网日益发展的今天，我们不得不佩服马云眼光的独到之处，他看到了常人看不到的商机，不仅成就了自己的未来，还推动了我国互联网的发展。

美国作家乔治·巴纳说："远见是心中浮现的将来的事物可能或者应该是什么样子的图画。"世界上最贫穷的人并非身无分文的人，而是没有远见的人。只有看到别人看不见的事物，才能做到别人做不到的事情。长远的目光是看到并非摆在眼前的东西的能力，而是看到别人未看到的具有重大意义的事物的能力，是看到机会的能力。

威廉·波音是个响亮的名字。他是世界最大的飞机公司的创始人、著名企业家，其实，他还是飞机设计师和飞行员。

1910 年的一天，29 岁的威廉·波音观看了一场精彩的飞行表演，这引起了他对飞机的强烈兴趣。当时飞行这件事还是一个新事物，也没有什么实际用途，驾乘飞机只是少数人用以娱乐、运动的一种昂贵消费。但威廉·波音通过对飞机构造的仔细观察后，他确信可以将当时的飞机改造成经济适用的交通工具。当时科学界对这种想法嗤之以鼻，而威廉·波音也只是一个辍学后从事木材生意的商人。

1914年，威廉·波音购买了第一架飞机后，他开始把目光转到了飞机制造上来，他坚信自己能制造出一种更好的飞机。在他开始造飞机的十年之后，他觉得替美国邮政运送邮件将会是一门赚钱的生意。于是他决定参加“芝加哥—旧金山邮件路线”的投标。他把运输价格压得不能再低，许多专家认为他的公司必倒无疑，就连邮政当局也怀疑他能否撑得下去，要求他缴纳保证金才肯签约。然而人们忽略了一个简单而明显的“漏洞”——飞机本身越轻，它所载的货也就越多。这是获得效益的根本途径。他着力减轻飞机的重量，不出所料，他的邮件运送业务开始获利，很快，他从运送邮件发展到载运乘客。

第一次世界大战后，航空工业空前萎靡。他的公司停产了。他转为制作家具维持生计，但仍另筹资金供养飞机公司的几个主要工程师，继续其进行中的研发计划。很多人认为他太过狂热，不切实际，而他深信航空业终究会柳暗花明。他说：“我可以预见未来……”

威廉·波音就是这样我行我素、自行其道，拥有长远的目光。今天，这个自以为是的人创立的波音飞机制造公司成为全世界最大的商用飞机制造公司之一。

威廉·波音的成功不是偶然的，这是因为他具有预见未来的长远眼光。眼界决定一个人的思想，决定一个人的态度，体现一个人的价值观，并最终决定一个人的行为。有远见的人懂得充分用眼前的机遇把优势发挥到极致；有远见的人懂得高瞻远瞩，看到趋势，看到怎样利用机会才能为自己带来最大收益。

唯有目光长远，才能成就大业。当然，眼光长远绝非好高骛远，你还必须立足现实，切实地剖析自己。一个成功的人或者一个正在成功道路上努力奋斗的人一定是一个了解自我的人，他应该知道自己欠缺什么，需要什么，能给自己准确定位，明白自己究竟是什么样的人，自己究竟适合干什么样的事、走什么样的路，然后相应地做出抉择和行为。

思路决定出路，眼光决定未来。无论做什么事，都要有长远眼光，立足长远的利益，不能光看眼前利益，而要把目光放远，看到今后的发展趋势，只有事事走在别人前头，才有必胜的把握。

既然选择了远方，就要风雨兼程

人生的美丽是靠自己走出来的，没有等出来的辉煌。坎坎坷坷的是路，永不停歇的是脚步，风风雨雨是人生。无论这个世界对你怎样，都请你一如既往地努力，生命中所有不甘都是因为还心存梦想，好好拼一把，只怕心老，不怕路长，不是每件事都会成功，但是每件事都值得一试。

远方是梦开始的地方。只要你心中有向往，就要趁着有前行的能力，勇敢去描绘人生蓝图，但求不虚此生。也许我们错过了很多机会，但远方的路仍旧在，出发意味着成就别样人生，前行的路没有早晚，踏上征程意味着收获。既然选择了远方，便要风雨兼程。

有一个小女孩居住在纽约州的一个小镇上。从很小的时候起，她就有一个梦想：长大以后要做一名出色的演员。邻居和亲友听后，都笑她不切实际，认为她的理想不过是小孩的空想而已。

然而，她却为了自己的理想不断努力，向理想不断靠近，18 岁那年，她终于考入纽约市的一所艺术学校。在学校里，她丝毫不放松，刻苦学习，她相信自己将来一定能够成为一名好演员。可是，尽管她付出了很多，但她的成绩并不尽如人意，因为在这所学校里有很多很多天资聪明的优秀学生。三个月过去了，有一天，小女孩的母亲收到学校写的一封信：“我们学校曾经培养出许多一流的男女演员，我们为此而骄傲，可是，您的女儿毫无艺术天赋和才能，这样的学生我们从未接受过，她不能再在本校学习了！”

女孩不甘心就这样被踢出校门，更不甘心就这样放弃自己的理想。在后来的两年中，她为了生计，在纽约城干杂活，女招待和服务员等工作她都做过。在工作之余，她还申请参加剧院的彩排，而且彩排没有一分钱的报酬。即使这样，在公演前的一个晚上，演出老板对她说："你缺乏艺术细胞，也没有什么表演才能，你走吧！"无疑这句话是扎在她心头的一根刺。

两年之后，她得了肺炎，病魔几乎搞垮了她的身体。因为付不起昂贵的医药费，她只能住进一家医疗条件很差的慈善医院。在入院的第三个星期，医生很不幸告诉她，她这辈子可能再也不能行走了，肺炎使她腿上的肌肉萎缩了。在这种境况下，她不得不重返曾经从小生活到大的那个小镇。在母亲的鼓励之下，她坚信自己总有一天会重新走路。

母女俩在一位本地医生的帮助下，开始进行恢复腿部力量的计划。最初，在她的腿上加重 20 磅，双腿绑上夹板，她试着用拐杖支撑行走。她经常摔倒，她的手臂也因为摔跤而变得惨不忍睹。面对母亲含泪的双眼，她总是强忍着剧痛，一次一次微笑着站起来。就这样，接下来的每一天，她都在不间断地练习。终于在两年之后，她能够行走了。虽然走路时略有不适，但是她可以通过对身体的调节，别人几乎看不出来。23 岁那年，她重新回到纽约继续追寻着自己的梦想。在之后的十七年时间里，她一直碌碌无为，但是她并没有因此而放弃，直到40岁的时候，她才在一部影片中得到一个配角的角色。然而正是因为她的坚持不懈，上帝终于眷顾了她，她朴实的表演打动了亿万观众的心。在此之后，她终于迎来了成功，成为美国乃至世界演艺界的著名人物，她就是露茜。

选择远方，风雨兼程之后是芳华。在实现梦想的过程中，不管多么坎坷艰难，只要不断努力，就会得到自己想要的结果。任何一个拥有梦想的人都会在历经苦难之后看到光明和希望。

追求自己的梦想，尽管前途漫长而曲折，但希望一直都在，尽管有时会失败，但输不等于零，而是你离成功又近了一步，尽管有时力不从心，但若放弃，成功就会舍你而去。坚守自己的梦想，最终你会摘得属于自己的桂冠。

漫漫长路，我们用时光的相机记录了每一次历程，用汗水谱写了一篇又一篇华章，只因我们心怀远方，哪怕路再漫长，即便踏上泥泞的道路，但若一步一个脚印，终将收获到迷人玫瑰；即便狂风骤雨，但若迎着风雨前行，终会盼到七色彩虹。

做自己喜欢且擅长的事情

每个人都想成功，但秘诀是什么呢？答案是：做自己喜欢且感兴趣的事情。因为人的精力有限，做自己最擅长的事，不仅做事效率会非常高，而且把事做好的概率也会非常高，也最容易把事情做成功。相反，如果你把大量时间和精力消耗在一些自己不喜欢或不擅长的事情上，结果往往一无所获。

19 世纪末，一个男孩降生于布拉格一个贫穷的犹太人家里。随着男孩一天天长大，人们发现他虽生为男儿身，却没有半点男子汉气概。他的性格十分内向、懦弱，也非常敏感、多虑，老是觉得周围的环境对他产生压迫和威胁。防范和躲避的心理在他心中根深蒂固且不可救药。

父亲竭力想把他培养成一个标准的男子汉，希望他具有刚毅勇敢的性格特征。在父亲那粗暴、严厉，却又很自负的“斯巴达式”的培养方式下，他的性格不但没有变得刚烈勇敢，反而变得更加懦弱自卑，彻底丧失了自信心。以至于生活中每一个细节、每一件小事对他都是一个灾难。他在惶惑痛苦中长大，整天都在察言观色，小心翼翼地猜度着又会有什么样的伤害落到他身上，时常独自躲在角落处悄悄咀嚼受伤的痛苦。

像他这样的人，以后还能有什么出息？

让他去当兵，去冲锋陷阵，去做元帅吗？不可能，部队还没有开拔，也许他就已经当逃兵了；让他去从政吗？依他的智慧、勇气和决断力，要从各种纷杂势力的矛盾冲突中寻找出一种平衡妥当的解决方法那是天方夜谭。他也做不成律师，懦弱内向的他怎么可能在法庭上像斗鸡似的竖起雄冠来呢？

看来，懦弱、内向的性格确实是一场人生悲剧，即使想要改变也改变不了。然而，谁能想到，后来这个男孩成了世界上最伟大的文学家之一，他就是卡夫卡。

为什么会这样呢？原因很简单，关键是卡夫卡找到了他最擅长的事。

这个事例告诉我们，人一旦找到自己的最佳点，使潜力得到充分发挥，便可取得惊人的成绩。

成就一份事业的唯一途径就是做自己喜欢且感兴趣的事情。兴趣是最好的老师，据有关研究资料表明，如果一个人对某一工作有兴趣，那么便能发挥他全部才能的80%~90%，并且长时间保持高效率而不感到疲劳。相反，对工作没有兴趣的人只能发挥全部才能的20%~30%，也容易精力疲乏。一位名人说过："兴趣比天才重要。"谁找到了自己最感兴趣的工作，谁就等于踏上了通向成功的道路。

数十年的刻苦训练、坚毅的品格、非凡的天赋都是贝利成为球王的原因，但最关键的因素却不是这些。

贝利说："我热爱足球，足球是我的生命！"

永不言悔的爱恋是推动贝利踢球的原动力，在一种与生俱来的兴趣的引导下，贝利步入绿茵场，成为万众瞩目的英雄。年轻时，贝利当运动员；退役后，他做教练、当评论员。贝利以足球为生，足球事业是贝利终生的职业，也正是足球给贝利带来了人生的辉煌。

做你最喜欢做的事更容易成功。心理学认为，当一个人从事自己所喜爱的职业时，他的心情是愉快的，态度是积极的，而且他也很有可能在所喜欢的领域里发挥最大才能，创造最佳成绩。

一位名人说过："你一定要做自己喜欢做的事情，才会有所成就。"当然，做自己喜欢做的事并不是那么容易的。事实上，大多数人都在做他们不喜欢的事情，却又必须逼着自己把不喜欢的事情做得更好。在这种乏味的情况下，他们会经常失去动力，时常遇到事业的瓶颈，而没有相应的解决方案。他们不断征求别人的意见，却还是照着一般生活方式生活。凡事没有多大进展，甚至是在原地徘徊。这些当然不是他们想要的，但是由于客观原因以及条件的制约，他们当中却很少有人试着去改变自己的状况。

易趣网的创始人邵易波所说："一个人要成功的话，一定要找到自己最想做的事，当然这也是他最能干的事，这样他就能够每天都很有劲地去工作，也容易成功……"内心的喜好是推动事业进步的最大动力，它能帮你克服困难，并且坚持到底。如果一个人能够根据自己的兴趣爱好去选择事业的目标，他的主动性将会得到充分发挥。即使十分疲倦和辛劳，也总是兴致勃勃、心情愉快；即使困难重重，也绝不灰心丧气，而去想办法，百折不挠地去克服它。如果你喜欢你所从事的工作，虽然你工作的时间也许很长，但丝毫不觉得是在工作，反倒像是在游戏。所以，只有做自己喜欢做的事情、最感兴趣的事情，才能最大限度地实现自身价值，取得更好的成就。

比尔·盖茨说过："做自己喜欢和善于做的事，上帝也会助你走向成功。"如果你想要获得成功，一定要更真实地面对自己，倾听自己内心深处的声音，问问自己，这真的是自己一辈子最喜欢做、最想做的事情吗？如果是的，那就赶紧开始努力吧！

第二章　带着梦想上路，过有追求的生活

用目标为你的人生导航

任何成功都是源于明确的目标，一个没有目标的人做任何努力都是无用功，而且一个没有目标的人也不可能有太多激情和动力，一个人只有拥有明确的目标，才不会被生活被动地推着走，才能走上驶向成功的快车道。

有这样一个故事：

有一位穷苦的牧羊人，他的妻子在几年前离他而去了，他只能和自己的两个孩子靠给别人放羊来维持生活，日子过得很艰苦。

一天，他和孩子在山坡上放羊的时候，一群大雁从他们的头顶飞过，消失在了天边。

小孩子总是好奇的，小儿子问他的父亲："大雁要飞到哪里去？"

"他们要飞到温暖的地方过冬。"牧羊人回答说。

"如果我们也能像大雁一样飞起来就好了，那样我们就能飞到天堂上去看我们的妈妈了，她一个人在那里一定很孤单，她肯定想我们了。"大儿子说。

儿子的话让牧羊人流下了感动的泪水。短暂的沉默后，牧羊人对两个儿子说："只要你们有飞翔的信念，我相信你们肯定能飞起来的。"

"现在我们就有这样的信念，现在我们就要飞起来。"两个儿子伸开手臂试了试，但他们并没有飞起来。他们看了看父亲，很明显，他们在怀疑父亲所说的话。

牧羊人说："我可以试给你们看。"于是他张开双臂，但是他和自己的孩子一样，也没有飞起来。"我想肯定是因为我年纪大了才飞不起来，你们还小，只要朝着这个目标不断努力，我相信总有一天你们能飞起来。"

父亲的话深深地刻在了兄弟两人的心中，从此他们就开始致力飞翔的研究。在他们研究和试验的过程中经历了许多困难，吃了很多苦，但是他们一直没有放弃小时候的梦想。当他们长大以后，他们终于飞上了天空，他们就是莱特兄弟——飞机的发明者。

目标既是我们成功的起点，也是衡量我们是否成功的尺度。许多人怀着羡慕、嫉妒的心情看待那些取得成功的人，总认为他们取得成功的原因是有外力相助，于是感叹自己的运气不好。殊不知，成功者取得成功的原因之一就是由于确立了明确的目标。

高尔基说过："一个人追求的目标越高，他的才力就发展得越快，对社会就越有益。"对我们每个人来说，明确的目标就犹如我们成长过程中的灯塔，照亮我们前进的方向，指引我们不断前进。无论我们在做什么工作，都必须一直瞄准目标前进。

爱因斯坦一生所取得的成功是世界公认的，他被誉为20世纪最伟大的科学家。他之所以能够取得如此令人瞩目的成绩，和他一生具有明确的奋斗目标是分不开的。

他出生在德国一个贫苦的犹太家庭，家庭经济条件不好，加上自己小学、中学的学习成绩平平，虽然有志往科学领域进军，但他有自知之明，知道必须量力而行。他进行自我分析：虽然自己总的成绩平平，但对物理和数学有兴趣，成绩较好。自己只有在物理和数学方面确立目标，才能有出路，其他方面是不及别人的。因而他读大学时选读瑞士苏黎世联邦理工学院物理学专业。

由于奋斗目标选得准确，爱因斯坦的个人潜能便得以充分发挥，他在 26 岁时就发表了科研论文《分子尺度的新测定》，之后几年，他又相继发表了四篇重要的科学论文，发展了普朗克的量子概念，提出了光量子除了有波的性状外，还具有粒子的特性，圆满地解释了光电效应，宣告狭义相对论的建立和人类对宇宙认识的重大变革，取得了前人未有的显著成就。可见，爱因斯坦确立目标的重要性。假如他当年把自己的目标确立在文学上或音乐上（他曾是音乐爱好者），恐怕就难以取得像在物理学上那么辉煌的成就。

为了避免耗费人生有限的时光，爱因斯坦善于根据目标的需要进行学习，使有限的精力得到了充分利用。他创造了高效率的定向选学法，即在学习中找出能把自己的知识引导到深处的东西，抛弃使自己头脑负担过重和会把自己诱离要点的一切东西，从而使他集中力量和智慧攻克选定的目标。他曾说过："我看到数学分成许多专门领域，每个领域都能费去我们短暂的一生。诚然，物理学也分成了各个领域，其中每个领域都能吞噬一个人短暂的一生。在这个领域里，不久我学会了识别出那种能导致深化知识的东西，会转移主要目标的东西撇开不管。"他就是这样指导自己的学习的。

为了阐明相对论，他专门选学了非欧几何知识，这种定向选学法使他的立论工作得以顺利进行且正确完成。

如果他没有意向创立相对论，是不会在那个时候学习非欧几何的。如果那时候他无目的地涉猎各门数学知识，相对论也未必能这么快就产生。爱因斯坦正是在十多年时间内专心致志地攻读与自己目标相关的书和研究相关的目标，终于在光电效应理论、布朗运动和狭义相对论三个不同领域取得了重大突破。

目标对于任何人来说都是至关重要的，可以说，有什么样的目标，就会有什么样的人生。目标是一个人对所期望成就的事业的真正决心。目标不是幻想，因为一个切实可行的目标完全可以带来实现的满足感！

人生没有目标，任何人都不可能成就任何事业，因为它不会促使你采取任何实际的行动步骤，那么你就只能在人生旅途的十字路口徘徊，永远抵达不了成功的彼岸。

有梦想，谁都了不起

梦想是人生的一部分，有梦想的人生才是完整的人生。斯蒂芬·霍金曾说："如果一个人没有梦想，无异于死掉。因为我有梦想，所以我活着！梦想具有神奇的能力。"人一旦有了梦想，即使前方艰难险阻，也无法阻挡他前进的脚步。

马云说："不给梦想一个机会，你就永远没有机会。"相信很多人在面对梦想的时候，都曾经想过要去尝试，但现实是残酷的，就像大浪淘沙。在现实面前，很多人退缩了，于是他就像沙子一样被海浪淘去了。人的一生说来也短，说来也长，关键是看你怎么样把握。总是不敢去付出行动，不给梦想一个机会，又怎么可能让梦想开花呢？

只要你是一名喜欢篮球运动的爱好者，相信你一定认识蒂尼·博格斯。他身高只有1.6米，就是在常人眼里也是个标准的"三等残废"，更不要说身高2米都算矮的NBA赛场了。然而，就是这位NBA赛场里最矮的运动员，却表现得比那些"大个子"还杰出，蒂尼·博格斯是NBA赛场失误最少的球员，不仅球技优秀，甚至面对比自己高许多的"大个子"，带球上篮也脚下带风，"矮子强盗"美誉就是这么得来的。

当然，博格斯不是什么篮球天才，他能取得如此优秀的成就，靠的就是驰骋体育赛场的梦想。尽管博格斯从小就比同龄的孩子矮小许多，但他对篮球的狂热到了痴迷的程度，天天与小伙伴们在篮球场上拼杀一番是他最大的享受。这完全是因为他心中埋藏着一个远大的梦想——进入 NBA，因为 NBA 是所有喜欢篮球的少年的梦。当博格斯向自己的同伴讲述“我长大后要打 NBA”这个美梦时，同伴们听后，都会忍不住哈哈大笑：“哎哟，笑死我了，像你这样的矮子是绝不可能进入 NBA 的，因为 NBA 的球员身高最矮的都是 2 米以上，你才多高？”

不怀好意的嘲笑并没有破灭博格斯那个远大的梦想。为了心中的这个梦想，他付出了超过别人想象的努力去练球，并最终成为 NBA 球员，成了最佳控球后卫，也成了篮球明星！博格斯说，从前瞧不起他的同伴，现在却逢人就炫耀：“小时候，我是和博格斯一起打球的。”的确，要是博格斯因为同伴的讽刺而失去自己的信心，放弃这个美好的梦想，就不会有叱咤 NBA 赛场的光荣。

梦想是促使一个人成功的最佳动力，拥有梦想的人一定势不可挡。正如威尔逊所说：“我们因梦想而伟大，所有的成功者都是大梦想家。在冬夜的火堆旁，在阴天的雨雾中，梦想着未来。有些人让梦想悄然绝灭，有些人则细心培育、维护，直到它安然度过困境，迎来光明和希望，而光明和希望总是降临在那些真心相信梦想一定会成真的人身上。”

梦想是一种追求，一种对未来生活的美好向往。正是基于这种追求和向往，人们前赴后继，努力奋斗，并将梦想变成了现实。所以，梦想再遥远，也不要轻言放弃，只要肯迈出实现梦想的第一步，点燃梦想只在你一念之间。这样，你与梦想之间的距离就会越来越短。

一位年轻的墨西哥姑娘罗马纳·巴纽埃洛斯，她 16 岁的时候就结婚了。两年后，她成了两个孩子的母亲，可是不久后，丈夫就离家出走了，再也没有回来过。巴纽埃洛斯只好独自支撑着这个家庭。但是，她下定决心要改变一家人的生活，因为她想让自己与两个孩子过上一种体面和自豪的生活。

于是，巴纽埃洛斯带着一块普通披巾包起全部财产，跨过里奥兰德河，在得克萨斯州的埃尔帕索安顿了下来。她刚开始是在一家洗衣店里工作，一天仅赚 1 美元，但她从没忘记自己的梦想。于是，口袋里只有 7 美元的她又带着两个孩子乘公共汽车来到洛杉矶寻求更好的发展。

巴纽埃洛斯来到洛杉矶后，她开始做洗碗的工作，后来是找到什么活，就做什么活，拼命攒钱。直到她存下了 400 美元后，便和她的姨母共同买下一家拥有一台烙饼机及一台烙小玉米饼机的店。巴纽埃洛斯与姨母共同制作的玉米饼非常成功，后来还开了几家分店。直到最后，姨母感觉到工作太辛苦了，不想再工作下去，于是巴纽埃洛斯便买下了她的股份。不久，巴纽埃洛斯经营的小玉米饼店铺成为全国最大的墨西哥食品批发商，拥有员工 300 多人。

巴纽埃洛斯和两个孩子在经济上有了保障之后，她决定用自己的能力来帮助居住在美国的同胞们。

“我们需要自己的银行。”她想。后来她便和许多朋友在东洛杉矶创建了“泛美国民银行”，这家银行主要是为美籍墨西哥人所居住的社区服务。

可是，别人告诉巴纽埃洛斯，美籍墨西哥人没有资格创办一家银行，同时永远不会成功。

“我行，而且一定要成功。”巴纽埃洛斯平静地回答说。

结果，巴纽埃洛斯真的梦想成真了。她与伙伴们在一个小拖车里创办起他们的银行。可是，到社区销售股票时却遇到另外一个麻烦，因为人们对他们毫无信心，人们拒绝购买他们的股票。

他们问巴纽埃洛斯：“你怎么可能办得起银行呢？”“我们已

经努力了十几年，总是失败，你知道吗？墨西哥人不是银行家呀！”

但是，巴纽埃洛斯始终不放弃自己的梦想，始终努力不懈。如今，这家银行取得伟大成功的故事在东洛杉矶已经传为佳话。后来，她的签名出现在无数美国货币上，她由此成为美国第三十四任财政部长。

可见，梦想是藏在心灵深处最大的渴望，是成就事业的原动力，梦想能激发一个人的巨大潜能，它可以让人展现出无限激情，这种激情又可以让人创造出无法想象的奇迹。所以，人要有梦想。无论你的梦想有多遥远，只要你认识到它对你的重要性，每天为之而努力，你就会离它越来越近。

没有梦想的人生是可悲的，有梦想的人总会创造出伟大的奇迹。梦想如同一张风帆，给人生的小舟加入前进的动力；梦想如同一盏明灯，给人生指明前进的方向。我们要用梦想去构筑生活，然后再从一个梦想中站起来，进到人生的另一个梦想，在不断对梦想的追逐中实现完整自己的人生。

人生是靠自己规划和设计的

成功的人生需要正确的规划。“新东方”创始人之一徐小平曾经说过一句颇有哲理的话：“人生没有设计，你离挨饿只有三天。”话虽然有些夸张，但在竞争如此激烈的当今社会，“人生需要规划”已经是毋庸置疑的思想理念。一个想成功的人不懂得对自己的人生进行规划和设计就太糟了。也许有人不以为然，谁不愿意把自己的人生规划得富丽堂皇，设计得五彩缤纷？难道有什么样的规划，就会有什么样的现实吗？有什么样的设计，就会有什么样的大楼吗？当然，把规划变成现实、把设计变成实物绝对不是一件容易的事情，而是一项相当复杂、相当庞大的工程。想什么就有什么只存在于童话之中。但是，值得我们重视的是，就像正确的规划是建造高楼的基础一样，合理的人生设计也是实现人生理想的前提。在相当多的时候，人生的道路是我们自己选择的，人生的蓝图是我们自己设计的，人生的大厦是我们自己建造的。

我们知道，通往成功的道路有千万条，但没有一条道路是别人给的，而是我们自己选择的结果。我们有什么样的选择，也就有了什么样的人生。我们今天的现状是我们几年前选择的结果。成功者与失败者的区别在于，成功者选择了正确的方向，而失败者选择了错误的方向，因此我们经常能够看到一些基础相差无几的人由于选择了不同的方向，人生便迥然不同了。问题是人们在做出选择时，几乎没有人认为自己是错误的，因为没有人会故意做出一个错误的、不利于自己将来发展的选择，他们之所以做出了错误的选择，是因为没有一个合理的人生规划，为自己做出正确的选择。

美国有一个名叫史都德·奥斯汀·威尔的人以向杂志社投稿赚取稿费为生，经济非常拮据。后来他写了一个发明家的故事，自己从故事中得到启示，自己也一定要成为强者。

他放弃了记者的工作，回学校攻读法律课程，准备做一名专利律师。认识他的人对于他的这项决定都极为惊讶，认为他发疯了。对此，他不急不躁，坚持自己的目标——成为全美最顶尖的专利律师。他把这一目标进行具体规划后，开始付诸行动，在破纪录的短时间内，完成了法律课程。开业之后，他又刻意承办最棘手的案件，这使他很快扬名全国，案件应接不暇，果真成为全美最顶尖的专利律师，即使其收费高达天文数字，指名找他的客户仍然络绎不绝。

规划是个人发展的一盏指路之灯，让我们清楚自己未来的路与方向。在竞争激烈的现代社会，一个人越清楚了解自身的资源与优势，明白如何根据个人核心优势去制定未来的发展道路，他必然更容易

实现自己的梦想

现代社会，计划决定命运。有什么样的规划，就有什么样的人生。时间非常有限，越早计划自己的人生，就能越早出色。想改变自己的人生，就要先从改变自己开始，做好自己的人生计划。

在宾夕法尼亚州的一个山村里住着一位身份卑微的马夫，后来这位马夫竟成了美国最著名的企业家之一，他就是查尔斯·齐瓦勃先生。

为什么他会获得如此的成功呢？齐瓦勃先生的成功秘诀是：每谋得一个职位，他从不把薪水的多少视为重要因素，他最关心的是拿新的职位和过去的职位相比较，哪一个能让自己离成功近些？

最初他在钢铁大王安德鲁·卡内基的工厂里打工，当时他就自言自语地说："总有一天，我会做到本厂的经理。我一定要努力做出成绩来给老板看，使老板主动来提拔我。我不会计较薪水的高低，我只要记住，要拼命工作，要使自己工作产生的价值远超过我所得的薪水。"他下定决心后，便以十分乐观的态度努力工作。

齐瓦勃童年时代家境异常艰苦，所以，他只受过很短时间的学校教育。齐瓦勃从15岁开始，就在宾夕法尼亚州的一个山村里做马夫，那时他就有了远大的目标。两年之后，他又获得了另外一个工作机会，周薪为2.5美元。但他仍然无时无刻不在留心其他的工作机会，果然他遇到了一个新的机会，他应某位工程师之邀，去卡内基钢铁公司的一个建筑工厂工作，工资由原来的周薪2.5美元变为日薪1美元。做了一段时间后，他就升任为技师，接着一步一步升到了总工程师的职位上。齐瓦勃25岁时，已经晋升到那家钢铁公司的经理了。五年之后，齐瓦勃开始出任卡内基钢铁公司的总经理。到39岁时，齐瓦勃接过了全美钢铁公司的权柄，出任总经理。

齐瓦勃只要获得一个职位，就决心要做所有同事中最优秀的人。他不像某些人那样脱离现实地胡思乱想。有些人经常会不守公司的纪律，常常抱怨公司的待遇，甚至宁愿在街头流浪，静待所谓的良机，也不愿刻苦努力。齐瓦勃深知，只要一个人有决心，肯努力，不畏难，必定可以成为强者。在今天的年轻人看来，齐瓦勃先生一生奋斗与成功的故事简直是一个情节曲折的传奇，但更是一个对人教益极大的典范。从他一生的成功史中，我们可以看到，在相当大程度上，人生是靠自己规划和设计的。

成功的人生需要正确的规划。为自己制定一个科学的人生规划就是构筑自己人生的宏伟大厦。而人生规划制定越早、步骤越详细，越能早日实现自己的梦想。

人生规划是我们迈向成功的法宝，能让我们树立明确的目标与理想，运用科学的方法，采用切实可行的措施，发挥个人的专长，挖掘自己的潜能，克服种种发展障碍。

一项抽样调查结果显示，我们当中95%的人都认为制订规划对工作、学习是有好处的，但可惜的是，只有20%的人清楚自己规划的具体内容，并且能清楚地描述出他想要做的每一件事情。在这20%的人中却只有不到3%的人能够把规划写下来，让它变成一种书面形式的东西。经过对这3%的人的进一步调查，人们又可以发现，无论是从收入，还是从成就上看，他们都要比那剩下的97%的人高得多。看来制订、实现规划的确是成功的关键。

几十年前，一个在贫民窟里长大的、身体瘦弱的穷小子却在日记里立志长大后要做美国总统。但如何能实现这样宏伟的抱负呢？年纪轻轻的他经过几天几夜的思索，拟定了这样一系列连锁目标：

做美国总统首先要做美国州长，要竞选州长，必须得到雄厚的财力，支持要获得财团的支持，就一定得融入财团，要融入财团，就最好娶一位豪门千金，要娶一位豪门千金，必须成为名人，成为名人的快速方法就是做电影明星，做电影明星的前提需要练好身体、练出阳刚之气。

按照这样的思路，他开始一步步地走下去。一天，当他看到著名体操运动主席库尔后，他相信练健美是强身健体的好点子，因而萌生了练健美的兴趣。他开始刻苦而持之以恒地练习健美，他渴望成为世界上最结实的壮汉。三年后，凭着发达的肌肉，一身雕塑似的体魄，他开始成为健美先生。

在以后的几年中，他囊括了欧洲、世界、全球、奥林匹克的健美先生。在22岁时，他踏入了美国好莱坞。在好莱坞，他花费了十年的时间，利用在体育方面的成就一心去表现坚强不屈、百折不挠的硬汉形象。终于，他在演艺界声名鹊起。当他的电影事业如日中天时，女友的家庭在他们相恋九年后，也终于接纳了这位“黑脸庄稼人”。他的女友就是赫赫有名的肯尼迪总统的侄女。

婚姻生活恩爱地过去了十几个春秋。他与太太生育了四个孩子，建立了一个“五好”的典型家庭。2003年，年逾57岁的他告老退出了影坛，转为从政，成功地竞选为美国加州州长。

他就是阿诺德·施瓦辛格。

合理的规划是实现人生理想的前提。它可以及早对自己的人生发展定位，更快获得发展的机会，沿着一条正确的自我发展的人生道路到达成功的彼岸。人们常说，机会偏爱有准备的人，只要你做好了你的人生规划，为未来的职业做好了准备，你就会比那些没有做准备的人机会更多。

人生是靠自己规划和设计的。确定好你的目标，规划好你的生活，设计好你的人生是你走向成功的必由之路，是你不虚度一生的前提所在。

勿虚度人生，过有目标的生活

目标是一个人奋斗和努力的方向，也是一种对自己的鞭策。当一个人有了目标，才会有热情、有积极性、有使命感和成就感，才能最大限度地发挥自己的优势，调动沉睡在心中的那些优异、独特的品质，造就自己璀璨的人生。相反，如果一个人没有明确的目标，他就会失去崇高的使命感，也就丧失了进取的活力。

曾有人对世界上1万个不同种族、年龄与性别的人进行一次关于人生目标的调查。他发现，只有3%的人能够明确目标，并知道怎样把目标落实，而另外97%的人，要么根本没有目标，要么目标不明确，要么不知道怎么去实现目标十年后，他再次对上述对象进行调查，结果令他很吃惊，属于原来97%范围内的人，除了年龄增长十岁外，其他方面几乎没有什么起色，还是那么普通和平庸，而原来与众不同的3%的人却都在各自的领域里取得了相当的成功，他们十年前提出的目标都不同程度地得以实现，并正在按原定的人生目标走下去。可见，人生有无成就的关键在于有无人生目标！

著名企业家迈克尔在从商以前，曾是一家酒店的服务生干的就是替客人搬行李、擦车的活儿。有一天，一辆豪华的劳斯莱斯轿车停在酒店门口，车主人吩咐一声："把车洗洗。"那时迈克尔刚刚中学毕业，还没有见过世面，从未见过这么漂亮的车子，不免有几分惊喜。他边洗边欣赏这辆车，洗完后，忍不住拉开车门，想上去享受一番。这时，正巧领班走了出来，"你在干什么？"领班训斥道，"你不知道自己的身份和位置？你这种人一辈子也不配坐劳斯莱斯！"受辱的迈克尔从此发誓："这一辈子，我不但要坐上劳斯莱斯，还要拥有自己的劳斯莱斯！"他的决心是如此强烈，以至于这成了他人生的奋斗目标。许多年以后，当他事业有成时，果然买了一部劳斯莱斯轿车！如果迈克尔也像领班一样认定自己的命运，那么，也许今天他还在替人擦车、搬行李，最多做一个领班。

人生的目标对一个人是何等重要啊！托尔斯泰说："一个人应该有一生的目标，有一年的目标，有一个月的目标，有一个星期的目标，有一天的目标，有一个小时的目标，有一分钟的目标。”这可能就是他成功的秘诀之一。一个人是否能发挥自己的聪明才智，关键在于他的心中是否有明确的目标。

目标是一个人的动力核心，它能改变一个人的价值观、信念、决策模式和行为方式，进而赋予其行动的力量。许多优秀的成功人士都有过这样的切身感受：明确的目标会带给你创造的激情火花，它就像成功的助推器，会推动你向理想靠近或飞跃。当你规划自己的生活和事业时，千万别低估了制定可测目标的重要性。只有制定明确的目标，才能看到方向，而不至于忙忙碌碌却无所收获。

唐太宗贞观年间，长安城西的一家磨坊里有一匹马和一头驴子。它们是好朋友，马在外面拉东西，驴子在屋里拉磨。贞观三年，这匹马被玄奘大师选中，出发经西域前往印度取经。

十七年后，这匹马驮着佛经回到长安。它到磨坊会见驴子朋友。老马谈起这次旅途的经历：浩瀚无边的沙漠、高入云霄的山岭、凌峰的冰雪、热海的波澜……那些神话般的世界，驴子听了，大为惊异，惊叹道：“多么丰富的见闻呀！那么遥远的道路，我连想都不敢想。”“其实，”老马说，“我们跨过的距离大致是相等的，当我向西域前进的时候，你一步也没有停止。不同的是，我同玄奘大师有一个遥远的目标，按照始终如一的方向前进，所以我们打开了一个广阔的世界。而你被蒙住了眼睛，一生只围着磨盘打转，所以永远也走不出狭隘的天地。”

为自己设定一个目标是我们的人生走向成功的第一步。在成功的道路上，有了明确的目标，就能够避免不必要的经历的浪费，从而成功实现理想。当你给自己定下目标之后，目标就会在两个方面起作用：它是你努力的动力，也是对你的鞭策。目标给了你一个看得着的射击靶。随着你努力实现这些目标，自己就会有一种成就感。

目标是一个人未来生活的蓝图，同时也是人精神生活的支柱。

哲学家爱默生曾说过：“当一个人知道他的目标去向，这个世界是会为他开路的。”的确，一个目标，把它们深藏于心，每天不断提醒自己目标一定会实现的，并且为了这个目标制定一个详细而周全的计划，不时地检验计划的执行情况，你就一定能够如愿以偿。

找准舞台，才能遇见更好的自己

人生成功的诀窍在于经营自己的长处，找到发挥自己优势的最佳位置。我们每个人都有自己天生的优势，也有自己天生的劣势。关键是看我们是否能够善于发现自己的优势并有效经营自己的优势。

一次，丘吉尔的老朋友、美国证券业巨头伯纳德·巴鲁克陪丘吉尔参观华尔街股票交易所。那里紧张热烈的气氛深深地感染了丘吉尔，他立即被股票迷住了。但出师不利，他的头一笔交易很快就被套住了，这叫他很丢面子。他又瞄准了另一支很有潜力的英国股票，但股价偏偏不听他的指挥，一路下跌，他又被套住了。

如此折腾了一天，丘吉尔做了一笔又一笔交易，陷入了一个又一个泥潭。下午收市钟响，丘吉尔惊呆了，他已经资不抵债，要破产了。正在他绝望之时，巴鲁克递给他一本账簿，上面记录着另一个温斯顿·丘吉尔的“辉煌战绩”。原来，巴鲁克早就料到像丘吉尔这样的大人物，其聪明才智在股市之中未必有用武之地，加之初涉股市，很可能会赔了夫人又折兵。因此，他提前为丘吉尔准备好了一根救命稻草，并吩咐手下用丘吉尔的名字开了另一个账户。

像丘吉尔这样的大人物之所以被股票套住，差点导致他资不抵债即将破产，是因为他做了他不擅长的事。

一个人成功与否在很大程度上取决于自己能不能扬长避短，善于经营自己的长处。富兰克林说得好：“宝贝放错了地方便是废物。”

如果一个人不是经营自己的长处，而是扬短避长，过高或过低地估量自己，那么，他的人生之路将是非常崎岖和艰难的，他可能终生劳碌，但永远不会成功；相反，若善于发挥自己的优势，经营自己的长处，就可能很快驶入事业的快车道，创造出丰富多彩的人生。

自古以来，不知有多少人因为一生干着不适合自己的工作而遭到失败。在这些失败者中，有不少人做事都很认真，似乎应该能够成功，但实际上却一败涂地，这是为什么呢？原因在于他们根本就没有找到适合自己的工作。

一个人由于找错了职业，以致不能充分发挥自己的才干，这实在是件非常可惜的事情。但是，只要找到正确的方向，就完全有可能走上成功之路。只要他能够认识到这个问题，就算晚了一些，也仍然有东山再起的希望。到那时，他一定会感到自己的生活和思想都焕然一新，似乎变成了另一个人一般。

爱德华毕业于美国一所著名的工程学院，毕业后，他毫不费力地找到了一份专业对口的工作。但是，几年后，他越干越力不从心。后来，他回忆说，当工程师需要一种严肃而自律的精神，但是，自己恰恰缺少这种精神。与此相反，他性格外向，富有亲和力，又特别钟爱四处活动。按部就班的工程师工作很难使他获得心灵上的满足，提高不了工作的积极性，无法在这个行业实现事业的突破，所以，他很苦闷。在一次经济大萧条中，爱德华被淘汰出局，成为一名失业者。这一次，他准备寻找一份适合自己的工作。抱着试试看的心态，他进了一家工程销售公司，负责产品销售。结果，他的特长渐渐得到了发挥，不到两年时间，他便成为一名颇有成就的职业经理人。

自己的长处是帮助自己实现成功的最好工具。如果一个人对自己的长处了解不够，所处位置不当，他就永远休想有所建树。反之，如果找到自己的长处，就会挖掘出自己无限的潜能，这样便更容易取得成功。

正确经营自己的长处，你才能更准确地发现自己的最佳才能，找到成功最迅捷的途径。现实生活中，每个人对自己的人生道路，对自己的优势都应该进行一番设计，保持理性的头脑，真正认清方向，并加以精心培养，就可以少走弯路，事半功倍，早日成功。

嘉芙莲女士原是美国俄亥俄州的一名电话接线员，天赋加上长期的职业锻炼，她的口齿伶俐、声音柔和动听以及态度热诚在当地很有口碑，受到用户的普遍赞赏。嘉芙莲是个胸怀创业大志的人，她不想一辈子就当一个普普通通的电话接线员，她要当老板，要开创自己的事业。她知道商场如战场，任何不着边际的空想都只能是画饼充饥，一定要从自己的实际情况出发，寻找自己所长与社会所需的结合点，从这里起步干出自己的一番事业。从这种观念出发，她回头审视自己的生活，主意就来了：利用自己的天赋成立一家电话道歉公司，专门代人道歉。后来的事情可想而知，嘉芙莲女士不但拥有了自己的公司，而且成为商业界的一位成功人士。

从嘉芙莲女士的成功中，我们不难发现，善用自己的长处是多么明智的选择。在人生的坐标系里，如果一个人不能保持理性，站错了位置，用他的短处而不是长处来谋生的话，那是非常不明智的，他可能会在永久的卑微和失意中沉沦。

“尺有所短，寸有所长”，每个人都有自己的长处，同时又都有自己的不足或弱势，如果你能经营自己的长处，就会给生命增值；反之，如果你经营自己的短处，那会使你的人生贬值。所以，只要你善于发掘自己的潜力，发挥自己的优势，经营自己的长处，就能找到发展自己的道路，创造美好的人生。

第三章　现在就去做，人生没有太晚的开始

行动是成就人生的力量

行动就是力量，唯有努力行动，才可以改变一个人的命运。十个空洞的幻想远远比不上一个实际努力后的行动。在生活中，我们总是在憧憬，有计划而不去执行，其结果只能是一无所有。成功，不仅要有想法，而且更要去努力把它变为现实。

有这么一则古老的寓言：

某地的一群老鼠深为附近一只凶狠无比、善于捕鼠的猫所苦。这一天，老鼠们群聚一堂，讨论如何解决这个心腹大患。老鼠们颇有自知之明，并没有猎杀猫儿的雄心壮志，只不过想探知此猫的行踪，好早做防范。有只老鼠的提议立刻引来满场的叫好声，说来也无甚高论，它建议在猫儿身上挂个铃铛，如此一来，当猫儿接近时，老鼠们就能预先做好逃遁的准备。

在一片叫好声中，有只不识时务的老鼠突然问道："那么，谁来挂铃铛？"

这个棘手的问题让老鼠们一筹莫展，老鼠们谁也不敢去给猫挂

铃铛。就这样，一个很好的计划因为没有一只老鼠愿意付诸行动而无法实现。

显然，这是个讽刺的寓言，它告诉我们，想法固然重要，但没有行动，想法始终只是想法。一次行动胜于千百次胡思乱想和语言的夸大其词，成就大事的关键在于行动。没有实际的行动，一切梦想都是空想，所有豪言壮语都会显得苍白无力。

人生伟业并不在于能知，重要的是在于能行。如果只会想，不会做，就无法完成任何事情。世界上每一件东西，大到航空母舰、高楼大厦，小到一针一线，都是由一个个想法付诸行动所取得的结果。如果你要成就一番事业，就必须在看准大好时机后，迅速做出重大决定，然后马上投入行动。只有这样，才能及时抓住机遇，这样的行动才更有效果。

天下最可悲的一句话就是：我当时真应该那么做，但我却没有那么做。经常会听到有人说："如果我当年就开始做那笔生意，早就发财了！"一个好创意胎死腹中，真的会叫人叹息不已，永远不能忘怀。如果真的彻底施行，当然就有可能带来无限的满足。

说一尺不如行一寸。有想法是好的，但再好的想法也要付出行动。因为只有行动才会产生结果，行动是成功的保证。俄罗斯作家克雷洛夫曾说过："现实是此岸，理想是彼岸，中间隔着湍急的河流，行动则是架在河上的桥梁。"任何伟大的目标、伟大的计划，最终必然落实到行动上才能实现，行动是完成计划、奔向目标获得成功的保证。面对自己的人生路，我们都应该正视自己，积极地付诸实践，以实现自己的梦想，永远都不要只说不做。

香港超级富豪杨受成被称为"钟表大王"。当年，他的父亲在九龙窝打老道及弥敦道的交界开了个天文台表行。

他在为父亲做帮手的过程中，逐步对生意产生了浓厚的兴趣，经常钻研赚钱之道，期望自己有朝一日能成为大富豪。

但他并不只是流于空想，而是根据自己帮工的经验，摸索出一个规律：游客的消费力最强，与游客做买卖的利润最大。

与其在店里守株待兔式地做买卖，不如主动走出去寻找顾客。于是，他大胆地行动，开始到码头带领一些澳洲游客返回天文台表行买表。

首次主动出击寻找游客就获得了成功，这鼓起了他更大的勇气。

他又到机场设法和一些导游取得联系，并许予优惠，又采取给介绍客人的酒店司机、裁缝师傅以回扣的方法，这些办法个个奏效，更多游客找上门来做买卖，营业额直线上升。

后来他干脆跑到日本和当地旅行社联系，让他们安排游客到表店购物，此举又获成功。主动找顾客，这就是他总结出的经营策略。这一决策包含着他的聪明才智与勤奋努力，也包含着他直面人生、英勇拼搏的精神。主动找顾客，使小小的杨家钟表店赚到了第一个100万。在杨受成的商路上固然有远大的梦想，但更有相对于梦想所付诸的实际行动去支持他，让他走向成功。

一个人想奔向自己的目标，追求自己的成功，那么现在就立即行动。“立即行动”是自我激励的警句，是自我发动的信号，它能使你勇敢地驱走拖延这个坏习惯，帮你抓住宝贵的时间去做你不想做而又必须做的事。

奥格·曼狄诺是美国一位成功的作家，他常常告诫自己：“我要采取行动，我要采取行动……从今以后，我要一遍又一遍、每一小时、每一天都要重复这句话，一直等到这句话成为像我的呼吸习惯一样，而跟在它后面的行动要像我眨眼睛那种本能一样。有了这句话，我就能够实现我成功的每一个行动；有了这句话，我就能够制约我的精神，迎接失败者躲避的每一次挑战。”

立刻行动起来，不要有任何耽搁。要知道，世界上所有计划都不能帮助你成功，要想实现理想，就得赶快行动起来。成功者的路有千条万条，但是行动却是每一个成功者的必经之路，也是一条捷径。

一家广告公司招聘设计主管，薪水丰厚，求职者甚众。几经考核，十位优秀者脱颖而出，会聚到了总经理办公室，进行最后一轮角逐。这时，老总指着办公室里两个并排放置的高大铁柜，为应聘者出了考题：请回去设计一个最佳方案，不搬动外边的铁柜，不借助外援，一个普通的员工如何把里面那个铁柜搬出办公室。

这些应聘者望着据说每个起码能有500多斤的铁柜，先是面面相觑，思考着为什么出此怪题，再看老总那一脸认真，他们开始仔细地打量那个纹丝不动的铁柜。毫无疑问，这是一道非常棘手的难题。

三天后，九位应聘者交上了自己绞尽脑汁的设计方案：杠杆、滑轮、分割……但老总对这些似乎很可行的设计方案根本不在意，只随手翻翻，便放到了一边。这时，最后一位应聘者两手空空地进来了，她是一个看似很弱小的女孩，只见她径直走到里面那个铁柜跟前，轻轻一拽柜门上的拉手，那个铁柜竟被拉了出来——原来，那个柜子是超轻化工材料做的，只是外面喷涂了一层与其他铁柜一模一样的铁漆，其重量不过几十斤，她很轻松就将其搬出了办公室。

这时，老总微笑着对众人说："大家看到了，这位未来的员工设计的方案才是最佳的——她懂得再好的设计，最后都要落实到行动上。"

如果想完成一件事情，我们就得立刻动手去做，空谈无济于事。每个人都会有自己的理想和目标。但是我们很多人都只是想一想，并没有付出行动，那么一切都无法实现，没有任何意义。一个人的一生中，行动决定一切，行动高于一切。一个敢用行动挑战不可能的人才是成功的人。

著名美国时间效率专家兰肯曾经这样说："面对任何任务，没有不可能完成的，没有特别可怕的，你需要的仅仅是开始做起来，这才是你最应该关注的。因为它将使你获得先机与继续行动的动力，而这样的‘仅仅做起来’也最终将带领你走向成功。”而另一位现代商业社会中的成功人士、英国迪阿吉奥饮料集团公司创始人尤拉·霍尔这样对他的传记作者说：“在我开始创业的时候，我从来没有想过有什么事情让我害怕去做，我首先想的是如何赶快开始，赶快将自己的想法变为实际的行动，这样我最终将获得我想要的一切。”

成功不是去等待，工作也不是一个计划，一切都需要我们不断行动。只有行动才能让我们获得新生，只有行动才能让我们拥有机会，只有行动才能让我们抵达成功的终点。正如《圣经》上所说：“只有信心而不付诸行动，无异于无信心。”这是千古不变的真理。如果我们对自己有信心，相信自己一定可以成为自己想要做的人，那就付诸行动吧！

唯有行动才能实现伟大的梦想

有句话是这样说的：“我们生活在行动中，而不是生活在岁月里。”要改变你的生活，你首先要行动起来，只有行动才能改变现状。

每个人都有自己的理想和愿望，并为之设计了美妙的蓝图和具体的计划，可是，很多人却只是在空想，不肯用行动来奋斗。空想是可怕的，没有具体的行动，那只能是一纸空文和幻想罢了。要把愿望变成现实，你就必须行动。

约翰和詹姆士一起搭船来到了美国，他们打算在这里闯出自己的一片天地。他们下了船，来到码头，看着海上的豪华游艇从面前缓缓而过，二人都非常羡慕。约翰对詹姆士说：“如果有一天我也能拥有这么一艘船，那该有多好。”詹姆士也点头表示同意。

中午的时候，他们都觉得肚子有些饿了，两人四处看了看，发现有一个快餐车旁围了好多人，生意似乎不错。约翰对詹姆士说：

“不如我们也来做快餐的生意吧！”詹姆士说：“嗯，这主意似乎是不错。可是你看旁边的咖啡厅生意也很好，不如再看看吧！”两人没有统一意见，于是就此各奔东西了。

握手言别后，约翰马上选择了一个不错的地点，把所有的钱投资做快餐。他不断努力，经过五年的用心经营，已经拥有了很多家快餐连锁店，积累了一大笔钱财，他为自己买了一艘游艇，实现了他自己的梦想。

这一天，约翰驾着游艇出去游玩，发现一个衣衫褴褛的男子从远处走了过来，那人就是当年与他一起来闯天下的詹姆士。他兴奋地问詹姆士：“这五年你都在做些什么？”詹姆士回答说：“五年间，我每时每刻都在想：我到底该做什么呢！”

这个故事告诉我们，只有梦想是不够的，要想成大事，你必须有为自己的理想追求到底的决心，并且要马上行动。梦想是成大事者的起跑线，决心是起跑时的枪声，行动才是奔跑者全力的奔驰。唯有不断付诸行动，方能实现梦想。

成功者一遇到问题，就马上动手去解决。他们不花费时间去发愁，因为发愁不能解决任何问题，只会不断地增加忧虑、浪费时间。当成功者开始集中力量行动时，立刻就兴致勃勃、干劲十足地去寻找解决问题的办法。而失败者总是考虑他的那些“假若、如何”，所以他们在“如何”和“假若”中度过了他们的一生，最终当然是一事无成。

俞敏洪说：“一个人要实现自己的梦想，最重要的是要具备以下两个条件：勇气和行动。”的确，我们不仅要有敢于做梦的勇气，同时也一定要让自己的梦想扎根在现实的土地上。这好比放风筝，要想让它飞得高，就一定要把那根长线牢牢地攥在手中。说得更形象一点，梦想就像是一辆车，而对自我和社会现实的认识就像是车轮，如果我们不让车轮着地，那么这辆车就永远也到达不了终点。

哥伦布在求学时，偶然读到一本毕达哥拉斯的著作。书中有一个“地球是圆的”的论点引起了哥伦布的兴趣，于是他就将其牢记在心里。经过长时间的思索和研究后，他大胆地提出，如果地球真是圆的，他便可以沿着最短的距离到达印度。

当时，许多自认为知识渊博的哲学家都对他的想法无法苟同。在他们看来，哥伦布简直就是一个疯子。因为想向西行驶，而且以最近的路线到达东方的印度根本就是不可能的，地球不是圆的。他们告诉他：“地球不是圆的，而是平面的。”然后又警告他，若是一直向西航行，他的船将驶到地球的边缘而掉下去。

然而，哥伦布对“地球是圆的”这个观点很感兴趣，他坚持认为自己的想法可以得到证明。但他家境贫寒，为了证明自己的想法，他想找赞助者资助他完成这趟旅程。他等了十七年，但最终还是失望了。最后，他去拜见皇后伊莎贝尔。伊莎贝尔十分赞赏他坚持理想的勇气，因此答应赐给他船只，让他去证明自己的理论。

不过，令哥伦布更加为难的是，水手们都怕死，没人愿意跟随他去冒险。哥伦布只好鼓起勇气跑到海边，抓了几名水手，用尽各种手段逼迫他们跟自己一同前往。同时，他又请求女皇释放那些狱中的死囚，让死囚也跟着他一同去探险，并承诺他们如果此次冒险成功，就可以赦免他们的死罪，让他们恢复自由。待一切准备妥当，1492 年 8 月，哥伦布率领三艘帆船，开始了一次划时代的航行。

刚航行几天，就有两艘船沉了，接着又在几百平方公里的海藻中陷入了进退两难的险境。最后，哥伦布亲自下海拨开海藻，才得以继续航行。接着，他们在浩瀚无垠的大西洋上航行了六七十天，也不见陆地的踪影，水手们绝望极了，他们要求哥伦布立刻返航，若哥伦布执意前进，他们就要把哥伦布杀死。无奈之下，哥伦布只好使出鼓励和高压两种手段，这才总算说服了那些非常恐惧的船员们。就在最困难的时候，哥伦布忽然看见有一群飞鸟向西南方向飞去，他立即命令船队改变航向，紧跟着这群飞鸟。因为他知道，海鸟总是飞向有食物和适于它们生活的地方，所以他预料到附近可能有陆地。

就这样，哥伦布发现了美洲新大陆。

哥伦布最终成了探险英雄，从美洲带回了大量黄金珠宝，并得到了国王的奖赏。以新大陆的发现者名垂千古，这一切都是行动的结果。

圆规为什么可以画圆？因为脚在走，心不变。你为什么不能圆梦？因为心不定，脚不动。

正如智者的一句话：与其坐而论道，不如起而躬行。面对人生、面对梦想，怀有务实的心态，付诸实践，才能让你的梦想不成为空谈，更不会只是笑谈。

对于现实中的人来说，不同的人可以拥有不同梦想。有些人希望获取财富，有些人希望自身价值得到认可和体现，有些人希望能填补经济市场中的某个空白，或者承担起自己的一份社会责任。无论一个人选择什么样的梦想作为自己的奋斗目标，一旦确立下来，就必须毅然付出全部努力朝这个目标前进。只有这样，梦想才会具有价值，人生也才更有意义。

拖延是对人生最大的挥霍

生活之中，拖延无处不在。比如在生活中，清晨闹钟把你叫醒，你想着马上起床，但舍不得温暖的被窝，一边不断地对自己说“到点了，该起床了”，一边又不断地给自己寻找借口：“眯一分钟再起床。”于是又躺了一分钟、五分钟，甚至十分钟。再比如工作中，上午该做的事拖到下午或明天完成，现在该写的报告等到一两小时后才写，这个星期该达到的进度等到下个星期，这个月该完成的业绩拖到下一月。把今天该完成的事情拖延到明天是一种很坏的习惯，给我们带来了巨大痛苦和折磨。

赵丽是某公司的总经理助理。这天，总经理交给赵丽一项任务，将第二天去外地参加的一个国际性商务会议的发言稿分别用中英文打印两份出来。

赵丽想，那是很容易完成的任务，所以不着急。白天还可以做自己的事情，等到晚上再打印也来得及，反正是第二天上午的飞机。

到了晚上，总经理临时改变了计划，决定搭乘晚上的班机飞往会议地点。当总经理走到赵丽的办公室，向她要打印好的文件时，赵丽的脸色一片惨白……

虽然事后总经理先乘飞机抵达目的地，赵丽连夜加班将文件打印出来并发传真传到了会议场所，但是她还是收到了公司的辞退函，理由是公司绝对不欢迎办事拖沓的员工存在。

对每一个渴望有所成就的人来说，拖延是最具破坏性的，它是一种最危险的恶习，它使人丧失进取心，会给我们造成足够大的麻烦。拖延的习惯使我们变成懒惰的白日梦者、行动的侏儒；使我们办事拖拖拉拉，当天的事总要留给明天，明日复明日，万事成蹉跎。

拖延是一味慢性毒药，在不知不觉当中会令人们对时间的流逝感到麻木，等到发现属于自己的时日不多之际，这味毒药已经侵入到了我们的骨子里，毒性已经扩散到全部身心，过去的一切都已无法挽回，原本可以得到的一切也如东去之水，永不回头。对待工作，必须要积极热情，必须立刻付出行动，不浪费一分一秒的工作时间，今天应该完成的事情绝不要拖到明天。

理查德是连锁加油站的老板。有一次，他和助手到公司各部门巡视工作，到达莫比尔市一个区的加油站时，已经是下午 3 点了，理查德却看见油价告示牌上公布的还是昨天的数字，并没有按照总部指令将油价下调5美分/加仑进行公布，他十分恼火。

理查德立即让助手找来了加油站的主管福克斯。

远远望见这位主管，他就指着报价牌，大声说道："你大概还熟睡在昨天的梦里吧！要知道，你的拖延已经给我们公司的荣誉造成了很大损失，因为我们收取的单价比我们公布的单价高出了5美分，我们的客户完全可以在莫比尔市的很多场合贬损我们的管理水平，并使我们的公司被传为笑柄。"

此时，这位主管意识到了问题的严重性，他连忙说道："是的，我立刻去办。"

看见告示牌上的油价得到更正以后，理查德面带微笑说："如果我告诉你，你腰间的皮带断了，而你却不立刻去更换它或者修理它，那么，当众出丑的只有你自己。这是世界第一零售商沃尔玛商店的信条，你应该要记住。"

然后，理查德和助手一起离开了加油站。从此以后，那位主管先生做事再也不会拖拖拉拉了。

成功者必是立即行动者。对于他们来讲，时间就是生命，时间就是效率，时间就是金钱，拖延一分钟，就浪费一分钟。只有立即行动，才能挤出比别人更多的时间，比别人提前抓住机遇。所以，我们必须改掉拖延的恶习，立即行动。

下面介绍几种克服拖延的技巧，希望能够对大家有所帮助：

1. 制订一个能胜任的工作或学习计划

制订的计划一定要是你自己可以胜任的，时间也要放宽松些，并要适合自己的作息习惯。这一步重要的是让你有能力和信心坚持做成一件事，当你做出了成就后，可以为你带来愉悦感和继续努力下去的动力。

2. 做好自我监督或让他人帮助监督

当一天结束时，做一下自我总结，检查一下自己的做事效率。

同时，你可以把自己的计划告诉别人，让他人帮助监督，在自尊心的驱使下，可以对自己产生一定压力，促使自己按步骤按时完成计划。

3. 做到“今日事，今日毕”

不论你今天有多累，不论你明天的时间有多充足，不论你有多少理由，假如你想尽快改掉自己做事拖延、不能立即行动的恶习，那就每天为自己列个事情明细单，要求自己做到“今日事，今日毕”，绝不要为自己找各种各样的借口，拖拉的结果只会让有待你处理的事情变得越来越多，身心越来越疲惫。

别让优柔寡断绊住了你

有这样一个故事：

在一次战争中，一个老父亲的两个儿子都被敌人俘虏去了。老父亲希望用自己和一笔金钱换回儿子。敌人同意了这个请求，但条件之一是只能换回一个儿子。老父亲为难了，同样是儿子，他救哪一个？又不救哪一个？老父亲左思右想，十分为难，无法做出决断。敌人久久不见他回信，失去了耐心，就把他的两个儿子全部杀害了。老父亲的优柔寡断使他失去了救回儿子的机会。

顾虑太多、犹豫不决必然要付出更大的代价。一旦一个人做事变得犹豫不决，那么他就会不停地思考，不停地权衡，这也会使得他的行动变得缓慢，最终导致失败。

主意不定和优柔寡断对于一个人来说，实在是一种致命的弱点。有此种弱点的人大多成不了大事。这种性格上的弱点可以破坏一个人的自信心，也可以破坏他的判断力，且大大不利于他的事业成功。

当年韩信因不被项羽信任，投奔了刘邦，本以为能得到重用，没想到，刘邦也只是让他当了个管粮仓的小官。他很是不满。一天晚上，韩信与伙伴们饮酒，不慎失火。按军令，烧了粮仓，罪当斩首。同案的几个人均已被杀，眼看就要砍韩信的头了，刀斧手已经准备好，只等监斩官夏侯婴下令，令下就是人头落地。韩信跪在地上，抬头看监斩官派头不小，像个大官，他心中一动：我何不以言辞打动他呢？反正要死，打动了他能免死，是幸运；他不理睬，就是我命该如此！就在监斩官下令而未出口之时，韩信大声说："汉王不是要夺取天下吗？大事未成，为何要斩壮士！"这一声喊使夏侯婴一惊，心想临刑之人喊出如此气壮之语，绝非等闲之辈。因此他命令卫士给韩信松绑，并把他叫到跟前，问道："你为什么要喊叫？"韩信简短而有力地说："我是壮士，想帮助汉王夺取天下！"夏侯婴为此话所动，让他坐下细讲，韩信不慌不忙地讲了自己夺取天下的看法和主张，夏侯婴听罢，认为此人不简单，立即报告了刘邦，于是刘邦便赦免了韩信。

可当人劝其另立天下时，韩信却犹豫不决，结果死在一介妇人吕后手里，一世英名付诸东流。

人处在混乱中时，往往会犹豫不决，但事情紧迫时，必须果断地做出自己的选择，优柔寡断和拖泥带水只能坐失良机。歌德曾经说过：迟疑不决的人，永远找不到最好的答案，因为机遇会在你犹豫的片刻失掉。

对成功者来说，犹豫不决是致命的弱点。古人说："难得而易失者时也，时至而不旋踵者机也。"说明面对时机时要知道，时不再来，机不可失，凡事要当机立断。只要是自己认为对的事情，绝不可优柔寡断，必须马上付诸行动。不能做决定的人固然没有做错事的机会，但也失去了成功的机运。

行动能使人走向成功，这个道理似乎人人都知道，但当人们面临行动时，往往就会犹豫不决，畏缩不前。"语言的巨人，行动的矮子"的人不在少数。

有一位先生，他听说某公司准备招考一名职员。这个公司待遇优厚，远景也好，他很想去试试。但是他怕自己能力不够，又怕万一考不上而丢脸。于是他犹豫着，没有下决心。直到最后，他发现另外一个比他条件差得很远的人居然考取了，他这才后悔自己为什么不去试一试。

机会的流失往往在反复考虑之间，所以，机会来时，你便应打开大门迎接，立即行动起来，以免稍有迟疑，使你丧失即将到手的机会。伟大的成功永远属于少说多做的人，而不是那些一味等待的人。

获得成功最有力的办法是迅速做出该怎么做一件事的决定，排除一切干扰因素，而且一旦做出决定，就不要再继续犹豫不决，以免我们的决定受到影响。有的时候犹豫就意味着失去。实际上，如果一个人总是优柔寡断，犹豫不决，或者总在毫无意义地思考自己的选择，一旦有了新的情况，就轻易改变自己的决定，这样的人成就不了任何事！记住，想成功，就一定不要犹豫不决。

主动出击，才能收获精彩的人生

成功是一种客观现象，是有其内在规律、可供实证研究的，当然也是可以主动追求的。一个人能否成功的因素很多，但最具决定性的还是是否具有“主动”的心态——在没有人要求、强迫的情况下能否出色地做好自己。美国作家艾尔伯特·哈伯德在《致加西亚的信》一书中曾写道：“世界会给你以厚报，既有金钱也有荣誉，只要你具备这样一种品质，那就是主动。”所有成功人士都是抱着积极主动的态度，从而迈向成功的。

小王是一家合资公司的白领，他觉得自己满腔抱负没有得到上级的赏识，经常想：如果有一天能见到老总，有机会展示一下自己的才干就好了！

小王的同事小李也有同样的想法，他更进一步，去打听老总上下班的时间，算好他大概会在何时进电梯，他也在这个时候去坐电梯，希望能遇到老总，有机会可以打个招呼。

他们的同事小张更进一步，他详细了解老总的奋斗历程，弄清老总毕业的学校、人际风格、关心的问题，精心设计了几句简单却有分量的开场白，在算好的时间去乘坐电梯，跟老总打过几次招呼后，终于有一天跟老总长谈了一次，不久就争取到了更好的职位。

这个故事告诉我们：与其等待机会，不如主动创造机会。

其实，人生的成败全在于自己。时时处处需要自己来创造赢得主动的机会，即使是处于劣势，也要想办法转化它。

很多人经常抱怨自己没有成功的机会，或者将他人的成功归结为“运气好”“有背景”，实际上，机会对每一个人都是公平的，成功和机遇只垂青积极主动的人。

主动是一种态度，更是一种可贵的风范，它反映在人的思维、行动以及整体的气质面貌上。它体现了旺盛的生命激情，有效地激励自己，更大限度地促进自我的潜能开发。有的人天生积极主动，这是一种幸运，这种人更应该珍惜这种天赋，更大限度地去努力发挥自己的潜能，争取实现更大的成功和价值；有些人天生被动，那么就要赶快行动，培养自己的主动性。

纵观古今中外人类的发展历史，没有哪一个人的成功不是主动争取得来的，没有哪一个人的屈辱不是在被动的忍让中，在安于现状的无所作为下来临的。成功不是等来的，也不会从天而降，而是我们主动争取来的，它总是藏在一个个挫折和失败的后面，守候一个不屈不挠的灵魂。

1896年6月2日，世界上第一台电报机诞生了。电报的诞生给世界信息业带来了一场日新月异的革命，到1921年6月2日，当电报诞生短短二十五周年的时候，《纽约时报》对这一历史性的发明发表了一个总结性的消息，告诉世人：因为电报的诞生，人们每年接收的信息量是二十五年前的50倍。

看到这一消息后，当时有至少50个机敏的美国人对此产生了浓厚的兴趣，他们立刻想到创办一份综合性的文摘杂志，遍选精华，使人们能在千头万绪、林林总总的信息中，更加容易和直接地看到自己迫切需要知道的信息。这50个人差不多都是美国的商界精英和政界头面人物，他们之中有百万富翁、有出版商、有记者、律师、作家，甚至还有一位忙碌的国会议员。他们都同时从电报诞生二十五周年这个消息上得到启迪，不约而同地相信，如果创办一份文摘性刊物，一定会拥有很多读者，创办者百分之百可以从中赚到一笔巨额的利润。在不到一个月的时间里，他们都到银行存了500美元的法定资本金，并顺利办理了创办刊物的执照。当他们拿着执照到邮政部门申请办理有关发行手续时，邮政部门却一概拒绝了。邮政部门说："还从来没有代理过这类刊物的征订和发行业务，如果同意代理，现在也不到时机，最快要等到明年中期的总统大选以后。"

许多人得到这种答复后，就决定按照邮政部门说的那样，只好等到明年中后期了，甚至有几个精明人为了免交执业税，马上向管理部门递交了暂缓执业的申请。但只有一个年轻人没有停下来去等待，他立即回到家里，买来纸张、剪刀和糨糊，和他的家人糊了2000个信封，装上了一张张征订单，然后把信送到邮局全部寄了出去。

很快，一本全新的文摘性杂志《读者文摘》就送到了许多读者手里，并且发行量直线上升，雪片似的订单从四面八方纷纷飞向了杂志社。第二年中期，当邮政部门终于答应代理发行征订手续时，《读者文摘》通过直接邮购早就在市场上稳稳站住了脚跟。现在，那些当初也曾梦想过办这样一份文摘性杂志的人手捧着《读者文摘》，个个追悔莫及，如果自己不是坐等时机，他们也足以办起这样一本风靡全美的畅销杂志的，但恰恰是因为等待，他们丢失了这样一个千载难逢的珍贵机遇。

而没有等待的年轻人叫德威特·华莱士，他抓住机遇，出手就创造了世界出版史上的一个奇迹，他创办的这份《读者文摘》出手不凡，而且经久不衰，到2002年6月，《读者文摘》已拥有了19种文字、48个版本，发行范围遍布全球五大洲127个国家和地区，订户1亿多人，年收入达5亿美元之多。

机会是等不来的，只有主动出击，才能抓住机遇。天助自助者，说的就是主动！心动不如行动。希望什么，就主动去争取，去促成它的发生。我们无法指望别人来实现我们的愿望，也不能指望一切都已经成熟，然后轻松去摘取果实。永远不会有这样的事情发生，要彻底打消这样的念头，然后立即行动起来。

如果你对自己的出身不满意，就主动去提高自己的能力；如果你对自己的长相不满意，你就主动去学习修饰和搭配的艺术。当你感觉到自己的生活渐渐失控，或者是正朝着不如意的方向发展的时候，你需要做的就是主动去扭转局面，去提高自己的情商，这样才可能让自己的情况好起来。

主动，这是一个非常简单而又令人深刻的道理，就好像天上不会掉下馅饼一样。如果你懒于行动，即便是机遇，也会从你身边悄悄溜掉。唯有把握主动，想自己所想，做自己想做，付出相应的劳动和智慧，才能赢得自己应得的一切。

第四章　世界那么大，一定要有创富思维

积少成多，养成储蓄的习惯

裴多菲的一首《自由诗》让人们清晰地意识到，生命中最宝贵的就是自由。可是我们也知道，相当程度的经济独立才有可能获得真正意义上的自由。著名成功学大师拿破仑·希尔曾经说过："要想逃避这种自由被剥夺的无期徒刑，唯一的方法就是养成储蓄的习惯。然后永远保持这个习惯，不管你必须要做多大牺牲。"

储蓄对于所有人来说，都是成功的基本条件之一。当我们检视世界上那些大大小小成功创业的经验时，都会发现，成功者都有一个良好的习惯，那就是储蓄存款。即便是在他们经济条件不宽裕时，他们也努力节衣缩食，一点点积攒、储蓄。他们一旦面临机遇，这辛苦存下的钱便成为他们成功的起点。

有位年轻人在芝加哥的一家印刷厂工作，他想开个小印刷厂自行创业。他去见一家印刷材料供应站的经理，然后表明了他的意愿，并表示希望对方能让他以贷款的方式卖给他一部印刷机及一些小型印刷设备。

这位经理第一个问题就问："你自己是否有些存款呢？"

这位年轻人确实存了一点钱，他每个星期固定从他那30元的周薪里提出15元存入银行，并且已经存了将近四年。就这样，他获得了他所需要的贷款。后来，对方又允许他以这种方式购买更多机器设备。到今天为止，他已经拥有了芝加哥市规模更大、最为成功的一家印刷厂。他的名字是乔治·威廉斯。

第一次世界大战结束后，在1918年，有位作家前去拜访威廉斯先生，请求他贷款几千美元，资助出版《黄金规则》杂志。威廉斯先生提出的第一个问题就是："你有没有储蓄的习惯？"这位作家确实存了一点钱，但全部在大战期间损失光了，但尽管如此，他确实有储蓄的习惯。光凭这一事实，就使威廉斯给了他3万美元的贷款。

看完这个故事后，你是否已经意识到储蓄的重要性。如果你想逐步走向成功之路，就请把你的固定收入按比例存到银行，哪怕是每天只存1元钱，重要的是坚持每一天。不久后，你就将体会到储蓄的乐趣。

养成储蓄的习惯并不表示它将会限制你的赚钱能力。正好相反，你在应用这项法则后，不仅将把你所赚的钱有系统地保存下来，还能够增强你的观察力、自信心、想象力、进取心及领导才能，真正增进你的赚钱能力。

毕业于日本早稻田大学经济学系的藤田在一家大电器公司工作。几年之后，他开始创立自己的事业，准备经营麦当劳生意。而当时藤田只是一个毫无家庭资本支持的打工族，根本拿不出麦当劳总部所要求的巨额资金。只有不到5万美元存款的藤田看准了美国连锁快餐文化在日本的巨大发展潜力，决意要不惜一切代价在日本创立麦当劳事业，于是他绞尽脑汁东挪西借起来。

所有亲戚朋友都跑遍了之后，他才借到4万美元。面对缺乏巨大的资金，一般人也许早就心灰意冷了。然而，藤田却偏要迎难而上。有一天早晨，他西装革履、满怀信心地跨进住友银行总裁办公室的大门，以极其诚恳的态度向对方表明了他的创业计划和求助心愿。在耐心细致地听完他的表述之后，银行总裁做出了“你先回去吧，让我再考虑考虑”的回应。藤田听后，心里即刻掠过一丝失望，但他马上镇定下来，恳切地对总裁说了一句：“先生可否让我告诉你，我那5万美元存款的来历呢？”银行总裁的回答是“可以”。

“那是我六年来按月存款的收获。六年里，我每月坚持存下工资奖金，雷打不动，从未间断。六年里，无数次面对过度紧张或手痒难耐的尴尬局面，但我都咬紧牙关，克制欲望，硬挺了过来。有时候，碰到意外事故需要额外用钱，我也照存不误。我必须这样做，因为在跨出大学门槛的那一天，我就立下宏愿，要以十年为期，存够10万美元，然后自创事业，出人头地。现在机会来了，我一定要提早开创自己的事业。”藤田一口气讲了自己想要说的话，总裁越听，神情越严肃，并向藤田问明了他存钱的那家银行的地址，然后对藤田说：“好吧，年轻人，我下午就会给你答复。”

之后，总裁立即驱车前往那家银行，亲自了解藤田存钱的情况。柜台小姐了解了总裁的来意后，说了这样几句话：“哦，是问藤田先生啊。他可是我接触过的最有毅力、最有礼貌的一个年轻人。六年来，他真正做到了风雨无阻地准时来我这里存钱，老实说，这么严谨的人，我真是佩服得五体投地！”总裁大为动容，立即打通了藤田家里的电话，告诉他住友银行可以毫无条件地支持他创建麦当劳事业。藤田还追问了一句：“请问，您为什么要决定支持我呢？”总裁在电话那头感慨万千地说道：“今年我已经58岁了，再有两年就要退休，论年龄，我是你的2倍，论收入，我是你的40倍，可是，直到今天，我的存款却还没有你多……我可是大手大脚惯了。光说这一点，我就自愧不如、敬佩有加了。我敢保证，你会很有出息的，年轻人，好好干吧！”从此，藤田传奇的发迹史就开始了。

对于一个想要成功的人来说，储蓄的习惯是非常重要的。如果平日大手大脚，花钱没有节制，那到了真正需要现款来把握投资机会时，就会束手无策，眼睁睁看着机会让有存款的人抓走。因此，我们要养成储蓄的习惯。

对所有人来说，存钱是致富的基本条件之一，但是在那些未曾存钱者的心目中，最迫切的一个大问题则是："我要怎样做才能存钱？"存钱纯粹是习惯问题，下面介绍几种方法，以便帮你养成储蓄的习惯：

1. 确定储蓄目标。储蓄不是最终目的，理财是为了善用钱财来实现你的某项生活目标。如购买住房、轿车、读书深造或进行投资。把储蓄目标贴在冰箱门、餐桌上方等醒目的地方，提醒自己时常想起存钱目标，激励增加储蓄的动力。

2. 定期从工资账户上取出200元、500元或1000元存入新开立的存款账户中，给自己一段过渡时间去适应这种手中可支配现金比以往减少了的生活。待2～3个月后，逐步从工资账户中增加每次取出的金额，然后存入新的存款账户。先按月收入的10%参加储蓄。制定目标后要持之以恒，培养良好的储蓄习惯胜于偶尔一次存入一大笔钱。

3. 每天从钱包里拿出5元或10元钱放入一个信封。每月将信封里积攒的一定数目的钱存入银行存款账户中。聚沙成塔，如每天存10元，每月就是300元，一年可达3600元。

总之，只有养成储蓄的好习惯，积累出"第一桶金"，你才能让钱生出更多钱来。

运用智慧，掌握方法赚大钱

每一个人都渴望着过上富足的生活，提高自己的生活质量，所以我们都在努力工作，为了心中的财富梦想而不懈努力着，可是我们努力过后，都达到自己的目标了吗？答案往往是不尽人意的，付出与所得并不是我们想象的那样，这是为什么，其实这就是一个方法的问题——想赚钱，就要找对方法。

有一个小村庄，村里十分缺乏水源，为了解决饮水问题，村里人决定对外签订一份送水合同，以便每天都能有人把水送到村子里。村子里有两个年轻人，他们分别叫阿力和阿旺，他们愿意接受这份工作，于是村里的长者把合同同时给了这两个人。

签订合同后，阿力便立刻行动起来。他每天在10公里外的湖泊和村庄之间奔波，用两只大桶从湖中打水运回村庄，倒在由村民修建的一个结实的大蓄水池中。每天早晨，他都必须起得比其他村民早，以便当村民需要用水时，蓄水池中已有足够的水供他们使用。由于起早贪黑地工作，阿力很快就开始挣钱了。尽管这是一项相当艰苦的工作，但他还是非常高兴，因为他能不断挣钱，并且他对能够拥有两份专营合同中的一份而感到满意。

阿旺呢？自从签订合同后，他就消失了，几个月来，人们一直没有看见过他。这令阿力兴奋不已，由于没人与他竞争，他挣到了所有水钱。那么，阿旺干什么去了？原来，阿旺做了一份详细的商业计划书，并凭借这份计划书找到了四位投资者和自己一起开了一家公司。六个月后，阿旺带着一个施工队和一笔投资回到了村庄。阿旺的施工队花了整整一年时间修建了一条从村庄通往湖泊的大容量不锈钢管道。

后来，其他有类似环境的村庄也需要水，阿旺便重新制定了他的商业计划，开始向全国甚至全世界的村庄推销他的快速、大容量、低成本并且卫生的送水系统，每送出一桶水，他只赚10分钱，但是每天他能送几十万桶水。无论他是否工作，无数村庄每天都要消费这几十万桶水，而所有这些钱便都流入了阿旺的银行账户中。

从此，阿旺幸福地生活着，而阿力在他的余生里仍然拼命地工作着，而且还会为未来担忧着。

这个故事告诉我们：无论做什么事情，都要讲求方法，赚钱也是同样的道理。如果一个人在既没有太多资本，又没有较强技能的情况下想要达到目标，想要赚取更多财富，就要学会赚取的技巧，在合情合理的原则下，找对方法，就能够达到目的。

每个人都不是天生的富翁，每个人也都不是天生就具有赚钱的禀赋，只是因为有些人具备先天的聪明，加上后天的勤奋，以及善于观察生活中的点滴，善于从平凡的生活中产生好创意。因此，只要我们在日常生活中学会细心观察，多多思考，处处留心，对事物的认识进行挖掘，或许就会产生一个好的创意。打开了思维模式的束缚，充分发挥了自己的聪明才智，用新思路指导自己去创富，那么就会达到期望值并往往会出人意料地获得成功。

一个游客受朋友之托，在韩国的一家超市买了四大袋泡菜。在回旅馆的路上，身材魁梧的他渐渐感到手中的塑料袋越来越重，勒得手生疼，他想把袋子扛在肩上，又怕弄脏了新买的西装。正当他左右为难之际，忽然看到街道两边茂盛的绿化树，顿时计上心来。

他放下袋子，在路边的绿化树上折了一根树枝，准备用它当作提手来拎沉重的泡菜袋子。不料被迎面走来的韩国警察逮了个正着。他因损坏树木、破坏环境的“罪行”，被韩国警察毫不客气地罚了50美元。他心疼得直跺脚，想争辩几句，无奈语言交流困难，只能认罚作罢。

交完罚款后，他懊恼地继续赶路，除了舍不得那50美元，更觉得自己让韩国警察罚了款，丢了脸。越想越窝囊，他干脆放下袋子，坐在了路边，他发现，有不少人和他一样，气喘吁吁地拎着大大小小的袋子，任凭手掌被勒得发紫而无计可施，有的人坚持不住，还停下来揉手或搓手。他突然想到，为什么不想办法制作个既方便，又不勒手的提手来拎东西呢？对啊，发明个方便提手，专门卖给韩国人，一定有销路！想到这儿，他的精神为之一振，暗下决心：将来一定要找机会挽回这50美元罚款的面子。

回国之后，他干脆放下手头的活，一头扎进了“方便提手”的研制中。根据人的手形，他反复设计了好几种款式的提手，为了试验它们的抗拉力，又分别采用了铁质、木质、塑料等几种材料，然而，总是达不到预期的效果，一段时间内，他几乎要丧失信心了，但一想到在韩国那50美元罚款，他又充满了斗志，他发誓要从韩国赚回百倍、千倍甚至万倍的钱来挽回他丢在韩国的面子。

几经周折，产品做出来了，他请来左邻右舍试用，没想到，这不起眼儿的小东西竟一下子得到了邻居的青睐，有了它，买米买菜多提几个袋子也不觉得勒手了。但他的目标市场是韩国，试验的成功增加了他将这种产品推向市场的信心，他很快申请了发明专利。

为了能让方便提手顺利打进韩国市场，他决定先了解韩国消费者对日常用品的消费心理。经过反复调查、了解，他发现韩国人对色彩及形式十分挑剔，处处讲究包装，只要包装精美、做工精良，价格倒是其次的。于是，他又针对提手的颜色进行了多样的改造，以增强视觉效果，而后又不惜重金聘请了专业包装设计师，对提手按国际化标准进行细致的包装。

功夫不负有心人，经过前期大量市场调研和商业运作、推广，一周后，他便接到了韩国一家大型超市的订单，以每只0.25美元的价格一次性订购了120万只方便提手，那一刻，他欣喜若狂。

这个靠简单的方便提手征服韩国消费者的人一下子从一个普通农民变成一位百万富翁，前后用了不到一年时间。

很多时候，我们身边并不缺少财富，而是缺少发现财富的眼光。只要找对了方法，就能够赚钱；如果没有找对方法，就算是想疯了，也不济于事。赚钱的方法多种多样，只有你想不到的，没有你做不到的。别抱怨自己贫穷了，要赚钱，就要想办法，充分挖掘你赚钱的潜力，迈出赚钱至关重要的第一步，培养发现财富的眼光。

赚钱是为了活着，但活着绝不只是为了赚钱

一个人的金钱观直接影响到他生活的富足程度，以及他将如何享受这种富足，其影响程度远远比大多数人所认为的还要多得多。事实上，大多数人并没有意识到“金钱观”对他们财务状况的影响，很多人甚至从来都没有思考过他们的“金钱观”，他们只是无意识地依之而行。

有这样一句名言：人赚钱是为了活着，但人活着绝不只是为了赚钱。如果一个人总是在金钱的世界里徜徉、徘徊，那么离成为金钱的奴隶也只有一步之遥了。这样的人一旦身处逆境，他要么靠别人的施舍恩典度日，要么靠给贫民的救济生存。即便他很有能力，他也会把自己的眼光盯在赚取钱财上，很容易失去做事业、谋发展的机会。因此，我们对待金钱必须有个正确的态度。

马云常说，阿里巴巴的目的不是赚钱。“我不把赚钱作为目的，赚钱确实不是我的目的，赚钱是我的结果……企业赚钱是企业家最基本的功能……对于阿里巴巴来说，赚钱是我们的指标，不是我们的目的……我们希望影响中国经济、亚洲经济、世界经济，改变中小企业做生意难的问题……怎么做企业？做企业到底什么是最核心的东西，我认为，做企业首先要有伟大的梦想，要有伟大的使命……我们的使命是让天下没有难做的生意。”人人都想拥有财富，但拥有财富之后，如何能让自己的人生过得更有意义？那就是回报社会。将自己的一部分财富拿出来馈赠社会，帮助他人，虽然财富少了，

但得到的却多了。

阿里巴巴有几项基本原则：一是唯一不变的是变化；二是公司永远不把赚钱作为第一目标。

对此，马云解释说，“永远不把赚钱作为第一目标，这是铁定的。大家可能说好虚伪，公司是一定要赚钱的，不赚钱的企业家是不道德的，他对不起客户，对不起员工。但赚钱是一个结果，不是一个目标。但是我们要创造社会，去改变人。我自己认为商场上遇到骗子，是因为你的功力不够。”

一次，马云接受央视著名主持人杨澜的采访，畅谈了他对赚钱的看法。

杨澜：一开始当你决定要辞去一份收入虽然不高，但是很稳定的大学老师的工作，开始创办中国黄页时，你觉得是一个什么样的想法？我仍然不能完全接受你所说的只是为了多一点社会实践。

马云：很多人不能接受，但是我事实上是这样。怎么说？我是 20 世纪 60 年代末出生的人，理想主义者，在学校里教书，天天给学生讲这些东西，我觉得我还是很单纯、幼稚。尤其到现在，我越来越明确一点：人生是一个过程，它不是一个目的，所以你经历过多少、犯过多少错误，这才是最宝贵的。

杨澜：但是这让你听起来像个圣人。你真是这样想的？你真不是为钱？

马云：我马云比其他大部分 CEO 要坚强的是，我不为钱干，永远不把赚钱作为公司的第一目标。

你说到这个，就要做到。最后你反过来看自己赚了很多钱，这是个结果，它不是我追求的目标。因为我自己坚信，如果一个人脑子里就想赚钱的话，他脑子里想的是钱，眼睛里是人民币、港币，讲话全是美元，没人愿意跟你这样的人做生意的。

马云并不认为赚钱是他人生的目标，马云的人生理想是为社会创造价值，为他人创造价值和机会。一个人只想自己发财致富，只想着自己去享受生活，这样的人只能成就一般的事业，只有志向远大，把自己的事业追求和社会、与他人的幸福结合在一起，才能创造伟业。

不可否认，创富就是为了赚钱，但千万不能以能够赚多少钱为目标。赚钱是重要的目标，但是不是唯一的目标。因为创富本身是为了实现自身的价值，成就自己的梦想，是为了成就更多社会价值，每一个伟大的创富者都不仅仅是为了自己的物质需求而创富的，而是为了成就更大的人生价值。

创富的目的应该包括事业的选择、家庭幸福、个人的成长、社会责任等多个方面，不能因为赚钱，就找到了正当的理由去忽略家庭，也不要忘记自己的社会责任，这些都是不可取的。只有把自己创业的目标和自己事业的目标、人生的追求结合起来，创富行为才会更加有意义，动力才会更大。

然而，在现实生活中，我们看到，许多人在赚钱之初并没有想过这一生赚钱的目的何在，是自己消费，抑或留给后代，或是施舍于慈善事业，造福于社会。你若去问他们，大多数人的回答一般都是“不知道”。在社会一致认同“赚钱很重要”的情况下，他们开始了一生忙忙碌碌、早出晚归、拼命赚钱的生活。许多人一生忙于赚钱，到最后却忘了或根本就不知道赚钱的初衷。将手段变为目的，拼命赚钱，不懂得如何利用金钱使自己更幸福、更快乐、更健康，也不懂得回报社会，最后变成了金钱的奴隶，变成了十足的守财奴。金钱对于他们来说，已完全失去意义，只是一堆货币符号。更有不少人居然还会因金钱而深受其害，陷入金钱的泥沼之中。钱财是身外之物，没有它自然不能生活，但过多又会成为自己的累赘。这就像一个人的十根手指头，没有十根，生活会不方便；超过十根，就成了负担。财多必害己，多藏必后亡。因此，应该谨记：“不要做金钱的奴隶！”不要对金钱过度贪婪。

一位成功人士说过：“世界上80%的喜剧跟钱没有关系，但是80%的悲剧都跟钱有关系；一个人的快乐不是因为拥有的多，而是计较的少，亿万富翁也有不快乐的时候，乞丐也有快乐的时光。”一个人生活得是否快乐、幸福跟钱的多少没有必然联系，所以永远不要把赚钱作为人生的第一目标。

思路决定出路，观念决定贫富

为什么生活中创富的人很多，成功的人却很少？想赚钱的人很多，真正赚到钱的人却很少？因为人与人之间的最大差别不是外在条件，而是想问题的思路。

所谓思路，即为赚钱的门道。它指导人们应该如何理解财富，激发起人们追求财富的雄心，然后再提供给这些雄心勃勃的人追求财富的方法，从而到达财富的顶峰。

思路是创富成功的重要因素。大多数人并不缺乏知识和才能，却没有一条正确的思路。任何混乱的想法都不可能让你成功。“思路决定出路”，这是颠扑不破的真理。只有你厘清了思路，才可能获得成功。

两个青年一同开山，一个把石块儿砸成石子运到路边，卖给建房人，一个直接把石块运到码头，卖给杭州的花鸟商人。因为这儿的石头总是奇形怪状，他认为卖重量不如卖造型。三年后，卖怪石的青年成为村里第一个盖起瓦房的人。

后来，不许开山，只许种树，于是这儿成了果园。每到秋天，漫山遍野的鸭梨招来八方商客。他们把堆积如山的鸭梨成筐成筐地运往北京、上海，然后再发往外国，因为这儿的梨汁浓肉脆，香甜无比。就在村上的人为鸭梨带来的小康日子欢呼雀跃时，曾卖过怪石的人卖掉果树，开始种柳。因为他发现，来这儿的客商不愁挑不到好梨，只愁买不到盛梨的筐。五年后，他成为第一个在城里买房的人。

再后来，一条铁路从这儿贯穿南北，这儿的人上车后，可以北到北京，南抵九龙。小村对外开放，果农也由单一卖果开始发展果品加工及市场开发。就在一些人开始集资办厂的时候，那个人又在他的地头砌了一道三米高、百米长的墙。这道墙面向铁路，墙前翠柳成行，两旁是一望无际的万亩梨园。坐火车经过这里的人，在欣赏盛开的梨花时，会醒目地看到四个大字：可口可乐。据说，这是五百里山川中唯一的一个广告，那道墙的主人仅凭这道墙，每年又有 4 万元的额外收入。

20 世纪 90 年代末，外国一家著名公司的人士来华考察，当他坐火车经过这个小山村的时候听到这个故事，马上被此人惊人的商业化头脑所震惊，当即决定下车寻找此人。当外国人找到这个人时，他正在自己的店门口与对门的店主吵架。原来，他店里的西装标价 800 元一套，对门就把同样的西装标价 750 元；他标价 750 元，对门就标价 700 元。一个月下来，他仅批发出 8 套，而对门的客户却越来越多，一下子发出了 800 套。外国人一看这情形，对此人失望不已。但当他弄清真相后，又惊喜万分，当即决定以百万年薪聘请他。原来，对面那家店也是他的。

由此可见，思路决定出路，思路就是财富，不同的思路产生不同效果。只有好的思路、对的思路，才能将出路铺向成功之路、理想之路。

俗话说："一念之差，失之千里"，说的就是思想上的细小差异会给人生带来很大影响。你有什么样的观念，就会有什么样的行为；有什么样的行为，就会有什么样的命运。

人的思想观念决定了人的言行举止，最终也决定了人的命运。如果你思想超前，能想他人之不敢想，为他人之不敢为，发现他人之视而不见的商机，你就能财源滚滚而来。所以说，思想观念是人生转变的基础和起点，是赚钱的最先决条件。

在浙江，食之无味、弃之可惜的鱼杂因卖不上好的价钱，一直被当地渔民加工成鱼粉。5 公斤鱼杂加工成 1 公斤的鱼粉也只能卖 5 元左右，不仅增值不多，还造成了严重的环境污染。

1997 年，还在做鱼干生意的池进军受客户委托，购买当时还很少见的鱼精。看到客户开出 60 元 / 公斤的价格，池进军算了一笔账：用 20 公斤鱼杂加工 1 公斤鱼精，增值至少在 5 倍以上。这么高的差价加上市场又缺货，他认为自己没有理由不生产。

同样是以鱼杂为原料，鱼粉和鱼精的价格却差这么多，关键就在于加工技术。池进军从创业之初就请来无锡轻工业大学的技术人员为其产品闯荡市场提供指导，应用生物酶技术使加工成的鱼精完全保留了海洋生物的天然风味。

短短四五年时间，池进军开发出的三大系列数十种产品，其市场网络遍及北京、天津、上海、广东等十多个省市，成为“统一”“华丰”“康师傅”等知名企业的供货商，并吸引了韩国客商前来洽谈业务，年销售额达到 2000 多万元。这就是转变思路带来财富的故事。

生意是死的，但人是活的，只要肯转变思想，积极动脑想出好的赚钱点子，你就会赚大钱。

有道是，思想有多活，出路有多宽；举措有多新，事业就有多美。思路决定了财路，有什么样的思路，就有什么样的财路。思路决定出路，观念决定贫富，这是每个人都认可的名言。在市场经济条件下，只有饱和的思想，没有饱和的市场。市场无处不在，缺的是“发现”二字，缺的是独具匠心、别具一格的思想。世上没有不转弯的路，人的思路也一样，它需要面对不同的境况和时代而不断地进行转换，循规守旧就会停滞不前，最后被时代淘汰出局。

小钱积大钱，不要瞧不起小生意

赚大钱是许多人的梦想，但多数人终其一生，却难以梦想成真。这是什么原因呢？是因为他们赚钱心太急切，小钱不赚，大钱挣不来，曾有位百万富说过“小钱是大钱的祖宗”。生活中不少腰缠万贯的人当初就是靠赚不起眼的小钱白手起家的。

有这样一个关于致富的问题：如果给你一个鸡蛋，你能把它变成一座农场吗？

可能绝大多数人会认为这样的问题太不可思议，并给出否定的回答。但是，在富人眼里，这个问题的答案却是肯定的。首先把蛋孵成鸡，再让鸡生蛋，蛋再孵成鸡……如此循环，鸡越孵越多，蛋越生越多，钱也会越来越多，钱买来了牛羊购置了土地，于是鸡蛋变成了农场。这看上去好像是个神话，但更像是一个关于致富的寓言。它说明一个道理——财富是可以从小本钱投资经营而累积起来的。

听过这样一个故事：

有一个大学生毕业后去北京打工，他理想的工作是环境好、挣钱多，而且又很体面，但一直没有找到。一天早上，他在街边的早点摊上吃早饭，与摊主大妈聊天时，大发感慨，说钱这东西真难赚，做小生意赚不了钱，自己又没有本钱做大买卖，等等。摊主大妈听他诉完苦后，用手指着路边被人丢弃的矿泉水瓶子，脸上带着微笑，很认真地对小伙子说：“呵呵，不难！从现在开始，你天天去捡路边的矿泉水瓶子，然后再卖掉，你不就有本钱做大生意了吗？这不要你花什么本钱的。”当时小伙子对这建议嗤之以鼻，并在心里嘲笑摊主大妈：“那得多少年？难怪你只是一个卖早点的，你也只能靠卖早点赚点小钱。”在此之后，小伙子跳了几次槽，但还是没挣到钱，还是怨天尤人。过了几年，小伙子又与摊主大妈相遇了，交谈过后，令小伙子大跌眼镜的是，摊主大妈凭着她“捡瓶子”的观念，持之以恒，积少成多。现在，她已经拥有了三套房，还买了一辆装货用的面包车。交谈结束后，小伙子觉得自己这几年的光阴是白白浪费了，他更明白了一个道理：与其感慨、等待、幻想发大财，还不如踏踏实实地赚小钱。

常言道：小钱积大钱，毛毛细雨可以湿衣裳。“厚利非我利，轻财是吾财”，只要是有利润的生意，就不能放过，微薄的利润也要珍惜，不要小钱看不来，大钱又挣不到，挣大钱是由挣小钱而来的。

事实上，很多富豪的创业历程都是从小商业开始的。如美国的亿万富翁沃尔顿就是从小商业起家的。随着市场经济的发展和人们需要的日益丰富，小商业的发展如雨后春笋，日益兴旺。从小商业做起，只要全力以赴，发挥聪明才智，财源就在脚下，小商业同样大有前途。

每一个城市的街道都有小书报摊，它们大都处于微利状态。但在太原迎泽大街有一家名为“强子书报”的书报摊却一枝独秀，月平均盈利达到 8000 元左右。

浙江青年强子到山西太原打工，由于很久没找到工作，就把姐姐的书报摊接了过来。卖书报的毛利极小，一本杂志能赚到近 1 元钱，一份报纸只能赚一两角，可一天也卖不出几本杂志。有一天，强子的书报摊里进来一男一女两个年轻人。他们一口气买了十几本杂志。强子问女孩：“你爱看这么多种杂志吗？”她说：“不是，一个人哪能看那么多！我只要一本，其他的都是为别人带的。”

原来，他们工厂附近都没有书店和书摊，且离城里又远，进一次城不容易，所以谁来了都会帮别人带些新出的杂志回去。他们厂区周围又没有什么娱乐场所，每天下了班就只能看电视，电视看多了就腻，所以很多人喜欢看杂志。

那两个人走后，精明的强子就开始琢磨：他们那里愁买不到杂志，我这里却愁卖不出去，如果试着把杂志直接送到那里去卖，不是皆大欢喜？！

过了几天，强子用自行车驮了一大捆新出的杂志到那家工厂去卖。回来一清点，半小时的营业额比他在城里一天卖得还多。

这让强子发现了一个巨大的商机，他决定开拓这片市场。他把城里书报摊的营业时间改变了一下，上午在城里守摊，午后4点关门，轮流去各地工厂摆流动书摊卖书。这一改变很快就收到了明显的效果：书报摊的杂志销售量由最初的每月不足1000册一下子猛增到了将近3000册。

为了方便读者买杂志，强子还开展了“电话送书”业务，他印制了名片、广告宣传单，随销出的杂志分发，只要读者打他的电话，很快就能拿到自己想要的读物。这项服务很受打工者的欢迎，他的销售额又大幅攀升，而且随着业务量的扩大，送书的成本很快就降了下来。

不少打工者喜爱的杂志在书报摊上找不到，去邮局订阅又不方便，强子知道这个情况后，马上把这项业务揽了下来。他把对方需要的杂志记录下来，专门从图书市场进货，每月负责送到他们手中。三年多时间里，强子的书报摊纯赚了30万元。

小是大的起点，无小不成其大。不要看不起小商业，从一点一滴做起，才有可能汇成财富的汪洋大海。生意场上的事，看大未必大，似小也未必小，要善于积少成多，扎扎实实，埋头苦干，才能做出成就来。

松下说：“我也是从做小生意勤勤恳恳，才奠定下现在的基础的。我常对员工们说：想从事大发明必须先从身边的小发明入手，想做大事必须从身边的小事做起。”创业者要敢于从小处做起。小公司、小商业、小产品或者别人不去注意的小领域，经营灵活，应变力强，只要创业者善于从繁杂的消费行为中抓住消费苗头，发明、生产、销售出新颖别致、一物多用、便利的小产品，去适应和创造出新的消费需求，便可进入宽阔的疆场，拥有无限的天地。

闻名于世的佛勒制刷公司，其老板佛勒在其创业之初同其他人一样面临着究竟应该从事哪一种行业的选择。没有钱是他首先碰到的问题，也是他最头痛的问题。他选择制刷这个小本小利的行业之前，也曾有过思想的起伏，当他到波士顿借用他姐姐的地窖做临时工厂时，他的姐夫向他提出了警告。

“干什么不行，怎么做起刷子来？”姐夫说，“这玩意儿利润太小，而且销路也有限，一把刷子能使用很长时间，谁家会没事天天买刷子？”

“我何尝不想做大生意、赚大钱呢？”佛勒显得无可奈何的样子答道，“可我的本钱只够做这种小生意。”

“不过，我还是劝你三思而行，把钱都投在这不赚钱的买卖上是否值得。”

“我认为，生意不在大小，而在于怎样经营。刷子虽小，但每家必备，只要我经营有方，我相信我一定会成功的。”

最终，佛勒选择了制刷这个小生意，也因此走向了成功。

生意不在大小，而在最终赚得的利润。小生意尽管赚得少，但是投资少、风险小，薄利多销，积少成多，就能赚到许多钱。大部分人都是白手起家的。尽管满怀大志，但是缺乏资金、人际关系等资源，那么怎样才能找到赚第一桶金的突破口呢？如果眼高手低，大事做不了，小事不屑做，致富就根本不可能。

第五章　万里征途，你带什么上路

在成功的路上，热情是必不可少的

一个浓雾之夜，当拿破仑·希尔和他母亲从新泽西乘船渡江到纽约的时候，母亲欢叫道："这是多么令人惊心动魄的情景啊！"

"有什么出奇的事情呢？"拿破仑·希尔问道。

母亲依旧充满热情，"你看呀，那浓雾、那四周若隐若现的光，还有消失在雾中的船带走了令人迷惑的灯光，多么令人不可思议！"

或许是被母亲的热情所感染，拿破仑·希尔也着实感受到厚厚的白色雾中那种隐藏着的神秘、虚无及点点迷惑。拿破仑·希尔那颗迟钝的心得到一些新鲜血液的渗透，不再没有感觉了。

母亲注视着拿破仑·希尔，"我从没有放弃过给你忠告。无论以前的忠告你接受不接受，但这一刻的忠告你一定得听，而且要永远牢记。那就是：世界从来就有美丽和兴奋的存在，她本身就是如此动人、如此令人神往，所以，你自己必须要对她敏感，永远不要让自己感觉迟钝、嗅觉不灵，永远不要让自己失去那份应有的热情。"

拿破仑·希尔一直没有忘记母亲的话，而且也试着去做，那是让自己保持有那颗热忱的心，有那份热情。

热情是一种洋溢的情绪，是一种积极向上的态度，更是一种高尚珍贵的精神。不论我们做什么事，如果没有倾注全部热情，便很难将它做好，也很难在某一领域做出成就并展现自我的价值。

英国前首相狄斯雷利认为：“一个人想成为伟人的唯一途径便是做任何事都要怀着热情的心。”美国文学家R.W爱默生曾写道：“不倾注热情，休想成就丰功伟绩。”如果一个人没有热情，不论他有什么能力，都很难发挥出来，也不可能会成功。成功是与热情紧紧联系在一起的，要想成功，就要让自己永远沐浴在热情的光影里。

热情是什么？热情就是一个人保持高度的自觉，就是把全身的每一个细胞都调动起来，完成自己内心渴望去完成的工作，做自己想做的事。只有用真正的热情、用有生命力的语言表达出来的思想，才可能点燃生命中潜藏的动力和激情。

纽约的一个女孩从秘书学校毕业出来，想找一份医药秘书的工作。由于她缺少这方面的工作经验，面试了好几次都没有成功，于是她就决定在找工作中表现出她的热忱。在她去面试的途中，她给自己准备了一段精神讲话：“我要得到这份工作，”她说，“我懂得这份工作。我是一个勤快而自律的人，我能够做好这份工作。医生将会视我为不可缺少的人。”在到办公室的途中，她一再对自己重复这些话。她充满信心地走进办公室，并且热忱地回答问题，果然有医生雇用了她。

几个月以后，医生告诉她，当他看到她的申请表上列着没有任何经验的时候，他决定不用她，只是给她一次礼貌的谈话而已，但是她的热忱使他觉得应该试用她看看。她把热忱带进了工作，并成为一名很好的医药秘书。

热情是发自内心的激情，是一种意识状态，是一种重要的力量，它具有巨大的威力。如果一个人激情洋溢，热情地面对人生，乐观地接受挑战，那么他就成功了一半。

事实上，每一个人的身上都具有成就大事的潜质，不仅反应敏捷、聪明伶俐的人是这样，那些相对木讷甚至看起来有些愚蠢的人也有这样的潜质。只要充分发挥自己的热情，凭借着这种热情的力量，任何一个人都可以出色完成自己的工作，最终实现自己人生的价值。

多丽·帕顿小姐的生活为我们提供了一个例证，使我们懂得如何利用热忱促使自己努力奋进，直到成为我们生活的“总统”。

多丽·帕顿出生在田纳西州赛维县一个只有两间房的木棚里，她在十二个孩子中排行第四。全家靠她父亲在一小块山地上辛勤劳作来勉强糊口。多丽·帕顿生来并不比别人强。她在早年过着山里人最贫穷的生活，以木棚为家，洗刷操劳，困苦不堪。然而，多丽付出了某种特别的东西——她不愿成为拖儿带女的山里妇人，于是她付出了自己对生活的热情。

她从孩提时代开始学习歌唱，5 岁就能唱出歌词，由她母亲替她写下来。7 岁时，多丽·帕顿用旧乐器的残件制作了自己的吉他。第二年，一位叔叔送给她一把真正的吉他。她一直坚持练习歌唱。

上高中了，她没有什么漂亮衣服，但她有自己的梦想，她有热情。后来她的一个妹妹回忆说：“多丽向别人讲自己的梦想时，一点也不害羞。在我们生活的山区，没有一个人这样想过，孩子们当然会笑话她。”

后来多丽·帕顿一辈子都在唱歌。她成了美国第一位唱片销量达百万以上的明星。她的热忱永不停息。

热情是人的生活态度，积极投入，时时充满热情，才是人的最佳状态。因为积极热情的态度可以感染人、带动人，给人以信心，给人以力量，形成良好的环境和氛围。

热情代表着一种积极的精神力量，它是人人都具有的，只要善加利用，就可以在生活和工作中使之转化为巨大的能量。如果想取得成功，你就要时刻充满热情，坚信你从事的事业，发掘那些积极的方面，从而促使自己行动起来。这有助于点燃你内心的热情之火，热情的火焰一旦点燃，你下一步该做的就是不断加柴，保持火苗越来越旺。如果一时没有焕发出热情，那么就强迫自己热情地投入，久而久之，你就会逐渐变得富有热情。如果你想更热情些，就与其他有热情的人待在一起。在成功心理学方面著书立说的专家邓尼斯·韦特利说：“热情有感染力。当一个热情的人出现时，其他人就很难再无动于衷保持冷漠。”那么，现在就开始发掘你的热情吧！其实这是一件很简单的事情，关键就看你如何行动啦！

热情是经久不衰地推动你面向目标勇往直前直至你成为生活主宰的原动力。因此，我们对待生活，要时时刻刻充满热情，这样，生活才会少几分无奈，多几分精彩。

无论何时，都要做一个讲诚信的人

自古以来，诚信就是人类社会活动的一个重要评价指标。诚者，信也；信者，诚也。诚信是做人的基本准则和最起码的道德修养，为人以诚，待人以信不但是人的内在品质和精神要求，也是社会的基本准则。一个人要想在社会上立足，就必须具有诚信的品德。

西方有位哲人曾经说过：这个世界上只有两样东西能引起人们内心深深的震动，一个是我们头顶上灿烂的星空，一个就是我们心中崇高的道德准则——诚信。的确如此，在这个大千世界里，人与人之间的交往离不开诚信。

公元前4世纪，意大利一个叫皮斯阿司的小伙子触犯了暴虐的国君犹奥尼索司，被判处绞刑。身为孝子的他请求回家与老父老母诀别，可是始终得不到暴君的同意。就在这时，他的朋友达蒙愿暂代他服刑，并同意：“若皮斯阿司不如期赶回，我可替他服刑。”这样，暴君才勉强应允。行刑之期临近，皮斯阿司却杳无踪迹，人们都嘲笑达蒙竟然傻到用生命来担保友情。当达蒙被带上绞刑架，人们都悄无声息于这悲剧性的一幕时，突然，远方出现了皮斯阿司，他飞奔在暴雨中的他高喊："我回来了！"皮斯阿司热泪盈眶地拥抱着达蒙做最后的诀别。这时，所有人都在拭泪。国君出人意料地特赦了皮斯阿司。他说："我愿倾己所有来结识你这样言而有信的朋友。"

诚信是一种人品修养，是做人的根本准则。一个讲诚信的人能够前后一致，言行一致，表里如一，人们可以根据他的言论去判断他的行为，从而进行正常的交往。你无法对一个不讲信誉、前后矛盾、言行不一的人判断他的行为动向。

诚信是一种巨大无比的影响力，也是一种无形的财富。莫泊桑曾经写过这样一句话：一件小事可以成全一个人，也可以败坏一个人。诚信是一种态度、一种人生的理念。你具备并付诸行动了，它可以让你可信可敬，无往不利；你不具备的话，它会让你寸步难行，甚至身败名裂。

18 世纪英国的一位有钱的绅士一天深夜走在回家的路上，被一个蓬头垢面、衣衫褴褛的小男孩儿拦住了。"先生，请您买一包火柴吧。"小男孩儿说道。"我不买。"绅士回答说。说着，绅士躲开男孩儿，继续走，"先生，请您买一包吧，今天我还什么东西也没有吃呢！"小男孩儿追上来说。绅士看到躲不开男孩儿，便说："可是我没有零钱呀。""先生，您先拿上火柴，我去给您换零钱。"男孩儿说完，拿着绅士给的 1 英镑快步跑走了，绅士等了很久，男孩儿仍然没有回来，绅士无奈地回家了。

第二天，绅士正在自己的办公室工作，仆人说来了一个男孩儿要求面见绅士。于是男孩儿被叫了进来，这个男孩儿比卖火柴的男孩儿矮了一些，穿得更破烂。"先生，对不起了，我的哥哥让我给您把零钱送来了。""你的哥哥呢？"绅士道。"我的哥哥在换完零钱回来找你的路上被马车撞成重伤了，在家躺着呢。"绅士深深地被小男孩儿的诚信所感动。“走！我们去看你的哥哥！”绅士去了男孩儿的家一看，家里只有两个男孩的继母在照顾受到重伤的男孩儿。一见绅士，男孩连忙说：“对不起，我没有给您按时把零钱送回去，失信了！”绅士却被男孩的诚信深深打动了。当他了解到两个男孩儿的亲父母都双亡时，毅然决定把他们生活所需要的一切都承担起来。

诚信是做人处事之本。诚信待人，它会点燃你生命的明灯，生活不会亏待诚信于人的人。

人离不开交往，交往离不开信用，“小信成则大信也”，无论是做人，还是做事，诚信在其中必不可少。因此，我们要利用好诚信这个座右铭，不断激励自己、鞭策自己，做一个讲诚信的信义之人，在事业发展中取得骄人的成绩。

刘洋成立了一家网络公司，由于资金周转不灵，无奈只得向一位好友借了 50 万美元，并答应两年后还清。

两年的时间一晃就过去了，刘洋的公司因某些原因仍然无法在短时间内还清好友的借款。刘洋想尽所有办法，找到各种途径好不容易筹到了 20 万元，可余下的 30 万实在无能为力了。这可如何是好呢？眼见日益接近还钱日期，刘洋愁得几乎头发都快白了。他的太太看着十分心痛，便提议让他向朋友求求情，宽限几天还钱的日子或是先开张空头支票，等有了钱再赶紧补上。谁知，刘洋非常生气地向太太吼道：“这怎么可能！那我成什么了？”

经过一夜的反复思考，刘洋决定把自己的别墅抵押给银行，希望银行能给他贷款 30 万。可最后银行只同意给他贷 27 万。无奈之下，刘洋忍痛割爱，将别墅以 30 万的超低价出售给可以立即付现款的买主，结果他们一家人搬到了一处远郊的小平房里。刘洋终于在限期之内还清了好友的欠款。

不久，好友打电话给刘洋，说是周末想到他家聚聚，可没想到被平时非常好客的刘洋一口回绝了。好友很是不解，于是独自前往他家，想看个究竟。当好友经过千辛万苦，终于找到刘洋的“新家”时，立刻被眼前的景象惊呆了。当他得知刘洋竟是为了按期还自己借款，才变得如此时，感动不已。临走时，好友真诚地说，你这么讲信用，以后有事尽管找我。

这件事很快传开了，刘洋也以诚信出了名。又过了几年，因一次意外，刘洋的公司再一次陷入了经济危机时，很多朋友都纷纷主动向他伸出援助之手，帮他解决重重危机，让他重新迈入了成功企业家的行列，此后，他的事业一直一帆风顺。

每当有人问起刘洋的成功经验时，刘洋都会深有感触地说：“是诚信，诚信使我获得了财富，获得了成功。”

看来，只有你对别人讲诚信，别人才会信任你。只有做到了一诺千金，你的事业才有望发展、壮大并蒸蒸日上。上例中的刘洋用事实证明了这一点。只要你诚实有信，自然会得到大家的认可，获得众人的尊重。反过来，如果你口是心非，说一套，做一套，表面上是占了一些便宜，但为了这点便宜而毁了自己的声誉是最不划算的买卖。所以，失信于人无异于失去了西瓜、捡芝麻，得不偿失的。

诚信是一种美德，也是与人交往的基本准则。它会吸引周围的人跟随你，并对你信任有加。所以，我们要想讨人喜欢，就要说到做到，只有一个守信用的人才会交到真正的朋友。

真诚待人，岁月也会对你温柔以待

何谓真诚？真诚就是真实、诚恳、实事求是，没有一点虚假。如果一个人拥有了真诚的品质，他就会交很多知心朋友，他的路也会越走越宽。

真诚是人际交往得以延续和深化的保证。只有以诚相待，才能使交往双方建立信任感，并结成深厚的友谊。我国著名翻译家、教育家傅雷先生曾说过：“一个人只要真诚，总能打动人的，即使人家一时不了解，日后也会了解的……我一生做事，总是第一坦白，第二坦白，第三还是坦白。绕圈子，躲躲闪闪，反而叫人疑心；你耍手段，倒不如光明正大，实话实说，只要态度诚恳、谦卑、恭敬，无论如何人家不会对你怎么样的。”

真诚是一种难得的品质，同时它也是一个人的素养。拥有真诚的人是世界上最富有的人，因为他们拥有人类最宝贵的精神财富。

美国心理学家安德森曾经做过一个试验，他制定了一张表，列出550个描写人的品性的形容词，让大学生指出他们所喜欢的品质。

试验结果明显地表现出，大学生评价最高的性格品质不是别的，正是真诚。在八个评价最高的形容词中，竟有六个(真诚的、诚实的、忠实的、真实的、信得过的和可靠的)与真诚有关，而评价最低的品质是说谎、装假和不老实。

安德森的这个研究结果具有现实意义。在交往中，人们总是喜欢诚恳可靠的人，而痛恨和提防口是心非、虚伪阴险的人。真诚无私的品质能使一个外表毫无魅力的人增添许多内在吸引力。

人格魅力的基本点就是真诚。以诚待人是值得信赖的心灵之桥，通过这座桥，人们打开了心灵的大门，并肩携手，合作共事。真诚实在，肯露真心，敞开心扉给人看，对方会感到你信任他，从而卸除猜疑、戒备，争取到一位用全部身心帮助自己的朋友。世上任何事情都是由人来做、由人来办的，在与他人打交道的过程中，如果防备、猜疑被诚信取代，那么，很多事情都能化难为易、迎刃而解了。

英国专门研究人际关系的卡斯利博士这样指出：大多数人选择朋友是以对方是否出于真诚而决定的。与朋友相处，以诚为贵。与人打交道时，你存在防备、猜疑的心理，不能敞开自己的胸怀，讲真话、实话，总是遮遮掩掩、吞吞吐吐、令人怀疑，是无法搞好人际关系的。

某事业单位有一个叫李华的小伙子，模样忠厚老实，不管谁看到他，都觉得这个小伙子很实在，一脸善相。所以，他刚进单位工作的时候，跟同事相处得很好，聊得也投机。大家一高兴，几个同事就凑了点钱，给他举行了一次欢迎宴。在酒宴上，李华豪爽地连干数杯，在感谢众人美意的同时，许下承诺："第一个月的薪水发下来之后，我一定请诸位去省城最好的饭店大吃一顿。"众人也都竖起大拇指，说他前途一定光明。

两个月很快过去，薪水都发了两次，同事们数次对他进行暗示，但李华都充耳不闻，当初答应的还请一事早就抛到脑后了。在他看来，原来的承诺不过是随口应酬的客套话而已，不足挂齿。但是在别人眼中，问题就不是那么简单了，初来乍到就一点不真诚，竟敢玩虚的、说话不算数！同事们黑了脸，认定这小子是个大滑头，就开始整他，让他负责最烦心的工作。

做人不真诚，总是华而不实，朋友就会疏远你。敷衍和欺骗别人可能一时能得到一些好处，但长此以往，你的信誉度会降到谷底，别人不再愿意与你这样的人打交道。只有以诚待人，才能换来别人的真心回报。

真诚是做人的根本。那些取得巨大成功的人都有许多共同的特点，其中之一就是为人真诚。如果你是一个真诚的人，人们就会了解你、相信你，不论在什么情况下，人们都知道你不会掩饰、不会推脱，都知道你说的是实话，都乐于同你接近，因此也就容易获得好人缘。

20世纪中叶，有两位美国的热血青年，一位叫李斯特，一位叫乔治。他们的父亲都是服装经营者，为了更好地拓展家族生意，两个青年人打算去比灵斯开办工厂。他们的父亲都很赞赏儿子的想法，这样既可以锻炼他们经商和管理的能力，又开发了新的市场。李斯特和乔治各自向父亲借了1万美元，便一起出发了。

李斯特想，他必须比乔治先到达比灵斯，只有抢占了好的地段，才有胜利的把握，于是他退掉火车票，改乘了飞机。乔治也将火车票退掉了，却没打算坐飞机，他改乘了汽车。

李斯特很快在比灵斯繁华地段租好了厂房，并招了不少工人。可乔治还未到达目的地，因为此时他正坐在汽车里与人们聊天，观察人们身上都穿着怎样款式的服装，问人们最喜欢穿什么的服装。他坐客车辗转了半个月才到达比灵斯，然后，他在一个比较偏僻的郊区租了厂房。

李斯特生产的服装没人要，而乔治的服装却卖得很火。于是李斯特便花高价雇人去偷窃乔治的秘方，发现乔治做的服装跟当地人穿的是一种款式。李斯特很快大量生产出了和乔治相同的服装，并且也同样得到了当地人的认可。可突然一股强烈的金融风暴席卷了整个美国，李斯特和乔治的工厂都受到了影响。李斯特支撑不住了，只得又向父亲借了1万美元，可是过了不久，他还是感到很吃力，仓库里的货越积越多。李斯特只得一边低价处理积压品，一边疯狂裁员，许多员工被借故炒掉，工资也被无故克扣，弄得员工们怨声四起。

此时，乔治的工厂也受到了前所未有的挑战。乔治将所有工人都聚在广场上开始了他的演讲：我亲爱的姐妹们、兄弟们，现在公司面临着倒闭的危险，如果大家愿意与我一起坚守，那么就暂时不领薪金，只领取少量生活费，只要公司渡过了难关，我保证双倍奉还。但是如果有不信任公司或者另有好去处的，我也当你是朋友，那么你马上就可以领完这个月的薪金，等公司发展壮大后，再回来。

员工们在静默了半分钟后，纷纷决定留下来，并且还为公司捐出了好几千美元，乔治为此流下了感动的泪水。他坚信只要公司不倒，撑过了这段日子，肯定会有好转的，他不但与员工们同吃同住，还不断给员工们以精神上的鼓励。最终他带领员工们咬牙熬过了那段艰难的日子。当风暴过后，经济果然复苏了。李斯特因实在撑不下去而打道回府，而乔治却赚了个盆满钵盈。李斯特以前的员工们也纷纷投靠了乔治，他没有食言，所有员工们的福利都随着公司的效益而有所提高。乔治还表示，如果公司盈利上升，员工们的福利也将继续上升。

选择了逃离的李斯特得知乔治成功的消息后，心里很不是滋味，这次，他没有请人来偷艺，而是决定亲自来乔治的工厂看看。令他不解的是，乔治的厂房并不漂亮，员工的素质也并不高，更令他不解的是，乔治开始给他们的薪金还没有他当初给的高！

“那么，”李斯特很不理解地问，“你究竟是怎样成功的呢？”乔治平静地答道：“因为我投资的并不是金钱，而是真诚，我真诚地给了员工们一个家的归属感，员工们回报我的也是一样，他们手里的机器生产的不是服装，而是真诚！”

真诚是打开别人心灵的金钥匙。你对人真诚，别人也会真诚待你；你敬人一尺，别人自会敬你一丈。交往中，以诚待人是处世的大智慧。只有以诚待人，才能在感情上引起共鸣，才能相互理解、接纳，并使关系进一步巩固和发展，从而获得他人的更多帮助。

在希望中活着，才会看到光明

亚历山大大帝给希腊世界和东方世界带来了文化的融合，开辟了一直影响到现在的丝绸之路的丰饶世界，据说，他投入了全部青春的活力，出发远征波斯之际，他曾将所有财产分给了臣下。

为了登上征伐波斯的漫长征途，他必须买进种种军需品和粮食等物，为此他需要巨额的资金，但他把从珍爱的财宝到他所有的土地几乎全部都给臣下分配光了。

君臣之一的庇尔狄迦斯深以为怪，便问亚历山大大帝："陛下带什么启程呢？"

对此，亚历山大回答说："我只有一个财宝，那就是'希望'。"

庇尔狄迦斯听了这个回答以后，说："那么请允许我们也来分享它吧！"于是他谢绝了分配给他的财产，而且臣下中的许多人也仿效了他的做法。

在走向人生这个征途中，最重要的既不是财产，也不是地位，而是自己胸中像火焰一般燃烧起的一念，即"希望"。因为那种毫不计较得失、为了巨大希望而活下去的人肯定会生出勇气，不以困难为事，肯定会激发出巨大的激情，开始闪烁出洞察现实的睿智之光，与时俱增、终生怀有希望的人才是具有最高信念的人，才会成为人生的胜利者。

任何时候人都要有希望，因为只有有了希望，生命才会有活力。人的一生中往往会遇到很多挫折与不幸，我们会有无助与失落的时候，我们也会感觉到绝望。此时，唯有重新燃起希望的火苗，让自己有足够的勇气与信念活下去，才会成就人生的辉煌。

圣诞节前夕，美国纽约街头，一个饥寒交迫的流浪汉在沿街乞讨。他已经差不多两天没有吃东西了。雪还在下，他站在一家商店的橱窗前，看着灯光，想象着里面的温暖。但这温暖不属于他，反而让他更加寒冷。

终于，上帝和他开了一个玩笑。他在马路上捡到了1美元硬币，他简直不相信自己的眼睛，但那确实是1美元硬币。可以让他吃好几顿饱饭，或者买好几件保暖的衣服，撑过这个该死的冬天。在那一瞬间，他突然想到了很多很多，有些想法连他自己都觉得可怕。

他不甘心做一个乞丐，也许这1美元硬币就是机会，就可以改变一生。1美元硬币让他重新燃起了对幸福生活的憧憬，现在，这种希望正渐渐温暖着他，支撑着他，他甚至不觉得饥饿和寒冷，人也精神了，这一切都是因为有了希望。经过深思熟虑，最后他决定要用这 1 美元硬币去做鞋带生意，因为他发现马路上很多行人的鞋带经常会脱落，大冷天去鞋匠那儿买又很不方便。

他留了一点钱饱餐了一顿，剩下的钱全部买了鞋带。他每天都沿街叫卖鞋带，生意出奇地好，赚的钱也越来越多，他再也不用沿街乞讨了。

人生不能没有希望，所有人都是生活在希望当中的，有希望的人生才能一路充满温暖的阳光。只要我们心中有一颗希望的种子，那么就一定会创造出奇迹。时刻对未来怀有希望，并为之锲而不舍地奋斗，才是具有最高信念的人，才会成为人生的胜利者。

为了进行一项历史上从未有过的心理学试验，1900 年 7 月，精神病学专家林德曼博士独自一人驾着一叶小舟驶进了波涛汹涌的大西洋，他准备付出的代价是自己的生命。林德曼博士认为，一个人只要对自己抱有信心，就能保持身体和精神的健康。当时，德国举国上下都在注视着独舟横渡大西洋的悲壮冒险。在此之前，已经先后有 100 多位志愿者相继驾舟横渡大西洋，结果均遭失败，无人生还。林德曼博士认为，这些死难者首先不是从身体上败下阵来的，主要是死于精神上的崩溃，死于恐怖和绝望。为了验证自己的观点，他不顾亲友们的反对，亲自进行了试验。

在这次危险的航行中，林德曼博士遇到了常人难以想象的困难，他多次濒临死亡的边缘，眼前甚至出现了幻觉，运动感觉也处于麻木状态，有时真有绝望之感。但只要这个念头一升起，他马上就大声对自己说："胆小鬼，难道你也想重蹈覆辙，葬身此地吗？不，我一定能够成功！"无论多么艰险，生的希望一直支持着林德曼，最后他终于成功地驾舟横渡大西洋。他在回顾成功的体会时说："其实，从开始到最后，我都从内心深处相信自己一定会成功，这个信念在艰难中与我的自身融为一体，它充满了我身体周围的每一个细胞。”他的试验表明，人只要对自己不失望，对自己充满希望，精神就不会崩溃，就可能战胜困难而存活下来，并取得成功。

世上没有绝望的处境，只有对处境绝望的人。无论处境多么艰难，只要活在希望中，就会看到光明。鲁迅曾经说过：“希望是附丽于存在的，有存在，便有希望，有希望，便是光明。”希望是激励我们前进的巨大的无形动力。只要我们把春天装在心中，人生就没有冬季；只要我们满怀希望，我们就能走出困境，重新看到光明。

每天给自己一些希望，就是给自己一个目标，给自己一点信心。希望是什么？是引爆生命潜能的导火索，是激发生命激情的催化剂。每天给自己一些希望，我们将活得生机勃勃、激昂澎湃，哪里还有时间去叹息去悲哀，将生命浪费在一些无聊的小事上？生命是有限的，但希望是无限的，只要我们不忘每天给自己一些希望，我们就一定能够拥有一个丰富多彩的人生。

你不是缺少成功的机会，而是缺少成功的勇气

勇气是一种难得的精神，更是走向成功的敲门砖；没有勇气，成功的入口永远在遥不可及的地方。也许你有长期吃苦的准备，有长途跋涉的毅力，但有时缺乏的正是勇敢向前的勇气。所以，无论做什么事，首先要有勇气。有了勇气，才敢于做事，才能最终战胜困难和挫折，到达成功的彼岸。

一天，某公司总经理向全体员工宣布了一条纪律：“谁也不要走进 8 楼那个没挂门牌的房间。”但是，他没有解释为什么。此后真的没人违反他的这条“禁令”。

三个月后，公司又招聘了一批员工。在全体员工大会上，总经

理再次将上述“禁令”予以重申。这时，只听一个新来的年轻人在下面小声嘀咕了一句：“为什么？”总经理听到后，并没有因这位新人的不礼貌而恼怒，只是满脸严肃地答道：“不为什么！”

回到岗位上，那个年轻人百思不得其解，还在思考着总经理为什么要这样做。其他工友则劝他只管干好自己的那份差事，别的不用瞎操心。因为“听总经理的，总是没错”。可那个年轻人偏偏来了犟脾气，非要把事情弄个水落石出不可。于是他决定冒公司之大不韪，走进那个房间探个究竟。

这天，他爬上8楼，轻轻地叩了叩那扇门，没有反应。年轻人不甘心，进而轻轻一推，虚掩着的门开了（原来门并没有上锁）。房间里没有任何摆设，只有一张桌子。年轻人来到桌旁，看到桌子上放着一个纸牌，上面用毛笔写着几个醒目的大字——“请把此牌送给总经理”。

年轻人拿起那个已落满灰尘的纸牌，走出房间似有所悟，乘电梯直奔15楼总经理办公室。当他自信地把纸牌交到总经理手中时，仿佛期待已久的总经理一脸笑意地宣布了一项让年轻人感到震惊的任命：“从现在起，你被任命为销售部经理助理。”

在后来的日子里，那个年轻人果然不负厚望，不断开拓进取，把销售部的工作搞得红红火火，并很快被提升为销售部经理。事后许久，总经理才向众人做了如下解释：“这位年轻人不为条条框框所束缚，敢于对上司的话问个‘为什么’，并勇于冒着风险走进某些‘禁区’，这正是一个富有开拓精神的成功者应具备的良好素质。”

其实，成功离你并不遥远，可能只是一扇门的距离，就看你是否有勇气打开这扇门。有些时候，不是我们缺少成功的能力，而是缺乏走向成功的勇气。

勇气是根植于人们心中稳定持恒的可贵品质。丘吉尔曾经说过：“勇气很有理由被当作人类德性之首，因为这种德性保证了所有其余的德性。”这里所说的勇气就是一个人的胆量、胆略、临危不乱、处变不惊、力排众议、破釜沉舟的决断力。

要做成一件大事，勇气必不可少。有勇气，就意味着有胆有识，这种胆识是对事业、对前途、对命运独特的见解和果敢的行动。要想获得最大的成就，就要有敢于冒险的勇气。有勇气的人不会害怕风险，因为他相信：风险与机遇并存。

20世纪60年代中期，美国耶鲁大学一个血气方刚的毛头小伙子写了一篇论文，文中阐述了他关于在全国范围内建立一种连夜递送邮包的快递系统的设想。但这篇具有远大眼光和基于科学分析和冒险精神的论文却从评分教授那里得了个差评。理由是：这个年轻人的想法不切实际。

年轻人不认为自己的设想是天方夜谭，自此开始寻找实现梦想的机会。1969年，服完兵役的他开始创业。先是收购一家破产企业，完成原始积累，然后凭借家族的庞大资金支持，敢为天下之先，建立了有史以来第一家航空快递公司。

当时邮递运输业的许多资本家都不看好他的快递公司，不仅投入资金大、利润空间少，社会上对目前的运输服务也抱不信任态度。正是因为这些原因，这项新行业举步维艰，初期营运持续亏损。仅一年时间内，公司亏损近2000万美元，许多亲朋好友劝他撒手，但他却坚持咬牙挺住。

他深信，随着科技的发展，渴求高效快递的服务行业一定会有极其广阔的发展前景。因为如果人们确信自己拥有价值很高而又易损的包裹能在第二天早上安全送到目的地，他们是愿意付出高额快递费的。眼下的公司亏损是因为参与快递的小包裹多、大客户少。

随着公司信用度的升高，需要快递贵重物品的大客户势必会越来越多。果然，五年后，公司转入盈利，1985年，总资产达到5183亿美元。至此，弗雷德·史密斯——这位全球最大的快递公司联邦快递创始人，以敢于创新的冒险精神和传奇经历，当之无愧地成为当今成就最大的企业家之一。

在很多情况下，强者之所以成为强者，就是因为他们敢为别人所不敢为。如果缩手缩脚，即使有比别人更新的思想，也只能错过机会，成为过时的东西。

很多时候，成功者靠靠的是勇气，而不是力量。“无险不足以言勇。”成功的人并不比我们更有知识、更加聪明，他们和我们唯一的不同是，他们比我们更有冒险的勇气。机遇往往总是在一瞬间闪现，只有勇敢地伸出双手，把握住这一瞬间，成功的希望才会属于你。

人们常说：机遇是给有准备的人，但任何准备都是要有前提的。抱怨自己没有机会的人，多半没有勇气冒险。人们无法相信一个面对挑战毫无勇气可言的人会支撑到机遇的来临。勇气的内涵是一种信念、一种执着。尤其是在竞争激烈的环境中，只有那些充满勇气的参与者才有可能获得成功。

第六章　给精神一次放逐，让心灵在路上成长

学会遗忘，着眼未来

上天赐给我们很多宝贵的礼物，其中之一即是遗忘。人生的路崎岖而又漫长，有太多烦恼和忧伤。如果把什么成败得失、功名利禄、恩恩怨怨、是是非非等都牢记心中，让那些伤心和烦恼的事萦绕于脑际，就等于背上了沉重的包袱、无形的枷锁，就会活得很苦很累。如果你想永远开心，那么，请你经常换一下心情——学会遗忘，以真实的快乐去对待每一天。

有个叫阿里的作家，有一次他与吉伯、马沙两位朋友一同出外旅行。三个行经一处山舍时，马沙失足滑落，眼看就要丧命，聪明的吉伯拼命拉住了他的衣襟，将他救起。为了永远记住这一恩德，动情的马沙在附近的大石头上用力镌刻下这样一行字："某年某月某日，吉伯救了马沙一命。"

于是三人继续前进，不几日来到一处河边。可能因为长途旅行的疲劳使吉伯跟马沙为了一件小事吵起来了，吉伯一气之下，打了马沙一耳光，马沙被打得差点摔倒在地上。

然而他没有还手，却一口气跑到了沙滩上，仍然用很大力气在沙滩上写下一行字：“某年某月某日，吉伯打了马沙一记耳光。”

从这以后，旅行很快结束了。回到家乡，阿里怀着好奇心问马沙：“你为什么要把吉伯救你的事刻在石头上，而把打你耳光的事写在沙滩上？”

马沙平静地回答：“我将永远感激并永远记住吉伯救过我的命。至于他打我的事，我想让它随着沙子的运动而忘记得一干二净。”

忘记是人的天性。人们的一生中要经历许多事情，要相识相交许多人。而心灵像极了一个筛子，在世事沧桑颠沛变换之中，会遗漏许多人。不过，对于智者来说，他们忘记的是别人的不足和过错，他们不会刻意去记恨一个人，而记住的都是别人的好和善，并时时充盈着自己的一颗感恩的心。这样，他们过的将是一种宽恕和大气的生活。

生活是什么？听别人说起，有时候生活是一面镜子，你对着它哭，它就会对你哭，你对着它笑，它就会对你笑，你的一切都会在这面镜子里显现出来。面对生活给你的考验、恩赐与不公，你虽然无法改变，但可以用另一种心态面对，那就是学会遗忘。

学会遗忘，人生才会更美好。心理学家柏格森说：“脑子的作用不仅仅是帮助我们记忆，而且帮助我们忘却。”其用意就在于提醒人们，要不停对自己的消极情绪进行清理和调整。事实上，对过去的痛苦，我们可以选择遗忘。只要你想生活得更加愉快，只要你要想顺利实现目标，就必须学会遗忘过去痛苦的经历。学会遗忘，你才能对过去的痛苦释然，才会放下对自己造成心理干扰的所有事情，才能更轻松地面对现在、过好每一天，并取得理想中梦寐以求的成就。

人活一世，有些东西是必须抛弃的，不管经历怎样的风雨和疼痛，人生总是要向前看的。有些记忆是不适合再带着上路的，它只会让你活得更加痛苦，增加更多心灵负担。所以，要学会遗忘，学会让自己轻装上阵。

一天，伊丽莎白·康妮接到国防部的电报，说她的侄儿——她最爱的一个人，在战场上失踪了。

康妮突然变得脾气暴躁、心烦意乱了。几天之后，又接到了阵亡通知书。此时，她的心情坏透了。

在今天以前的许多日子里，康妮一直觉得自己是这个世界上最幸福的人。她说："万能的主赐给我一份喜欢的工作，又让我顺利地拉扯大了无比命苦的侄儿。在我看来，我侄儿代表着年轻人美好的一切。我觉得我所做过的一切劳动，今天都应该有很好的回报获。"然而，现在传来了这样的厄运，她像一个花瓶一样都被击碎了，她觉得再也没有什么值得自己活下去的意义了，她找不到继续生存下去的理由。她开始忽视她的工作、不理她的朋友，她抛开了生活的一切，对这个世界没有一丝感觉了。"为什么我最爱的侄儿会死？为什么这么好的孩子，还没有开始他的生活，就离开了这个世界？为什么让他死在战场上！"她觉得自己没有办法接受这个事实。

她由于悲伤过度而失去了工作，只得背井离乡，把自己藏在眼泪和忧伤之中。就在她清理桌子，准备永远离开这个让她伤心的地方时，突然看到一封她已经遗忘了的信——一封她侄儿生前寄来的信。当时，他的母亲刚刚去世。侄儿在信上说："当然我们都会想念她的，尤其是你。不过我知道你会平静度过的，你总是积极地面对人生，我相信你一定能够坚强起来。我永远不会忘记那些你教给我的生活真理。不论我在哪里，不论我们分离得多么遥远，我永远都会记得你的教导，你教我要微笑面对生活，要像一个男子汉，要学会承受发生的一切事情。"

康妮只把那封信看了一遍，就记住了里面的每一个字，她觉得侄儿似乎就在自己的身边，好像在对她说："你为什么不照你教给我的办法去生活呢？坚持下去，不论发生什么事情，把你的悲伤藏在微笑的下面，继续生活下去。”

信里的每一句话都给了康妮生存下去的勇气，让她觉得人生又充满着期望。康妮又回去工作了，她不再对人冷淡无礼。她一再对自己说：“事情发生了，谁也挡不住，我没有能力改变它，不过我能够像他所希望的那样继续活下去。”

康妮把所有心思和心血都用在了工作上，她写信给前方的士兵——那些别人的儿子们，她参加了一个球队的啦啦队——要找出新的兴趣，认识新的同事。她几乎不敢相信发生在自己身上的种种变化。她说：“我不再为已经过去的那些事而悲伤，现在我每天的生活都充满了快乐——就像我的侄儿要我做到的那样。”

现实生活中，许多时候，我们总是抓住痛苦不放，以至于丧失了快乐的机会。事实上，如果我们能够学会遗忘，放下痛苦，就能赢得生活的快乐。伊丽莎白·康妮的故事告诉我们一个道理：如果你想成为一个快乐成功的人，最重要的一点就是记得随手关上身后的门，学会将过去的伤心事通通忘记，不要沉湎于痛苦之中，要一直往前看，时光一去就不复返，明天又是新的一天，不要让过去的痛苦成为明天的包袱。

人的一生中不可能没有挫折和坎坷，甚至还会发生一些不幸的事情。如果不懂得遗忘，将一个个痛苦埋在心里，那么自己的心灵就天天饱受折磨和摧残，这样怎能快乐地工作和生活？人的一生像是一次长途跋涉，不停地行走，沿途会看到各种各样的风景，历经许许多多的坎坷，如果把走过的、看过的都牢记心上，就会给自己增加很多额外负担，阅历越丰富，压力就越大，还不如一路走、一路忘记，永远保持轻装上阵。过去的已经过去了，时光不可能倒流，除了记取经验教训以外，大可不必耿耿于怀。学会遗忘，有选择地遗忘，漫长的人生将更写意洒脱，人生的旅程也能多几道亮丽的风景。

遗忘对痛苦是解脱，对疲惫是宽慰，对自我是一种升华。如果一个人老是不能忘记任何事情，将是十分痛苦的。人活在世上，往往难于将事看穿。如果你想把事情看轻、看薄、看淡，就要学会遗忘，善于遗忘。否则，拘泥于一得一失，则身不能安，茶饭不思，身心疲惫，活得沉重和艰难。

遗忘是一种心灵的释放，让思想不被禁锢在记忆的牢笼。在人生的旅途中，没有什么过不去的坎，如果我们善于遗忘，把不该记忆的东西通通忘掉，那就会给我们带来心境的愉快和精神的轻松。

保持乐观的心态，生活一路阳光

有这样一个故事：

一个小孩子为了超越自己的影子，不停地跑。可是，无论他跑得多快，影子总是跟在他的后面。后来有一位老爷爷告诉他一个很简单的方法："你只要面对太阳，影子就会移到你的后面去了。"这个小孩子听了老爷爷的话，第二天就按照老爷爷的话去做，结果果然如老爷爷说的那样。

是的，事实也确实是这样：面对光明时，阴影永远只能落在我们的后面。如果我们心怀朝阳，我们就能够看到生活中光明的一面，即使在漆黑的夜晚，我们也知道星星仍在闪烁。

生活中的许多事情并不尽如人意，这使我们常常陷入烦恼之中，但生活不可能百分百完美，在很多时候，你是否烦恼取决于你对事情的思维角度和方式。换个角度看问题，人生也许就会变得轻松许多。

英国有一个天性乐观的人，他从不拜神，令神非常生气，因为神的权威受到了挑战。

他死后，为了惩罚他，神便把他关在很热的房间里。七天后，神去看望这位乐观的人，看见他非常开心。神便问：“身处如此闷热的房间七天，难道你一点儿也不辛苦？”乐观的人说：“待在这间房子里，我便想起在公园里晒太阳，当然十分开心啦！（英国一年到头难得有好天气，一旦晴天，人们都喜欢去公园晒太阳。）”

神不开心，便把这位快乐的人关在一间寒冷的房子里。七天过去了，神看到这位快乐的人依然很开心，便问他：“这次你为什么开心呢？”这位快乐的人回答说：“待在这寒冷的房间，便让我联想起圣诞节快到了，又要放假了，还能收很多圣诞礼物，能不开心吗？”

神不开心，便把他关在一间既阴暗，又潮湿的房里。七天又过去了，这位快乐的人仍然很高兴，这时神有点困惑不解，便说：“这次你能说出一个让我信服的理由，我便不为难你。”这位快乐的人说：“我是一个足球迷，但我喜欢的足球队很少有机会赢，有一次赢了，当时就是这样的天气。所以每遇到这样的天气，我都会高兴，因为这会让我联想起我喜欢的足球队赢了。”

最后，神无话可说，只得给了这个快乐的人自由。

一个人拥有乐观的态度，即便身处逆境，也总能找到快乐的理由。从某种意义上说，真正聪明的人并不在于他能解决多少问题，而是能保持积极乐观的心态。拥有正确的人生态度，就能多几分从容。

法国文学家拉伯雷说：生活是一面镜子，你对它笑，它就对你笑；你对它哭，它就对你哭。在现实生活中，如果你有乐观的心态，日子过得就快乐，看着什么都顺眼，做起什么事都顺心，活得轻松自在。

乐观者遇到坏事，他们总会想到积极的一面，或者比这更坏的情况。失败、霉运、挫折，在乐观者的生活里，似乎都变成了一种机会，让他们可以获得更多成功，更好的生活。

生性开朗乐观的吉米终于实现了自己翱翔蓝天的愿望——当上了飞行员。他十分高兴，逢人便讲。一天，他遇到了一个朋友，便告诉他：“前几天，我在大草原的上空练习飞行，当时的景色真是美丽极了。飞在天上的时候，我发现什么烦恼都没有了。”

“那会不会有危险？”朋友担心地说。

“飞行当然有一定危险，不过飞机上的安全设备很齐全，通常情况下，没事的。”

“可是，万一那些安全设施失灵了怎么办？”

“不会那么巧。就算安全设施失灵了，还有应急措施呢。即使一切都失灵了，还可以跳伞自救。”

“跳伞也有很大危险啊。万一跳伞失败，可就是以性命为代价啊。你能保证你跳的每一次都一定有把握？”

吉米觉得这个朋友也太多虑了，就开玩笑地说：“草原上多得是干草垛，就算跳伞失败了，我也会想办法落到干草垛上去的。”

“怎么能够正好落上去呢？即使你能落在上面，但万一草垛上碰巧插了一把粪叉，那可危险了。”

“草垛那么大，我也不一定就正好落到粪叉上啊。”

“要万一落到上面呢，那时候可真的会没命的。”

“就是有‘万一’，这所有的不幸也不会都让我摊上吧！”飞行员耸耸肩。

人生会遇到许多难以预料的事，在这些事物面前，我们应当正面对待，多往好的一面想并为此而努力。有一位智者说过：“生性乐观的人，懂得在逆境中找到光明；生性悲观的人，却常因愚蠢的叹气，而把光明给吹熄了。当你懂得生活的乐趣，就能享受生命带来的喜悦。”乐观的人，凡事都往好处想，以欢喜的心想欢喜的事，自然成就欢喜的人生；悲观的人，凡事都朝坏处想，越想越苦，终成烦恼的人生。世间事都在自己的一念之间。我们的想法可以想出天堂，也可以想出地狱。

人的一生就像一趟旅行，沿途中有数不尽的坎坷泥泞，但也有看不完的春花秋月。如果我们的一颗心总是被灰暗的风尘所覆盖，干涸了心泉、黯淡了目光、失去了生机、丧失了斗志，我们的人生轨迹岂能美好？而如果我们能保持一种乐观向上的心态，即使我们身处逆境、四面楚歌，也一定会有“柳暗花明又一村”的那一天。

也许现在你正承受着生活带给你的种种磨难，但是只要你的内心充满阳光，用积极的心态去面对人生的坎坷和小幸，总有一天，你会重新见到繁花似锦、星光熠熠的春天。

忘掉忧虑，重拾快乐心情

很多时候，人们的烦恼不过是对未来的恐惧和忧虑。对每个人来说，未来都是一个未知数，如果你对当下不满，对现实无能为力，你就对未来和人生缺乏掌控，那么忧虑自然而来。比如，“如果我的人生一直保持现状的话，会有怎样的结果？”“我是该换一份工作，还是继续留在这个岗位呢？”“这样度过每一天，我是否会变成一个中规中矩的成年人？”……这些对未来的忧虑都会引起人们的焦虑。

忧虑是一种过度忧愁和伤感的情绪体验，正常人也会有忧虑的时候，但如果是毫无原因的忧虑，或虽然有原因，但不能自控，显得心事重重、愁眉苦脸，就会影响正常的生活。

有个美国的年轻女孩叫辛迪，她长得很漂亮，有爱她的父母，有一个爱她的男朋友，有一份不错的工作……但是辛迪却精神崩溃了，原因就是她总是在不停地发愁和忧虑：“我很发愁，真的，我每天为无穷无尽的事情担忧。我担心新买的那件裙子的款式是不是有点过时了，我担心那双新靴子是不是冒牌货。我为自己的身材忧虑，因为我觉得我在发胖；我为自己的容貌忧虑，因为我发现我的美貌一天天在老去；我发现自己在掉头发，我担心有一天会不会掉光；我担心有一天我不再漂亮，人们会讨厌我；我担心有一天我的男朋友不再爱我，会离开我；我担心我的父亲会心脏病发作，他总是吃很多甜食；我担心有一天我的工作会出差错，会被别人超过，我担心我得不到老板的提拔和重用……我的内心越来越紧张，我就像一个没有压力阀的锅炉，压力达到了让人无法承受的地步。我控制不住自己的思想，充满了恐惧，只要有一点点声音，都会把我吓得跳起来。我躲开每一个人，常常无缘无故地哭。我每天都痛苦不堪，我觉得自己被所有人抛弃了，甚至上帝也抛弃了我，我真想跳到河里自杀。”

在这种种担忧下，辛迪的精神状况越来越差，最后到了不堪重负的程度。她已经无法正常工作、正常生活，她的头脑被无尽的忧虑占满了。于是，她辞去了工作，但是精神还没有好转。于是辛迪决定一个人到另外一个城市去旅行，希望换个环境能够对自己有所帮助。辛迪的所有亲人都为她担心。她上了火车之后，父亲交给她一封信，并且告诉她，让她到达目的地再看。

辛迪到了那座城市后，一切都没有好转。她忧虑的事情反而更多了，她开始担心能不能住到像样的旅馆、有没有好的房间，她担心路上可能会遇到劫匪，她甚至担心自己会被某个人暗杀……她遇到了各种各样糟糕的事，让她更加忧虑了。她想起了父亲的那封信，于是，她打开信，读了起来：“辛迪，现在你离家1500里，你并没有觉得有什么不一样，对不对？你仍然把自己置身于各种忧虑之中无法自拔。我知道你会觉得没有什么不同，因为根源是你自己。无论你的身体，还是你的精神，以及外界的一切，你住的房间、你看到的人，其实都没有什么问题，而最重要的是你的心态和你的想法有问题，你把一切看得太悲观了，你总是在想最坏的事情发生了怎么办。其实很多事情是不会发生的，而你却在这些无谓的忧虑当中耗费了自己的精力和时间，失去了自己的健康和快乐。一个人心里想的是什么样子，他就会成为什么样子。凡事往好处想，停止忧虑，停止想象吧，一切都会好起来。”

看了父亲的信，辛迪觉得父亲说的话很有道理。使她自己痛苦的不是外界发生的事情，而是自己，她把任何事情都想得太悲观了。于是，辛迪开始改变自己，凡事尝试从好的方面想。她想自己的衣服或许很过时，但是穿在自己身上很合适，有另外一种味道；靴子或许是冒牌货，但是做得和真的一样，几乎没有人能看出来；自己或许真的有一点发胖，但是丰满也不是件坏事；容貌是一天天在变老，可是跟很多人相比，仍然很漂亮；男朋友或许会和我分手，但是我会有机会找到更好的男朋友；父亲的心脏病可能会发作，但是他现在很快乐……这样想的时候，辛迪发现自己的忧虑都消失了。慢慢地，她整个人变得开朗起来。她越来越快乐，最后恢复了健康，重新找到了一份工作，快乐地生活着。

在如今的社会中又有多少女人类似故事中的辛迪，她们因为每天都有做不完的事，每天都要为了未来处心积虑、费尽心思，她们受到一些现在和过去的影响，以至于对不可知的未来产生了极度恐慌。她们整日忧心忡忡、患得患失，以至于让自己活在对未来事情的恐慌中不能自拔。这是多么可悲的一群人呀，何必为一些没有发生的事情而烦恼、忧虑呢？这不是自找烦恼吗。

在这个高压的社会中，忧虑正在一步步蚕食着人们本应良好的精神状态。近年来，忧虑症几乎成为最流行的精神文明疾病，世界卫生组织更是将其和癌症并列为下个世纪最需要预防的疾病之一。虽然我们不至于像忧虑症患者那么严重，但是来自生活和工作的压力也或多或少地会让我们经常感觉忧虑。事实上，人人都会遭遇坏事，而忧虑无益于解决问题，还会把最糟糕的可能呈现给你，更为严重的是还会导致焦虑，严重影响人们的身体健康。戴尔·卡耐基在《人性的优点》中提到：对于商人来说，不知道如何抗拒忧虑的商人都会短命而死；而对于一个女人来说，没有什么能比忧虑能更让一个女人更快的衰老下去了。作为一个成年人，如果想保持无忧无虑是很难的，但是我们可以尽量避免自己产生忧虑情绪，或者当产生忧虑以后，通过一些实用的方法来缓解这种不良情绪，直到完全消除它。那么，如何去做呢？

1. 减少花在忧虑上的时间

忧虑是一种消极的想法，总是沉浸在这种想法中会让你感觉问题越来越严重，对事情的解决毫无帮助。在你接受和认识到自己的忧虑之后，时刻有意识地提醒自己，尽量减少你花在忧虑上的时间。

2. 活在今天

当我们专注今天，不为过去烦恼，不为未来担忧，只是专注地过好当下的每一天、做好手上的每一件事，那么，忧虑也就无处藏身了。

3. 闲时使自己忙碌起来

我们不忙的时候，头脑里常常会成为真空。这时，忧虑、恐惧、憎恨、嫉妒和羡慕等情绪就会填充进来，进而把我们思想中平静的、快乐的成分都赶出去。萧伯纳曾说过：“让人愁苦的秘诀就是有空闲的时间来想想自己到底快活不快活。”所以，让自己忙碌起来，你的血液就会开始循环，你的思想就会开始变得敏锐。让自己一直忙着是世界上最便宜的一种药，也是最能有效治疗忧虑的一种药。

4. 学会接受不确定性

生活中总会有起伏，很多事情是我们不能预料，也不能控制的。我们要学会承认和接受这一点，那么，在你遇到事情的时候，你会明白，与其花时间担心未知的事情，不如通过自己的实际行动去改变来得实际。生活有好有坏，我们要学会更多地关注美好的东西，让它们给我们补充正面的能量。

不要活在昨天的痛苦中

生活中总会有一些意想不到的事情发生，当你面对一些不幸的打击时，要学会潇洒地挥一挥手，告别昨天。不要把宝贵的时间和精力浪费在悔恨、自责和羞愧上。这些负面情绪只会阻止你改变目前的生活状态，因为它们只会让你的意识停留在过去。

总是停留在昨天的人不可能积极地面对现在，因为人的大脑无法同时面对“过去”和“现在”这两个现实。生活是对意识的反映。如果你的意识只关心你做过或本来应该做什么，那么你的现在只会由气馁、焦虑和迷惑堆砌。这个代价太大了。

曾经有一个人收到一封信函，告诉他说，他获得了国外一个亲戚的遗产——一幢豪华的别墅和一家超市，那人欣喜若狂。可不久，又有来信说，那幢别墅和超市在一次大火中全都烧毁了。他的财富就这样灰飞烟灭了。从此以后，他逢人便说：“我本来有一大笔遗产，可在一次大火中全都化为了泡影，我真是太倒霉了。”就这样，最后，他终于抑郁而死。

如果故事中的那个人能不执着那份已消失的财富，那么，他也不会抑郁而亡了。为什么就不能把它忘记呢？

人们常说：人生不如意的事，十之八九。难道我们要坚守执着，为无法挽回的遗憾忧郁寡欢、一蹶不振、含恨而终吗？

一对夫妇在婚后的第十一年生了一个男孩，夫妻恩爱，男孩自然是二人的心肝宝贝。男孩 2 岁生日的那天，丈夫在出门上班之际，看到桌上有一个药瓶被打开了，不过因为赶时间，他只是嘱咐妻子把药瓶收好，然后就关上门上班去了。妻子在厨房里忙得团团转，忘了丈夫的叮嘱。小男孩拿起药瓶，觉得好奇，又被药水的颜色所吸引，于是拿起来全吃了。结果，男孩服药过量。孩子被送到医院时，已经无力回天了。

妻子被事实吓呆了，不知如何面对丈夫。紧张的父亲赶到医院，得知噩耗后悲痛欲绝，看到儿子的尸体，他望了妻子一眼，然后说道：“亲爱的，我爱你。”

丈夫并没有被情绪所控制，怪罪妻子，而是强忍住心中的悲痛，安抚妻子，因为他知道，儿子的死已成事实，再吵再骂也不会改变事实，还会惹来更多的伤心。妻子已经很难过了，又何苦在她的伤口上撒盐呢？这位丈夫可谓人生的智者。

的确，不幸已经发生，我们唯一能做的就是接受事实，不被命运所击倒，忘记昨天的悲伤，忘记自己所失去的，把精力和日光更多地给予现在，去争取更美好的未来，才能寻回自己的天空。生活永远是由两个选择构成的，既然悲剧已经发生了，那么痛苦下去又有什么用呢？我们不如选择积极、开心的那个方法，让自己的心态平静下来。如果我们在有限的生命里，把过多的时间都耗费在对失去的耿耿于怀中，那是多么大的浪费啊。

有一位哲人曾说过：当你无法改变一些已经发生的事实时，你要学会忘记，而不是无谓地埋怨与惋惜。过去的事就让它过去吧，不要做无谓的埋怨和惋惜，因为你已经无法去改变它了。但你要记住，以积极的态度来应对不幸之事会收到好的效果，只要你吸取教训，你便可以从中获益。

卡耐基有这样一名女学员，她做了一个错误的决定，这个决定使她失去了心爱的男朋友。对这件事，女孩子非常后悔，她不愿意接受已经发生的事实，茶饭无心，憔悴不堪。她万念俱灰，自己折磨自己，但问题并没有得到解决。

"卡耐基先生，我真的很后悔，您能帮助我吗？"听了她的经历，卡耐基拿出一只十分精美的杯子。卡耐基对她说："不要悲伤了，先欣赏欣赏这只杯子吧。"

这个女孩子是学艺术的，她一下就被杯子优美、独特的造型迷住了。这时卡耐基就一松手，杯子"啪"的一声掉到地上，碎了。这时她就发出了惋惜的声音。

卡耐基指着碎片，对她说："你一定会对这只杯子感到惋惜。但不管你怎么惋惜，杯子已经碎了，不可能复原，不可能挽回了！我希望你从今以后，通过这只杯子，记住三点：

第一，要制作一只好杯子非常不容易。但是打碎它是一瞬间的事情，所以，当你拥有杯子时，要小心地珍惜它。

第二，如果杯子被打碎了，就不可能被复原。所以，当杯子不幸被打碎时，要坦荡地面对它。

第三，如果这是一只钢化玻璃杯，它就不会被打碎。所以，如果你想要你的心不被打碎，就要把它做成一只钢化玻璃杯！"

女孩听了，眼泪唰地流下来了，她当时就卸下了心头的千斤重担。现在，她过得很幸福，气色比以前好得多，也比以前自信了。

生活中有太多意想不到的事情，事情一旦发生，就绝非一个人的心境所能变的。如果心里整天想着它，怎么也挥不去那个阴影，怎么也摆脱不了那种懊悔，为此反反复复孤枕难眠，这样就放大了痛苦，带给自己的将是更大更多的失误。

不要为自己的过失而苦恼。对过去的错误，有机会补救，就尽力补救，没有机会补救，就坚决将其丢到一边，不要在过去的泥沼里越陷越深，无力自拔，否则你将错失更多东西。正如泰戈尔所言，如果你因为错过太阳而流泪，那么你也将错过月亮和星辰。我们总是执着、感伤曾经失去的，以致忽略了身边的风景以及未来可能存在的惊喜，这不能不说是一种得不偿失。

心怀感恩的人才会拥有真正的快乐

人的一生要想活得幸福快乐，受人欢迎喜爱，走得更为长远，有一项能力必不可少，那就是感恩能力。心理学中是这样解释感恩的含义的：个体对他人、社会和自然给予自己的恩惠和方便产生认可，并意欲回馈的一种认知、情感和行为。感恩其实贯穿我们生命成长的每个阶段，如果在我们的心中培植一种感恩的思想，则可以沉淀许多浮躁、不安，消融许多不满与不幸。只有心怀感恩，我们才会生活得更加美好。

“感恩”是一种发自内心的生活态度。学会感恩，是为了擦亮蒙尘的心灵而不致麻木；学会感恩，是为了将无以为报的点滴付出永铭于心。感恩不只是一种对生命馈赠的欣喜，也不只是对这一馈赠所给予的言辞回馈；感恩是用一颗纯洁的心去领受那付出背后的艰辛、希望、关爱和温情。拥有一颗感恩的心，你会觉得幸福快乐。

那是一个感恩节的清晨，有一家人睡醒了，却极不愿起床，他们不知道如何以感恩的心度过这一天，因为他们的生活太窘迫了，几乎连吃饭的钱都没有了，更别想什么圣诞节的大餐了。

如果他们能提早联系一下当地的慈善团体，或许就能分得一只火鸡了，可是他们没有这么做，他们的自尊心很强，至少不想让别人把他们当成乞丐一样看待。所以，是怎么样就怎么过这个节。

俗话说：贫贱夫妻百事哀。贫穷往往是争吵的源泉，这对夫妇为了一点小事争吵起来。随着争吵的升级，火药味越来越重，家里的孩子在一旁吓坏了，只觉得自己是那么无奈和无助。然而命运就在此刻改变了……

“咚咚咚”，响起了沉重的敲门声，男孩跑去开门。此时，门外出现了一个高大的男人，他满脸笑容，手里还提着个大篮子，里头满是各种能想到的应节东西：一只火鸡、塞在里面的配料、厚饼、甜薯及各式罐头等，全是感恩节大餐必不可少的。

面对着眼前的景象，这家人顿时愣住了。门口那个高大的男人开口说道：“这份东西是一位知道你们有需要的人要我送来的，他希望你们晓得还是有人在关怀和爱你们的。”

这一家人都很意外，起初家庭中的爸爸还极力推辞，不肯接受这份礼，可是那个男人却说：“得了，我也只不过是个跑腿的。”他脸上带着微笑，把篮子搁在小男孩的臂弯里，转身离去，身后飘来了一句话：“感恩节快乐！”

从那一刻起，小男孩的生命就不一样了。那个陌生男人的关怀让他晓得人生始终存在着希望，随时有人——即使是个“陌生人”——在关怀着他们。在他内心深处油然兴起一股感恩之情，他发誓日后也要以同样方式去帮助其他有需要的人。

时间过得很快，转眼，这个小男孩到了18岁，他有了一份工作，终于有能力来兑现当年的许诺。虽然收入还很微薄，但在感恩节期间，他还是买了不少食物，不是为了自己过节，而是去送给两户极为需要的家庭。

他打扮成送货员的模样，开着自己那辆破车亲自送去。当他到达第一户破落的住所时，前来应门的是位拉丁妇女，妇女带着提防的眼神望着他。她有六个孩子，数天前，丈夫抛下他们不告而别，目前正面临着断炊之苦。

这位年轻人开口说道：“我是来送货的，女士。”随之他便回转身体，从车里拿出装满了食物的袋子及盒子，里头有一只火鸡、配料、厚饼、甜薯及各式罐头。见此，那个女人当场傻了眼，而孩子们也爆出了高兴的欢呼声。

这位年轻妈妈感动得说不出话来，突然，捧起年轻人的手臂，没命地亲吻着，同时操着生硬的英语，激动地喊着："你一定是上帝派来的！"年轻人有些腼腆地说："噢，不，我只是个送货的，是一位朋友要我送来这些东西的。"

随之，他便交给妇女一张字条，上头这样写着："我是你们的一位朋友，愿你一家都能过个快乐的感恩节，也希望你们知道有人在默默爱着你们。今后你们若是有能力，就请同样把这样的礼物转送给其他有需要的人。"

年轻人把一袋袋食物不停地搬进屋子，使得兴奋、快乐和温馨之情达到最高点。当他离去时，那种人与人之间的亲密之情让他不觉热泪盈眶。回首瞥见那个家庭的张张笑脸，他对自己能有余力帮助他们，内心升起一股感恩之心。

他的人生竟是一个圆满的轮回，原来年少时期的"悲惨时光"是上帝的祝福，指引他一生以帮助他人来丰富自己的人生，就从那次的行动开始，他展开了不懈的追求，直到今日。

感恩是一种歌唱生活的方式，它源自人对生活的真正热爱。感恩之心足以稀释你心中的狭隘和蛮横，更能赐予人真正的幸福与快乐。拥有感恩的心，会让我们换一种角度去看待人生的失意与不幸，会使我们在失败时看到差距，在不幸时得到慰藉。对生活时时怀一份感恩的心情，才会使自己永远保持健康的心态、进取的信念。

英国哲学家约翰·洛克曾说过："感恩是精神上的一种宝藏。"怀感恩之心的人有颗美好的心灵，生活也会更积极向上。

有这样的一个故事：

一天早晨，有个人在餐厅里发现三个小孩子在一张餐桌上埋头写字，孩子们一直没有谈论关于吃饭的事情。于是那人好奇地走了过去，在得到允许后，就坐在旁边听他们谈话。在谈话中他知道，他们正在搬家，所以才和母亲暂住旅馆的。

这个人问他们正在做什么，孩子们说在写感谢信，接着他又问是写给谁的，孩子们回答说是写给自己妈妈的。这人觉得奇怪，就问他们原因。其中一个孩子理所当然地回答说这是他们每天必须做的一项功课。于是那人就凑过去看了看，纸条上写着很简短的话，最多的也就八九行字，可是内容却让人出乎意料。上面写着："草丛里的花真漂亮啊！""昨天的比萨饼很香！""昨天妈妈给我讲了个很有趣的故事！"，等等。那个人觉得有些不解了：难道这就是所谓的感谢信吗？可是那些孩子们的笑脸给了他肯定的回答。

从上面这个故事可以看出，几个孩子并不是仅仅感谢妈妈给他们什么好吃的，或者是帮了什么忙，他们是在把生活中的快乐一字一句地记录下来。感恩，不只是感谢父母的关爱，也不只是感恩大恩大德，还应该对每天享受到的点点滴滴的美好事物心存感激，并且体现在行动之中。

心中有爱，世界才有色彩；心中有感恩，生活才有希望。懂得了感恩，学会了感恩，才能拥有真正的快乐，拥有幸福的人生。

感恩是一种回馈生活的方式，它源自对生活的爱与希望；它是我们的力量之源、爱心之根，是我们成就阳光人生的支点、获得幸福生活的源泉。感恩父母的养育呵护，让我们体验了生命的精彩；感恩师长的传道授业，让我们开化了蒙昧；感恩朋友的风雨同舟，让我们渡过了难关；感恩爱人的相濡以沫，让我们感受到了家的温暖；感恩生命的存在，让我们得以感受人间的关爱；感恩自然的多姿多彩，使我们拥有了生机勃勃的世界……感谢生活给予我们的一切，无论是欢笑，还是泪水，这就是多姿多彩的生活，我们要永远心怀感恩。

感恩不是一件让人非常花气力的事情，它不需要金钱，也不需要名利，只需要有颗懂得感谢的心，就可以体会生活、享受生活、热爱生活！

第七章　适时放下，让生命轻装前行

放下包袱，快乐前行

在人生旅途中，每个人都会有大大小小的包袱，但是有包袱并不可怕，可怕的是“放不下包袱”，放不下包袱，就会感到每天都很累。只要你改变心态，放下包袱，你的人生道路就会轻松自然，就能愉悦地度过人生的每一天！

有这样一个故事：

从前，有一个年轻人，他背着一个大包裹，千里迢迢跑来找孔雀大师，他说：“孔雀大师，我该怎么办啊？痛苦、寂寞、无助和眼泪时常陪伴着我，长期跋涉使我疲倦到了极点：我的鞋子破了，荆棘割破双脚；手也受伤了，流血不止；嗓子因为长久的呼喊而嘶哑……为什么我还不能找到心中的阳光？”

孔雀大师问：“你的大包裹里装的是什么？”年轻人说：“它对我可重要了。里面是我每一次跌倒时的痛苦、每一次受伤后的哭泣、每一次孤寂时的烦恼……靠着它，我才有勇气走到您这里来。”

于是，孔雀大师带着年轻人来到河边，他们坐船过了河，上岸后，孔雀大师说：“你扛着船赶路吧！”青年很惊讶地说：“什么？不是开玩笑吧！它那么沉，我扛得动吗？”“是的，年轻人，你扛不动它。”孔雀大师微微一笑，说：“过河时，船是有用的，但过了河，我们就要放下船，继续赶路。否则，它会变成我们的包袱。同样的道理：痛苦、寂寞、灾难、眼泪，这些对人生都是有用的，它使生命得到升华，但须臾不忘，就成了人生的包袱，放下它吧！年轻人，生命不能太负重。”

听了孔雀大师的教诲，年轻人似乎略有所悟，他放下包袱，继续赶路。此时，他发觉自己的步子轻松而愉悦，且比以前快得多。

在人生的旅途中，不也是这样吗？人生苦短，如果背上一个沉重的包袱前进，不仅不能观看沿途的风景，没有乐趣可言，更是减缓了前进的速度，落后于别人的步伐。一个人往往只有经历了漫长的人生跋涉后，才会明白快乐并不是获得与拥有，而在于放下后的轻松。

其实，每个人生命所能够背负的重量是确定的，你不能得到所有你所要的东西，所以就必须学会有所舍弃。放弃那些纷乱的杂念和欲望，放弃那些不是太重要的东西，卸去负担，轻松前行，才能让自己活得轻松一些、简单一些。

有一个富翁背着许多金银财宝，到远处去寻找快乐。可是走过了千山万水，也未能寻找到快乐，于是他沮丧地坐在山道旁。一个农夫背着一大捆柴草从山上走下来，富翁说：“我是个令人羡慕的富翁。请问，为何我没有快乐呢？”

农夫放下沉甸甸的柴草，舒心地揩着汗水说：“快乐也很简单，放下就是快乐呀！”富翁顿时开悟：自己背负那么重的珠宝，老怕别人抢，总怕别人暗害自己，整日忧心忡忡，快乐从何而来？于是，富翁将珠宝、钱财接济穷人，专做善事，慈悲为怀，这样做滋润了他的心灵，他也尝到了快乐的味道。

放弃是面对人生、面对生活的一种清醒的选择。人生有太多诱惑，不懂得放弃，只能在诱惑的旋涡中丧生。人生有太多欲望，不懂得放弃，就会在人生的道路上迷失方向；人生有太多无奈，不懂得放弃，就只能与忧愁相伴。只有学会放弃那些本该放弃的东西，生命才会轻装上阵，一路高歌；只有学会走出烦恼的困扰，生活才会倍感绚丽，富有朝气。

放下，理解容易，做到很难。唯舍却外物的附庸，方有真性情的流露，方能成为自己的主人，这是生活本色的自然呈现。清心寡欲就会轻松自在，随遇而安就能自得其乐，放下就是解脱。做人若没有复杂的思想，只有简单的智慧，其人生道路就远离了烦恼，获得了快乐。

人生的旅途中，只有简装出发，轻松上路，才能享受到生活的乐趣，感受到一路上的鸟语花香，生活得自由自在。也只有这样，你才能在人生的舞台上潇潇洒洒地大展拳脚。因此，放下你心中的一切沉重。放下就是快乐！

放下完美，人生将有不同的风景

“完美主义是一种流行病”，美国一家杂志上这样说。的确，不能容忍美丽的事物有所缺憾是人的一种普遍心态。对许多人来说，追求尽善尽美是理所当然的。他们从未想过，正是这种似乎无关紧要的态度令自己非常疲惫，也给生活带来了无尽烦恼和压力。

《百喻经》里有这样一个故事：

从前一个中年的男士，他事事要求完美，简直到了疯狂的地步。他娶了一位他认为很完美的妻子，不但是长得楚楚动人，而且是富贵家的千金，可以说“财貌双全”。这位男士每当有社会活动的场面，都带着妻子去参加，很多人都十分羡慕，有的甚至是嫉妒。有一天，他的一位朋友对他说：“你妻子虽然很漂亮，但是还不够完美，鼻子歪了一点。”这位男士听了以后，非常难过，他回到家里，有事没事就看他妻子的鼻子，越看就越觉得难看，他心里想：为什么差这一点点？

最后，他终于忍不住了，决心给自己的妻子换一个完美的鼻子。于是他就各处去寻找，功夫不负有心人，他终于寻找到一位鼻子很完美的女人。他跟踪这个女人，趁她没有注意的时候，突然拿出刀将其鼻子割下来，飞似的跑到家里。看到妻子后，他又迫不及待地用刀将自己妻子的鼻子也割下来，打算换上那美丽的鼻子。当他准备安上去的时候，他发现任凭怎样安也安不上去。结果两个人的鼻子都被割掉了，两个人都没有鼻子，变成两个丑妇，害人害己，这就是傻人做傻事的结果。

俗话说：“金无足赤，人无完人。”人生确实有许多不完美之处，每个人都会有这样或那样的缺憾，真正完美的人是不存在的。虽然我们都想追求完美，但无人能做到真正的完美。完美只是人们给自己戴上的一个“金箍”，然后自己念着“紧箍咒”来折磨自己。

生活中，很多人把追求完美当作人生的目标，但是，越来越多的人却被对“完美”的这份追求压得喘不过气来，深受完美主义之累，把所有心思都投入到完美中，无论对生活、对工作，都锱铢必较，其结果只会把自己搞得筋疲力尽。

刘艳是一个事业心很强的职场女性，对自己要求严格，甚至可以说是苛刻。上个月，公司接了一个企划案，由刘艳和同事赵雷负责完成。在整个工作过程中，如果稍有什么不如意的地方，刘艳就开始乱发脾气，不是骂同事不尽心，就是骂自己不够认真。

直到有一次，她正在抱怨做得不够好时，同事赵雷也来气了，说道：“有什么不满意的地方，我们可以来改进，哪有一步就做到最好的作品。可是像你这样，稍有不对就骂东骂西的，还怎么让人有心情工作。跟你一起工作，真是遭罪。”

听完赵雷的话，刘艳愣住了，她一心想着追求完美，把工作做到最好，却不想陷入了坏情绪的包围圈，甚至还影响到了周围的人。

现在想想，当上司一提出“这个案子谁和刘艳一起完成”时，大家都推脱手里有重要的案子要忙。原来最根本的原因不是有案子要忙，而是不愿意与自己合作，一天天遭受坏情绪的波及。

无数事实表明，追求绝对的完美会让我们在做事的时候产生更多遗憾，反而会偏离做事的本意。其实，在做一件事情的时候，只要方向是正确的，就没有必要过分计较表面上的瑕疵和缺憾。而且，绝对完美的事情实际上是不存在的。只要我们明白了这个道理，就不会犯下过分追求完美的错误。

19 世纪法国诗人穆塞特曾写下这样的话：“完美根本就不存在，了解这句话的人就等于了解人性智能的极致，期待拥有完美者是人类最疯狂最危险之举。”世上任何事情都没有十全十美的，人也没有完美无缺的，如果一味追求完美，那么最终会作茧自缚。人生旅途中，永远不要背负着“完美”的包袱上路，否则你将永远陷入无法自拔的矛盾之中，最后也只能在苦恼中老去。

从前，一个人有一张十分出色的弓，他对此十分喜欢。有一天，他看见别人的弓上面雕刻着美丽的图案，再看看自己的这张弓，虽然十分有力，但外观没有特色，他认为也应该为自己的这张弓增添一些华丽的图案，以使弓变得更加完美。于是，他请人在弓上面雕上了非常漂亮的图案。这个人拿着雕刻好了的弓，不由地赞叹：“你终于变得完美了！这才是我想要的东西。”他一边想，一边拉紧了弓弦，但是，由于弓被雕刻得凹凸不均，“啪”的一声断了。

其实，人生就像这个人手中的弓一样，追求完美的结果只能是走向毁灭！

人生没有完美可言，完美只在理想中存在。我们可以接近完美，但永远也不可能达到完美。一味地追求完美，只能给人生留下太多烦恼和遗憾。一位哲人在日记中写道：“如果再给我一次生命，我不会再追求事事的完美。只有自己确定了重点的人，才是一个能享受到生活快乐的人。因为快乐的人不是把一切都做得尽善尽美的人。”其实，我们只要心放宽一些，对自己不去苛求，对别人也不去苛求，生活就会少去许多烦恼。所以，学着接受生活中的不完美，如此才会让自己离快乐和幸福更近。

放下执着，所有问题都会迎刃而解

很多时候，烦恼来自执着。生活中，我们对于事业、前途、生活目标等人生大事执着地去追求当然无可非议。但是当你对某些事情过于执着时，往往就会演变成固执，其结果只会让你陷入烦恼和不安之中。

人生中有很多东西是完全无法掌握的，就譬如爱情。当它来的时候，即使神仙来了也挡不住，但是，它要走了，任谁也留不住，学会放手，不要那么执着，就可以坦然地面对不如意。

有个书生因一度相爱的人嫁给了别人而一病不起，家人用尽各种办法都无济于事，眼看他奄奄一息。这时路过一游方僧人，得知情况后，决定点化他一下。僧人走到书生床前，从怀里摸出一面镜子，叫书生看。书生看到茫茫大海，一名遇害的女子衣不蔽体地躺在海滩山。路过一人，看了一眼，摇摇头，走了……又路过一人，将衣服脱下，给尸体盖上，走了……再路过一人，过去，挖了个坑，小心翼翼地将尸体掩埋了。

书生不明白其道理。

僧人解释道，“那具海滩上的女尸好比你深爱的女人。你好比那第二个路过的人，你们之间的爱只是一件衣服的恩情与缘分，而那个最后将她掩埋的人才是她想要与之一生一世的人，因为在过来过往的人当中，只有他一个人给了她彻底的体恤和永久的心安。”

书生大悟，“唰”的一下从床上坐起来，病好了。

很多时候，人的痛苦就是源自我们的执念，不懂得放手。其实，生活并不需要这些无谓的执着，没有什么绝对割舍不了的事情，在生命里，也没有什么失去了就活不了的。你要想生活得轻松，就得学会放弃。拿得起，放得下，才能不为执着所苦。因为有选择就有放弃，有时放弃是一种解脱。当你果断放弃的时候，就会感受到海阔天空一般的晴朗，看到光明，感受到温暖。当你放弃的那一刻，你就找回了自己，找回了快乐。

世间的万事万物不论是山川大地、环境中的任何事物与现象、我们的身体、思想、心理反应等都是在不断的变动之中，没有一样是永恒不变的，甚至包括所谓的原则、真理也会随着时空的不同而阶段性地有所差异。到了该改变的那一刻，应该要放下的就要放下，不需执着。

一个老和尚领者一个小和尚赶路，途中遇到一条小河，河边站着一个姑娘。这姑娘过不了河，望着河水发愁，老和尚就把她背过了河。过河之后，老和尚若无其事继续赶路，小和尚却开始暗自纳闷儿。过了好久，走出十多里地，老和尚发现小和尚神色不对，若有所思，就问：“你在想什么？”小和尚说：“普通男女且授受不亲，佛家弟子更是不近女色，你怎么能背女人呢？”老和尚听了，哈哈一笑，说：“我早就放下了，你怎么还背着？”

放下不需要广博的知识，不需要顽强的意志，放下与否只在一念之间。有时候我们自以为放下了，却在午夜梦回时，心悸着猛然醒转，才发现那不过是自欺欺人。怎么才算是放下？张开双手，像放下背过河女人一样放它离开，这只是放开，不是放下，只是舍弃，不是舍得。真正的放下除了放下外在的实体，还要放下心中的执着。

放弃执着，不是让你对现实投降，而是让你将你的境界调整到一种更高的层次，将自己的心态处于一种少烦恼的状态。让自己不管处于什么样的困境、遇到什么样的烦恼、碰上什么样的悲伤，都能以放弃执着的心态将这些困境、烦恼、悲伤都不放在心上。因为放弃了执着，就没有了为我的动机；没有了为我的动机，就不会存在为它的动机，无我无它就是一种超越自我和超越现实的境界。当然这不是一件容易的事。

佛陀住世时，有一位名叫黑指的婆罗门来到佛前，运用神通，两手拿了两个一人高的花瓶前来献佛。

佛陀对黑指婆罗门说："放下！"于是婆罗门就把左手拿的那个花瓶放在地上。佛陀又说："放下！"婆罗门又把右手拿的那花瓶也放了下来。佛陀又说："放下！"黑指婆罗门丈二和尚摸不着头脑："世尊，我已经两手空空，把两个花瓶都放下了！"

佛陀说："我并没有叫你放下花瓶，我要你放下的是你的六根、六尘和六识。当你把这些通通放下，再没有什么了，你将从生死桎梏中解脱出来。"

黑指婆罗门这才了解了佛陀的真意，赶紧顶礼。

佛陀要黑指婆罗门放下的不是手中的花瓶，而是心里的执着。一人高的花瓶，普通人一只手是拿不了一个的，就算两只手抱起来也很困难，可是黑指婆罗门为了展示自己的神通，一只手一只就把两个花瓶都拿起来了，还拿给佛陀看，这就是执着，太想炫耀自己了。

无论对金钱、名利，还是感情，总之，对生活中的一切都不能过于执着。一个哲人曾经说："世事如棋局，不执着才是高手；人生似瓦盆，打破了方见真空。"慧眼识天下，试想世间的许多事也许就是这个道理吧！不要过于坚持，就不会有太多烦恼和忧愁，就不会有失败。

凡事不要太执着，要懂得释放自己，最重要的是每一天过得快乐开心。太过执着，一定会变得太计较得失，太在意结局，从而把自己逼向人生的死角。有时候不要问对错或者是非，要去经历，而不要去分析，想得太多，多到成为一种困扰，那铁定是你的自我中心在作怪了；别拿道理困扰自己，“道理”同样是不能执着的，要学会放手，放手之后，有时候天地反而更加宽广。

要知道，放弃心中那份执着是另一种意义上的拥有，只有放弃执着和压抑于心的东西，才能去承载许许多多更美好的礼物。世上有失必有得，有得必有失，而我们也该在这内心的平衡中找到和谐与快乐。

在人生里，你有多少内心的执着，就有多少痛苦；要摆脱痛苦，你必须从所有的执着里出离。烦恼皆因太执着，要好好生活，必须学会正确取舍。我们知道生命有限，应该好好把握。成功需要执着，但也不能太执着，过于执着，就是固执。因为过于执着，你会丧失许多机会，自然也会失去很多。“没有放弃，就没有得到”，放下那个“遥远的目标”，你会发现生活很美，世界很大，值得你付出的还有很多很多。

朋友，如果你也正在坚守一份不切实际的“执着”，那么就请放下吧，明智的放弃胜过盲目的执着，及早调整自己，成功正在前方向你微笑！朋友，对于生活，不能太执着！

放下嫉妒，保持平和的心态

羡慕嫉妒恨是一种有害无益的心理情绪，也是近年来的网络流行语，它刻画了嫉妒的生长轨迹：始于羡慕，终于恨。对一个人来说，被人嫉妒等于领受了嫉妒者最真诚的恭维，是一种精神上的优越和快感。而嫉妒别人则或多或少透露出自己的自卑、懊恼、羞愧和不甘。

嫉恨优者、能者和强者既反映出自己人格的卑污，也不会有任何好结果。

古印度佛经上有一则故事：

在很久以前，有一个摩伽陀国，那里的人信奉大象，据说是因为大象曾经救过他们的祖先，他们认为大象是吉祥的动物。有一位国王饲养了一群大象。在大象群中，有一头全身都是白色的大象非常出众，它不但长得高大，而且毛柔细腻光滑，深得国王的喜爱。照顾这头大象的是全国首屈一指的驯象师，他不但照顾大象的生活起居，还用心教大象各种本领。这头大象也十分乖巧、善解人意。就这样，驯象师和大象经过一段时间的磨合训教，他们已经能够心意相通，建立了良好的默契。

这一年，摩伽陀国举行开国大典。国王想利用这次机会展示一下自己的威风，于是他准备骑白象去观礼。由于观礼是件神圣的事情，于是驯象师要将白象清洗干净并进行适当的装扮，在它的背上披上一条同它毛一样洁白的毯子后，才交给国王。

观礼开始了，国王骑着白象，在一些官员的簇拥下，进城观看庆典。由于民众从来没有看见过这么漂亮的一头大白象，所以都围拢过来，一边赞叹，一边高喊着："象王！象王！没有什么能够比得上它。"本来骑在象背上的国王是想显示一下自己的威风，不承想，现在所有光彩都被这头白象抢走了，心里十分生气、嫉妒。他很快地绕了一圈后，就不悦地返回了王宫。刚一到王宫，他就把驯象师叫到面前，问道："这头白象除了全身是白色的，还有没有什么与众不同的特殊技艺？"驯象师问国王："国王您能否具体说说是什么特殊技艺？"国王说："大象都可以在平地上表演，这个我是知道的，但不知道这头白象能不能在悬崖边展现它的技艺呢？"驯象师说："应该可以。"国王就说："好。那明天就让它在波罗奈国和摩伽陀国相邻的悬崖上表演。"

第二天，国王早早地在悬崖边等待了，一见驯象师和白象来了，就迫不及待地说："这头白象能以三只脚站立在悬崖边吗？"驯象师说："可以。"他在白象的耳边小声地说："来，缩起一只脚站立。"果然，白象立刻就用三只脚站立。

国王又说："它能只用两脚站立，而另两只脚悬空吗？""可以。"驯象师又在白象的耳边悄悄地叫它缩起两脚，白象很听话地照做了。国王接着又说："它能不能三脚悬空，只用一脚站立？"

驯象师知道，在悬崖边上用一只脚站立是相当有危险性的，一听就明白国王存心要置白象于死地，就对白象说："这次你要小心一点，缩起三只脚，用一只脚站立。"白象也很谨慎地照做了。围观的民众看了，热烈地为白象鼓掌、喝彩！

此时的国王是越看，心里越不舒服，他有些愤怒了，对驯象师狠狠地说："它能把后脚也缩起，全身悬空吗？"

这已经再明显不过了，国王就是想让白象在悬崖边摔死。这时，驯象师悄悄地对白象说："你留在这里已经毫无意义了，有人存心想要你摔死在悬崖边上，留在这里会很危险。你就腾空飞到对面的悬崖吧。"不可思议的是，这头白象用力一纵，竟然真的悬空飞起，载着驯象师飞越悬崖，进入了波罗奈国。

波罗奈国的人民看到白象飞来，全城都沸腾了，民众们欢呼着、跳跃着。波罗奈国国王看到这样的场面，也十分高兴，便接见了驯象师并问："你从哪儿来？为何会骑着白象来到我的国家？"于是驯象师便将事情的整个过程告诉了波罗奈国国王。国王听完之后，叹道："人为何要与一头象计较、嫉妒呢？"

世上就是有这样一些人，看到别人占了风头或者是比自己强，就心理不平衡，故事中的人尚且嫉妒动物的本领，更何况现实生活中人与人之间呢？

嫉妒，俗称为"红眼病"，是一种夹杂着焦虑和愤怒等不良情绪的感情，是由于个人与他人比较，发现别人在某一方面或某几方面比自己强而产生的一种焦虑、羞愧、不满、怨恨的复杂情绪。古希腊哲学家说：“嫉妒是对别人幸运的一种烦恼。”从这句话中，我们就能看出，嫉妒会引发人的焦虑，它是有明显对抗性的，这种对抗表现为攻击性，攻击的目的就是要颠覆别人的“幸运”。

嫉妒是一种消极的负面情绪，它会导致焦虑和敌意，并且当你切实地觉得对方使你难堪，由此而产生痛苦，甚至还会向对方发出攻击性的言行，长此以往，就会陷入焦虑之中，影响个人成长和人际交往，严重者还会导致悲剧的发生。

孙伟是某大学社会学专业大三的学生，他是以优异的成绩考入这所名牌大学的。刚上大学时，他与班上同学的关系非常融洽，这当然与他热情大方、乐于助人的性格分不开。同学们都喜欢朴素、热情的他。

可慢慢地，他产生了严重的不平衡心理。只要别的同学哪方面比他强，他就眼红；只要老师在同学面前表扬别的同学，他心里就酸溜溜的；他看见别的同学家境很好，不用勤工俭学就能过上很宽裕的生活，他心里就特别不平衡，时常怨恨自己没有生在一个富裕的家庭；他看见别的同学得了奖学金或被评为“三好学生”，就嫉妒得夜里辗转反侧，暗暗埋怨上天的不公。

孙伟尤其看不惯与他来自同一所高中的一位老乡。原来，两个人在高中时各方面都不相上下，而上大学后，这个老乡的成绩越来越好，而且被选为班干部，他就更加妒火中烧了。于是他的注意力不在读书学习上，而是时刻注视着老乡的一举一动，妄图从中抓住把柄，他开始到处给那位老乡散布流言蜚语，造谣中伤，大家都开始讨厌他。他为了争口气，把老乡比下去，在竞选班干部时竟然不知羞耻地在下面做小动作、拉选票，结果，他的阴谋被同学们识破，唱票时只有他自己投了自己一票，搞得十分狼狈。一计不成他又生一计，在期末考试中，他知道凭自己的水平是拿不了高分的，于是，他就采用夹带纸条的方式作弊。在最先的两门考试中，他的计谋得逞了。但正当他自鸣得意、觉得胜利在望时，在第三门考试中被监考老师抓了个正着。老师说："我早就注意你了，以为你会有所收敛，没想到你一而再、再而三地作弊。我再也不能容忍你的作弊行为了。"孙伟当下便痛哭流涕地求监考老师手下留情，可是学校的制度是无情的，孙伟的名字上了作弊的名单。当天，学校教务处就做出了开除其学籍的处分决定。

孙伟没想到自己的大学生活会是以被开除而告终。他觉得无颜面对自己的父母。于是，他一个人背着简单的行囊，去了另外一个陌生的城市，开始了流浪生涯。

嫉妒的毒火烧毁了孙伟的良知，让他迷失了本性，一而再、再而三做出害人害己的蠢事；嫉妒更毁灭了他的前程，也许他将不得不用一生的坎坷来为嫉妒付出代价。

这是一个很明显的教训,嫉妒者无不以害人开始,以害己而告终。

培根说："在一切情欲中，嫉妒是最强的，最持久的。"而且嫉妒也是"最卑劣、最堕落的情欲"，培根认为嫉妒干脆就是"魔鬼的特质"。阿伽门农说："嫉妒的毒一旦深入心灵，便使患此病的人加倍地患病。"嫉妒是万恶的根源，是美德的窃贼。越是嫉妒别人，就越容易消磨自己的斗志和锐气，越会陷入无止境的叹息，使自己的人生之舟搁浅在嫉贤妒能的荒滩上。

在生活中，当你发现你正隐隐地嫉妒一个各方面都比自己能干的人的时候，你不妨反省一下自己是否在某些方面有所欠缺。在你得出明确的结论后，你会大受启示。你不妨就借嫉妒心理的强烈超越意识去发奋努力，升华这种嫉妒之情，以此建立强大的自我意识来增强竞争的信心。这样，不但可以克服自己的嫉妒心理，而且可以使自己免受或少受嫉妒的伤害，同时还可以取得事业上的成功，又可以感受到生活的愉悦。

放下虚荣，你才会活得轻松快乐

卡耐基说："无论何人要追求虚荣，不务实际，那么就是身体再强，也要使体力受到创伤；精神很健，也要使脑筋受到摧残。任何虚荣的行为，只能使人家蒙蔽一时，结果终会被人拆穿、受人丢弃的。反之，无论哪个人要是诚实不欺，趋向实际，一时或者不会被人注意，但这终可以增高尊容、增进名誉的。就是在你的生活历程中，遇着无可避免的狂风暴雨袭击时，也可以如履平地，不会受到摧残。"

虚荣心是对名利、荣誉、面子等的一种过分追求，是道德责任感在个人心理上的一种畸形反映，是一种不良的心理品质，其本质是利己主义的情感反映。心理学上认为，虚荣心是自尊心的过分表现，是为了取得荣誉和引起普遍注意而表现出来的一种不正常的社会情感。无论古今中外，无论男女老少，穷者有之，富贵者亦有之。

有一个叫郑富的人，他出生在一个贫穷的农民家庭里，但是家人从不亏待他，让他用好的、穿好的、吃好的。而他也没有辜负家人对他的期望，顺利地考上了一所大学。但是，在上学期间，他几乎没有什么朋友，原因是虚荣心过强，不好相处。在大学毕业之后，别人都是靠朋友找到工作，或者是凭自己的能力找一份差不多的工作，而他却一直处在无业游民状态，原因是因为他的虚荣心太强：太差的工作不想干，而好的工作又不会录用一个毫无经验的新人。但是，他却羡慕有钱人的生活，于是经常吹嘘自己家里做什么生意、家产有多少千万，还自我吹嘘毕业于某重点大学。一开始，有人相信他，和他做朋友，但慢慢地，人们也就不相信他了。后来，他终于找到了一份工作，但收入不高。为了使自己有钱花，他不断编造谎言，以合伙做生意、代办贷款、出让商品房等名义向朋友们收取定金，还经常向一些朋友借钱，然后大肆挥霍。最后，他的谎言不断被朋友们揭穿，他终于暴露了真实的面目。由于涉嫌诈骗，朋友们要把他扭送公安机关，而他居然恼羞成怒，持刀伤人，最终得到了应有的惩罚。

可见，虚荣是人生的一记暗伤。轻者，累及一时；重者，痛苦一生。太爱慕虚荣不是自己为自己增光，而是自己给自己添累。

虚荣心是一种递增的发展事物，好像一只被吹起来的气球一样，总是希望越吹越大。生命的虚荣心是无限的，俗话说“做了皇帝还想成仙”，满足了一个愿望，随之又产生了两三个愿望；满足了这个细小的愿望，很快又新生了那些庞大的愿望。由此可见，虚荣心具有一种强烈的渴求力量。求而得之，则满足快乐；求而不得，便苦恼愁闷，便寻求新的获得途径。

受虚荣驱使的人，只追求表面上的荣耀，不顾实际条件去求得虚假的荣誉。有人说虚荣心是一种扭曲的自尊心，死要面子、打肿脸充胖子，这就是对虚荣心的生动描述。

在虚荣心的驱使下，人往往只追求面子上的好看，而不顾现实条件，最后造成危害。因此，虚荣心是要不得的，应当把它克服掉。

莫泊桑的《项链》写了这样一个悲剧故事：

天生丽质、出身贫穷的女子洛阿赛太太心比天高、命比纸薄。她梦想与王子联姻，却嫁给了一个小职员；她渴望身居王宫大厦，却住在一个普通公寓里。“她没有香水，没有珠宝，而这些正是她梦寐以求的东西。”她有个富贵的朋友，是她的同班同学，她从来不去看望这个朋友，因为如果她看到朋友的那些珠宝首饰正是自己想得而得不到的时，就会很痛苦。有一天晚上，她丈夫高高兴兴地回到家里，告诉她：“我们接到一份请帖，可以参加公共教育部长和他夫人举行的晚会。”起初洛阿赛太太表现得很高兴，可是一会儿，她又变得很沮丧，“可是我没有像样的衣服。”她说。于是丈夫给她买了一件衣服，可她还是不开心，“我没有首饰。”丈夫讨好地对她说：“为什么不到你的朋友福莱斯蒂太太那儿去借呢，她的首饰多得是。”“对呀，我怎么就没想到这个好办法呢！”她高兴地喊了起来。于是她到朋友的家里借来了一串美丽的钻石项链。

她穿着新衣服，戴着璀璨的项链，在晚会上，她成了所有女宾中最美丽动人的一个，极大满足了自己的虚荣心。晚会结束了，她还久久陶醉在那愉快的气氛中。但当她兴致勃勃回家后，对着镜子卸下晚装时，忽然发出一声惊呼：“项链，我把福莱斯蒂太太的项链弄丢了。”于是到处去找，可是找遍了所有的地方都没有找到。“我们总得想办法赔呀！”她和丈夫一起从这家首饰店跑到那家，又从那家跑到另一家，一家一家地跑，终于找到了一条和弄丢的那条非常相像的了。可是店主告诉他们，这个要 4 万法郎，虽然可以减价，但最少也要 3.6 万。于是他们四处奔走，找遍了亲戚朋友、银行家、高利贷者、放债人，最后才凑足了 3.6 万法郎。

洛阿赛太太把项链还给了她的朋友，从此开始为偿还债务而不停劳作。她含辛茹苦，终日洗刷忙碌，变得两手粗糙，容颜憔悴。丈夫也跟她一起辛苦劳作，替商人们结算账目，为了 5 分钱一页的报酬抄写文件，常常通宵达旦。他们这样过了十年，才还清了全部债务。一个星期天，现在已经是苍老憔悴的洛阿赛太太在大街上走着的时候，忽然看到一个年轻、漂亮、动人的贵妇人从对面走来，原来是福莱斯蒂太太。洛阿赛太太招呼道：“珍妮，你早！”福莱斯蒂太太没认出她来，怔怔地望着她。“你不认得我了吗？珍妮，我是玛蒂尔德·洛阿赛。”“啊，我可怜的玛蒂尔德！你怎么变成这个样子了？”“这些年来，我的境况很不好，都是为了你。”“为了我？怎么回事呀？”“当年，我把你借给我的项链弄丢了，后来买了一串跟它一样的还给了你，这十年，我都在还这笔债呢。”福莱斯蒂太太激动地说：“我可怜的玛蒂尔德，我的那串项链是假钻石的呀，顶多只值500法郎。”玛蒂尔德的悲剧正是由虚荣造成的。为了一时的虚荣而赔上一生的幸福。正是她的爱慕虚荣，才付出了如此惨重的代价。

任何人都有追求美好的权利。但是如果过于注重外在，为满足虚荣心而超出自己的能力范围，就得不偿失了。

培根曾说：“一切恶行都围绕着虚荣心而产生，且都不过是虚荣心的一种表达方式。”这话并不过分。虚荣是一个虚幻的花环，看似光彩耀人，但它却能让人的心灵变质。在五彩的世界里，我们的心灵要经受各种考验。相对于心灵来说，外面的世界很精彩，外面的世界亦很无奈。个人生存于社会，不仅负担着实现个人目标的任务，同时亦肩负着一定的社会责任。一个人要明确自己的人生目标，务实于现实的社会生活，寻找自己的最佳突破口。每个人都应有一种高贵的气质，远离虚荣，不要让浮华的云朵遮住自己的目光。

第八章　笑看人生，淡然面对盛世繁华

人生不易，不要再自寻烦恼

烦恼就像摇摆的秋千，你一旦坐上去，它就会一直摇个不停，好像总也停不下来，但如果你跳下来，自然也就不会再摇了。

我们的生活本已不易，如果再给自己增添许多不必要的烦恼，那岂不是自己在跟自己较劲?

从前，有一个孩子总是爱为未知的事情而烦恼，这使他总是开心不起来。有一天，父亲把这个孩子叫到自己身旁，对他说："孩子，你长大了，从今天起，你每天早上起来去清扫门前的落叶。"孩子很痛快地答应了。

那时正是初秋的季节，每一次起风时，树叶总随风落下。孩子每天早上都需要花费许多时间才能清扫完树叶。他一直想要找个好办法让自己轻松些。

后来,他想到如果明天打扫之前先用力摇树,把落叶通通摇下来。后天不就可以不用扫落叶了吗，孩子为自己的这个好主意而感到十分得意。

第二天，孩子就在扫之前，用力摇了摇树干，落叶纷纷落下。孩子开始卖力地打扫起来,扫完之后,他想明天可以不用再扫落叶了。

当新的一天来临时，孩子跑到院子里一看，又是满地树叶，孩子感到很奇怪，明明前一天已经把树上的叶子摇下来了呀！怎么还会有这么多落叶呢？

这时，父亲走到他身边，说：“孩子，你知道了吗，今天只能够把今天的事情做完，每一天都有每一天的事情，明天要做的事情就应该留给明天。希望用今天的时间解决明天的烦恼是徒劳的。”

孩子明白了父亲的意思，从那以后，他再也没有为明天的事情而烦恼，他成了一个人见人爱的快乐少年。

正所谓：世上本无事，庸人自扰之。生活中，许多人喜欢预支明天的烦恼，想要早一步解决掉明天的烦恼。其实，如果明天有烦恼，你今天是无法解决的，只有放下明天的烦恼，你才能得到今天的快乐。

在生活中，我们常常会遇见各种烦恼，而这些烦恼就如同我们心中的枷锁一般，多数都是我们自己给自己锁上的。事实上，只要我们心中明朗，那把锁就永远不会锁上，我们又何必自寻烦恼，给自己的内心上锁呢？

袁倩在所有人眼里都可以称得上是一个成功的女人。她不到40岁就拥有了一家业绩骄人的公司。她常化着淡妆，穿着简单而高雅的服饰出入各种场合。大家都非常愿意和她相处，做生意时也会觉得和她合作很愉快。

因此，她的生意越做越好。经常有同龄的女客户好奇地问她：“保持青春的秘诀是什么？”袁倩总是这样回答：“我不知道。大概是因为我没有烦恼吧！年轻的时候，我常常为鸡毛蒜皮的小事而烦恼。连男友说‘你是不是又吃胖了’，我都会烦恼得睡不着觉，甚至会以为他不爱我了。后来，我爸爸因车祸去世了，我忽然发现自己看开了世间的烦恼，从此变成了一个快乐的人。”袁倩接着说，“其实我爸爸也挺不容易的，他20多岁开始创业，40岁时就已经是一个大老板了。他车祸去世前几天，正为公司少了一笔10万元的账而烦恼。

他一向不爱看账本，那天，他忽然心血来潮把会计的账本拿出来瞧。管会计的人是他的合伙人，因为这一笔账去路不明，爸爸开始怀疑两个人多年来的合作是否都有被吃账的问题。我爸爸因为这笔钱而睡不着觉，睡不着就开始喝酒，有一天晚上应酬后开车回家，就发生了车祸。爸爸走了之后，我妈妈处理他的后事时发现，他的合伙人只不过把这个公司的10万元挪到一个子公司用，不久又挪回来了。没想到我爸爸为了这笔钱，烦了那么久，最终……从我爸爸身上，我得到了这样一个教训：不要制造烦恼，不要自找麻烦，应以最单纯的态度去应对事情本来的样子。”

从袁倩身上我们可以感悟到，如果人总因为不可能发生的事、不足挂齿的小事、事不关己的事而烦恼的话，日积月累下来，便会成为心病，甚至危及自己的生命。

怀着忧愁度过每一天，设想自己可能遇到的麻烦，只会徒增烦恼。实际上，等烦恼来了，再去解决也不迟。正所谓：“车到山前必有路，船到桥头自然直。”况且，明天的烦恼，你又怎能在今天解决掉？更重要的是，想象出来的烦恼比真正出现的不知要大出多少倍。

很多时候，人总是用无形的枷锁将自己锁住，烦恼自由心生。仔细想想，无穷无尽的烦恼都是自找的。

有个心理学家做过一个有意思的实验：他让参与实验者在周末晚上把未来7天可能产生的烦恼写下来，然后投入到一个大型的“烦恼箱”中。三周后的星期天，他在所有参加实验者面前打开这个箱子，与大家逐一核对，结果发现，人们所担忧可能产生烦恼中的90%并没有真正发生。

于是，心理学家又让大家把那些真正发生的10%的烦恼重新放到“烦恼箱”中。说好三周之后再来一起寻找这些烦恼的解决之道。然而，等到了那一天，再打开烦恼箱后，他们发现剩下的10%的烦恼已经不再像当初那样困扰了，因为随着时间的推移，他们完全有能力应对了，自然也就没有了当初的烦恼。

赵朴初先生在他 92 岁时写出了脍炙人口的《宽心谣》：“日出东海落西天，愁也一天，喜也一天；遇事不钻牛角尖，人也舒坦，心也舒坦……”你驾驭生命，还是生命驾驭你？物随心转，境由心造，烦恼皆由心生。

人生在世，有时忧虑与烦恼也会伴随着欢笑与快乐的。正如失败伴随着成功，如果一个人的脑子里整天胡思乱想，把没有价值的东西也记存在头脑中，那他总会感到前途渺茫，人生有很多不如意。所以，我们很有必要对头脑中储存的东西给予及时清理，把该保留的保留下来，把不该保留的予以抛弃。那些给人带来诸方面不利的因素实在没有必要过了若干年还值得回味或耿耿于怀。这样，人才能过得快乐、洒脱一点。

修剪心中过多的奢求，别让贪婪缚住了手脚

罗马哲学家塞尼逊曾说：“人最大的财富，是在于无欲。如果你不能对现有的一切感到满足，那么纵使让你拥有全世界，你也不会幸福的。”事实上，人就是如此，永不知足，看别人总觉得比自己好，却忽略了过多的欲望是痛苦的根源。知足才是人生中最大的快乐之源，因为人类生命的张力毕竟是有限的，假若欲望无止境，超出人的能力界限，那么失望也必将成为必然。

有一个人潦倒得连床也买不起，家徒四壁，只有一张长凳，于是他每天晚上就在长凳上睡觉。

他向佛祖祈祷：“如果我发财了，我绝对不会像现在这样吝啬。”

佛祖看他可怜，就给了他一个装钱的口袋，说：“这个袋子里有一个金币，当你把它拿出来以后，里面又会有一个金币，但是当

你想花钱的时候，只有把这个钱袋扔掉才能花。”

于是那个穷人就不断地往外拿金币，整整一晚上没有合眼，他家地上到处都是金币。就是这一辈子什么也不做，这些钱也足够他花的了。每次当他决心扔掉那个钱袋的时候，他都舍不得。于是他就不吃不喝地一直往外拿着金币，屋子里装满了金币。

可是他还是对自己说：“我不能把袋子扔了，钱还在源源不断地出来，还是等钱更多一些的时候再把袋子扔掉吧！”

到最后，他虚弱得没有把钱从口袋里拿出来的力气了，但是他还是不肯把袋子扔了，终于死在了钱袋的旁边，屋子里装的都是金币。

正所谓：欲而不知止，失其所以欲；有而不知足，失其所以有。如果人的欲望没有限度，最后会什么欲望也不能满足；如果有了还不知满足，最终便会失去原有的一切。

欲望是永不止境的。正所谓：得陇望蜀，得一望二，贪得无厌。人性中的欲望与生俱来，沉湎于欲望而不能自拔者，称之为贪婪。贪婪使人迷惑，在不自觉中丧失了理智，直到付出了沉重的代价时，惊醒为之已晚，让本来的一件好事成了遗憾的事情。

徐燕是一个十分贪婪的女孩，大学期间，她与同校的赵辉恋爱了。在别人看来，他们俩郎才女貌，可以说是天造地设的一对，但没有人想到，徐燕选择赵辉，完全有着自己目的。

赵辉的父亲是某市的组织部部长，徐燕则来自某地一个偏僻的小山村，但她从来都不在人前提自己的家乡，别人问起，她总是说家在上海。

在学校，赵辉一直都是女孩子所追逐的目标，但一遇到徐燕，赵辉就将心全部放在她身上，对她倍加呵护，徐燕也心满意足地享受着这一切。

与赵辉在一起的日子里，徐燕的交际才华也慢慢显现出来，其实这也应完全归功于赵辉。赵辉经常带徐燕参加一些酒会、舞会，因而徐燕很容易就成为整个场合的中心。可以说，徐燕总能将自己的智慧发挥到极致，举手投足之间都会带有些许魅力。对此，赵辉很满足，满足自己拥有一个这么出色的女子。

但是，对于徐燕来说，这一切并不能让她感到满足。因此，她的欲望慢慢膨胀起来。慢慢地，借助赵辉和他父亲的力量，徐燕有了更为广阔的天地。

突然有一天，徐燕对赵辉说："赵辉，我们分手吧，我不能耽误了你的前程。"听到这话，赵辉一下子蒙了，为了满足徐燕，他甚至动用了父亲所有的关系，每次都是父亲厚着老脸去找人办事。现在，徐燕竟然向他提出分手，他实在接受不了。此时，赵辉想到了身边朋友曾经的劝告，但面对眼前这个自己倾心爱过并极力满足的女人，他还能怎样呢?

赵辉的苦苦哀求始终都没有让徐燕改变主意。为了尽快使自己脱身，徐燕竟然大声说道："你已经无法满足我的需求了。"看到徐燕眼中满是鄙夷的神色，赵辉再也压抑不住自己内心的冲动，便顺手拿起桌子上的水果刀，划伤了徐燕那美丽的脸。

人的欲望总是在不知不觉中滋长着，自己不会有所体会，只有身旁的人才知道。当欲望增长到一定程度的时候，无形中它就变成了"杀人"的工具，伤害了别人，也伤害了自己。

人的欲望是无穷的、无法得到满足的，随之而来的烦恼也是无穷的、无法消除的。正如一位哲人曾说，贪欲会随着黄金数量的增加而增加，而痛苦则会随着贪欲的增加而增加。贪婪的人无论得到了多少，都无法满足，他们的欲望没有底线，一生都活在追逐之中。贪婪的人被无边无际的欲望所牵引，他们是欲望的奴隶，在贪欲的驱使下忙忙碌碌、斤斤计较，拥有再多，也不能让他们快乐起来，因为他们总是还有想得到而尚未得到的东西，毕竟谁也无法占有全世界。

一位商人带着自己十几岁的女儿去参加一场拍卖会。女儿看中了一位音乐家收藏的塔罗牌。这副塔罗牌原价 20 元。商人问女儿愿意为副塔罗牌付多少钱，女儿想了想说，因为自己很喜欢这个音乐家，所以愿意多付 100 元。于是商人说："那好，100 元加上原来售价 20 元，这就是你的最高出价，也就是底线，超过这个就放弃。"

竞拍开始了，女儿开始举牌，商人坐在她旁边，感觉到她很紧张，生怕别人和她竞价。这次的竞拍者很多，对手并没有因为她是孩子而放弃。

对手已经加价到 100 元了，女儿小声嘀咕了一句：糟了，快到了。

这句话亮出了自己的底牌，商人知道这是拍卖中最忌讳的，他用胳膊肘碰了女儿一下，女儿意识到自己说错话了，但已无力挽回。塔罗牌一路上涨，冲过了 120 元底线。女儿还想举牌，商人抬手制止了她。

走出拍卖厅，商人安慰情绪低落的女儿："你虽然没得到那副塔罗牌，但今天你学到的东西比那副牌更有价值。人的欲望是无止境的，今天你学会为欲望设定底线，这很好。很多人之所以失败，就是没控制好底线，结果成了欲望的奴隶。"

生活原本没有痛苦，直到欲望之火被点燃。其实，我们每个人都要控制欲望，而不能让欲望控制自己，要始终把欲望控制在一个合理的范围内。一位哲人说过，生命是一团欲望，欲望不满足便痛苦，满足便无聊。人可以适度满足欲望和实现自我，但不能过度，要懂得回归，反观自照。试想，即使让你拥有了全世界又会怎么样？人总有一死，所有得到的东西都是身外之物，生不带来，死不带去。再者，在你追求一切物质的过程中，你哪有时间去享受，又何谈快乐之言？人要懂得珍惜眼前的一切，将心态放平和，把物质看平淡，既然现在的一切都是暂时归属于你的，你又何必要放弃真正的快乐而去追求暂时的物质呢？所以，你不如将一切都看得平淡些，看得轻松些，知足就好。

看得开得失，才是真正的智者

人生一世，总与得失相伴，总会有得有失。何谓得？得就是拥有；何谓失？失就是失去。拥有时，并不代表如意；失去后，也并不表示结束。有得必有失，有失必有得，人生就是这样一个得与失的过程。

有个商人发了一笔小财，他高兴得不得了，于是逢人便说起自己赚了多少钱，可是后来他又十分后悔，怕自己把这件事说出去后，有人去偷自己的钱，所以他每日担心，每夜难以入睡。于是他就在墙角处挖了一个洞，把钱放在那里，而且每天都要看一次。由于他总要去那里，渐渐地，还是引起了别人的注意，终于有人趁他不备，偷走了他的钱。这位商人再去时，钱已经不见了，于是他放声大哭起来。邻居见他如此难过，就纷纷地安慰他说："钱埋在那里不用，和石头没有什么区别，这样吧，你再埋一块石头在那里，拿它当钱不就行了吗？"于是，这位商人才停住了哭声。

有的时候，人生的得与失只在于一念之间。如果太过于计较，那么你就会背上精神的枷锁，同时也会迷失了真心，而生出烦恼；如果看开得失，你就能远离浮躁，走出情绪阴影，以后才能活得洒脱、自在。

有这样一个故事：

战国时期，靠近北部边城住着一个老人，名叫塞翁。一次，他养的一匹好马突然失踪了。邻居和亲友们听说后，都跑来安慰他。而老人并不焦急，他笑了笑，说："马虽然丢了，但我们怎么知道这就不是一件好事呢？"邻居听了老人的话，心里觉得很好笑。马丢了明明是件坏事，他却认为也许是好事，显然是自我安慰而已。

过了几天，丢失的马不仅自动返回家，还意外地带回一匹匈奴的骏马。这事轰动了全村，人们纷纷向老人祝贺。塞翁听了邻人的祝贺，反而一点高兴的样子都没有，忧虑地说："白白得了一匹好马，不一定是什么福气，也许会惹出什么麻烦来。"

几天之后，老人的独生子骑着那匹好马玩，这匹马不熟悉它的新主人，乱跑乱窜，将小伙子摔下来，把腿摔瘸了。

人们听说后，又跑来安慰老人。可是老人仍然不急地说："没什么，腿摔断了，却保住了性命，或许是福气呢！"邻居们觉得他又在胡言乱语。他们想不出摔断腿会带来什么福气。

不久，边境上发生了战争，很多青年人被应征入伍，上了前线，伤亡了十之八九，只有老头儿的儿子因为身体残废留在家里，才侥幸活了下来。

"塞翁失马，焉知非福"，生活中的得与失或许会左右你生活的过程。塞上老翁这种透过长远时空、利弊并重的思考问题的方式自然产生了"不以物喜，不以己悲"、顺其自然的平常心。面对得失，就应当有一个正常、豁达的态度，既不要在得到时喜不自胜，也不能在失去时悲痛欲绝。能够正视得失，对你的人生观会很有帮助。

生活犹如万花筒，喜怒哀乐与酸甜苦辣是相依相随的，无须过于在意。重要的是做到得而不喜，失而不忧。得与失在我们的心中其实只有一丝之隔，我们意以为得，就是得意；意以为失，就是失意。人生最大的得意与失意其实都是由我们自己来左右的。得与失是天平的两端，要想有好的结果其实很简单，就看我们如何往上放砝码了。

尤利乌斯是一个画家，他画快乐的世界，因为他自己就是一个很快乐的人。不过没人买他的画，因此他想起来会有些伤感，但只是一会儿。

后来，尤利乌斯花2马克买了一张彩票，竟幸运地中了50万马克。

尤利乌斯买了一幢别墅并对它进行了一番装饰。身为艺术家，他很有品位，买了很多东西，他家里多了很多昂贵的东西：阿富汗地毯、维也纳柜橱、佛罗伦萨小桌、迈森瓷器，还有古老的威尼斯吊灯。

尤利乌斯满足地坐下来，他点燃一支香烟，静静享受他的幸福，突然他感到很孤单，便想去看看朋友。他像原来一样，习惯性地把烟蒂往地上一扔，转身就出去了。

烟头引燃了华丽的阿富汗地毯、维也纳柜橱……几小时后，别墅变成火的海洋，被完全烧毁了。

朋友们知道这个消息后，来安慰尤利乌斯。

“尤利乌斯，太不幸了，我们很同情你。”他们说。

“为什么不幸啊？”他问。

“几十万的别墅失火了啊，现在你什么都没有了。”

“什么呀？”尤里乌斯答道，“不过是损失了2马克。”

得失常在，贵在平衡。人生是一个不断得到和失去的过程，有得必有失，有失必有得，对于得到的，应该知道珍惜，对于失去的，也没必要耿耿于怀，这才是明智之举。正所谓：得之淡然，失之泰然。

在人生的道路上，很多时候，得亦是失，失亦是得，得中有失，失中有得。在得与失之间，我们无须不停徘徊，更不必苦苦挣扎，我们应该用一颗平常心来看待生活中的得与失。我们要清楚，对自己来说什么才是最重要的，然后主动放弃那些可有可无、不触及生命意义的东西，求得生命中最有价值、最纯粹的东西。

得失难两全，取舍须三思。如果你向往佛门净地，就别留恋人间红尘；如果你远离城市喧嚣；就别羡慕灯红酒绿；如果你渴望金榜题名，就得经受寒窗之苦；如果你崇尚独身主义，就得忍耐孤单之寂。上帝是公平的，他赐予你一样东西，肯定会从你身边拿走另外一样，我们只有真正领会到了得与失的真谛，才可以生活得更加快乐、更加幸福。

那么，得与失的标准又是什么呢？其实，没有绝对的标准，可谓仁者见仁，智者见智。但是有一句谚语说得好："别捡了芝麻，丢了西瓜。"这个得与失的标准非常直观，一个西瓜的价值远远大于一粒芝麻。

得到和失去是人生常有的事，人应该学会习惯失去，并善于从失去中有所得。受挫一次，对生活的理解便加深一层。举得起，放得下，叫举重；举不起，放不下，叫负担。做你喜欢做的事，并把它当成一种乐趣，这样并不一定意味着生活过得轻松，但绝对可以活得更精彩。只要我们正视人生得失，月亮即使有缺，也依然皎洁；人生即使有憾，也依然美丽！

人生易老常知足，高兴欢乐永不愁

已故的弘一法师李叔同先生曾留下一副对联："事能知足心常惬，人到无求品自高。"人的贪欲是难以填平的。因为贪欲太盛，所以，大多数人都不快乐。事实上，知足是快乐的源泉。

人们常说，"知足者常乐"。所谓知足，是种平和的境界；所谓常乐，是一种豁达的人生态度。"知足者常乐"，不是说一个人安于现状，没有追求，没有目标，而是说一个人懂得取舍，也懂得放弃，懂得适可而止。在这个物欲横流、竞争异常激烈的社会，虽然人人都明白这个道理，但又有多少人能够真正体会到"知足者常乐"的意境呢？

一个女孩总是不停抱怨自己时运不济，发不了财，整日愁眉苦脸。有一天，她遇到了一位老人，老人看见女孩这种愁容，就问到："姑娘，你为什么愁眉苦脸？难道你不快乐吗？"

女孩说："我不明白我为什么总是这样穷？"

“穷？我看你很富有嘛！”老人由衷地说。

“你为什么会这样说？”女孩问。

老人没有正面回答，反问道：“假如今天我折断你的一根手指头，给你1000元，你愿不愿意？”

“不愿意。”

“假如斩断你的一只手，给你1万元，你愿不愿意？”

“不愿意。”

“假如让你马上变成80岁的老翁，给你100万，你愿不愿意？”

“不愿意。”

“假如让你马上死掉，给你1000万，你愿不愿意？”

“不愿意。”

“这就对了，你身上的钱已经超过1000万了呀。”老人说完，就笑吟吟地走了。

看着老人离去的背影，女孩恍然大悟，学会知足，才会让自己更快乐。

知足常乐是一种健康的人生态度，它让你用宽容的心态来对待人生、面对生活，因为这种心态能让你在生活上不贪婪、不奢求、不浮躁，从而达到心境平和而宁静。就生命的本质而言，知足常乐充满了平凡而又深奥的哲理，每个人都应该深长思之。

晏婴是我国春秋时期齐国人，他的父亲晏弱是齐国的名相，一向以清廉著称。在晏婴30来岁的时候，他的父亲不幸病故了，他被任命继任父亲的相位。他在齐灵公、齐庄公、齐景公三代王公时期都为相国，历时达五十多年。由于他为官清正廉洁，人们尊称他为晏子。

齐景公即位的时候，晏婴的年岁已经很大了。一次偶然的机会，齐景公看到晏婴的车子十分破旧，连车篷的布都褪了颜色，驾车的又是一匹毛色混杂的劣马。一天散朝以后，齐景公特意把他留了下来。

齐景公和颜悦色地对晏婴说：“爱卿，你的俸禄是不是太低了一些，为什么坐这样破旧不堪的马车呢？”

晏婴欠欠身体，爽朗地回答：“靠您的恩赐，我穿得很暖和，吃得也很好，合家大小的生活也很美满，而且还有车马乘，我还有什么不满足的呢？”

齐景公带着赞赏的口吻说：“话虽这么说，但你毕竟是功名卓著的老臣呀，我可不能太亏了你哟！”

“不，不！”晏婴说得很急促，也有点激动，“正因为我是三朝老臣，才更应该以俭省为德呀！”

齐景公笑笑，再也没说什么。

第二天，齐景公派人给晏婴送去了一辆豪华而崭新的马车，配以一匹红棕色的高头大马。晏婴对来人说：“请给我回话，谢谢主上，可我不能收下主上赐予的车和马。”于是，他将车马都退了回去。

过了一天，齐景公又派人将车马给晏婴送去，但又被他退了回去。

一连几次都是这样，这可让齐景公不高兴了。景公心想：这人怎么这样不通情理呢？于是，他为这件事专门召见晏婴，开门见山责问道：“你不接受给你的马车，那是不是我也不该乘坐华丽的马车了？”

晏婴见齐景公动了真火，忙磕头施礼，并十分动情地表白道：“君是君，臣是臣，是不一样的。您委我以高位，让我管理文武百官，我的担子可不轻啊！我节衣缩食，廉洁奉公，正是为了为百官做出榜样，为百姓做出榜样呀！如果我讲究排场，衣食奢侈，行为越轨，那怎么能管理好下属呢？又怎么能促使国家繁荣昌盛呢？”

听了晏婴的这一番话，齐景公最终收回了为晏婴更换车马的成命。

懂得满足，不贪私利，晏婴以自身行动真正为百官做了榜样，也为自己带来了美名，留足了后路。

古人曾经说过这样的话：“廉者常乐有余，贪者常忧不足。”知足天地宽，不仅在为官清廉上是这样，在个人私生活上也是这样。

曾经有人说过这样一段话：

如果早上醒来，你发现自己还能自由呼吸，你就比在这一周离开人世的 100 万人更有福气。

如果你从未经历过战争的危险、被囚禁的孤寂、受折磨的痛苦和忍饥挨饿的难受……你已经好过世界上 5 亿人。

如果你的冰箱里有食物，身上有足够的衣服，有屋栖身，你已经比世界上 70% 的人更富足。

如果你银行户头有存款，钱包里有现金，你已经身居世界最富有的 8% 的人之列。

如果你的双亲仍然在世，并且没有分居或离婚，你已属于稀少的一群。

如果你能抬起头，脸上带着笑容，内心充满感恩的心情，那你是真的幸福——因为世界上大部分人都可以这样做，但是，他们没有。

如果你能握着一个人的手，拥抱他，或者只在他的肩膀上拍一下……你的确有福气——因为你所做的已经等同上帝才能做到的。

当你读完这段话时，内心是否也感到一阵巨大的震动呢？你或许是平凡的，但你不一定就不幸福。你的财富往往就是这些看似平凡的东西，只要你拥有一颗知足的心，就不会被虚荣蒙上你的眼睛，你才会发现这一切，它们都不应当被你忽略。“知足者常乐”，五个字而已，快乐也就是这么简单。

人生贵在知足，知足者常乐。人的一生可追求的东西很多，但真正可以拥有的却少之又少。那么，我们就该清楚：知足多一点儿，幸福就多一点儿。

岁月若静好，难得一颗平常心

人们常说要保持平常心，究竟什么是平常心？

让我们先体会一首禅诗：

春有百花秋有月，夏有凉风冬有雪。

若无闲事挂心头，便是人间好时节。

这首禅诗就表达了“平常心是道”的境界。平常心是指眼前之境，就是真心的显现，只要你保持初心，珍惜眼前，不需要到遥远的地方追寻。

其实，平常心即是道。平常心每个人都有，可却因为贪、嗔、痴、慢，很少有人真正体会到，所以平常心是很难得的。如果一个人能够心无杂念，把功名利禄看破，才是真正拥有了一颗平常心。

平常心是一种恬淡洒脱、气定神闲的心态。“宠辱不惊，看庭前花开花落；去留无意，观天上云卷云舒”是其生动写照。

有一个关于禅宗的故事：

有个信徒问智能禅师：“您是有名的禅师，可有什么与众不同的地方？”

智能禅师答道：“有。”

信徒问道：“是什么呢？”

智能禅师答道：“我感觉饿的时候就吃饭，感觉疲倦的时候就睡觉。”

“这算什么与众不同的地方，每个人都是这样的，有什么区别呢？”智能禅师答道：“当然是不一样的！”

“为什么不一样呢？”信徒问道。

智能禅师说道：“他们吃饭的时候总是想着别的事情，不专心吃饭；他们睡觉时也总是做梦，睡不安稳。而我吃饭就是吃饭，什么也不想；我睡觉的时候从来不做梦，所以睡得安稳。这就是我与众不同的地方。”

智能禅师继续说道：“世人很难做到一心一用，他们在利害中穿梭，囿于浮华的宠辱，产生了‘种种思量’和‘千般妄想’。他们在生命的表层停留不前，这是他们生命中最大的障碍，他们因此而迷失了自己，丧失了平常心。要知道，只要将心灵融入世界，用心去感受生命，才能找到生命的真谛。”

看来，平常心应该是一种“常态”，是具备一定修养才能经常持有的，它属于一种维系终身的处世哲学。在错综复杂的社会现象面前，在奔波于家庭琐事之中，如果我们能够时常自我调节、让头脑清醒，保持一颗平常心，就会从容对待生活面对生活。既能保持一颗乐观向上、追求美好生活的心情，也能有一个舒心愉悦的生活环境，能够做到喜不忘形、忧不消沉，始终平和、坦荡、从容应对。

在我们的生活中经常看到，有的人常常在成功的掌声中变得目空一切、得意忘形，有的人则在失败的打击中变得心灰意冷、一蹶不振；有的人在荣誉的光环下变得患得患失、畏首畏尾，有的人因为一时的屈辱而把自己的整个人生涂得一片漆黑……尽管各不相同，但是都因为缺少了一颗平常心，他们在贫富得失、福祸悲喜面前，既拿不起，也放不下；既输不起，也赢不起。心境失去平静，生活失去平和，整个人生品尝着绵绵无尽的焦虑与惶恐、无奈与苦涩、疲惫与怨怒、失落与惆怅，总是郁郁寡欢，终生不得志，总是患得患失，惶恐不安。

成败得失都有其自然法则，毁誉褒贬皆为平常中的道理。只要怀有一颗平常之心，我们就能做到豁达、宽容、积极、乐观，而不是狭隘、刻薄、消极、悲观。

霍尔金娜是我们熟知的俄罗斯体操女选手，她的风采至今仍留存在很多人的脑海里。

霍尔金娜于 1985 年开始体操训练、她身材高挑，气质优雅，艺术表现力尤其出众，个性也很突出。她多次参加世锦赛，共夺得 10 金 9 银 3 铜共 22 枚奖牌，其中包括 1995 至 2003 年的高低杠五连冠和三次全能冠军。

但是在 2004 年雅典奥运会上，霍尔金娜却遭遇了体操岁月中的劫难，这位十多年以来一直保持着在大型比赛中高低杠项目不败纪录的霍尔金娜，在比赛的时候，却从她从来没有失手过的高低杠上意外摔了下来。在那一刹那，霍尔金娜眼神里闪过某种特别的神色，但她立刻又恢复了坦然，重新站起来，完成了所有动作，然后从容退场。这一次，最终她仅以 8.925 分的成绩排名垫底，失去了完成奥运三连冠梦想的机会。

在品味了无数次胜利与欢笑之后，霍尔金娜收获了失败，但她只是淡然一笑，离开了心爱的赛场，告别了辉煌的体操生涯，脸上始终挂着微笑，永远是那样成熟而优雅。她说“我并不觉得自己是第二，我认为自己是第一”，“我只想说，我尽力了”。

人生有太多不平常的起起落落，这就需要我们保持一颗平常心来泰然处之，才能够感悟平常人生之无限魅力。

以平常心观不平常事，则事事平常。其实，人生本就没什么定式，起起伏伏在所难免，能够坦然面对才是明智的选择。羞辱也好，荣誉也罢，不过是过眼云烟，重要的是保持一颗平常心。

第九章　抓住幸福，享受即时的精彩

金钱不是幸福的源泉，幸福也不是金钱的产物

大多数人都会认为，有钱就是幸福。如果没有钱，幸福便无从谈起。金钱真的可以让你的生活变得更加美妙吗？

有一个有钱人每天早上经过一个豆腐坊时，都能听到屋里传出愉快的歌声。这天，他忍不住走进豆腐坊，看到一对小夫妻正在辛勤劳作。富人的恻隐之心大发，说："你们这样辛苦，只能唱歌消烦，我愿意帮助你们，让你们过上真正快乐的生活。"说完，送给小夫妻一大笔。这天夜里，富人躺在床上想："这对小夫妻不用再辛辛苦苦做豆腐了，他们的歌声会更响亮的。"

第二天一早，富人又经过豆腐坊，却没有听到小夫妻俩的歌声。他想，他们可能激动得一夜没睡好，今天要睡懒觉了。但第二天、第三天，还是没有歌声。富人感到非常奇怪。就在这时，那做豆腐的男主人出来了，手里拿着那些钱，一见富人，便急忙说道："先生，我正要去找你，还你的钱。"富人问："为什么？"年轻的豆腐师傅说："没有这些钱时，我们每天做豆腐卖，虽然辛苦，但是心里非常踏实。自从拿了这一天笔钱，我和妻子反而不知如何是好了——我们还要做豆腐吗？不做豆腐，那我们的快乐在哪里呢？如果还做豆腐，

我们就能养活自己，要这么多钱做什么呢？放在屋里，又怕它丢了；做大买卖，我们也没有那个能力和兴趣。所以还是还给你吧！”富人非常不理解，但还是收回了钱。第二天，当他再次经过豆腐坊时，听到里边又传出了小夫妻俩的歌声。

故事中的小夫妻因为“钱多”，所以思虑也多——又想多拥有钱，又担心别人谋算他的钱——竟连个踏实觉也睡不成。看来，有钱不一定就是幸福的。

大作家易卜生对金钱的认识可谓非常精辟。他指出：“钱能买来食物，却买不来食欲；钱能买来药品，却买不来健康；钱能买到朋友，却买不到朋友；钱能带来奉承，却带不来信赖；钱能使你每天开心，却不能使你得到幸福。”有一句西方谚语也道：“金钱是走遍天下的通行证，除了到天堂之路；金钱也能买到任何东西，除了幸福。”是的，金钱可以带来舒适的生活，却很难换到幸福。我们不可把单纯的物质享受、口腹欲的满足同幸福混为一谈。

其实财富仅仅是能够带来幸福的很小的因素之一，人们是否幸福在很大程度上取决于很多和绝对财富无关的因素。

简单地说，财富就是现实生活中人们所追求的、个人认为有价值的一切东西的总和。正是由于金钱与真实财富之间的这种关系，你不应将金钱与财富等同起来，更不应简单地将追求金钱和拥有金钱与体现人生价值、追求幸福等同起来。如果你的人生目的除了追求和拥有金钱，不再有别的任何有价值的东西存在的时候，幸福就一天天远离了你。

王华在外资企业工作，精明能干，深得老板赏识。妻子刘莉在国有企业当经理，是一个公认的白领丽人。两人的结合被人们称为“才子佳人”的典范。从恋爱到结婚，两人一直是如胶似漆，恩恩爱爱。

结婚六年以来，王华的事业蒸蒸日上，钱越赚越多，刘莉成了他人眼中艳羡的对象。但是她却感觉到自己在家庭中只是充当着不懂事的小妹妹角色，丈夫不仅把家里的一切都安置得妥妥当当，甚至连她的个人穿着、交往都无所不管，无所不包。她越来越发现，随着丈夫财富的日益积累，自己已经成了这个家的摆设。刘莉是一个个性强、有见解、有现代意识的新女性，她不愿失去自我，于是一再与丈夫进行抗争，以争取自己的权利。

面对妻子的“反抗”，王华却有着自己的理由：“为这个家我操了多少心，彩电、冰箱、音响全是进口的，你更是吃穿不愁，你要什么，我给你什么，你还有什么不满足？我不偷不抢，不赌钱，不搞女人，有哪样对不起你？我花钱是想买来快乐，早知道买来的是你的怨气，我弄它来干什么？”

王华的申辩并没有浇熄刘莉的抗争意识，她反驳说：“你已经不是我所要嫁的那个人了。自从你发达以后，整个人都变了，变得冷淡寡情，而且对人充满敌意。这股冷淡也侵入了我们的婚姻。随着你赚钱能力而来的是我们关系的变化——过去我工作的时候，赚的钱两个人分享；现在你发了，跟你要钱反而变得不可能。你对我事事控制，件件算计，我已经成了你的玩偶。钱是你做任何事情最主要的动力；别人，包括我在内，都已成为次要的考虑。对于你来说，拥有了钱，就拥有了一切。你早已不在乎我们的感情，你在乎的只是我的服从。我不知道自己还能忍耐你多久。你的爱财如命毁了我们的婚姻。”

王华对妻子的这番话很是不屑一顾：“钱可以为我带来地位、声望以及服从。钱对我的确很重要，而且我得到的越多，就越想要更多。我觉得这没什么不对，想要大房子、好车子、好衣服，参加俱乐部，有什么不好的，这恰恰说明我有追求。随着我拥有资产的增加，我对每一步发展都更加小心，因为我要继续往上爬。我喜欢这样的生活，我喜欢这种高高在上的感觉，能过上这样的生活，你也应该知足。你有吃有穿，而且是吃好的、穿好的，还有什么不满意？

再说，你花的钱是我挣的，我关心一下钱的去向、控制一下花钱人的行为，难道不应该吗？”

夫妻俩越吵越凶，矛盾一再激化，从小吵到大闹，从大闹直至提出离婚。最终，一对恩爱的夫妻一拍两散，劳燕分飞。

金钱并不是幸福的源泉，幸福也不是金钱的产物。台湾学者高希均曾经一针见血地指出：现代社会中的一个病态是大家在追求利润和财富的过程中，忘却了生命的意义，也糟蹋了自己的一生。

许多人往往会误将金钱当成唯一的幸福去追求。确实，有了钱就可以有许多东西，就能建立一个在物质上比较富裕的家庭，也就能过较为舒适的物质生活。但是，一个人即使有很多钱，但如果他的精神世界是空虚的，或者生活并不自由，那么就决不会有幸福，有时甚至是痛苦的。因为人的一生中还有很多比金钱更为重要的东西。

富贵于我如浮云，不要为名利所困

人活在世上，无论贫富贵贱、穷达逆顺，都免不了要和名利打交道。《红楼梦》一书里有句开篇偈语：“世人都晓神仙好，唯有功名忘不了；古今将相在何方？荒冢一堆草没了。世人都晓神仙好，只有金银忘不了；终朝只恨聚无多，及到多时眼闭了。”在曹雪芹笔下，人们对功名、对金钱追逐的刻画可谓入木三分。虽然世人都知道名利只是身外之物，但是却很少有人能够躲过名利的陷阱，一生都在为名利所劳累甚至为名利而生存。

唐朝时候，禅宗第四祖道信大师在黄梅一住三十多年。贞观年间，唐太宗仰慕道信大师的仙风道骨，派遣使臣前往迎请，希望道信大师能进京与自己见面。

使臣到了黄梅，向道信大师宣告太宗皇帝的旨意，道信大师听后，只是淡淡地说道：“请你为我回谢皇上的盛意，我年老了，过惯了山林生活，不愿再入繁华的城市。”

使臣将道信大师的意思回复了太宗，太宗不死心，第二次派遣使臣前来黄梅迎请道信大师。道信大师再次告诉使臣：“请你禀告皇上，我年老多病，不能进京。”

道信大师这样倔强，使臣毫无办法，只好又把道信大师的意思禀告唐太宗。

唐太宗见道信大师一而再、再而三地推辞，心里非常不悦，觉得道信伤害了自己的九五之尊。

但虽然如此，唐太宗仍然派遣使臣用轿子恭敬地迎接道信大师进京。哪知，又被道信大师拒绝了。

“一之为甚，其可再乎？”太宗终于发怒了，就令使臣前去黄梅，以刀威吓道信大师：“若再不应诏进京，当取首级前去！”

这时候道信大师不但没有慌张，反而静静地伸颈就刀，令使臣大惊。使臣不敢造次，连忙抛刀，扶着道信大师，向大师顶礼忏悔。回京后把这情形禀告唐太宗。太宗听后，对道信大师的志向敬重不已，并赐以珍帛，以满足大师修行于山林的志向。

能不为名利所动是一种境界，不让利欲把自己的心熏黑，就是要超脱世俗的诱惑与困扰，对待名利上的一切事物漠然处之，豁达客观地看待一切生活。要知道，从古到今，名利都不是争来的，而是不为名利所动，靠自己的勤劳和品格赢得的。

人生需要有一份恬淡自守的心境，少一些患得患失和心浮气躁，多一些豁达无争。在悠悠岁月中，如果能够拥有和保持一颗淡泊平静的心，不为名利所累，以不同于流俗、看淡名利的心去追求生活中的自我完善和满足，便会体会到无限的快乐和轻松，从而走好自己平稳而又充实的人生之路。看轻世俗的名利，舍弃贪欲和虚荣心，才能在安宁恬淡中坚守住心灵的净土，只有淡泊宁静才是韬光养晦的大智慧。

李白曾在《将进酒》中说："古来圣贤皆寂寞，唯有饮者留其名。"圣贤之所以会寂寞，是因为他们志存高远而淡泊名利。古往今来，众多学问家都是淡泊名利的佼佼者。他们对个人的名利常常采取漠然冷淡和不屑一顾的态度，而把主要精力放在对理想、事业的追求上。

"我是一个普通教师，教学平平，工作一般，不够推荐院士条件，我要求把申报材料退回来。"1999年，马祖光得知学校把为自己申报院士的材料寄出后，就十万火急地给中科院发出这样一封信。他的理由是很多比他优秀的学者还没有成为院士，了解他的人都知道他的话发自内心。

2001年，新的院士评审规则要求申报材料必须由申请者本人签字，马祖光却拒绝签字。申报期限最后一天，原校党委书记只好以校党委名义到他家做工作。

"我年纪大了，评院士已经没有什么意义了，应该让年轻的同志评。我一生只求无愧于党就行了。"马祖光还是不同意签字。

"你评院士不是你个人的事，这关系到学校，是校党委做出的决定。你是一名党员，应该服从校党委安排。"原校党委书记接着他的话题聊起了学校的党建工作，这激起了马祖光对入党以来的美好回忆："我这一辈子都服从党组织的安排……"原校党委书记赶紧接过话头："那你再听从一次吧！"

"迂回战术"奏效了。马祖光勉强签了字，半天不吭气。申报后，马祖光当选为中科院院士，他说："第一是党的教育和培养；第二是依靠优秀的集体；第三是国内同行的厚爱。"

这里有一个小插曲。中科院审阅马祖光的院士推荐材料时，产生了疑问：作为光学领域知名专家，马祖光的贡献有目共睹，可许多论文中，他的署名却在最后，这是为什么？

哈工大光电子技术研究所博士生导师胡孝勇说：他为别人做了

大量准备工作。花了大量心血。他依据每个人的特点，把争取来的很多课题分出去，让别人当课题组长。马老师没有半点私心。

哈工大光电子技术研究所博士生导师王月珠说：马老师从德国回来后，把自己在国外做的许多实验数据交给我测试。测试后完成的论文他改了三四遍，于是我便把他的名字署在前面，但他一口回绝，最后他的名字还是排在最后。

几乎每一篇论文的署名都有这么一个过程：别人把马祖光排在第一位，他立即把自己的名字勾到最后，改过来，勾过去，总要反复多次。

2001 年马祖光评上院士后，学院给他配了一间办公室，并要装修。马祖光急了："要是装修，我就不进这个办公室。"最后不但没进去，他还把办公室改成了实验室。马祖光和六名同事挤在一个办公室里，大伙儿说太挤，他却说："挤点好，热闹！"

克己奉公，淡泊名利。正如马祖光所说："事业重要，我的名不算什么！"

人贵有淡泊之心。有了淡泊之心，我们才能在成功面前不骄傲自满，在失败面前不灰心丧气，始终保持一种平和稳定、乐观豁达的人生态度；有了淡泊心，我们才能用一种超然的心态对待眼前的一切，不做世间功利的奴隶，也不为凡尘中各种牵累所左右，使自己的人生不断升华；有了淡泊心，我们才能在当今社会越演越烈的物欲和令人眼花缭乱的世相百态面前神疑气静，坚守自己的精神家园，执着追求自己的人生目标。

看看我们的周围，大家争先恐后奋战在名利场上，正所谓，"天下熙熙，皆为利来，天下攘攘，皆为利往"。有多少人又能真正做到淡泊名利、笑看人生呢？

不为名利所动是人生的一种态度，是人生的一种哲学。人生在世不为名利所累就是一个脱离了低级趣味的人，一个有道德、有智慧、有勇气的人。

珍惜当下，享受每一天

佛家经常用来劝导人们的一句智语是“活在当下”。什么叫“当下”呢？简单地说，“当下”就是指你现在正在做的事、生活的地理环境和人文环境。“活在当下”就是要求人们把生活中所关注的焦点集中在现在所处的人、事、物上面，全心全意地去接纳它们，认认真真地去品尝它们，客观大度地去体验它们。

许多年前，一位聪明的老国王召集了聪明的大臣，给他们一个任务：“我要你们编一本《古今智慧录》，将世界上最聪明的思想留给子孙。”这些聪明的大臣离开国王以后，工作了一段很长时间，最后完成了一本洋洋十二卷的巨作。国王看了，说：“各位先生，我相信这是古今智慧的结晶，然而，它太厚了，我怕人们读不完。把它浓缩一下吧！”这些聪明的大臣又进行了长期的努力工作。结果这些聪明人把一本书浓缩为一章，然后缩为一页，再变为一段，最后侧变为一句话。聪明的国王看到这句话时，显得很得意。“各位先生，”他说，“这真是古今智慧的结晶，我们全国各地的人一旦知道这个真理，我们大部分的问题就可以解决了。”

这句凝聚世界上最聪明思想的话是：“活在当下。”

人生是美好的，但是人生中最美好的东西不在过去，也不在未来，而在“现在”，就在稍纵即逝的每一刻。古希腊学者库里希坡斯曾说过：过去与未来并不是“存在”的东西，而是“存在过”和“可能存在”的东西。唯一“存在”的是当下。任何懂得珍惜自己的人，必须首先珍惜“现在”，珍惜生命中的每一刻。

昨天已成为过去，明天还未来到，在自己手中牢牢掌握的只有现在。把握现在，活在当下，全心全力做好身边的每一件事，才是真正的人生。

有一个农村小伙子在树荫底下打瞌睡，听到家里的母鸡下蛋之后的叫声，赶快跑了过来，往鸡窝里一看，哇！这只老母鸡真够意思，一下子下了两个蛋。他兴奋地拿起两个鸡蛋，心想：这两个蛋不能吃掉，我要用这两个鸡蛋孵出两只小鸡，小鸡长大了可以下很多的鸡蛋，鸡蛋又可以孵出很多小鸡，小鸡长大又可以下很多鸡蛋，接下来，建立一个养鸡场，钱赚得多了，再建立一个肉类加工厂，不到五年，我就会成为远近闻名的养鸡大王，方圆十里那个最漂亮的阿娇还会不理我吗？到时候，她撵着追我还来不及呢！不行，不能跟阿娇结婚，我要找全县城最漂亮的女人结婚，我要住上最大的房子，买最豪华的轿车，到大城市里享受花天酒地的生活。想着想着，他兴奋得手舞足蹈起来。啪嗒！手里仅有的两个鸡蛋掉在了地上。

很多人总是在憧憬着自己未来的美好图景，却很少有人能将愿望变成行动。这个笑话说明了一个道理——不会活在当下，就会失去当下。

资深新闻工作者、中国台湾的王梅在《快乐做自己》一书中曾经这样提醒人们“每天都活在当下”。书中这样写道：“假使，你的生命只剩下一天，明天就要结束，你今天想做什么？狠狠大吃一顿，彻底不睡与爱人厮守，还是一个人躲起来大哭一场？当生命走向尽头的时候，你问自己一个问题：你对这一生觉得了无遗憾吗？你认为想做的你都做了吗？你有没有好好笑过、真正快乐过？想想看，你这一生是怎么过的：年轻的时候，你拼了命想挤进一流的大学；随后，你巴不得赶快毕业找一份好工作；接着，你迫不及待地结婚、生小孩，然后又整天盼望小孩快点长大，减轻你的负担；后来，小孩长大了，你又恨不得赶快退休；最后，你真的退休了，不过你也老得几乎连路都走不动了……你突然发现，正想停下来好好喘口气，可是，怎么生命就这样要结束了？”

其实，这不就是大多数人的写照吗？他们劳碌了一生，时时刻刻为生命担忧，为未来做准备，一心一意计划着以后发生的事，却忘了把眼光放在“现在”，等到时间一分一秒地溜过，才恍然大悟“时不我予”。

“当下”不仅仅是个时间概念，它还代表了一种生活状态，包括你的心态、你所处的环境、你身边的人以及他们对你的态度，所有这些因素加起来就是完整的“当下”。“当下”常常不能让人满意，亟待改变，但有些人不是以当下为基础，进而变得更好，而是好高骛远，就像那条最后冲进沙漠的小河，不能好好把握当下，就会损失未来。

一天早餐后，有人请佛陀指点。佛陀邀他进入内室，耐心聆听此人滔滔不绝地谈论自己存疑的各种问题达数分钟之久。最后，佛陀举手，此人立即住口，想知道佛陀要指点他什么。

“你吃了早餐吗？”佛陀问道。这人点点头。

“你洗了早餐的碗吗？”佛陀再问。这人又点点头，接着张口欲言。佛陀在这人说话之前，说道：“你有没有把碗晾干？”

“有的，有的，”此人不耐烦地回答，“现在你可以为我解惑了吗？”“你已经有了答案。”佛陀回答，接着把他请出了门。

几天之后，这人终于明白了佛陀点拨的道理。佛陀是提醒他要把重点放在眼前——必须全神贯注于当下，因为这才是真正的要点。

在纷扰复杂的社会中，要保持良好的心态和平和的心境，有一个好的方法，那就是把握当下。每个人的生命只有一次，过去无法改变，未来尚未发生。只有当下才是最为真实的，它承载着过去，连接着未来。只有把握好当下，才能创造未来的辉煌，让人生变得丰盈而美好！

活在当下意味着无忧无悔。对未来会发生什么不去做无谓的想象与担心，所以无忧；对过去已发生的事也不做无谓的思维与计较得失，所以无悔。人能无忧无悔地活在当下可谓是一种人生的境界。

放慢脚步，尽情享受生活

一直以来，我们都在匆匆忙忙地生活着，我们忙着工作，忙着加班，忙着在年轻的时候贮存到足够的积蓄买房买车，我们还忙着应酬，忙着会朋见友，忙着逛街，忙着消费……总之，我们的生活变成了忙碌的、匆忙的，很多时候，我们甚至忙得忘记了自己。于是，有人开始提出，要适当放慢生活的脚步，让自己慢生活。

有这样一个小故事：

从前，有一个年期人，总是抱怨生活过得太慢。于是，他找上帝诉苦，并恳求上帝的帮助。

上帝给了他一个任务，叫他牵一只蜗牛去散步。年轻人不能走得太快，蜗牛已经尽力爬，每次总是挪那一点点。

年轻人催它、唬它、责备它，蜗牛用抱歉的眼光看着他，仿佛在说："人家已经尽了全力！"年轻人拉它、扯它，甚至想踢它，蜗牛受了伤，它流着汗，喘着气。

年轻人对着天空大声喊道："上帝啊！为什么叫我牵一只蜗牛去散步？"天上一片安静。

"唉！也许上帝去抓蜗牛了！好吧！松手吧！反正上帝不管了，我还管什么？"年轻人在蜗牛后面独自生着闷气，任蜗牛自己往前爬。

就在这时，年轻人闻到了花香，原来这边有个花园；他感到微风吹来，原来这里的风这么温柔；他听到了鸟声，他听到了虫鸣，他看到了满天的星斗，多么漂亮，多么亮丽。咦？以前怎么没有体会到这些原本存在的东西？

这个年轻人忽然感悟到："莫非是我弄错了！原来是上帝叫蜗牛牵我去散步。"

在前进的道路上，放慢你的脚步，去欣赏两边的风景，或许会有一番惊喜。

其实，人生就像一场旅行，不必在乎目的地，在乎的是沿途的风景，以及看风景的心情，这是一种令人羡慕的洒脱。在人生旅途中，适时放慢脚步，感受一下沿途的风景，感悟一下美丽的人生，你就会觉得生活更加充实。

放慢自己的脚步是为了好好感受那些美好的事物。美好的事物是在匆忙走过的时候不会被注意到的。当你放慢脚步时，会真正听到鸟儿的歌声是那么悦耳和谐，会看到天空的湛蓝，看到树梢在微风下轻轻摇动，会真正看到每一朵花都是活生生的。

一个旅行者来到一处古老的部落，发现这里的人们还生活在一种缓慢的原始状态中。于是他热情地向这里的人们介绍起外面的世界是多么精彩、生活节奏是多么快。可这里的人却静静地反问："我们都有一个共同的终点，那就是死亡，你们为什么要走得那么快呢？"

是啊，我们为什么要走得那么快啊？既然人生的终点都是一样的，与其匆忙赶路，不如放慢脚步。生命是一个过程，而不是一个结果，因此我们需要学会去享受这个过程。

英国摇滚巨星约翰·列侬曾说："当我们正在为生活疲于奔命的时候，生活已经离我们而去。"是的，当今社会，速度已经深入人心，我们的生活总是充满了紧张和无序，似乎每个人都处在焦虑中，同时也让我们失去了太多。不仅是健康，还包括对生活的热爱、激情和享受，对周围的一切丧失了新鲜、好奇、体会与感动，生活的细节已被完全忽视。太快的脚步很容易让我们感到疲累，看不见生活中最精彩动人的细节，甚至感觉不到生活的美好。

一位职业培训师为一家知名企业员工做职业培训，其中涉及一项测试，测试结果显示这里的绝大部分员工存在压力过大和负面情绪严重的问题。于是培训师问了一个问题："你们注意过公司对面的花园了吗？春天来了，那里的梨花都开了。"员工们都很茫然，因为他们脚步匆匆，从来没有注意过那个小花园。培训师说："培训前，我去那里散步，顺便在树下坐着吃了早餐，感觉心情非常舒畅。"接着，培训师带着大家走出大厦，步行到对面的小花园。那里有许多老年人在打太极，还有孩子们在嬉戏……没有工作，没有电话铃声，安静缓慢，和写字楼的氛围完全不同，所有人都感觉到内心一下子宁静放松了很多。培训师说："忙碌是可能会让你忽视生活中的美好，但只要你放慢脚步，懂得欣赏，很多情绪问题便都能迎刃而解。"

培训师带着员工去参观小花园的用心十分巧妙，让员工体会到一种缓慢的生活节奏，从而感受到生活的美好，战胜生活中的负面情绪。

放慢脚步是为了享受生活。放慢生活的脚步，生命一样会精彩。当我们疾步前奔的时候，往往错失沿途美妙的风景；当我们悠闲漫步时，才发觉原来路上的景色是如此迷人。

从某种意义上说，慢是一种从容的生活态度。我们完全可以换种活法，不必匆忙地过日子，把自己变成一部上了发条的机器，而是放慢生活的脚步，好好享受生活赠予的一切。

慢下来，细心欣赏一朵花的盛开，沉醉于一阵微风掠过，细想人生况味，咀嚼生活点滴，何其简约和透彻！放慢节奏，也许会损失金钱，却丰富了生命，何乐而不为呢？

每个人都有决定自己生活的权利，何必把自己搞得那么累。放慢你的脚步，尽情地呼吸，尽情地欢笑，让生活中多一些温馨，生命少一份遗憾。

生活中，当你走得累了的时候，你可以停下你前进的步伐，驻足远视、观赏一下沿途的美景；当你在竞争中伤痕累累、身心疲惫时，不如放停下你的脚步，与别人交谈心扉；当你因为生活而痛苦不堪时，你不如放停下生活的脚步，细细规划一下自己的人生。总之，当你有意识地放慢脚步，并能抓住手中滑过的时光绳索时，心里一定会充盈着幸福的源泉。

大道至简，学会享受简单生活

有这样一个小故事：

一位哲人把一个孩子、一个物理学家和一个数学家同时请到一个密闭的房间里，哲人吩咐他们说：“看谁能用最快、最廉价又能使自己快乐的方法把这间房间装满东西。”哲人吩咐后，物理学家马上伏到桌上开始画这个房间的结构图，进而埋头分析这个房间哪里是光射的最佳方位，在哪堵墙的哪个位置开一扇窗最合适，草图画了一大堆，物理学家绞尽脑汁，还是因不能确定在哪里打开一扇窗最好而苦恼着；而数学家也在听到吩咐后，迅速找来尺子，开始丈量墙的高度和长度，然后仔细计算房间的体积，又苦苦思索能用怎样最廉价的东西恰到好处地把这间房间填满。只有那个小孩不慌不忙，他找来一支蜡烛，取来一根火柴，点燃了蜡烛，昏暗的房间一下子就亮了。在物理学家和数学家还在皱着眉头迟迟拿不出自己的方案时，小孩已经欢快地在屋子里绕着摇曳的烛光唱歌跳舞了。哲学家对着物理学家和数学家叹了口气说：“简单的心一旦复杂起来，欢乐和幸福就离你们越来越远了。”

其实，生活又何尝不是如此呢？人的生活越简单，就会越快乐。虽然，古人没有今人那么多的物质，没有今人那么多的精神享受，但是他们的快乐十分容易得到，比如，一壶酒、一杯茶、一首小曲都可以让他们快乐许久。当今社会，有了歌剧院、影院，有了汽车、飞机，人们反而变得更加焦虑，快乐逐渐减少，最快乐的时光似乎只有在童年才能找到，甚至有许多孩子现在都找不到童年的快乐，他们的童年是在一个个补习班里度过，被他们不应该承担的繁重压力挤走了他们所剩的那么一点点快乐。现在的人追逐物质上的享受，认为自己拥有的越多，就越快乐，可是他们却没有发现，当他们拥有的越来越多的时候，快乐并没有增加，反而焦虑越来越多。所以，想要让自己过得快乐，生活得简单一些是一个很好的方法。

老子说："大道至简"，最深奥的道理是简明的。生活亦如此。当你剔除心中的各种物欲，不再焦虑时，你就生活于简单之中。诗人爱默生说过："没有一件事比伟大更为简单；事实上，简单就是快乐。"一个人不曾遭到日常琐事所带来的焦虑的干扰，而能够简单地生活，这就是快乐。

有一个美国商人坐在墨西哥海边一个小渔村的码头上，看着一个墨西哥渔夫划着一只小船靠岸。小船上有好几条大黄鱼，这个美国商人对墨西哥渔夫能抓这么高档的鱼而感到惊讶，问要多少时间才能抓这么多？渔夫说，才一会儿工夫就抓到了。美国人惊奇地问："你为什么不持久一点，好多抓一些鱼？"那渔夫却笑着回答说："这些鱼已经足够我一家人生活所需了！"

于是，美国人又问："那你剩余的时间都在干什么？"墨西哥渔夫告诉他："我每天睡到自然醒，出海抓几条鱼，回来后跟孩子们玩一玩，再懒懒地睡个午觉，黄昏时晃到村子里喝点小酒，跟哥们儿玩玩吉他，我的日子过得可是快乐又忙碌呢！"

美国人以他的心思，帮他出主意说："我是美国麻省大学企管硕士，我认为，你应该每天多花一些时间抓鱼，到时候，你就有钱去买条大一点的船。等有了大船后，你自然就能够抓更多的鱼，再买更多的渔船。然后你就可以拥有一个渔船队。到时候，你就能够控制整个生产、加工处理和行销。最后你可以不要待在这个小渔村，搬到城里，然后到纽约。在那里经营你不断扩充的企业。"墨西哥渔夫问："这要花多长时间呢？"美国人回答："15~20 年。"

"然后呢？"

美国人得意地说："然后你就可以在家快活啦！等时机一到，你就可以宣布股票上市，把你公司的股份卖给投资大众。到时候，你就有数不完的钱！"

"然后呢？"

美国人说："到那个时候，你就可以享受生活啦！你可以搬到海边的小渔村去住。每天睡到自然醒，出海随便抓几条鱼，跟孩子们玩一玩，再跟老婆睡个午觉，黄昏时，晃到村子里喝点小酒，跟哥们儿玩玩吉他了！"墨西哥渔夫疑惑地说："那与我现在有什么两样吗？"

的确，既然墨西哥人已经在快乐地享受人生了，他还需要追求什么样的人生吗？人生在于这种享受的心情，享受着简单的快乐。

选择简单的生活方式，能让你获得更平静、快乐和美好。"只有简单着，才能快乐着。"不奢求华屋美厦，不垂涎山珍海味，不追名逐利，不扮贵人相，过一种简朴素净的生活，才能感受生活的快乐，外在的财富也许不如人，但内心充实富有才是真正的生活。这才是自然的生活，有劳有逸，有工作着的乐趣，也有与家人共享天伦的温馨、自由活动的闲暇，还用去忙里偷闲吗？

西方哲学家梭罗说："大多数所谓豪华和舒适的生活不仅不是必不可少的，反而是人类进步的障碍，对此，我们必须认清哪些是我们必须拥有的；哪些可有可无的；哪些必须丢弃。"生活中，一个人为维持生存和健康所需要的物品并不多，超于此的物品是奢侈品，人们对奢侈品的需求可以说是无尽头的。如果一个人太看重物质享受，就必须要付出精神上的代价，陷入焦虑的旋涡之中。其实，能够约束自己无尽的欲望、满足过简单的生活、远离麻烦的交际和应酬、算不上是什么损失，反而让我们受益无穷。我们因此会远离焦虑，获得好心情和好光阴，可以把那时间奉献给自己真正喜欢的人、真正感兴趣的事。说到底，其实就是奉献给自己的生命，因为你的生命领域将更加宽阔。

一天夜里，伊莎贝拉在她的无电小屋中和家人围坐在炉火前望着窗外的星空，静静地聆听，静静地观察。桌上的几支蜡烛跳动着火焰，炉中黑色的铁锅在冒着热气。

伊莎贝拉在她所在的社区的一次停电中发现了许多事情的真相。在那次意外停电中，伊莎贝拉和她的家人对黑暗所带来的神秘和欢喜的体验印象深刻。黑暗给人们带来的不仅有神奇的萤火虫，还有城市的静寂、久违的家庭温馨和邻里的关怀。

当你用一种新的视野观察生活、对待生活时，你会发现许多简单的东西才是最美的，而许多美的东西正是那些最简单的事物。

其实简单应该是为人之本。冰心老人说过："如果你简单，那么这个世界也就简单。"简单使生活回归自然，使浮华回归淳朴，使焦虑回归宁静，使身体清爽和健康。简单状态下，欲望易于满足，易于得到自由，所以说，简单是快乐的源泉。回归简单而得来的快乐，曾经焦虑过的人最能体会。这样的快乐更长久，不是原始纯粹的快乐，而是有着丰富深长的内涵。

"简单生活"并不是要你放弃追求，放弃劳作，而是说要抓住生活、工作中的本质及重心，以四两拨千斤的方式去掉世俗浮华的琐务。卡尔逊说："简单生活不是自甘贫贱。你可以开一部昂贵的车子，但仍然可以使生活简化。一个基本的概念在于你想要改进你的生活品质，诚实地面对自己，想想生命中对自己真正重要的是什么？"

简单是一种心灵的净化，它是安定，是整顿，是率直，是单纯，它通常表现在诸如单纯的饮食、更有纪律的日常作息这种单纯的生活方式上。换言之，简单化就是在喧嚣的世俗里增加一份宁静。

简单生活是一种丰富、健康、和谐、悠闲的生活；简单生活是经过深思熟虑之后，表现真实自我，生活目标、意义明确的生活；简单生活，才能活出真正的自己来。